내신을 위한 강력한 한 권!

기초 코칭, 개념 코칭, 집중 코칭
세 가지 방식의 학습법으로 개념 학습 완성

수매씽 개념

MATHING

개념북

중학 수학 1·1

동아출판

기본이 탄탄해지는 **개념 기본서**

수매씽 개념

▶ 개념북과 워크북으로 개념 완성

수매씽 개념 중학 수학 1·1

발행일	2023년 8월 30일
인쇄일	2023년 8월 20일
펴낸곳	동아출판㈜
펴낸이	이욱상
등록번호	제300-1951-4호(1951. 9. 19.)
개발총괄	김영지
개발책임	이상민
개발	김인영, 권혜진, 윤찬미, 이현아, 김다은
디자인책임	목진성
디자인	송현아
표지 일러스트	여는
대표번호	1644-0600
주소	서울시 영등포구 은행로 30 (우 07242)

수매씽 개념

MATHING

개념북

중학 수학 1·1

구성과 특징

세 가지 코칭으로 개념 이해를 높이는

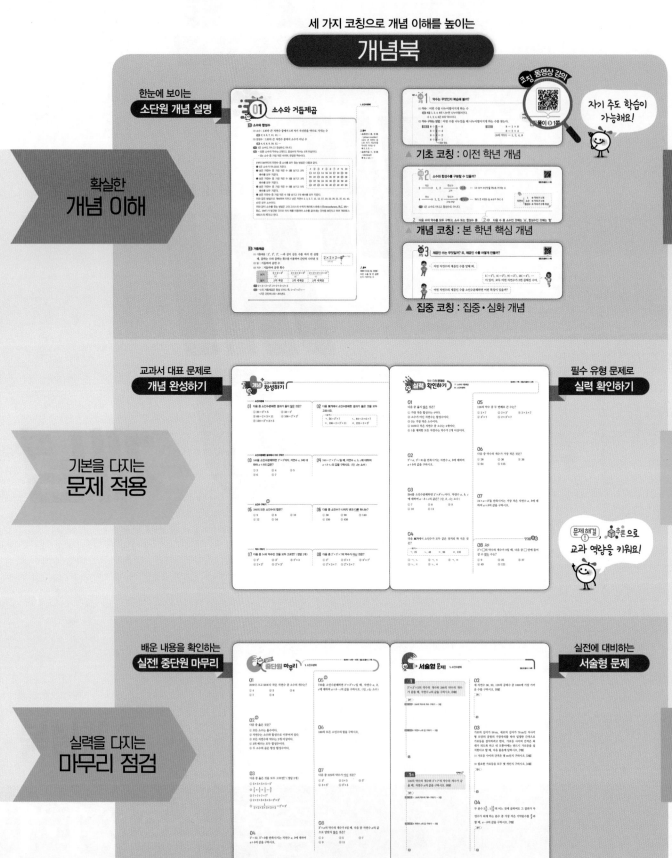

개념북

확실한 개념 이해

한눈에 보이는
소단원 개념 설명

코칭 동영상 강의

자기 주도 학습이 가능해요!

▲ 기초 코칭 : 이전 학년 개념

▲ 개념 코칭 : 본 학년 핵심 개념

▲ 집중 코칭 : 집중·심화 개념

기본을 다지는 문제 적용

교과서 대표 문제로
개념 완성하기

필수 유형 문제로
실력 확인하기

문제해결, 추론으로 교과 역량을 키워요!

실력을 다지는 마무리 점검

배운 내용을 확인하는
실전! 중단원 마무리

실전에 대비하는
서술형 문제

개념북과 1:1 매칭

워크북

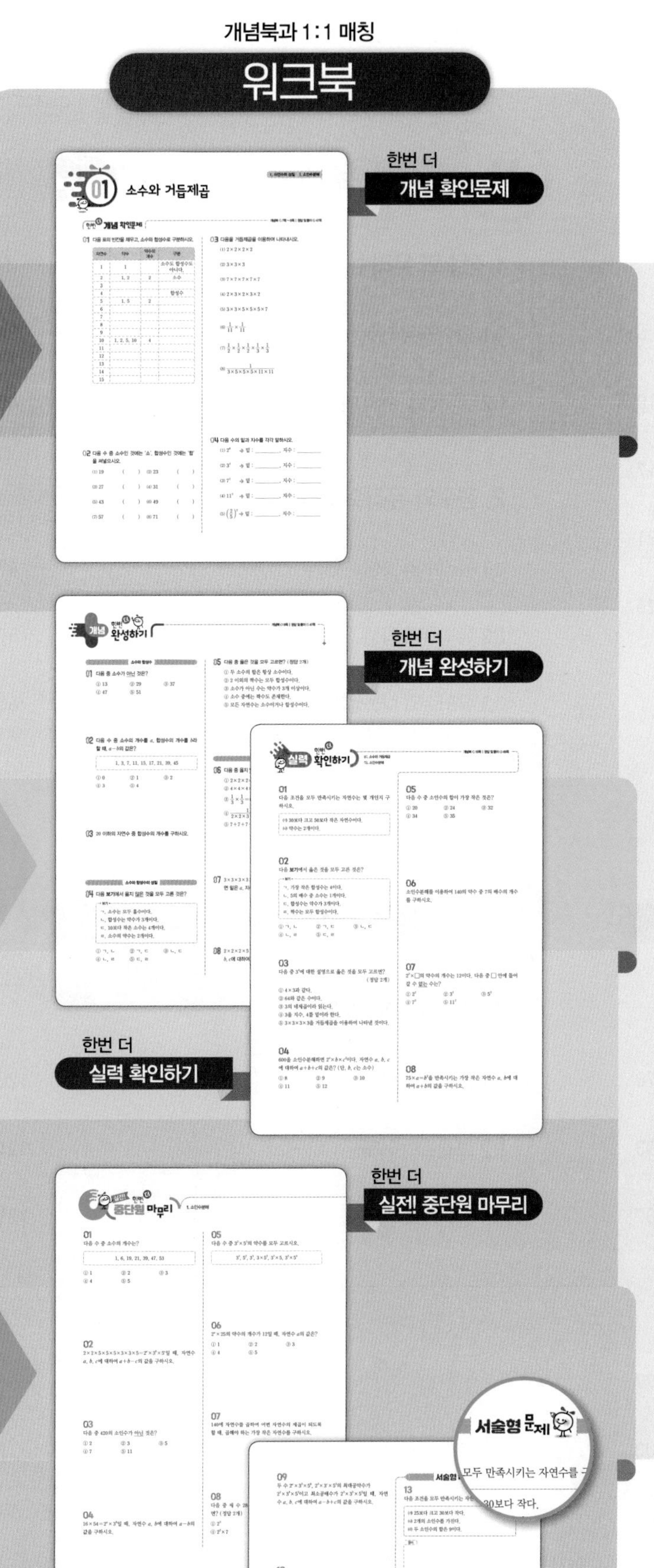

교과서에서 쏙 빼온 문제

특별한 부록

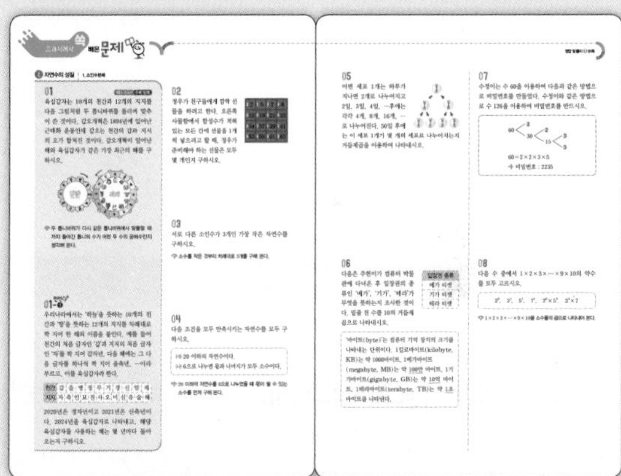

2015개정 교과서 10종의 특이 문제 분석 수록

차례

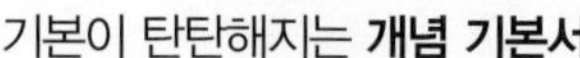

기본이 탄탄해지는 **개념 기본서**

수매씽 개념

I

자연수의 성질

1. 소인수분해

이전에 배운 내용

초 5~6 약수와 배수

이번에 배울 내용

I-1 **소인수분해**

01 소수와 거듭제곱
02 소인수분해
03 최대공약수
04 최소공배수
05 최대공약수와 최소공배수의 활용

이 단원을 배우면 소인수분해의 뜻을 알고, 자연수를 소인수분해할 수 있어요. 소인수분해를 이용하여 최대공약수와 최소공배수를 구할 수 있으면 다양한 실생활 문제를 해결할 수 있어요.

이후에 배울 내용

중 2 지수법칙
중 3 인수분해

01 소수와 거듭제곱

1 소수와 합성수

(1) **소수** : 1보다 큰 자연수 중에서 1과 자기 자신만을 약수로 가지는 수

예 2, 3, 5, 7, 11, 13, …

(2) **합성수** : 1보다 큰 자연수 중에서 소수가 아닌 수

예 4, 6, 8, 9, 10, 12, …

주의 1은 소수도 아니고 합성수도 아니다.

참고 • 모든 소수의 약수는 2개이고, 합성수의 약수는 3개 이상이다.
• 2는 소수 중 가장 작은 수이며, 유일한 짝수이다.

1부터 50까지의 자연수 중 소수를 모두 찾는 방법은 다음과 같다.

❶ 1은 소수가 아니므로 지운다.

❷ 남은 자연수 중 가장 작은 수 2를 남기고 2의 배수를 모두 지운다.

❸ 남은 자연수 중 가장 작은 수 3을 남기고 3의 배수를 모두 지운다.

❹ 남은 자연수 중 가장 작은 수 5를 남기고 5의 배수를 모두 지운다.

❺ 남은 자연수 중 가장 작은 수 7을 남기고 7의 배수를 모두 지운다.

1	②	③	4	⑤	6	⑦	8	9	10
⑪	12	⑬	14	15	16	⑰	18	⑲	20
21	22	㉓	24	25	26	27	28	㉙	30
㉛	32	33	34	35	36	㊲	38	39	40
㊶	42	㊸	44	45	46	㊼	48	49	50

이와 같은 방법으로 계속하여 지우고 남은 자연수 2, 3, 5, 7, 11, 13, 17, 19, 23, 29, 31, 37, 41, 43, 47은 모두 소수이다.

위와 같이 소수를 찾는 방법은 고대 그리스의 수학자 에라토스테네스(Eratosthenes, B.C. 275~B.C. 194?)가 발견한 것으로 마치 체를 이용하여 소수를 골라내는 것처럼 보인다고 하여 '에라토스테네스의 체'라고 한다.

용어
• **소수**(본디 素, 셈 數 / prime number) 1보다 큰 자연수 중 1과 자기 자신만을 약수로 가지는 수
예 2, 3, 5, …
• **소수**(작을 小, 셈 數 / decimal)
예 0.1, 3.2, …

2 거듭제곱

(1) **거듭제곱** : 2^2, 2^3, 2^4, …과 같이 같은 수를 여러 번 곱할 때, 곱하는 수와 곱하는 횟수를 이용하여 간단히 나타낸 것

(2) **밑** : 거듭하여 곱한 수

(3) **지수** : 거듭하여 곱한 횟수

$2\times2\times2=2^3$ (2가 3번; 2: 밑, 3: 지수)

쓰기	$\underbrace{2\times2}_{2번}=2^2$	$\underbrace{2\times2\times2}_{3번}=2^3$	$\underbrace{2\times2\times2\times2}_{4번}=2^4$
읽기	2의 제곱	2의 세제곱	2의 네제곱

주의 $2\times2\times2=2^3$, $2+2+2=2\times3$

참고 • 1의 거듭제곱은 항상 1이다. 즉, $1=1^2=1^3=\cdots$
• 2^1은 간단히 2로 나타낸다.

용어
지수(가리킬 指, 셈 數) 어떤 수를 몇 번 곱했는지 가리키는 수

중5~6

기초 코칭 1 약수는 무엇인지 복습해 볼까?

정답 및 풀이 ▶ 1쪽

(1) **약수** : 어떤 수를 나누어떨어지게 하는 수

예 8을 1, 2, 4, 8로 나누면 나누어떨어진다.

→ 1, 2, 4, 8은 8의 약수이다.

(2) **약수 구하는 방법** : 어떤 수를 나누었을 때 나누어떨어지게 하는 수를 찾는다.

어떤 수의 약수 중 가장 작은 수는 1이고, 가장 큰 수는 그 수 자신이야.

방법 1

$8 \div 1 = 8$
$8 \div 2 = 4$
$8 \div 4 = 2$
$8 \div 8 = 1$

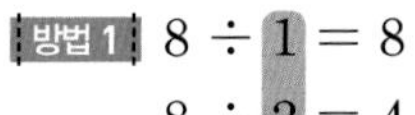

→ 8의 약수

방법 2

$8 = 1 \times 8$
$8 = 2 \times 4$

(8의 약수) = 1, 2, 4, 8

1 다음 수의 약수를 모두 구하시오.

(1) 9　　(2) 16

(3) 24　　(4) 50

1-❶ 다음 수의 약수를 모두 구하시오.

(1) 10　　(2) 18

(3) 32　　(4) 49

개념 코칭 2 소수와 합성수를 구분할 수 있을까?

정답 및 풀이 ▶ 1쪽

2 —약수→ 1, 2 —약수가 2개→ **소수** ← 1과 자기 자신만을 약수로 가지는 수

4 —약수→ 1, 2, 4 —약수가 3개 이상→ **합성수** ← 1보다 큰 자연수 중 소수가 아닌 수

주의 1은 소수도 아니고 합성수도 아니다.

자연수 { 1 → 약수가 1개
소수 → 약수가 2개
합성수 → 약수가 3개 이상 }

2 다음 수의 약수를 모두 구하고, 소수 또는 합성수 중 알맞은 것에 ○표 하시오.

(1) 3 → 약수 : ________ (소수, 합성수)

(2) 6 → 약수 : ________ (소수, 합성수)

(3) 11 → 약수 : ________ (소수, 합성수)

(4) 20 → 약수 : ________ (소수, 합성수)

(5) 25 → 약수 : ________ (소수, 합성수)

(6) 41 → 약수 : ________ (소수, 합성수)

2-❶ 다음 수 중 소수인 것에는 '소', 합성수인 것에는 '합'을 써넣으시오.

(1) 5 (　　)

(2) 12 (　　)

(3) 21 (　　)

(4) 29 (　　)

(5) 37 (　　)

(6) 51 (　　)

3 반복된 수의 곱은 거듭제곱을 이용하여 어떻게 나타낼까?

정답 및 풀이 ▶ 1쪽

- $\underbrace{5\times5\times5}_{5가\ 3번\ 곱해짐}=5^3$
- $\underbrace{\frac{1}{2}\times\frac{1}{2}\times\frac{1}{2}}_{\frac{1}{2}이\ 3번\ 곱해짐}=\left(\frac{1}{2}\right)^3$
- $\underbrace{2\times2\times2}_{2가\ 3번\ 곱해짐}\times\underbrace{5\times5}_{5가\ 2번\ 곱해짐}=2^3\times5^2$
- $\frac{1}{\underbrace{2\times2}_{2가\ 2번\ 곱해짐}\times\underbrace{3\times3\times3}_{3이\ 3번\ 곱해짐}}=\frac{1}{2^2\times3^3}$

참고 $\underbrace{2+2+2+2+2}_{2가\ 5번\ 더해짐}=2\times5$

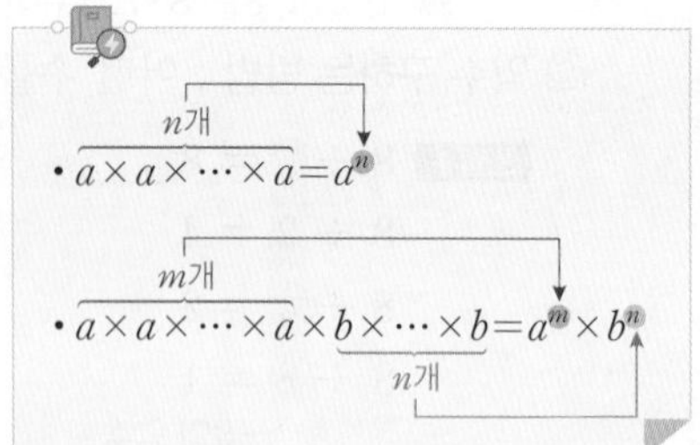

$\underbrace{a\times a\times\cdots\times a}_{n개}=a^n$
$\underbrace{a\times a\times\cdots\times a}_{m개}\times\underbrace{b\times\cdots\times b}_{n개}=a^m\times b^n$

3 다음을 거듭제곱을 이용하여 나타내시오.

(1) $3\times3\times3\times3$

(2) $5\times5\times7\times7\times7$

(3) $2\times2\times3\times3\times5$

(4) $\frac{1}{7}\times\frac{1}{7}\times\frac{1}{7}$

(5) $\frac{1}{5\times5\times5\times5}$

3-❶ 다음을 거듭제곱을 이용하여 나타내시오.

(1) $2\times2\times2\times2\times2$

(2) $3\times3\times3\times7\times7$

(3) $2\times5\times5\times5\times7$

(4) $\frac{1}{3}\times\frac{1}{3}\times\frac{1}{5}\times\frac{1}{5}\times\frac{1}{5}$

(5) $\frac{1}{2\times2\times2\times3\times3\times7}$

4 거듭제곱에서 밑과 지수는 무엇일까?

정답 및 풀이 ▶ 1쪽

$3\times3\times3\times3=3^4$ → 지수 : 거듭하여 곱한 횟수, 밑 : 거듭하여 곱한 수

참고 밑은 아래(밑)에 있어서 '밑'이라 부른다고 생각하면 쉽다.

$\underbrace{a\times a\times\cdots\times a}_{a가\ n번}=a^n$ ← 지수, 밑

4 다음 수의 밑과 지수를 각각 말하시오.

(1) 2^5 → 밑 : ________, 지수 : ________

(2) 5^4 → 밑 : ________, 지수 : ________

(3) 7^3 → 밑 : ________, 지수 : ________

(4) 10^2 → 밑 : ________, 지수 : ________

4-❶ 다음 수의 밑과 지수를 각각 말하시오.

(1) 2^4 → 밑 : ________, 지수 : ________

(2) 3^7 → 밑 : ________, 지수 : ________

(3) 9^3 → 밑 : ________, 지수 : ________

(4) 11^2 → 밑 : ________, 지수 : ________

개념 교과서 대표 문제로 완성하기

워크북 3쪽 | 정답 및 풀이 1쪽

소수와 합성수

01 다음 수 중 소수는 모두 몇 개인지 구하시오.

1, 3, 15, 19, 27, 31, 69, 79

02 다음 수 중 소수의 개수를 a, 합성수의 개수를 b라 할 때, $a-b$의 값은?

1, 5, 16, 17, 23, 27, 41, 43, 63

① 1 ② 2 ③ 3
④ 4 ⑤ 5

소수와 합성수의 성질 (중요)

03 다음 중 옳지 않은 것은?

① 1은 소수도 아니고 합성수도 아니다.
② 짝수 중 소수는 하나뿐이다.
③ 가장 작은 소수는 2이다.
④ 7의 배수 중 소수는 1개이다.
⑤ 12의 약수 중 소수는 3개이다.

04 다음 중 옳은 것은?

① 1을 제외한 모든 홀수는 소수이다.
② 한 자리의 자연수 중 합성수는 5개이다.
③ 약수가 4개인 자연수는 합성수이다.
④ 가장 작은 합성수는 6이다.
⑤ 두 소수의 곱은 홀수이다.

거듭제곱

05 다음 중 옳은 것은?

① $5\times5\times5=3^5$
② $2+2+2=2^3$
③ $7\times7\times7\times7=7\times4$
④ $\frac{1}{3}\times\frac{1}{3}\times\frac{1}{3}\times\frac{1}{3}=\frac{1}{3^4}$
⑤ $3\times3\times5\times5=3^2+5^2$

06 $2\times2\times3\times3\times3\times7\times7=2^a\times3^b\times7^c$일 때, 자연수 a, b, c에 대하여 $a+b-c$의 값을 구하시오.

02 소인수분해

1 소인수분해

(1) 인수 : 자연수 a, b, c에 대하여 $a=b\times c$일 때, b, c를 a의 인수라 한다.

(2) **소인수** : 소수인 인수

예 $12=1\times12=2\times6=3\times4$이므로

➜ 12의 인수 : 1, 2, 3, 4, 6, 12

➜ 12의 소인수 : 2, 3

(3) **소인수분해** : 1보다 큰 자연수를 그 수의 소인수들만의 곱으로 나타내는 것

(4) 소인수분해하는 방법

방법 1

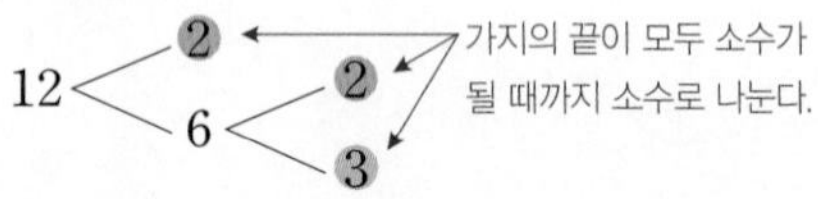

12
2
6
2
3
가지의 끝이 모두 소수가 될 때까지 소수로 나눈다.

방법 2

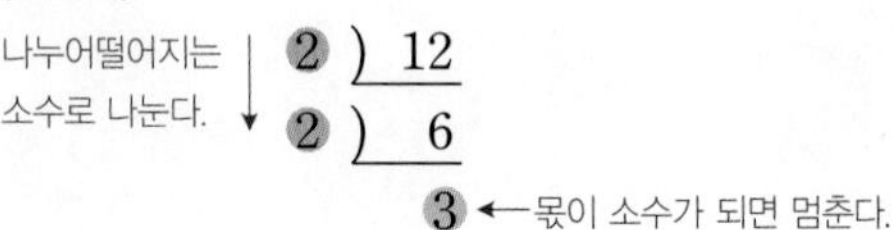

나누어떨어지는 소수로 나눈다.
2) 12
2) 6
3
몫이 소수가 되면 멈춘다.

➜ 소인수분해한 결과 : $12=\underline{2\times2}\times3=2^2\times3$

└→ 같은 소인수의 곱은 거듭제곱을 이용하여 나타낸다.

참고 • 소인수분해한 결과는 보통 크기가 작은 소인수부터 차례대로 쓴다.
• 소인수분해한 결과는 소인수들의 곱해진 순서를 생각하지 않으면 오직 한 가지뿐이다.

용어
인수(원인 因, 셈 數)
유래가 되는 수

2 소인수분해를 이용하여 약수 구하기

자연수 A가 $A=a^m\times b^n$ (a, b는 서로 다른 소수, m, n은 자연수)으로 소인수분해될 때

(1) A의 약수 : a^m의 약수와 b^n의 약수를 곱해서 구한다.

➜ (a^m의 약수)$\times$(b^n의 약수)

└→ $1, a, a^2, \cdots, a^m$ └→ $1, b, b^2, \cdots, b^n$

(2) A의 약수의 개수 : $(m+1)\times(n+1)$

소인수의 지수에 각각 1을 더한다.

예 12를 소인수분해하면 $12=2^2\times3$

$\times$	1	2	2^2
1	$1\times1=1$	$1\times2=2$	$1\times2^2=4$
3	$3\times1=3$	$3\times2=6$	$3\times2^2=12$

12의 약수는 2^2의 약수인 1, 2, 2^2과 3의 약수인 1, 3을 각각 곱하여 구한다.

➜ 12의 약수 : 1, 2, 3, 4, 6, 12

➜ 12의 약수의 개수 : $(2+1)\times(1+1)=3\times2=6$

참고 자연수 $A=a^l\times b^m\times c^n$ (a, b, c는 서로 다른 소수, l, m, n은 자연수)에 대하여

① A의 약수 : (a^l의 약수)$\times$(b^m의 약수)$\times$(c^n의 약수)

② A의 약수의 개수 : $(l+1)\times(m+1)\times(n+1)$

개념 코칭 1 소인수분해는 어떻게 할까?

정답 및 풀이 ▶ 1쪽

방법 1

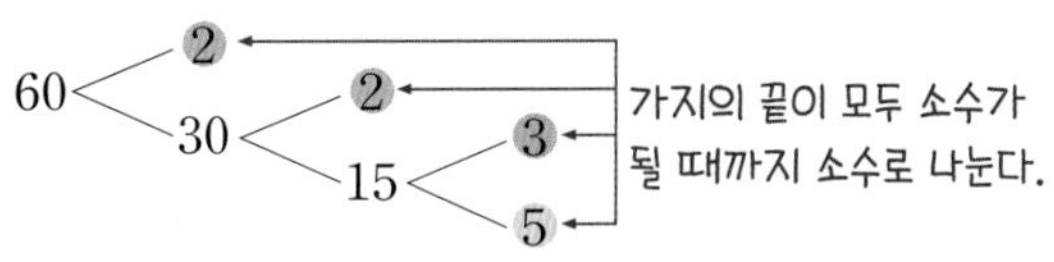

가지의 끝이 모두 소수가 될 때까지 소수로 나눈다.

방법 2

나누어떨어지는 소수로 나눈다.

2) 60
2) 30
3) 15
5 ← 몫이 소수가 되면 멈춘다.

→ 소인수분해한 결과 : $60=2\times2\times3\times5=2^2\times3\times5$

같은 소인수의 곱은 거듭제곱으로!

60의 소인수 : 2, 3, 5

1 다음 □ 안에 알맞은 수를 써넣어 소인수분해하고, 소인수를 모두 구하시오.

(1) 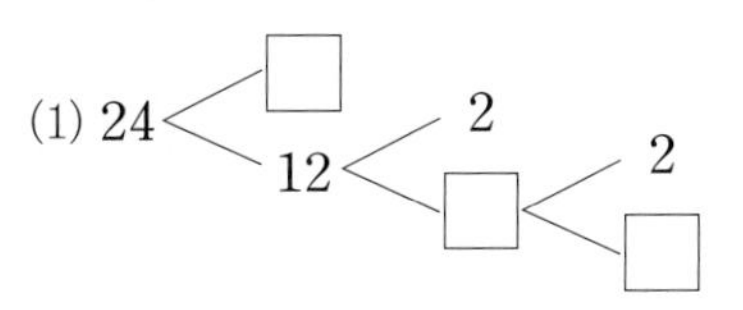

→ 24= ______

소인수 : ______

(2) 140 < 2, □ < 2, □ < □, 7

→ 140= ______

소인수 : ______

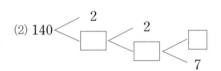

1-❶ 다음 수를 1과 같은 방법으로 소인수분해하고, 소인수를 모두 구하시오.

(1) 44　　(2) 98

(3) 135　　(4) 252

2 다음 □ 안에 알맞은 수를 써넣어 소인수분해하고, 소인수를 모두 구하시오.

(1)
□) 52
□) 26
13

→ 52= ______

소인수 : ______

(2)
□) 150
3) 75
□) □
5

→ 150= ______

소인수 : ______

2-❶ 다음 수를 2와 같은 방법으로 소인수분해하고, 소인수를 모두 구하시오.

(1)) 50　　(2)) 72

(3)) 126　　(4)) 350

소인수분해를 이용하여 약수를 모두 구할 수 있을까?

정답 및 풀이 ▶ 1쪽

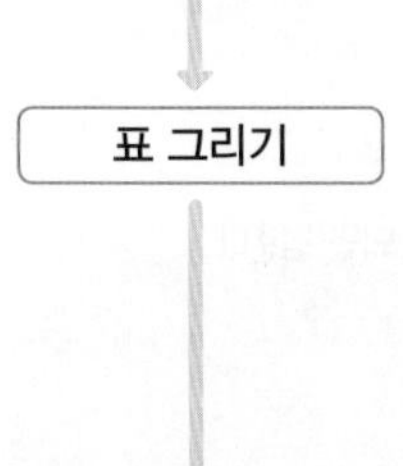

소인수분해하기 45를 소인수분해하면 $45=3^2\times5$

표 그리기

3^2의 약수

×	1	3	3^2
1	$1\times1=1$	$1\times3=3$	$1\times3^2=9$
5	$5\times1=5$	$5\times3=15$	$5\times3^2=45$

5의 약수

약수 구하기 45의 약수 : 1, 3, 5, 9, 15, 45

약수의 개수 구하기 $45=3^2\times5^1$이므로

3^2의 약수의 개수 : $2+1$ ← 지수보다 1만큼 큰 수

5^1의 약수의 개수 : $1+1$

→ $(2+1)\times(1+1)=3\times2=6$

주의 $45=3^2\times5$에서 5의 지수는 0이 아니라 1이다.

$a^m\times b^n$ (a, b는 서로 다른 소수, m, n은 자연수)에서

→ 약수 : (a^m의 약수) × (b^n의 약수)

→ 약수의 개수 : $(m+1)\times(n+1)$

3 다음은 소인수분해를 이용하여 75의 약수를 구하는 과정이다. 표를 완성하고, 약수를 모두 구하시오.

$75=3\times5^2$

×	1	3
1		
5		
5^2		

→ 75의 약수 : ____________

3-❶ 다음은 소인수분해를 이용하여 36의 약수를 구하는 과정이다. 표를 완성하고, 약수를 모두 구하시오.

$36=2^2\times3^2$

×	1	2	2^2
1			
3			
3^2			

→ 36의 약수 : ____________

4 다음 수의 약수의 개수를 구하시오.

(1) 2^3

(2) $2^4\times3$

(3) $3^3\times5^2$

(4) 68

(5) 100

4-❶ 다음 수의 약수의 개수를 구하시오.

(1) 5^4

(2) 3×5^3

(3) $2^2\times7^3$

(4) 49

(5) 216

제곱인 수는 무엇일까? 또, 제곱인 수를 어떻게 만들까?

정답 및 풀이 ▶ 1쪽

어떤 자연수의 제곱인 수를 말해 봐.

$1(=1^2)$, $4(=2^2)$, $9(=3^2)$, $16(=4^2)$, $\cdots$ 이 있어. 모두 어떤 자연수가 2번 곱해진 수야.

어떤 자연수의 제곱인 수를 소인수분해하면 어떤 특징이 있을까?

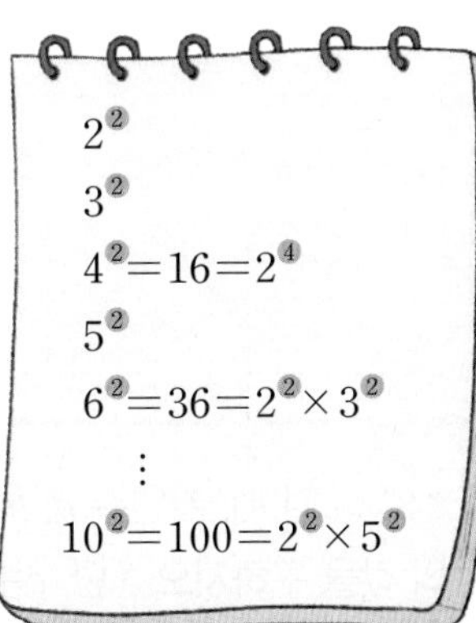

어떤 자연수의 제곱인 수를 소인수분해하면 각 소인수의 지수가 모두 **짝수**이다.

→ 주어진 수를 어떤 자연수의 제곱인 수가 되게 하려면

❶ 주어진 수를 소인수분해한다.

❷ 지수가 홀수인 소인수를 찾아, 그 소인수의 지수가 짝수가 되도록 적당한 수를 곱하거나 나눈다.

45에 자연수를 곱하여 어떤 자연수의 제곱이 되도록 할 때, 곱해야 하는 가장 작은 자연수를 구해 보자.

→ 45를 소인수분해하면 $45=3^2\times5$ ← 지수가 홀수

$45\times\square=3^2\times5\times\square$가 제곱인 수가 되려면 $\square=5\times(\text{자연수})^2$의 꼴이어야 한다.

따라서 곱해야 하는 가장 작은 자연수는 $\square=5\times1^2=5$

확인 $45\times5=(3^2\times5)\times5=3^2\times5^2=15^2$이므로 15의 제곱인 수가 된다.

5 다음 수가 어떤 자연수의 제곱이 되도록 할 때, □ 안에 알맞은 가장 작은 자연수를 써넣으시오.

(1) $2^5\times\square$

(2) $2^2\times3\times\square$

(3) $5\times7^2\times\square$

(4) $3\times5\times\square$

(5) $2^3\times3^2\times7\times\square$

5-❶ 다음 수에 자연수를 곱하여 어떤 자연수의 제곱이 되도록 할 때, 곱해야 하는 가장 작은 자연수를 구하시오.

(1) $2^3\times3^2$

(2) $3^3\times5$

(3) $2^4\times3\times7$

(4) 40

(5) 128

개념 교과서 대표 문제로 완성하기

소인수분해

01 다음 중 소인수분해한 결과가 옳지 않은 것은?

① $20=2^2\times5$ ② $32=2^5$
③ $66=2\times3\times11$ ④ $108=2^2\times3^3$
⑤ $120=2^2\times3\times5$

02 다음 **보기**에서 소인수분해한 결과가 옳은 것을 모두 고르시오.

보기
ㄱ. $56=2^3\times7$ ㄴ. $84=2\times6\times7$
ㄷ. $198=2\times3^2\times11$ ㄹ. $225=3\times5^3$

소인수분해한 결과에서 지수 구하기

03 160을 소인수분해하면 $2^a\times5^b$이다. 자연수 a, b에 대하여 $a+b$의 값은?

① 3 ② 4 ③ 5
④ 6 ⑤ 7

04 $540=2^a\times3^b\times c$일 때, 자연수 a, b, c에 대하여 $a+b+c$의 값을 구하시오. (단, c는 소수)

소인수 구하기 (중요)

05 396의 모든 소인수의 합은?

① 5 ② 8 ③ 10
④ 12 ⑤ 16

06 다음 중 소인수가 나머지 넷과 다른 하나는?

① 30 ② 90 ③ 140
④ 150 ⑤ 450

약수 구하기

07 다음 중 54의 약수인 것을 모두 고르면? (정답 2개)

① 2^2 ② 3^2 ③ $2^2\times3$
④ 2×3^2 ⑤ $2^2\times3^2$

08 다음 중 $2^3\times3^2\times7$의 약수가 아닌 것은?

① 2^3 ② $3^2\times7$ ③ $3^2\times7^2$
④ $2^2\times3\times7$ ⑤ $2^3\times3\times7$

약수의 개수 구하기

09 다음 중 약수의 개수가 나머지 넷과 <u>다른</u> 하나는?

① 2×3^5　② $2^2\times3^3$　③ 3×5^4
④ $2\times3^2\times7$　⑤ $2^2\times7\times11$

자연수 A가 $A=a^l\times b^m\times c^n$($a$, b, c는 서로 다른 소수, l, m, n은 자연수)으로 소인수분해될 때, A의 약수의 개수
→ $(l+1)\times(m+1)\times(n+1)$

10 다음 중 약수의 개수가 가장 많은 것은?

① 36　② $2^4\times5^2$　③ 48
④ $2^2\times3\times5$　⑤ 70

약수의 개수가 주어질 때 미지수 구하기

11 $3^{\square}\times5^2$의 약수의 개수가 18일 때, □ 안에 알맞은 자연수는?

① 1　② 2　③ 3
④ 4　⑤ 5

$a^m\times b^n$(a, b는 서로 다른 소수, m, n은 자연수)의 약수의 개수가 k이다.
→ $(m+1)\times(n+1)=k$

12 $2^3\times7^{\square}$의 약수의 개수가 12일 때, □ 안에 알맞은 자연수를 구하시오.

제곱인 수 만들기

13 60을 자연수로 나누어 어떤 자연수의 제곱이 되도록 할 때, 나누어야 하는 가장 작은 자연수를 구하시오.

14 48에 자연수 x를 곱하여 어떤 자연수의 제곱이 되도록 할 때, 다음 중 자연수 x가 될 수 <u>없는</u> 수는?

① 3　② 9　③ 12
④ 27　⑤ 48

01. 소수와 거듭제곱
02. 소인수분해

워크북 ▶ 7쪽 | 정답 및 풀이 ▶ 3쪽

01

다음 중 옳지 않은 것은?

① 가장 작은 합성수는 4이다.
② 소수가 아닌 자연수는 합성수이다.
③ 2는 가장 작은 소수이다.
④ 10보다 작은 자연수 중 소수는 4개이다.
⑤ 1을 제외한 모든 자연수는 약수가 2개 이상이다.

02

$2^5=a$, $3^b=81$을 만족시키는 자연수 a, b에 대하여 $a+b$의 값을 구하시오.

03

504를 소인수분해하면 $2^a\times b^2\times c$이다. 자연수 a, b, c에 대하여 $a-b+c$의 값은? (단, b, c는 소수)

① 7　② 8　③ 9
④ 10　⑤ 11

04

다음 **보기**에서 소인수가 모두 같은 것끼리 짝 지은 것은?

보기
ㄱ. 25　ㄴ. 48　ㄷ. 96　ㄹ. 135

① ㄱ, ㄴ　② ㄱ, ㄷ　③ ㄱ, ㄹ
④ ㄴ, ㄷ　⑤ ㄴ, ㄹ

05

126의 약수 중 두 번째로 큰 수는?

① 2×7　② 2×3^2　③ $2\times3\times7$
④ $3^2\times7$　⑤ $2\times3^2\times7$

06

다음 중 약수의 개수가 가장 적은 것은?

① 28　② 30　③ 36
④ 64　⑤ 125

07

$24\times a=b^2$을 만족시키는 가장 작은 자연수 a, b에 대하여 $a+b$의 값을 구하시오.

한걸음 더

08 추론

$2^2\times\square$의 약수의 개수가 9일 때, 다음 중 $\square$ 안에 들어갈 수 없는 수는?

① 9　② 25　③ 27
④ 49　⑤ 121

03 최대공약수

1 공약수와 최대공약수

(1) **공약수** : 두 개 이상의 자연수의 공통인 약수

(2) **최대공약수** : 공약수 중에서 가장 큰 수

주의 공약수 중 가장 작은 수는 항상 1이므로 최소공약수는 생각하지 않는다.

(3) **최대공약수의 성질** : 두 개 이상의 자연수의 공약수는 그 수들의 최대공약수의 약수이다.

예 8과 12의 공약수는 1, 2, 4이고, 최대공약수는 4이다. (약수)

(4) **서로소** : 최대공약수가 1인 두 자연수

예 4와 7의 최대공약수는 1이므로 4와 7은 서로소이다.

참고 • 1은 모든 자연수와 서로소이다.
• 서로 다른 두 소수는 항상 서로소이다.

초5~6
• **공약수** : 두 수의 공통인 약수
• **최대공약수** : 두 수의 공약수 중 가장 큰 수

2 최대공약수 구하는 방법

(1) 최대공약수 구하기

방법 1 소인수분해 이용하기

❶ 각 수를 소인수분해한다.

❷ 공통인 소인수를 모두 곱한다.
이때 공통인 소인수의 거듭제곱에서 지수가 같으면 그대로, 지수가 다르면 지수가 작은 것을 택하여 곱한다.

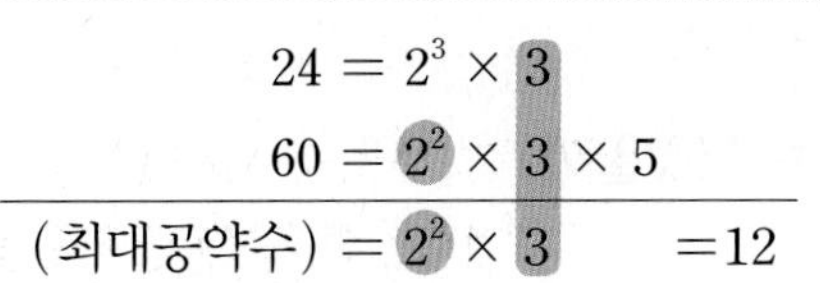

방법 2 나눗셈 이용하기

❶ 1이 아닌 공약수로 각 수를 나눈다.

❷ 몫이 서로소가 될 때까지 계속 나눈다.

❸ 나누어 준 공약수를 모두 곱한다.

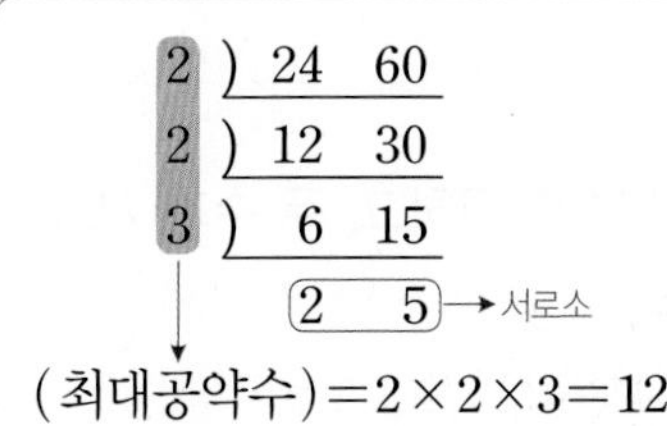

용어
최대공약수(Greatest Common Divisor)
최대공약수를 간단히 G.C.D.로 나타내기도 한다.

(2) 세 수의 최대공약수 구하기

방법 1 소인수분해 이용하기

$24 = 2^3 \times 3$

$48 = 2^4 \times 3$

$60 = 2^2 \times 3 \times 5$

$(\text{최대공약수}) = 2^2 \times 3 = 12$

지수가 같거나 작은 것을 택한다.

방법 2 나눗셈 이용하기

2) 24 48 60
2) 12 24 30
3) 6 12 15
2 4 5 → 공약수 : 1

(최대공약수)$=2\times2\times3=12$

주의 방법 2 로 세 수의 최대공약수를 구할 때는 모든 수를 동시에 나눌 수 있는 수로만 나누어야 한다.

1 공약수와 최대공약수는 무엇인지 복습해 볼까?

정답 및 풀이 ▶ 3쪽

12의 약수	1	2	3	4	6	12
18의 약수	1	2	3	6	9	18

12와 18의 공약수 → 1, 2, 3, 6 → 12와 18의 최대공약수 → 6

공약수는 최대공약수 6의 약수

1 8과 20의 공약수와 최대공약수를 구하려고 한다. 표를 완성하고, 다음을 구하시오.

8의 약수						
20의 약수						

(1) 8과 20의 공약수

(2) 8과 20의 최대공약수

1-❶ 16과 24의 공약수와 최대공약수를 구하려고 한다. 표를 완성하고, 다음을 구하시오.

16의 약수								
24의 약수								

(1) 16과 24의 공약수

(2) 16과 24의 최대공약수

개념 코칭

2 서로소는 무엇일까?

정답 및 풀이 ▶ 3쪽

3의 약수	1	3
7의 약수	1	7

3과 7의 공약수 → 1 → 3과 7의 최대공약수 → 1 → 최대공약수가 1이므로 3과 7은 서로소

2 다음 두 수의 최대공약수를 구하고, 두 수가 서로소인지 아닌지 말하시오.

(1) 4, 9

(2) 5, 10

(3) 9, 16

(4) 12, 27

(5) 13, 19

(6) 18, 30

2-❶ 다음 두 수가 서로소인 것에는 ○표, 서로소가 아닌 것에는 ×표를 하시오.

(1) 3, 8 (　　)

(2) 7, 13 (　　)

(3) 8, 14 (　　)

(4) 11, 20 (　　)

(5) 15, 25 (　　)

(6) 20, 33 (　　)

최대공약수는 어떻게 구할까?

정답 및 풀이 ▶ 3쪽

방법 1 소인수분해 이용하기

$$18 = 2 \times 3^2$$
$$42 = 2 \times 3 \times 7$$
$$(\text{최대공약수}) = 2 \times 3 = 6$$

- 공통이 아닌 소인수는 생각하지 않는다.
- 지수가 같으면 그대로 택한다.
- 지수가 다르면 작은 것을 택한다.

방법 2 나눗셈 이용하기

공약수로 나눈다.

```
2 ) 18  42
3 )  9  21
     3   7  ← 서로소
```

$(\text{최대공약수}) = 2 \times 3 = 6$

3 다음 수들의 최대공약수를 소인수의 곱으로 나타내시오.

(1) $2^2 \times 3^2$, 2×3^2
(최대공약수)=

(2) $2^2 \times 5^2 \times 7$, $2^2 \times 3 \times 5$
(최대공약수)=

(3) $2 \times 3^3 \times 5$, 3×5^2, $3 \times 5^3 \times 7$
(최대공약수)=

(4) $2 \times 3^2 \times 5^2$, $2^3 \times 3 \times 5^3$, $2^2 \times 3 \times 5^2 \times 7$
(최대공약수)=

3-❶ 다음 수들의 최대공약수를 소인수의 곱으로 나타내시오.

(1) 2×5, 2×5^2
(최대공약수)=

(2) $2^2 \times 3^2 \times 5$, $2^2 \times 3 \times 7$
(최대공약수)=

(3) $2 \times 3^2 \times 5^2$, $3^3 \times 5 \times 7$, $2^2 \times 3^4 \times 5$
(최대공약수)=

(4) $2^2 \times 3 \times 5 \times 7$, $2^3 \times 3 \times 7^2$, $2 \times 3^2 \times 7^2 \times 11$
(최대공약수)=

4 다음 수들의 최대공약수를 나눗셈을 이용하여 구하시오.

(1)) 12 20

(2)) 40 60

(3)) 12 42 54

4-❶ 다음 수들의 최대공약수를 나눗셈을 이용하여 구하시오.

(1)) 42 56

(2)) 54 72

(3)) 75 100 150

개념 교과서 대표 문제로 완성하기

워크북 9쪽 | 정답 및 풀이 4쪽

최대공약수의 성질

01 어떤 두 자연수의 최대공약수가 12일 때, 이 두 수의 공약수를 모두 구하시오.

02 어떤 두 자연수의 최대공약수가 $2^3\times3^2$일 때, 다음 중 이 두 수의 공약수가 아닌 것은?

① 2 ② 2×3 ③ $2^2\times3$
④ 48 ⑤ 72

서로소

03 다음 중 두 수가 서로소인 것을 모두 고르면? (정답 2개)

① 7, 21 ② 9, 15 ③ 11, 23
④ 8, 45 ⑤ 10, 35

04 다음 수 중 6과 서로소인 것은 모두 몇 개인지 구하시오.

5, 8, 13, 14, 21, 35

최대공약수 구하기

05 세 수 2×3^3, $2^2\times3^2\times5$, $2^2\times3^3\times5$의 최대공약수는?

① 2×3 ② 2×3^2 ③ $2^2\times3^2$
④ $2^2\times3^2\times5$ ⑤ $2^2\times3^3\times5$

06 두 수 $2^3\times3^a\times7^3$, $2\times3^4\times7^b$의 최대공약수가 $2\times3^2\times7^2$일 때, 자연수 a, b에 대하여 $a+b$의 값은?

① 2 ② 3 ③ 4
④ 5 ⑤ 6

공약수 구하기 (중요)

07 다음 중 두 수 $2^3\times7$, $2^2\times3\times7^2$의 공약수가 아닌 것은?

① 2^2 ② 7 ③ 2×7
④ $2^2\times7$ ⑤ $2^3\times7$

08 다음 **보기**에서 세 수 90, $2^2\times3^2\times5$, $2\times3^2\times7$의 공약수를 모두 고르시오.

보기
ㄱ. 2×3 ㄴ. 3^2
ㄷ. $2^2\times3$ ㄹ. 2×3^2

04 최소공배수

1 공배수와 최소공배수

(1) **공배수** : 두 개 이상의 자연수의 공통인 배수

(2) **최소공배수** : 공배수 중에서 가장 작은 수

주의 공배수 중 가장 큰 수는 알 수 없으므로 최대공배수는 생각하지 않는다.

(3) **최소공배수의 성질**

① 두 개 이상의 자연수의 공배수는 그 수들의 최소공배수의 배수이다.

② 서로소인 두 자연수의 최소공배수는 두 수의 곱과 같다.

예 2와 5의 공배수는 10, 20, 30, 40, …이고, 최소공배수는 10이다. (공배수는 최소공배수 10의 배수)

> 초5~6
> - **공배수** : 두 수의 공통인 배수
> - **최소공배수** : 두 수의 공배수 중 가장 작은 수

2 최소공배수 구하는 방법

(1) **최소공배수 구하기**

방법 1 소인수분해 이용하기

❶ 각 수를 소인수분해한다.

❷ 공통인 소인수와 공통이 아닌 소인수를 모두 곱한다. 이때 공통인 소인수의 거듭제곱에서 지수가 같으면 그대로, 지수가 다르면 지수가 큰 것을 택하여 곱한다.

$$12 = 2^2 \times 3$$
$$30 = 2 \times 3 \times 5$$
$$(\text{최소공배수}) = 2^2 \times 3 \times 5 = 60$$

방법 2 나눗셈 이용하기

❶ 1이 아닌 공약수로 각 수를 나눈다.

❷ 몫이 서로소가 될 때까지 계속 나눈다.

❸ 나누어 준 공약수와 몫을 모두 곱한다.

```
2 ) 12  30
3 )  6  15
     2   5  → 서로소
```

$(\text{최소공배수}) = 2 \times 3 \times 2 \times 5 = 60$

> 용어
> **최소공배수**(Least Common Multiple)
> 최소공배수를 간단히 L.C.M.으로 나타내기도 한다.

(2) **세 수의 최소공배수 구하기**

방법 1 소인수분해 이용하기

$$12 = 2^2 \times 3$$
$$24 = 2^3 \times 3$$
$$30 = 2 \times 3 \times 5$$
$$(\text{최소공배수}) = 2^3 \times 3 \times 5 = 120$$

지수가 같거나 큰 것을 택한다. / 공통이 아닌 소인수도 곱한다.

방법 2 나눗셈 이용하기

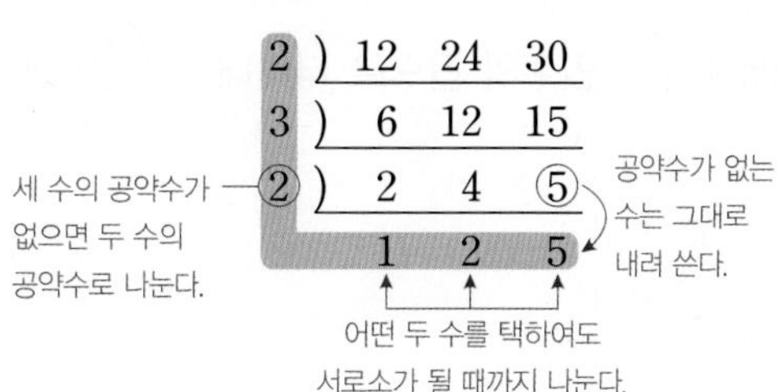

2) 12 24 30
3) 6 12 15
2) 2 4 5
1 2 5
세 수의 공약수가 없으면 두 수의 공약수로 나눈다.
공약수가 없는 수는 그대로 내려 쓴다.
어떤 두 수를 택하여도 서로소가 될 때까지 나눈다.

$(\text{최소공배수}) = 2 \times 3 \times 2 \times 1 \times 2 \times 5 = 120$

3 최대공약수와 최소공배수의 관계

두 자연수 A, B의 최대공약수를 G, 최소공배수를 L이라 할 때, $A = G \times a$, $B = G \times b$ (a, b는 서로소)이면 다음이 성립한다.

(1) $L = G \times a \times b$ (2) $A \times B = G \times L$

```
G ) A  B
    a  b
    서로소
```

5~6

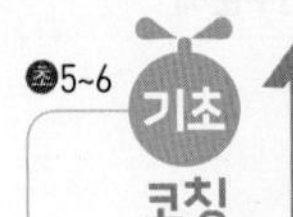

공배수와 최소공배수는 무엇인지 복습해 볼까?

정답 및 풀이 ▶ 4쪽

2의 배수	2	4	6	8	10	12	⋯
3의 배수	3	6	9	12	15	18	⋯

2와 3의 공배수 → 6, 12, ⋯ → 2와 3의 최소공배수 → 6

공배수는 최소공배수 6의 배수

1 4와 6의 공배수와 최소공배수를 구하려고 한다. 표를 완성하고, 다음을 구하시오.

4의 배수							⋯
6의 배수							⋯

(1) 4와 6의 공배수

(2) 4와 6의 최소공배수

1-❶ 10과 15의 공배수와 최소공배수를 구하려고 한다. 표를 완성하고, 다음을 구하시오.

10의 배수							⋯
15의 배수							⋯

(1) 10과 15의 공배수

(2) 10과 15의 최소공배수

최소공배수는 어떻게 구할까?

정답 및 풀이 ▶ 4쪽

방법 1 소인수분해 이용하기

$36 = 2^2 \times 3^2$

$60 = 2^2 \times 3 \times 5$

$(\text{최소공배수}) = 2^2 \times 3^2 \times 5 = 180$

지수가 같으면 그대로 택한다. / 지수가 다르면 큰 것을 택한다. / 공통이 아닌 소인수도 곱한다.

방법 2 나눗셈 이용하기

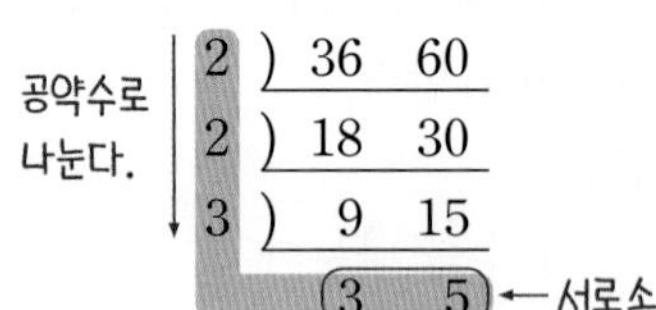

(최소공배수) $= 2 \times 2 \times 3 \times 3 \times 5 = 180$

나눈 수와 몫을 모두 곱한다.

참고 **방법 2**에서 세 수의 최소공배수를 구할 때는 세 수의 공약수가 없어도 두 수의 공약수가 있다면 나눈다. 이때 공약수가 없는 수는 그대로 내려 쓴다.

2 다음 수들의 최소공배수를 소인수의 곱으로 나타내시오.

(1)

$2^3 \times 3$

$2^2 \times 3^2$

(최소공배수)=

(2)

$3^2 \times 5 \times 7$

$5^3 \times 7$

(최소공배수)=

(3)

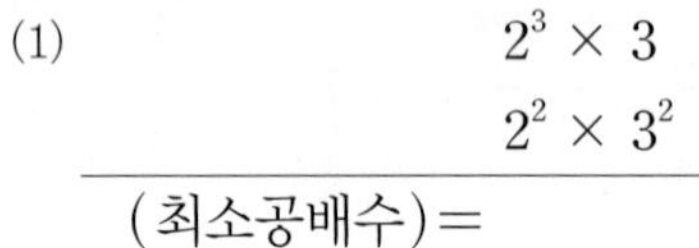

2×3^2

$2^2 \times 3^2 \times 5$

$2^3 \times 3 \times 5^2$

(최소공배수)=

2-❶ 다음 수들의 최소공배수를 소인수의 곱으로 나타내시오.

(1)

$3^2 \times 5$

$3^3 \times 5 \times 7$

(최소공배수)=

(2)

$2^2 \times 3^2 \times 5$

$2 \times 3^3 \times 5$

(최소공배수)=

(3)

$2^3 \times 5$

$2 \times 3^2 \times 5$

$3 \times 5^2 \times 7$

(최소공배수)=

3 다음 수들의 최소공배수를 나눗셈을 이용하여 구하시오.

(1) $\overline{)\ 12\quad 18}$　　(2) $\overline{)\ 10\quad 24\quad 32}$

3-❶ 다음 수들의 최소공배수를 나눗셈을 이용하여 구하시오.

(1) $\overline{)\ 30\quad 45}$　　(2) $\overline{)\ 24\quad 30\quad 36}$

집중 코칭 3 최대공약수와 최소공배수 사이에는 어떤 관계가 있을까?

정답 및 풀이 ▶ 4쪽

두 자연수 A, B의 최대공약수를 G라 하면

$A=G\times a$, $B=G\times b$ (a, b는 서로소) → a, b는 최대공약수가 1이므로 더 이상 나눌 수 없다.

라 할 수 있다. 이때 최소공배수를 L이라 하면 다음이 성립한다.

집중 1

두 자연수 A, B의 최소공배수를 구하면

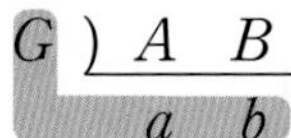

$G\ \overline{)\ A\quad B}$
$\quad\ a\quad b$

→ $L=G\times a\times b$

예 두 자연수 12, 18에 대하여

$12=6\times 2$, $18=6\times 3$

$6\ \overline{)\ 12\quad 18}$
$\quad\ 2\quad 3$

→ (최소공배수)$=6\times 2\times 3=36$

집중 2

두 자연수 A, B의 곱을 구하면

$A\times B=(G\times a)\times(G\times b)$

$=G\times(\underbrace{G\times a\times b}_{\text{최소공배수}})$

$=G\times L$ (최대공약수 G, 최소공배수 L)

→ $A\times B=G\times L$

(두 자연수의 곱) = (최대공약수)×(최소공배수)

예 두 자연수 12, 18에 대하여

$12=6\times 2$, $18=6\times 3$

$12\times 18=(6\times 2)\times(6\times 3)$ (두 수의 곱)

$=6\times(6\times 2\times 3)$

$=6\times 36$ (최대공약수 6, 최소공배수 36)

4 두 자연수 A와 15의 최대공약수가 3이고 최소공배수가 60일 때, □ 안에 알맞은 수를 써넣고, 자연수 A를 구하시오.

$3\ \overline{)\ A\quad 15}$
$\quad\ \square\quad 5$ → (최소공배수)$=3\times\square\times 5=60$

4-❶ 두 자연수 35와 A의 최대공약수가 5이고 최소공배수가 105일 때, 자연수 A를 구하시오.

5 두 자연수의 곱이 300이고 최소공배수가 60일 때, 두 자연수의 최대공약수를 구하시오.

5-❶ 두 자연수의 곱이 486이고 최대공약수가 9일 때, 두 자연수의 최소공배수를 구하시오.

워크북 ▶ 11쪽 | 정답 및 풀이 ▶ 5쪽

최소공배수의 성질

01 어떤 두 자연수의 최소공배수가 12일 때, 다음 수 중 이 두 수의 공배수를 모두 고르시오.

6, 12, 18, 24, 36, 50

02 두 자연수 A, B의 최소공배수가 18일 때, A, B의 공배수 중 두 자리의 자연수는 모두 몇 개인지 구하시오.

최소공배수 구하기

03 세 수 $2^2\times3\times5$, $2^2\times3^3$, $2\times3^2\times7$의 최소공배수는?

① $2\times3\times5\times7$ ② $2^2\times3\times5\times7$
③ $2^2\times3^2\times5$ ④ $2^2\times3^2\times5\times7$
⑤ $2^2\times3^3\times5\times7$

04 두 수 $2^a\times3\times5^3$, $2\times3^b\times5\times c$의 최소공배수가 $2^3\times3^2\times5^3\times7$일 때, 자연수 a, b, c에 대하여 $a+b+c$의 값은? (단, c는 소수)

① 6 ② 8 ③ 10
④ 12 ⑤ 14

공배수 구하기

05 다음 중 두 수 $2^2\times3^2$, $2^3\times3\times5$의 공배수를 모두 고르면? (정답 2개)

① 2×3 ② $2\times3\times5$
③ $2^2\times3\times5$ ④ $2^3\times3^2\times5$
⑤ $2^5\times3^3\times5$

06 다음 중 세 수 9, 12, 18의 공배수가 아닌 것을 모두 고르면? (정답 2개)

① $2\times3\times5^2$ ② $2^2\times3\times7$
③ $2^2\times3^2\times5$ ④ $2^2\times3^2\times7$
⑤ $2^2\times3^3\times5^2\times7$

최대공약수와 최소공배수가 주어질 때 미지수 구하기 (중요)

07 두 수 $2^3\times3^a$, $2^b\times3^3\times7$의 최대공약수가 $2^2\times3^3$, 최소공배수가 $2^3\times3^4\times7$일 때, 자연수 a, b에 대하여 $a+b$의 값은?

① 2 ② 4 ③ 6
④ 8 ⑤ 10

08 두 수 $2^a\times3^b\times7$, $2^3\times3^3\times c$의 최대공약수가 $2^3\times3^2$, 최소공배수가 $2^4\times3^3\times7\times11$일 때, 자연수 a, b, c에 대하여 $a-b+c$의 값을 구하시오. (단, c는 소수)

05 최대공약수와 최소공배수의 활용

1 최대공약수의 활용

활용 문제에 '가능한 한 많은', '가능한 한 큰', '최대한' 등의 표현이 있는 경우에는 대부분 최대공약수를 이용하여 문제를 푼다.

예시 문제 (1) 물건을 가능한 한 많은 사람들에게 남김없이 똑같이 나누어 주는 문제
(2) 직사각형 모양의 종이를 가능한 한 큰 정사각형으로 잘라서 나누는 문제
(3) 두 개 이상의 자연수를 모두 나누어떨어지게 하는 가장 큰 자연수를 구하는 문제

예 사과 8개와 배 12개를 가능한 한 많은 학생들에게 남김없이 똑같이 나누어 줄 때, 몇 명의 학생들에게 나누어 줄 수 있는지 구해 보자.

❶ 사과 8개를 나누어 줄 수 있는 학생 수
→ 1명, 2명, 4명, 8명 → 8의 약수

❷ 배 12개를 나누어 줄 수 있는 학생 수
→ 1명, 2명, 3명, 4명, 6명, 12명 → 12의 약수

❸ 사과와 배를 나누어 줄 수 있는 학생 수 → 1명, 2명, 4명 → 8과 12의 공약수

❹ 사과와 배를 나누어 줄 수 있는 가능한 한 많은 학생 수 → 4명 → 8과 12의 최대공약수

2 최소공배수의 활용

활용 문제에 '가능한 한 적은', '가장 작은', '최소한', '처음으로 다시' 등의 표현이 있는 경우에는 대부분 최소공배수를 이용하여 문제를 푼다.

예시 문제 (1) 일정한 크기의 직육면체를 빈틈없이 쌓아서 가장 작은 정육면체를 만드는 문제
(2) 세 자연수 중 어느 것으로 나누어도 나머지가 같은 가장 작은 자연수를 구하는 문제
(3) 출발 간격이 다른 두 버스가 동시에 출발한 후, 처음으로 다시 동시에 출발하는 시각을 구하는 문제

예 어느 버스 정류장에서 A 버스는 6분 간격으로, B 버스는 10분 간격으로 출발한다. 두 버스가 오전 8시에 동시에 출발한 후, 처음으로 다시 동시에 출발하는 시각을 구해 보자.

❶ A 버스의 출발 시각
→ 오전 8시 6분, 오전 8시 12분, 오전 8시 18분, 오전 8시 24분, 오전 8시 30분, … → 6의 배수

❷ B 버스의 출발 시각
→ 오전 8시 10분, 오전 8시 20분, 오전 8시 30분, … → 10의 배수

❸ 두 버스가 동시에 출발하는 시각 → 오전 8시 30분, 오전 9시, … → 6과 10의 공배수

❹ 두 버스가 오전 8시에 동시에 출발한 후, 처음으로 다시 동시에 출발하는 시각
→ 오전 8시 30분 → 6과 10의 최소공배수

똑같이 나누는 활용 문제는 어떻게 풀까?

정답 및 풀이 ◎ 5쪽

빵 16개와 음료수 20개를 가능한 한 많은 학생들에게 남김없이 똑같이 나누어 주려고 할 때, 몇 명의 학생들에게 나누어 줄 수 있는지 구해 보자.
(가능한 한 많은 → 최대, 똑같이 나누어 → 공약수)

❶ 빵 16개를 나누어 줄 수 있는 학생 수 → 16의 약수
❷ 음료수 20개를 나누어 줄 수 있는 학생 수 → 20의 약수
❸ 빵과 음료수를 나누어 줄 수 있는 학생 수 → 16과 20의 공약수
❹ 빵과 음료수를 나누어 줄 수 있는 가능한 한 많은 학생 수
→ 16과 20의 최대공약수

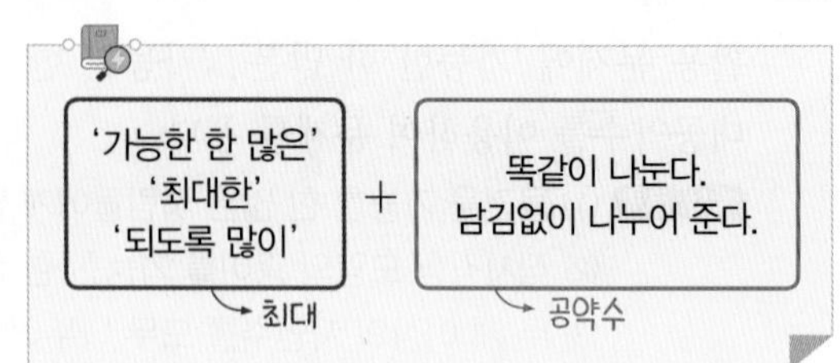

1 사탕 18개와 초콜릿 24개를 가능한 한 많은 학생들에게 남김없이 똑같이 나누어 주려고 한다. 다음을 구하시오.

(1) 18과 24의 최대공약수 → (　　　　)

(2) 나누어 줄 수 있는 가능한 한 많은 학생 수
→ (　　　　)

1-❶ 공책 36권과 지우개 60개를 되도록 많은 학생들에게 남김없이 똑같이 나누어 주려고 할 때, 몇 명의 학생들에게 나누어 줄 수 있는지 구하시오.

정사각형 또는 정육면체로 직사각형 또는 직육면체를 채우는 활용 문제는 어떻게 풀까?

정답 및 풀이 ◎ 5쪽

가로의 길이가 24 cm, 세로의 길이가 30 cm인 직사각형 모양의 벽을 가능한 한 큰 정사각형 모양의 타일로 겹치지 않게 빈틈없이 채우려고 할 때, 정사각형 모양의 타일의 한 변의 길이를 구해 보자.
(가능한 한 큰 → 최대, 빈틈없이 채우려고 → 공약수)

❶ 가로 24 cm를 빈틈없이 채울 수 있는 타일의 한 변의 길이
→ 24의 약수
❷ 세로 30 cm를 빈틈없이 채울 수 있는 타일의 한 변의 길이
→ 30의 약수
❸ 정사각형 모양의 타일의 한 변의 길이 → 24와 30의 공약수
❹ 가능한 한 큰 정사각형 모양의 타일의 한 변의 길이
→ 24와 30의 최대공약수

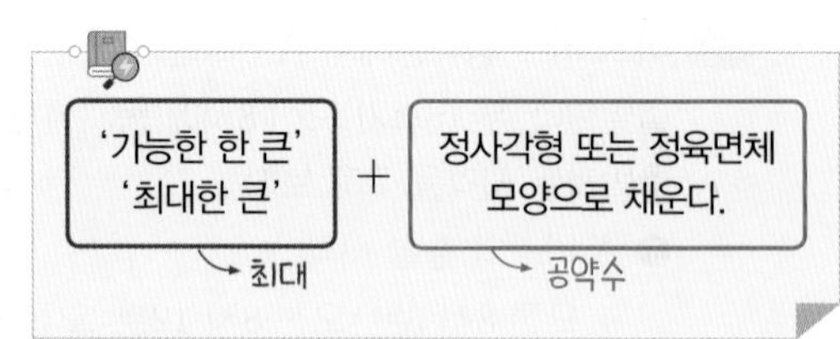

2 가로의 길이가 128 cm, 세로의 길이가 200 cm인 직사각형 모양의 벽에 가능한 한 큰 정사각형 모양의 타일을 겹치지 않게 빈틈없이 붙이려고 한다. 다음을 구하시오.

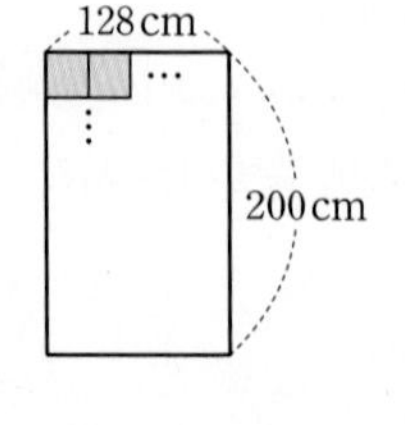

(1) 128과 200의 최대공약수 → (　　　　)

(2) 타일의 한 변의 길이 → (　　　　)

2-❶ 가로의 길이, 세로의 길이, 높이가 각각 60 cm, 30 cm, 45 cm인 직육면체 모양의 나무토막을 남는 부분 없이 같은 크기로 잘라서 최대한 큰 정육면체 모양으로 나누려고 한다. 이때 정육면체의 한 모서리의 길이를 구하시오.

개념 코칭 3 동시에 출발하여 다시 만나는 활용 문제는 어떻게 풀까?

정답 및 풀이 ▶ 5쪽

어느 버스 터미널에서 A 버스는 6분마다, B 버스는 9분마다 출발한다. 두 버스가 오전 10시에 동시에 출발하였을 때, 처음으로 다시 동시에 출발하는 시각을 구해 보자.
(처음으로 다시 → 최소, 동시에 출발 → 공배수)

❶ A 버스의 출발 시각
→ 동시에 출발한 지 6, 12, 18, 24, …(분 후) → 6의 배수

❷ B 버스의 출발 시각
→ 동시에 출발한 지 9, 18, 27, 36, …(분 후) → 9의 배수

❸ 두 버스가 동시에 출발하는 시각
→ 동시에 출발한 지 18, 36, …(분 후) → 6과 9의 공배수

❹ 두 버스가 처음으로 다시 동시에 출발하는 시각 → 6과 9의 최소공배수

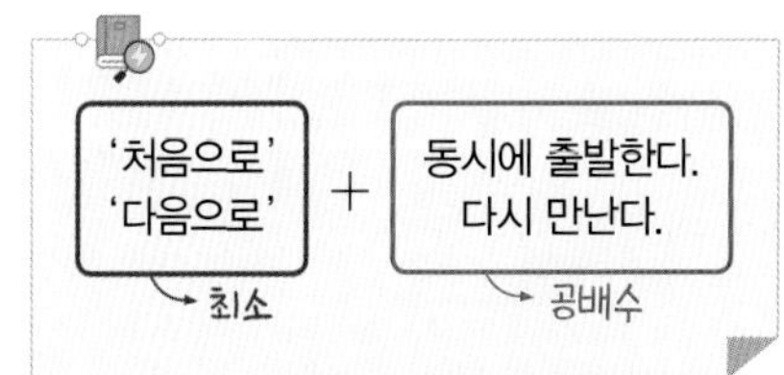

3 어느 기차역에서 부산행 기차는 15분마다, 대구행 기차는 20분마다 출발한다. 두 기차가 오전 8시에 동시에 출발하였을 때, 다음을 구하시오.

(1) 15와 20의 최소공배수 → (　　　　)

(2) 두 기차가 처음으로 다시 동시에 출발하는 시각
→ (　　　　)

3-❶ 어느 버스 정류장에서 A 버스는 8분마다, B 버스는 12분마다 출발한다. 두 버스가 오전 9시에 동시에 출발하였을 때, 처음으로 다시 동시에 출발하는 시각을 구하시오.

개념 코칭 4 직사각형 또는 직육면체로 정사각형 또는 정육면체를 만드는 활용 문제는 어떻게 풀까?

정답 및 풀이 ▶ 5쪽

가로의 길이가 12 cm, 세로의 길이가 20 cm인 직사각형 모양의 타일을 겹치지 않게 빈틈없이 붙여서 가장 작은 정사각형을 만들려고 할 때, 정사각형의 한 변의 길이를 구해 보자.
(빈틈없이 붙여서 → 공배수, 가장 작은 → 최소)

❶ 정사각형의 가로의 길이 → 12의 배수

❷ 정사각형의 세로의 길이 → 20의 배수

❸ 정사각형의 한 변의 길이 → 12와 20의 공배수

❹ 가장 작은 정사각형의 한 변의 길이 → 12와 20의 최소공배수

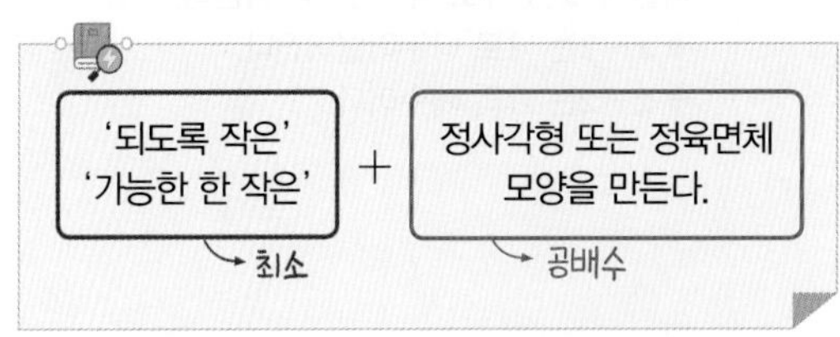

4 가로의 길이가 15 cm, 세로의 길이가 18 cm인 직사각형 모양의 색종이를 겹치지 않게 빈틈없이 붙여서 가능한 한 작은 정사각형을 만들려고 한다. 다음을 구하시오.

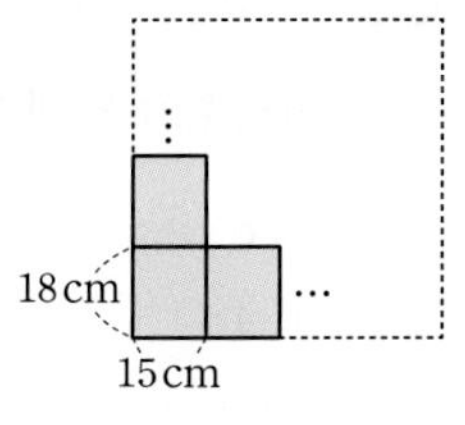

(1) 15와 18의 최소공배수 → (　　　　)

(2) 정사각형의 한 변의 길이 → (　　　　)

4-❶ 가로의 길이, 세로의 길이, 높이가 각각 20 cm, 10 cm, 15 cm인 직육면체 모양의 벽돌을 같은 방향으로 빈틈없이 쌓아서 되도록 작은 정육면체 모양을 만들려고 한다. 이때 정육면체의 한 모서리의 길이를 구하시오.

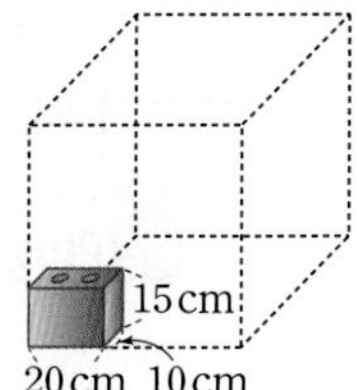

워크북 ▶ 12쪽 | 정답 및 풀이 ▶ 6쪽

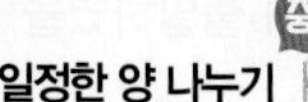

일정한 양 나누기

01 바나나 45개와 귤 63개를 가능한 한 많은 학생들에게 남김없이 똑같이 나누어 주려고 한다. 이때 한 학생이 받게 되는 바나나와 귤의 개수를 각각 구하시오.

02 빨간 공 28개, 파란 공 56개, 노란 공 70개를 되도록 많은 학생들에게 남김없이 똑같이 나누어 주려고 한다. 이때 한 학생이 받게 되는 빨간 공, 파란 공, 노란 공의 개수를 각각 구하시오.

(수)÷(어떤 자연수)

03 어떤 자연수로 65를 나누면 5가 남고, 40을 나누면 4가 남는다고 한다. 이와 같은 자연수 중 가장 큰 수를 구하시오.

어떤 수 x로 A를 나누면 5가 남는다.
→ $A-5$를 x로 나누면 나누어떨어진다.
→ x는 $A-5$의 약수이다.

04 어떤 자연수로 26을 나누면 2가 남고, 39를 나누면 1이 부족하다고 한다. 이와 같은 자연수 중 가장 큰 수를 구하시오.

(어떤 자연수)÷(수)

05 세 자연수 3, 5, 6 중 어느 수로 나누어도 2가 남는 자연수 중 가장 작은 수를 구하시오.

어떤 수 x를 A로 나누면 2가 남는다.
→ $x-2$는 A로 나누어떨어진다.
→ $x-2$는 A의 배수이다.

06 4로 나누면 2가 남고, 5로 나누면 3이 남고, 8로 나누면 6이 남는 자연수 중 가장 작은 수를 구하시오.

두 분수를 자연수로 만들기

07 두 분수 $\frac{15}{8}$, $\frac{25}{12}$의 어느 것에 곱하여도 그 결과가 자연수가 되게 하는 가장 작은 기약분수를 구하시오.

$\frac{A}{B}$, $\frac{C}{D}$의 어느 것에 곱하여도 그 결과가 자연수가 되게 하는 가장 작은 분수

→ $\frac{(B,\ D\text{의 최소공배수})}{(A,\ C\text{의 최대공약수})}$

08 두 분수 $\frac{1}{16}$, $\frac{1}{24}$의 어느 것에 곱하여도 그 결과가 자연수가 되게 하는 가장 작은 자연수는?

① 8 ② 16 ③ 24
④ 48 ⑤ 96

필수 유형 문제로 확인하기

03. 최대공약수
04. 최소공배수
05. 최대공약수와 최소공배수의 활용

워크북 13쪽 | 정답 및 풀이 6쪽

01

다음 중 옳지 않은 것을 모두 고르면? (정답 2개)

① 4와 27은 서로소이다.
② 공약수가 1뿐인 두 자연수는 서로소이다.
③ 서로소인 두 수는 모두 소수이다.
④ 서로 다른 두 소수는 항상 서로소이다.
⑤ 서로 다른 두 홀수는 항상 서로소이다.

02

세 수 180, 360, 450의 최대공약수가 $2\times3^a\times b$일 때, 자연수 a, b에 대하여 $b-a$의 값을 구하시오. (단, b는 소수)

03

두 수 $2^2\times3^2\times5$, $2^2\times3^3\times7$의 공약수의 개수를 구하시오.

04

두 수 54와 A의 모든 공약수가 6의 모든 약수와 같을 때, 다음 중 A가 될 수 없는 수는?

① 24 ② 30 ③ 36
④ 42 ⑤ 48

05

세 수 $2\times3^2\times5^2$, $2^2\times5^2$, $2\times5^2\times7$의 최대공약수와 최소공배수를 차례대로 나열한 것은?

① 2×3^2, $2\times3^2\times5^2\times7$
② 2×5^2, $2^2\times3^2\times5^2\times7$
③ 2×5^2, $2^2\times3^2\times5^2\times7^2$
④ $2^2\times5^2$, $2^2\times3^2\times5^2$
⑤ $2\times3\times5^2$, $2^2\times3^2\times5^2\times7$

06

다음 중 세 수 20, $2^2\times3^3$, $2\times3^2\times5$의 공배수가 아닌 것은?

① $2^2\times3^3\times5$ ② $2^2\times3^3\times5^2$
③ $2^3\times3^2\times5$ ④ $2^3\times3^3\times5$
⑤ $2^3\times3^3\times5^2$

07

두 수 45, 60의 공배수 중 가장 큰 세 자리의 자연수를 구하시오.

08

두 수 $2^a\times3^2\times7$, $2^2\times3^b\times c$의 최대공약수가 2×3^2, 최소공배수가 $2^2\times3^4\times5\times7$일 때, 자연수 a, b, c에 대하여 $a+b+c$의 값을 구하시오. (단, c는 소수)

09

어떤 자연수로 51을 나누면 3이 남고, 100을 나누면 4가 남고, 126을 나누면 6이 남는다고 한다. 이러한 자연수 중 가장 큰 수를 구하시오.

10

어느 터미널에서 A 버스는 5분마다, B 버스는 15분마다, C 버스는 25분마다 출발한다고 한다. 세 버스가 오전 8시에 동시에 출발하였을 때, 처음으로 다시 동시에 출발하는 시각은?

① 오전 8시 45분　② 오전 9시
③ 오전 9시 15분　④ 오전 9시 30분
⑤ 오전 9시 45분

11

가로의 길이, 세로의 길이, 높이가 각각 16 cm, 20 cm, 8 cm인 직육면체 모양의 벽돌을 같은 방향으로 빈틈없이 쌓아서 가능한 한 작은 정육면체 모양을 만들려고 할 때, 필요한 벽돌은 모두 몇 장인지 구하시오.

12

두 분수 $\frac{90}{n}$, $\frac{54}{n}$가 모두 자연수가 되도록 하는 자연수 n은 모두 몇 개인지 구하시오.

한걸음 더

13 추론

세 자연수 $6\times x$, $8\times x$, $12\times x$의 최소공배수가 120일 때, 세 수의 최대공약수는?

① 5　② 6　③ 10
④ 15　⑤ 20

14 문제해결

두 자리의 자연수 A, B의 최대공약수는 8, 최소공배수는 48일 때, $A+B$의 값을 구하시오.

15 문제해결

가로의 길이가 48 m, 세로의 길이가 60 m인 직사각형 모양의 땅의 둘레에 일정한 간격으로 가능한 한 적은 수의 나무를 심으려고 한다. 네 모퉁이에는 반드시 나무를 심는다고 할 때, 다음 물음에 답하시오.

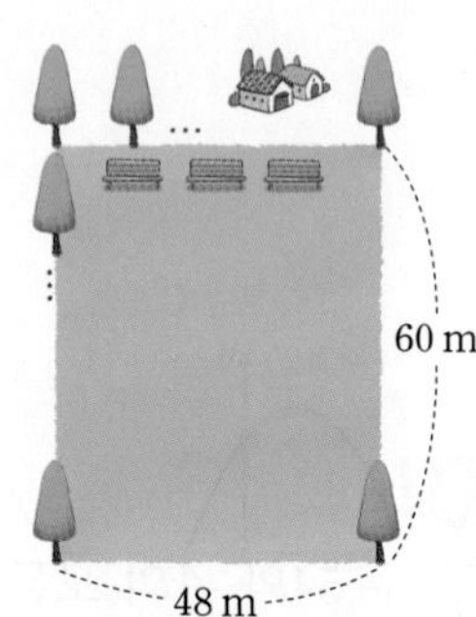

(1) 나무 사이의 간격은 몇 m인지 구하시오.

(2) 필요한 나무는 모두 몇 그루인지 구하시오.

01
20보다 크고 50보다 작은 자연수 중 소수의 개수는?

① 4　② 5　③ 6
④ 7　⑤ 8

02 중요
다음 중 옳은 것은?

① 모든 소수는 홀수이다.
② 자연수는 소수와 합성수로 이루어져 있다.
③ 모든 자연수의 약수는 2개 이상이다.
④ 3의 배수는 모두 합성수이다.
⑤ 두 소수의 곱은 항상 합성수이다.

03
다음 중 옳은 것을 모두 고르면? (정답 2개)

① $5\times5\times5\times5=5^4$
② $\frac{1}{2}\times\frac{1}{2}\times\frac{1}{2}=\frac{3}{2}$
③ $7+7+7=7^3$
④ $2\times2\times5\times5\times5=2^2\times5^3$
⑤ $\frac{1}{2\times2\times3\times3\times3\times3}=2^2\times3^4$

04
$2^a=32$, $5^2=b$를 만족시키는 자연수 a, b에 대하여 $a+b$의 값을 구하시오.

05 중요
720을 소인수분해하면 $2^a\times3^b\times c$일 때, 자연수 a, b, c에 대하여 $a+b-c$의 값을 구하시오. (단, c는 소수)

06
180의 모든 소인수의 합을 구하시오.

07
다음 중 225의 약수가 아닌 것은?

① 3^2　② 3×5　③ 5^2
④ 3×5^2　⑤ $3^3\times5$

08
$3^2\times a$의 약수의 개수가 6일 때, 다음 중 자연수 a의 값으로 알맞지 않은 것은?

① 2　② 5　③ 7
④ 9　⑤ 11

09 중요

240에 자연수를 곱하여 어떤 자연수의 제곱이 되도록 할 때, 곱해야 하는 자연수 중 두 번째로 작은 자연수는?

① 15 ② 30 ③ 45
④ 60 ⑤ 90

10

다음 중 두 수가 서로소인 것은?

① 6, 21 ② 12, 35 ③ 14, 20
④ 21, 48 ⑤ 40, 90

11 중요

두 자연수 $2^3\times\square$, $2^2\times3^5\times7$의 최대공약수가 $2^2\times3^2$일 때, 다음 중 □ 안에 들어갈 수 없는 수는?

① 27 ② 36 ③ 45
④ 72 ⑤ 90

12

다음 중 두 수 $A=2^2\times3\times5$, $B=2^2\times3^2\times7$에 대한 설명으로 옳지 않은 것은?

① 두 수의 최대공약수는 $2^2\times3$이다.
② 두 수의 최소공배수는 $2^2\times3^2\times5\times7$이다.
③ 두 수의 공약수는 4개이다.
④ B의 소인수는 2, 3, 7이다.
⑤ 두 수 A와 B는 서로소가 아니다.

13

다음 중 최소공배수가 16인 두 자연수의 공배수가 아닌 것은?

① 16 ② 32 ③ 40
④ 64 ⑤ 80

14

세 수 18, 30, 84의 최대공약수를 G, 최소공배수를 L이라 할 때, $\frac{L}{G}$의 값을 구하시오.

15 중요

두 수 $2^3\times3^3\times5^a\times11$, $2\times3^b\times7$의 최소공배수가 $2^3\times3^4\times5\times7\times11$일 때, 자연수 a, b에 대하여 $a\times b$의 값은?

① 1 ② 4 ③ 6
④ 10 ⑤ 12

16

두 자연수 A, B의 곱이 144이고 최대공약수가 6이다. $A<B$일 때, 두 자연수 A, B를 각각 구하시오.

17

남학생 48명과 여학생 32명 모두를 보트에 나누어 태우려고 한다. 모든 보트에 남학생과 여학생을 각각 똑같이 나누어 태울 때, 가능한 한 많은 보트를 이용한다면 필요한 보트는 모두 몇 대인가?

① 2대 ② 4대 ③ 8대
④ 16대 ⑤ 32대

18 중요

가로의 길이가 280 cm, 세로의 길이가 350 cm인 직사각형 모양의 벽에 같은 크기의 정사각형 모양의 타일을 겹치지 않게 빈틈없이 붙이려고 한다. 가능한 한 큰 타일을 붙이려고 할 때, 필요한 타일은 모두 몇 장인지 구하시오.

19

연필 56자루, 볼펜 35자루, 지우개 45개를 되도록 많은 학생들에게 똑같이 나누어 주려고 했더니 연필은 2자루가 남고, 볼펜은 1자루가 부족하고, 지우개는 3개가 남았다. 이때 나누어 줄 수 있는 학생 수를 구하시오.

20

수호와 영재가 같은 도서관에 다니는데 수호는 4일마다, 영재는 5일마다 간다고 한다. 두 사람 모두 오늘 도서관에 갔을 때, 두 사람이 처음으로 다시 함께 도서관에 가는 날은 며칠 후인지 구하시오.

21

어떤 자연수를 5로 나누면 1이 남고, 6으로 나누면 2가 남고, 9로 나누면 5가 남는다고 한다. 이와 같은 자연수 중 가장 작은 수를 구하시오.

22

다음 두 친구의 대화를 보고, 성규의 물음에 답하시오.

성규: 이 공원은 원 모양이네.
지혜: 이 공원을 자전거로 한 바퀴 돌면 얼마나 걸릴까?
성규: 난 24분 걸렸어.
지혜: 난 30분이나 걸렸어.
성규: 그럼 우리가 같은 지점에서 동시에 출발해서 출발한 곳에서 처음으로 다시 만나는 것은 각각 몇 바퀴씩 돈 후일까?

23 창의·융합 수학+생활

매미의 수명은 종류에 따라 5년, 7년, 13년, 17년 등의 소수로 나타나는데 그 이유는 매미가 천적을 피하는 데 유리하기 때문이라고 한다. 수명이 7년인 매미와 수명이 6년인 천적이 같은 해에 출현해 매미가 천적의 공격을 받았다고 할 때, 수명이 7년인 매미는 몇 년에 한 번씩 수명이 6년인 천적의 공격을 받는지 구하시오. (단, 매미와 천적이 같은 해에 출현할 경우, 매미는 무조건 천적의 공격을 받는다.)

01

$2^a \times 3^2 \times 5$의 약수의 개수와 288의 약수의 개수가 같을 때, 자연수 a의 값을 구하시오. [6점]

풀이

채점 기준 1 288의 약수의 개수 구하기 … 3점

채점 기준 2 자연수 a의 값 구하기 … 3점

답

01-1

한번 더

126의 약수의 개수와 $3^2 \times 7^a$의 약수의 개수가 같을 때, 자연수 a의 값을 구하시오. [6점]

풀이

채점 기준 1 126의 약수의 개수 구하기 … 3점

채점 기준 2 자연수 a의 값 구하기 … 3점

답

02

세 자연수 36, 90, 120의 공배수 중 1000에 가장 가까운 수를 구하시오. [5점]

풀이

답

03

가로의 길이가 90 m, 세로의 길이가 78 m인 직사각형 모양의 공원의 가장자리를 따라 일정한 간격으로 가로등을 설치하려고 한다. 가로등 사이의 간격은 최대가 되도록 하고 네 모퉁이에는 반드시 가로등을 설치한다고 할 때, 다음 물음에 답하시오. [7점]

(1) 가로등 사이의 간격은 몇 m인지 구하시오. [3점]

(2) 필요한 가로등은 모두 몇 개인지 구하시오. [4점]

풀이

답

04

두 분수 $5\frac{5}{6}$, $1\frac{13}{15}$의 어느 것에 곱하여도 그 결과가 자연수가 되게 하는 분수 중 가장 작은 기약분수를 $\frac{a}{b}$라 할 때, $a-b$의 값을 구하시오. [7점]

풀이

답

Ⅱ 정수와 유리수

1. 정수와 유리수
2. 정수와 유리수의 계산

이전에 배운 내용

초 5~6
- 자연수의 혼합 계산
- 분수의 사칙계산
- 소수의 곱셈과 나눗셈

이번에 배울 내용

Ⅱ-1 정수와 유리수

01 정수와 유리수
02 절댓값과 수의 대소 관계

Ⅱ-2 정수와 유리수의 계산

01 유리수의 덧셈과 뺄셈
02 유리수의 곱셈
03 유리수의 나눗셈과 혼합 계산

이후에 배울 내용

중 2 유리수와 순환소수
중 3 제곱근과 실수
고 1 복소수

이 단원을 배우면 양수와 음수, 정수와 유리수의 개념을 알고 수의 대소 관계를 판단할 수 있어요. 또, 정수와 유리수의 사칙계산의 원리를 이해하고 그 계산을 할 수 있어요.

01 정수와 유리수

1 양수와 음수

(1) **부호를 가진 수** : 서로 반대되는 성질을 가지는 양을 어떤 기준을 중심으로 한쪽은 '+', 다른쪽은 '−'로 나타낼 수 있다. → + : **양의 부호**, − : **음의 부호**

(2) **양수** : 양의 부호 +를 붙인 수 → 0보다 큰 수 예 $+2$, $+\frac{1}{3}$, $+0.25$, …

(3) **음수** : 음의 부호 −를 붙인 수 → 0보다 작은 수 예 -5, $-\frac{2}{7}$, -1.3, …

참고 양의 부호 +와 음의 부호 −는 각각 덧셈, 빼셈의 기호와 같지만 그 의미는 다르다.

용어
- **양의 부호 +** '그리고'라는 뜻의 라틴어 et가 변형된 것
- **음의 부호 −** '부족하게'라는 뜻의 minus에서 유래

2 정수

(1) 양의 정수, 0, 음의 정수를 통틀어 **정수**라 한다. → 0은 양의 정수도 아니고 음의 정수도 아니다.

(2) **양의 정수** : 자연수에 양의 부호 +를 붙인 수 예 $+1$, $+2$, $+3$, …

참고 양의 정수 $+1$, $+2$, $+3$, …은 양의 부호 +를 생략하여 1, 2, 3, …과 같이 나타내기도 한다. 즉, 양의 정수는 자연수와 같다.

(3) **음의 정수** : 자연수에 음의 부호 −를 붙인 수 예 -1, -2, -3, …

3 유리수

(1) 양의 유리수, 0, 음의 유리수를 통틀어 **유리수**라 한다. → 0은 양의 유리수도 아니고 음의 유리수도 아니다.

(2) **양의 유리수** : 분모, 분자가 자연수인 분수에 양의 부호 +를 붙인 수

예 $+\frac{1}{2}$, $+\frac{2}{3}$, $+\frac{3}{4}$, …

참고 양의 유리수도 양의 정수와 마찬가지로 +를 생략하여 나타낼 수 있다.

(3) **음의 유리수** : 분모, 분자가 자연수인 분수에 음의 부호 −를 붙인 수

예 $-\frac{1}{2}$, $-\frac{2}{3}$, $-\frac{3}{4}$, …

(4) 유리수의 분류

$$\text{유리수}\begin{cases}\text{정수}\begin{cases}\text{양의 정수(자연수)} : +1,\ +2,\ +3,\ \cdots\\ 0\\ \text{음의 정수} : -1,\ -2,\ -3,\ \cdots\end{cases}\\ \text{정수가 아닌 유리수} : +\frac{1}{2},\ -\frac{2}{3},\ +0.7,\ -4.9,\ \cdots\end{cases}$$

참고 앞으로 특별한 말이 없을 때는 수라 하면 유리수를 말한다.

용어
유리수(있을 有, 다스릴 理, 셈 數)
두 정수 a와 b에 대하여 $\frac{a}{b}$(분수)의 꼴로 나타낼 수 있는 수 (단, $b \neq 0$)

4 유리수와 수직선

(1) **수직선** : 직선 위에 기준이 되는 점을 정하여 그 점에 0을 대응시키고, 그 점의 좌우에 일정한 간격으로 점을 잡은 후, 오른쪽 점에 양의 정수를, 왼쪽 점에 음의 정수를 대응시킨 직선

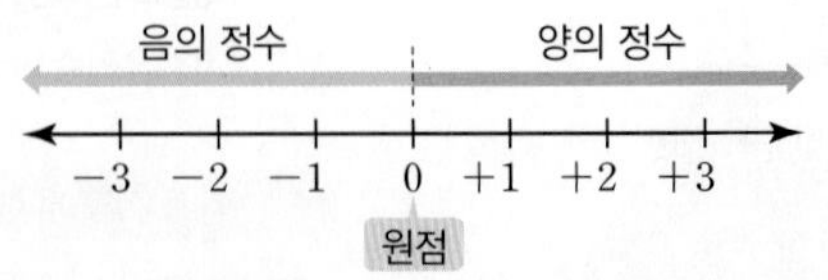

참고 수직선에서 0을 나타내는 기준이 되는 점을 원점이라 한다.

(2) 모든 유리수는 수직선 위의 점에 대응시킬 수 있다.

1 부호를 사용하여 나타낼 수 있을까?

정답 및 풀이 ▶ 9쪽

양의 부호

+	➔	영상	지상	이익	해발	증가

200 증가 : +200

반대

음의 부호

−	➔	영하	지하	손해	해저	감소

200 감소 : −200

1 부호 +, −를 사용하여 다음 □ 안에 알맞은 것을 써넣으시오.

(1) 영상 10 ℃를 +10 ℃로 나타내면 영하 7 ℃는 □로 나타낸다.

(2) 해발 2000 m를 +2000 m로 나타내면 해저 1500 m는 □로 나타낸다.

(3) 500원 손해를 −500원으로 나타내면 200원 이익은 □으로 나타낸다.

1-❶ 부호 +, −를 사용하여 다음 □ 안에 알맞은 것을 써넣으시오.

(1) 지하 2층을 −2층으로 나타내면 지상 3층은 □으로 나타낸다.

(2) 7점 득점을 +7점으로 나타내면 4점 실점은 □으로 나타낸다.

(3) 동쪽으로 3 km 이동하는 것을 +3 km로 나타내면 서쪽으로 5 km 이동하는 것은 □로 나타낸다.

2 양수와 음수는 어떤 수일까?

정답 및 풀이 ▶ 9쪽

(1) 양수

0보다 큰 수 ➔ 양의 부호 +를 붙인 수

예 0보다 2만큼 큰 수 ➔ +2

(2) 음수

0보다 작은 수 ➔ 음의 부호 −를 붙인 수

예 0보다 2만큼 작은 수 ➔ −2

2 다음 수를 부호 +, −를 사용하여 나타내시오.

(1) 0보다 3만큼 큰 수

(2) 0보다 4만큼 작은 수

(3) 0보다 1.5만큼 큰 수

(4) 0보다 $\frac{1}{2}$만큼 작은 수

2-❶ 다음 수를 부호 +, −를 사용하여 나타내시오.

(1) 0보다 5만큼 큰 수

(2) 0보다 7만큼 작은 수

(3) 0보다 $\frac{3}{4}$만큼 큰 수

(4) 0보다 2.1만큼 작은 수

개념 코칭 3 정수와 유리수는 어떻게 분류할까?

정답 및 풀이 ▶ 9쪽

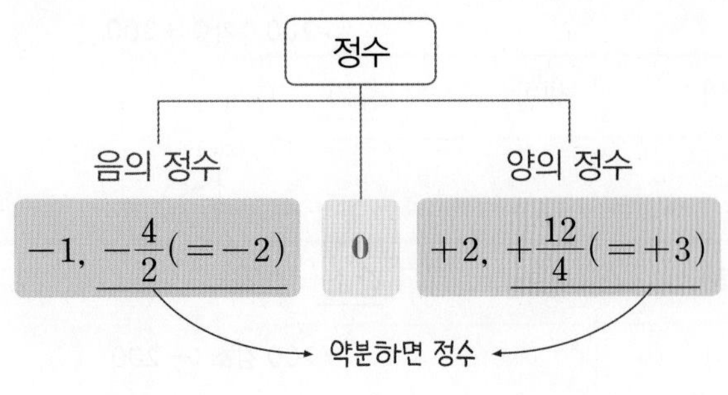

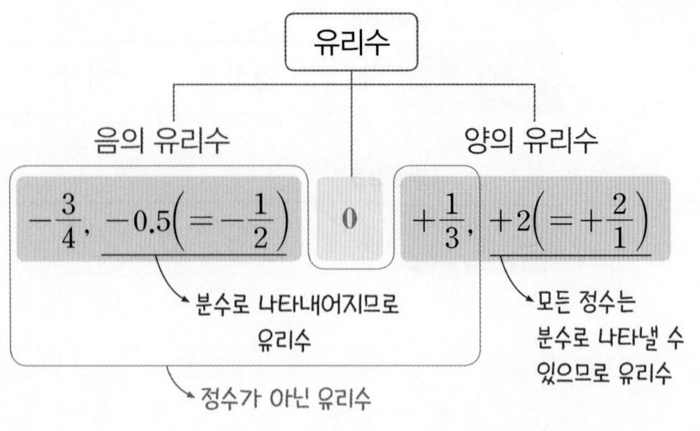

3 다음 수를 **보기**에서 모두 고르시오.

보기

$+3,\quad -2.1,\quad \frac{1}{7},\quad 0,\quad -5,\quad -\frac{11}{3},\quad \frac{10}{5}$

(1) 양의 정수

(2) 정수

(3) 음의 유리수

(4) 정수가 아닌 유리수

3-① 다음 수를 **보기**에서 모두 고르시오.

보기

$-1,\quad -\frac{1}{5},\quad +6,\quad \frac{10}{2},\quad 3.9,\quad 0,\quad -\frac{14}{7}$

(1) 음의 정수

(2) 정수

(3) 양의 유리수

(4) 정수가 아닌 유리수

개념 코칭 4 유리수를 수직선 위에 나타낼 수 있을까?

정답 및 풀이 ▶ 9쪽

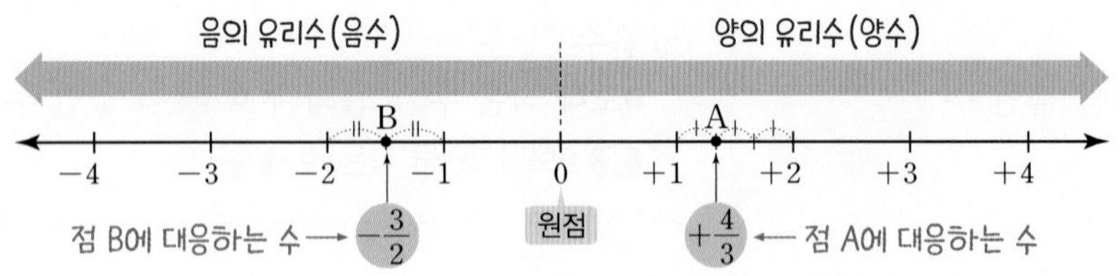

모든 유리수는 수직선 위의 점에 대응시킬 수 있어.

4 다음 수직선에서 점 A, B, C, D에 대응하는 수를 각각 구하시오.

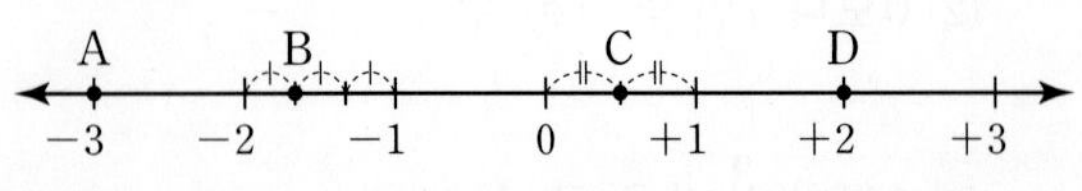

(1) A : ________ (2) B : ________

(3) C : ________ (4) D : ________

4-① 다음 수에 대응하는 점을 수직선 위에 나타내시오.

(1) -2 (2) $+1.5$

(3) $-\frac{5}{2}$ (4) $+3$

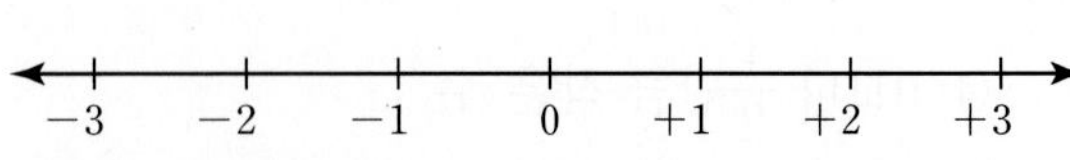

워크북 17쪽 | 정답 및 풀이 9쪽

유리수의 분류

01 다음 중 **보기**의 수에 대한 설명으로 옳지 <u>않은</u> 것은?

보기

$+2,\quad -\frac{1}{4},\quad 0,\quad 4,\quad \frac{1}{3},\quad 2.5,\quad -\frac{9}{3}$

① 양수는 4개이다.
② 음수는 2개이다.
③ 정수는 3개이다.
④ 유리수는 7개이다.
⑤ 정수가 아닌 유리수는 3개이다.

02 다음 수 중 자연수의 개수를 a, 정수가 아닌 유리수의 개수를 b라 할 때, $a-b$의 값을 구하시오.

$-\frac{1}{2},\quad 0,\quad 1,\quad -5,\quad 1.2,\quad \frac{20}{4},\quad +7$

정수와 유리수

03 다음 **보기**에서 옳은 것을 모두 고르시오.

보기

ㄱ. 0은 정수가 아니다.
ㄴ. 자연수에 음의 부호를 붙인 수는 음의 정수이다.
ㄷ. 정수 중에는 유리수가 아닌 수도 있다.
ㄹ. 유리수는 양의 유리수, 0, 음의 유리수로 이루어져 있다.

04 다음 중 옳지 <u>않은</u> 것은?

① 모든 자연수는 정수이다.
② 음의 정수는 무수히 많다.
③ 양의 정수가 아닌 정수는 음의 정수이다.
④ -2는 음의 유리수이다.
⑤ 유리수는 정수와 정수가 아닌 유리수로 나눌 수 있다.

수를 수직선 위에 나타내기

05 다음 중 수직선 위의 점 A, B, C, D, E에 대응하는 수로 옳지 <u>않은</u> 것은?

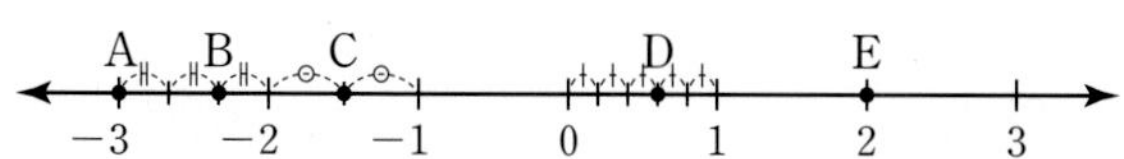

① A : -3 ② B : $-\frac{7}{2}$ ③ C : -1.5
④ D : $\frac{3}{5}$ ⑤ E : 2

06 다음 중 수직선 위의 점 A, B, C, D, E에 대응하는 수로 옳은 것은?

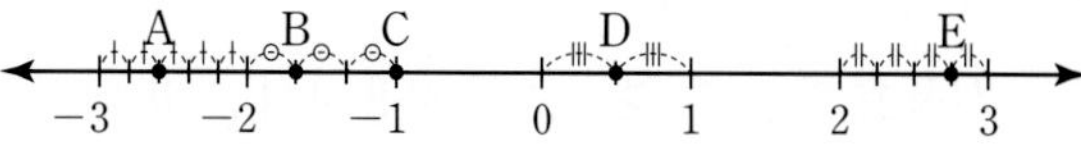

① A : $-\frac{11}{5}$ ② B : $-\frac{3}{2}$ ③ C : 1
④ D : 1.5 ⑤ E : $\frac{11}{4}$

02 절댓값과 수의 대소 관계

1 절댓값

(1) **절댓값** : 수직선 위에서 원점으로부터 어떤 수를 나타내는 점까지의 거리를 그 수의 절댓값이라 한다. 기호 | |

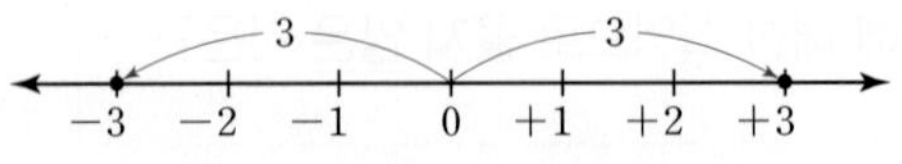

예 $|+2|=2$, $\left|-\frac{1}{3}\right|=\frac{1}{3}$, $|0|=0$

(2) 절댓값의 성질

① 절댓값이 $a\,(a>0)$인 수는 $+a$, $-a$의 2개이다.

예 절댓값이 2인 수 → $+2$, -2

참고 절댓값이 0인 수는 0뿐이다.

② 절댓값은 거리를 나타내므로 항상 0 또는 양수이다.

③ 원점에서 멀리 떨어질수록 절댓값이 커진다.

참고 ① $a>0$이면 $|a|=a$ ② $a=0$이면 $|a|=0$ ③ $a<0$이면 $|a|=-a$

2 수의 대소 관계

(1) 양수는 음수보다 크다.

→ (음수) $<$ (양수)

예 $-2<+1$

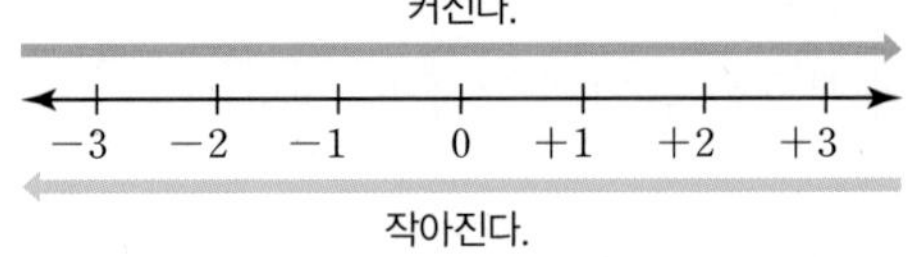

커진다.
작아진다.

(2) 양수는 0보다 크고, 음수는 0보다 작다.

→ (음수) $<0<$ (양수)

예 $-3<0$, $0<+2$

(3) 양수끼리는 절댓값이 큰 수가 크다.

예 $+2<+5$

(4) 음수끼리는 절댓값이 큰 수가 작다.

예 $-3<-1$

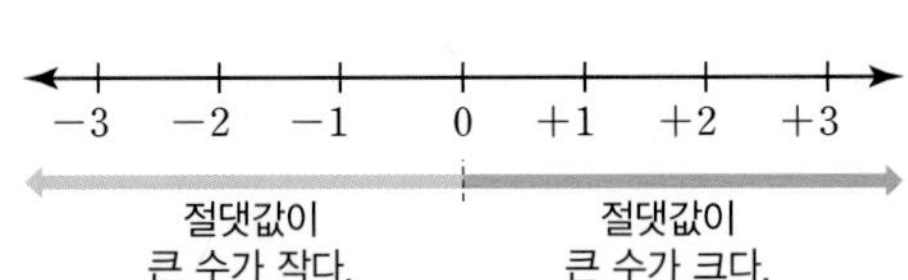

절댓값이 큰 수가 작다.
절댓값이 큰 수가 크다.

3 부등호의 사용

부등호 $>$, $<$, $\geq$, $\leq$를 사용하여 수의 대소 관계를 나타낼 수 있다.

$x>a$	$x<a$	$x\geq a$	$x\leq a$
x는 a보다 크다. x는 a 초과이다.	x는 a보다 작다. x는 a 미만이다.	x는 a보다 크거나 같다. x는 a보다 작지 않다. x는 a 이상이다.	x는 a보다 작거나 같다. x는 a보다 크지 않다. x는 a 이하이다.

용어
- 기호 ≥ : > 또는 =
- 기호 ≤ : < 또는 =

1 절댓값은 무엇일까?

정답 및 풀이 ▶ 10쪽

+3의 절댓값 → 원점으로부터 +3까지의 거리 → 부호를 떼어낸다. $|+3|=3$

−3의 절댓값 → 원점으로부터 −3까지의 거리 → 부호를 떼어낸다. $|-3|=3$

−3의 절댓값 거리 : 3, +3의 절댓값 거리 : 3 (수직선: −3, 0, +3)

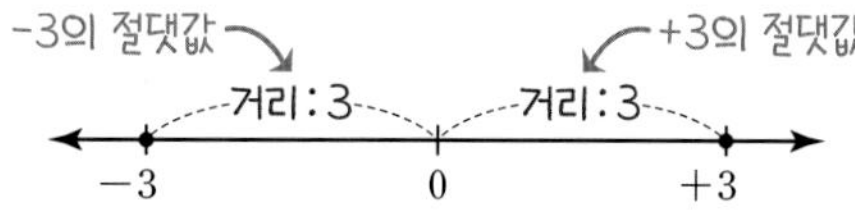

1 다음을 구하시오.

(1) $+4$의 절댓값

(2) -9의 절댓값

(3) 0의 절댓값

(4) $\left|+\frac{3}{2}\right|$

(5) $|-3.8|$

1-❶ 다음을 구하시오.

(1) $+8$의 절댓값

(2) $-\frac{1}{3}$의 절댓값

(3) $+2.3$의 절댓값

(4) $\left|+\frac{2}{5}\right|$

(5) $|-11|$

2 절댓값은 어떤 성질을 가지고 있을까?

정답 및 풀이 ▶ 10쪽

절댓값이 3인 수 = $+3$, -3

원점으로부터 거리가 3인 수

3의 절댓값 → $|+3|=3$

3의 절댓값과 절댓값이 3인 수를 구분할 수 있어야 해!

2 다음을 구하시오.

(1) 절댓값이 6인 수

(2) 절댓값이 $\frac{1}{2}$인 수

(3) 절댓값이 2.5인 양수

(4) 원점으로부터 거리가 8인 수

2-❶ 다음을 구하시오.

(1) 절댓값이 5인 수

(2) 절댓값이 0인 수

(3) 절댓값이 $\frac{2}{3}$인 음수

(4) 원점으로부터 거리가 4인 수

수의 대소 관계는 어떻게 비교할까?

정답 및 풀이 ▶ 10쪽

$-4,\ +2$ —(음수) < 0 < (양수)→ $-4 < +2$

$+2,\ +4$ —양수끼리는 절댓값이 큰 수가 크다. $|+2|=2,\ |+4|=4$ → $+2 < +4$

$-2,\ -4$ —음수끼리는 절댓값이 큰 수가 작다. $|-2|=2,\ |-4|=4$ → $-2 > -4$

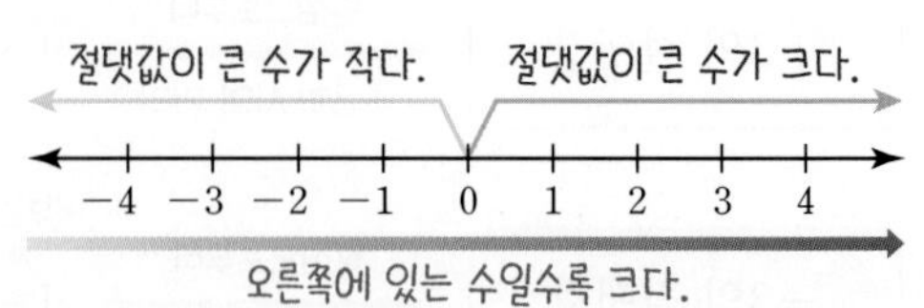

절댓값이 큰 수가 작다.
절댓값이 큰 수가 크다.
−4 −3 −2 −1 0 1 2 3 4
오른쪽에 있는 수일수록 크다.

3 다음 ◯ 안에 >, < 중 알맞은 부등호를 써넣으시오.

(1) -5 ◯ $+3$

(2) 0 ◯ -2

(3) $+1$ ◯ $+4$

(4) $-\frac{1}{3}$ ◯ -3

(5) -0.5 ◯ $-\frac{1}{4}$

3-① 다음 ◯ 안에 >, < 중 알맞은 부등호를 써넣으시오.

(1) $+6$ ◯ -3

(2) 0 ◯ $+5$

(3) $+2$ ◯ $+1.2$

(4) $-\frac{1}{5}$ ◯ -1

(5) $-\frac{1}{2}$ ◯ $-\frac{1}{3}$

부등호를 사용하여 문장을 식으로 어떻게 나타낼까?

정답 및 풀이 ▶ 10쪽

$x>3$	$x<3$	$x\geq 3$	$x\leq 3$
x는 3보다 크다. x는 3 초과이다.	x는 3보다 작다. x는 3 미만이다.	x는 3보다 크거나 같다. x는 3보다 작지 않다. x는 3 이상이다.	x는 3보다 작거나 같다. x는 3보다 크지 않다. x는 3 이하이다.

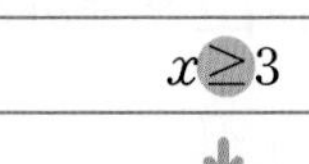
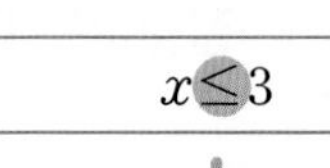

4 다음을 부등호를 사용하여 나타내시오.

(1) x는 -3보다 크다.

(2) x는 5보다 작지 않다.

(3) x는 -1 이상 5 미만이다.

(4) x는 2보다 크고 6보다 작거나 같다.

4-① 다음을 부등호를 사용하여 나타내시오.

(1) x는 7 이하이다.

(2) x는 $-\frac{1}{3}$보다 크지 않다.

(3) x는 4 초과 10 이하이다.

(4) x는 -2보다 크거나 같고 3보다 작다.

워크북 ▶ 19쪽~20쪽 | 정답 및 풀이 ▶ 10쪽

절댓값

01 -4의 절댓값을 a, 절댓값이 10인 수 중 양수를 b라 할 때, $a+b$의 값은?

① 6　　② 8　　③ 10
④ 12　　⑤ 14

02 -7의 절댓값을 a, 절댓값이 4인 수 중 양수를 b라 할 때, $a-b$의 값을 구하시오.

절댓값의 성질

03 다음 **보기**의 수를 절댓값이 큰 수부터 차례대로 나열하시오.

보기

$-5,\ \frac{7}{2},\ -\frac{1}{3},\ 0,\ 1$

04 다음 **보기**의 수를 절댓값이 작은 수부터 차례대로 나열할 때, 세 번째에 오는 수를 구하시오.

보기

$-3.5,\ 4,\ -\frac{9}{2},\ 1,\ 2.6,\ -7$

절댓값이 같고 부호가 서로 다른 두 수

05 절댓값이 같고 부호가 서로 다른 두 수를 수직선 위에 나타내면 두 수에 대응하는 두 점 사이의 거리가 6이다. 이때 두 수 중 큰 수를 구하시오.

절댓값이 같고 부호가 서로 다른 두 수
수직선에서 절댓값이 같고 부호가 서로 다른 두 수에 대응하는 두 점 사이의 거리가 a이면
→ 두 수의 차는 a
→ 큰 수는 $\frac{a}{2}$, 작은 수는 $-\frac{a}{2}$

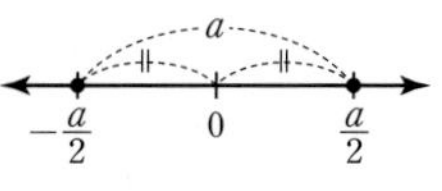

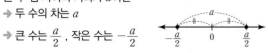

06 절댓값이 같고 $a>b$인 두 수 a, b를 수직선 위에 나타내면 a, b에 대응하는 두 점 사이의 거리가 18이다. 이때 두 수 a, b를 각각 구하시오.

정답 및 풀이 ▶ 10쪽

수의 대소 관계

07 다음 중 대소 관계가 옳은 것을 모두 고르면? (정답 2개)

① $1<-\frac{1}{2}$ ② $-3>-4.5$

③ $\frac{1}{4}<0$ ④ $\frac{1}{3}>\frac{2}{5}$

⑤ $\left|-\frac{2}{3}\right|>\left|-\frac{1}{2}\right|$

08 다음 중 대소 관계가 옳지 않은 것은?

① $-7<4$ ② $0>-0.6$

③ $\frac{8}{5}<2$ ④ $\frac{1}{3}<\left|-\frac{1}{4}\right|$

⑤ $\left|-\frac{9}{2}\right|>|+4|$

부등호를 사용하여 나타내기

09 다음 중 옳지 않은 것은?

① a는 3 이상이다. ➜ $a\geq3$

② a는 $-\frac{1}{3}$보다 크다. ➜ $a>-\frac{1}{3}$

③ a는 0 미만이다. ➜ $a<0$

④ a는 -1보다 작지 않다. ➜ $a\leq-1$

⑤ a는 -2 초과 5 이하이다. ➜ $-2<a\leq5$

10 'x는 -2보다 작지 않고 $\frac{2}{3}$보다 작다.'를 부등호를 사용하여 바르게 나타낸 것은?

① $-2<x<\frac{2}{3}$ ② $-2<x\leq\frac{2}{3}$

③ $-2\leq x<\frac{2}{3}$ ④ $-2\leq x\leq\frac{2}{3}$

⑤ $x<\frac{2}{3}$

두 유리수 사이에 있는 수 중요

11 다음을 만족시키는 정수 x를 모두 구하시오.

(1) $-\frac{7}{2}<x\leq3$

(2) $-\frac{11}{4}<x<1.5$

12 두 유리수 $-\frac{14}{3}$와 $\frac{12}{5}$ 사이에 있는 정수의 개수는?

① 3 ② 4 ③ 5

④ 6 ⑤ 7

필수 유형 문제로 확인하기

01. 정수와 유리수
02. 절댓값과 수의 대소 관계

워크북 ▶ 21쪽 | 정답 및 풀이 ▶ 11쪽

01

다음 중 **보기**의 수에 대한 설명으로 옳은 것은?

보기

$-2,\ 3,\ \frac{2}{7},\ 0,\ -\frac{4}{3},\ -3.4$

① 정수는 -2, 3이다.
② 양수는 3뿐이다.
③ 유리수는 $\frac{2}{7}$, $-\frac{4}{3}$, -3.4이다.
④ 정수가 아닌 유리수는 3개이다.
⑤ 0은 정수이지만 유리수는 아니다.

02

다음 수를 수직선 위에 나타내었을 때, 가장 오른쪽에 있는 점에 대응하는 수는?

① $\frac{3}{2}$ ② 3.2 ③ -1
④ $-\frac{5}{2}$ ⑤ $\frac{8}{3}$

03

다음 중 절댓값이 가장 큰 수는?

① $-\frac{5}{2}$ ② $-\frac{17}{6}$ ③ $-\frac{15}{4}$
④ 3 ⑤ $\frac{7}{3}$

04

수직선에서 절댓값이 8인 수에 대응하는 두 점 사이의 거리는?

① 4 ② 8 ③ 12
④ 16 ⑤ 20

05

절댓값이 3 미만인 정수의 개수는?

① 2 ② 3 ③ 4
④ 5 ⑤ 6

06

다음 중 ◯ 안에 들어갈 부등호가 나머지 넷과 다른 하나는?

① -5 ◯ 3 ② 0 ◯ 0.2
③ $-\frac{2}{5}$ ◯ $-\frac{1}{3}$ ④ $\frac{5}{2}$ ◯ $\left|-\frac{4}{3}\right|$
⑤ $\left|-\frac{3}{5}\right|$ ◯ $\left|-\frac{3}{4}\right|$

07

다음을 부등호를 사용하여 나타내고, 이를 만족시키는 정수 x의 개수를 구하시오.

x는 $-\frac{1}{2}$보다 크거나 같고 3보다 크지 않다.

한걸음 더

08 추론

두 수 x, y의 절댓값이 같고 x는 y보다 4만큼 작을 때, x, y의 값을 각각 구하시오.

실전! 중단원 마무리

01 중요

다음 중 부호 +, −를 사용하여 나타낸 것으로 옳지 않은 것은?

① 지상 4층 : +4층
② 해저 500 m : −500 m
③ 300원 이익 : −300원
④ 영하 2 ℃ : −2 ℃
⑤ 10점 상승 : +10점

02 중요

유리수를 오른쪽과 같이 분류할 때, 다음 중 □ 안에 속하는 수를 모두 고르면? (정답 2개)

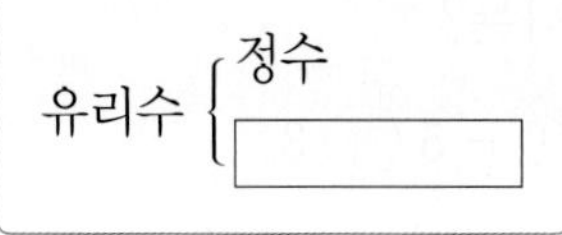

① $-\frac{4}{2}$ ② -1.7 ③ 0
④ $\frac{3}{7}$ ⑤ 13

03

다음 수 중 음의 유리수의 개수를 a, 정수의 개수를 b라 할 때, $a+b$의 값을 구하시오.

$-\frac{5}{2}$, 0, 0.4, $\frac{9}{5}$, $-\frac{12}{3}$, 8, -3.6

04

다음 중 수직선 위의 점 A, B, C, D, E에 대응하는 수로 옳지 않은 것은?

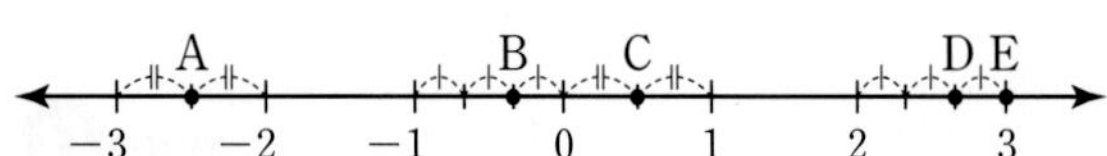

① A : $-\frac{5}{2}$ ② B : $-\frac{2}{3}$ ③ C : $\frac{1}{2}$
④ D : $\frac{8}{3}$ ⑤ E : 3

05

수직선에서 −5와 3에 대응하는 두 점으로부터 같은 거리에 있는 점에 대응하는 수를 구하시오.

06

다음 중 옳은 것을 모두 고르면? (정답 2개)

① 음수보다 큰 수는 모두 양수이다.
② 절댓값이 8인 수는 −8이다.
③ 절댓값이 가장 작은 수는 0이다.
④ 절댓값이 같은 두 수는 서로 같다.
⑤ 음수끼리는 절댓값이 큰 수가 작다.

07

$+\frac{15}{4}$의 절댓값을 a, $-\frac{3}{2}$의 절댓값을 b라 할 때, $a-b$의 값은?

① $\frac{3}{2}$ ② $\frac{7}{4}$ ③ 2
④ $\frac{9}{4}$ ⑤ $\frac{5}{2}$

08 중요

다음 수를 수직선 위에 나타내었을 때, 원점에서 가장 멀리 떨어진 것은?

① $-\frac{13}{3}$ ② -4 ③ 5.7
④ 3 ⑤ $-\frac{3}{4}$

09

다음 중 절댓값이 가장 큰 수와 절댓값이 가장 작은 수를 차례대로 구하시오.

$$-6,\quad -1.2,\quad 3,\quad 0.4,\quad -\frac{2}{3},\quad 5$$

10 중요

절댓값이 같고 $a<b$인 두 수 a, b를 수직선 위에 나타내면 a, b에 대응하는 두 점 사이의 거리가 14이다. 이때 두 수 a, b를 각각 구하시오.

11

다음 중 대소 관계가 옳지 않은 것은?

① $-\frac{4}{3}>-\frac{3}{2}$　② $\frac{7}{2}>-\frac{8}{3}$

③ $\left|-\frac{5}{4}\right|>0$　④ $\left|-\frac{7}{2}\right|>\left|-\frac{15}{2}\right|$

⑤ $|-2.4|>|+2.1|$

12

다음 수를 작은 수부터 차례대로 나열할 때, 두 번째에 오는 수를 구하시오.

$$\frac{1}{3},\quad -5,\quad -3,\quad 0,\quad -\frac{1}{2},\quad -\frac{11}{2}$$

13

다음 대화에서 나머지 친구들과 다른 것을 말한 친구는 누구인지 말하시오.

14

다음을 만족시키는 정수 x 중 절댓값이 가장 큰 수를 구하시오.

x는 $-\frac{10}{3}$ 이상이고 2.5보다 크지 않다.

15

두 유리수 $-\frac{8}{3}$과 $\frac{5}{4}$ 사이에 있는 정수가 아닌 유리수 중 분모가 3인 기약분수는 모두 몇 개인지 구하시오.

16

창의·융합 수학+천문학

겉보기 등급은 지구에서 측정되는 천체의 밝기를 등급으로 나타낸 것이다. 다음 별들의 겉보기 등급을 보고, 겉보기 등급이 낮은 별부터 차례대로 나열하시오.

별	겉보기 등급
시리우스	-1.47
아크투루스	-0.04
아케르나르	0.45
태양	-26.73
안카	2.4

서술형 문제

1. 정수와 유리수

정답 및 풀이 ▶ 12쪽

01

두 수 a, b의 절댓값이 같고 a는 b보다 10만큼 클 때, a, b의 값을 각각 구하시오. [6점]

풀이

채점 기준 1 두 수 a, b에 대응하는 두 점 사이의 거리 구하기 … 2점

채점 기준 2 두 점이 원점으로부터 떨어진 거리 구하기 … 2점

채점 기준 3 a, b의 값을 각각 구하기 … 2점

답

01-1

한번 더

두 수 a, b의 절댓값이 같고 a는 b보다 8만큼 작을 때, a, b의 값을 각각 구하시오. [6점]

풀이

채점 기준 1 두 수 a, b에 대응하는 두 점 사이의 거리 구하기 … 2점

채점 기준 2 두 점이 원점으로부터 떨어진 거리 구하기 … 2점

채점 기준 3 a, b의 값을 각각 구하기 … 2점

답

02

수직선에서 원점으로부터 거리가 4인 두 점에 대응하는 두 수 중 큰 수를 a, 원점으로부터 거리가 1인 두 점에 대응하는 두 수 중 작은 수를 b라 할 때, 두 수 a, b에 대응하는 두 점 사이의 거리를 구하시오. [6점]

풀이

답

03

$-\frac{11}{3}<x<\frac{9}{4}$를 만족시키는 정수 x의 값 중 가장 큰 수를 a, 가장 작은 수를 b라 할 때, a, b의 값을 각각 구하시오. [6점]

풀이

답

04

$|a|=3$, $|b|=\frac{17}{5}$이고 $a<0<b$일 때, 두 수 a, b 사이에 있는 정수는 모두 몇 개인지 구하시오. [7점]

풀이

답

01 유리수의 덧셈과 뺄셈

1 유리수의 덧셈

(1) 부호가 같은 두 수의 덧셈 : 두 수의 절댓값의 합에 두 수의 공통인 부호를 붙인다.

예 $(+4)+(+2)=+(4+2)=+6$, $(-4)+(-2)=-(4+2)=-6$

(2) 부호가 다른 두 수의 덧셈 : 두 수의 절댓값의 차에 절댓값이 큰 수의 부호를 붙인다.

예 $(+5)+(-2)=+(5-2)=+3$, $(-5)+(+2)=-(5-2)=-3$

참고 절댓값이 같고 부호가 다른 두 수의 합은 0이다. 예 $(+3)+(-3)=0$

(3) 덧셈의 계산 법칙 : 세 수 a, b, c에 대하여

① 덧셈의 **교환법칙** : $a+b=b+a$

예 $(+2)+(+3)=(+3)+(+2)=+5$

② 덧셈의 **결합법칙** : $(a+b)+c=a+(b+c)$

예 $\{(+3)+(+2)\}+(+1)=(+3)+\{(+2)+(+1)\}=+6$

참고 세 수의 덧셈에서는 결합법칙이 성립하므로 $(a+b)+c$ 또는 $a+(b+c)$를 괄호를 사용하지 않고 $a+b+c$와 같이 나타낼 수 있다.

용어
- **덧셈의 교환법칙**
두 수의 덧셈에서 두 수의 순서를 바꾸어 더하여도 그 결과는 같다.
- **덧셈의 결합법칙**
세 수의 덧셈에서 어느 두 수를 먼저 더한 후 나머지 수를 더하여도 그 결과는 같다.

2 유리수의 뺄셈

두 수의 뺄셈은 빼는 수의 부호를 바꾸어 덧셈으로 고쳐서 계산한다.

예 $(+2)-(+4)=(+2)+(-4)=-(4-2)=-2$

(빼는 수의 부호를 바꾼다. / 뺄셈은 덧셈으로)

$(+5)-(-3)=(+5)+(+3)=+(5+3)=+8$

(빼는 수의 부호를 바꾼다. / 뺄셈은 덧셈으로)

주의 뺄셈에서는 교환법칙과 결합법칙이 성립하지 않는다.

3 덧셈과 뺄셈의 혼합 계산

(1) 덧셈과 뺄셈의 혼합 계산

❶ 뺄셈은 모두 덧셈으로 고친다.

❷ 덧셈의 교환법칙과 결합법칙을 이용하여 수를 적당히 모아서 계산한다.

예 $(-2)-(-7)+(-5)$
$=(-2)+(+7)+(-5)$ ← 뺄셈을 덧셈으로 고치기
$=(+7)+(-2)+(-5)$ ← 덧셈의 교환법칙
$=(+7)+\{(-2)+(-5)\}$ ← 덧셈의 결합법칙
$=(+7)+(-7)=0$

(2) 부호가 생략된 수의 혼합 계산

괄호를 사용하여 생략된 양의 부호 +를 살려서 계산한다.

예 $-7+3-5=(-7)+(+3)-(+5)=(-7)+(+3)+(-5)=-9$

개념 코칭 1 수직선을 이용한 두 수의 덧셈은 어떻게 할까?

정답 및 풀이 ▶ 13쪽

• 

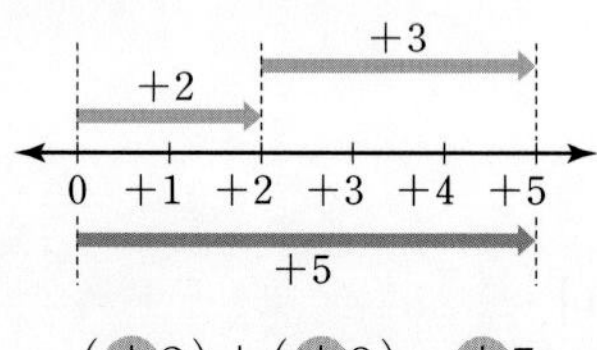

$(+2)+(+3)=+5$

• 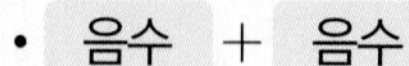

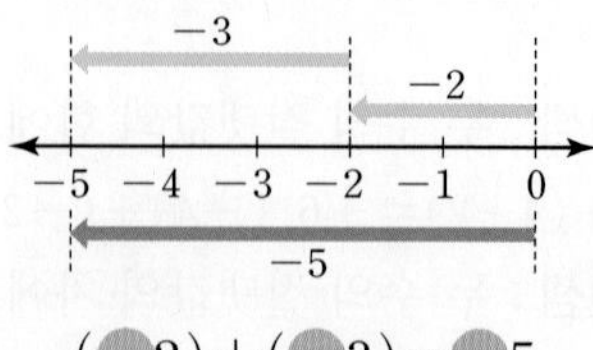

$(-2)+(-3)=-5$

• 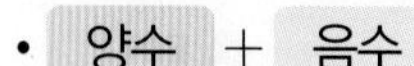

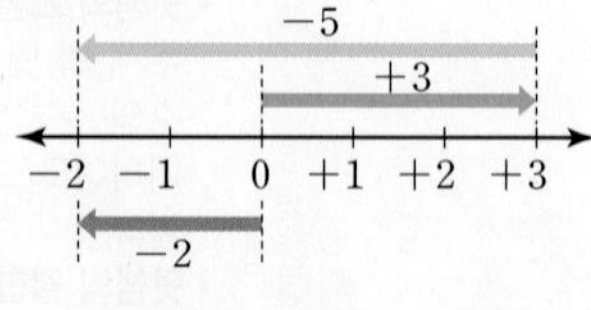

$(+3)+(-5)=-2$

• 음수 + 양수

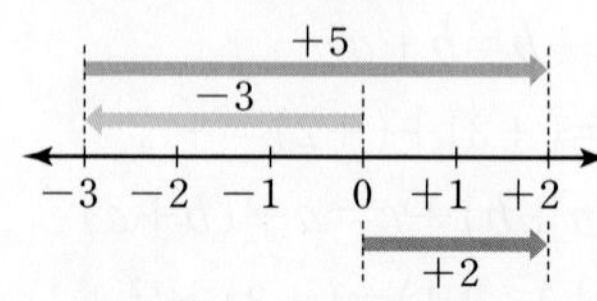

$(-3)+(+5)=+2$

1 수직선을 이용하여 두 수의 덧셈을 할 때, 다음 □ 안에 알맞은 수를 써넣으시오.

(1)

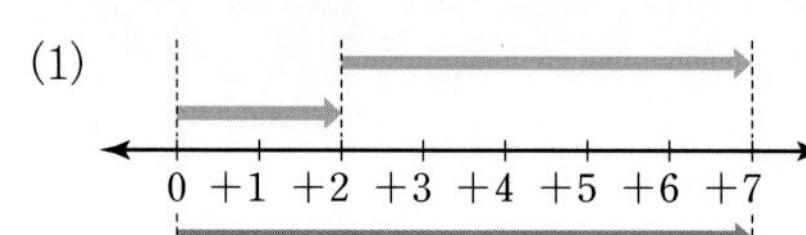

➔ $(+2)+(+5)=\square$

(2)

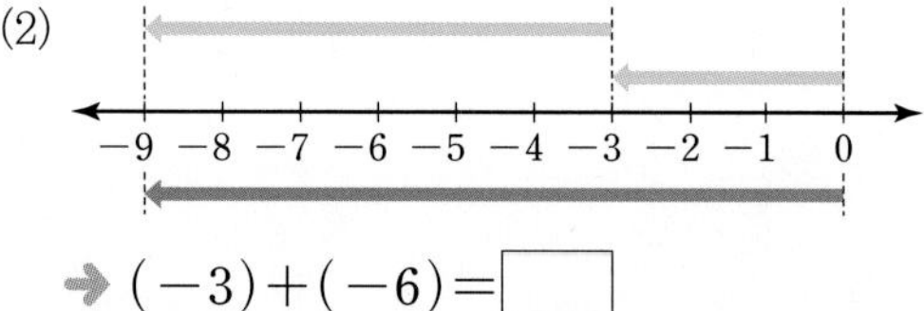

➔ $(-3)+(-6)=\square$

(3)

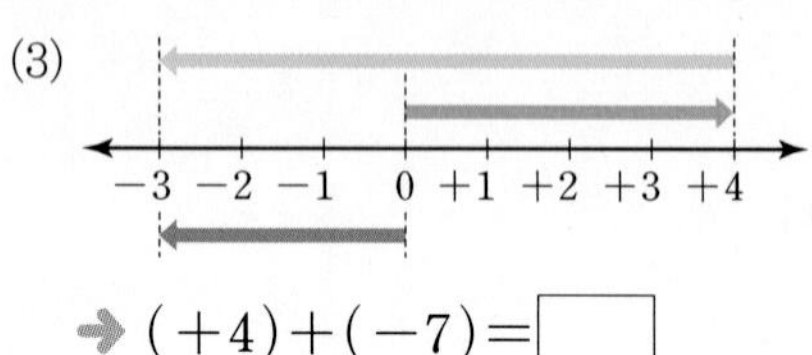

➔ $(+4)+(-7)=\square$

(4)

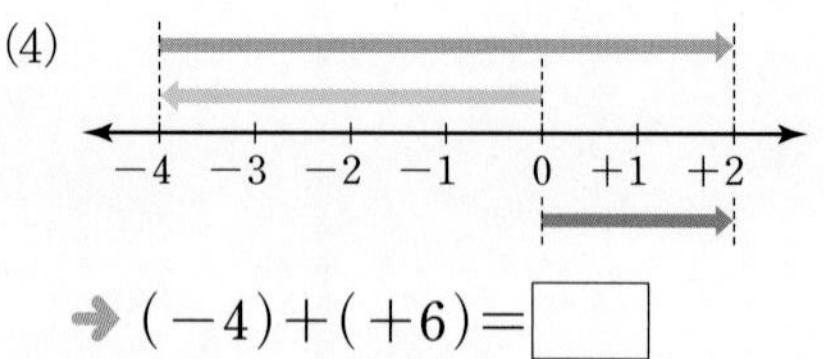

➔ $(-4)+(+6)=\square$

1-① 수직선을 이용하여 두 수의 덧셈을 할 때, 다음 수직선으로 설명할 수 있는 덧셈식을 쓰시오.

(1)

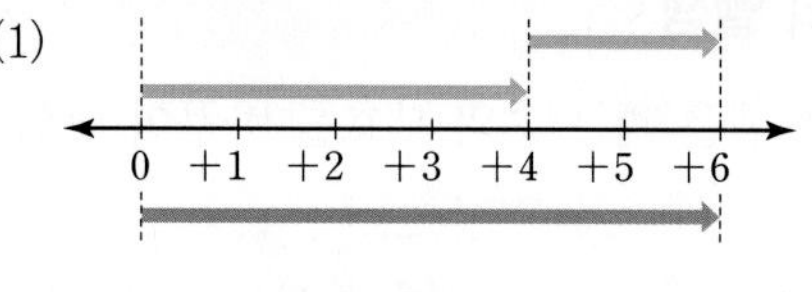

➔ ______________

(2)

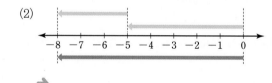

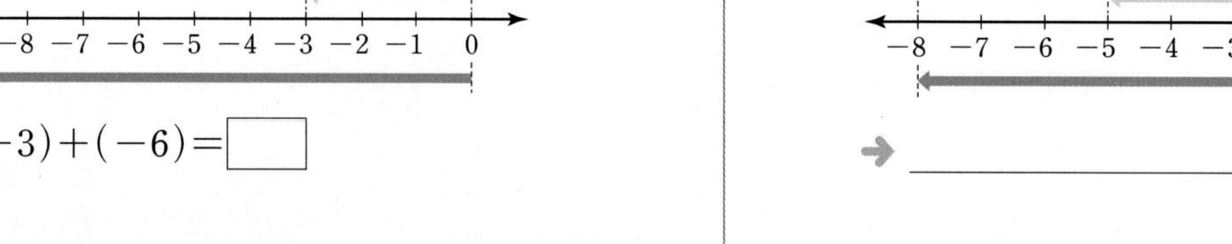

➔ ______________

(3)

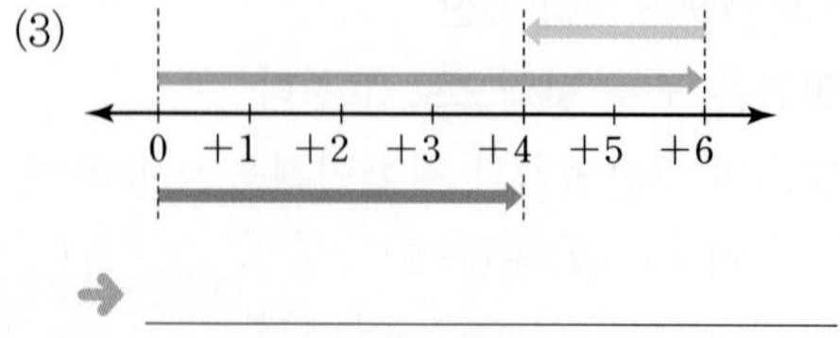

➔ ______________

(4)

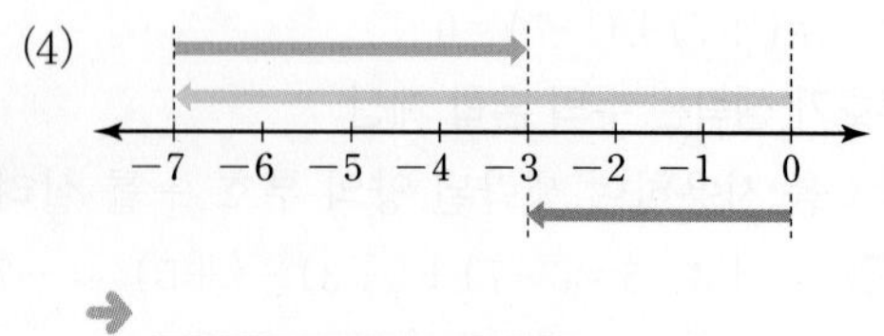

➔ ______________

절댓값을 이용한 두 수의 덧셈은 어떻게 할까?

정답 및 풀이 ▶ 13쪽

• 양수 + 양수

공통인 부호

$(+3)+(+2)=+(3+2)=+5$

절댓값의 합

• 음수 + 음수

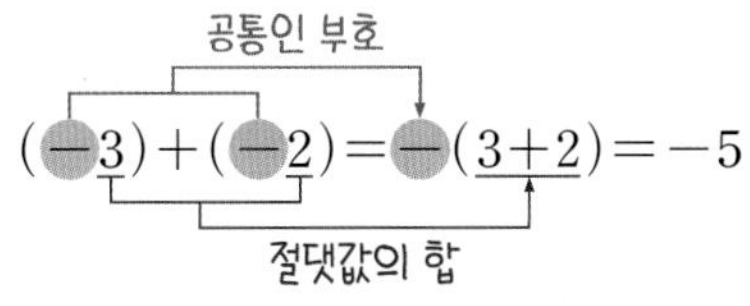

• 양수 + 음수

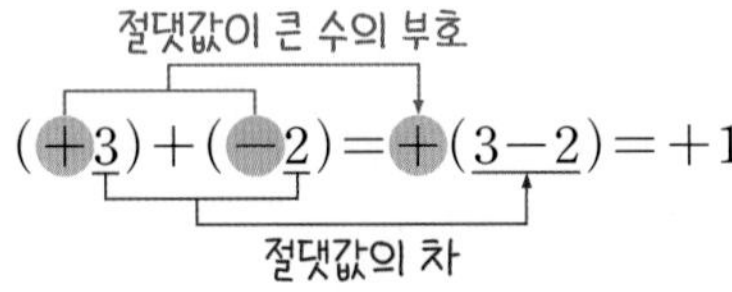

• 음수 + 양수

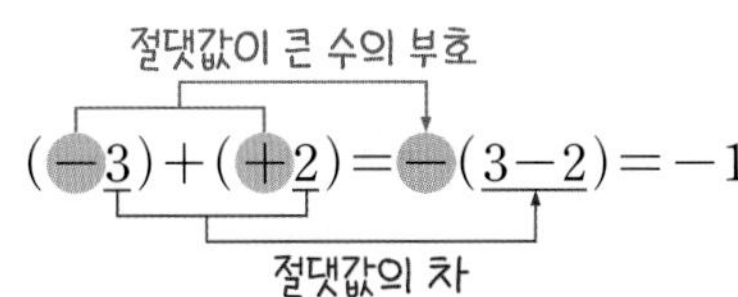

• (양수)+(양수)
➜ +(절댓값의 합)
• (음수)+(음수)
➜ −(절댓값의 합)
• (양수)+(음수)
  (음수)+(양수)
➜ ●(절댓값의 차)
  └ 절댓값이 큰 수의 부호

2 다음 ◯ 안에는 +, − 중 알맞은 부호를, □ 안에는 알맞은 수를 써넣으시오.

(1) $(+5)+(+2)=\bigcirc(5+2)=\bigcirc\square$

(2) $(-6)+(-4)=\bigcirc(6+\square)=\bigcirc\square$

(3) $(+2)+(-5)=\bigcirc(5-2)=\bigcirc\square$

(4) $(-4)+(+6)=\bigcirc(\square-4)=\bigcirc\square$

2-1 다음을 계산하시오.

(1) $(+3)+(+7)$

(2) $(-11)+(-4)$

(3) $(+8)+(-5)$

(4) $(-7)+(+2)$

3 다음 ◯ 안에는 +, − 중 알맞은 부호를, □ 안에는 알맞은 수를 써넣으시오.

(1) $\left(+\frac{1}{3}\right)+\left(+\frac{5}{6}\right)=\bigcirc\left(\frac{\square}{6}+\frac{5}{6}\right)=\bigcirc\square$

(2) $\left(+\frac{3}{2}\right)+\left(-\frac{7}{5}\right)=\bigcirc\left(\frac{15}{10}-\frac{\square}{10}\right)=\bigcirc\square$

(3) $(-5.2)+(+3.1)=\bigcirc(\square-3.1)=\bigcirc\square$

(4) $(-1.3)+(-4.7)=\bigcirc(1.3+\square)=\bigcirc\square$

3-1 다음을 계산하시오.

(1) $\left(+\frac{1}{2}\right)+\left(+\frac{3}{4}\right)$

(2) $\left(+\frac{3}{7}\right)+\left(-\frac{2}{3}\right)$

(3) $(-2.9)+(+3.6)$

(4) $(-1)+(-7.3)$

개념 코칭 3 덧셈의 계산 법칙에는 어떤 것이 있을까?

정답 및 풀이 ▶ 13쪽

$(-13)+(+6)+(-3)$

$=(-13)+(-3)+(+6)$) 덧셈의 교환법칙 → a+b=b+a : 순서를 바꾼다.

$=\{(-13)+(-3)\}+(+6)$) 덧셈의 결합법칙 → (a+b)+c=a+(b+c) : 괄호로 묶는다.

$=(-16)+(+6)$

$=-10$

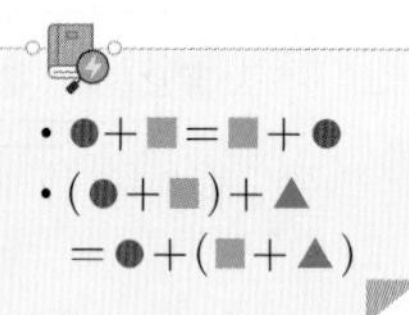

4 다음 □ 안에 알맞은 것을 써넣으시오.

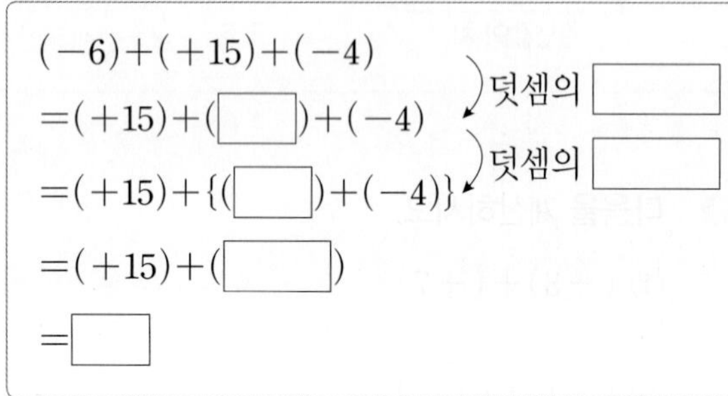

4-❶ 덧셈의 계산 법칙을 이용하여 다음을 계산하시오.

(1) $(-8)+(+3)+(+8)$

(2) $(-17)+(+9)+(-3)$

(3) $\left(+\frac{3}{2}\right)+(-5)+\left(+\frac{7}{2}\right)$

(4) $(-0.4)+(+6)+(-0.6)$

개념 코칭 4 두 수의 뺄셈은 어떻게 할까?

정답 및 풀이 ▶ 13쪽

• 어떤 수 − 양수

$(+12)-(+5)$

뺄셈을 덧셈으로 ↓ ↓ 빼는 수의 부호를 반대로

$=(+12)+(-5)$

$=+(12-5)=+7$

• 어떤 수 − 음수

$(-9)-(-6)$

뺄셈을 덧셈으로 ↓ ↓ 빼는 수의 부호를 반대로

$=(-9)+(+6)$

$=-(9-6)=-3$

→ 빼는 수의 부호를 바꾸고 덧셈으로 고쳐서 계산한다.

주의 뺄셈에서는 교환법칙과 결합법칙이 성립하지 않으므로 순서를 바꾸어 계산하지 않도록 한다.

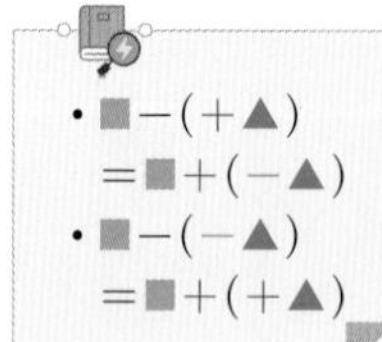

5 다음 ○ 안에는 +, − 중 알맞은 부호를, □ 안에는 알맞은 수를 써넣으시오.

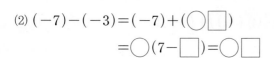

(1) $(+13)-(+8)=(+13)+(○□)$
$=○(13-□)=○□$

(2) $(-7)-(-3)=(-7)+(○□)$
$=○(7-□)=○□$

5-❶ 다음을 계산하시오.

(1) $(+15)-(-8)$

(2) $(-9)-(+7)$

(3) $\left(+\frac{1}{3}\right)-\left(+\frac{1}{5}\right)$

(4) $(-3.9)-(-1.9)$

5 덧셈과 뺄셈의 혼합 계산은 어떻게 할까?

정답 및 풀이 13쪽

$(-8)+(+19)-(+2)$
$=(-8)+(+19)+(-2)$) 뺄셈을 덧셈으로 고치기
$=(-8)+(-2)+(+19)$) 덧셈의 교환법칙
$=\{(-8)+(-2)\}+(+19)$) 덧셈의 결합법칙
$=(-10)+(+19)=+9$

6 다음 ○ 안에는 +, − 중 알맞은 부호를, □ 안에는 알맞은 수를 써넣으시오.

$(+5)+(-9)-(-3)$
$=(+5)+(-9)+(○□)$
$=\{(+5)+(○□)\}+(-9)$
$=(○□)+(-9)=○□$

6-1 다음을 계산하시오.

(1) $(+5)-(-7)+(-3)$

(2) $(-7)+(-3)-(-4)$

(3) $\left(-\frac{2}{7}\right)+(+11)-\left(+\frac{5}{7}\right)$

(4) $(+6.5)-(+2.2)+(-9.3)$

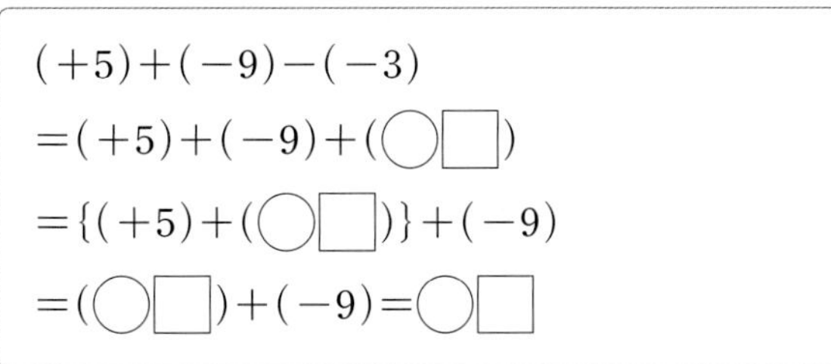

6 부호가 생략된 수의 혼합 계산은 어떻게 할까?

정답 및 풀이 13쪽

$5-7+8$
$=(+5)-(+7)+(+8)$) + 부호와 괄호 되살리기
$=(+5)+(-7)+(+8)$) 뺄셈을 덧셈으로 고치기
$=(+5)+(+8)+(-7)$) 덧셈의 교환법칙
$=\{(+5)+(+8)\}+(-7)$) 덧셈의 결합법칙
$=(+13)+(-7)=+6=6$ → 답이 양수인 경우 + 부호를 생략하여 나타낼 수 있다.

부호가 생략된 수의 혼합 계산은 + 부호와 괄호를 살려서 계산해.

7 다음 ○ 안에는 +, − 중 알맞은 부호를, □ 안에는 알맞은 수를 써넣으시오.

$-3+7-9$
$=(-3)+(○7)-(○□)$
$=(-3)+(○7)+(○□)$
$=\{(-3)+(○□)\}+(○7)$
$=(○□)+(○7)=○□$

7-1 다음을 계산하시오.

(1) $6-7+11$

(2) $4-16+18-20$

(3) $-\frac{11}{3}+\frac{7}{6}-\frac{1}{2}$

(4) $-4.1+6.5-7.8+3.4$

유리수의 덧셈

01 다음 중 계산 결과가 옳지 않은 것은?

① $(+5)+(+7)=12$
② $(-3)+(+9)=6$
③ $\left(-\frac{5}{2}\right)+\left(-\frac{7}{2}\right)=-1$
④ $\left(-\frac{1}{3}\right)+\left(+\frac{7}{3}\right)=2$
⑤ $(+1.5)+(-2.7)=-1.2$

02 다음 중 계산 결과가 가장 큰 것은?

① $(+7)+(-3)$
② $\left(+\frac{7}{6}\right)+\left(+\frac{5}{3}\right)$
③ $\left(-\frac{2}{3}\right)+\left(-\frac{7}{6}\right)$
④ $\left(-\frac{1}{2}\right)+\left(+\frac{3}{4}\right)$
⑤ $(+2.8)+(-1.3)$

수직선을 이용한 두 수의 덧셈

03 다음 수직선으로 설명할 수 있는 덧셈식은?

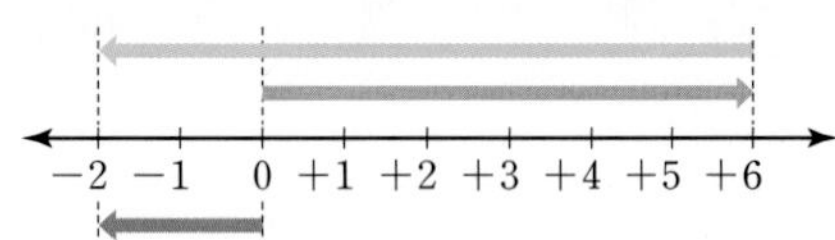

① $(-8)+(-2)=-10$
② $(-2)+(+8)=+6$
③ $(-2)+(+6)=+4$
④ $(+6)+(-8)=-2$
⑤ $(+6)+(+2)=+8$

04 다음 수직선으로 설명할 수 있는 덧셈식을 쓰시오.

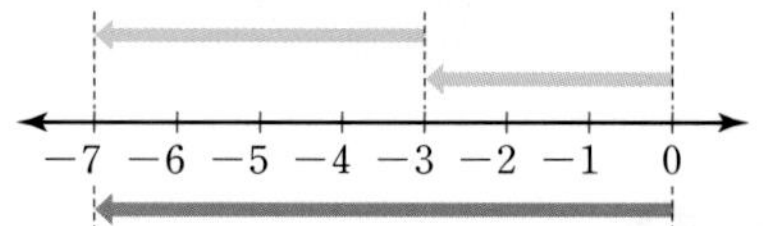

유리수의 뺄셈

05 다음 중 계산 결과가 옳지 않은 것은?

① $(+3)-(+7)=-4$
② $(+4)-(-8)=12$
③ $\left(+\frac{3}{5}\right)-\left(+\frac{1}{2}\right)=\frac{1}{10}$
④ $\left(-\frac{2}{3}\right)-\left(-\frac{2}{3}\right)=0$
⑤ $(-0.5)-(+2.5)=2$

06 다음 중 계산 결과가 가장 작은 것은?

① $(-2)-(-7)$
② $\left(+\frac{1}{3}\right)-\left(+\frac{2}{5}\right)$
③ $(-1)-\left(-\frac{3}{4}\right)$
④ $\left(-\frac{1}{2}\right)-\left(+\frac{2}{3}\right)$
⑤ $(+5.1)-(-2.8)$

워크북 26쪽 ~ 28쪽 | 정답 및 풀이 14쪽

덧셈과 뺄셈의 혼합 계산

07 $\left(-\frac{3}{2}\right)+\left(+\frac{7}{3}\right)-\left(-\frac{5}{6}\right)-\left(+\frac{7}{12}\right)$을 계산하면?

① $-\frac{7}{12}$ ② $-\frac{5}{12}$ ③ $\frac{1}{4}$
④ $\frac{7}{12}$ ⑤ $\frac{13}{12}$

08 $a=(+5)+(-3)-(-9)+(-12)$,
$b=\left(+\frac{1}{2}\right)-\left(-\frac{1}{4}\right)+\left(-\frac{3}{2}\right)-\left(+\frac{5}{8}\right)$일 때,
$a-b$의 값을 구하시오.

부호가 생략된 수의 혼합 계산

09 $\frac{2}{3}-2+\frac{5}{2}-\frac{5}{6}$를 계산하면?

① $-\frac{2}{3}$ ② $-\frac{1}{3}$ ③ $\frac{1}{3}$
④ $\frac{2}{3}$ ⑤ $\frac{5}{6}$

10 $a=2-7+3-2$, $b=\frac{4}{3}-\frac{1}{2}+1-\frac{7}{6}$일 때,
$a+b$의 값을 구하시오.

어떤 수보다 □만큼 큰 수, 작은 수

11 4보다 2만큼 작은 수를 a, -7보다 -3만큼 큰 수를 b라 할 때, $a+b$의 값은?

① -14 ② -12 ③ -10
④ -8 ⑤ -6

(1) 어떤 수보다 □만큼 큰 수 → (어떤 수)+□
(2) 어떤 수보다 □만큼 작은 수 → (어떤 수)−□

12 $-\frac{3}{5}$보다 $\frac{1}{2}$만큼 큰 수를 a, $-\frac{3}{5}$보다 $\frac{1}{2}$만큼 작은 수를 b라 할 때, $a-b$의 값을 구하시오.

덧셈과 뺄셈 사이의 관계

13 다음 □ 안에 알맞은 수를 구하시오.

(1) $\square+\left(+\frac{1}{3}\right)=-\frac{5}{3}$

(2) $\square-\left(-\frac{5}{12}\right)=-\frac{1}{3}$

(1) ■+▲=● → ■=●−▲, ▲=●−■
(2) ■−▲=● → ■=●+▲, ▲=■−●

14 $\square-\left(-\frac{3}{4}\right)=\frac{5}{8}$일 때, □ 안에 알맞은 수는?

① $-\frac{5}{8}$ ② $-\frac{3}{8}$ ③ $-\frac{1}{8}$
④ $\frac{1}{8}$ ⑤ $\frac{5}{8}$

바르게 계산한 답 구하기 (중요)

15 어떤 수에 5를 더해야 할 것을 잘못하여 뺐더니 그 결과가 -8이 되었다. 다음 물음에 답하시오.

(1) 어떤 수를 구하시오.

(2) 바르게 계산한 답을 구하시오.

❶ 어떤 수를 □로 놓는다.
❷ 잘못된 계산 결과를 이용하여 □의 값을 구한다.
❸ 바르게 계산한 답을 구한다.

16 $\frac{2}{5}$에서 어떤 수를 빼야 할 것을 잘못하여 더했더니 그 결과가 $-\frac{3}{10}$이 되었다. 바르게 계산한 답을 구하시오.

절댓값이 주어진 두 수의 덧셈과 뺄셈

17 x의 절댓값은 2이고, y의 절댓값은 7이다. 다음을 구하시오.

(1) $x+y$의 값 중 가장 큰 값

(2) $x+y$의 값 중 가장 작은 값

(1) $|x|=a\ (a>0)$ → $x=a$ 또는 $x=-a$
(2) $|a|=m$, $|b|=n\ (m>0,\ n>0)$일 때, $a+b$의 값 또는 $a-b$의 값은 다음 4가지 경우를 모두 생각해야 한다.
(i) $a=m$, $b=n$인 경우 (ii) $a=m$, $b=-n$인 경우
(iii) $a=-m$, $b=n$인 경우 (iv) $a=-m$, $b=-n$인 경우

18 x의 절댓값은 3, y의 절댓값은 5일 때, $x-y$의 값 중 가장 큰 값은?

① 2 ② 4 ③ 6
④ 8 ⑤ 10

01

다음 중 계산 결과가 옳은 것을 모두 고르면? (정답 2개)

① $(+2)+\left(-\frac{3}{4}\right)=\frac{7}{4}$

② $\left(-\frac{1}{2}\right)-\left(-\frac{2}{3}\right)=-\frac{1}{6}$

③ $(-4.2)+(-2.8)=-7$

④ $(+1)-\left(-\frac{1}{3}\right)-\left(+\frac{5}{4}\right)=\frac{1}{12}$

⑤ $(-9.1)+(+2.7)-(-3.6)=-2.6$

02

다음은 검은색 바둑돌과 흰색 바둑돌을 사용하여 $(+4)+(-3)=+1$을 계산한 것이다.

+ = 0 0 0 =

위와 같은 방법으로 바둑돌을 사용하여 $(-3)+(+2)$를 계산할 때, 어떤 색 바둑돌이 몇 개 남는지 구하시오.

03

다음 수 중 절댓값이 가장 큰 수와 절댓값이 가장 작은 수의 합을 구하시오.

$-\frac{1}{2},\ +\frac{5}{3},\ -\frac{5}{2},\ +\frac{13}{2},\ -\frac{11}{6}$

04

다음은 어느 날 각 도시별 최고 기온과 최저 기온을 나타낸 것이다. 이날 일교차가 가장 큰 도시를 말하시오.

도시	최고 기온(℃)	최저 기온(℃)
서울	6	−2
베이징	3	−5
도쿄	10	1
방콕	32	26

05

다음 중 가장 큰 수는?

① 8보다 −3만큼 큰 수
② −4보다 2만큼 큰 수
③ 5보다 −1만큼 작은 수
④ 6보다 4만큼 작은 수
⑤ 0보다 4만큼 작은 수

06

다음 식이 성립하도록 □ 안에 부호 +, − 중 알맞은 것을 써넣으시오.

$$(-5)\square(-9)\square(+7)=-3$$

07

$(-3)-(-4.8)+\left(+\frac{1}{2}\right)-\left(+\frac{2}{5}\right)$의 계산 결과에 가장 가까운 정수는?

① 1　② 2　③ 3
④ 4　⑤ 5

08

다음과 같은 두 수 a, b에 대하여 $a-b$의 값은?

$$a=\frac{1}{2}-1+\frac{1}{4},\quad b=\frac{1}{4}-\frac{1}{2}+3$$

① -9　② -7　③ -5
④ -3　⑤ -1

09

$-\frac{1}{2}$보다 1만큼 작은 수를 a, -3보다 $-\frac{1}{3}$만큼 큰 수를 b라 할 때, $|a|-|b|$의 값은?

① $-\frac{3}{2}$　② $-\frac{5}{3}$　③ $-\frac{11}{6}$
④ -2　⑤ -3

10

두 수 a, b가 다음을 만족시킬 때, $a+b$의 값은?

$$-5+a=-3,\quad b-(-2)=7$$

① -7　② -3　③ 3
④ 5　⑤ 7

11

어떤 수에 $-\frac{5}{2}$를 더해야 할 것을 잘못하여 뺐더니 그 결과가 1이 되었다. 바르게 계산한 답을 구하시오.

한걸음 더

12 추론

다음 **보기**에서 항상 옳은 것이 아닌 것을 찾고, 그 까닭을 예를 들어 설명하시오.

보기
ㄱ. (양수)+(음수)=(음수)
ㄴ. (양수)−(음수)=(양수)
ㄷ. (음수)+(양수)=(양수)
ㄹ. (음수)−(양수)=(음수)
ㅁ. (음수)+(음수)=(음수)
ㅂ. (음수)−(음수)=(양수)

13 문제해결

$|a|=\frac{1}{2}$, $|b|=\frac{1}{3}$이고 $a+b=-\frac{1}{6}$일 때, a, b의 값을 각각 구하시오.

14 문제해결

오른쪽 그림과 같은 삼각형의 각 변에 놓인 세 수의 합이 모두 같을 때, $b-a$의 값을 구하시오.

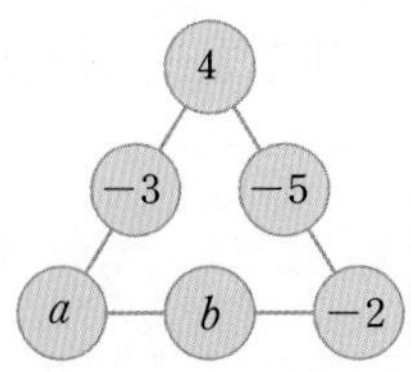

02 유리수의 곱셈

1 유리수의 곱셈

(1) 부호가 같은 두 수의 곱셈 : 두 수의 절댓값의 곱에 양의 부호 +를 붙인다.

예 $(+3)\times(+2)=+(3\times2)=+6$, $(-3)\times(-2)=+(3\times2)=+6$

(2) 부호가 다른 두 수의 곱셈 : 두 수의 절댓값의 곱에 음의 부호 −를 붙인다.

예 $(+3)\times(-2)=-(3\times2)=-6$, $(-3)\times(+2)=-(3\times2)=-6$

참고 어떤 수와 0의 곱은 항상 0이다.

(3) 곱셈의 계산 법칙 : 세 수 a, b, c에 대하여

① 곱셈의 **교환법칙** : $a\times b=b\times a$

예 $(+2)\times(+5)=(+5)\times(+2)=+10$

② 곱셈의 **결합법칙** : $(a\times b)\times c=a\times(b\times c)$

예 $\{(+3)\times(-2)\}\times(+4)=(-6)\times(+4)=-24$
$(+3)\times\{(-2)\times(+4)\}=(+3)\times(-8)=-24$ (결과가 같다.)

참고 세 수의 곱셈에서는 곱셈의 결합법칙이 성립하므로 $(a\times b)\times c$ 또는 $a\times(b\times c)$를 괄호를 사용하지 않고 $a\times b\times c$와 같이 나타낼 수 있다.

용어
- **곱셈의 교환법칙**
두 수의 곱셈에서 두 수의 순서를 바꾸어 곱하여도 그 결과는 같다.
- **곱셈의 결합법칙**
세 수의 곱셈에서 어느 두 수를 먼저 곱한 후 나머지 수를 곱하여도 그 결과는 같다.

2 세 수 이상의 곱셈

(1) 먼저 부호를 정한다.

→ 곱해진 음수가 { 짝수 개 → + / 홀수 개 → − }

(2) 각 수의 절댓값의 곱에 (1)에서 결정된 부호를 붙인다.

예 $(-3)\times(+5)\times(-2)=+(3\times5\times2)=+30$

$\left(-\frac{1}{7}\right)\times\left(-\frac{7}{2}\right)\times\left(-\frac{1}{5}\right)=-\left(\frac{1}{7}\times\frac{7}{2}\times\frac{1}{5}\right)=-\frac{1}{10}$

3 거듭제곱의 계산

(1) 양수의 거듭제곱의 부호는 항상 +이다.

(2) 음수의 거듭제곱의 부호는 지수에 의하여 결정된다.

→ 지수가 { 짝수 → + / 홀수 → − }

예 $(-5)^2=+(5\times5)=+25$, $(-2)^3=-(2\times2\times2)=-8$

4 분배법칙

세 수 a, b, c에 대하여

$$a\times(b+c)=a\times b+a\times c,\ (a+b)\times c=a\times c+b\times c$$

일 때, 이것을 덧셈에 대한 곱셈의 **분배법칙**이라 한다.

예 $12\times(100+1)=12\times100+12\times1=1200+12=1212$

1 수직선을 이용하여 두 수의 곱셈은 어떻게 할까?

정답 및 풀이 ▶ 17쪽

철도 위를 초속 3 m로 달리는 레일바이크의 현재 위치가 0일 때, 다음 각 경우의 레일바이크의 위치를 수로 나타내어 보자.

• 양수 × 양수

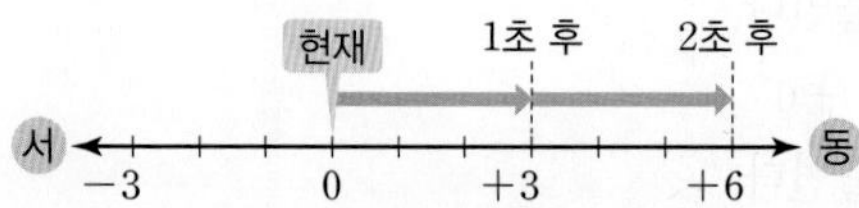

1초에 3 m씩 동쪽으로 달릴 때,
2초 후의 위치는
→ $(+3)\times(+2)=+6$

• 양수 × 음수

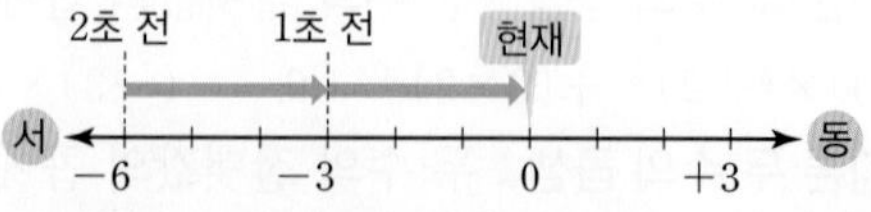

1초에 3 m씩 동쪽으로 달릴 때,
2초 전의 위치는
→ $(+3)\times(-2)=-6$

• 음수 × 양수

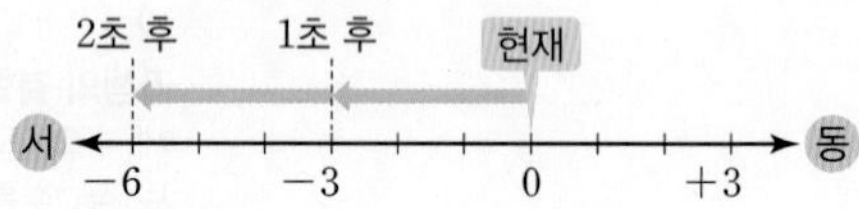

1초에 3 m씩 서쪽으로 달릴 때,
2초 후의 위치는
→ $(-3)\times(+2)=-6$

• 음수 × 음수

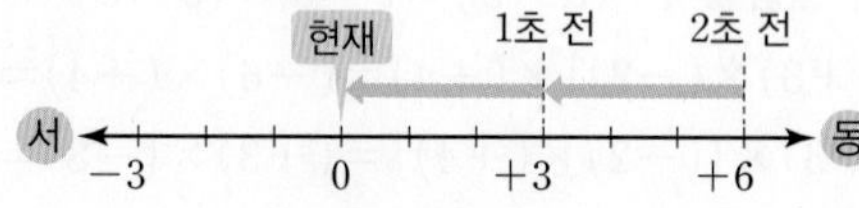

1초에 3 m씩 서쪽으로 달릴 때,
2초 전의 위치는
→ $(-3)\times(-2)=+6$

1 개념 코칭 1과 같은 철도 위를 달리는 레일바이크의 현재 위치가 0일 때, 다음 각 경우의 레일바이크의 위치를 수로 나타내려고 한다. ◯ 안에는 +, − 중 알맞은 부호를, □ 안에는 알맞은 수를 써넣으시오.

(1) 1초에 2 m씩 동쪽으로 달릴 때,
3초 후의 위치는
→ $(+2)\times(◯□)=◯□$

(2) 1초에 2 m씩 동쪽으로 달릴 때,
3초 전의 위치는
→ $(+2)\times(◯□)=◯□$

(3) 1초에 2 m씩 서쪽으로 달릴 때,
3초 후의 위치는
→ $(-2)\times(◯□)=◯□$

(4) 1초에 2 m씩 서쪽으로 달릴 때,
3초 전의 위치는
→ $(-2)\times(◯□)=◯□$

1-❶ 개념 코칭 1과 같은 철도 위를 달리는 레일바이크의 현재 위치가 다음과 같이 0일 때, 1초에 4 m씩 동쪽으로 달릴 때의 위치를 수로 나타내려고 한다. □ 안에 알맞은 수를 써넣으시오.

현재
서 ← −8 −6 −4 −2 0 +2 +4 +6 +8 → 동

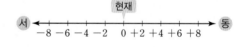

(1) 2초 후 → $(+4)\times(+2)=$□

(2) 1초 후 → $(+4)\times(+1)=$□

(3) 현재 → $(+4)\times0=$□

(4) 1초 전 → $(+4)\times(-1)=$□

(5) 2초 전 → $(+4)\times(-2)=$□

절댓값을 이용한 두 수의 곱셈은 어떻게 할까?

정답 및 풀이 ▶ 17쪽

• 양수 × 양수

부호가 같으면 +

$(+3)\times(+2)=+(3\times2)=+6$

절댓값의 곱

• 음수 × 음수

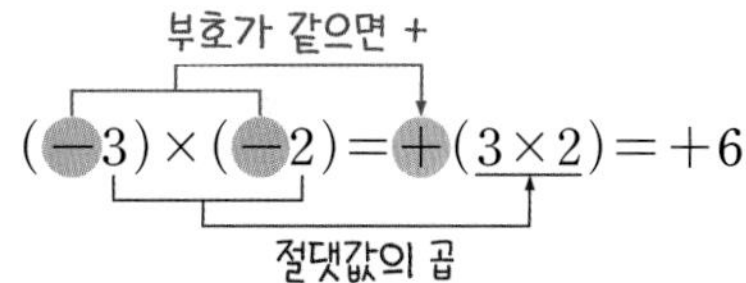

• 양수 × 음수

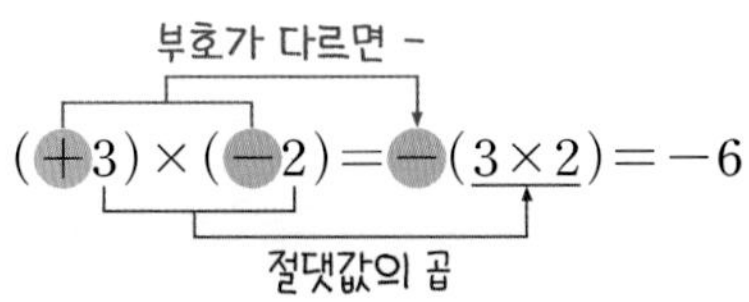

• 음수 × 양수

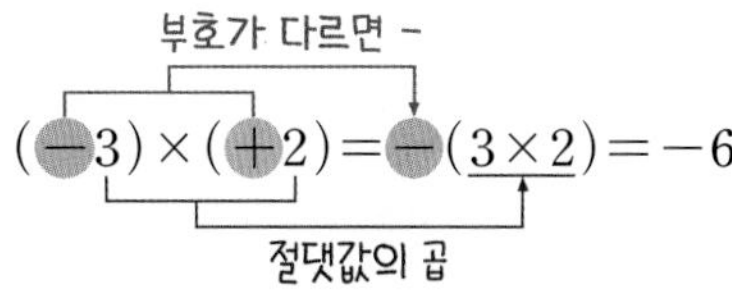

참고 유리수의 곱셈은 정수의 곱셈과 같은 방법으로 계산한다. 이때 답은 약분하여 기약분수로 나타낸다.

$\rightarrow \left(-\frac{5}{4}\right)\times\left(-\frac{7}{10}\right)=+\left(\frac{\overset{1}{\cancel{5}}}{4}\times\frac{7}{\underset{2}{\cancel{10}}}\right)=+\frac{7}{8}$

- (양수)×(양수) → +(절댓값의 곱)
- (음수)×(음수) → +(절댓값의 곱)
- (양수)×(음수) → −(절댓값의 곱)
- (음수)×(양수) → −(절댓값의 곱)

2 다음 ◯ 안에는 +, − 중 알맞은 부호를, □ 안에는 알맞은 수를 써넣으시오.

(1) $(+3)\times(+8)=\bigcirc(3\times\square)=\bigcirc\square$

(2) $(-4)\times(-5)=\bigcirc(4\times\square)=\bigcirc\square$

(3) $(+6)\times(-3)=\bigcirc(6\times\square)=\bigcirc\square$

(4) $(-7)\times(+2)=\bigcirc(7\times\square)=\bigcirc\square$

2-❶ 다음을 계산하시오.

(1) $(+4)\times(+7)$

(2) $(-13)\times(-3)$

(3) $(+3)\times(-10)$

(4) $(-1)\times(+1)$

(5) $0\times(+5)$

(6) $(-10)\times0$

3 다음 ◯ 안에는 +, − 중 알맞은 부호를, □ 안에는 알맞은 수를 써넣으시오.

(1) $\left(+\frac{3}{2}\right)\times\left(+\frac{4}{3}\right)=\bigcirc\left(\frac{3}{2}\times\square\right)=\bigcirc\square$

(2) $\left(-\frac{8}{3}\right)\times\left(+\frac{5}{4}\right)=\bigcirc\left(\square\times\frac{5}{4}\right)=\bigcirc\square$

(3) $(-1.6)\times(-5)=\bigcirc(1.6\times\square)=\bigcirc\square$

3-❶ 다음을 계산하시오.

(1) $\left(+\frac{5}{2}\right)\times\left(+\frac{6}{5}\right)$

(2) $(-2)\times\left(-\frac{5}{8}\right)$

(3) $(+3.5)\times(-4)$

(4) $0\times(-7.3)$

개념 코칭 3 곱셈의 계산 법칙에는 어떤 것이 있을까?

정답 및 풀이 ⊙ 17쪽

$\left(+\frac{3}{2}\right)\times(-5)\times\left(-\frac{8}{3}\right)$

$=(-5)\times\left(+\frac{3}{2}\right)\times\left(-\frac{8}{3}\right)$ ← 곱셈의 교환법칙 → a×b = b×a : 순서를 바꾼다.

$=(-5)\times\left\{\left(+\frac{3}{2}\right)\times\left(-\frac{8}{3}\right)\right\}$ ← 곱셈의 결합법칙 → (a×b)×c = a×(b×c) : 괄호로 묶는다.

$=(-5)\times(-4)=+20$

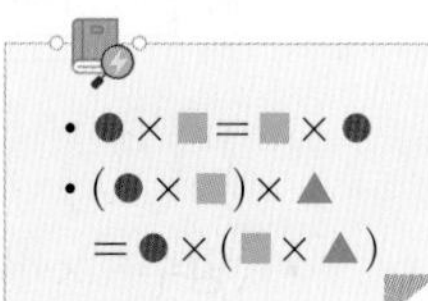

4 다음 □ 안에 알맞은 것을 써넣으시오.

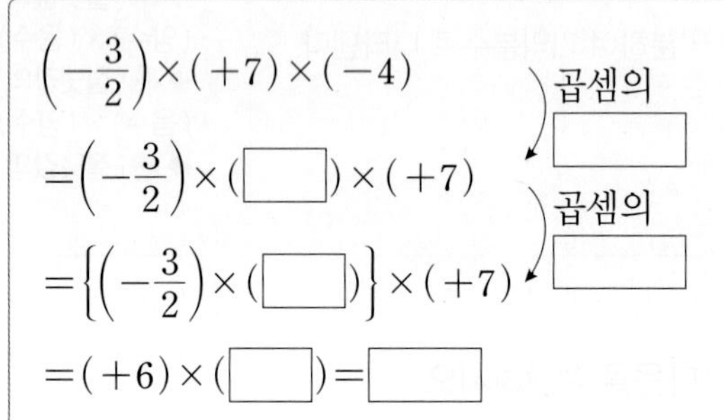

$\left(-\frac{3}{2}\right)\times(+7)\times(-4)$

$=\left(-\frac{3}{2}\right)\times(\square)\times(+7)$ ← 곱셈의 □

$=\left\{\left(-\frac{3}{2}\right)\times(\square)\right\}\times(+7)$ ← 곱셈의 □

$=(+6)\times(\square)=\square$

4-❶ 곱셈의 계산 법칙을 이용하여 다음을 계산하시오.

(1) $(+5)\times(-7)\times(-20)$

(2) $(-2)\times(+11.9)\times(+5)$

(3) $\left(-\frac{4}{3}\right)\times(-13)\times\left(-\frac{9}{2}\right)$

개념 코칭 4 세 수 이상의 곱셈은 어떻게 할까?

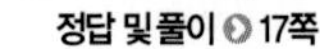
정답 및 풀이 ⊙ 17쪽

• $(-2)\times(+5)\times(-9)=+(2\times5\times9)=+90$
(음수가 짝수 개 → +, 절댓값의 곱)

• $\left(-\frac{7}{2}\right)\times\left(-\frac{1}{14}\right)\times\left(-\frac{4}{5}\right)=-\left(\frac{7}{2}\times\frac{1}{14}\times\frac{4}{5}\right)=-\frac{1}{5}$
(음수가 홀수 개 → −, 절댓값의 곱)

❶ 부호 정하기
곱해진 음수가 { 짝수 개 → + / 홀수 개 → − }
❷ 각 수의 절댓값의 곱에 정해진 부호 붙이기

5 다음 ○ 안에는 +, − 중 알맞은 부호를, □ 안에는 알맞은 수를 써넣으시오.

(1) $(+3)\times(-6)\times(-2)$

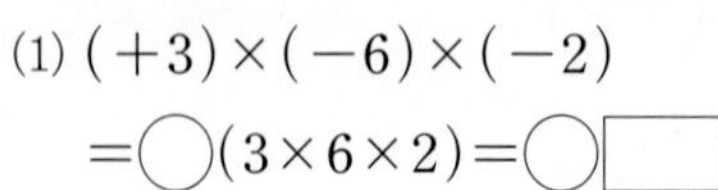

$=\bigcirc(3\times6\times2)=\bigcirc\square$

(2) $\left(-\frac{1}{2}\right)\times\left(-\frac{5}{4}\right)\times(-12)$

$=\bigcirc\left(\frac{1}{2}\times\frac{5}{4}\times12\right)=\bigcirc\square$

5-❶ 다음을 계산하시오.

(1) $(+4)\times(-3)\times(-6)$

(2) $(-8)\times(-5)\times(-3)$

(3) $(+12)\times\left(-\frac{5}{8}\right)\times\left(+\frac{18}{5}\right)$

(4) $\left(-\frac{12}{5}\right)\times\left(-\frac{7}{2}\right)\times\left(+\frac{5}{14}\right)$

개념 코칭 5 거듭제곱의 계산에서 부호는 어떻게 결정할까?

정답 및 풀이 ▶ 17쪽

• 양수의 거듭제곱의 부호

$(+2)^2=(+2)\times(+2)=+4$

$(+2)^3=(+2)\times(+2)\times(+2)=+8$

→ 부호가 항상 +

• 음수의 거듭제곱의 부호

지수가 짝수이면 +

$(-2)^2=(-2)\times(-2)=+4$

$(-2)^3=(-2)\times(-2)\times(-2)=-8$

지수가 홀수이면 −

• 양수의 거듭제곱의 부호 → +
• 음수의 거듭제곱의 부호
  - 지수가 짝수 → +
  - 지수가 홀수 → −

6 다음을 계산하시오.

(1) $(-3)^2$ (2) -3^2

(3) $(-5)^3$ (4) -5^3

(5) $\left(-\frac{1}{2}\right)^4$ (6) $(-1)^6$

6-① 다음을 계산하시오.

(1) $(-2)^4$ (2) -2^4

(3) $\left(-\frac{1}{3}\right)^3$ (4) $\left(-\frac{1}{3}\right)^4$

(5) $-(-3)^3$ (6) $-(-1)^5$

개념 코칭 6 분배법칙을 이용하여 어떻게 계산할까?

정답 및 풀이 ▶ 17쪽

괄호 풀기	괄호 묶기
$17\times(100+1)=17\times100+17\times1$ $=1700+17$ $=1717$	$(-8)\times0.8+(-8)\times0.2$ $=(-8)\times(0.8+0.2)$ $=(-8)\times1$ $=-8$

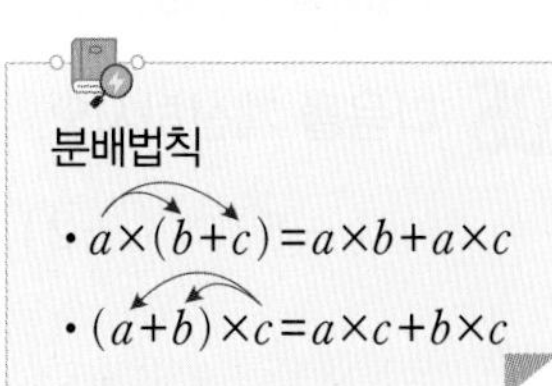

분배법칙
• a×(b+c)=a×b+a×c
• (a+b)×c=a×c+b×c

7 다음은 분배법칙을 이용하여 계산하는 과정이다. □ 안에 알맞은 수를 써넣으시오.

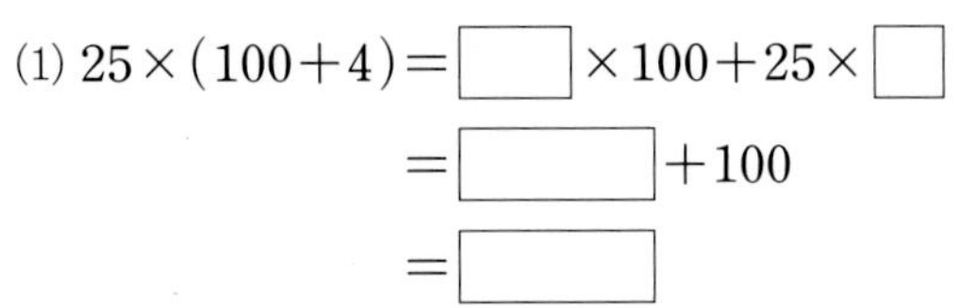

(1) $25\times(100+4)=\square\times100+25\times\square$
$=\square+100$
$=\square$

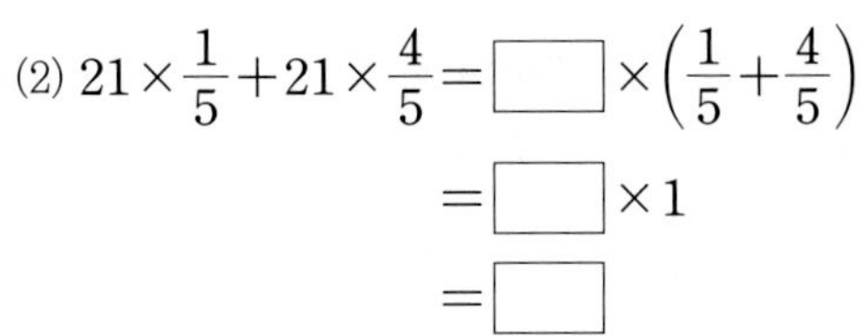

(2) $21\times\frac{1}{5}+21\times\frac{4}{5}=\square\times\left(\frac{1}{5}+\frac{4}{5}\right)$
$=\square\times1$
$=\square$

7-① 분배법칙을 이용하여 다음을 계산하시오.

(1) $18\times(1000+5)$

(2) $9\times(-82)+9\times(-18)$

(3) $(-12)\times\left\{\frac{2}{3}+\left(-\frac{3}{4}\right)\right\}$

(4) $\left(-\frac{1}{4}\right)\times25+\frac{5}{4}\times25$

개념 교과서 대표 문제로 완성하기

워크북 32쪽~33쪽 | 정답 및 풀이 18쪽

유리수의 곱셈

01 다음 중 계산 결과가 옳지 <u>않은</u> 것은?

① $(-2)\times(-6)=12$

② $\left(-\frac{2}{5}\right)\times(+10)=-4$

③ $\left(+\frac{4}{3}\right)\times\left(-\frac{9}{8}\right)=-\frac{3}{2}$

④ $(-6)\times(+0.5)=-3$

⑤ $(-0.8)\times\left(-\frac{5}{2}\right)=0.2$

02 다음 중 계산 결과가 가장 큰 것은?

① $(-6)\times(+8)$　② $(+8)\times0$

③ $(+12)\times\left(-\frac{1}{4}\right)$　④ $\left(-\frac{3}{4}\right)\times\left(-\frac{20}{9}\right)$

⑤ $(-0.2)\times(-5)$

세 수 이상의 유리수의 곱셈 (중요)

03 $A=\left(+\frac{2}{5}\right)\times\left(-\frac{1}{3}\right)\times\left(-\frac{15}{2}\right)$,

$B=\left(-\frac{3}{8}\right)\times\left(-\frac{4}{9}\right)\times(-6)$일 때, $A+B$의 값을 구하시오.

04 $A=\left(-\frac{5}{2}\right)\times\left(-\frac{2}{3}\right)\times(+12)$,

$B=\left(-\frac{3}{14}\right)\times\left(+\frac{7}{2}\right)\times\left(-\frac{16}{5}\right)\times\left(-\frac{1}{4}\right)$일 때, $A\times B$의 값을 구하시오.

거듭제곱의 계산

05 다음을 계산하시오.

(1) $(-5)^2\times(+2)$

(2) $-2^3\times\left(-\frac{1}{4}\right)^2$

(3) $(-2)^3\times\left(-\frac{1}{3}\right)^2\times\left(+\frac{9}{4}\right)$

06 다음을 계산하시오.

(1) $\left(+\frac{1}{4}\right)\times(-2)^5$

(2) $-5^2\times\left(-\frac{2}{5}\right)^2$

(3) $\left(-\frac{3}{2}\right)\times(-3)^3\times\left(-\frac{2}{3}\right)^4$

분배법칙

07 유리수 a, b, c에 대하여 $a\times b=-2$, $a\times c=-5$일 때, $a\times(b+c)$의 값을 구하시오.

08 유리수 a, b, c에 대하여 $a\times b=3$, $a\times(b+c)=15$일 때, $a\times c$의 값을 구하시오.

03 유리수의 나눗셈과 혼합 계산

1 유리수의 나눗셈

(1) 부호가 같은 두 수의 나눗셈 : 두 수의 절댓값의 나눗셈의 몫에 양의 부호 +를 붙인다.

예 $(+6)\div(+3)=+(6\div3)=+2$, $(-6)\div(-3)=+(6\div3)=+2$

(2) 부호가 다른 두 수의 나눗셈 : 두 수의 절댓값의 나눗셈의 몫에 음의 부호 −를 붙인다.

예 $(+6)\div(-3)=-(6\div3)=-2$, $(-6)\div(+3)=-(6\div3)=-2$

주의 어떤 수를 0으로 나누는 것은 생각하지 않는다.

2 역수를 이용한 수의 나눗셈

(1) 역수 : 두 수의 곱이 1이 될 때, 한 수를 다른 수의 역수라 한다.

참고 역수 구하기

수	$\frac{3}{4}$	$-3=-\frac{3}{1}$	$2.1=\frac{21}{10}$	$-1\frac{2}{3}=-\frac{5}{3}$
역수	$\frac{4}{3}$	$-\frac{1}{3}$	$\frac{10}{21}$	$-\frac{3}{5}$

주의 ① 0의 역수는 없다.
② 역수를 구할 때 부호는 바뀌지 않음에 주의한다.

(2) 역수를 이용한 수의 나눗셈 : 나누는 수를 그 수의 역수로 바꾼 후, 나눗셈을 곱셈으로 고쳐서 계산한다.

예 $(+3)\div\left(+\frac{3}{5}\right)=(+3)\times\left(+\frac{5}{3}\right)=+5$

역수

> 용어
> **역수**(거꾸로 逆, 셈 數) 어떤 수의 분자와 분모를 바꾼 수

3 곱셈, 나눗셈의 혼합 계산

❶ 거듭제곱이 있으면 거듭제곱을 먼저 계산한다.
❷ 나눗셈은 역수를 이용하여 곱셈으로 고쳐서 계산한다.
❸ 부호를 결정하고 각 수의 절댓값의 곱에 결정된 부호를 붙인다.

예 $(+2)\div\left(-\frac{2}{5}\right)\times(-3)=(+2)\times\left(-\frac{5}{2}\right)\times(-3)=+\left(2\times\frac{5}{2}\times3\right)=+15$

주의 나눗셈에서는 교환법칙과 결합법칙이 성립하지 않는다.

4 덧셈, 뺄셈, 곱셈, 나눗셈의 혼합 계산

❶ 거듭제곱이 있으면 거듭제곱을 먼저 계산한다.
❷ 괄호가 있으면 괄호 안을 계산한다.
이때 소괄호 ( ) → 중괄호 { } → 대괄호 [ ]의 순서로 계산한다.
❸ 곱셈과 나눗셈을 계산한다.
❹ 덧셈과 뺄셈을 계산한다.

개념 코칭 1 곱셈과 나눗셈 사이의 관계를 이용하여 두 수의 나눗셈은 어떻게 할까?

정답 및 풀이 ▶ 18쪽

$(+2)\times(+3)=+6$ ➔ $(+6)\div(+3)=+2$

$(+2)\times(-3)=-6$ ➔ $(-6)\div(-3)=+2$

$(-2)\times(+3)=-6$ ➔ $(-6)\div(+3)=-2$

$(-2)\times(-3)=+6$ ➔ $(+6)\div(-3)=-2$

1 다음 ◯ 안에는 +, − 중 알맞은 부호를, □ 안에는 알맞은 수를 써넣으시오.

(1) $(+3)\times(+5)=+15$
➔ $(+15)\div(+5)=$◯□

(2) $(+3)\times(-5)=-15$
➔ $(-15)\div(-5)=$◯□

1-❶ 다음 ◯ 안에는 +, − 중 알맞은 부호를, □ 안에는 알맞은 수를 써넣으시오.

(1) $(-2)\times(+5)=-10$
➔ $(-10)\div(+5)=$◯□

(2) $(-2)\times(-5)=+10$
➔ $(+10)\div(-5)=$◯□

개념 코칭 2 절댓값을 이용한 두 수의 나눗셈은 어떻게 할까?

정답 및 풀이 ▶ 18쪽

• 양수 ÷ 양수

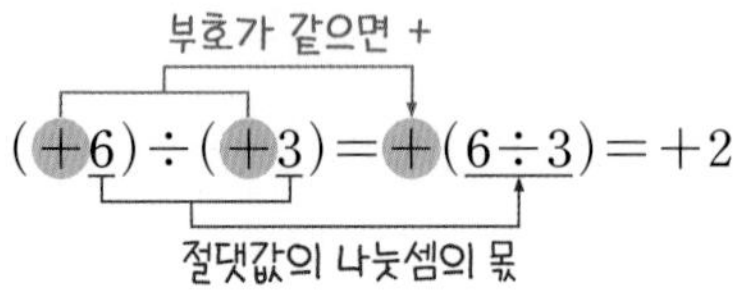

• 음수 ÷ 음수

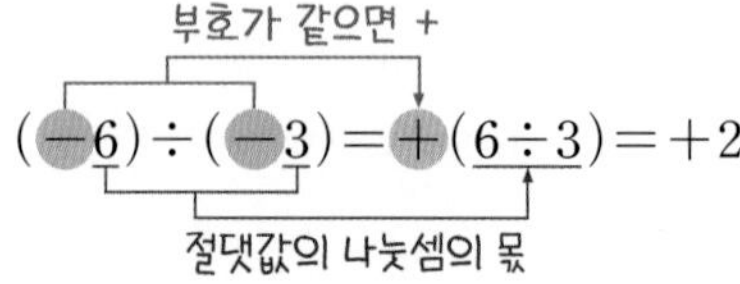

• 양수 ÷ 음수

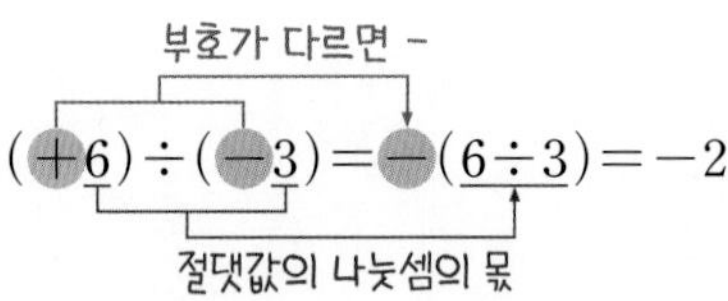

• 음수 ÷ 양수

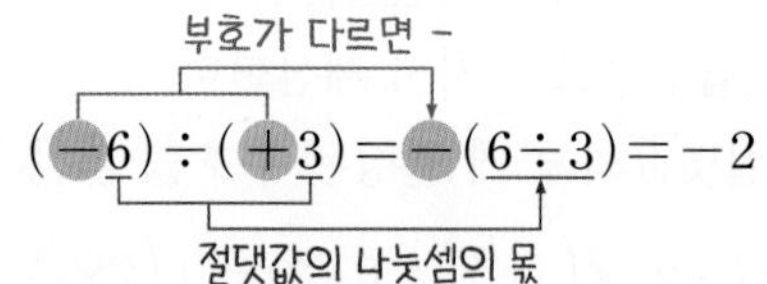

• (양수)÷(양수)
➔ +(절댓값의 나눗셈의 몫)
• (음수)÷(음수)
➔ +(절댓값의 나눗셈의 몫)
• (양수)÷(음수)
➔ −(절댓값의 나눗셈의 몫)
• (음수)÷(양수)
➔ −(절댓값의 나눗셈의 몫)

2 다음 ◯ 안에는 +, − 중 알맞은 부호를, □ 안에는 알맞은 수를 써넣으시오.

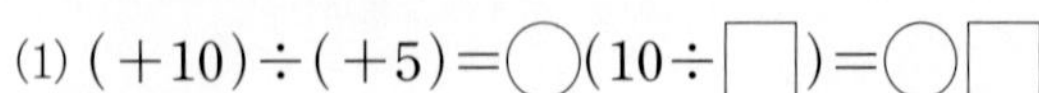

(1) $(+10)\div(+5)=$◯$(10\div$□$)=$◯□

(2) $(-24)\div(-6)=$◯$(24\div$□$)=$◯□

(3) $(+42)\div(-7)=$◯$(42\div$□$)=$◯□

(4) $(-16)\div(+2)=$◯$(16\div$□$)=$◯□

2-❶ 다음을 계산하시오.

(1) $(-16)\div(-4)$

(2) $(-56)\div(+8)$

(3) $(+60)\div(-12)$

(4) $0\div(-8)$

역수를 이용한 나눗셈은 어떻게 할까?

정답 및 풀이 ▶ 18쪽

• 역수

$\frac{5}{2}\times$(역수)$=1$ ➔ $\frac{5}{2}\times\frac{2}{5}=1$ (역수)

➔ $\frac{5}{2}$의 역수는 $\frac{2}{5}$

• 역수를 이용한 나눗셈

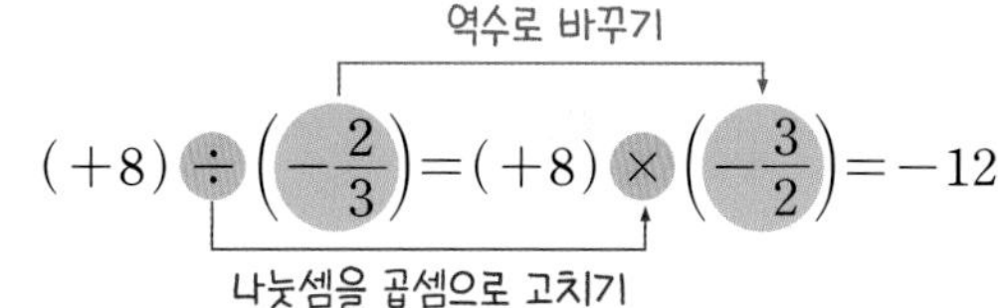

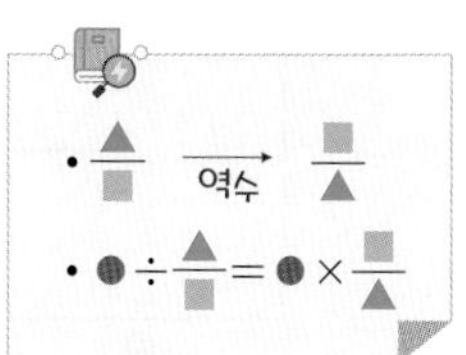

3 다음 수의 역수를 구하시오.

(1) $-\frac{7}{5}$ (2) -8 (3) 0.5

3-❶ 다음 수의 역수를 구하시오.

(1) $-\frac{1}{6}$ (2) $5\frac{1}{2}$ (3) -0.7

4 다음을 계산하시오.

(1) $(+16)\div\left(+\frac{1}{4}\right)$

(2) $\left(-\frac{8}{3}\right)\div\left(-\frac{16}{9}\right)$

4-❶ 다음을 계산하시오.

(1) $(+14)\div\left(-\frac{7}{2}\right)$

(2) $(-1.2)\div\left(+\frac{2}{5}\right)$

곱셈과 나눗셈의 혼합 계산은 어떻게 할까?

정답 및 풀이 ▶ 18쪽

• $(+3)\times(-4)\div(-2)$

$=(+3)\times(-4)\times\left(-\frac{1}{2}\right)$ ❶ 나눗셈을 곱셈으로

$=+\left(3\times4\times\frac{1}{2}\right)=+6$

❸ 절댓값의 곱

❷ 음수가 짝수 개이면 +

• $\left(-\frac{3}{2}\right)\div(-3)\times(-8)$ ❶ 나눗셈을 곱셈으로

$=\left(-\frac{3}{2}\right)\times\left(-\frac{1}{3}\right)\times(-8)$

$=-\left(\frac{3}{2}\times\frac{1}{3}\times8\right)=-4$

❸ 절댓값의 곱

❷ 음수가 홀수 개이면 −

5 다음을 계산하시오.

(1) $(-2)\times\left(+\frac{1}{3}\right)\div(-4)$

(2) $\left(+\frac{4}{5}\right)\div\left(-\frac{4}{15}\right)\times\left(+\frac{2}{3}\right)$

(3) $\left(-\frac{1}{2}\right)\div\left(-\frac{3}{4}\right)\times(-9)$

5-❶ 다음을 계산하시오.

(1) $\left(+\frac{3}{4}\right)\div(+15)\times\left(-\frac{5}{2}\right)$

(2) $\left(-\frac{1}{2}\right)\times(-10)\div\left(-\frac{5}{3}\right)$

(3) $\frac{3}{5}\div\left(-\frac{12}{5}\right)\times\left(-\frac{4}{5}\right)$

5 덧셈, 뺄셈, 곱셈, 나눗셈의 혼합 계산은 어떻게 할까?

정답 및 풀이 ▶ 18쪽

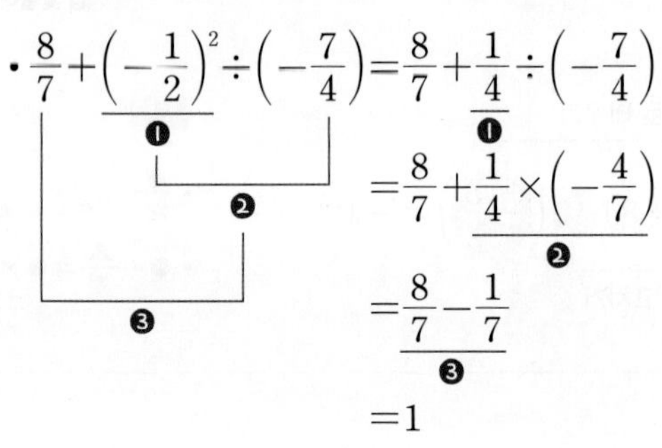

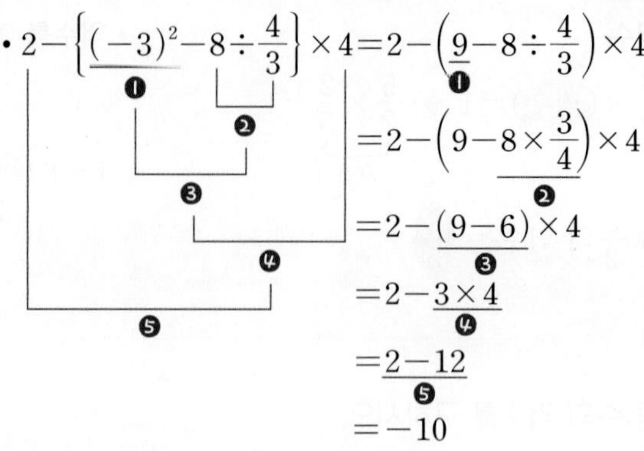

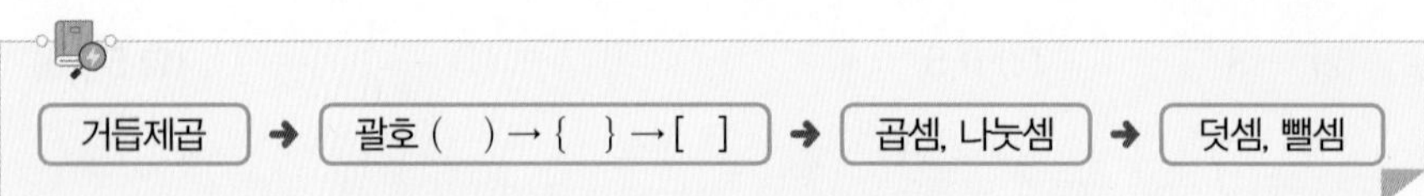

6 다음을 계산하시오.

(1) $3+(-2)^2\times\frac{5}{4}$

(2) $\frac{3}{2}\div\left(-\frac{1}{16}\right)-8\times(-1)$

6-❶ 다음을 계산하시오.

(1) $\frac{6}{5}-\left(-\frac{1}{2}\right)^3\div\left(-\frac{5}{8}\right)$

(2) $\frac{15}{4}\times\left(-\frac{8}{5}\right)+\left(-\frac{2}{3}\right)\div\frac{1}{9}$

7 다음을 계산하시오.

(1) $4\times\left\{-\frac{5}{8}-\left(\frac{1}{2}\right)^3\right\}+5$

(2) $10-8\div\left\{\left(-\frac{2}{3}\right)^3\times\left(-\frac{9}{2}\right)\right\}$

7-❶ 다음을 계산하시오.

(1) $7\times\left\{\frac{1}{7}+(-2)^2-\frac{3}{7}\right\}-16$

(2) $-1+\left\{1-\left(-\frac{1}{3}\right)^2\times\frac{1}{3}\right\}\div\frac{2}{9}$

역수

01 $-\frac{2}{3}$의 역수를 a, 3의 역수를 b라 할 때, $a\times b$의 값은?

① $-\frac{5}{6}$ ② $-\frac{2}{3}$ ③ $-\frac{1}{2}$
④ $\frac{1}{2}$ ⑤ $\frac{2}{3}$

02 $\frac{3}{10}$의 역수를 a, $-1\frac{2}{3}$의 역수를 b라 할 때, $a\times b$의 값을 구하시오.

유리수의 나눗셈

03 다음 중 계산 결과가 옳지 않은 것은?

① $\left(+\frac{2}{3}\right)\div(+8)=\frac{1}{12}$
② $\left(+\frac{2}{5}\right)\div(-10)=-4$
③ $\left(-\frac{10}{3}\right)\div\left(+\frac{5}{6}\right)=-4$
④ $\left(-\frac{7}{5}\right)\div\left(-\frac{14}{15}\right)=\frac{3}{2}$
⑤ $(+7.5)\div\left(-\frac{15}{16}\right)=-8$

04 다음 중 계산 결과가 가장 작은 것은?

① $(-20)\div(-4)$
② $\left(-\frac{7}{2}\right)\div(+14)$
③ $0\div\left(-\frac{4}{5}\right)$
④ $\left(+\frac{3}{4}\right)\div\left(-\frac{21}{8}\right)$
⑤ $(+4.2)\div(+0.6)$

문자로 주어진 유리수의 부호

05 유리수 a, b에 대하여 $a>0$, $b<0$일 때, 다음 중 옳지 않은 것은?

① $-a<0$ ② $a-b>0$ ③ $b-a<0$
④ $a\times b>0$ ⑤ $a\div b<0$

유리수의 부호 결정

(1) $-$(양수)$=$(음수), $-$(음수)$=$(양수)
(2) (양수)$-$(음수)$=$(양수), (음수)$-$(양수)$=$(음수)
(3) (양수)$\times$(양수)$=$(양수), (음수)$\times$(음수)$=$(양수)
(4) (양수)$\times$(음수)$=$(음수), (음수)$\times$(양수)$=$(음수)

06 유리수 a, b에 대하여 $a<0$, $b>0$일 때, 다음 중 항상 양수인 것은?

① $a+b$ ② $a-b$ ③ $a\times b$
④ $a\div b$ ⑤ $b-a$

곱셈과 나눗셈의 혼합 계산

07 $\left(-\frac{5}{3}\right)^2\times\left(-\frac{2}{5}\right)\div\left(-\frac{2}{3}\right)^2$을 계산하면?

① $-\frac{5}{2}$　② -2　③ $-\frac{5}{4}$　④ $\frac{5}{4}$　⑤ $\frac{3}{2}$

08 $A=(-2)^3\times\left(-\frac{1}{6}\right)^2\div\frac{2}{9}$,

$B=\left(-\frac{3}{2}\right)^2\div\left(-\frac{9}{5}\right)\times\left(-\frac{2}{5}\right)^2$일 때,

$A\div B$의 값을 구하시오.

곱셈과 나눗셈 사이의 관계 (중요)

09 다음 □ 안에 알맞은 수를 구하시오.

(1) $\left(-\frac{4}{15}\right)\times\square=-\frac{3}{5}$

(2) $\square\div\left(-\frac{1}{6}\right)=2$

(1) $A\times■=B$ → $■=B\div A$
(2) $■\div A=B$ → $■=B\times A$

10 다음 □ 안에 알맞은 수를 구하시오.

$$\left(-\frac{4}{3}\right)\div\left(-\frac{2}{5}\right)\times\square=\frac{5}{4}$$

덧셈, 뺄셈, 곱셈, 나눗셈의 혼합 계산

11 다음 식에 대하여 물음에 답하시오.

$$-1+\left\{\frac{3}{2}-(-2)^2\times\left(-\frac{1}{4}\right)\right\}\div\frac{5}{8}$$

(↑ ㉠ $+$, ㉡ $-$, ㉢ $(-2)^2$, ㉣ $\times$, ㉤ $\div$)

(1) 주어진 식의 계산 순서를 차례대로 나열하시오.

(2) 주어진 식을 계산하시오.

12 다음 식에 대하여 물음에 답하시오.

$$2-\frac{4}{3}\times\left\{\left(-\frac{2}{3}\right)\div\left(-\frac{1}{3}\right)^2-(-3)\right\}$$

(↑ ㉠ $-$, ㉡ $\times$, ㉢ $\div$, ㉣ $\left(-\frac{1}{3}\right)^2$, ㉤ $-$)

(1) 주어진 식의 계산 순서를 차례대로 나열하시오.

(2) 주어진 식을 계산하시오.

01

다음에서 규칙을 찾아 □ 안에 알맞은 수를 써넣으시오.

$(+5)\times(+2)=+10$	$(-5)\times(+2)=-10$
$(+5)\times(+1)=+5$	$(-5)\times(+1)=-5$
$(+5)\times\ 0\ =\ 0$	$(-5)\times\ 0\ =\ 0$
$(+5)\times(-1)=$ □	$(-5)\times(-1)=$ □
$(+5)\times(-2)=$ □	$(-5)\times(-2)=$ □

02

다음 중 계산 결과가 나머지 넷과 다른 하나는?

① 2^3
② $-(-2)^3$
③ $(-1)^3\times(-2)^3$
④ $\left(-\frac{1}{2}\right)\times(-2^4)$
⑤ $\left(-\frac{1}{2}\right)^2\times(-2)^5$

03

$a=\left(-\frac{3}{2}\right)\times\left(-\frac{7}{3}\right)\times(-4)$,

$b=\left(-\frac{1}{3}\right)\times\left(-\frac{3}{2}\right)\times(-2)^3$일 때, $b-a$의 값을 구하시오.

04

다음을 계산하면?

$$(-1)^{2020}-(-1)^{2021}-(-1)^{2022}$$

① -3
② -2
③ -1
④ 0
⑤ 1

05

다음은 분배법칙을 이용하여 12×105를 계산하는 과정이다. 자연수 a, b, c에 대하여 $a+b+c$의 값을 구하시오.

$$\begin{aligned}12\times105&=12\times(100+a)\\&=12\times100+12\times a\\&=1200+b=c\end{aligned}$$

06

다음 중 두 수가 서로 역수 관계인 것은?

① $\frac{1}{3}$, -3
② 1, -1
③ 0.4, $\frac{5}{2}$
④ $-\frac{7}{5}$, $\frac{5}{7}$
⑤ -0.1, $-\frac{1}{10}$

07

$A=\left(-\frac{5}{7}\right)\times(-3)\times\left(-\frac{14}{15}\right)$일 때, $A\times B=1$이 되도록 하는 유리수 B의 값은?

① -2
② $-\frac{1}{2}$
③ $\frac{1}{2}$
④ 1
⑤ 2

08

5보다 -2만큼 작은 수를 a, $-\frac{3}{2}$보다 $\frac{1}{3}$만큼 큰 수를 b라 할 때, $a\div b$의 값을 구하시오.

09

다음을 계산하시오.

$$(-3)^3\times\left(-\frac{1}{2}\right)^3\div\left\{-\left(-\frac{3}{2}\right)^2\right\}$$

10

다음 □ 안에 알맞은 수를 구하시오.

$$\left(-\frac{2}{3}\right)\times\left(+\frac{9}{4}\right)\div\square=\frac{3}{5}$$

11

어떤 유리수에 $-\frac{3}{4}$을 곱해야 할 것을 잘못하여 나누었더니 그 결과가 $\frac{4}{9}$가 되었다. 바르게 계산한 답을 구하시오.

12

$A=2-(-6)\div\left\{(-4)^3\times\left(-\frac{3}{8}\right)\right\}$일 때, A보다 작은 자연수는 몇 개인지 구하시오.

한걸음 더

13 추론

네 수 $-\frac{3}{7}$, -14, $\frac{6}{7}$, 5 중 서로 다른 세 수를 뽑아 곱했을 때, 다음 물음에 답하시오.

(1) 곱한 결과 중 가장 큰 수를 구하시오.

(2) 곱한 결과 중 가장 작은 수를 구하시오.

14 추론

유리수 a, b, c에 대하여 $a\times b>0$, $a\div c<0$, $a+b<0$일 때, 다음 중 옳은 것은?

① $a>0,\ b>0,\ c>0$　② $a>0,\ b<0,\ c<0$
③ $a<0,\ b>0,\ c>0$　④ $a<0,\ b<0,\ c>0$
⑤ $a<0,\ b<0,\ c<0$

15 문제해결

오른쪽 그림과 같은 주사위에서 마주 보는 면에 있는 두 수의 곱이 1일 때, 보이지 않는 세 면에 있는 수들의 합을 구하시오.

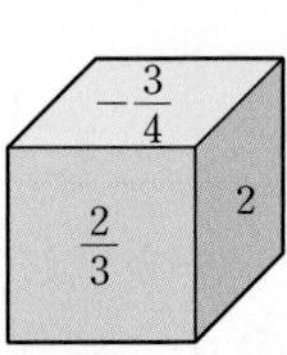

01

다음 수직선으로 설명할 수 있는 덧셈식은?

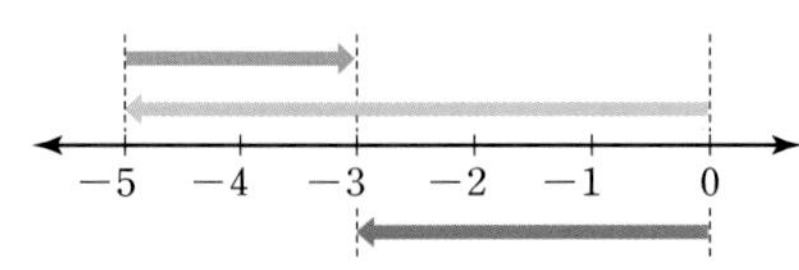

① $(-2)+(-3)=-5$
② $(-5)+(+2)=-3$
③ $(-5)+(-2)=-7$
④ $(-5)+(-3)=-8$
⑤ $(-2)+(+5)=+3$

02

다음 중 옳지 않은 것은?

① $\left(+\frac{1}{6}\right)+\left(+\frac{3}{4}\right)=\frac{11}{12}$
② $\left(-\frac{1}{2}\right)+\left(-\frac{5}{2}\right)=-3$
③ $\left(+\frac{1}{3}\right)+\left(-\frac{1}{2}\right)=-\frac{1}{6}$
④ $\left(-\frac{2}{3}\right)-\left(+\frac{9}{4}\right)=-\frac{35}{12}$
⑤ $\left(-\frac{1}{4}\right)-\left(-\frac{2}{3}\right)=\frac{5}{4}$

03

다음 중 절댓값이 가장 큰 수와 절댓값이 가장 작은 수의 합을 구하시오.

$-4.5,\quad \frac{5}{4},\quad -3,\quad -1,\quad \frac{1}{2}$

04

두 수 a, b에 대하여 $|a|=1$, $|b|=3$일 때, $a+b$의 값 중 가장 큰 값과 가장 작은 값을 차례대로 구하시오.

05

다음 표는 어느 해의 각 도시별 최고 기온과 최저 기온을 조사하여 나타낸 것이다. 최고 기온과 최저 기온의 차가 가장 큰 도시를 말하시오.

(단위 : ℃)

도시	서울	대전	부산	강릉	제주
최고 기온	$+34$	$+37$	$+36$	$+39$	$+36$
최저 기온	-21	-20	-18	-21	-8

06

$-\frac{14}{3}$보다 작은 정수 중 가장 큰 수를 a, $\frac{17}{4}$보다 큰 정수 중 가장 작은 수를 b라 할 때, $a-b$의 값은?

① -12　② -11　③ -10
④ -9　⑤ -8

07 중요

-2보다 3만큼 작은 수를 a, -5보다 2만큼 큰 수를 b라 할 때, $a-b$의 값을 구하시오.

08

$\frac{17}{4}-5-\frac{3}{4}+2$를 계산하면?

① $-\frac{3}{2}$　② $-\frac{1}{2}$　③ $\frac{1}{2}$
④ $\frac{4}{3}$　⑤ $\frac{3}{2}$

09

$a+(-1)=-3$, $(+3)-b=5$일 때, $a+b$의 값은?

① -4 ② -2 ③ 0
④ 2 ⑤ 4

10

$-\frac{7}{2}+\square-\frac{1}{4}=-\frac{3}{4}$일 때, □ 안에 알맞은 수를 구하시오.

11

다음은 곱셈의 계산 법칙을 이용하여 계산하는 과정이다. □ 안에 들어갈 것으로 알맞은 것은?

$$\left(+\frac{2}{9}\right)\times\left(-\frac{3}{5}\right)\times(+18)$$
$$=\left(\boxed{③}\right)\times(+18)\times\left(-\frac{3}{5}\right) \quad \text{곱셈의 } \boxed{①}$$
$$=\left\{\left(+\frac{2}{9}\right)\times(+18)\right\}\times\left(-\frac{3}{5}\right) \quad \text{곱셈의 } \boxed{②}$$
$$=\left(\boxed{④}\right)\times\left(-\frac{3}{5}\right)=\boxed{⑤}$$

① 결합법칙 ② 교환법칙 ③ $-\frac{2}{9}$
④ $+4$ ⑤ $\frac{12}{5}$

12

다음 중 가장 작은 수는?

① $(-2)^2$ ② $-(-2)^3$ ③ $-\frac{1}{2^2}$
④ -2^2 ⑤ $\left(-\frac{1}{2}\right)^2$

13

다음을 계산하시오.

$$(-1)+(-1)^2+(-1)^3+(-1)^4+\cdots+(-1)^9$$

14 중요

분배법칙을 이용하여 $7.3\times1.75+2.7\times1.75$를 계산하시오.

15

세 수 a, b, c에 대하여 $a\times b=-3$, $a\times(b+c)=5$일 때, $a\times c$의 값은?

① -8 ② -2 ③ 2
④ 4 ⑤ 8

16

다음 중 옳은 것은?

① $(-20)\div(+5)=4$
② $\left(+\frac{3}{2}\right)\div(-4)=-6$
③ $(-3)\div\left(-\frac{3}{5}\right)=-5$
④ $\left(-\frac{2}{3}\right)\div\left(+\frac{4}{15}\right)=-\frac{5}{2}$
⑤ $(-4.5)\div(+1.5)=-\frac{1}{2}$

17

$-\frac{1}{2}$의 역수를 a, $-3\frac{1}{2}$의 역수를 b라 할 때, $a\div b$의 값을 구하시오.

18

$\left(-\frac{1}{2}\right)^3\times\square\div\frac{9}{4}=\frac{3}{2}$일 때, □ 안에 알맞은 수를 구하시오.

19 중요

어떤 유리수에서 $-\frac{2}{3}$를 빼야 할 것을 잘못하여 나누었더니 그 결과가 $\frac{3}{4}$이 되었다. 바르게 계산한 답을 구하시오.

20 중요

다음 중 계산 결과가 가장 큰 것은?

① $\left(-\frac{1}{3}\right)\times3\div\left(-\frac{1}{4}\right)$

② $\left(-\frac{15}{2}\right)+\left(-\frac{5}{2}\right)\div\frac{5}{3}$

③ $\left(-\frac{1}{4}\right)^2\times8-4\div\frac{4}{5}$

④ $(-35)\div\left\{(-2)^3\times\left(-\frac{1}{4}\right)+3\right\}$

⑤ $\frac{3}{4}\times\left\{(-4)+\frac{2}{5}\right\}\div\left(-\frac{9}{5}\right)$

21

$2-\left\{4\div\frac{8}{5}-(-1)^3\times\left(-\frac{1}{2}\right)^2-3\right\}$을 계산하시오.

22

태민이와 은지가 가위바위보를 하여 이기면 $+2$점, 지면 -1점을 얻는 놀이를 하고 있다. 10번 승부를 내어 태민이가 3번 이겼다고 할 때, 다음 물음에 답하시오. (단, 두 사람이 비기는 경우는 없다.)

(1) 태민이의 점수를 구하시오.

(2) 은지의 점수를 구하시오.

23

창의·융합 수학+역사

중국 하나라의 우 임금이 제방 공사 중 만난 거북의 등에 새겨진 그림을 보고 어느 방향으로 더해도 합이 같은 것을 발견하였다. 이처럼 연속하는 정수를 정사각형 모양으로 배열해 가로, 세로, 대각선에 놓인 세 수의 합이 같아지도록 한 것을 마방진이라 한다. 위의 거북의 등에 -3, -2, -1, 0, 1, 2, 3, 4, 5를 하나씩 써넣어 마방진을 만들려고 한다. $a\sim e$에 알맞은 수를 각각 구하시오.

01

네 수 -3, $-\frac{5}{2}$, $\frac{2}{3}$, -2 중 서로 다른 세 수를 뽑아 곱했을 때, 곱한 결과 중 가장 큰 수를 구하시오. [6점]

풀이

채점 기준 1 곱한 결과가 가장 크게 되는 경우 알기 … 2점

채점 기준 2 곱해야 하는 세 수 구하기 … 2점

채점 기준 3 곱한 결과 중 가장 큰 수 구하기 … 2점

답

01-1

한번 더

네 수 2, $-\frac{3}{4}$, $\frac{7}{2}$, $-\frac{4}{5}$ 중 서로 다른 세 수를 뽑아 곱했을 때, 곱한 결과 중 가장 작은 수를 구하시오. [6점]

풀이

채점 기준 1 곱한 결과가 가장 작게 되는 경우 알기 … 2점

채점 기준 2 곱해야 하는 세 수 구하기 … 2점

채점 기준 3 곱한 결과 중 가장 작은 수 구하기 … 2점

답

02

다음 중 가장 큰 수와 가장 작은 수의 차를 구하시오. [5점]

$\frac{8}{3}$, -4, $-\frac{7}{2}$, 2.1, 3, -3.4

풀이

답

03

유리수 a, b, c에 대하여

$$a+c>0,\ a\times c>0,\ b\div c<0$$

일 때, a, b, c의 부호를 각각 구하시오. [6점]

풀이

답

04

유리수 A, B에 대하여

$$A\times\left(-\frac{3}{2}\right)^2-1=\frac{1}{2},\ B\div(-4)+\frac{1}{2}=-\frac{3}{4}$$

일 때, $A\div B$의 값을 구하시오. [7점]

풀이

답

III

일차방정식

1. 문자의 사용과 식의 계산
2. 일차방정식

이전에 배운 내용

초 5~6 • 분수와 소수의 곱셈과 나눗셈
• □, △ 등을 사용하여 식으로 나타내기

이번에 배울 내용

Ⅲ-1 문자의 사용과 식의 계산
01 문자의 사용과 식의 값
02 일차식과 수의 곱셈, 나눗셈
03 일차식의 덧셈과 뺄셈

Ⅲ-2 일차방정식
01 방정식과 그 해
02 일차방정식의 풀이
03 일차방정식의 활용

이후에 배울 내용

중 2 • 다항식의 계산
• 일차부등식과 연립일차방정식

중 3 • 다항식의 곱셈과 인수분해
• 이차방정식

이 단원을 배우면 다양한 상황을 문자를 사용한 식으로 나타낼 수 있어요. 또, 방정식과 그 해의 뜻을 알고, 일차방정식을 푸는 방법을 익혀 실생활 문제를 해결하는 데 활용할 수 있어요.

01 문자의 사용과 식의 값

1 문자를 사용한 식

(1) 문자의 사용 : 문자를 사용하여 수량 사이의 관계를 간단한 식으로 나타낼 수 있다.

(2) 문자를 사용하여 식 세우기

❶ 문제의 뜻을 파악하여 수량 사이의 규칙을 찾는다.

❷ 문자를 사용하여 ❶의 규칙에 맞도록 식을 세운다.

예 한 자루에 500원인 연필 x자루의 가격 ➔ $(500\times x)$원

참고 자주 쓰이는 수량 사이의 관계

- (물건의 가격)=(물건 1개의 가격)×(물건의 개수)
- (거스름돈)=(지불한 금액)−(물건의 금액)
- (거리)=(속력)×(시간), $(\text{속력})=\dfrac{(\text{거리})}{(\text{시간})}$, $(\text{시간})=\dfrac{(\text{거리})}{(\text{속력})}$

2 곱셈 기호와 나눗셈 기호의 생략

(1) 곱셈 기호의 생략

① (수)×(문자), (문자)×(문자)에서는 곱셈 기호 ×를 생략한다.
이때 수는 문자 앞에 쓰고, 문자는 알파벳 순서로 쓴다.

예 $a\times 3=3a$, $x\times y=xy$

② 1×(문자), (−1)×(문자)에서는 1을 생략한다.

예 $1\times x=x$, $(-1)\times a=-a$

주의 $0.1\times x$는 $0.x$로 쓰지 않고 $0.1x$로 쓴다.

③ 같은 문자의 곱은 거듭제곱으로 나타낸다.

예 $a\times a\times a=a^3$, $2\times x\times x\times x\times y\times y=2x^3y^2$

④ (수)×(괄호), (문자)×(괄호)에서는 곱셈 기호 ×를 생략하고, 곱해지는 수를 괄호 앞에 쓴다.

예 $(x+3)\times 2=2(x+3)$, $a\times(x+y)=a(x+y)$

(2) 나눗셈 기호의 생략

① 나눗셈 기호 ÷를 생략하고 분수 꼴로 나타낸다.

예 $a\div 2=\dfrac{a}{2}$

② 나눗셈을 역수의 곱셈으로 고친 후 곱셈 기호 ×를 생략한다.

예 $b\div 3=b\times\dfrac{1}{3}=\dfrac{1}{3}b$

용어
역수(거꾸로 逆, 셈 數)
두 수를 곱해서 1이 될 때 한 수를 다른 수의 역수라 한다.

3 식의 값

(1) **대입** : 문자를 포함한 식에서 문자 대신 수로 바꾸어 넣는 것

(2) 식의 값 : 문자를 포함한 식에서 문자에 수를 대입하여 계산한 값

(3) 식의 값을 구하는 방법

❶ 주어진 식에서 생략된 곱셈 기호 ×를 다시 쓴다.

❷ 문자에 주어진 수를 대입하여 계산한다.

주의 문자에 음수를 대입할 때는 괄호를 사용한다.

용어
대입(대신할 代, 넣을 入)
문자 대신 수를 넣는 것

문자를 사용하여 식을 어떻게 나타낼 수 있을까?

정답 및 풀이 ▶ 24쪽

학생 100명 중에서 남학생이 a명일 때의 여학생 수 —(문자를 사용한 식으로 나타내면)→ (여학생 수)$=100-$(남학생 수) $=100-a$

남학생 수 대신 문자 a를 사용한 식으로 나타내기

1 다음을 문자를 사용한 식으로 나타내시오.

(1) 1초마다 500 MB씩 자료를 전송할 때, x초 동안 전송한 자료의 용량

(2) 5개에 x원인 사탕 한 개의 가격

(3) 한 변의 길이가 a cm인 정삼각형의 둘레의 길이

(4) 시속 y km로 2시간 동안 이동한 거리

1-❶ 다음을 문자를 사용한 식으로 나타내시오.

(1) 한 권에 x원인 공책 6권의 가격

(2) 음료수 x L를 4명이 똑같이 나누어 마셨을 때, 한 사람이 마신 음료수의 양

(3) 밑변의 길이가 a cm, 높이가 4 cm인 삼각형의 넓이

(4) 시속 60 km로 h시간 동안 이동한 거리

곱셈 기호를 생략하여 나타낼 수 있을까?

정답 및 풀이 ▶ 24쪽

(1) $a\times3$ —(수는 문자 앞에)→ $3a$

(2) $b\times a$ —(문자는 알파벳 순서로)→ ab

(3) $(-1)\times a$ —(문자 앞의 1은 생략)→ $-a$

(4) $a\times b\times a$ —(거듭제곱으로)→ a^2b

(5) $(a+b)\times3$ —(수는 괄호 앞에)→ $3(a+b)$

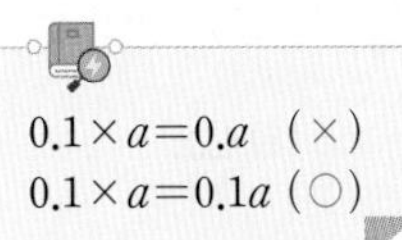

$0.1\times a=0.a$ (×)
$0.1\times a=0.1a$ (○)

2 다음 식을 기호 ×를 생략하여 나타내시오.

(1) $3\times a\times b$

(2) $b\times c\times a$

(3) $a\times(-5)\times b$

(4) $b\times1\times a\times b\times b$

(5) $(a-b)\times(-2)$

2-❶ 다음 식을 기호 ×를 생략하여 나타내시오.

(1) $5\times x\times y$

(2) $y\times z\times x$

(3) $x\times y\times(-1)$

(4) $x\times y\times y\times z\times(-1)$

(5) $(x+y)\times0.1$

개념 코칭 3 나눗셈 기호를 생략하여 나타낼 수 있을까?

정답 및 풀이 ▶ 24쪽

(1) 나눗셈 기호 ÷를 생략하고 분수 꼴로 나타내기

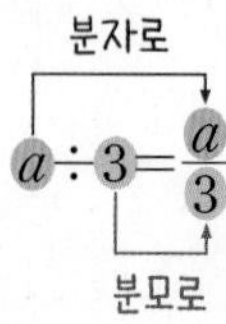

(2) 나눗셈을 역수의 곱셈으로 고치고 곱셈 기호 ×를 생략하기

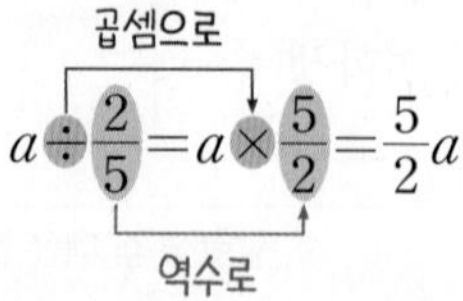

곱셈으로
$a\div\frac{2}{5}=a\times\frac{5}{2}=\frac{5}{2}a$
역수로

3 다음 식을 기호 ÷를 생략하여 나타내시오.

(1) $a\div b$ (2) $a\div(-5)$

(3) $a\div\left(-\frac{1}{2}\right)$ (4) $3\div(a-b)$

3-❶ 다음 식을 기호 ÷를 생략하여 나타내시오.

(1) $x\div7$ (2) $(-x)\div y$

(3) $(-x)\div\frac{3}{2}$ (4) $(x+y)\div2$

개념 코칭 4 대입을 이용하여 식의 값은 어떻게 구할까?

정답 및 풀이 ▶ 24쪽

• $x=2$일 때, $3x-1$의 값을 구해 보자.

$3x-1=3\times x-1$ ← 생략된 곱셈 기호 쓰기

$=3\times2-1$ ← x에 2를 대입

$=6-1=\underline{5}$ 식의 값

• $x=5$, $y=-2$일 때, $3x+2y$의 값을 구해 보자.

$3x+2y=3\times x+2\times y$ ← 생략된 곱셈 기호 쓰기

$=3\times5+2\times(-2)$ ← x에 5, y에 -2를 대입 (음수를 대입할 때는 괄호 사용)

$=15-4=\underline{11}$ 식의 값

4 $x=-3$일 때, 다음 식의 값을 구하시오.

(1) $2x$ (2) $x+5$

(3) x^2+1 (4) $\frac{6}{x}$

4-❶ $x=-2$일 때, 다음 식의 값을 구하시오.

(1) $4x$ (2) $-x$

(3) $6-x^2$ (4) $\frac{8}{x}$

5 $a=-2$, $b=3$일 때, 다음 식의 값을 구하시오.

(1) $a+3b$ (2) $ab+10$

(3) a^2-2b (4) $\frac{4}{a}-b$

5-❶ $x=2$, $y=-4$일 때, 다음 식의 값을 구하시오.

(1) $3x-y$ (2) $2x+\frac{1}{4}y$

(3) $xy+y^2$ (4) $\frac{y}{x}$

워크북 ▶ 42쪽 | 정답 및 풀이 ▶ 25쪽

곱셈 기호와 나눗셈 기호의 생략

01 다음 중 기호 ×, ÷를 생략하여 나타낸 것으로 옳지 않은 것은?

① $(-2)\times x\times y=-2xy$　② $4\div a\div b=\dfrac{4}{ab}$

③ $a\div b\div \dfrac{1}{c}=\dfrac{a}{bc}$　④ $3\times a\div b=\dfrac{3a}{b}$

⑤ $x\times \dfrac{1}{y}\div z=\dfrac{x}{yz}$

02 다음 중 기호 ×, ÷를 생략하여 나타낸 것으로 옳은 것은?

① $x\div y\div z=\dfrac{xz}{y}$　② $a\div b\times c=\dfrac{a}{bc}$

③ $x\div (y\times z)=\dfrac{x}{yz}$　④ $2\times a\div \dfrac{b}{3}=\dfrac{2a}{3b}$

⑤ $(-0.1)\times a\div b=-0.ab$

문자를 사용하여 식 세우기

03 다음 중 문자를 사용하여 나타낸 식으로 옳지 않은 것은?

① 3장에 x원인 상품권 1장의 가격은 $\dfrac{x}{3}$원이다.
② 십의 자리의 숫자가 a, 일의 자리의 숫자가 b인 두 자리의 자연수는 $10a+b$이다.
③ 가로의 길이, 세로의 길이가 각각 x, y인 직사각형의 둘레의 길이는 $2(x+y)$이다.
④ 40 km의 거리를 시속 a km로 달렸을 때, 걸린 시간은 $\dfrac{40}{a}$시간이다.
⑤ a원의 20 %는 $0.02a$원이다.

04 다음 중 문자를 사용하여 나타낸 식으로 옳은 것은?

① 한 자루에 a원인 색연필 3자루와 한 권에 b원인 공책 5권을 산 금액은 $(5a+3b)$원이다.
② 한 개에 500원 하는 물건을 a개 사고 5000원을 냈을 때의 거스름돈은 $(500a-5000)$원이다.
③ 한 변의 길이가 x cm인 정사각형의 넓이는 $4x\text{ cm}^2$이다.
④ 자동차가 시속 80 km로 x시간 동안 달린 거리는 $80x$ km이다.
⑤ 정가가 x원인 물건을 30 % 할인하여 산 가격은 $0.3x$원이다.

식의 값 (중요)

05 $x=-1$, $y=3$일 때, $xy+\dfrac{y}{x^2}$의 값은?

① -6　② -3　③ 0
④ 3　⑤ 6

06 $x=\dfrac{1}{2}$, $y=-2$일 때, $2x^2y-y^2$의 값을 구하시오.

01

다음 중 기호 ×, ÷를 생략하여 나타낸 것으로 옳은 것을 모두 고르면? (정답 2개)

① $x\times y\times x\times(-1)=-x^2y$ ② $0.1\times x\times y=0.xy$

③ $x\times y\div 2=\frac{x}{2y}$ ④ $x\div y\times z=\frac{xz}{y}$

⑤ $3\times(-1)\div x\times y=-\frac{3}{xy}$

02

다음 중 계산 결과가 $a\div(b\div c)$와 같은 것은?

① $a\times b\times c$ ② $a\div b\div c$ ③ $a\times b\div c$
④ $a\div b\times c$ ⑤ $a\div(c\div b)$

03

다음 중 문자를 사용하여 나타낸 식으로 옳지 않은 것은?

① 한 봉지에 800원인 과자 x봉지의 가격 ➔ $800x$원
② 2시간 a분 ➔ $(120+a)$분
③ 밑면의 가로의 길이가 a cm, 세로의 길이가 b cm, 높이가 c cm인 직육면체의 부피 ➔ $abc\text{ cm}^3$
④ 3시간 동안 x km를 달렸을 때의 속력
➔ 시속 $\frac{x}{3}$ km
⑤ 백의 자리의 숫자가 a, 십의 자리의 숫자가 b, 일의 자리의 숫자가 c인 세 자리의 자연수 ➔ $a+b+c$

04

$x=-3$일 때, 다음 중 식의 값이 가장 큰 것은?

① $-x$ ② $-x^2$ ③ $2x$
④ x^2 ⑤ $-4x$

05

오른쪽 그림과 같이 윗변의 길이가 x cm, 아랫변의 길이가 y cm, 높이가 h cm인 사다리꼴에 대하여 다음 물음에 답하시오.

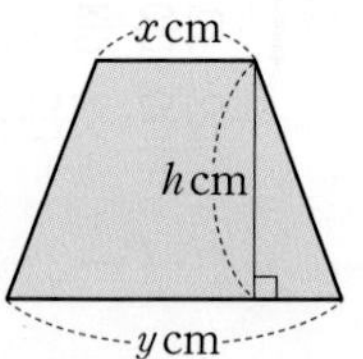

(1) 사다리꼴의 넓이를 x, y, h를 사용한 식으로 나타내시오.

(2) $x=3$, $y=7$, $h=4$일 때, 사다리꼴의 넓이를 구하시오.

06 추론

세윤이는 어머니와 장을 보러 동네 시장에 갔다. 어머니가 시장 입구에서 1단에 x원 하는 미나리를 팔고 계신 할머니와 다음과 같은 대화를 나누었을 때, 어머니가 지불한 금액을 x를 사용한 식으로 나타내시오.

미나리를
다 팔고 3단 남았는데
다 사면 80 %의
가격만 받을게.
그럼 3단
모두 주세요.

07 문제해결

$a=\frac{1}{2}$, $b=\frac{1}{3}$, $c=-\frac{1}{4}$일 때, $\frac{1}{a}-\frac{1}{b}+\frac{2}{c}$의 값을 구하시오.

02 일차식과 수의 곱셈, 나눗셈

1 다항식

(1) **항** : 수 또는 문자의 곱으로 이루어진 식

(2) **상수항** : 수로만 이루어진 항

(3) **계수** : 수와 문자의 곱으로 이루어진 항에서 문자 앞에 곱해진 수

(4) **다항식** : 하나 이상의 항의 합으로 이루어진 식

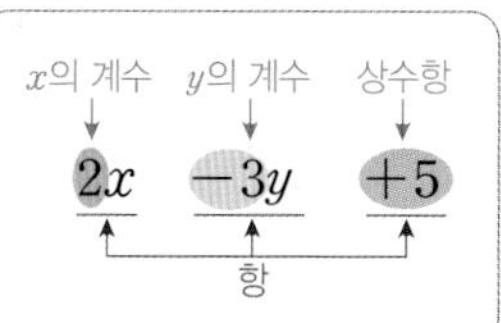

주의 $\frac{2}{x}$와 같이 분모에 문자가 있는 것은 다항식이 아니다.

(5) **단항식** : 다항식 중에서 하나의 항으로만 이루어진 식 ─ 단항식도 다항식이다.

예 다항식 : $2x$, $x+2y-4$, x^2-3x+1
단항식 : $2x$, $3x^2$, -4

용어

- **다항식**(많을 多, 항 項, 식 式) 항이 많은 식
- **단항식**(하나 單, 항 項, 식 式) 항이 하나인 식

2 일차식

(1) **차수** : 문자를 포함한 항에서 문자가 곱해진 개수

예 $2x$의 차수 : 1, $3x^2$의 차수 : 2, y^3의 차수 : 3

(2) **다항식의 차수** : 다항식에서 차수가 가장 큰 항의 차수

예 $4x^2-3x+1$의 차수 : 2, $x-3y$의 차수 : 1

(3) **일차식** : 차수가 1인 다항식

예 $2x$, $3x-2$, $-x+2y$

$3x^2-6x+5$
차수 : 2 차수 : 1 차수 : 0
➜ 다항식의 차수 : 2

3 일차식과 수의 곱셈, 나눗셈

(1) 단항식과 수의 곱셈, 나눗셈

① (단항식) × (수) : 수끼리의 곱을 문자 앞에 쓴다.

예 $3x\times4=3\times x\times4=3\times4\times x=12x$

② (단항식) ÷ (수) : 나누는 수의 역수를 곱하여 계산한다.

예 $4x\div2=4x\times\frac{1}{2}=4\times x\times\frac{1}{2}=4\times\frac{1}{2}\times x=2x$

(2) 일차식과 수의 곱셈, 나눗셈

① (수) × (일차식) : 분배법칙을 이용하여 일차식의 각 항에 수를 곱하여 계산한다.

예 $3\times(3x-2)=3\times3x-3\times2=9x-6$

② (일차식) ÷ (수) : 분배법칙을 이용하여 나누는 수의 역수를 일차식의 각 항에 곱하여 계산한다.

예 $(6x-10)\div2=(6x-10)\times\frac{1}{2}=6x\times\frac{1}{2}-10\times\frac{1}{2}=3x-5$

1 다항식에서 항, 계수, 상수항은 무엇일까?

정답 및 풀이 ▶ 26쪽

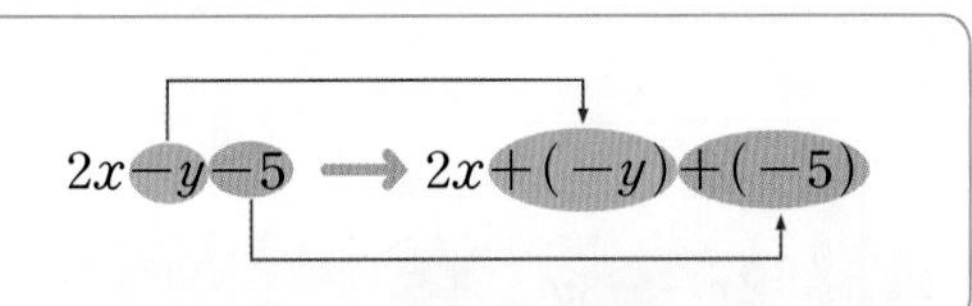

(1) 항 —수 또는 문자의 곱으로 이루어진 식→ $2x$, $-y$, -5 (부호에 주의!)

(2) 상수항 —수로만 이루어진 항→ -5

(3) x의 계수 —x 앞에 곱해진 수→ 2

(4) y의 계수 —y 앞에 곱해진 수→ -1

참고 • 각 항을 말할 때는 부호를 반드시 포함한다.
• $x=1\times x$이므로 x의 계수는 1이다.

1 다항식 $5x-4y-7$에 대하여 다음을 구하시오.

(1) 항 (2) 상수항

(3) x의 계수 (4) y의 계수

1-❶ 다항식 $-x^2+6y-2$에 대하여 다음을 구하시오.

(1) 항 (2) 상수항

(3) x^2의 계수 (4) y의 계수

개념 코칭

2 차수를 알아보고, 이를 이용하여 주어진 다항식이 일차식인지 알아볼까?

정답 및 풀이 ▶ 26쪽

$2x+5$ —각 항의 차수→ $2x$의 차수 : 1, 5의 차수 : 0 —다항식의 차수→ 1 → 일차식이다.

상수항의 차수는 항상 0이다.

$3x^2-2x+1$ —각 항의 차수→ $3x^2$의 차수 : 2, $-2x$의 차수 : 1, 1의 차수 : 0 —다항식의 차수→ 2 → 일차식이 아니다.

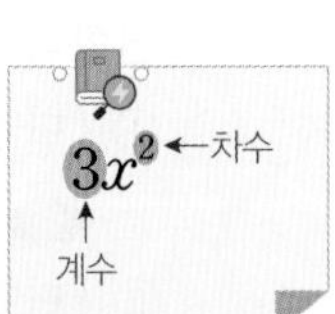

2 다음 다항식의 차수를 구하고, 일차식인지 말하시오.

(1) $4x-2$

(2) 7

(3) $3a-a^2$

(4) $\dfrac{b-2}{3}$

2-❶ 다음 중 일차식인 것에는 ○표, 아닌 것에는 ×표를 하시오.

(1) $-5a+2$ ( )

(2) b^2+b+1 ( )

(3) $\dfrac{1}{2}x-3$ ( )

(4) $\dfrac{1}{y}$ ( )

개념 코칭 3 단항식과 수의 곱셈, 나눗셈을 어떻게 하는지 알아볼까?

정답 및 풀이 ▶ 26쪽

(1) (수)×(단항식), (단항식)×(수)

$6x\times2$
$=6\times x\times2$) 곱셈의 교환법칙
$=6\times2\times x$) 곱셈의 결합법칙
$=(6\times2)\times x$
$=12x$

➔ 수끼리 곱한 후 수를 문자 앞에 쓴다.

(2) (단항식)÷(수)

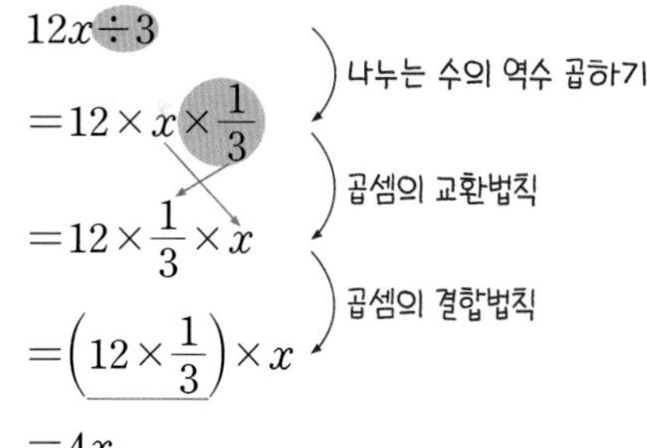

$12x\div3$) 나누는 수의 역수 곱하기
$=12\times x\times\frac{1}{3}$) 곱셈의 교환법칙
$=12\times\frac{1}{3}\times x$) 곱셈의 결합법칙
$=\left(12\times\frac{1}{3}\right)\times x$
$=4x$

➔ 나눗셈을 곱셈으로 고쳐서 계산한다.

3 다음을 계산하시오.

(1) $4\times2x$ (2) $(-3x)\times5$

(3) $9x\div(-3)$ (4) $(-8x)\div\left(-\frac{2}{3}\right)$

3-① 다음을 계산하시오.

(1) $7x\times(-2)$ (2) $\frac{1}{5}\times10x$

(3) $28x\div(-7)$ (4) $(-12x)\div\left(-\frac{3}{4}\right)$

개념 코칭 4 일차식과 수의 곱셈, 나눗셈을 어떻게 하는지 알아볼까?

정답 및 풀이 ▶ 26쪽

(1) (수)×(일차식), (일차식)×(수)

$-3(2x+7)$) 분배법칙
$=\underset{①}{\underline{(-3)\times2x}}+\underset{②}{\underline{(-3)\times7}}$
$=-6x-21$

➔ 분배법칙을 이용하여 일차식의 각 항에 수를 곱한다.

(2) (일차식)÷(수)

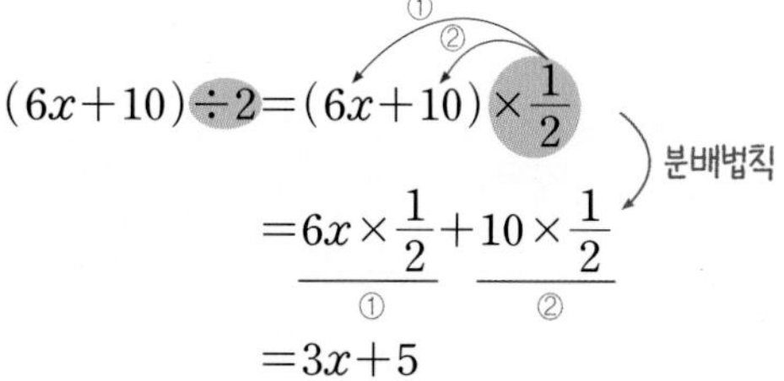

$(6x+10)\div2=(6x+10)\times\frac{1}{2}$) 분배법칙
$=\underset{①}{\underline{6x\times\frac{1}{2}}}+\underset{②}{\underline{10\times\frac{1}{2}}}$
$=3x+5$

➔ 분배법칙을 이용하여 나누는 수의 역수를 일차식의 각 항에 곱한다.

주의 곱하는 수가 음수인 경우에는 그 음수를 각 항에 곱해 주어야 한다. 이때 각 항의 부호에 주의한다.

4 다음을 계산하시오.

(1) $3(2x+1)$ (2) $(-x+2)\times(-5)$

(3) $\frac{1}{2}(4x-10)$ (4) $(14x+21)\div7$

(5) $(6x-8)\div(-2)$ (6) $(5x-2)\div\frac{1}{3}$

4-① 다음을 계산하시오.

(1) $-(4x-5)$ (2) $(x-3)\times(-2)$

(3) $\frac{1}{3}(6x+3)$ (4) $(5x-20)\div5$

(5) $(8x-12)\div(-4)$ (6) $(2x+8)\div\frac{2}{3}$

개념 교과서 대표 문제로 완성하기

워크북 ▶ 45쪽 | 정답 및 풀이 ▶ 26쪽

다항식

중요

01 다음 중 다항식 $4x^2-5x+7$에 대한 설명으로 옳지 않은 것은?

① 항은 3개이다.
② x^2의 계수는 4이다.
③ 상수항은 7이다.
④ 차수가 4인 다항식이다.
⑤ x의 계수는 -5이다.

02 다항식 $3x^2+4x-2$에 대하여 다항식의 차수를 a, x^2의 계수를 b, 상수항을 c라 할 때, $a+b-c$의 값을 구하시오.

일차식

03 다음 중 일차식인 것을 모두 고르면? (정답 2개)

① $2x^2+1$
② $\frac{2}{x}+3$
③ $\frac{1}{3}x-5$
④ $0.1x+4$
⑤ $8+0\times x$

04 다음 중 **보기**에서 일차식인 것을 모두 고른 것은?

보기
ㄱ. $-2x+3$
ㄴ. $\frac{x}{5}$
ㄷ. $\frac{1}{1-x}$
ㄹ. x^2
ㅁ. $0\times x^2+x$
ㅂ. 10

① ㄱ, ㄴ, ㄷ
② ㄱ, ㄴ, ㅁ
③ ㄱ, ㄷ, ㅂ
④ ㄴ, ㄹ, ㅁ
⑤ ㄷ, ㄹ, ㅂ

일차식과 수의 곱셈, 나눗셈

05 다음 중 계산 결과가 옳지 않은 것은?

① $(-3)\times(-6x)=18x$
② $8x\div\left(-\frac{4}{5}\right)=-10x$
③ $(2x-1)\times4=8x-4$
④ $\frac{1}{5}(10x+25)=2x+5$
⑤ $(3x-9)\div\left(-\frac{3}{4}\right)=-4x+16$

06 다음 중 계산 결과가 $-2(3x-2)$와 같은 것은?

① $\frac{1}{2}(-6x+4)$
② $(4x+6)\times\left(-\frac{3}{2}\right)$
③ $(3x-6)\times\left(-\frac{1}{3}\right)$
④ $(3x-12)\div(-3)$
⑤ $(-9x+6)\div\frac{3}{2}$

03 일차식의 덧셈과 뺄셈

1 동류항

(1) **동류항** : 문자와 차수가 각각 같은 항

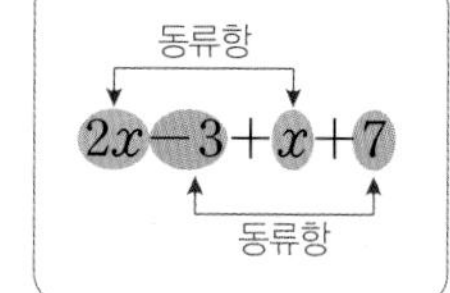

예 $2x$와 $4x$, a^2과 $3a^2$, -3과 5

주의 ① 상수항끼리는 모두 동류항이다.

② 문자와 차수 중 어느 하나라도 다르면 동류항이 아니다.

(2) **동류항의 덧셈과 뺄셈**

동류항이 있는 다항식은 동류항끼리 모으고 분배법칙을 이용하여 간단히 계산할 수 있다.

예 ① $5x+3x=5\times x+3\times x=(5+3)x=8x$

② $4x+3-2x-6$

$=4x-2x+3-6$ (동류항끼리 모으기)

$=(4-2)x+(3-6)$ (동류항끼리 계산하기)

$=2x-3$

2 일차식의 덧셈과 뺄셈

(1) 일차식의 덧셈과 뺄셈

❶ 괄호가 있으면 분배법칙을 이용하여 먼저 괄호를 푼다.

- 괄호 앞에 $+$가 있으면 괄호 안의 부호를 그대로 쓴다.
  ➜ $A+(B-C)=A+B-C$
- 괄호 앞에 $-$가 있으면 괄호 안의 부호를 반대로 쓴다.
  ➜ $A-(B-C)=A-B+C$

❷ 동류항끼리 모아서 계산한다.

❸ 차수가 큰 항부터 차례대로 정리한다.

예 $2(3x-5)-(2x-7)$

$=6x-10-2x+7$ (괄호 풀기)

$=6x-2x-10+7$ (동류항끼리 모으기)

$=4x-3$ (동류항끼리 계산하기)

(2) 분수 꼴인 일차식의 덧셈과 뺄셈

분모의 최소공배수로 통분한 후 동류항끼리 모아서 계산한다.

예 $\dfrac{x+1}{2}+\dfrac{2x-1}{3}$

$=\dfrac{3(x+1)+2(2x-1)}{6}$ (분모를 통분하기)

$=\dfrac{3x+3+4x-2}{6}$ (괄호 풀기)

$=\dfrac{7x+1}{6}$ (동류항끼리 계산하기)

용어

동류항(같을 同, 무리 類, 항 項)
같은 종류의 항

개념 코칭 1 동류항은 어떻게 구분하고, 동류항의 덧셈과 뺄셈은 어떻게 계산할까?

정답 및 풀이 ▶ 27쪽

(1) 동류항 찾기

- $a,\ 3a$ — 문자, 차수 모두 같음 → 동류항이다.
- $2a,\ 5b$ — 문자 다름, 차수 같음 → 동류항이 아니다.
- $x,\ x^2$ — 문자 같음, 차수 다름 → 동류항이 아니다.
- $1,\ 4$ — 모두 상수항 → 동류항이다.

(2) 동류항의 덧셈과 뺄셈

• $5x+2x=(5+2)x=7x$

동류항의 계수끼리 더하여 문자 앞에 쓴다.

• $5x-2x=(5-2)x=3x$

동류항의 계수끼리 빼어 문자 앞에 쓴다.

$●a+▲a=(●+▲)a$

1 다음 중 동류항인 것에는 ○표, 아닌 것에는 ×표를 하시오.

(1) $x,\ -\frac{1}{2}x$ (　　) (2) $x^2,\ 2x$ (　　)

(3) $-5,\ 3$ (　　) (4) $4x,\ 9y$ (　　)

1-❶ 다음 중 동류항인 것에는 ○표, 아닌 것에는 ×표를 하시오.

(1) $3y,\ 3x$ (　　) (2) $-a,\ \frac{1}{a}$ (　　)

(3) $-x^2,\ \frac{1}{4}x^2$ (　　) (4) $7,\ -2$ (　　)

2 다음을 계산하시오.

(1) $2x+4x$ (2) $3a-5a+a$

2-❶ 다음을 계산하시오.

(1) $6y-2y$ (2) $b+5-4b+2$

개념 코칭 2 일차식의 덧셈과 뺄셈은 어떻게 계산할까?

정답 및 풀이 ▶ 27쪽

(1) 일차식의 덧셈

$(2x+7)+2(3x-5)$
$=2x+7+6x-10$) 괄호 풀기
$=2x+6x+7-10$) 동류항끼리 모으기
$=8x-3$) 동류항끼리 계산하기

(2) 일차식의 뺄셈

$(3x+5)-(2x-1)$
$=3x+5-2x+1$) 괄호 풀기
$=3x-2x+5+1$) 동류항끼리 모으기
$=x+6$) 동류항끼리 계산하기

3 다음을 계산하시오.

(1) $2(x+4)+(2x-1)$

(2) $(x-2)-4(2x-3)$

3-❶ 다음을 계산하시오.

(1) $(x-7)+3(x+2)$

(2) $\frac{1}{2}(2x+4)-3(x+3)$

3 분수 꼴인 일차식의 덧셈과 뺄셈은 어떻게 계산할까?

정답 및 풀이 ▶ 27쪽

분수 꼴인 일차식의 덧셈과 뺄셈은 분모의 최소공배수로 통분한 다음 동류항끼리 모아서 계산한다.

집중 1 분수 꼴인 일차식의 덧셈

$$\frac{x+3}{2}+\frac{x-2}{3}$$

$$=\frac{3(x+3)}{6}+\frac{2(x-2)}{6}$$ ← 분모의 최소공배수로 통분하기 (통분할 때 분자에 괄호를 씌운다.)

$$=\frac{3(x+3)+2(x-2)}{6}$$

$$=\frac{3x+9+2x-4}{6}$$ ← 괄호 풀기

$$=\frac{5x+5}{6}$$ ← 동류항끼리 계산하기

$$=\frac{5}{6}x+\frac{5}{6}$$

집중 2 분수 꼴인 일차식의 뺄셈

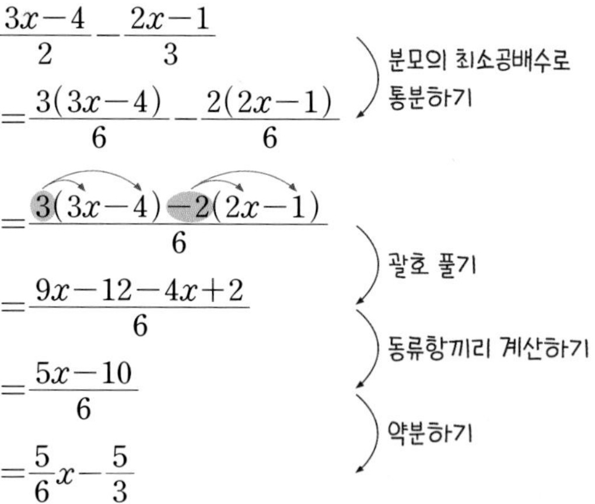

$$\frac{3x-4}{2}-\frac{2x-1}{3}$$

$$=\frac{3(3x-4)}{6}-\frac{2(2x-1)}{6}$$ ← 분모의 최소공배수로 통분하기

$$=\frac{3(3x-4)-2(2x-1)}{6}$$

$$=\frac{9x-12-4x+2}{6}$$ ← 괄호 풀기

$$=\frac{5x-10}{6}$$ ← 동류항끼리 계산하기

$$=\frac{5}{6}x-\frac{5}{3}$$ ← 약분하기

참고 $\frac{\triangle x+\square}{\bigcirc}=\frac{\triangle}{\bigcirc}x+\frac{\square}{\bigcirc}$ (x의 계수, 상수항)이므로 답을 쓸 때 두 가지 형태가 모두 가능하다.

주의 분자와 분모를 약분할 때 분자의 모든 항을 약분해야 함에 주의한다.

→ $\frac{4x+3}{6}=\frac{4x}{6}+\frac{3}{6}=\frac{2}{3}x+\frac{1}{2}$ (○), $\frac{4x+3}{6}=\frac{2x+3}{3}$ (×)

4 다음을 계산하시오.

(1) $\frac{3x+1}{2}+\frac{x-5}{3}$

(2) $\frac{x-3}{5}-\frac{2x+1}{3}$

(3) $x-2+\frac{x+1}{4}$

4-1 다음을 계산하시오.

(1) $\frac{x-1}{4}+\frac{3x+2}{6}$

(2) $\frac{x-3}{6}-\frac{3x-1}{2}$

(3) $\frac{x-6}{3}-2x+3$

동류항

01 다음 중 동류항끼리 바르게 짝 지어진 것은?

① a, a^2 ② x^2, $3y^2$ ③ $2a$, $-3b$
④ $-a$, $0.1a$ ⑤ $\frac{3}{x}$, x

02 다음 **보기**에서 동류항인 것끼리 모두 짝 지으시오.

보기
$3x$, $-y$, 5, $-2x^2$, $4y$, $-y^2$, $\frac{3}{2}x$, -6

동류항의 덧셈과 뺄셈

03 $3x+2y-4x-5y=ax+by$일 때, $a+b$의 값은? (단, a, b는 상수)

① -4 ② -2 ③ 0
④ 2 ⑤ 4

04 $x-\frac{2}{3}-3x+\frac{8}{3}$을 계산하였을 때, x의 계수와 상수항의 합을 구하시오.

중요
일차식의 덧셈과 뺄셈

05 다음 중 계산 결과가 옳은 것은?

① $(5x-4)+(-2x+3)=3x+1$
② $(3x+5)-(x+8)=4x-3$
③ $\left(\frac{3}{2}x+1\right)+\left(\frac{1}{2}x-5\right)=2x-4$
④ $(4x+3)-2(3x-2)=-2x-1$
⑤ $5(x-3)-3(2x-1)=x-12$

06 $\frac{1}{3}(6x-9y)+\frac{1}{2}(6x+8y)=ax+by$일 때, ab의 값은? (단, a, b는 상수)

① 1 ② 2 ③ 3
④ 4 ⑤ 5

분수 꼴인 일차식의 덧셈과 뺄셈

07 다음을 계산하시오.

$$\frac{3x-5}{2}-\frac{2x-4}{3}$$

08 $\frac{7x+2}{3}-\frac{x-3}{6}=ax+b$일 때, $a-b$의 값을 구하시오. (단, a, b는 상수)

괄호가 있는 일차식의 덧셈과 뺄셈

09 $5x-6-\{x-(3x+4)\}$를 계산하면?

① $x-2$ ② $x+2$ ③ $3x-2$
④ $7x-2$ ⑤ $7x+2$

괄호가 있는 일차식의 덧셈과 뺄셈
→ ( ) → { } 순으로 괄호를 푼다.

10 다음을 계산하시오.

$$3x-\{1-(5-2x)\}$$

□ 안에 알맞은 일차식 구하기

11 $2(3x+1)-(\square)=x-2$일 때, □ 안에 알맞은 식은?

① $5x$ ② $5x+2$ ③ $5x+4$
④ $8x$ ⑤ $8x+2$

(1) $A-\square=B$이면 $\square=A-B$
(2) $\square-A=B$이면 $\square=B+A$
(3) $\square+A=B$이면 $\square=B-A$

12 어떤 다항식에서 $\frac{3}{2}(2x-6)$을 뺐더니 $-x+2$가 되었다. 어떤 다항식을 구하시오.

일차식의 덧셈과 뺄셈의 활용

13 오른쪽 그림과 같은 직사각형에서 색칠한 부분의 넓이를 x를 사용한 식으로 나타내면?

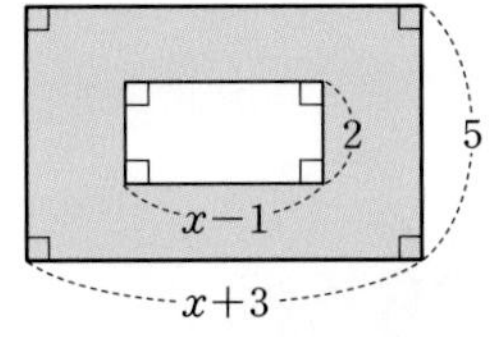

① $3x+13$ ② $3x+17$ ③ $6x+13$
④ $6x+17$ ⑤ $9x+17$

14 오른쪽 그림과 같이 윗변의 길이가 $x-1$, 아랫변의 길이가 $x+2$, 높이가 6인 사다리꼴의 넓이를 x를 사용한 식으로 나타내시오.

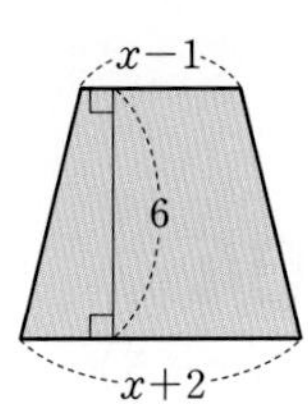

02. 일차식과 수의 곱셈, 나눗셈
03. 일차식의 덧셈과 뺄셈

워크북 ▶ 49쪽 | 정답 및 풀이 ▶ 28쪽

01
다음 중 다항식 $-2x^2+3x-1$에 대한 설명으로 옳지 않은 것은?

① 상수항은 -1이다.
② x의 계수는 3이다.
③ 다항식의 차수는 2이다.
④ 항은 x^2, x, 1이다.
⑤ x^2의 계수와 x의 계수의 합은 1이다.

02
다항식 $(a+2)x^2-5x+7$이 x에 대한 일차식일 때, 상수 a의 값을 구하시오.

03
다음 중 계산 결과가 $-4(2x-1)$과 같은 것을 모두 고르면? (정답 2개)

① $4(-2x-1)$ ② $(4x-2)\times(-2)$
③ $(2x-1)\div(-4)$ ④ $(-8x+4)\div2$
⑤ $(-4x+2)\div\frac{1}{2}$

04
$\frac{3(x-5)}{4}-\frac{2x-5}{6}=ax+b$일 때, $a-b$의 값을 구하시오. (단, a, b는 상수)

05
다음을 계산하시오.

$$3x-2-\{3(x-3)-2(2x+1)\}$$

06
$A=2x-y+5$, $B=-3x+2y-3$일 때, $3A-2B$를 계산하면?

① $6x-7y+21$ ② $6x+7y-21$
③ $12x-7y-21$ ④ $12x-7y+21$
⑤ $12x+7y+21$

07 추론
다음 표에서 가로, 세로, 대각선에 놓인 세 식의 합이 모두 같을 때, 두 다항식 A, B를 각각 구하시오.

$x+3$	$11x-2$	A
	$3x+2$	B
		$5x+1$

08 문제해결
어떤 다항식에 $2x+3$을 더해야 할 것을 잘못하여 뺐더니 $3x-2$가 되었다. 바르게 계산한 식을 구하시오.

01

다음 중 기호 ×, ÷를 생략하여 나타낸 것으로 옳지 않은 것은?

① $0.1\times x=0.1x$　② $2\times x\times x=2x^2$

③ $x\times y\times y\times z=xy^2z$　④ $\frac{x}{y}\div z=\frac{x}{yz}$

⑤ $x+y\div z=\frac{x+y}{z}$

02

다음 중 문자를 사용하여 나타낸 식으로 옳지 않은 것은?

① 8개에 x원 하는 배 한 개의 가격 → $\frac{x}{8}$원

② 십의 자리의 숫자가 x, 일의 자리의 숫자가 y인 두 자리의 자연수 → $10xy$

③ x의 40 % → $0.4x$

④ 한 변의 길이가 x cm인 정오각형의 둘레의 길이 → $5x$ cm

⑤ 2 km의 거리를 시속 x km로 달렸을 때, 걸린 시간 → $\frac{2}{x}$시간

03

남학생이 20명, 여학생이 10명인 어느 반에서 중간고사를 본 결과 남학생의 점수의 평균은 x점, 여학생의 점수의 평균은 y점이었다. 이 반 전체 학생들의 점수의 평균을 x, y를 사용한 식으로 나타내시오.

04 중요

$x=-2$일 때, 다음 중 식의 값이 나머지 넷과 다른 하나는?

① $2x$　② x^2　③ $(-x)^2$

④ $-\frac{x^3}{2}$　⑤ $2-x$

05

$x=-\frac{1}{3}$일 때, 다음 중 식의 값이 가장 작은 것은?

① $-3x$　② $2x^2$　③ $3x$

④ $\frac{1}{x}$　⑤ $3x-1$

06

$x=\frac{1}{2}$, $y=-\frac{1}{4}$일 때, $\frac{2}{x}-\frac{1}{y}$의 값을 구하시오.

07

지면의 기온이 25 ℃일 때, 지면으로부터 높이가 x km인 곳의 기온은 $(25-6x)$ ℃라 한다. 이때 지면으로부터 높이가 4 km인 곳의 기온을 구하시오.

08 중요

다음 중 옳은 것은?

① $2x+3$의 항은 1개이다.

② $\frac{2}{x}+4x$는 일차식이다.

③ $2x^2-3x+7$의 차수는 2이다.

④ $\frac{x}{5}-4$에서 x의 계수는 5이다.

⑤ $3x^2+2x-2$에서 상수항은 2이다.

09

다음 중 일차식인 것을 모두 고르면? (정답 2개)

① $-5x+2$

② $2(x+1)-2x$

③ $-\frac{1}{x}+7$

④ $0.1y^2-0.2y+0.3$

⑤ $\frac{y-1}{3}+1$

10 중요

다음 중 계산 결과가 옳지 않은 것은?

① $(-3)\times(-5x)=15x$

② $5(-x+1)=-5x+5$

③ $-\frac{3}{2}(4x+8)=-6x+12$

④ $15x\div\left(-\frac{3}{2}\right)=-10x$

⑤ $(12x-8)\div\frac{4}{3}=9x-6$

11

$(-6x+24)\times\left(-\frac{2}{3}\right)$를 계산하였을 때 x의 계수를 a, $(14x-21)\div\frac{7}{3}$을 계산하였을 때 상수항을 b라 하자. 이때 $a-b$의 값을 구하시오.

12

밑변의 길이가 5 cm, 높이가 8 cm인 삼각형에서 밑변의 길이를 $2x$ cm만큼 늘였을 때, 삼각형의 넓이를 x를 사용한 식으로 나타내시오.

13

다음 중 동류항끼리 바르게 짝 지어진 것은?

① x, x^2 ② 3, $3a$ ③ $2x$, $2y$

④ $-3y$, $5y$ ⑤ $-x^2y$, $4xy^2$

14

다음 중 계산 결과가 나머지 넷과 다른 하나는?

① $x+1-3x$

② $(4x-1)+(2-6x)$

③ $2(x-1)-4x+3$

④ $(5x-3)-(7x-4)$

⑤ $3(2x+5)-4(2x+3)$

15

$2(3a-2b)-(11a-5b)$를 계산하였을 때, a의 계수와 b의 계수의 합을 구하시오.

16

$2(ax+3)-6x+b=-2x+3$일 때, 상수 a, b에 대하여 $|b-a|$의 값을 구하시오.

17

$2x-\{x+3(-2x+2)\}$를 계산하면?

① $4x-6$ ② $4x+6$ ③ $7x-6$
④ $7x+6$ ⑤ $10x-6$

18

다음 □ 안에 알맞은 식을 구하시오.

$$\frac{-x+1}{2}+\square=\frac{2x-3}{5}$$

19

$A=3x-2y$, $B=-x-y$일 때, $3A-2B-(2A-4B)$를 계산하면?

① $x-4y$ ② $x+4y$ ③ $3x-4y$
④ $5x-4y$ ⑤ $5x+4y$

20

오른쪽 그림과 같이 한 변의 길이가 12 cm인 정사각형에서 색칠한 부분의 넓이를 x를 사용한 식으로 나타내시오.

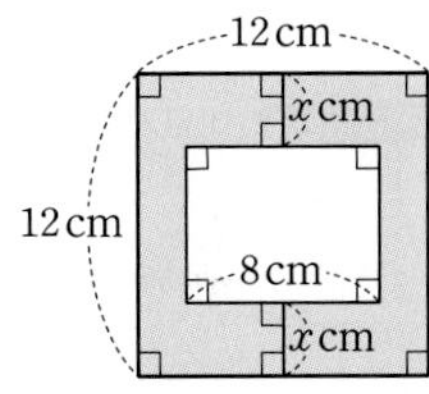

21

창의·융합 수학+보건

사람의 키와 몸무게만으로 그 사람의 체질량 지수를 알 수 있다고 한다. 키가 x m, 몸무게가 y kg인 사람의 체질량 지수는 다음과 같이 구한다.

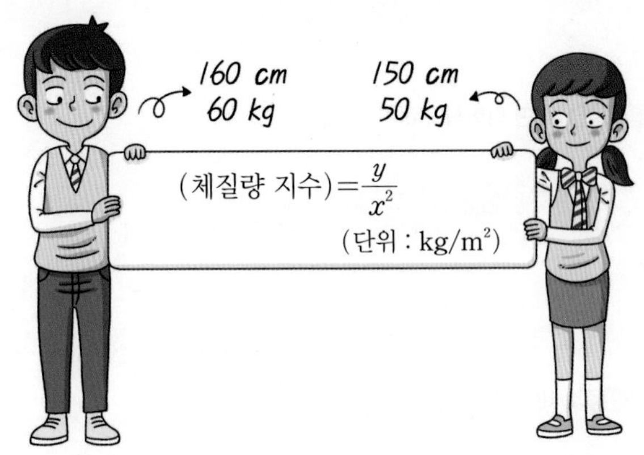

영호는 키가 160 cm, 몸무게가 60 kg이고 미란이는 키가 150 cm, 몸무게가 50 kg일 때, 누구의 체질량 지수가 더 높은지 구하시오.

서술형 문제

1. 문자의 사용과 식의 계산

정답 및 풀이 ⊙ 30쪽

01

어떤 다항식에서 $2x-7$을 빼야 할 것을 잘못하여 더했더니 $12x+3$이 되었다. 바른게 계산한 식을 구하시오. [6점]

풀이

채점 기준 1 어떤 다항식 구하기 … 3점

채점 기준 2 바르게 계산한 식 구하기 … 3점

답

01-1

한번 더

$3x+5$에서 어떤 다항식을 빼야 할 것을 잘못하여 더했더니 $-4x+10$이 되었다. 바르게 계산한 식을 구하시오. [6점]

풀이

채점 기준 1 어떤 다항식 구하기 … 3점

채점 기준 2 바르게 계산한 식 구하기 … 3점

답

02

A 지점에서 300 km 떨어진 B 지점까지 자동차를 타고 시속 80 km로 가려고 한다. 자동차를 타고 x시간 동안 갔을 때, 남은 거리를 x를 사용한 식으로 나타내시오. [5점]

풀이

답

03

$\frac{2x-4}{3}-\frac{5x-3}{6}+\frac{3x+5}{2}$를 계산하였을 때 x의 계수를 a, 상수항을 b라 하자. 이때 $a+b$의 값을 구하시오. [7점]

풀이

답

04

다음 그림과 같이 성냥개비를 사용하여 정사각형을 만들 때, 물음에 답하시오. [7점]

(1) 정사각형 n개를 만드는 데 필요한 성냥개비의 개수를 n을 사용한 식으로 나타내시오. [4점]

(2) 정사각형 8개를 만드는 데 필요한 성냥개비의 개수를 구하시오. [3점]

풀이

답

01 방정식과 그 해

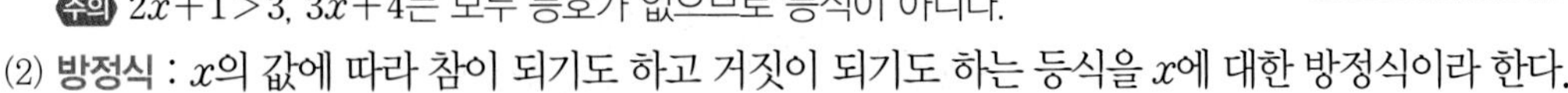

1 방정식과 항등식

(1) **등식** : 등호(=)를 사용하여 수나 식이 서로 같음을 나타낸 식

① 좌변 : 등식에서 등호의 왼쪽 부분

② 우변 : 등식에서 등호의 오른쪽 부분

③ 양변 : 좌변과 우변을 통틀어 양변이라 한다.

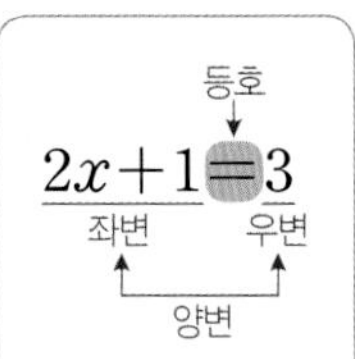

주의 $2x+1>3$, $3x+4$는 모두 등호가 없으므로 등식이 아니다.

(2) **방정식** : x의 값에 따라 참이 되기도 하고 거짓이 되기도 하는 등식을 x에 대한 방정식이라 한다.

① **미지수** : 방정식에 있는 x, y 등의 문자

② 방정식의 **해(근)** : 방정식을 참이 되게 하는 미지수의 값

③ 방정식을 푼다 : 방정식의 해를 구하는 것

예 등식 $x+3=4$는

$x=1$일 때, $1+3=4$(참)

$x=2$일 때, $2+3=5\neq4$(거짓)

따라서 등식 $x+3=4$는 방정식이고, 이 방정식의 해는 $x=1$이다.

(3) **항등식** : 미지수 x에 어떤 값을 대입하여도 항상 참이 되는 등식을 x에 대한 항등식이라 한다.

예 등식 $2x+3x=5x$는 x에 어떤 값을 대입하여도 항상 참이므로 x에 대한 항등식이다.

참고 좌변과 우변을 정리하여 (좌변)=(우변)이면 항등식이다.

용어

- **등식**(같을 等, 식 式) 등호를 사용하여 같음을 나타낸 식
- **방정식**(方程式) 중국 옛 수학책인 구장산술에 나온 '방정'이라는 말에서 유래하였다.
- **미지수**(아닐 未, 알 知, 셈 數) 알지 못하는 수
- **항등식**(항상 恒, 같을 等, 식 式) 항상 등호가 성립하는 식

2 등식의 성질

(1) **등식의 성질**

① 등식의 양변에 같은 수를 더하여도 등식은 성립한다.

→ $a=b$이면 $a+c=b+c$

② 등식의 양변에서 같은 수를 빼어도 등식은 성립한다.

→ $a=b$이면 $a-c=b-c$

③ 등식의 양변에 같은 수를 곱하여도 등식은 성립한다.

→ $a=b$이면 $ac=bc$

④ 등식의 양변을 0이 아닌 같은 수로 나누어도 등식은 성립한다.

→ $a=b$이면 $\frac{a}{c}=\frac{b}{c}$(단, $c\neq0$)

(2) **등식의 성질을 이용한 방정식의 풀이**

등식의 성질을 이용하여 주어진 방정식을 '$x=$(수)'의 꼴로 고쳐서 그 해를 구할 수 있다.

예 $3x-4=11$
양변에 4를 더한다. ← 등식의 성질 ① 이용
$3x=15$
양변을 3으로 나눈다. ← 등식의 성질 ④ 이용
$\therefore x=5$

개념 코칭 1 등식인 것과 등식이 아닌 것을 어떻게 구분할까?

정답 및 풀이 ▶ 31쪽

$1+3=4$ —등호(=)를 사용한 식→ 등식이다.

$2x-3=1$ —등호(=)를 사용한 식→ 등식이다.

$4x+3$ —등호(=)가 없는 식→ 등식이 아니다.

$x+2>1$ —부등호를 사용한 식→ 등식이 아니다.

1 다음 식이 등식인지 아닌지 말하고, 등식인 것은 좌변과 우변을 각각 말하시오.

(1) $2x+5$

(2) $3x-1=4$

(3) $4x+7\le 3$

(4) $2x+5=6-4x$

1-① 다음 중 등식인 것에는 ○표, 아닌 것에는 ×표를 하시오.

(1) $x-5=0$ (　　)

(2) $7+4$ (　　)

(3) $2+1=3$ (　　)

(4) $2x+1<3x-3$ (　　)

개념 코칭 2 방정식과 항등식을 어떻게 구분할까?

정답 및 풀이 ▶ 31쪽

등식 $x+1=3$에서

x의 값	좌변의 값	우변의 값	참/거짓
$x=1$	$1+1=2$	3	거짓
$x=2$	$2+1=3$	3	참
$x=3$	$3+1=4$	3	거짓

→ x의 값에 따라 참이 되기도 하고 거짓이 되기도 하므로 방정식이다.

등식 $x+2x=3x$에서

x의 값	좌변의 값	우변의 값	참/거짓
$x=1$	$1+2\times1=3$	$3\times1=3$	참
$x=2$	$2+2\times2=6$	$3\times2=6$	참
$x=3$	$3+2\times3=9$	$3\times3=9$	참

→ x에 어떤 값을 대입하여도 항상 참이 되므로 항등식이다.

2 다음 중 항등식인 것에는 ○표, 아닌 것에는 ×표를 하시오.

(1) $2x-3=5$ (　　)

(2) $3x+x=4x$ (　　)

(3) $1-x=x-1$ (　　)

(4) $2x-1=-1+2x$ (　　)

2-① 다음 중 항등식인 것에는 ○표, 아닌 것에는 ×표를 하시오.

(1) $x+4=6$ (　　)

(2) $2x-1=5x-1-3x$ (　　)

(3) $3(x-2)=3x-6$ (　　)

(4) $-(4-3x)=3x+4$ (　　)

개념 코칭 3 방정식의 해를 구해 볼까?

정답 및 풀이 ▶ 31쪽

방정식 $4x-3=1$에서

x의 값	좌변의 값	우변의 값	참/거짓
$x=-1$	$4\times(-1)-3=-7$	1	거짓
$x=0$	$4\times0-3=-3$	1	거짓
$x=1$	$4\times1-3=1$	1	참

→ $x=1$일 때 방정식 $4x-3=1$은 참이 되므로 이 방정식의 해는 $x=1$이다.

방정식의 해를 찾을 때는 주어진 방정식에 x의 값을 대입하여 참이 되는 것을 찾는다.

3 다음 [ ] 안의 수가 주어진 방정식의 해이면 ○표, 아니면 ×표를 하시오.

(1) $x+3=5$ [-2] ( )

(2) $2x+1=5$ [2] ( )

(3) $4-3x=1$ [3] ( )

3-❶ x의 값이 -1, 0, 1일 때, 다음 방정식의 해를 구하시오.

(1) $1=x+1$

(2) $2x-3=-5$

(3) $3x+4=7$

등식의 성질은 어떻게 이용될까?

정답 및 풀이 ▶ 31쪽

$a=b$이면

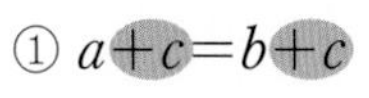

① $a+c=b+c$

$x-2=1$

$x-2+2=1+2$

$\therefore x=3$

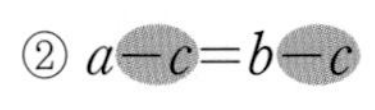

② $a-c=b-c$

$x+4=-2$

$x+4-4=-2-4$

$\therefore x=-6$

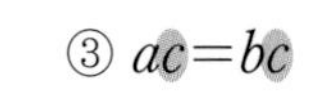

③ $ac=bc$

$\frac{1}{2}x=3$

$\frac{1}{2}x\times2=3\times2$

$\therefore x=6$

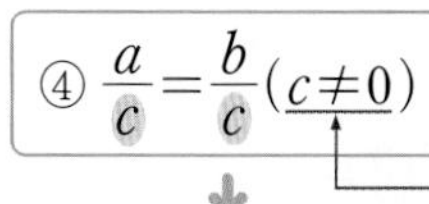

④ $\frac{a}{c}=\frac{b}{c}$ $(c\neq0)$

$-2x=8$

$\frac{-2x}{-2}=\frac{8}{-2}$

$\therefore x=-4$

어떤 수도 0으로 나눌 수 없으므로 $c\neq0$이라는 조건은 반드시 필요하다.

4 다음은 등식의 성질을 이용하여 방정식의 해를 구하는 과정이다. □ 안에 알맞은 수를 써넣고, ㉠, ㉡에 이용된 등식의 성질을 각각 말하시오.

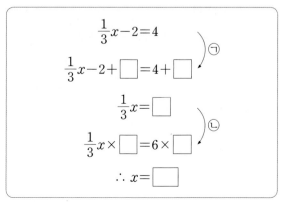

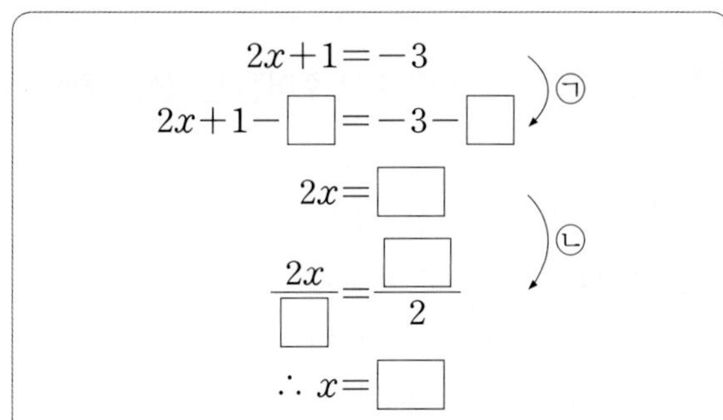

$2x+1=-3$

$2x+1-\square=-3-\square$ ㉠

$2x=\square$

$\frac{2x}{\square}=\frac{\square}{2}$ ㉡

$\therefore x=\square$

4-❶ 다음은 등식의 성질을 이용하여 방정식의 해를 구하는 과정이다. □ 안에 알맞은 수를 써넣고, ㉠, ㉡에 이용된 등식의 성질을 각각 말하시오.

$\frac{1}{3}x-2=4$

$\frac{1}{3}x-2+\square=4+\square$ ㉠

$\frac{1}{3}x=\square$

$\frac{1}{3}x\times\square=6\times\square$ ㉡

$\therefore x=\square$

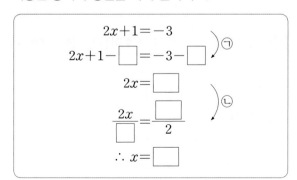

문장을 등식으로 나타내기

01 다음 중 문장을 등식으로 나타낸 것으로 옳은 것은?

① 어떤 수 x를 3배 한 수는 x보다 6만큼 크다.
→ $3x=x-6$

② 5개에 x원인 빵 한 개의 가격은 800원이다.
→ $5x=800$

③ 오렌지 125개를 20명에게 x개씩 나누어 주었더니 5개가 남았다. → $125=20x-5$

④ x km의 거리를 시속 30 km로 가는 데 걸린 시간은 2시간이다. → $2x=30$

⑤ 가로의 길이가 x cm, 세로의 길이가 6 cm인 직사각형의 넓이는 30 cm^{2}이다. → $6x=30$

02 다음 중 문장을 등식으로 나타낸 것으로 옳지 않은 것은?

① 어떤 수 x의 2배에서 3을 빼면 7이다.
→ $2x-3=7$

② 300원짜리 사탕 x개의 가격은 2100원이다.
→ $300x=2100$

③ 시속 20 km로 x시간 동안 이동한 거리는 80 km이다. → $\frac{x}{20}=80$

④ 한 변의 길이가 x cm인 정사각형의 둘레의 길이는 20 cm이다. → $4x=20$

⑤ 500원짜리 연필을 x자루 사고 3000원을 냈을 때의 거스름돈은 500원이다.
→ $3000-500x=500$

방정식과 항등식

03 다음 중 방정식인 것은?

① $-3x-4$ ② $2+4=6$ ③ $x<4$
④ $x+2=0$ ⑤ $4x-2\geq 2x$

04 다음 중 x의 값에 관계없이 항상 참인 등식은?

① $3x-2=x$ ② $2x+4x=6$
③ $2x-4=x-2$ ④ $2(x-3)=2x-6$
⑤ $5-3x=3x+5$

방정식의 해

05 다음 방정식 중 해가 $x=2$인 것은?

① $x-3=0$ ② $2x+1=6$
③ $2x-3=x-2$ ④ $x-5=-x+3$
⑤ $4x-5=x+1$

06 다음 중 [ ] 안의 수가 주어진 방정식의 해인 것은?

① $x-3=2x$ [-2]
② $2x+1=3$ [-1]
③ $3x-4=-x$ [1]
④ $6-4x=-2x$ [2]
⑤ $x+5=4x-1$ [3]

항등식이 될 조건

07 등식 $-2(x-2)=4+ax$가 x에 대한 항등식일 때, 상수 a의 값을 구하시오.

08 등식 $ax-4=3x+b$가 x에 어떤 값을 대입하여도 항상 참이 될 때, 상수 a, b의 값을 각각 구하시오.

등식의 성질

09 다음 중 옳지 않은 것은?

① $a=b$이면 $a+c=b+c$이다.
② $ac=bc$이면 $a=b$이다.
③ $a-c=b-c$이면 $a=b$이다.
④ $a=b$이면 $-2a=-2b$이다.
⑤ $\frac{a}{2}=\frac{b}{4}$이면 $2a=b$이다.

10 $x=y$일 때, 다음 중 옳은 것을 모두 고르면? (정답 2개)

① $x+1=-y-1$　② $x-7=y-7$
③ $3x=y+3$　④ $\frac{x}{2}=\frac{y}{4}$
⑤ $2x+5=5+2y$

등식의 성질을 이용한 방정식의 풀이

11 다음은 등식의 성질을 이용하여 방정식을 푸는 과정이다. 이때 이용된 등식의 성질을 **보기**에서 골라 □ 안에 기호를 써넣으시오. (단, c는 자연수)

보기

ㄱ. $a=b$이면 $a+c=b+c$이다.
ㄴ. $a=b$이면 $a-c=b-c$이다.
ㄷ. $a=b$이면 $ac=bc$이다.
ㄹ. $a=b$이면 $\frac{a}{c}=\frac{b}{c}$이다.

(1) $3x-1=5 \xrightarrow{\square} 3x=6 \xrightarrow{\square} x=2$

(2) $\frac{1}{2}x+3=1 \xrightarrow{\square} \frac{1}{2}x=-2 \xrightarrow{\square} x=-4$

12 오른쪽은 등식의 성질을 이용하여 방정식 $-2x+3=7$을 푸는 과정이다. 다음 중 이 방정식의 해를 구하는 순서로 옳은 것은?

$$-2x+3=7$$
$$-2x=4$$
$$\therefore x=-2$$

① 양변에서 3을 뺀다. → 양변에 -2를 곱한다.
② 양변에서 3을 뺀다. → 양변을 -2로 나눈다.
③ 양변에서 7을 뺀다. → 양변에서 3을 뺀다.
④ 양변을 -2로 나눈다. → 양변에서 3을 뺀다.
⑤ 양변을 -2로 나눈다. → 양변에서 7을 뺀다.

워크북 55쪽 | 정답 및 풀이 32쪽

01
다음 문장을 등식으로 나타내시오.

x의 2배에서 1을 뺀 것은 x에서 3을 뺀 후 3을 곱한 것과 같다.

02
다음 **보기**에서 방정식인 것은 모두 몇 개인지 구하시오.

보기

ㄱ. $3-x=6$	ㄴ. $x+2=-x$
ㄷ. $2>x+3$	ㄹ. $x^2-3=x(x+1)$
ㅁ. $2x-4=2x$	ㅂ. $1+x$

03
다음 중 [   ] 안의 수가 주어진 방정식의 해인 것은?

① $\frac{1}{4}x-2=1$ [4]

② $3x-4=x-6$ [-2]

③ $1-x=3+x$ [-1]

④ $5(x+1)-3=3x$ [1]

⑤ $2(x+1)=-x+7$ [2]

04
등식 $5x+a=bx-3$이 x의 값에 관계없이 항상 성립할 때, 상수 a, b에 대하여 $a+b$의 값은?

① -2 ② -1 ③ 0
④ 1 ⑤ 2

05
다음 중 옳지 <u>않은</u> 것은?

① $x=y$이면 $x+2=2+y$이다.

② $x-3=y-3$이면 $x=y$이다.

③ $x+1=y+1$이면 $4x=4y$이다.

④ $x=2y$이면 $\frac{x}{2}=y$이다.

⑤ $\frac{x}{2}=\frac{y}{5}$이면 $2x=5y$이다.

06
오른쪽은 등식의 성질을 이용하여 방정식 $2x-6=4$를 푸는 과정이다. 다음 중 이용된 등식의 성질을 모두 고르면? (단, c는 자연수) (정답 2개)

$$2x-6=4$$
$$2x=10$$
$$\therefore x=5$$

① $a=b$이면 $a+c=b+c$이다.

② $a=b$이면 $a-c=b-c$이다.

③ $a=b$이면 $ac=bc$이다.

④ $a=b$이면 $\frac{a}{c}=\frac{b}{c}$이다.

⑤ $a=b$이면 $b=a$이다.

07 추론
다음 그림과 같이 접시저울의 양쪽 접시 위에 ■, △, ● 모양의 물건을 올려놓았더니 모두 평형을 이루었다. 이때 (가)에 올려놓은 것은 어떤 모양인지 말하시오.
(단, 모양이 같은 물건의 무게는 같다.)

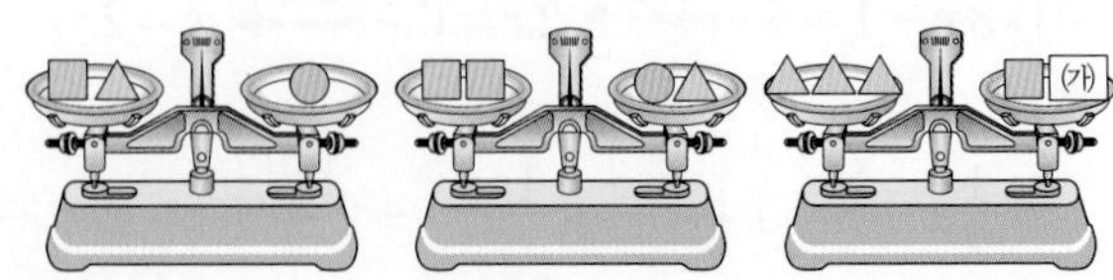

02 일차방정식의 풀이

1 일차방정식

(1) **이항** : 등식의 성질을 이용하여 등식의 한 변에 있는 항을 부호를 바꾸어 다른 변으로 옮기는 것

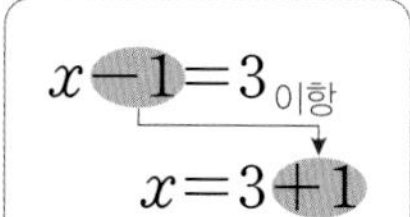

$+a$를 이항하면 → $-a$

$-a$를 이항하면 → $+a$

참고 이항은 등식의 성질 중 '등식의 양변에 같은 수를 더하거나 빼어도 등식은 성립한다.'를 이용한 것이다.

(2) **일차방정식** : 방정식에서 우변의 모든 항을 좌변으로 이항하여 정리하였을 때

$\underbrace{(x\text{에 대한 일차식})=0}_{ax+b=0\ (a\neq 0)}$

의 꼴이 되는 방정식을 x에 대한 일차방정식이라 한다.

예 $x-2=0$, $3x+5=0$, $\frac{1}{2}x-\frac{2}{3}=0$

용어
이항(옮길 移, 항 項)
항을 옮기는 것

2 일차방정식의 풀이

❶ 미지수 x를 포함하는 항은 좌변으로, 상수항은 우변으로 이항한다.

❷ 양변을 정리하여 $ax=b\ (a\neq 0)$의 꼴로 나타낸다.

❸ 양변을 x의 계수로 나눈다. → $x=(\text{수})$의 꼴로 만든다.

예 $3x-1=x+5$
$3x-x=5+1$) x는 좌변으로, -1은 우변으로 이항한다.
$2x=6$) $ax=b$의 꼴로 정리한다.
$\therefore x=3$) 양변을 x의 계수 2로 나눈다.

3 복잡한 일차방정식의 풀이

(1) **괄호가 있는 경우** : 분배법칙을 이용하여 괄호를 먼저 풀어 식을 정리한다.

예 $2(x+1)=x+3 \xrightarrow{\text{괄호 풀기}} 2x+2=x+3$

(2) **계수에 소수 또는 분수가 있는 경우** : 양변에 적당한 수를 곱하여 계수를 모두 정수로 고친다.

① 계수가 소수이면 양변에 10, 100, 1000, …을 곱한다.

② 계수가 분수이면 양변에 분모의 최소공배수를 곱한다.

예 ① $0.7x-3=0.5 \xrightarrow{\text{양변에 10을 곱한다.}} 7x-30=5$

② $\frac{1}{2}x+2=\frac{1}{3}x \xrightarrow{\text{양변에 6을 곱한다.}} 3x+12=2x$

주의 양변에 적당한 수를 곱할 때는 모든 항에 빠짐없이 곱해야 한다.

개념 코칭 1 이항은 무엇이고, 또 어떻게 하는 걸까?

정답 및 풀이 ▶ 32쪽

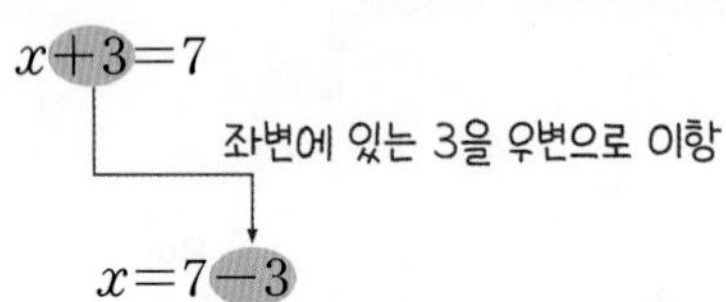

$x+3=7$ → 좌변에 있는 3을 우변으로 이항 → $x=7-3$

$4x=-x+8$ → 우변에 있는 $-x$를 좌변으로 이항 → $4x+x=8$

1 다음 등식에서 밑줄 친 항을 이항하시오.

(1) $x\underline{-5}=1$

(2) $3x\underline{+2}=6$

(3) $2x=\underline{-4x}+1$

(4) $x\underline{-2}=\underline{3x}+4$

1-❶ 다음 등식에서 밑줄 친 항을 이항하시오.

(1) $4x\underline{-3}=1$

(2) $\underline{6}-x=2$

(3) $-2x=\underline{3x}+1$

(4) $\underline{3}+2x=9\underline{-4x}$

개념 코칭 2 일차방정식인 것과 일차방정식이 아닌 것을 어떻게 구분할까?

정답 및 풀이 ▶ 32쪽

$2x+1=3-x$

$2x+x+1-3=0$ (우변의 항을 좌변으로 이항하기)

$3x-2=0$ (동류항끼리 계산하기)

→ (x에 대한 일차식)$=0$의 꼴이므로 일차방정식이다.

$x+2=x+4$

$x-x+2-4=0$ (우변의 항을 좌변으로 이항하기)

$-2=0$ (동류항끼리 계산하기)

→ (x에 대한 일차식)$=0$의 꼴이 아니므로 일차방정식이 아니다.

2 다음 중 일차방정식인 것에는 ○표, 아닌 것에는 ×표를 하시오.

(1) $x+1=3$ (　　)

(2) $2x-1=2x+5$ (　　)

(3) $3x-1=2-3x$ (　　)

(4) $2(x-3)=3x-6$ (　　)

(5) $x(x+1)=3(x-2)$ (　　)

2-❶ 다음 중 일차방정식인 것에는 ○표, 아닌 것에는 ×표를 하시오.

(1) $3x-2=x+5$ (　　)

(2) $x-5=3+x$ (　　)

(3) $x^2+5=x(x-2)$ (　　)

(4) $-4x+6=x^2-4x$ (　　)

(5) $\frac{x+2}{3}=1$ (　　)

3 일차방정식은 어떻게 풀까?

정답 및 풀이 ▶ 32쪽

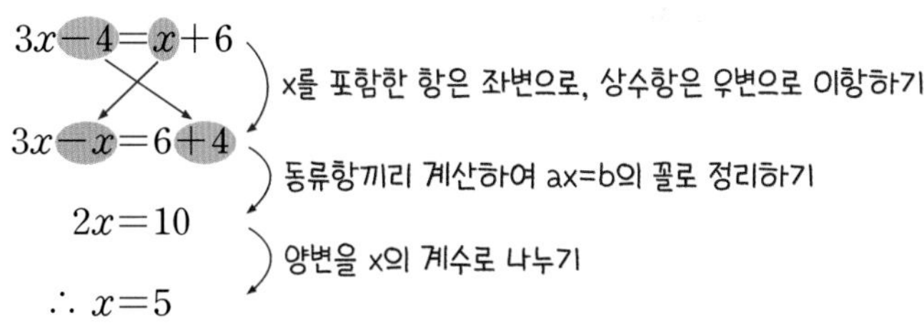

➔ 일차방정식의 풀이는 이항과 등식의 성질을 이용하여 $x=$(수)의 꼴로 나타낸다.

일차방정식에서 x를 포함한 항은 좌변으로, 상수항은 우변으로 이항하여 $ax=b$의 꼴로 고친 후 해를 구한다.

3 다음 일차방정식을 푸시오.

(1) $3x-1=8$

(2) $2x=8-2x$

(3) $x+1=2x+5$

(4) $4-2x=6-4x$

3-❶ 다음 일차방정식을 푸시오.

(1) $x-5=2$

(2) $4x=x-3$

(3) $x+4=-3x-4$

(4) $5x-7=-x+5$

4 괄호가 있는 일차방정식은 어떻게 풀까?

정답 및 풀이 ▶ 32쪽

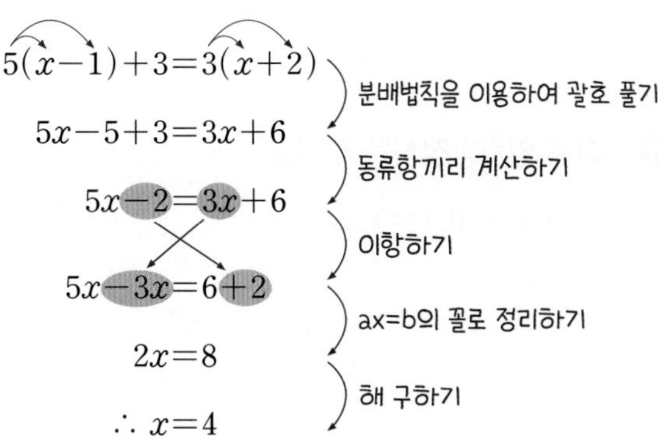

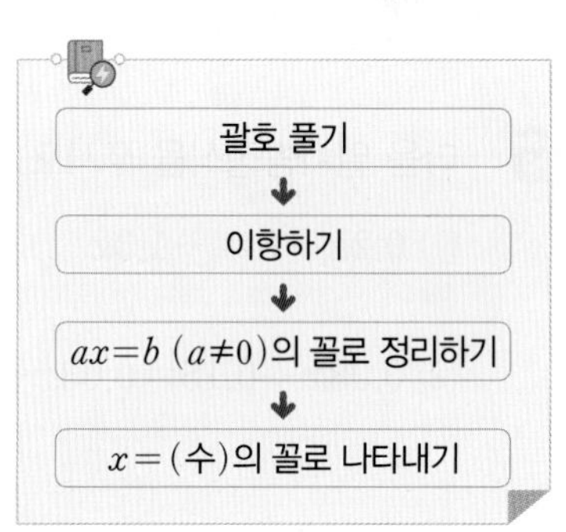

괄호 풀기
이항하기
$ax=b\ (a\neq0)$의 꼴로 정리하기
$x=$(수)의 꼴로 나타내기

4 다음 일차방정식을 푸시오.

(1) $2(3x-2)=8$

(2) $x+2=3(x-2)$

(3) $2(x-3)+1=4-x$

(4) $7(x+1)=5(x-1)$

4-❶ 다음 일차방정식을 푸시오.

(1) $3(x+2)=-6$

(2) $2(3x-5)-1=13$

(3) $2x-3=-3(x-4)$

(4) $5(x+1)=2(x+4)$

계수가 소수 또는 분수인 일차방정식은 어떻게 풀까?

정답 및 풀이 ▶ 32쪽

양변에 적당한 수를 곱하여 계수를 모두 정수로 고친 후 해를 구한다.

(1) 계수가 소수 ➔ 양변에 10의 거듭제곱(10, 100, 1000, …)을 곱한다.

(2) 계수가 분수 ➔ 양변에 분모의 최소공배수를 곱한다.

양변에 적당한 수를 곱할 때는 모든 항에 빠짐없이 똑같이 곱해야 해.

집중 1 계수가 소수인 일차방정식의 풀이

$0.3x-1.2=0.3$
양변에 10을 곱하기

$3x-12=3$
좌변의 −12를 우변으로 이항하기

$3x=3+12$
ax=b의 꼴로 정리하기

$3x=15$
양변을 x의 계수 3으로 나누기

$\therefore x=5$

참고 일차방정식의 계수가 소수일 때, 각 계수의 소수점 아래 자리의 수가 서로 다른 경우에는 소수점 아래 자리의 수가 가장 많은 계수를 기준으로 10의 거듭제곱을 곱해야 일차방정식의 계수가 모두 정수가 된다.

예 $0.3x-1.2=0.15x+0.15 \xrightarrow{\times 100} 30x-120=15x+15$

집중 2 계수가 분수인 일차방정식의 풀이

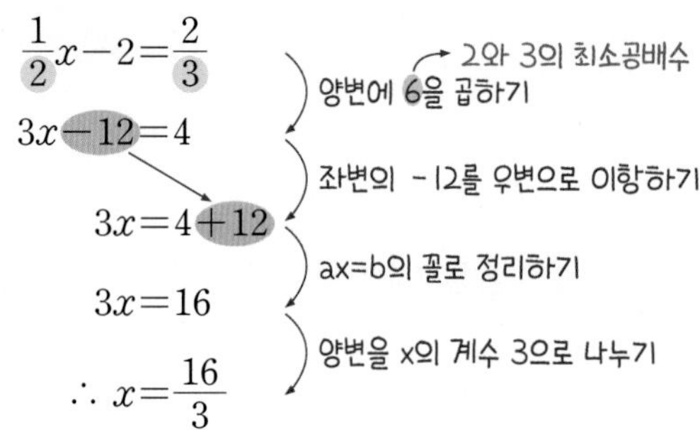

$\frac{1}{2}x-2=\frac{2}{3}$
양변에 6을 곱하기 (2와 3의 최소공배수)

$3x-12=4$
좌변의 −12를 우변으로 이항하기

$3x=4+12$
ax=b의 꼴로 정리하기

$3x=16$
양변을 x의 계수 3으로 나누기

$\therefore x=\frac{16}{3}$

5 다음 일차방정식을 푸시오.

(1) $0.2x-3=-1.3x$

(2) $0.08x+0.15=0.03x+0.1$

5-❶ 다음 일차방정식을 푸시오.

(1) $0.4x-0.4=1.2x+2$

(2) $0.15(x-4)=-0.25x+0.2$

6 다음 일차방정식을 푸시오.

(1) $\frac{1}{3}x-1=\frac{x-1}{2}$

(2) $2x-\frac{1}{2}(x-1)=\frac{3}{4}$

6-❶ 다음 일차방정식을 푸시오.

(1) $\frac{1}{2}x-2=\frac{2}{5}x-1$

(2) $\frac{1}{3}(x+2)-\frac{x-4}{4}=\frac{5}{12}x$

일차방정식의 뜻

01 다음 중 일차방정식인 것은?

① $2x+5$
② $3x+7=x-3$
③ $5x+3<4$
④ $2+x=x$
⑤ $x^2+x+1=0$

02 다음 중 **보기**에서 일차방정식인 것을 모두 고른 것은?

보기
ㄱ. $3(x-5)$
ㄴ. $2x=2x-6$
ㄷ. $2(1-x)=2(x-1)$
ㄹ. $x^2+2=x-4$
ㅁ. $x(x-3)=x^2+x$
ㅂ. $4x+7\geq-2x+1$

① ㄱ, ㄷ
② ㄴ, ㄹ
③ ㄷ, ㄹ
④ ㄷ, ㅁ
⑤ ㅁ, ㅂ

여러 가지 일차방정식의 풀이 중요

03 다음 일차방정식 중 해가 나머지 넷과 다른 하나는?

① $3x-5=-8$
② $x+2=2x+3$
③ $2x-1=7x+4$
④ $3(x-2)=2x-7$
⑤ $5(x-1)=2(x+2)$

04 다음 일차방정식 중 해가 가장 큰 것은?

① $6x-12=4x$
② $2x+3=3x+4$
③ $10-x=2x+1$
④ $4x-7=-3(5-2x)$
⑤ $5(x-1)=3(9-x)$

계수가 소수 또는 분수인 일차방정식의 풀이

05 일차방정식 $0.2x+5=0.5(x+3)+2$의 해를 $x=a$, 일차방정식 $\frac{1}{2}(x-2)=\frac{1}{3}-\frac{1}{6}x$의 해를 $x=b$라 할 때, $a+b$의 값을 구하시오.

06 일차방정식 $0.4x=-0.2(x+3)$의 해를 $x=a$, 일차방정식 $\frac{1}{15}(x+4)=\frac{1}{10}(x+2)$의 해를 $x=b$라 할 때, $a+b$의 값을 구하시오.

복잡한 일차방정식의 풀이

07 일차방정식 $0.3x-\frac{3}{2}=0.6x+\frac{3}{5}$을 풀면?

① $x=-9$ ② $x=-7$ ③ $x=-3$
④ $x=3$ ⑤ $x=7$

08 다음 일차방정식의 해를 구하시오.

$$\frac{2}{3}x+1=0.5(x+1)+1.5$$

비례식으로 주어진 일차방정식의 풀이

09 비례식 $(6x+5):(5x-4)=1:2$를 만족시키는 x의 값은?

① -4 ② -3 ③ -2
④ -1 ⑤ 2

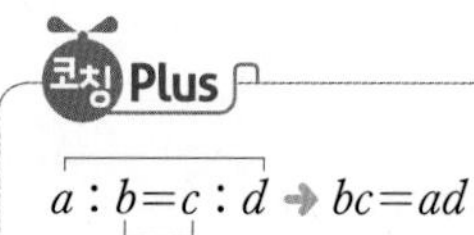

$a:b=c:d \rightarrow bc=ad$

10 다음 비례식을 만족시키는 x의 값을 구하시오.

$$(x+1):(2x-4)=3:4$$

일차방정식의 해가 주어질 때 상수 구하기

11 일차방정식 $5x-a=2(x+1)$의 해가 $x=-2$일 때, 상수 a의 값을 구하시오.

12 일차방정식 $\frac{2}{3}x+2=\frac{1}{2}x+a$의 해가 $x=6$일 때, 상수 a의 값을 구하시오.

두 일차방정식의 해가 같을 때 상수 구하기

13 두 일차방정식 $4x+6=x+12$와 $2x-a=-3$의 해가 같을 때, 상수 a의 값은?

① 3 ② 5 ③ 7
④ 9 ⑤ 11

두 방정식의 해가 같다.
→ 한 방정식의 해를 다른 방정식에 대입하면 등식이 성립한다.

14 두 일차방정식 $3(x+2)=5(a-x)+2$와 $2(x+2)=x+1$의 해가 같을 때, 상수 a의 값을 구하시오.

03 일차방정식의 활용

1 일차방정식의 활용 문제 풀이

❶ 미지수 정하기 : 문제의 뜻을 파악하고, 구하려는 것을 미지수 x로 놓는다. (→ 방정식을 세울 때 미지수로 보통 x를 사용한다.)

❷ 방정식 세우기 : 문제의 뜻에 맞게 방정식을 세운다.

❸ 방정식 풀기 : 방정식을 풀어 해를 구한다.

❹ 확인하기 : 구한 해가 문제의 뜻에 맞는지 확인한다.

주의 문제의 답을 구할 때는 반드시 단위를 쓴다.

중2

미지수가 2개인 일차방정식과 이 일차방정식을 연립한 연립일차방정식을 배우고 연립일차방정식의 활용을 배운다. 이때 연립일차방정식의 활용 문제를 푸는 순서도 일차방정식의 활용 문제를 푸는 순서와 같다.

2 일차방정식의 활용 문제

(1) 수에 대한 문제

① 어떤 수를 x로 놓는다.

② 연속하는 수를 x를 사용하여 나타낸다.

- 연속하는 두 정수 → x, $x+1$ (또는 $x-1$, x)
- 연속하는 세 정수 → $x-1$, x, $x+1$ (또는 x, $x+1$, $x+2$)
- 연속하는 두 짝수 (홀수) → x, $x+2$ (또는 $x-2$, x)
- 연속하는 세 짝수 (홀수) → $x-2$, x, $x+2$ (또는 x, $x+2$, $x+4$)

(2) 자릿수에 대한 문제

① 십의 자리의 숫자가 a, 일의 자리의 숫자가 b인 두 자리의 자연수
→ $10a+b$

② 백의 자리의 숫자가 a, 십의 자리의 숫자가 b, 일의 자리의 숫자가 c인 세 자리의 자연수
→ $100a+10b+c$

(3) 나이에 대한 문제

① 현재 a살인 사람의 x년 후의 나이 → $(a+x)$살

② 나이의 합이나 차가 주어지는 경우 → 어느 한 사람의 나이를 x살로 놓고 방정식을 세운다.

(4) 도형에 대한 문제

① (삼각형의 넓이) $=\frac{1}{2}\times$ (밑변의 길이) $\times$ (높이)

② (직사각형의 넓이) $=$ (가로의 길이) $\times$ (세로의 길이)

③ (사다리꼴의 넓이) $=\frac{1}{2}\times$ {(윗변의 길이) $+$ (아랫변의 길이)} $\times$ (높이)

(5) 거리, 속력, 시간에 대한 문제

(거리) $=$ (속력) $\times$ (시간), (속력) $=\frac{(\text{거리})}{(\text{시간})}$, (시간) $=\frac{(\text{거리})}{(\text{속력})}$

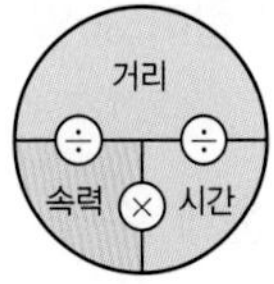

(6) 정가에 대한 문제

① (정가) $=$ (원가) $+$ (이익)

② (x % 할인한 판매 가격) $=$ (정가) $-$ (정가) $\times\frac{x}{100}$

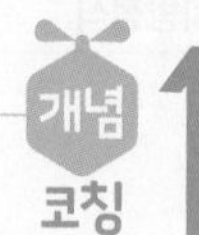

어떤 수에 대한 활용 문제는 어떻게 풀까?

정답 및 풀이 ▶ 34쪽

어떤 수의 4배에 5를 더한 수는 어떤 수에서 1을 빼고 3을 곱한 것과 같을 때, 어떤 수를 구해 보자.

미지수 정하기 어떤 수를 x로 놓는다.

방정식 세우기
어떤 수의 4배에 5를 더한 수 : $4x+5$
어떤 수에서 1을 빼고 3을 곱한 수 : $3(x-1)$
→ $4x+5=3(x-1)$ ← 일차방정식

방정식 풀기 $4x+5=3x-3$ $\quad\therefore x=-8$
따라서 어떤 수는 -8이다.

1 어떤 수의 3배에서 4를 뺀 수가 5일 때, 다음 물음에 답하시오.

(1) 어떤 수를 x로 놓고, 방정식을 세우시오.

(2) (1)에서 세운 방정식을 풀어 어떤 수를 구하시오.

1-❶ 어떤 수의 4배보다 5만큼 작은 수는 어떤 수의 2배보다 7만큼 크다고 할 때, 다음 물음에 답하시오.

(1) 어떤 수를 x로 놓고, 방정식을 세우시오.

(2) (1)에서 세운 방정식을 풀어 어떤 수를 구하시오.

연속하는 수에 대한 활용 문제는 어떻게 풀까?

정답 및 풀이 ▶ 34쪽

연속하는 세 자연수의 합이 42일 때, 연속하는 세 자연수를 구해 보자.

미지수 정하기 세 자연수 중 가운데 수를 x로 놓는다.

방정식 세우기
세 자연수 : $x-1$, x, $x+1$
→ $(x-1)+x+(x+1)=42$ ← 일차방정식

방정식 풀기 $3x=42$ $\quad\therefore x=14$
따라서 연속하는 세 자연수는 13, 14, 15이다.

2 연속하는 세 짝수의 합이 30일 때, 다음 물음에 답하시오.

(1) 세 짝수 중 가운데 수를 x로 놓고, 방정식을 세우시오.

(2) (1)에서 세운 방정식을 풀어 연속하는 세 짝수를 구하시오.

2-❶ 연속하는 세 정수의 합이 48일 때, 다음 물음에 답하시오.

(1) 세 정수 중 가운데 수를 x로 놓고, 방정식을 세우시오.

(2) (1)에서 세운 방정식을 풀어 연속하는 세 정수를 구하시오.

나이에 대한 활용 문제는 어떻게 풀까?

정답 및 풀이 ▶ 34쪽

올해 아버지의 나이는 45살이고, 아들의 나이는 14살이다. 아버지의 나이가 아들의 나이의 2배가 되는 것은 몇 년 후인지 구해 보자.

미지수 정하기 몇 년 후를 x년 후로 놓는다.

방정식 세우기
x년 후의 아버지의 나이 : $(45+x)$살
x년 후의 아들의 나이 : $(14+x)$살
→ $45+x=2(14+x)$ (일차방정식)

방정식 풀기 $45+x=28+2x$, $-x=-17$ $\therefore x=17$
따라서 아버지의 나이가 아들의 나이의 2배가 되는 것은 17년 후이다.

3 올해 어머니의 나이는 39살이고 딸의 나이는 9살일 때, 어머니의 나이가 딸의 나이의 3배가 되는 것은 몇 년 후인지 구하려고 한다. 다음 물음에 답하시오.

(1) 몇 년 후를 x년 후로 놓고, 방정식을 세우시오.

(2) (1)에서 세운 방정식을 풀어 어머니의 나이가 딸의 나이의 3배가 되는 것은 몇 년 후인지 구하시오.

3-① 올해 아버지의 나이는 52살이고 아들의 나이는 16살일 때, 아버지의 나이가 아들의 나이의 4배가 된 것은 몇 년 전인지 구하려고 한다. 다음 물음에 답하시오.

(1) 몇 년 전을 x년 전으로 놓고, 방정식을 세우시오.

(2) (1)에서 세운 방정식을 풀어 아버지의 나이가 아들의 나이의 4배가 된 것은 몇 년 전인지 구하시오.

도형에 대한 활용 문제는 어떻게 풀까?

정답 및 풀이 ▶ 34쪽

둘레의 길이가 26 cm이고 가로의 길이가 세로의 길이보다 3 cm만큼 더 긴 직사각형의 가로의 길이를 구해 보자.

미지수 정하기 직사각형의 가로의 길이를 x cm로 놓는다.

방정식 세우기
직사각형의 세로의 길이 : $(x-3)$ cm
→ $2\times\{x+(x-3)\}=26$ (일차방정식)

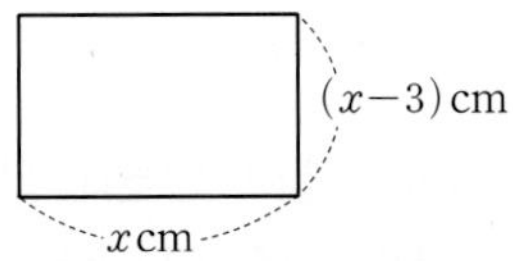

방정식 풀기 $2(2x-3)=26$, $4x-6=26$, $4x=32$ $\therefore x=8$
따라서 직사각형의 가로의 길이는 8 cm이다.

4 둘레의 길이가 40 cm이고 가로의 길이가 세로의 길이의 2배보다 2 cm 더 긴 직사각형의 세로의 길이를 구하려고 한다. 다음 물음에 답하시오.

(1) 세로의 길이를 x cm로 놓고, 방정식을 세우시오.

(2) (1)에서 세운 방정식을 풀어 직사각형의 세로의 길이를 구하시오.

4-① 아랫변의 길이가 윗변의 길이보다 4 cm만큼 길고 높이가 5 cm인 사다리꼴의 넓이가 25 cm^{2}일 때, 윗변의 길이를 구하려고 한다. 다음 물음에 답하시오.

(1) 윗변의 길이를 x cm로 놓고, 방정식을 세우시오.

(2) (1)에서 세운 방정식을 풀어 사다리꼴의 윗변의 길이를 구하시오.

거리, 속력, 시간에 대한 활용 문제는 어떻게 풀까?

정답 및 풀이 ▶ 34쪽

두 지점 A, B 사이를 왕복하는데 갈 때는 시속 3 km로 걷고, 올 때는 시속 2 km로 걸어서 모두 5시간이 걸렸을 때, 두 지점 A, B 사이의 거리를 구해 보자.

미지수 정하기 두 지점 A, B 사이의 거리를 x km로 놓는다.

방정식 세우기

갈 때 걸린 시간 : $\frac{x}{3}$시간

올 때 걸린 시간 : $\frac{x}{2}$시간

전체 걸린 시간 : 5시간

→ $\frac{x}{3}+\frac{x}{2}=5$ ← 일차방정식

방정식 풀기 $2x+3x=30$, $5x=30$ $\therefore x=6$

따라서 두 지점 A, B 사이의 거리는 6 km이다.

주의 방정식을 세우기 전에 단위를 확인하여 단위를 통일한다.

- (거리)=(속력)×(시간)
- (속력)=$\frac{(거리)}{(시간)}$
- (시간)=$\frac{(거리)}{(속력)}$

5 등산을 하는데 올라갈 때는 시속 2 km로 걷고 내려올 때는 올라갈 때보다 4 km 더 긴 등산로를 따라 시속 4 km로 걸었더니 모두 4시간이 걸렸다고 한다. 다음 물음에 답하시오.

(1) 표를 완성하고, 방정식을 세우시오.

	거리(km)	속력(km/h)	시간(시간)
올라갈 때	x		
내려올 때			

(2) (1)에서 세운 방정식을 풀어 올라간 거리를 구하시오.

5-1 집에서 도서관까지 자전거를 타고 왕복하는데 갈 때는 시속 8 km로 가고, 올 때는 같은 길을 시속 10 km로 왔더니 갈 때가 올 때보다 30분 더 걸렸다고 한다. 다음 물음에 답하시오.

(1) 표를 완성하고, 방정식을 세우시오.

	거리(km)	속력(km/h)	시간(시간)
갈 때	x		
올 때	x		

(2) (1)에서 세운 방정식을 풀어 집에서 도서관까지의 거리를 구하시오.

6 윤지네 집과 민호네 집 사이의 거리는 2500 m이다. 윤지는 분속 100 m로, 민호는 분속 150 m로 각자의 집에서 상대방의 집을 향하여 동시에 출발하였을 때, 두 사람은 출발한 지 몇 분 후에 만나게 되는지 구하려고 한다. 다음 물음에 답하시오.

(1) 표를 완성하고, 방정식을 세우시오.

	속력(m/min)	시간(분)	이동 거리(m)
윤지		x	
민호		x	

(2) (1)에서 세운 방정식을 풀어 두 사람은 출발한 지 몇 분 후에 만나게 되는지 구하시오.

6-1 둘레의 길이가 4 km인 호숫가를 A, B 두 사람이 같은 지점에서 서로 반대 방향으로 동시에 출발하여 A는 분속 80 m로, B는 분속 120 m로 걸었을 때, 두 사람은 출발한 지 몇 분 후에 처음으로 만나게 되는지 구하려고 한다. 다음 물음에 답하시오.

(1) 표를 완성하고, 방정식을 세우시오.

	속력(m/min)	시간(분)	이동 거리(m)
A		x	
B		x	

(2) (1)에서 세운 방정식을 풀어 두 사람은 출발한 지 몇 분 후에 처음으로 만나게 되는지 구하시오.

교과서 대표 문제로 완성하기

워크북 60쪽 | 정답 및 풀이 35쪽

자릿수에 대한 문제

01 일의 자리의 숫자가 2인 두 자리의 자연수가 있다. 이 자연수의 십의 자리의 숫자와 일의 자리의 숫자를 바꾼 수는 처음 수보다 9만큼 작을 때, 처음 수를 구하시오.

십의 자리의 숫자가 a, 일의 자리의 숫자가 b인 두 자리의 자연수 → $10a+b$

02 일의 자리의 숫자와 십의 자리의 숫자의 합이 6인 두 자리의 자연수가 있다. 이 자연수의 십의 자리의 숫자와 일의 자리의 숫자를 바꾼 수는 처음 수의 2배보다 6만큼 작을 때, 처음 수를 구하시오.

과부족에 대한 문제

03 학생들에게 사탕을 나누어 주려고 하는데 한 학생에게 6개씩 나누어 주면 3개가 남고, 7개씩 나누어 주면 5개가 부족하다고 한다. 이때 학생 수는?

① 6명 ② 7명 ③ 8명
④ 9명 ⑤ 10명

나누어 주는 방법에 관계없이 사탕의 개수는 일정함을 이용한다.

04 어느 동아리 학생들에게 공책을 나누어 주려고 하는데 한 학생에게 5권씩 나누어 주면 8권이 남고, 6권씩 나누어 주면 2권이 모자란다고 한다. 다음 물음에 답하시오.

(1) 학생 수를 구하시오.

(2) 공책은 모두 몇 권인지 구하시오.

일에 대한 문제

05 어떤 일을 완성하는 데 성민이는 9일, 세희는 6일 걸린다고 한다. 이 일을 성민이가 6일 동안 한 후, 나머지를 세희가 하여 완성하였다. 세희가 일을 한 날은 며칠인지 구하시오.

전체 일의 양을 1이라 생각하면

→ $(\text{하루에 하는 일의 양})=\frac{1}{(\text{완성하는 데 걸린 날수})}$

06 어떤 물통에 물을 가득 채우는 데 A 호스로는 10시간, B 호스로는 15시간이 걸린다고 한다. A, B 두 호스를 같이 사용하여 물을 받을 때, 이 물통에 물을 가득 채우는 데 걸리는 시간은?

① 5시간 ② 6시간 ③ 7시간
④ 8시간 ⑤ 9시간

01

등식 $3x-4=ax+5$가 x에 대한 일차방정식이 되도록 하는 상수 a의 조건을 구하시오.

02

다음 일차방정식 중 해가 가장 작은 것은?

① $2x+1=7$
② $4-5x=x-20$
③ $2(x-3)=3x-8$
④ $x+5=6(2-x)$
⑤ $\frac{2}{3}x=\frac{1}{2}x+1$

03

일차방정식 $2x-\{x-(5x+2)\}=-1$의 해가 $x=a$일 때, $2a+8$의 값을 구하시오.

04

다음 두 일차방정식의 해가 같을 때, 상수 a의 값을 구하시오.

$$\frac{x-3}{4}=\frac{2x+a}{3}-2,\quad 0.3x+0.1=-0.2$$

05

가로의 길이가 5 cm, 세로의 길이가 3 cm인 직사각형의 가로의 길이를 x cm, 세로의 길이를 2 cm 늘였더니 넓이가 처음 넓이의 2배가 되었다. 이때 x의 값을 구하시오.

06

동생이 집을 출발한 지 10분 후에 형이 동생을 따라나섰다. 동생은 분속 60 m로 걷고, 형은 분속 80 m로 따라간다고 할 때, 형이 출발한 지 몇 분 후에 동생을 만나게 되는지 구하시오.

한걸음 더

07 추론

x에 대한 일차방정식 $10x+a=7x+8$의 해가 자연수가 되도록 하는 자연수 a의 값을 모두 구하시오.

08 문제해결

어떤 물건의 원가에 50 %의 이익을 붙여 정가를 정하였다가 물건이 잘 팔리지 않아 다시 정가에서 300원을 할인하여 팔았더니 200원의 이익이 생겼다. 이 물건의 원가를 구하시오.

IV

좌표평면과 그래프

1. 좌표평면과 그래프

이전에 배운 내용

초 5~6 • 규칙과 대응
• 비와 비율

이번에 배울 내용

IV-1 좌표평면과 그래프
01 순서쌍과 좌표
02 그래프의 이해
03 정비례와 반비례

이후에 배울 내용

중 2 • 함수의 뜻
• 일차함수와 그래프

중 3 이차함수와 그래프

이 단원을 배우면 순서쌍과 좌표를 이해할 수 있어요. 또, 다양한 상황을 그래프로 나타내고 주어진 그래프를 해석할 수 있어요.

01 순서쌍과 좌표

1 수직선 위의 점의 좌표

수직선 위의 한 점에 대응하는 수를 그 점의 **좌표**라 하고, a가 점 P의 좌표일 때, 이것을 기호로 **P(a)**와 같이 나타낸다.

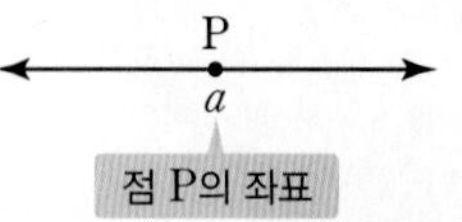

예

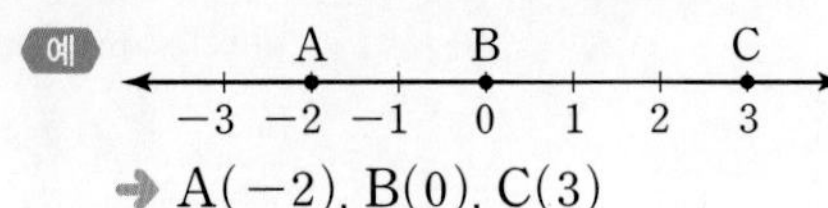

→ A(-2), B(0), C(3)

용어
좌표
(자리 座, 나타낼 標)
점의 위치를 나타내는 수나 수의 짝

2 좌표평면

두 수직선을 점 O에서 서로 수직으로 만나게 할 때

(1) **x축** : 가로의 수직선

(2) **y축** : 세로의 수직선

(3) x축과 y축을 통틀어 **좌표축**이라 한다.

(4) **원점** : 두 좌표축이 만나는 점

(5) **좌표평면** : 좌표축이 정해진 평면

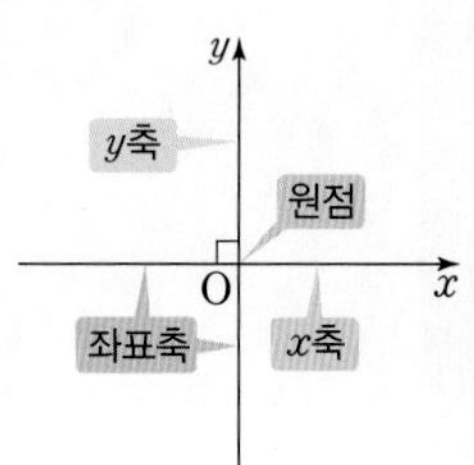

3 좌표평면 위의 점의 좌표

(1) **순서쌍** : 두 수의 순서를 정하여 짝 지어 나타낸 것

주의 $a \neq b$일 때, 순서쌍 (a, b)와 순서쌍 (b, a)는 다르다.

(2) 좌표평면 위의 한 점 P에서 x축, y축에 각각 내린 수선과 x축, y축이 만나는 점에 대응하는 수를 각각 a, b라 할 때, 순서쌍 (a, b)를 점 P의 좌표라 하고 기호로 **P(a, b)**와 같이 나타낸다. 이때 a를 점 P의 **x좌표**, b를 점 P의 **y좌표**라 한다.

참고 • 원점 O의 좌표는 (0, 0)이다.
• x축 위의 점의 좌표는 (x좌표, 0)이다. → x축 위의 모든 점들의 y좌표는 0
• y축 위의 점의 좌표는 (0, y좌표)이다. → y축 위의 모든 점들의 x좌표는 0

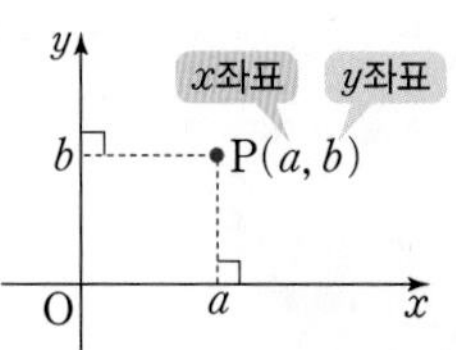

용어
순서쌍
(차례 順, 차례 序, 쌍 雙)
차례를 정하여 짝 지어 나타낸 것

4 사분면

좌표축은 좌표평면을 네 부분으로 나눈다. 이들 네 부분을 각각

제1사분면, 제2사분면, 제3사분면, 제4사분면

이라 한다.

주의 좌표축 위의 점은 어느 사분면에도 속하지 않는다.

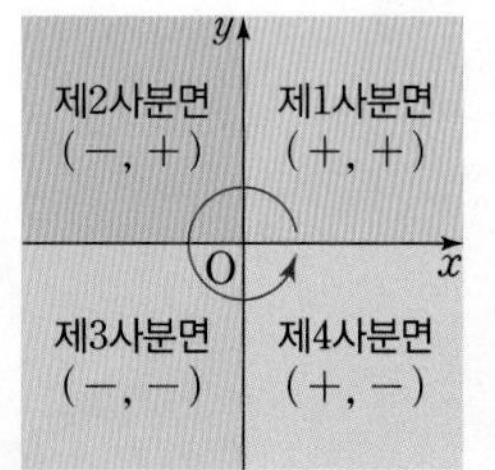

용어
사분면
(넷 四, 나눌 分, 면 面)
4개로 나누어진 면

개념 코칭 1 수직선 위의 점의 좌표는 어떻게 나타낼까?

정답 및 풀이 ▶ 39쪽

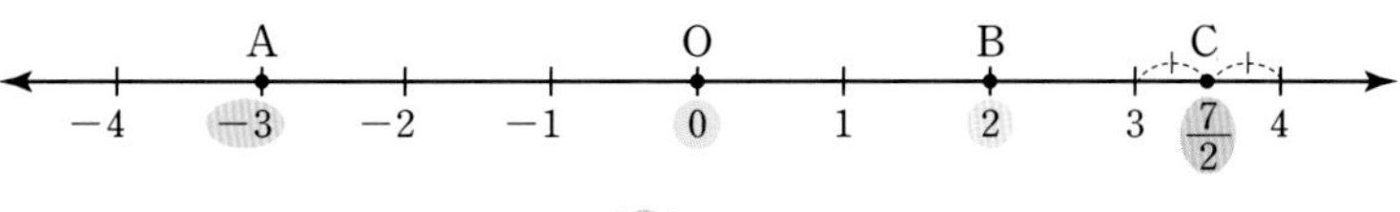

→ $A(-3)$, $O(0)$, $B(2)$, $C\left(\frac{7}{2}\right)$
원점

점 P의 좌표가 a일 때, 기호로 $P(a)$와 같이 나타낸다.

1 다음 수직선 위의 네 점 A, B, C, D의 좌표를 각각 기호로 나타내시오.

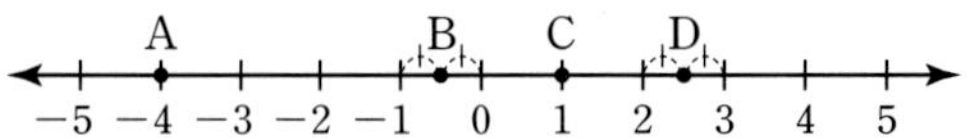

1-❶ 다음 수직선 위에 네 점 A, B, C, D를 각각 나타내시오.

$A\left(-\frac{7}{2}\right)$, $B(-1)$, $C(0.5)$, $D(3)$

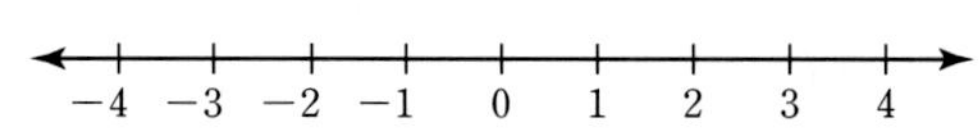

개념 코칭 2 좌표평면 위의 점의 좌표를 순서쌍을 이용하여 어떻게 나타낼까?

정답 및 풀이 ▶ 39쪽

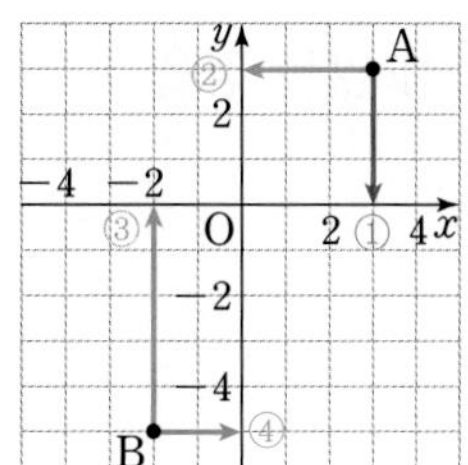

A(①, ②) → A(3, 3)
x좌표 y좌표

B(③, ④) → B(−2, −5)
x좌표 y좌표

- x축 위의 점 → (x좌표, 0)
- y축 위의 점 → (0, y좌표)
- 원점 → (0, 0)

2 다음 좌표평면 위의 6개의 점 A, B, C, D, E, F의 좌표를 각각 기호로 나타내시오.

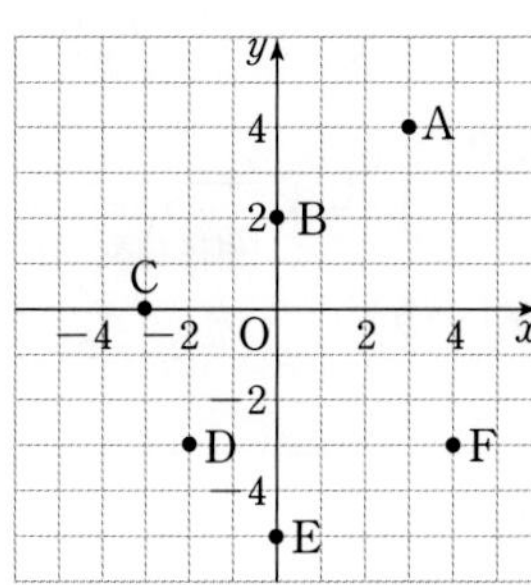

(1) 점 A → ______ (2) 점 B → ______

(3) 점 C → ______ (4) 점 D → ______

(5) 점 E → ______ (6) 점 F → ______

2-❶ 다음 좌표평면 위에 5개의 점 A, B, C, D, E를 각각 나타내시오.

A(2, 3), B(4, −4), C(0, 5),
D(−5, −3), E(2, 0)

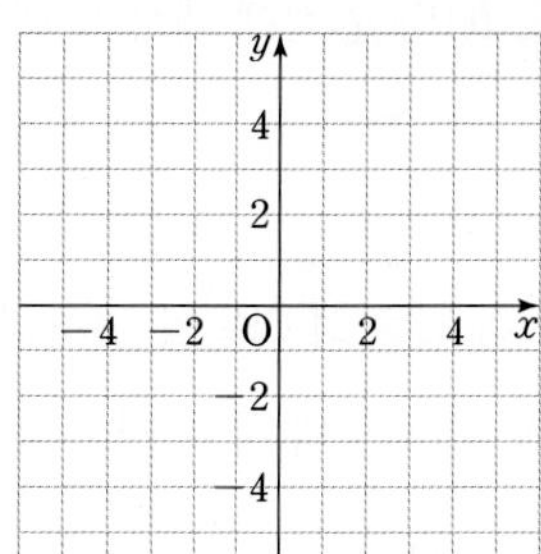

개념 코칭 3 점이 속하는 사분면은 어떻게 알 수 있을까?

정답 및 풀이 39쪽

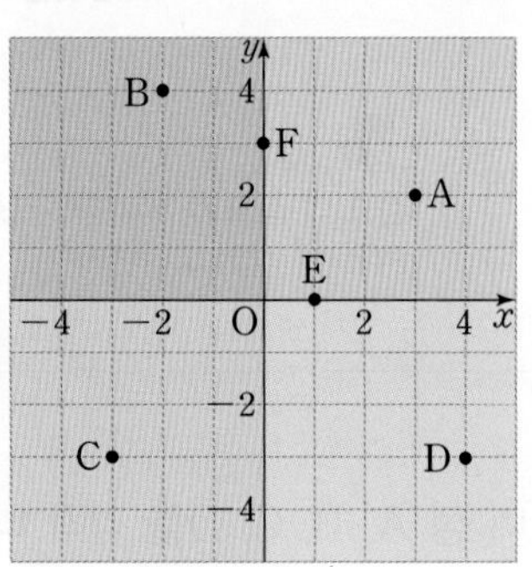

A(3, 2) → 제1사분면 (+, +)
B(−2, 4) → 제2사분면 (−, +)
C(−3, −3) → 제3사분면 (−, −)
D(4, −3) → 제4사분면 (+, −)
E(1, 0) → x축
F(0, 3) → y축

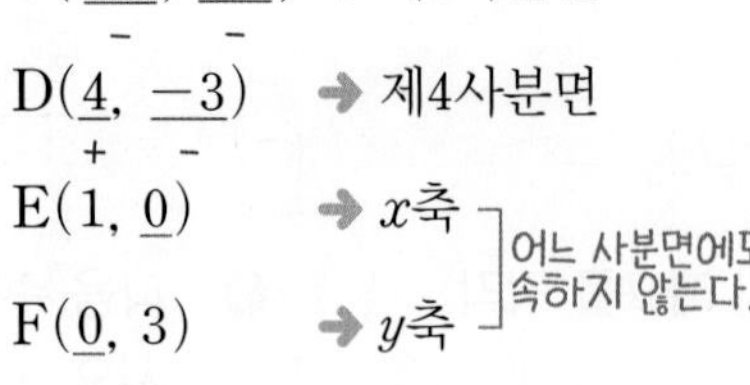

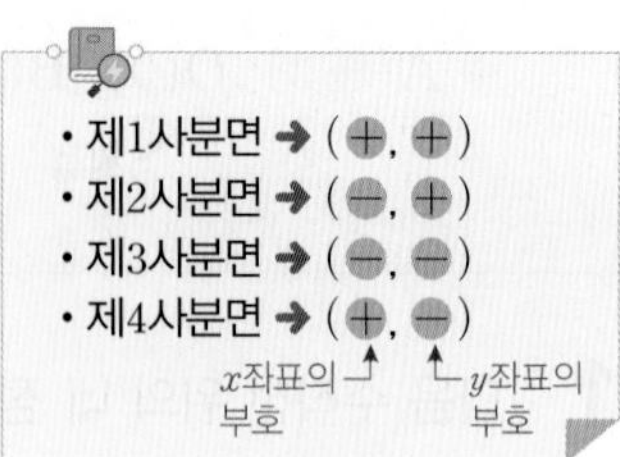

3 다음 점을 좌표평면 위에 나타내고, 제몇 사분면에 속하는지 말하시오.

(1) A(1, 3) (2) B(3, −2)

(3) C(−4, 2) (4) D(−1, −4)

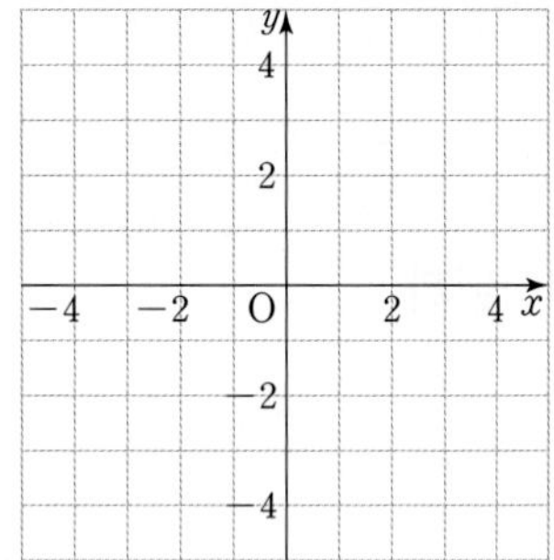

3-1 다음 **보기**의 점에 대하여 물음에 답하시오.

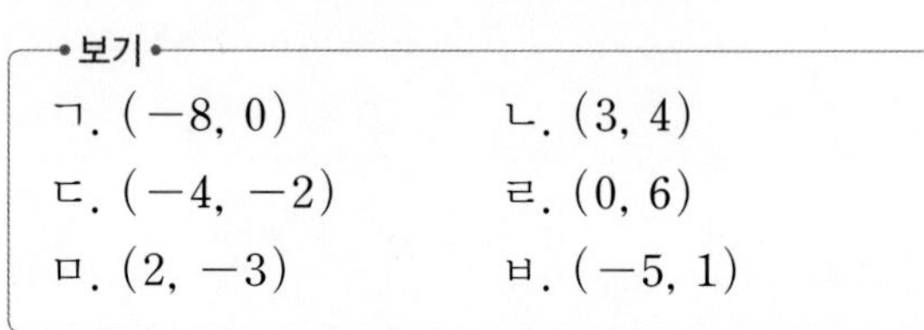

보기
ㄱ. (−8, 0) ㄴ. (3, 4)
ㄷ. (−4, −2) ㄹ. (0, 6)
ㅁ. (2, −3) ㅂ. (−5, 1)

(1) 제1사분면에 속하는 점을 고르시오.

(2) 제2사분면에 속하는 점을 고르시오.

(3) 제4사분면에 속하는 점을 고르시오.

(4) 어느 사분면에도 속하지 않는 점을 모두 고르시오.

집중 코칭 4 대칭인 점의 좌표는 어떻게 나타낼까?

정답 및 풀이 39쪽

(1) 점 (a, b)와 x축에 대하여 대칭인 점의 좌표 —y좌표의 부호만 반대→ $(a, -b)$

(2) 점 (a, b)와 y축에 대하여 대칭인 점의 좌표 —x좌표의 부호만 반대→ $(-a, b)$

(3) 점 (a, b)와 원점에 대하여 대칭인 점의 좌표 —x좌표, y좌표의 부호 모두 반대→ $(-a, -b)$

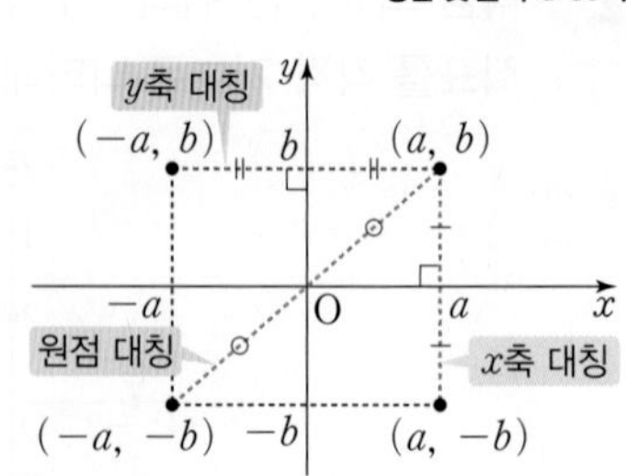

4 점 (2, 3)에 대하여 다음을 구하시오.

(1) x축에 대하여 대칭인 점의 좌표

(2) y축에 대하여 대칭인 점의 좌표

(3) 원점에 대하여 대칭인 점의 좌표

4-1 점 (−4, 1)에 대하여 다음을 구하시오.

(1) x축에 대하여 대칭인 점의 좌표

(2) y축에 대하여 대칭인 점의 좌표

(3) 원점에 대하여 대칭인 점의 좌표

좌표평면 위의 점의 좌표

01 다음 중 오른쪽 좌표평면 위의 점에 대한 설명으로 옳지 않은 것은?

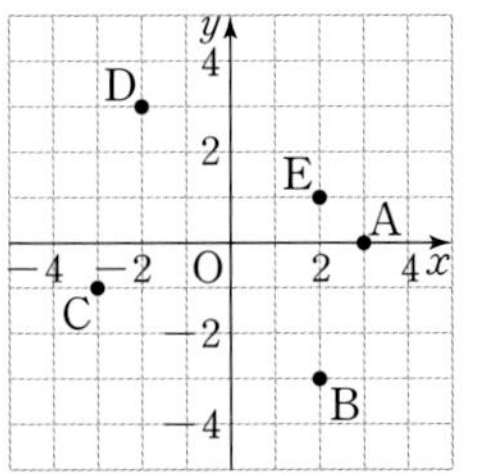

① 점 A의 x좌표는 3이다.
② 점 B는 제4사분면에 속한다.
③ 점 C의 x좌표와 y좌표는 같다.
④ 점 D의 좌표를 기호로 나타내면 D$(-2,\ 3)$이다.
⑤ 점 E의 좌표를 기호로 나타내면 E$(2,\ 1)$이다.

02 다음 중 옳지 않은 것을 모두 고르면? (정답 2개)

① 점 $(3,\ 7)$은 제1사분면에 속한다.
② 점 $(-6,\ -2)$는 제3사분면에 속한다.
③ 점 $(5,\ -2)$는 제2사분면에 속한다.
④ 점 $(2,\ 0)$은 제4사분면에 속한다.
⑤ 점 $(0,\ 4)$는 y축 위의 점이다.

x축, y축 위의 점의 좌표

03 다음을 구하시오.

(1) x축 위에 있고, x좌표가 -5인 점의 좌표

(2) y축 위에 있고, y좌표가 -3인 점의 좌표

(1) x축 위의 점의 좌표 ➜ y좌표가 0 ➜ (x좌표, 0)
(2) y축 위의 점의 좌표 ➜ x좌표가 0 ➜ (0, y좌표)

04 점 $(3,\ a-4)$는 x축 위의 점이고, 점 $(b+1,\ 1)$은 y축 위의 점일 때, a, b의 값을 각각 구하시오.

사분면 위의 점

05 점 $(a,\ b)$가 제2사분면에 속할 때, 다음 점은 제몇 사분면에 속하는지 말하시오.

(1) A$(a,\ -b)$ (2) B$(-a,\ b)$

(3) C$(-a,\ -b)$ (4) D$(-b,\ -a)$

06 점 $(a,\ b)$가 제4사분면에 속할 때, 다음 점은 제몇 사분면에 속하는지 말하시오.

(1) A$(b,\ a)$ (2) B$(-b,\ a)$

(3) C$(a,\ ab)$ (4) D$(ab,\ b)$

대칭인 점의 좌표

07 점 $(-2,\ a)$와 점 $(b,\ 3)$이 원점에 대하여 대칭일 때, a, b의 값을 각각 구하시오.

08 점 $(2a,\ b-1)$과 x축에 대하여 대칭인 점의 좌표가 $(6,\ -2)$일 때, a, b의 값을 각각 구하시오.

02 그래프의 이해

1 그래프

(1) **변수** : 변하는 값을 나타내는 문자

(2) **그래프** : 두 변수 x와 y 사이의 관계를 만족시키는 순서쌍 (x, y)를 좌표평면 위에 나타낸 것을 이 관계의 그래프라 한다. 그래프는 변수의 값에 따라 점, 직선, 곡선 등으로 나타난다.

예 다음 표는 해준이가 화분에 강낭콩을 심고 x일 후 재어 본 강낭콩의 키를 y cm라 할 때, x와 y 사이의 관계를 조사하여 나타낸 것이다.

x(일)	1	2	3	4	5
y(cm)	1	2	4	7	11

❶ 표를 이용하여 순서쌍 (x, y)를 구하면

$(1, 1), (2, 2), (3, 4), (4, 7), (5, 11)$

❷ 순서쌍 (x, y)를 좌표평면 위에 나타내면 오른쪽 그림과 같다.

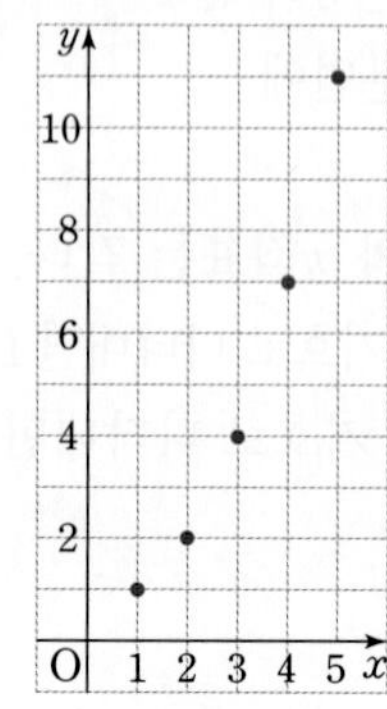

2 그래프의 이해

두 양 사이의 관계를 좌표평면 위에 그래프로 나타내면 두 양의 변화 관계를 알아보기 쉽다.

예 다음 그래프는 자동차의 속력을 시간에 따라 나타낸 것이고, 시간에 따른 속력의 변화를 해석하면 아래 오른쪽 표와 같다.

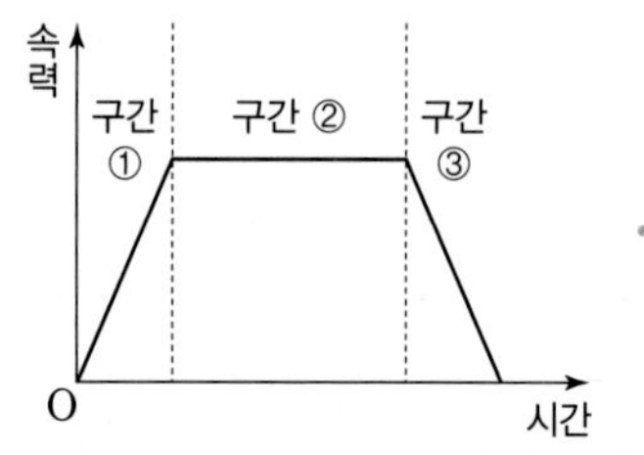

➜

구간	구간 ①	구간 ②	구간 ③
그래프의 모양	/	—	\
속력	증가한다.	변화가 없다.	감소한다.

참고 그래프는 다음과 같이 증가, 감소, 주기적 변화를 파악하는 데 유용하다.

어떤 운동으로 1분에 소모되는 열량이 5 kcal일 때, 이 운동을 x분 동안 하여 소모되는 열량은 y kcal이다.

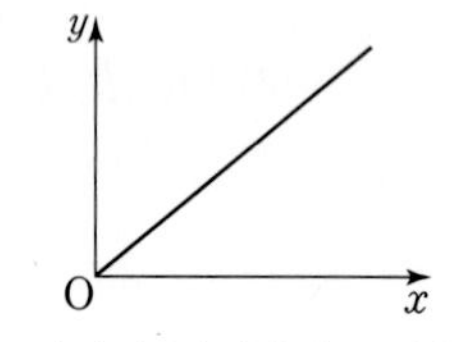

➜ 시간이 일정하게 증가할 때, 소모되는 열량도 일정하게 증가한다.

용량이 100 L인 물탱크에서 일정하게 물이 흘러나올 때, x분 후에 물탱크에 남은 물의 양은 y L이다.

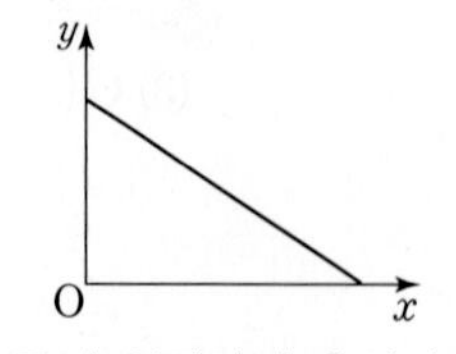

➜ 물이 일정하게 흘러나오므로 물탱크에 남은 물의 양은 일정하게 감소한다.

놀이터에서 그네가 움직이고 있을 때, x초 후에 지면으로부터의 그네의 높이는 y cm이다.

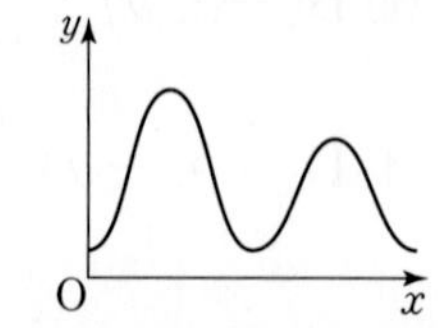

➜ 그네가 움직일 때, 그네의 높이가 높아졌다가 낮아지는 것을 반복한다.

그래프로 어떻게 나타낼까?

정답 및 풀이 ▶ 40쪽

문장으로 나타내기

2 m를 걸을 때마다 1포인트가 적립되어 기부할 수 있는 응용 프로그램에서 걸은 거리를 x m, 적립된 포인트를 y포인트라 하자.

표로 나타내기

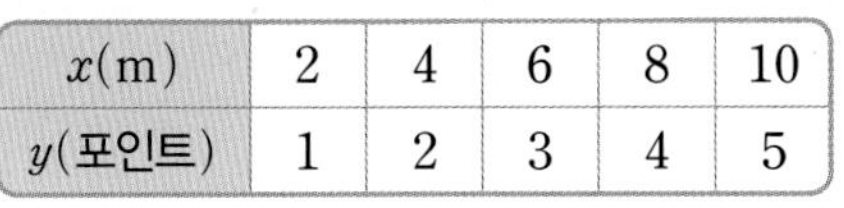

x(m)	2	4	6	8	10
y(포인트)	1	2	3	4	5

순서쌍으로 나타내기

(2, 1), (4, 2), (6, 3), (8, 4), (10, 5)

그래프로 나타내기

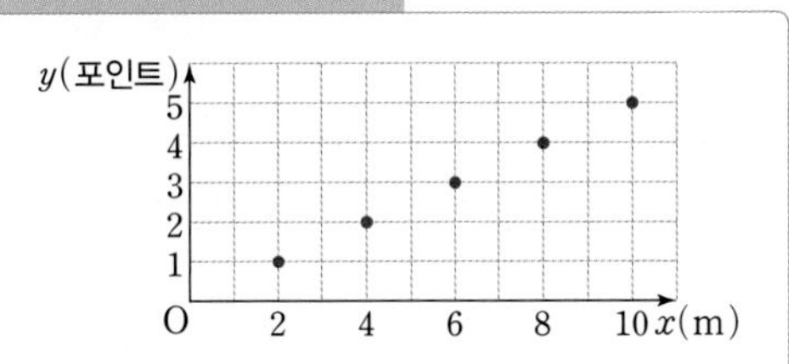

1 다음은 빗면에서 공을 굴려 공이 굴러간 거리를 나타낸 표이다. x초 동안 공이 굴러간 거리를 y m라 할 때, x와 y 사이의 관계를 그래프로 나타내시오.

x(초)	0.1	0.2	0.3	0.4	0.5
y(m)	1	4	9	16	25

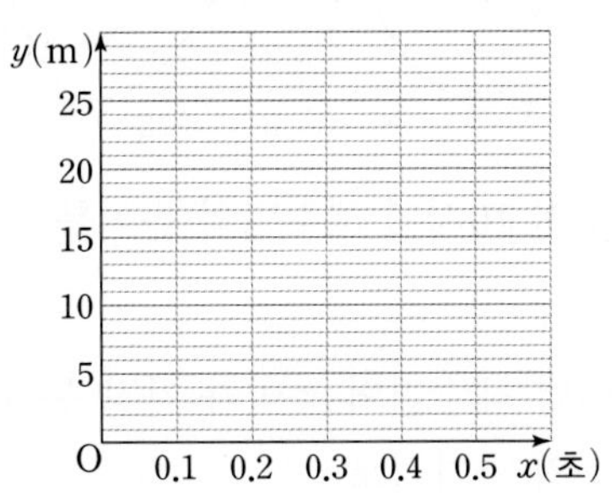

1-❶ 다음은 어느 날 연주네 동네의 기온을 3시간마다 측정하여 나타낸 표이다. x시일 때의 기온을 y ℃라 할 때, x와 y 사이의 관계를 그래프로 나타내시오.

x(시)	0	3	6	9	12	15	18	21
y(℃)	−2	−3	−5	−2	3	5	4	1

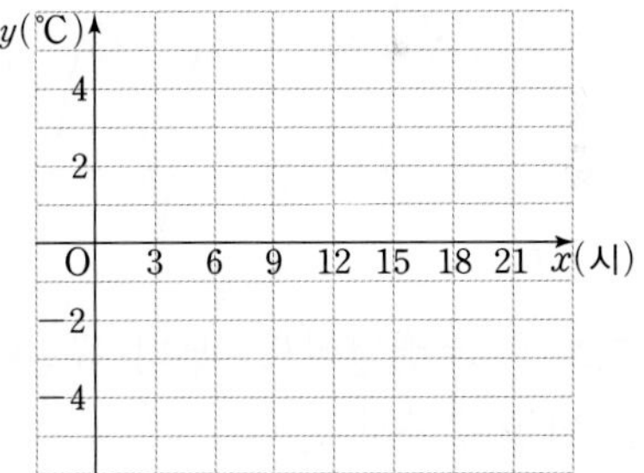

2 오른쪽은 어느 지역의 하루 동안의 기온을 나타낸 그래프이다. x시일 때의 기온을 y ℃라 할 때, 다음 물음에 답하시오.

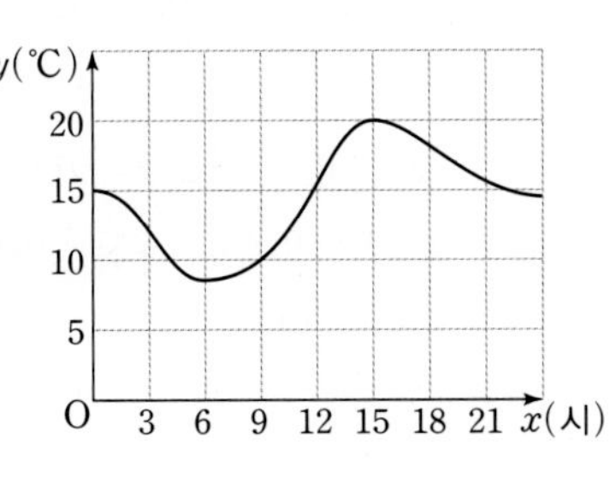

(1) 9시의 기온은 몇 ℃인가?

(2) 기온이 가장 높았던 때는 몇 시인가?

2-❶ 오른쪽은 어느 지역의 하루 동안의 습도를 나타낸 그래프이다. x시일 때의 습도를 y %라 할 때, 다음 물음에 답하시오.

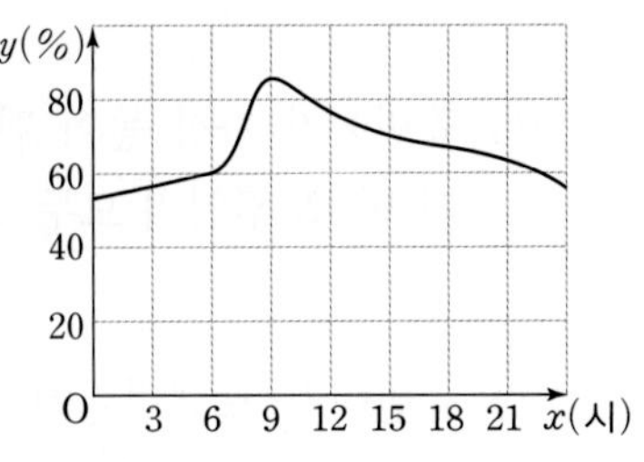

(1) 6시의 습도는 몇 %인가?

(2) 습도가 감소하는 것은 몇 시부터인가?

그래프의 주기적 변화는 어떻게 파악할 수 있을까?

정답 및 풀이 ▶ 40쪽

다음은 시계 방향으로 운행하는 대관람차가 운행을 시작한 지 x분 후에 A 칸의 지면으로부터의 높이를 y m라 할 때, x와 y 사이의 관계를 나타낸 그래프이다.

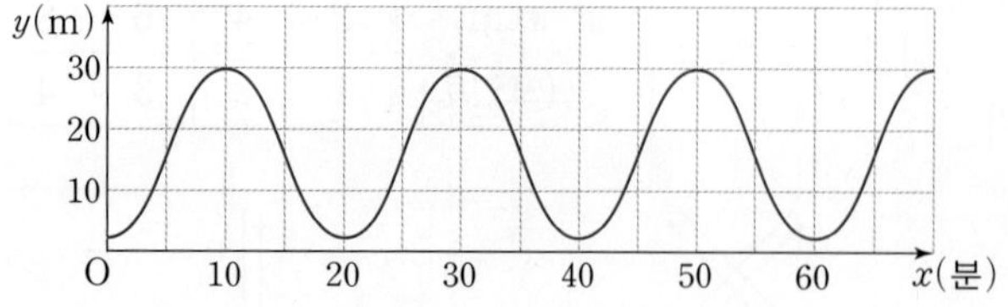

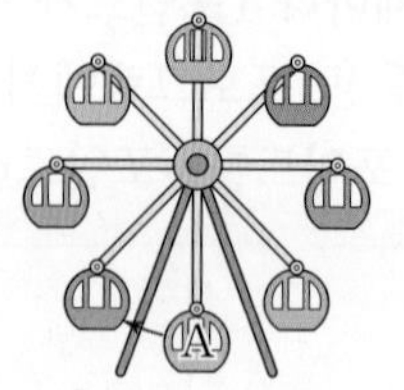

- 10분 후 A 칸의 지면으로부터의 높이 구하기
  ➜ 그래프가 점 (10, 30)을 지나므로 10분 후의 높이는 30 m이다.
- 운행을 시작한 후 60분 동안 대관람차는 몇 바퀴 회전했는지 구하기
  ➜ 20분, 40분, 60분일 때 A 칸의 지면으로부터의 높이가 가장 낮으므로 이때에 A 칸은 처음 자리로 돌아온 것이다.
  즉, 60분 동안 대관람차는 3바퀴 회전했다.

3 다음은 규민이가 트램펄린 위에서 뛰는 시간에 따른 높이 변화를 나타낸 그래프이다. 규민이가 트램펄린 위에서 뛰기 시작한 지 x초 후에 트램펄린으로부터 규민이의 발까지의 높이를 y cm라 할 때, 물음에 답하시오.

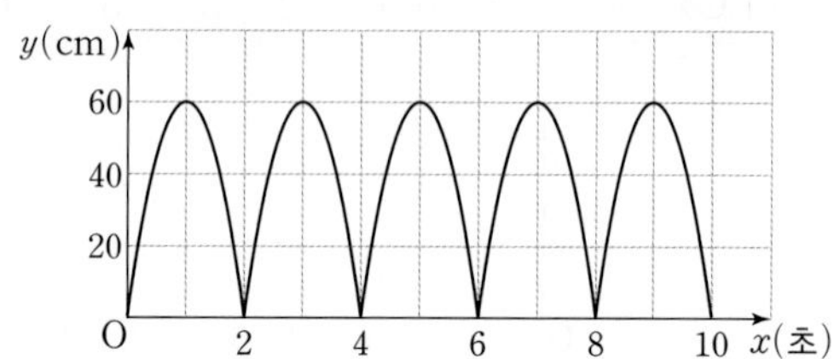

(1) 5초 후 트램펄린으로부터 규민이의 발까지의 높이를 구하시오.

(2) 8초 후 트램펄린으로부터 규민이의 발까지의 높이를 구하시오.

(3) 규민이가 가장 높이 뛰었을 때는 뛰기 시작한 지 몇 초 후인지 모두 구하시오.

(4) 규민이가 트램펄린에서 몇 번 뛰었는지 구하시오.

(5) 규민이가 트램펄린에서 한 번 뛸 때 걸린 시간은 몇 초인지 구하시오.

3-1 다음은 어느 날 어느 지역의 하루 동안의 시각에 따른 해수면의 높이 변화를 나타낸 그래프이다. x시일 때의 해수면의 높이를 y cm라 할 때, 물음에 답하시오.

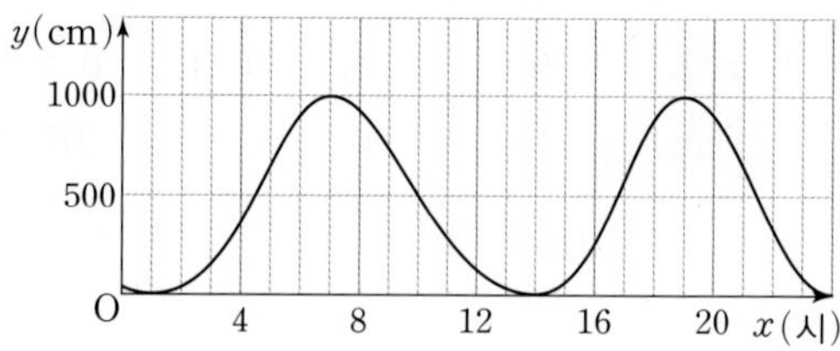

(1) 오전 10시의 해수면의 높이를 구하시오.

(2) 이날 해수면의 높이가 가장 높았던 것은 몇 번인지 구하시오.

(3) 이날 오후 해수면의 높이가 가장 높았던 때는 몇 시인지 구하시오.

(4) 해수면의 높이가 처음으로 가장 낮았을 때부터 두 번째로 가장 낮았을 때까지 걸린 시간을 구하시오.

(5) 해수면의 높이가 처음으로 가장 높았을 때부터 두 번째로 가장 높았을 때까지 걸린 시간을 구하시오.

워크북 65쪽~66쪽 | 정답 및 풀이 40쪽

중요 상황과 그래프

01 세영이는 집에서 고모네 집까지 가는데 일정한 속력으로 걸어가다가 중간에 잠시 휴식을 취한 후 다시 처음과 같은 속력으로 걸어서 고모네 집에 도착하였다. 다음 중 세영이가 집으로부터 이동한 거리를 시간에 따라 나타낸 그래프로 알맞은 것은?

① 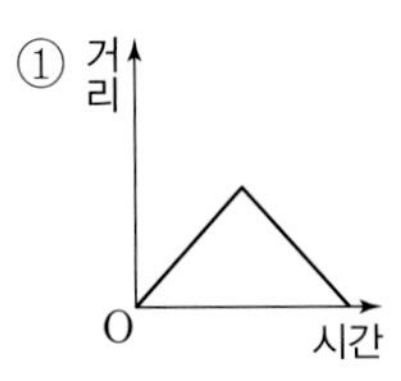
② 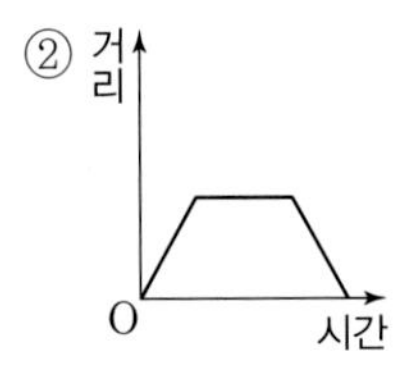
③ 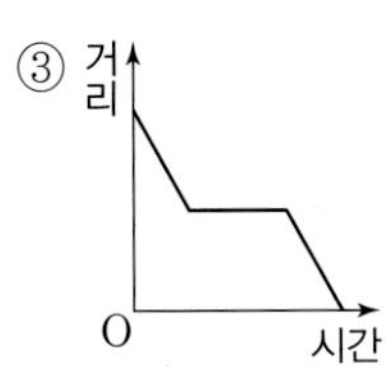
④ 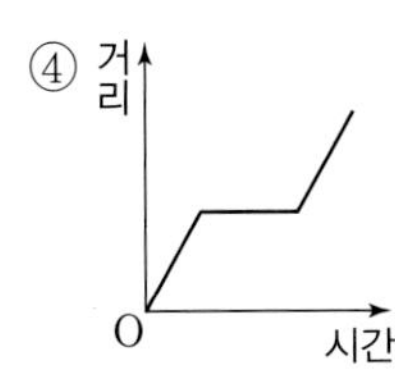
⑤ 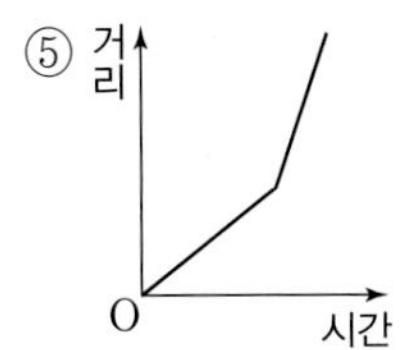

02 현주는 집에서 출발하여 우체국에 가서 우편물을 보내고 다시 집에 돌아왔다. 우편물을 보내는 데 시간이 걸렸다고 할 때, 다음 중 현주가 집으로부터 떨어진 거리를 시간에 따라 나타낸 그래프로 알맞은 것은?

(단, 현주는 일정한 속력으로 걸어 이동하였다.)

① 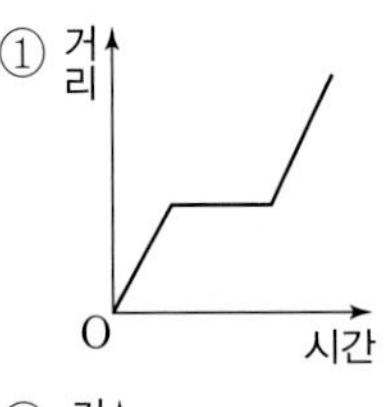
② 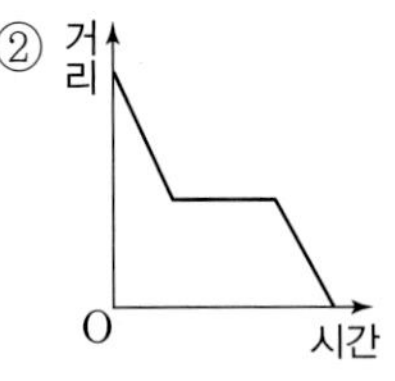
③ 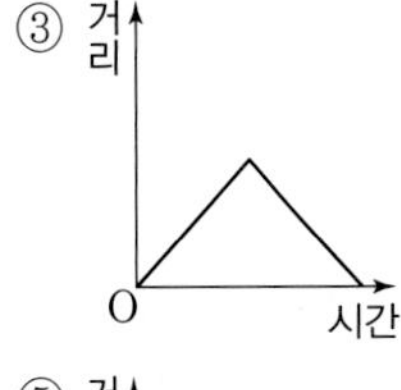
④ 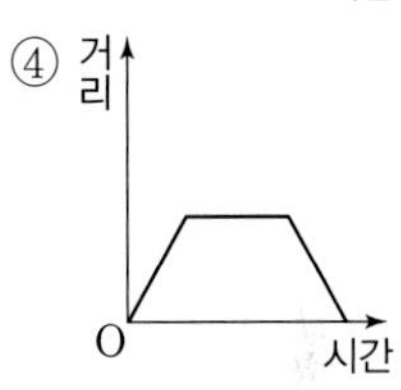
⑤ 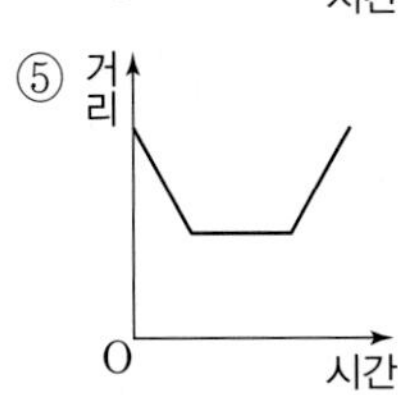

그래프 해석하기

03 우준이는 집에서 출발하여 300 m 떨어진 편의점에 갔다가 다시 집으로 돌아왔다. 오른쪽은 집에서 출발한 지 x분 후에 우준이가 집으로부터 떨어진 거리를 y m라 할 때, x와 y 사이의 관계를 나타낸 그래프이다. 다음 물음에 답하시오.

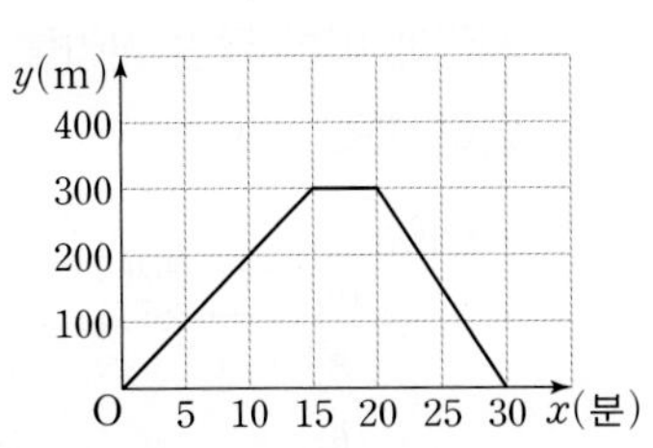

(1) 우준이가 집에서 출발하여 5분 동안 이동한 거리는 몇 m인지 구하시오.

(2) 우준이가 편의점에 머문 시간은 몇 분인지 구하시오.

04 용수는 집에서 1.5 km 떨어진 할머니 댁까지 자전거를 타고 갔다. 오른쪽은 집에서 출발한 지 x분 후에 용수가 집으로부터 떨어진 거리를 y km라 할 때, x와 y 사이의 관계를 나타낸 그래프이다. 다음 물음에 답하시오.

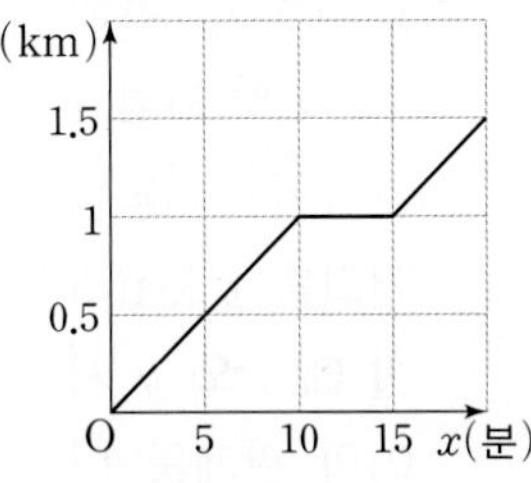

(1) 용수가 집에서 출발하여 10분 동안 이동한 거리는 몇 km인지 구하시오.

(2) 용수가 할머니 댁까지 가는 데 걸린 시간은 몇 분인지 구하시오.

주기적 변화

05 다음은 A 지점과 B 지점 사이를 왕복 운동하는 로봇의 시간에 따른 위치를 나타낸 그래프이다. 로봇이 움직이기 시작한 지 x초 후에 A 지점과 로봇 사이의 거리를 y m라 할 때, 물음에 답하시오.

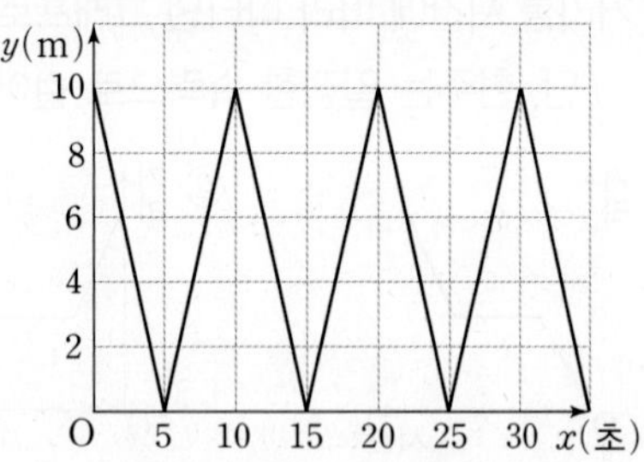

(1) A 지점과 B 지점 사이의 거리는 몇 m인지 구하시오.

(2) 로봇이 A 지점과 B 지점 사이를 한 번 왕복하는 데 걸리는 시간은 몇 초인지 구하시오.

06 다음은 어느 대공원의 두 지점 A, B 사이를 왕복하는 코끼리 열차의 170분 동안의 시간에 따른 위치를 나타낸 그래프이다. A 지점을 처음 출발한 지 x분 후에 A 지점과 코끼리 열차 사이의 거리를 y km라 할 때, 물음에 답하시오.

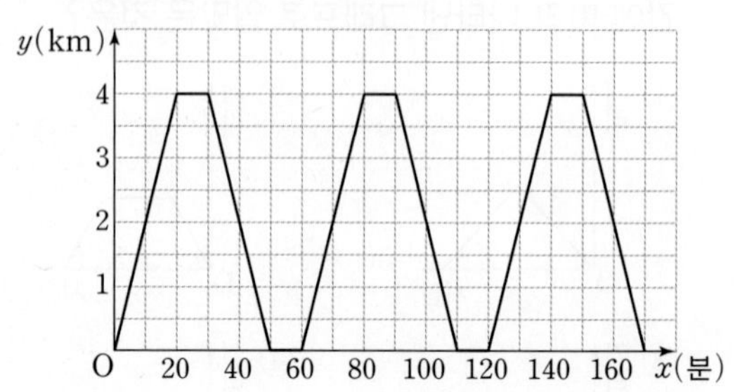

(1) 170분 동안 코끼리 열차는 몇 회 왕복하는지 구하시오.

(2) 코끼리 열차가 두 지점 A, B 사이를 한 번 왕복하는 데 걸리는 시간은 몇 분인지 구하시오.
(단, 쉬는 시간은 제외한다.)

두 그래프 한번에 보여 주기 

07 오른쪽은 윤수와 호준이가 각각 자전거를 타고 x분 동안 이동한 거리를 y km라 할 때, x와 y 사이의 관계를 나타낸 그래프이다. 물음에 답하시오.

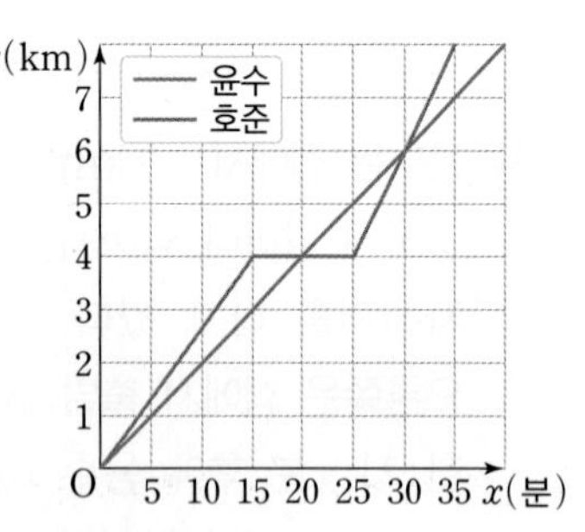

(1) 출발하여 15분 동안 윤수와 호준이가 이동한 거리를 각각 구하시오.

(2) 윤수와 호준이가 처음으로 다시 만나는 것은 출발한 지 몇 분 후인지 구하시오.

08 다음은 민재와 현정이가 10 km 마라톤을 했을 때, 시간에 따른 달린 거리를 나타낸 그래프이다. 물음에 답하시오.

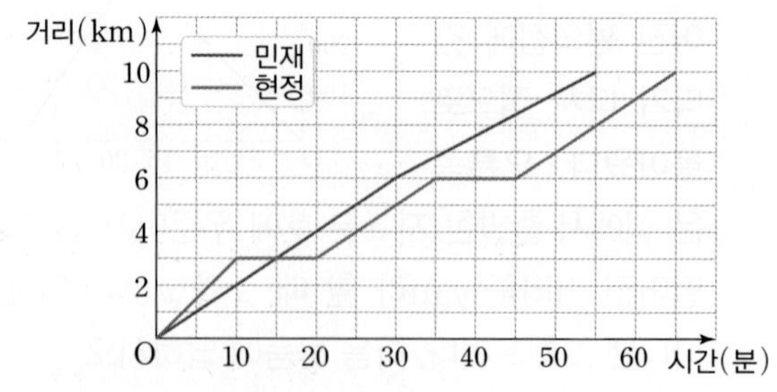

(1) 민재가 현정이보다 앞서기 시작한 것은 출발한 지 몇 분 후인지 구하시오.

(2) 민재와 현정이가 마라톤을 완주하는 데 걸린 시간의 차를 구하시오.

필수 유형 문제로 **확인하기**

01. 순서쌍과 좌표
02. 그래프의 이해

워크북 67쪽 | 정답 및 풀이 41쪽

01

다음 중 오른쪽 좌표평면 위의 점의 좌표를 기호로 나타낸 것으로 옳은 것은?

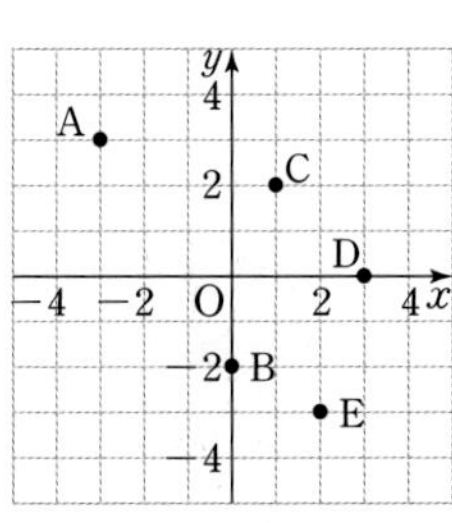

① A$(3,\ -4)$　② B$(-2,\ 0)$
③ C$(2,\ 1)$　④ D$(3,\ 0)$
⑤ E$(2,\ 3)$

02

두 순서쌍 $(2a,\ -9)$, $(10,\ 3b)$가 서로 같을 때, $a+b$의 값을 구하시오.

03

다음 중 옳지 <u>않은</u> 것은?

① 점 $(2,\ 4)$는 제1사분면에 속한다.
② 점 $(0,\ 5)$는 어느 사분면에도 속하지 않는다.
③ 원점의 좌표는 $(0,\ 0)$이다.
④ y축 위의 점은 y좌표가 0이다.
⑤ 두 점 $(3,\ -4)$, $(2,\ -2)$는 같은 사분면에 속한다.

04

두 점 A$(2a-1,\ a-3)$, B$(3b-1,\ b+4)$가 각각 x축, y축 위에 있을 때, ab의 값은?

① -2　② -1　③ 1
④ 2　⑤ 4

05

$a>0$, $b<0$일 때, 다음 중 제3사분면에 속하는 점은?

① $(a,\ -b)$　② $(-a,\ -b)$　③ $(a,\ b)$
④ $(b,\ a-b)$　⑤ $(b-a,\ -a)$

06

점 P$(a,\ b)$가 제2사분면에 속할 때, 점 Q$(b-a,\ ab)$는 제몇 사분면에 속하는가?

① 제1사분면　② 제2사분면
③ 제3사분면　④ 제4사분면
⑤ 어느 사분면에도 속하지 않는다.

07

아래 그래프는 어떤 나무의 키의 변화를 기간에 따라 나타낸 것이다. 다음 중 나무의 키가 가장 많이 성장한 기간은?

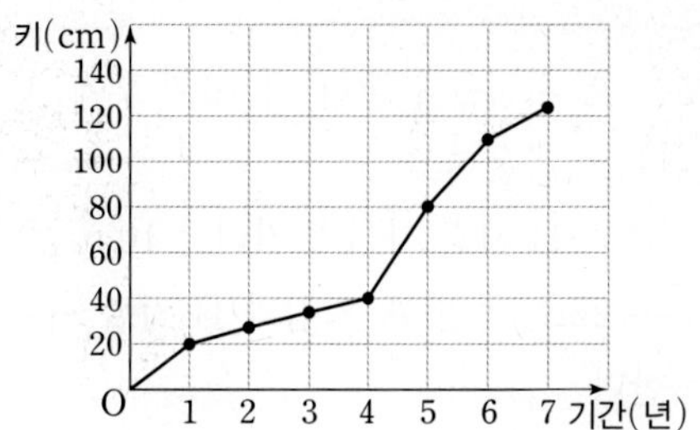

① 1년～2년　② 2년～3년　③ 3년～4년
④ 4년～5년　⑤ 5년～6년

08

아래 그림은 직선 도로를 달리는 자동차의 시간에 따른 속력의 변화를 나타낸 그래프이다. x초일 때의 속력을 y m/s라 할 때, 다음 중 옳지 않은 것은?

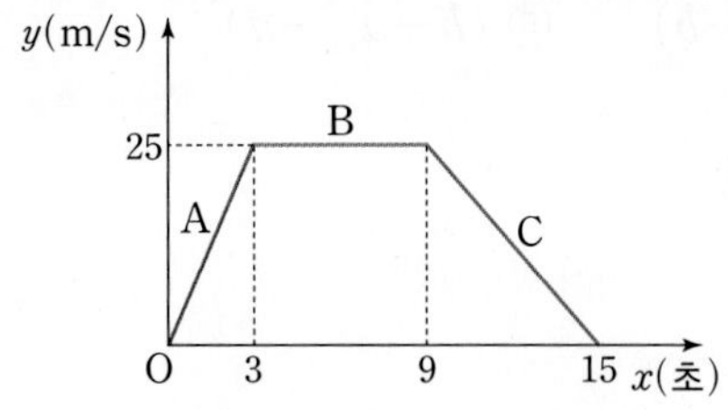

① A 구간에서 자동차의 속력은 점점 증가하였다.
② B 구간에서 자동차의 속력은 일정하였다.
③ B 구간에서 자동차가 이동한 거리는 25 m이었다.
④ C 구간에서 자동차의 속력은 점점 감소하였다.
⑤ 자동차는 C 구간을 6초 동안 달렸다.

09

아래 그림은 A 지점과 B 지점 사이를 왕복 운동하는 로봇의 시간에 따른 위치를 나타낸 그래프이다. 로봇이 움직이기 시작한 지 x초 후에 A 지점과 로봇 사이의 거리를 y m라 할 때, 다음 **보기**에서 그래프에 대한 설명으로 옳은 것을 모두 고르시오.

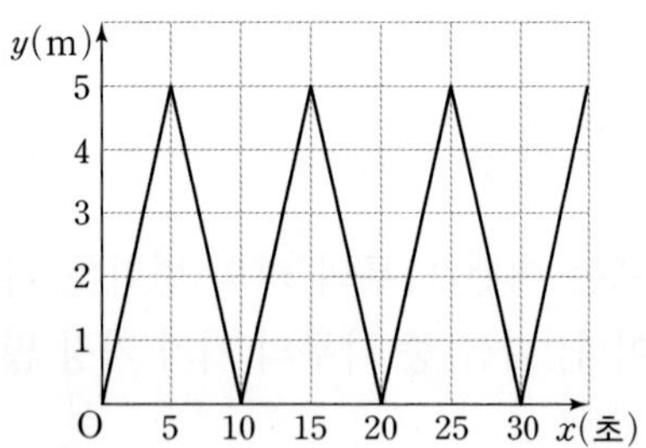

보기

ㄱ. 로봇은 A 지점을 출발한 지 10초 후에 A 지점으로 다시 돌아온다.
ㄴ. A 지점과 B 지점 사이의 거리는 10 m이다.
ㄷ. 로봇은 25초 동안 A 지점과 B 지점 사이를 3번 왕복한다.
ㄹ. 로봇이 움직이기 시작한 지 5초 후의 위치와 25초 후의 위치는 같다.

10

오른쪽 그림과 같은 두 종류의 컵 A, B에 시간당 일정한 양의 물을 부을 때, 시간에 따른 물의 높이를 나타낸 그래프로 알맞은 것을 **보기**에서 각각 고르시오.

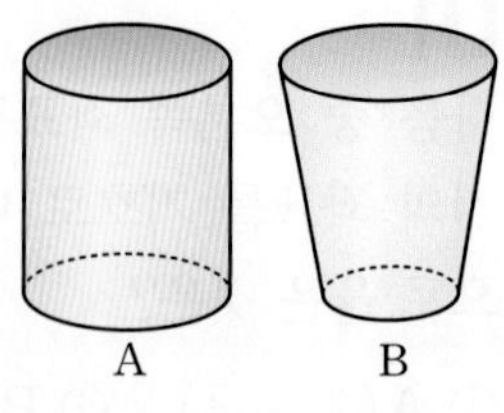

보기

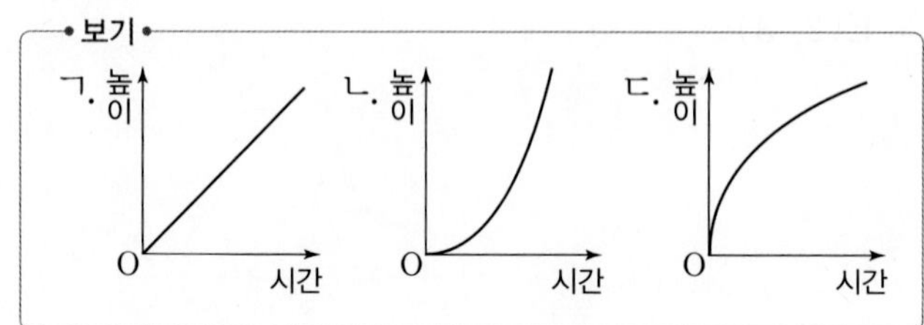

한걸음 더

11 문제해결

좌표평면 위의 세 점 A$(-2, 6)$, B$(-5, 1)$, C$(1, 1)$을 꼭짓점으로 하는 삼각형 ABC의 넓이를 구하시오.

12 추론

다음 그림과 같은 모양의 병에 시간당 일정한 양의 물을 부을 때, 시간에 따른 물의 높이를 그래프로 나타내시오.

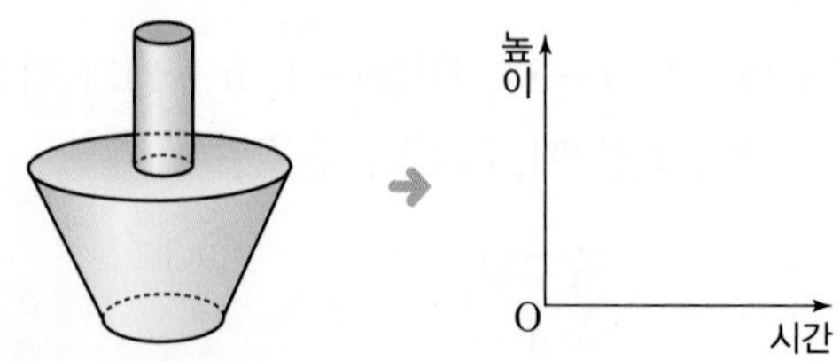

03 정비례와 반비례

1 정비례

(1) **정비례** : 두 변수 x, y에서 x의 값이 2배, 3배, 4배, …로 변함에 따라 y의 값도 2배, 3배, 4배, …로 변하는 관계가 있을 때, y는 x에 정비례한다고 한다.

(2) y가 x에 정비례하면 x와 y 사이의 관계는 $\boldsymbol{y=ax\,(a\neq0)}$로 나타낼 수 있다.

예 시속 30 km로 자전거가 달린 시간을 x시간, 달린 거리를 y km라 할 때, x와 y 사이의 관계를 표로 나타내면 다음과 같다.

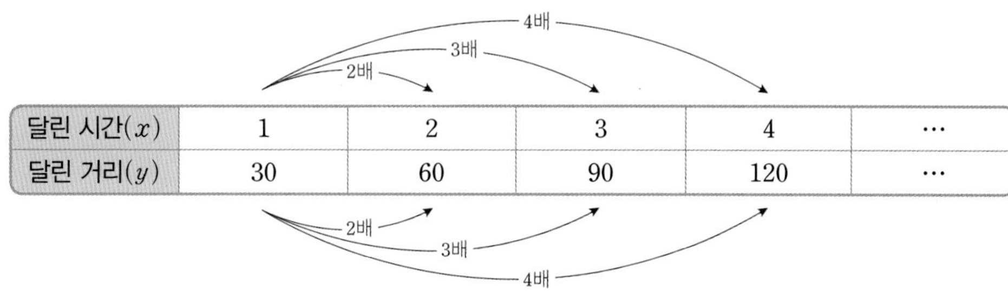

달린 시간(x)	1	2	3	4	…
달린 거리(y)	30	60	90	120	…

① 위의 표에서 x의 값이 2배, 3배, 4배, …로 변함에 따라 y의 값도 2배, 3배, 4배, …로 변하므로 y는 x에 정비례한다.

② x와 y 사이의 관계를 식으로 나타내면 $y=30x$이다.

(3) **정비례 관계 $y=ax\,(a\neq0)$의 그래프**

x의 값의 범위가 수 전체일 때, 정비례 관계 $y=ax\,(a\neq0)$의 그래프는 원점을 지나는 직선이다.

	$a>0$일 때	$a<0$일 때
그래프	$y=ax$, $(1, a)$, a, O, 1, x, y	$y=ax$, $(1, a)$, a, O, 1, x, y
그래프의 모양	오른쪽 위로 향하는 직선	오른쪽 아래로 향하는 직선
지나는 사분면	제1사분면, 제3사분면	제2사분면, 제4사분면
증가·감소 상태	x의 값이 증가하면 y의 값도 증가한다.	x의 값이 증가하면 y의 값은 감소한다.

참고 ① 특별한 말이 없으면 정비례 관계 $y=ax\,(a\neq0)$에서 x의 값의 범위는 수 전체로 생각한다.

② 정비례 관계 $y=ax\,(a\neq0)$의 그래프는 a의 절댓값이 커질수록 y축에 가까워지고, a의 절댓값이 작아질수록 x축에 가까워진다.

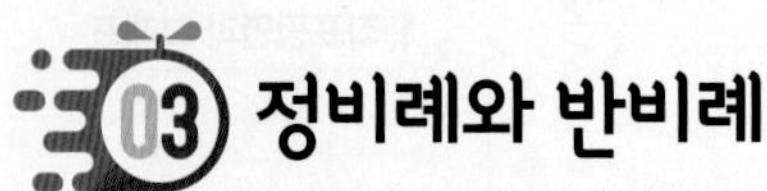

03 정비례와 반비례

2 반비례

(1) **반비례** : 두 변수 x, y에서 x의 값이 2배, 3배, 4배, …로 변함에 따라 y의 값은 $\frac{1}{2}$배, $\frac{1}{3}$배, $\frac{1}{4}$배, …로 변하는 관계가 있을 때, y는 x에 반비례한다고 한다.

(2) y가 x에 반비례하면 x와 y 사이의 관계는 $\boldsymbol{y=\frac{a}{x}\,(a\neq0)}$로 나타낼 수 있다.

예 거리가 24 km인 길을 자전거를 타고 일정한 속력으로 달릴 때 자전거의 속력을 시속 x km, 달린 시간을 y시간이라 하자. 이때 x와 y 사이의 관계를 표로 나타내면 다음과 같다.

(2배, 3배, 4배)

속력(x)	1	2	3	4	…
달린 시간(y)	24	12	8	6	…

($\frac{1}{2}$배, $\frac{1}{3}$배, $\frac{1}{4}$배)

① 위의 표에서 x의 값이 2배, 3배, 4배, …로 변함에 따라 y의 값은 $\frac{1}{2}$배, $\frac{1}{3}$배, $\frac{1}{4}$배, …로 변하므로 y는 x에 반비례한다.

② x와 y 사이의 관계를 식으로 나타내면 $y=\frac{24}{x}$이다.

(3) 반비례 관계 $y=\frac{a}{x}\,(a\neq0)$의 그래프

x의 값의 범위가 0이 아닌 수 전체일 때, 반비례 관계 $y=\frac{a}{x}\,(a\neq0)$의 그래프는 좌표축에 점점 가까워지면서 한없이 뻗어 나가는 한 쌍의 매끄러운 곡선이다.

	$a>0$일 때	$a<0$일 때
그래프	($y=\frac{a}{x}$, 점 $(1, a)$, O, 1)	($y=\frac{a}{x}$, 점 $(1, a)$, O, 1)
지나는 사분면	제1사분면, 제3사분면	제2사분면, 제4사분면
증가·감소 상태	각 사분면에서 x의 값이 증가하면 y의 값은 감소한다.	각 사분면에서 x의 값이 증가하면 y의 값도 증가한다.

참고 ① 특별한 말이 없으면 반비례 관계 $y=\frac{a}{x}\,(a\neq0)$에서 x의 값의 범위는 0이 아닌 수 전체로 생각한다.

② 반비례 관계 $y=\frac{a}{x}\,(a\neq0)$의 그래프는 a의 절댓값이 커질수록 원점에서 멀어진다.

정비례 관계는 무엇일까?

정답 및 풀이 ▶ 41쪽

한 개에 200원인 사탕 x개의 값을 y원이라 할 때,

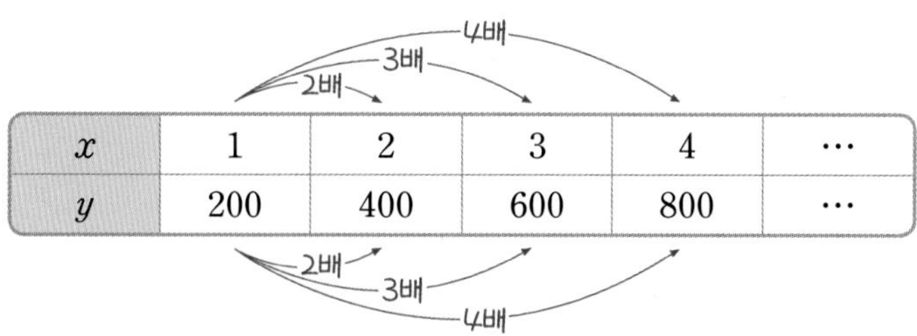

x	1	2	3	4	…
y	200	400	600	800	…

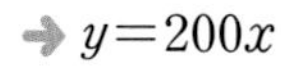

→ y는 x에 정비례
→ $y=200x$

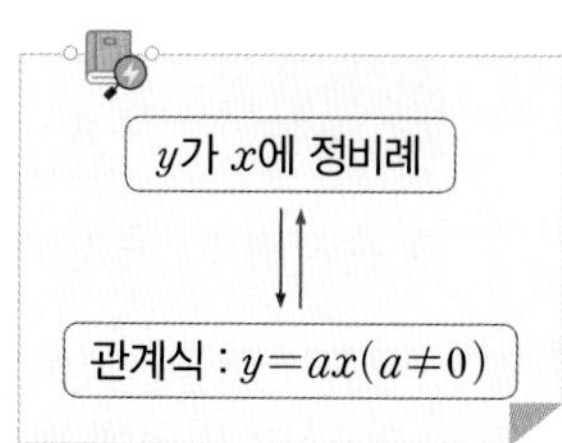

1 한 사람의 입장료가 5000원인 박물관에 x명이 입장할 때의 총 입장료를 y원이라 하자. 다음 물음에 답하시오.

(1) 표를 완성하시오.

x	1	2	3	4	…
y	5000				…

(2) x와 y 사이의 관계를 식으로 나타내시오.

1-① 두께가 3 cm인 책을 x권 쌓았을 때의 높이를 y cm라 하자. 다음 물음에 답하시오.

(1) 표를 완성하시오.

x	1	2	3	4	…
y	3				…

(2) x와 y 사이의 관계를 식으로 나타내시오.

반비례 관계는 무엇일까?

정답 및 풀이 ▶ 41쪽

주스 600 mL를 x명이 y mL씩 똑같이 나누어 마실 때,

x	1	2	3	4	…
y	600	300	200	150	…

→ y는 x에 반비례
→ $y=\frac{600}{x}$

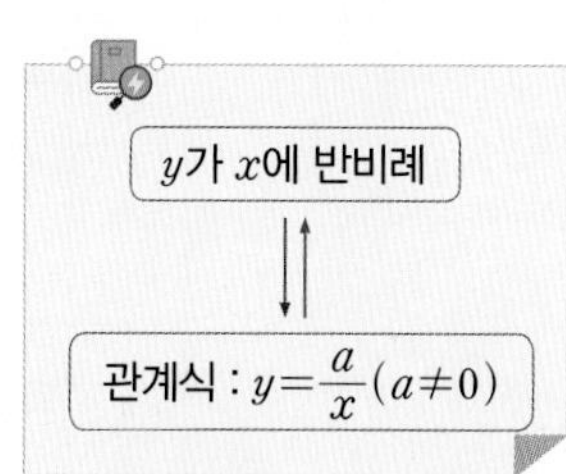

2 구슬 48개를 x명이 똑같이 나누어 가질 때, 한 명이 갖는 구슬을 y개라 하자. 다음 물음에 답하시오.

(1) 표를 완성하시오.

x	1	2	3	4	…
y	48				…

(2) x와 y 사이의 관계를 식으로 나타내시오.

2-① 사과 120개를 x개의 상자에 똑같이 나누어 담을 때, 한 상자에 담겨지는 사과를 y개라 하자. 다음 물음에 답하시오.

(1) 표를 완성하시오.

x	1	2	3	4	…
y	120				…

(2) x와 y 사이의 관계를 식으로 나타내시오.

정비례 관계 $y=ax(a\neq0)$의 그래프는 어떻게 나타낼까?

정답 및 풀이 ▶ 41쪽

정비례 관계를 나타내는 식 $y=2x$에 대하여

x	-3	-2	-1	0	1	2	3
y	-6	-4	-2	0	2	4	6

➜ 순서쌍 : $(-3,\ -6)$, $(-2,\ -4)$, $(-1,\ -2)$, $(0,\ 0)$, $(1,\ 2)$, $(2,\ 4)$, $(3,\ 6)$

x의 값의 범위에 따라 정비례 관계 $y=2x$의 그래프를 그리면 다음과 같다.

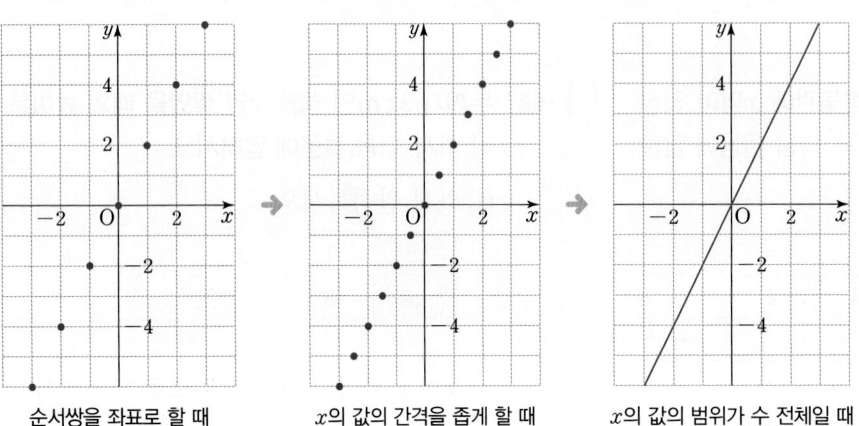

➜ x의 값의 범위가 수 전체일 때, 정비례 관계 $y=ax(a\neq0)$의 그래프는 원점을 지나는 직선이다.

3 x의 값이 -2, -1, 0, 1, 2일 때, 정비례 관계를 나타내는 식 $y=-2x$에 대하여 다음 표를 완성하고 그래프를 그리시오.

x	-2	-1	0	1	2
y	4				

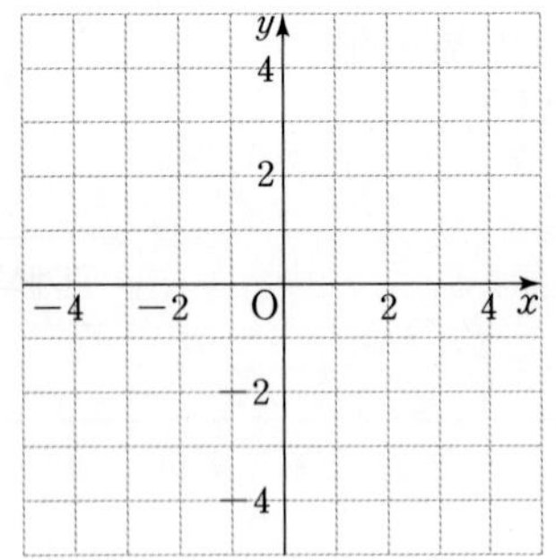

3-❶ x의 값의 범위가 수 전체일 때, 다음 정비례 관계의 그래프를 그리시오.

(1) $y=\dfrac{1}{2}x$

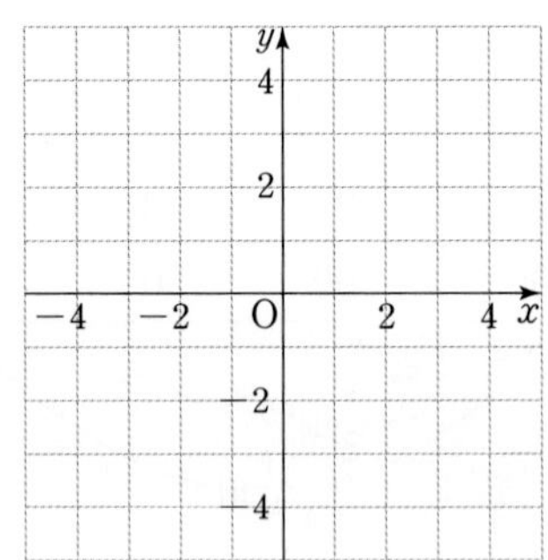

(2) $y=-x$

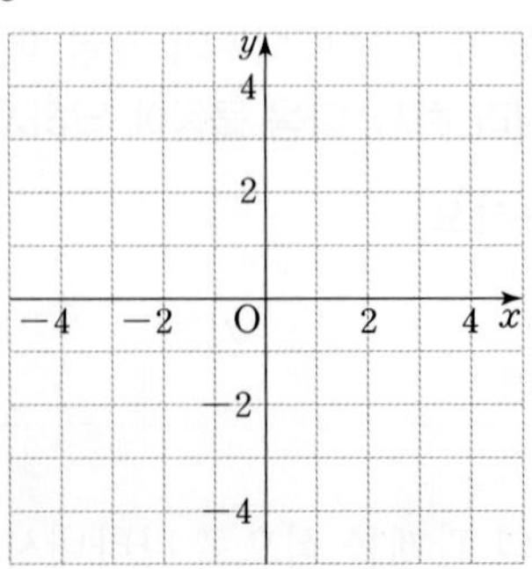

개념 코칭 4 반비례 관계 $y=\frac{a}{x}(a\neq0)$의 그래프는 어떻게 나타낼까?

정답 및 풀이 ▶ 41쪽

반비례 관계를 나타내는 식 $y=\frac{6}{x}$에 대하여

x	-6	-3	-2	-1	1	2	3	6
y	-1	-2	-3	-6	6	3	2	1

➜ 순서쌍 : $(-6,\ -1)$, $(-3,\ -2)$, $(-2,\ -3)$, $(-1,\ -6)$, $(1,\ 6)$, $(2,\ 3)$, $(3,\ 2)$, $(6,\ 1)$

x의 값의 범위에 따라 반비례 관계 $y=\frac{6}{x}$의 그래프를 그리면 다음과 같다.

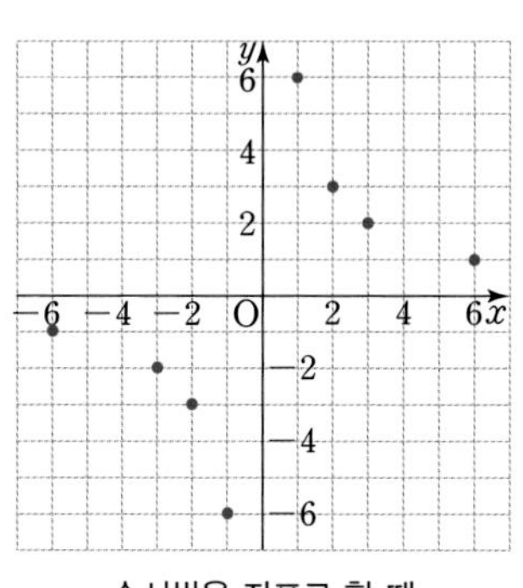

순서쌍을 좌표로 할 때

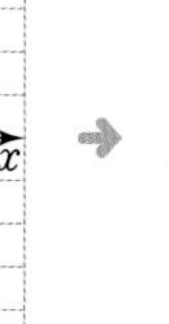

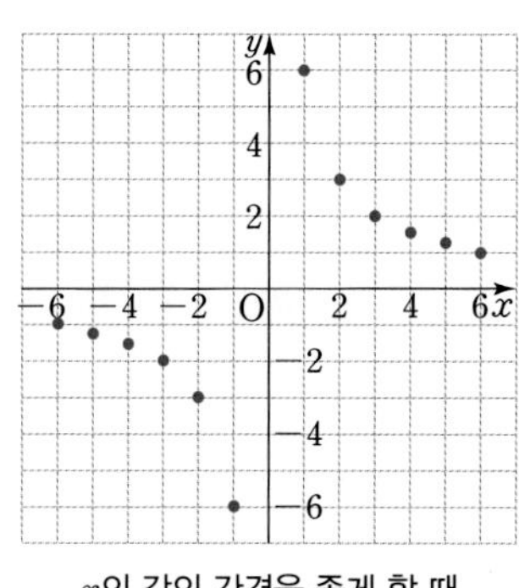

x의 값의 간격을 좁게 할 때

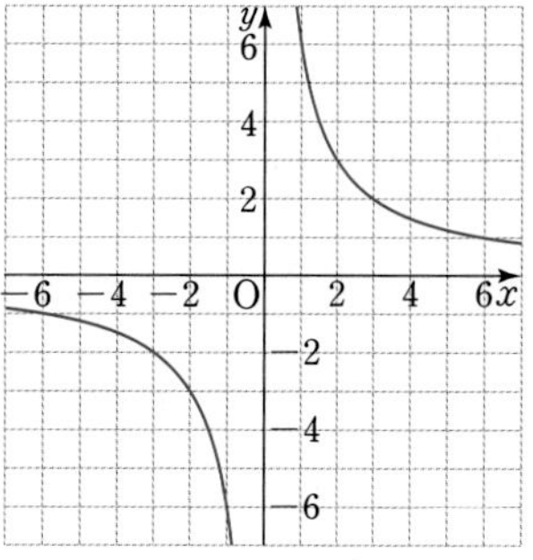

x의 값의 범위가 0이 아닌 수 전체일 때

➜ x의 값의 범위가 0이 아닌 수 전체일 때, 반비례 관계 $y=\frac{a}{x}(a\neq0)$의 그래프는 좌표축에 점점 가까워지면서 한없이 뻗어 나가는 한 쌍의 매끄러운 곡선이다.

4 x의 값이 -4, -2, -1, 1, 2, 4일 때, 반비례 관계를 나타내는 식 $y=-\frac{4}{x}$에 대하여 다음 표를 완성하고 그래프를 그리시오.

x	-4	-2	-1	1	2	4
y						

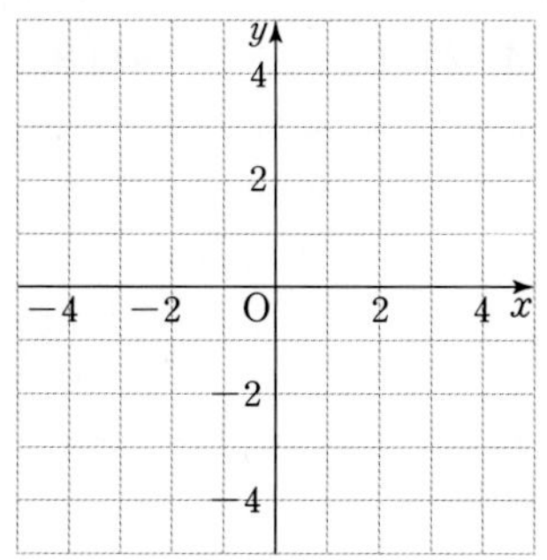

4-1 x의 값의 범위가 0이 아닌 수 전체일 때, 다음 반비례 관계의 그래프를 그리시오.

(1) $y=\frac{3}{x}$

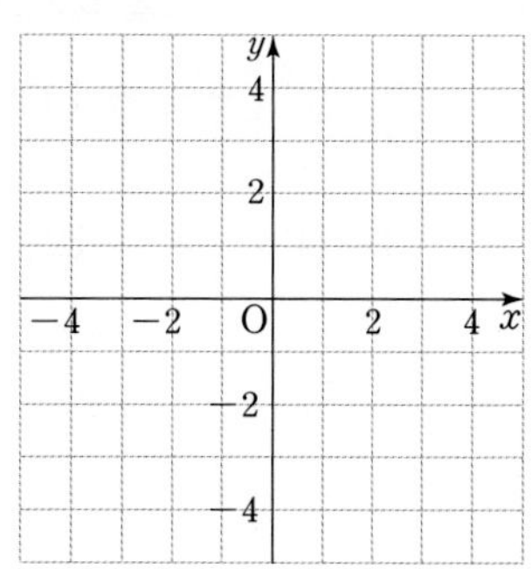

(2) $y=-\frac{6}{x}$

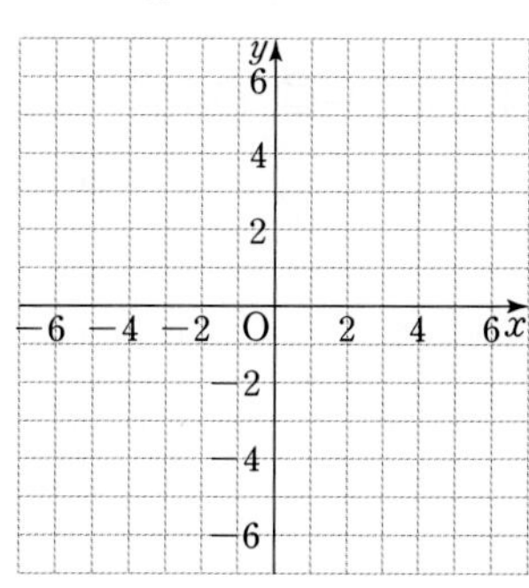

집중 코칭 5 그래프 위의 점, 그래프가 나타내는 식을 구해 볼까?

정답 및 풀이 ▶ 41쪽

집중 1 그래프 위의 점

점 (2, 4)가 정비례 관계 $y=2x$의 그래프 위의 점이다. ➜ $y=2x$에 $x=2$, $y=4$를 대입하면 등식이 성립한다. 즉, $4=2\times2$ (○)

점 (4, 2)가 반비례 관계 $y=\frac{8}{x}$의 그래프 위의 점이다. ➜ $y=\frac{8}{x}$에 $x=4$, $y=2$를 대입하면 등식이 성립한다. 즉, $2=\frac{8}{4}$ (○)

집중 2 그래프가 나타내는 식

그래프가 원점을 지나는 직선 ➜ $y=ax(a\neq0)$로 놓는다.

예 그래프가 원점을 지나는 직선이고, 점 (2, 6)을 지난다.
➜ $y=ax(a\neq0)$로 놓고 $x=2$, $y=6$을 대입하면 $6=2a$, $a=3$ ∴ $y=3x$

그래프가 좌표축에 가까워지면서 한없이 뻗어 나가는 한 쌍의 매끄러운 곡선 ➜ $y=\frac{a}{x}(a\neq0)$로 놓는다.

예 그래프가 좌표축에 가까워지면서 한없이 뻗어 나가는 한 쌍의 매끄러운 곡선이고, 점 (5, 2)를 지난다.
➜ $y=\frac{a}{x}(a\neq0)$로 놓고 $x=5$, $y=2$를 대입하면 $2=\frac{a}{5}$, $a=10$ ∴ $y=\frac{10}{x}$

5 다음 점이 정비례 관계 $y=3x$의 그래프 위에 있으면 ○표, 그래프 위에 있지 않으면 ×표를 하시오.

(1) (1, 3) ( ) (2) (−3, −1) ( )

(3) (−2, 6) ( ) (4) (−4, −12) ( )

5-❶ 다음 점이 반비례 관계 $y=-\frac{8}{x}$의 그래프 위에 있으면 ○표, 그래프 위에 있지 않으면 ×표를 하시오.

(1) (1, −8) ( ) (2) (−2, −4) ( )

(3) (−4, 2) ( ) (4) (8, 1) ( )

6 다음 그래프가 나타내는 식을 구하시오.

(1)

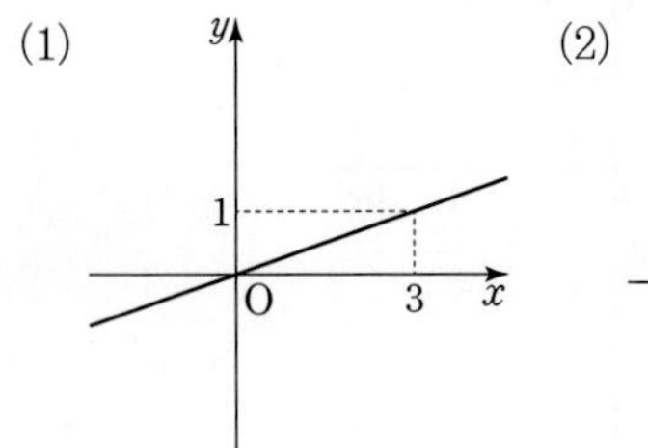

(2)

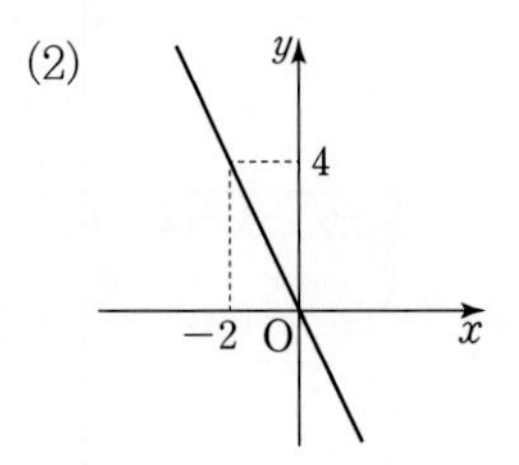

6-❶ 다음 그래프가 나타내는 식을 구하시오.

(1) (2)

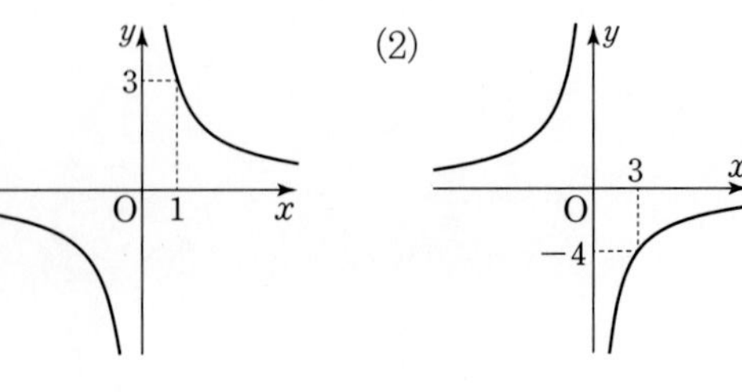

워크북 68쪽~69쪽 | 정답 및 풀이 43쪽

정비례, 반비례하는 것 찾기

01 다음 중 y가 x에 정비례하는 것을 모두 고르면? (정답 2개)

① 시속 3 km로 x시간 동안 걸은 거리 y km
② 넓이가 40 cm^2인 직사각형의 가로의 길이 x cm와 세로의 길이 y cm
③ 합이 20인 두 자연수 x와 y
④ 한 자루에 1000원인 볼펜 x자루의 값 y원
⑤ 60개의 사탕을 x명에게 똑같이 나누어 줄 때, 한 명이 받는 사탕의 개수 y

02 다음 중 y가 x에 반비례하는 것을 모두 고르면? (정답 2개)

① 20 km의 거리를 시속 x km로 갈 때 걸리는 시간 y시간
② 한 변의 길이가 x cm인 정사각형의 둘레의 길이 y cm
③ 길이가 50 cm인 테이프를 x도막으로 똑같이 자를 때 잘린 한 도막의 길이 y cm
④ 밑변의 길이가 x cm, 높이가 12 cm인 삼각형의 넓이 y cm^2
⑤ 단백질 1 g의 열량이 4 kcal일 때, 단백질 x g의 열량 y kcal

정비례 관계 $y=ax(a\neq0)$의 그래프의 성질

03 다음 중 정비례 관계 $y=\frac{1}{2}x$의 그래프에 대한 설명으로 옳지 않은 것은?

① 원점을 지나는 직선이다.
② 점 (4, 2)를 지난다.
③ 오른쪽 아래로 향한다.
④ 제1사분면과 제3사분면을 지난다.
⑤ x의 값이 증가하면 y의 값도 증가한다.

04 다음 **보기**에서 정비례 관계 $y=-3x$의 그래프에 대한 설명으로 옳은 것을 모두 고르시오.

보기
ㄱ. 한 쌍의 매끄러운 곡선이다.
ㄴ. 제2사분면과 제4사분면을 지난다.
ㄷ. 점 (3, −1)을 지난다.
ㄹ. 오른쪽 아래로 향한다.

정비례 관계 $y=ax(a\neq0)$의 그래프 위의 점 (중요)

05 다음 중 정비례 관계 $y=\frac{2}{5}x$의 그래프 위의 점이 아닌 것은?

① (0, 0) ② (5, 2) ③ (15, 6)
④ (−2, −5) ⑤ (−10, −4)

코칭 Plus
점 (a, b)가 그래프 위의 점이다.
→ $x=a$, $y=b$를 대입하면 등식이 성립한다.

06 정비례 관계 $y=-\frac{2}{3}x$의 그래프가 두 점 $(-6, a)$, $(b, 2)$를 지날 때, $a+b$의 값을 구하시오.

정비례 관계 $y=ax(a\neq0)$의 식 구하기 (중요)

07 오른쪽 그래프가 나타내는 식은?

① $y=-\frac{5}{2}x$

② $y=-\frac{2}{5}x$

③ $y=x$

④ $y=\frac{2}{5}x$

⑤ $y=\frac{5}{2}x$

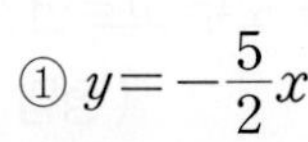

원점을 지나는 직선 ➔ $y=ax(a\neq0)$로 놓는다.

08 y가 x에 정비례하고, 그 그래프가 점 $(3,\ -5)$를 지날 때, x와 y 사이의 관계를 나타내는 식은?

① $y=-5x$ ② $y=-\frac{5}{3}x$ ③ $y=-\frac{3}{5}x$

④ $y=\frac{3}{5}x$ ⑤ $y=\frac{5}{3}x$

정비례 관계의 활용

09 2 L의 휘발유로 28 km를 갈 수 있는 자동차가 있다. 이 자동차가 x L의 휘발유로 갈 수 있는 거리를 y km라 할 때, 다음 물음에 답하시오.

(1) x와 y 사이의 관계를 식으로 나타내시오.

(2) 5 L의 휘발유로 갈 수 있는 거리를 구하시오.

10 수도꼭지에서 1분에 8 L씩 물이 흘러나오고 있다. x분 동안 욕조에 채워진 물의 양을 y L라 할 때, 다음 물음에 답하시오.

(1) x와 y 사이의 관계를 식으로 나타내시오.

(2) 욕조의 부피가 200 L일 때, 욕조에 물을 가득 채우는 데 걸리는 시간을 구하시오.

반비례 관계 $y=\frac{a}{x}(a\neq0)$의 그래프의 성질

11 다음 중 반비례 관계 $y=\frac{4}{x}$의 그래프에 대한 설명으로 옳지 않은 것은?

① 점 $(4,\ 1)$을 지난다.
② x의 값이 한없이 커지면 x축과 만난다.
③ 제1사분면과 제3사분면을 지난다.
④ 반비례 관계 $y=\frac{2}{x}$의 그래프보다 원점에서 더 멀리 떨어져 있다.
⑤ 지나는 각 사분면에서 x의 값이 증가하면 y의 값은 감소한다.

12 다음 **보기**에서 반비례 관계 $y=-\frac{10}{x}$의 그래프에 대한 설명으로 옳은 것을 모두 고르시오.

보기
ㄱ. 원점을 지나는 직선이다.
ㄴ. 제2사분면과 제4사분면을 지난다.
ㄷ. x의 값이 2배, 3배, 4배, …가 되면 y의 값은 $-\frac{1}{2}$배, $-\frac{1}{3}$배, $-\frac{1}{4}$배, …가 된다.
ㄹ. 반비례 관계 $y=-\frac{5}{x}$의 그래프보다 원점에서 더 멀리 떨어져 있다.

정답 및 풀이 ◎ 43쪽

반비례 관계 $y=\frac{a}{x}(a\neq0)$의 그래프 위의 점 (중요)

13 다음 중 반비례 관계 $y=\frac{12}{x}$의 그래프 위의 점이 <u>아닌</u> 것은?

① $(-6,\ -2)$ ② $(-4,\ -3)$ ③ $(3,\ 4)$
④ $(4,\ 5)$ ⑤ $(12,\ 1)$

14 반비례 관계 $y=-\frac{18}{x}$의 그래프가 두 점 $(a,\ 6)$, $(-2,\ b)$를 지날 때, $b-a$의 값을 구하시오.

반비례 관계 $y=\frac{a}{x}(a\neq0)$의 식 구하기

15 오른쪽 그래프가 나타내는 식은?

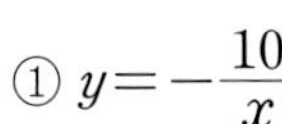

① $y=-\frac{10}{x}$

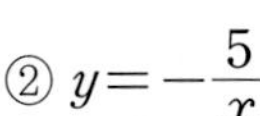

② $y=-\frac{5}{x}$

③ $y=\frac{2}{x}$

④ $y=\frac{5}{x}$

⑤ $y=\frac{10}{x}$

코칭 Plus

좌표축에 가까워지면서 한없이 뻗어 나가는 한 쌍의 매끄러운 곡선 → $y=\frac{a}{x}(a\neq0)$로 놓는다.

16 y가 x에 반비례하고, 그 그래프가 점 $(-4,\ 5)$를 지날 때, x와 y 사이의 관계를 나타내는 식은?

① $y=-\frac{30}{x}$ ② $y=-\frac{20}{x}$ ③ $y=-\frac{16}{x}$
④ $y=\frac{16}{x}$ ⑤ $y=\frac{20}{x}$

반비례 관계의 활용

17 60개의 쿠키를 x개의 접시에 y개씩 똑같이 나누어 담을 때, 다음 물음에 답하시오.

(1) x와 y 사이의 관계를 식으로 나타내시오.

(2) 5개의 접시에 담는다면 한 개의 접시에 쿠키를 몇 개씩 담을 수 있는지 구하시오.

18 넓이가 $72\,\text{cm}^2$인 직사각형의 가로의 길이를 $x\,\text{cm}$, 세로의 길이를 $y\,\text{cm}$라 할 때, 다음 물음에 답하시오.

(1) x와 y 사이의 관계를 식으로 나타내시오.

(2) 직사각형의 세로의 길이가 $12\,\text{cm}$일 때, 가로의 길이를 구하시오.

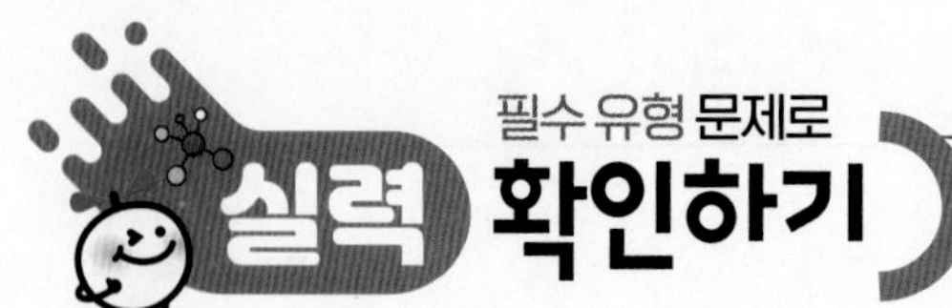

워크북 ▶ 70쪽 | 정답 및 풀이 ▶ 44쪽

01

다음 중 정비례 관계 $y=ax(a\neq0)$의 그래프에 대한 설명으로 옳지 않은 것은?

① 원점을 지나는 직선이다.
② $a>0$일 때, 오른쪽 위로 향한다.
③ 점 $(1, -a)$를 지난다.
④ a의 절댓값이 커질수록 y축에 가까워진다.
⑤ $a<0$일 때, x의 값이 증가하면 y의 값은 감소한다.

02

오른쪽 그림과 같은 그래프에서 k의 값을 구하시오.

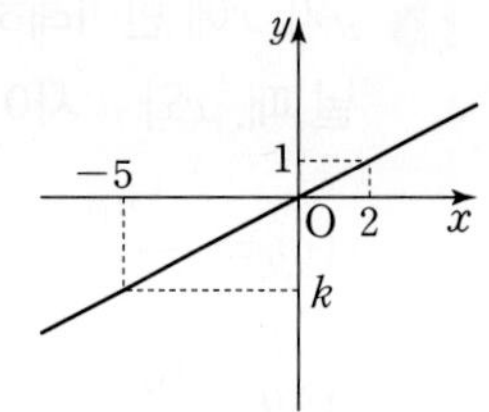

03

정비례 관계 $y=x$의 그래프와 직선 l이 오른쪽 그림과 같을 때, 다음 식 중 그 그래프가 직선 l이 될 수 있는 것은?

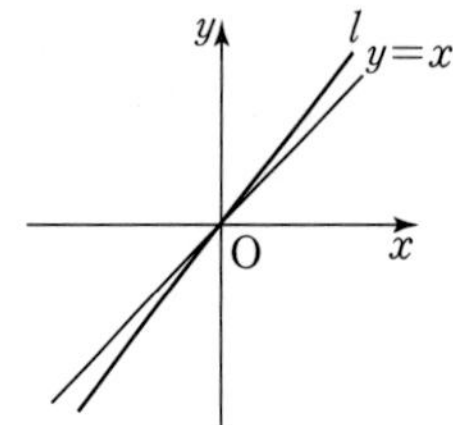

① $y=\frac{1}{4}x$ ② $y=\frac{1}{3}x$
③ $y=\frac{1}{2}x$ ④ $y=\frac{3}{4}x$ ⑤ $y=\frac{5}{4}x$

04

다음 중 반비례 관계 $y=\frac{a}{x}(a\neq0)$의 그래프에 대한 설명으로 옳지 않은 것은?

① 점 $(1, a)$를 지난다.
② 한 쌍의 매끄러운 곡선이다.
③ $a<0$일 때, 제2사분면과 제4사분면을 지난다.
④ a의 절댓값이 커질수록 좌표축에 가까워진다.
⑤ 좌표축과 만나지 않는다.

05

반비례 관계 $y=\frac{a}{x}$의 그래프가 두 점 $(-4, b)$, $(8, 3)$을 지날 때, $a-b$의 값을 구하시오. (단, a는 상수)

06

오른쪽 그림과 같은 그래프에서 k의 값을 구하시오.

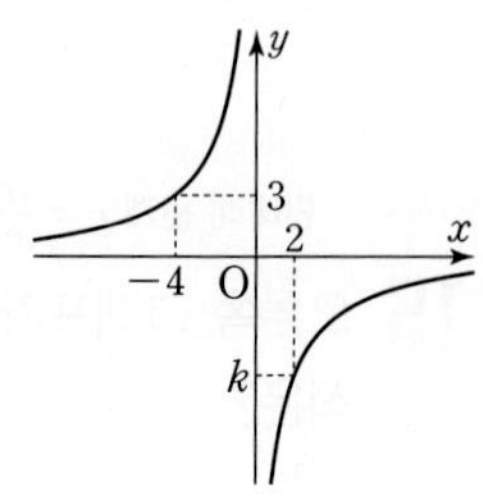

한걸음 더

07 문제해결

오른쪽 그림과 같이 정비례 관계 $y=4x$의 그래프와 반비례 관계 $y=\frac{a}{x}$의 그래프가 점 A에서 만난다. 점 A의 y좌표가 4일 때, 상수 a의 값을 구하시오.

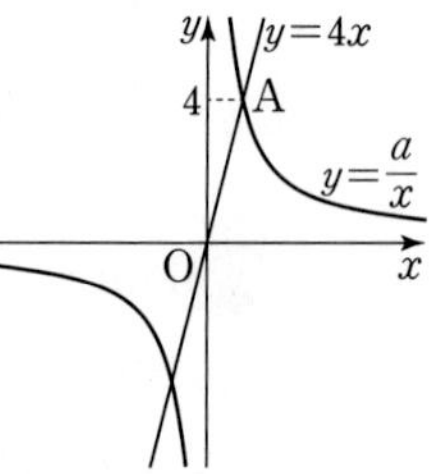

08 문제해결

오른쪽 그림과 같은 직사각형 ABCD에서 점 P는 점 B를 출발하여 변 BC를 따라 점 C까지 움직인다.

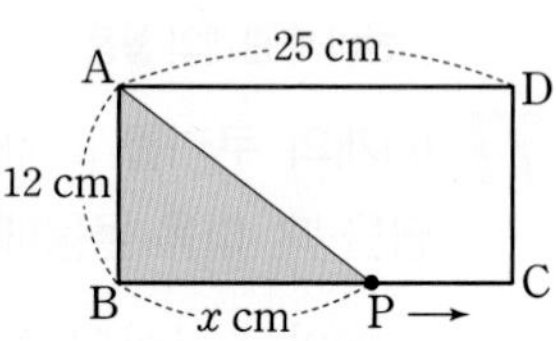

점 P가 움직인 거리를 x cm, 이때 생기는 삼각형 ABP의 넓이를 $y\ \text{cm}^2$라 하자. 삼각형 ABP의 넓이가 $96\ \text{cm}^2$일 때, 선분 BP의 길이를 구하시오.

01

다음 중 수직선 위의 5개의 점 A, B, C, D, E의 좌표를 기호로 나타낸 것으로 옳지 않은 것은?

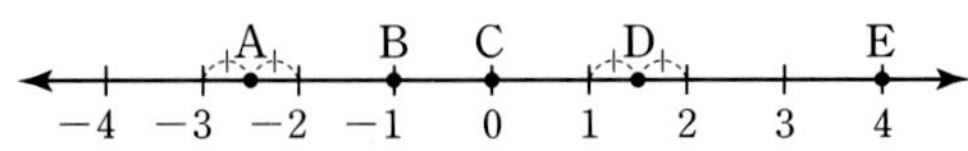

① $A\left(-\frac{5}{2}\right)$ ② $B(-1)$ ③ $C(0)$

④ $D\left(\frac{5}{2}\right)$ ⑤ $E(4)$

02

아래 좌표평면에서 다음 순서쌍이 나타내는 점의 문자를 차례대로 나열하면 어떤 단어가 나타나는지 말하시오.

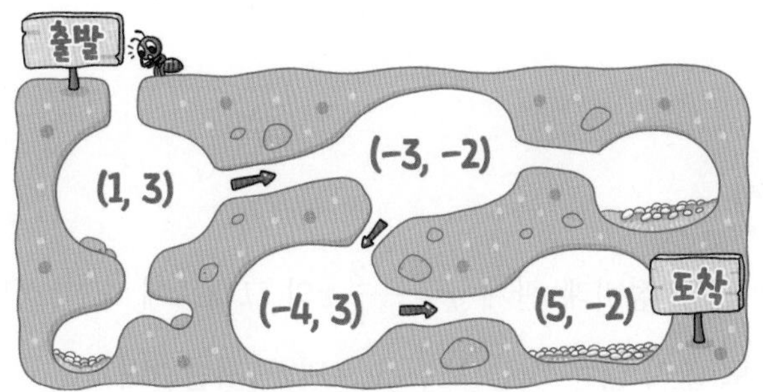

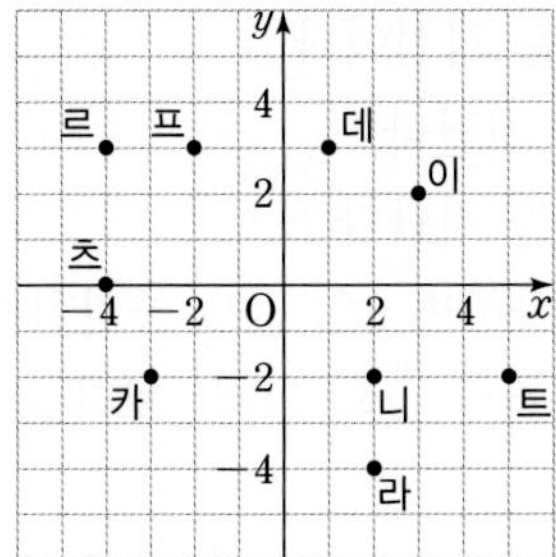

03 중요

좌표평면 위의 세 점 A(1, 3), B(−3, −1), C(2, −1)을 꼭짓점으로 하는 삼각형 ABC의 넓이를 구하시오.

04

다음 중 x축 위에 있고, x좌표가 7인 점의 좌표는?

① (0, 7) ② (1, 7) ③ (7, 0)

④ (7, 7) ⑤ (−7, 0)

05

점 $A(1, a+3)$은 x축 위의 점이고, 점 $B(2b-4, 5)$는 y축 위의 점일 때, $a+b$의 값은?

① −3 ② −1 ③ 1

④ 3 ⑤ 5

06 중요

다음 중 점의 좌표와 그 점이 속하는 사분면 또는 좌표축을 바르게 연결한 것은?

① (−2, 3) → 제1사분면

② (−1, −4) → 제4사분면

③ (3, 0) → y축

④ (−5, 6) → 제2사분면

⑤ (4, −3) → 제3사분면

07 중요

점 $(-a, b)$가 제3사분면에 속할 때, 점 $(ab, a-b)$는 제몇 사분면에 속하는가?

① 제1사분면 ② 제2사분면

③ 제3사분면 ④ 제4사분면

⑤ 어느 사분면에도 속하지 않는다.

08

좌표평면 위의 점 $(-a-1, -4)$와 x축에 대하여 대칭인 점의 좌표가 $(3, b)$일 때, $a+b$의 값은?

① -2　② -1　③ 0
④ 2　⑤ 4

09

두 점 $A(-5, 4)$, $D(5, 4)$를 꼭짓점으로 하는 직사각형 ABCD가 있다. 두 점 A와 C, 두 점 B와 D는 각각 원점에 대하여 대칭일 때, 두 점 B, C의 좌표를 각각 구하시오.

10

다음은 시간에 따른 영석이의 달리기 속력을 나타낸 그래프이다. 출발한 지 x초 후에 영석이의 속력을 y m/s라 할 때, 물음에 답하시오.

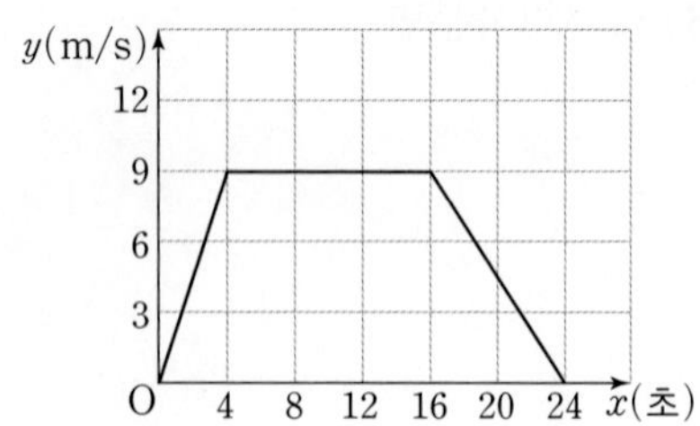

(1) 영석이는 몇 초 동안 달렸는지 구하시오.

(2) 영석이는 달린 지 몇 초 후에 속력을 줄이기 시작했는지 구하시오.

(3) 영석이가 달린 최고 속력을 구하시오.

11 중요

다음 그림과 같이 밑면의 반지름의 길이가 서로 다른 원기둥 모양의 용기 A, B, C가 있다.

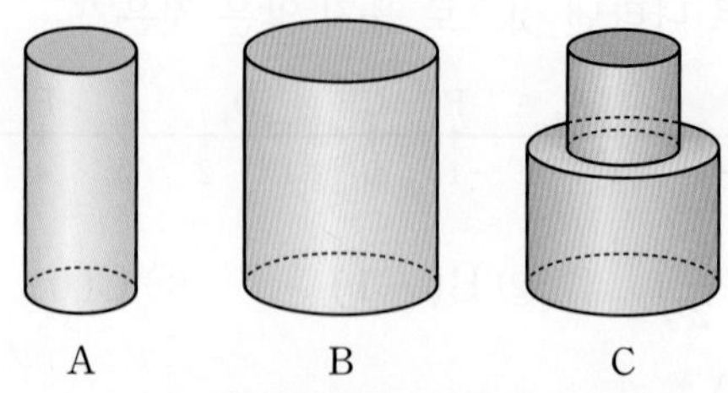

아래 그래프는 위의 용기에 시간당 일정한 양의 물을 넣을 때, 시간에 따른 물의 높이를 나타낸 것이다. 각 용기에 해당하는 그래프를 **보기**에서 각각 고르시오.

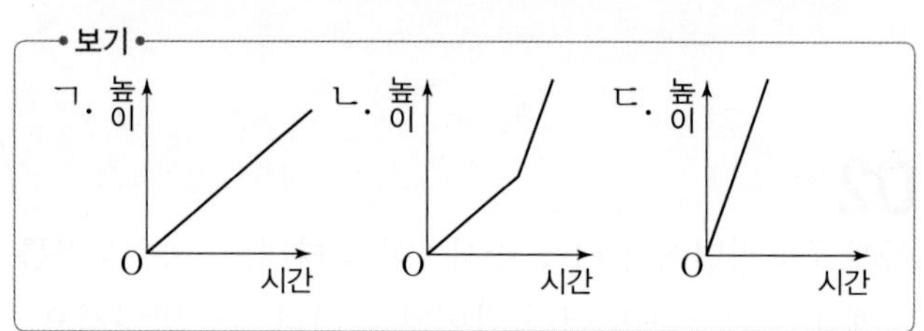

12

다음 중 정비례 관계 $y=-\frac{2}{5}x$의 그래프에 대한 설명으로 옳지 않은 것을 모두 고르면? (정답 2개)

① 원점을 지나는 직선이다.
② 제3사분면을 지난다.
③ 점 $(-5, 2)$를 지난다.
④ x의 값이 증가하면 y의 값도 증가한다.
⑤ 정비례 관계 $y=-x$의 그래프보다 x축에 더 가깝다.

13

정비례 관계 $y=-3x$의 그래프가 두 점 $(2, a)$, $(b, 2)$를 지날 때, ab의 값은?

① -4　② -2　③ 1
④ 2　⑤ 4

14

다음 중 그 그래프가 y축에 가장 가까운 것은?

① $y=-\frac{8}{3}x$ ② $y=\frac{9}{4}x$ ③ $y=-\frac{5}{2}x$

④ $y=\frac{7}{2}x$ ⑤ $y=-2x$

15 중요

다음 중 오른쪽 그림과 같은 정비례 관계의 그래프 위의 점이 아닌 것은?

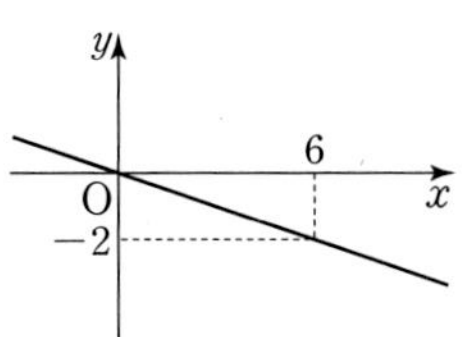

① $(-3,\ 1)$ ② $(-9,\ 3)$

③ $(1,\ -3)$ ④ $(3,\ -1)$

⑤ $(12,\ -4)$

16

다음 중 그 그래프가 제2사분면과 제4사분면을 지나는 것을 모두 고르면? (정답 2개)

① $y=\frac{2}{3}x$ ② $y=-\frac{4}{3}x$ ③ $y=\frac{5}{x}$

④ $y=-\frac{6}{x}$ ⑤ $y=\frac{8}{x}$

17

반비례 관계 $y=-\frac{9}{x}$의 그래프 위의 점 중에서 x좌표와 y좌표가 모두 정수인 점의 개수를 구하시오.

18 중요

오른쪽 그림과 같은 반비례 관계의 그래프에서 k의 값을 구하시오.

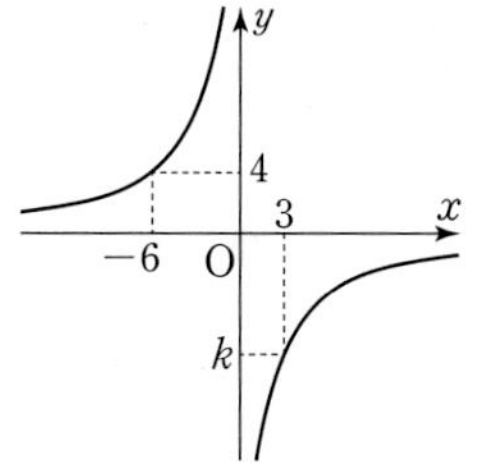

19

어떤 물체의 달에서의 무게는 지구에서의 무게의 $\frac{1}{6}$이다. 이 물체의 지구에서의 무게를 x kg, 달에서의 무게를 y kg이라고 할 때, 다음 물음에 답하시오.

(1) x와 y 사이의 관계를 식으로 나타내시오.

(2) 지구에서의 몸무게가 84 kg인 우주 비행사가 달에 착륙했을 때의 몸무게를 구하시오.

20

창의·융합 수학+의학

국제 안과학회에서 정한 기준에 따르면 오른쪽 그림과 같이 빈틈의 폭이 1.5 mm인 고리를 5 m 거리에서 보았을 때, 그 빈틈이 판별 가능하면 시력이 1.0이라고 한다. 5 m 떨어진 지점에서 시력을 측정할 때, 판별 가능한 고리의 빈틈의 폭 x mm와 이때의 시력 y는 반비례한다. 다음 물음에 답하시오.

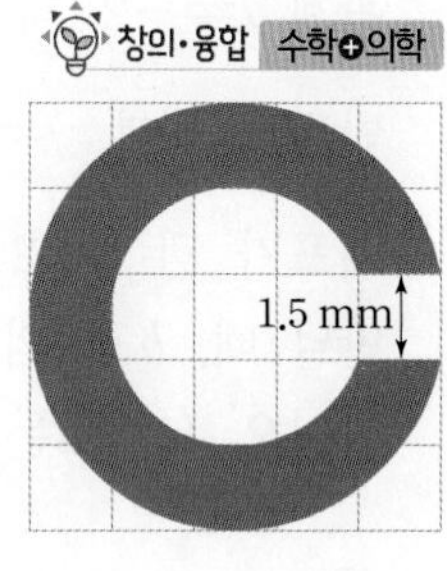

(1) x와 y 사이의 관계를 식으로 나타내시오.

(2) 빈틈의 폭을 점점 늘려 빈틈의 폭이 3 mm인 고리가 되어서야 빈틈을 판별할 수 있는 사람의 시력을 구하시오.

01

오른쪽 그림과 같이 정비례 관계 $y=ax$의 그래프와 반비례 관계 $y=\frac{12}{x}$의 그래프가 점 $(-4, b)$에서 만날 때, $a+b$의 값을 구하시오. (단, a는 상수) [7점]

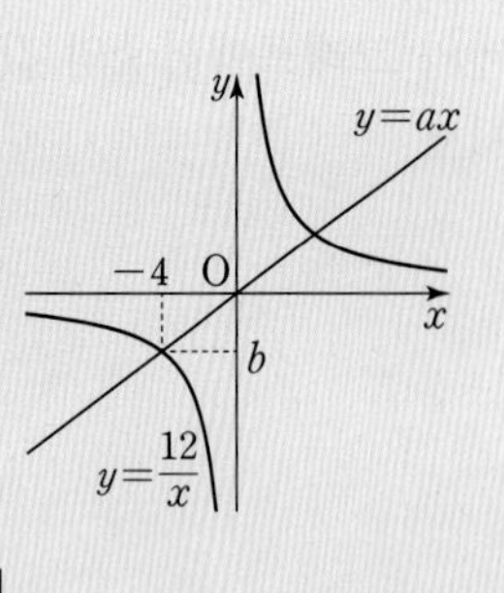

풀이

채점 기준 1 b의 값 구하기 … 3점

채점 기준 2 a의 값 구하기 … 3점

채점 기준 3 $a+b$의 값 구하기 … 1점

답

01-1

한번 더

오른쪽 그림과 같이 정비례 관계 $y=-2x$의 그래프와 반비례 관계 $y=\frac{a}{x}$의 그래프가 점 $(-2, b)$에서 만날 때, $b-a$의 값을 구하시오. (단, a는 상수) [7점]

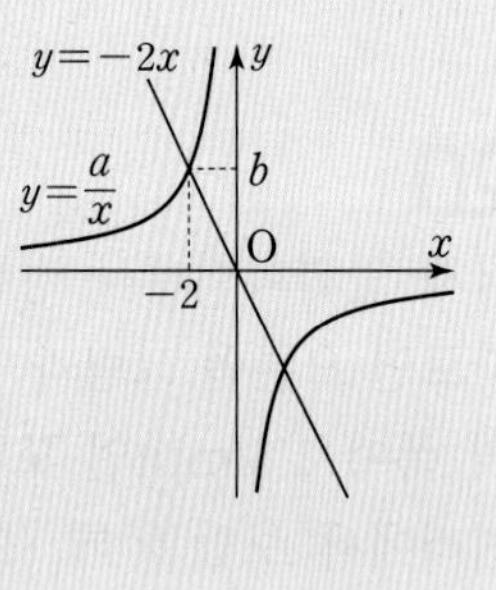

풀이

채점 기준 1 b의 값 구하기 … 3점

채점 기준 2 a의 값 구하기 … 3점

채점 기준 3 $b-a$의 값 구하기 … 1점

답

02

좌표평면 위의 네 점 $A(-3, 4)$, $B(-3, -2)$, $C(2, -2)$, $D(2, 4)$에 대하여 사각형 ABCD의 넓이를 구하시오. [6점]

풀이

답

03

어떤 자전거는 12 m 이동하는 데 바퀴가 8번 회전한다고 한다. 이 자전거로 3000 m를 이동했다고 할 때, 바퀴는 몇 번 회전했는지 구하시오. [7점]

풀이

답

04

일정한 온도에서 기체의 부피는 압력에 반비례한다. 오른쪽 그래프는 일정한 온도에서 압력 x기압과 어떤 기체의 부피 y mL 사이의 관계를 나타낸 것이다. 다음 물음에 답하시오. [6점]

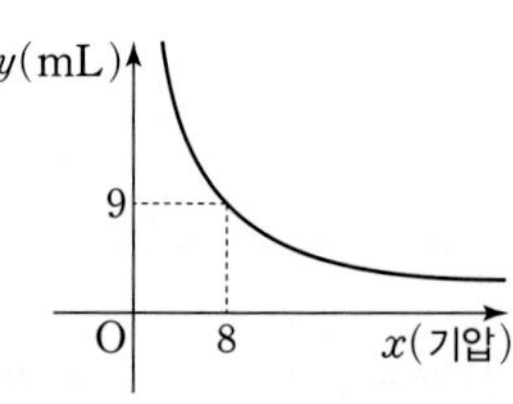

(1) x와 y 사이의 관계를 식으로 나타내시오. [3점]

(2) 이 기체의 부피가 24 mL일 때, 압력은 몇 기압인지 구하시오. [3점]

풀이

답

교과서에서 쏙 빼온 문제

특별한 부록

중학 수학 1·1

동아출판

 빼온

교과서에서 쏙 빼온 문제

중학 수학 10종 교과서를
분석하여 수록하였습니다.

중학 수학

1-1

01

최다 교과서 수록 문제

육십갑자는 10개의 천간과 12개의 지지를 다음 그림처럼 두 톱니바퀴를 돌리며 맞추어 쓴 것이다. 갑오개혁은 1894년에 일어난 근대화 운동인데 갑오는 천간의 갑과 지지의 오가 합쳐진 것이다. 갑오개혁이 일어난 해와 육십갑자가 같은 가장 최근의 해를 구하시오.

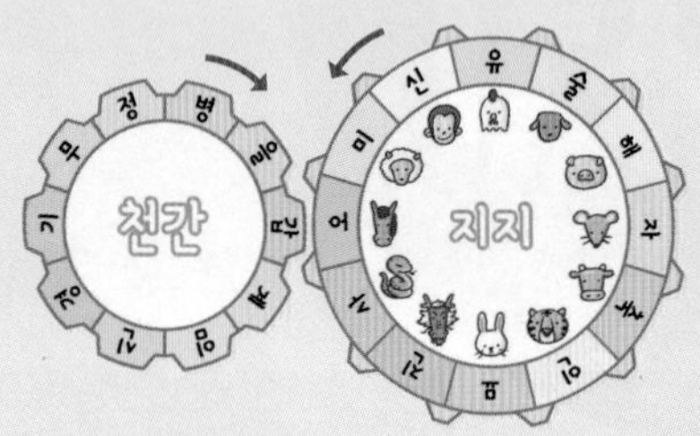

두 톱니바퀴가 다시 같은 톱니바퀴에서 맞물릴 때까지 돌아간 톱니의 수가 어떤 두 수의 공배수인지 생각해 본다.

01-❶ 한번 더

우리나라에서는 '하늘'을 뜻하는 10개의 천간과 '땅'을 뜻하는 12개의 지지를 차례대로 짝 지어 한 해의 이름을 붙인다. 예를 들어 천간의 처음 글자인 '갑'과 지지의 처음 글자인 '자'를 짝 지어 갑자년, 다음 해에는 그 다음 글자를 하나씩 짝 지어 을축년, …이라 부르고, 이를 육십갑자라 한다.

천간	갑	을	병	정	무	기	경	신	임	계		
지지	자	축	인	묘	진	사	오	미	신	유	술	해

2020년은 경자년이고 2021년은 신축년이다. 2024년을 육십갑자로 나타내고, 해당 육십갑자를 사용하는 해는 몇 년마다 돌아오는지 구하시오.

02

정우가 친구들에게 깜짝 선물을 하려고 한다. 오른쪽 사물함에서 합성수가 적혀 있는 모든 칸에 선물을 1개씩 넣으려고 할 때, 정우가 준비해야 하는 선물은 모두 몇 개인지 구하시오.

2	5	7	8
15	19	21	23
34	37	39	41
53	58	61	65

03

서로 다른 소인수가 3개인 가장 작은 자연수를 구하시오.

소수를 작은 것부터 차례대로 3개를 구해 본다.

04

다음 조건을 모두 만족시키는 자연수를 모두 구하시오.

> (가) 20 이하의 자연수이다.
> (나) 6으로 나누면 몫과 나머지가 모두 소수이다.

20 이하의 자연수를 6으로 나누었을 때 몫이 될 수 있는 소수를 먼저 구해 본다.

05

어떤 세포 1개는 하루가 지나면 2개로 나누어지고 2일, 3일, 4일, … 후에는 각각 4개, 8개, 16개, … 로 나누어진다. 50일 후에는 이 세포 1개가 몇 개의 세포로 나누어지는지 거듭제곱을 이용하여 나타내시오.

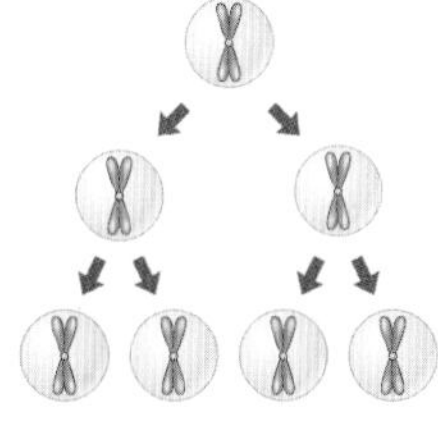

06

다음은 주헌이가 컴퓨터 박물관에 다녀온 후 입장권의 종류인 '메가', '기가', '테라'가 무엇을 뜻하는지 조사한 것이다. 밑줄 친 수를 10의 거듭제곱으로 나타내시오.

입장권 종류
메가 티켓
기가 티켓
테라 티켓

'바이트(byte)'는 컴퓨터 기억 장치의 크기를 나타내는 단위이다. 1킬로바이트(kilobyte, KB)는 약 1000바이트, 1메가바이트(megabyte, MB)는 약 100만 바이트, 1기가바이트(gigabyte, GB)는 약 10억 바이트, 1테라바이트(terabyte, TB)는 약 1조 바이트를 나타낸다.

07

수정이는 수 60을 이용하여 다음과 같은 방법으로 비밀번호를 만들었다. 수정이와 같은 방법으로 수 126을 이용하여 비밀번호를 만드시오.

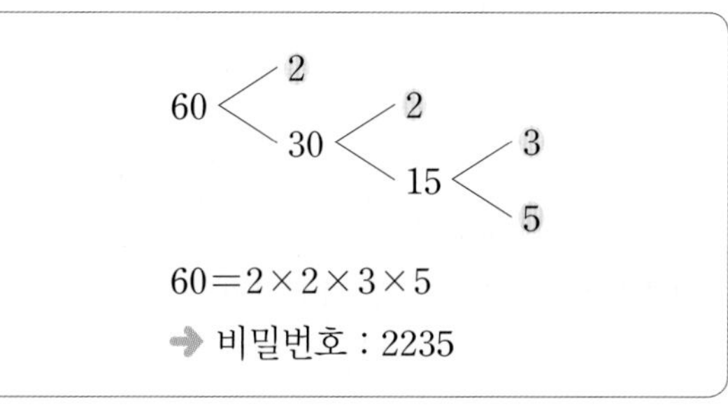

$60=2\times2\times3\times5$

➜ 비밀번호 : 2235

08

다음 수 중에서 $1\times2\times3\times\cdots\times9\times10$의 약수를 모두 고르시오.

2^9, 3^3, 5^2, 7^2, $2^6\times5^3$, $3^4\times7$

$1\times2\times3\times\cdots\times9\times10$을 소수들의 곱으로 나타내어 본다.

09

다음 방법을 이용하여 암호문을 해독하시오.

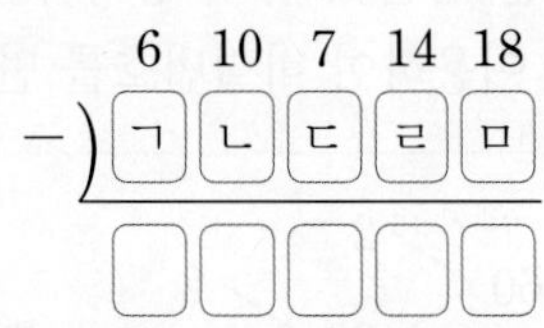

❶ 위쪽 칸 ㄱ~ㅁ에 2730의 소인수를 작은 수부터 차례대로 적는다.

❷ 1행의 수 6, 10, 7, 14, 18에서 ㄱ~ㅁ에 적힌 수를 각각 뺀다.

❸ 나온 수에 해당하는 문자를 아래 표에서 순서대로 찾아 암호문을 해독한다.

수	1	2	3	4	5	6	7	8	9	10
문자	ㄱ	ㄹ	ㅂ	ㅅ	ㅇ	ㅎ	ㅏ	ㅐ	ㅗ	ㅜ

10

다음에서 공통으로 설명하는 수를 구하시오.

(가) 35는 이 수의 배수이다.
(나) 이 수는 112의 약수이다.
(다) 이 수는 소수이다.

35와 112를 소인수분해하여 본다.

11

다음 다섯 개의 자연수 중에서 서로소인 수끼리 선분으로 연결하시오.

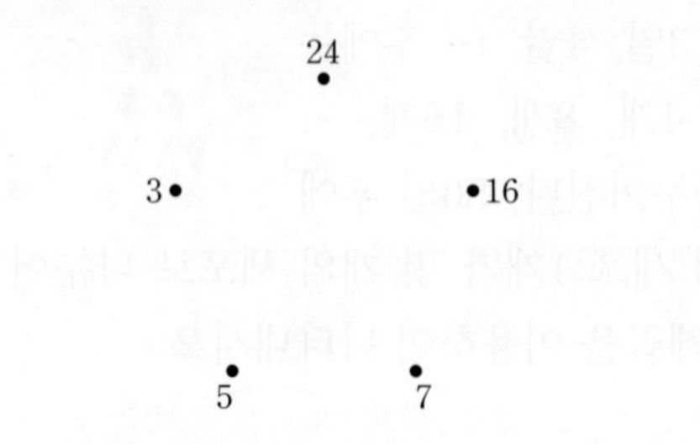

12

40 이상 50 이하의 자연수 중 12와 서로소인 수는 모두 몇 개인지 구하시오.

12를 소인수분해하여 본다.

13

두 수 90과 140을 어떤 자연수로 각각 나누면 모두 나누어떨어지고 그 몫이 서로소가 된다. 어떤 자연수를 구하시오.

두 자연수를 어떤 수로 각각 나누었을 때 모두 나누어떨어지고 그 몫이 서로소이려면 어떤 수는 두 자연수의 최대공약수이어야 한다.

15

다음 조건을 모두 만족시키는 가장 작은 자연수를 구하시오.

(가) 12, 20으로 각각 나누어떨어진다.
(나) 세 자리의 자연수이다.

14

세 수 4, 5, 6 중 하나의 수에 4를 곱하여 세 수의 최소공배수를 구하였더니 240이 되었다. 4를 어느 수에 곱하였는지 구하시오.

먼저 4, 6, 240을 각각 소인수분해하여 본다.

16

오른쪽 그림과 같이 가로의 길이가 156 m, 세로의 길이가 132 m인 직사각형 모양의 광장의 세 모퉁이에 가로등이 세워져 있다. 가로등 사이의 간격을 일정하게 하고 광장과 산책로의 경계선에 가로등을 되도록 적게 세우려고 할 때, 추가할 가로등은 모두 몇 개인지 구하시오.

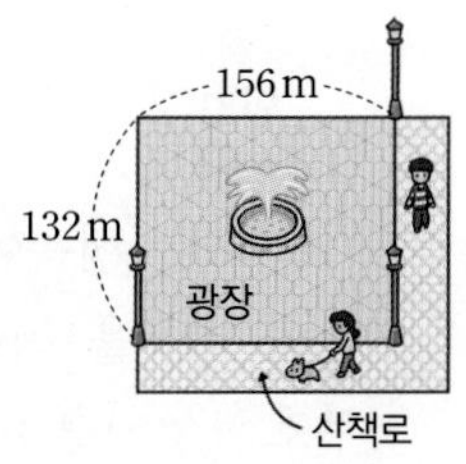

먼저 가로등 사이의 간격을 구해 본다.

01

최다 교과서 수록 문제

다음 영주의 일기에서 밑줄 친 부분을 부호 +, −를 사용하여 나타내시오.

> 20××년 3월 ××일
> 어제는 꽃샘추위로 낮 최고 기온이 영하 5 ℃였는데, 오늘은 영상 10 ℃로 포근했다. 4일 후에는 15일 전부터 가족들과 약속한 가족 여행을 간다. 가족 여행 첫째 날은 숙소에서 서쪽으로 6 km 떨어진 해안가를 둘러보고, 둘째 날은 숙소에서 동쪽으로 5 km 떨어진 유적지를 방문할 예정이다. 얼른 여행가는 날이 왔으면 좋겠다.

영상, 며칠 후, 동쪽은 +로, 영하, 며칠 전, 서쪽은 −로 표현해 본다.

01-❶ 한번 더

다음 표는 성욱이의 한 달 동안의 수입과 지출의 내용을 적어 놓은 것이다. 각 금액을 부호 +, −를 사용하여 나타내시오.

내용	금액
용돈 받음	20000원
책 구입	11000원
교통비 지출	6000원
음료수 구입	1500원
중고 거래로 책 판매	5500원

02

다음 그림에서 ☐ 안의 수가 무엇을 뜻하는지 쓰시오.

관리비 납입영수증(입주자용)

항목	당월고지금액	전월고지금액	증감액
일반관리비	63020	63840	−820
청소비	19390	19390	
소독비	940	940	
승강기유지비	2080	2080	
수선유지비	10440	11480	−1040
생활폐기물수수료	770	620	150
경비비	34020	34020	
위탁관리비	1520	1520	
LED충당금	470	470	
세대전기료	29990	29790	200
공동전기료	5910	3480	2430
승강기전기료	2180	2190	−10
세대수도료	26340	27350	[−1010]

03

다음 표에서 각 수의 분류에 해당하는 수를 찾아 색칠하였을 때, 나타나는 글자를 구하시오.

자연수	$+5$	-0.7	$\frac{6}{3}$	0	3
정수	-4	0	$+9$	$\frac{1}{2}$	$-\frac{8}{4}$
음의 유리수	$-\frac{4}{2}$	3.5	$-\frac{4}{3}$	$+6$	-2.8
정수가 아닌 유리수	1.3	$\frac{11}{6}$	-2.2	$\frac{12}{4}$	$-\frac{5}{7}$

정답 및 풀이 ▶ 82쪽

04

다음은 위대한 수학자들의 출생 연도를 나타낸 것이다. 출생 연도가 이른 수학자부터 차례대로 이름을 나열하시오. (단, B.C.는 기원전, A.D.는 기원후를 의미한다.)

- 아리스토텔레스 : B.C. 384
- 갈릴레이 : A.D. 1564
- 에라토스테네스 : B.C. 275
- 홍정하 : A.D. 1684

05

두 유리수 $-\frac{4}{3}$와 $\frac{5}{2}$ 사이에 있는 정수가 아닌 유리수 중 분모가 6인 기약분수는 모두 몇 개인지 구하시오.

두 유리수 $-\frac{4}{3}$와 $\frac{5}{2}$의 분모를 6으로 통분해 본다.

06

다음 그림과 같이 수직선의 원점에 길이가 4인 막대를 고정시켰다. 막대가 왼쪽으로 쓰러졌을 때, 막대의 왼쪽 끝이 닿는 점에 대응하는 수를 구하시오. (단, 막대의 두께는 생각하지 않는다.)

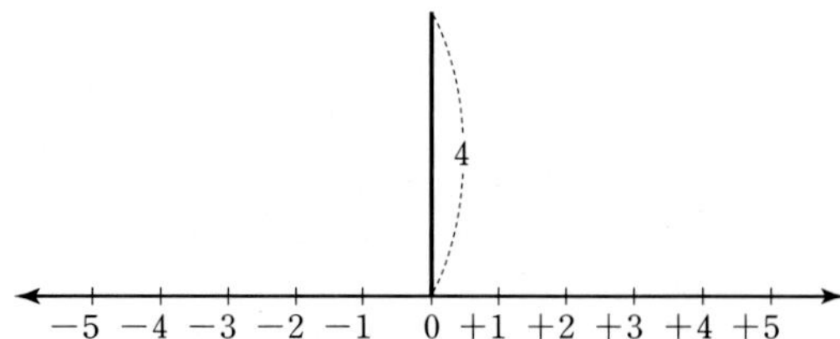

07

다음 수직선 위에 $-\frac{8}{3}$과 $+\frac{13}{4}$을 각각 나타내고, $-\frac{8}{3}$에 가장 가까이 있는 정수와 $+\frac{13}{4}$에 가장 가까이 있는 정수를 차례대로 구하시오.

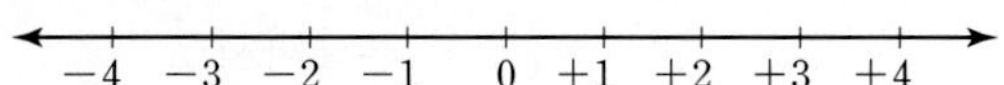

$-\frac{8}{3}$과 $+\frac{13}{4}$을 각각 수직선 위에 나타내어 본다.

01

최다 교과서 수록 문제

오른쪽 표에서 가로, 세로, 대각선에 있는 세 수의 합이 모두 같을 때, a, b, c, d의 값을 각각 구하시오.

a	3	-4
b	c	d
2	-5	0

수로만 되어 있는 줄의 합을 먼저 구해 본다.

02

최다 교과서 수록 문제

네 수 $\frac{3}{4}$, $-\frac{5}{3}$, $\frac{3}{2}$, $-\frac{2}{3}$ 중에서 서로 다른 두 수를 뽑아 a, b라 할 때, $a \div b$의 값이 될 수 있는 가장 큰 값을 구하시오.

$a \div b$의 값이 양수가 되는 경우를 살펴본다.

01-❶ 한번 더

오른쪽 그림에서 각 변에 놓인 네 수의 합이 모두 같을 때, $a-b$의 값을 구하시오.

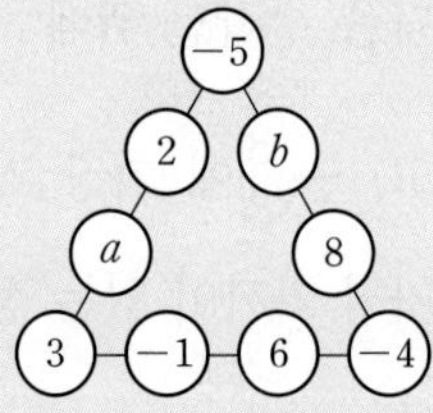

02-❶ 한번 더

세 수 $\frac{3}{2}$, -4, $\frac{15}{8}$를 다음의 □ 안에 한 번씩 써넣어 계산할 때, 나올 수 있는 가장 작은 값을 구하시오.

□ − □ ÷ □

정답 및 풀이 ▶ 82쪽

03

영민이가 주사위를 두 번 던져서 짝수의 눈이 나오면 그 눈의 수만큼 수직선에서 오른쪽으로 이동하고, 홀수의 눈이 나오면 그 눈의 수만큼 왼쪽으로 이동한다고 한다. 영민이가 주사위를 두 번 던져서 나온 눈이 오른쪽 그림과 같을 때, 아래 수직선 위의 영민이의 위치를 말하시오. (단, 수직선 위의 0에서 출발한다.)

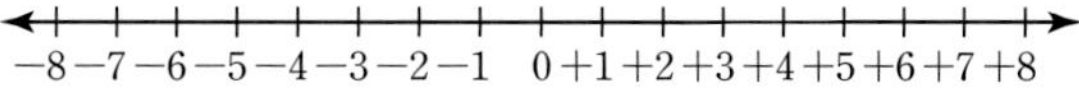

04

다음 규칙에 따라 바둑돌을 사용하여 식 $(+2)+(-4)=-2$를 설명하시오.

규칙

❶ 흰 바둑돌은 양의 정수를 나타내고, 검은 바둑돌은 음의 정수를 나타낸다.

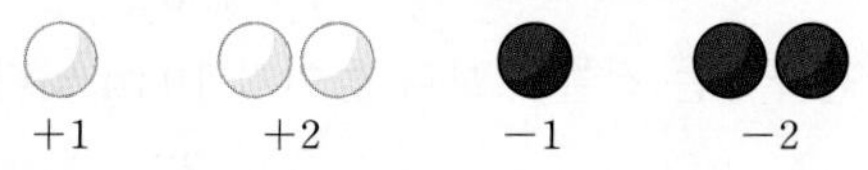

❷ 흰 바둑돌과 검은 바둑돌이 같은 개수만큼 있으면 0을 나타낸다.

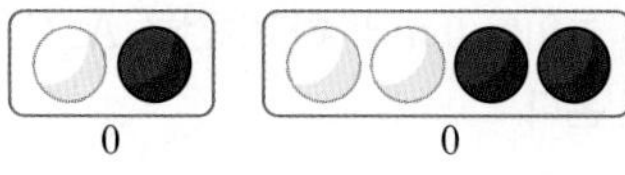

05

다음 그림은 경도 0°에 있는 그리니치 천문대의 시각을 기준으로 세계 여러 나라의 시차를 나타낸 것이다. 예를 들어 서울의 +9는 서울의 시각이 그리니치 천문대의 시각보다 9시간 빠르다는 뜻이고, 밴쿠버의 −8은 밴쿠버의 시각이 그리니치 천문대의 시각보다 8시간 느리다는 뜻이다. 물음에 답하시오.

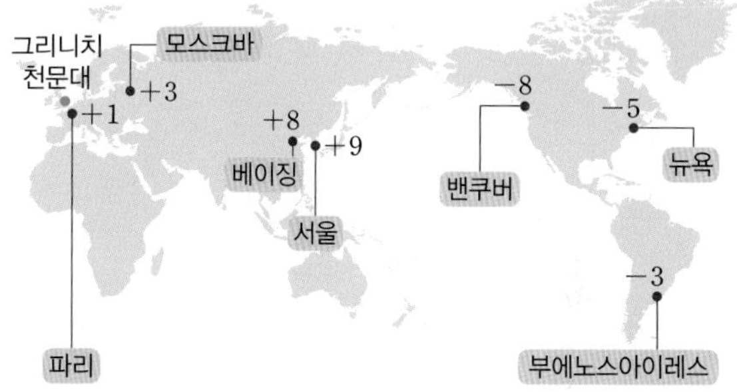

(1) 서울은 파리보다 몇 시간 빠른지 구하시오.

(2) 서울은 뉴욕보다 몇 시간 빠른지 구하시오.

(3) 서울이 월요일 오전 9시일 때, 부에노스아이레스의 요일과 시각을 각각 구하시오.

(3) 서울이 부에노스아이레스보다 몇 시간 빠른지 먼저 구해 본다.

06

토성의 표면은 낮 평균 온도가 −123 ℃이고 밤 평균 온도는 낮에 비해 27 ℃ 더 내려간다고 한다. 토성의 표면의 밤 평균 온도를 구하시오.

07

+3, +1, −2에서 가운데에 있는 +1은 +3과 −2의 합이다. 이와 같은 규칙으로 다음과 같이 계속해서 수를 적어 나갈 때, 10번째에 나오는 수를 구하시오.

+3, +1, −2, −3, −1, +2, ⋯

세 수에서 세 번째 수를 첫 번째 수와 두 번째 수를 이용하여 구하는 식을 만들어 본다.

08

다음 수직선에서 점 A에 대응하는 수를 구하시오.

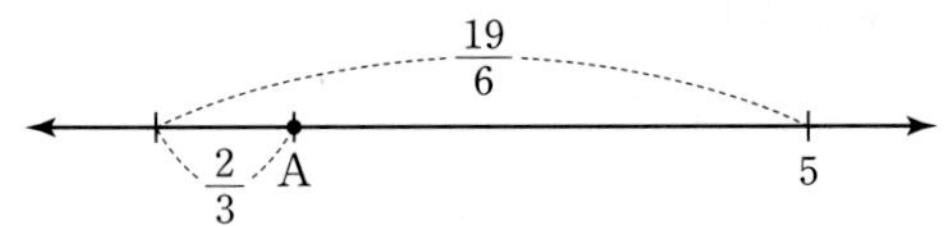

09

1유로를 사는 데 필요한 우리나라 돈의 액수를 원/유로 환율이라 한다. 다음 표는 어느 해 5월 이틀 동안의 전일 대비 원/유로 환율의 등락을 나타낸 것이다. 5월 3일에 100유로를 산 사람은 5월 1일에 100유로를 산 사람보다 얼마나 더 싸게 샀는지 구하시오.

날짜	5월 2일	5월 3일
환율의 등락(원)	+7.25	−12.63

10

다음은 4개의 건물 A, B, C, D의 높이에 대한 설명이다. 건물 B와 건물 D의 높이의 차를 구하시오.

(가) 건물 A는 건물 B보다 높이가 $\frac{25}{3}$ m 높다.
(나) 건물 C는 건물 A보다 높이가 10 m 낮다.
(다) 건물 D는 건물 C보다 높이가 $\frac{23}{2}$ m 높다.

건물 B의 높이를 0 m라 하고, 건물 A, C, D의 높이를 각각 구해 본다.

11

다음을 계산하시오.

$$\left(-\frac{1}{2}\right)\times\left(-\frac{2}{3}\right)\times\left(-\frac{3}{4}\right)\times\cdots\times\left(-\frac{19}{20}\right)$$

곱해진 분수의 개수를 구하여 부호를 정하고 약분되는 규칙을 찾아본다.

12

다음 조건을 모두 만족시키는 정수 a, b, c에 대하여 $a-b-c$의 값을 구하시오.

(가) $|a|>|b|>|c|$
(나) $a\times b\times c=-15$
(다) $a+b+c=3$

15를 세 자연수의 곱으로 나타내어 본다.

13

어떤 잠수함이 일정한 속력으로 수직으로 하강하여 해수면에서 -40.5 m까지 내려가는 데 5분이 걸렸다. 잠수함이 하강하기 시작한 지 1분 후의 위치를 구하시오. (단, 해수면을 원점, 즉 0 m로 생각한다.)

14

다음 수직선 위의 두 점에 대응하는 유리수 a, b에 대하여 $a\div b$의 값을 구하시오.

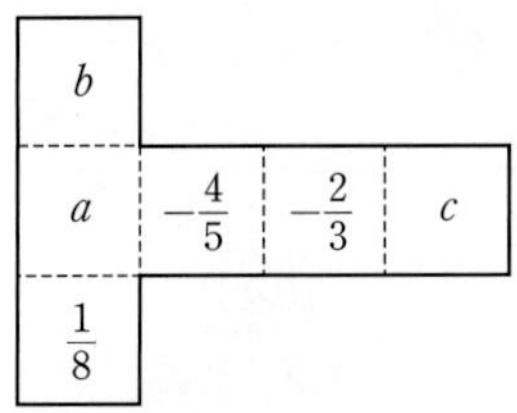

15

다음 그림과 같은 전개도를 접어 정육면체를 만들려고 한다. 마주 보는 면에 적힌 두 수가 서로 역수일 때, $(a+c)\times b$의 값을 구하시오.

b			
a	$-\frac{4}{5}$	$-\frac{2}{3}$	c
$\frac{1}{8}$			

a, b, c와 마주 보는 면에 적힌 수를 찾아 그 수의 역수를 구한다.

16

공학용 계산기의 $1/x$ 버튼으로 입력한 수의 역수를 구할 수 있다. 예를 들어 5를 입력한 후 $1/x$ 버튼을 누르면 5의 역수 $\frac{1}{5}$이 소수인 0.2로 표시된다. -5를 입력하고 $1/x$ 버튼을 14번 누를 때 나오는 수와 17번 누를 때 나오는 수를 차례대로 구하시오.

(단, 계산 결과는 소수로 표시된다.)

$1/x$ 버튼을 1번, 2번 눌렀을 때 나오는 수를 각각 구해 본다.

17

아래 규칙에 따라 유리수의 나눗셈을 이용하여 다음 퍼즐에서 ㄱ, ㄴ, ㄷ에 알맞은 수를 각각 구하시오.

규칙

옆으로 이웃한 두 칸에 있는 수 중 절댓값이 큰 수를 절댓값이 작은 수로 나눈 결과를 바로 위의 칸에 적는다.

예

-3 ← $(-6)\div 2=-3$

-6 2

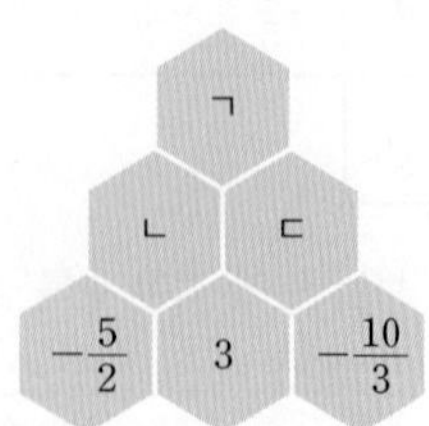

18

다음과 같이 계산되는 3개의 계산 상자 A, B, C가 있다. -3을 상자 A에 넣어 계산된 값을 상자 B에 넣고, 이때 계산된 값을 다시 상자 C에 넣었을 때, 계산된 값을 구하시오.

상자 A : 들어온 수에서 3을 뺀 후 $\frac{5}{6}$를 곱한다.

상자 B : 들어온 수를 $\frac{2}{3}$로 나눈다.

상자 C : 들어온 수에 $\frac{7}{4}$을 더한 후 4를 곱한다.

19

선우와 경재가 계단에서 가위바위보 놀이를 하는데 가위로 이기면 1칸, 바위로 이기면 2칸, 보로 이기면 3칸을 올라가고, 지면 2칸을 내려가기로 하였다. 두 사람이 가위바위보를 10번 하였을 때, 각자 이긴 횟수가 다음 표와 같다고 한다. 선우와 경재는 처음 위치에서 얼마나 올라가거나 내려갔는지 각각 구하시오.

(단, 비긴 경우는 없다.)

이름	가위	바위	보
선우	1	3	2
경재	1	2	1

선우가 진 횟수는 경재가 이긴 횟수와 같고, 경재가 진 횟수는 선우가 이긴 횟수와 같다.

정답 및 풀이 84쪽

01

최다 교과서 수록 문제

운동 강도는 운동을 할 때 심장 박동 수가 목표 심장 박동 수에 도달했는지를 측정하여 조절할 수 있는데, 1분당 목표 심장 박동 수는 아래 식을 이용하여 계산한다.

> 나이가 a살이고, 안정 상태에서의 심장 박동 수가 1분당 b회인 사람이 운동 강도를 c %로 설정할 때, 1분당 목표 심장 박동 수는 $\frac{c}{100}(220-a-b)+b$(회)이다.

다음 표는 13살인 준호의 운동 계획이다.

운동 종류	운동 강도	운동 시간	운동 빈도	운동 기간
오래 달리기	40 % 이상 50 % 이하	30분	일주일 3번	5개월

준호의 안정 상태에서의 심장 박동 수가 1분당 67회일 때, 1분당 목표 심장 박동 수의 범위를 구하시오.

나이, 안정 상태에서의 1분당 심장 박동 수, 운동 강도를 1분당 목표 심장 박동 수를 구하는 식에 대입해 본다.

01-❶ 한번 더

표준 체중은 비만의 정도를 살펴보는 척도로, 키를 이용하여 계산한다. 키가 h cm일 때 표준 체중(kg)을 계산하는 식은 $(h-100)\times0.9$ (kg)이다. 수연이와 정민이의 키가 각각 150 cm, 160 cm일 때, 두 사람의 표준 체중을 각각 구하시오.

02

최다 교과서 수록 문제

오른쪽 피라미드에 적힌 식 사이의 규칙에 따라 아래에 있는 피라미드의 빈칸에 알맞은 식을 써넣으시오.

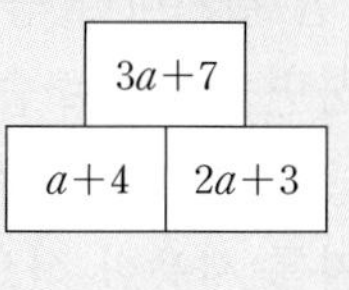

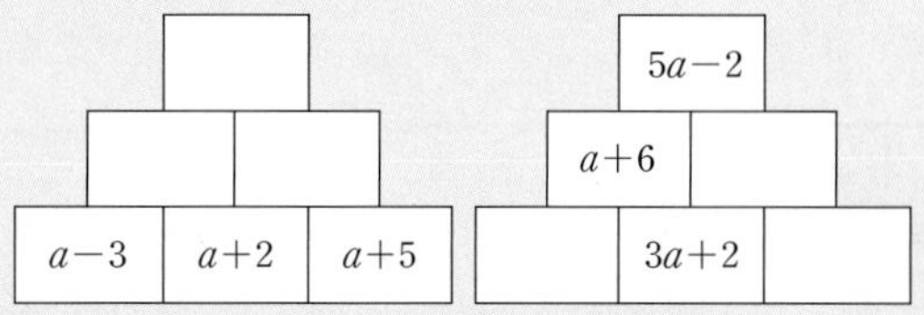

$a+4$, $2a+3$, $3a+7$의 관계를 살펴본다.

02-❶ 한번 더

다음 그림에서 ▭ 안의 식은 바로 위 양옆의 ▭ 안의 수 또는 식의 합이다. 이때 $A+B-C$를 구하시오.

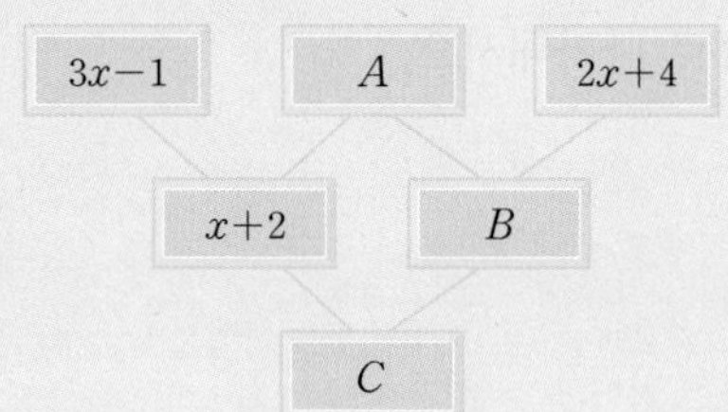

03

국제 축구 연맹(FIFA) 월드컵 예선 리그에서는 한 경기마다 승리하면 3점, 무승부이면 1점, 패하면 0점으로 승점을 부여한다. 어느 팀의 경기 결과가 x승 y무 1패였을 때, 이 팀의 승점을 문자를 사용한 식으로 나타내시오.

04

오른쪽 표는 A 식품과 B 식품의 100 g당 칼륨 함량을 나타낸 것이다. 하연이가 A 식품 x g과 B 식품 y g을 섭취하였을 때, 섭취한 칼륨량을 문자를 사용한 식으로 나타내시오.

식품	칼륨 (mg/100 g)
A	500
B	150

05

다음 그림과 같은 도형의 넓이를 a를 사용한 식으로 간단히 나타내시오.

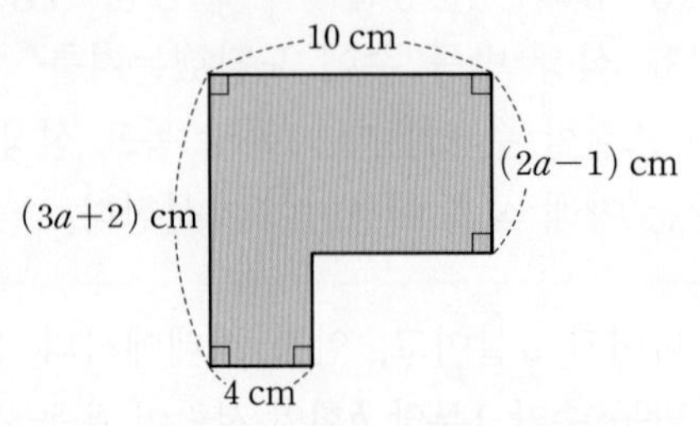

06

준희는 기호 ×, ÷를 생략하여 식을 다음과 같이 나타내었다. 준희가 식을 바르게 나타내었는지 확인해 보고, 옳지 않은 것이 있다면 모두 찾아 바르게 고치시오.

ㄱ. $a \div b \div c = \dfrac{ac}{b}$

ㄴ. $a \div (b \div c) = \dfrac{ac}{b}$

ㄷ. $a \div (b \times c) = \dfrac{ac}{b}$

괄호가 있으면 괄호 안에 있는 식부터 계산한다.

07

다음 그림과 같이 'ㅁ'자 모양을 세로로 한 번 자르면 2조각, 두 번 자르면 4조각, 세 번 자르면 6조각이 된다. 이와 같이 'ㅁ'자 모양을 잘라 나갈 때, 물음에 답하시오.

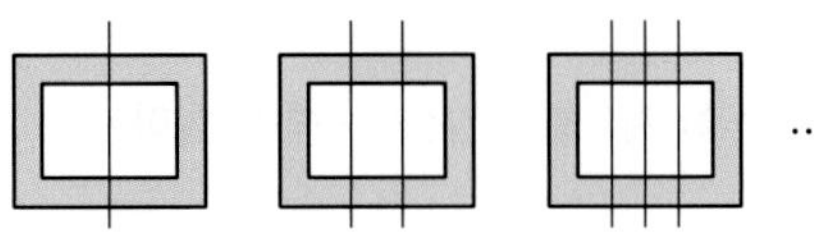

(1) 'ㅁ'자 모양을 다섯 번 자르면 몇 조각이 되는지 구하시오.

(2) 'ㅁ'자 모양을 n번 자르면 몇 조각이 되는지 n을 사용한 식으로 나타내시오.

두 번 자를 때부터 늘어나는 조각의 개수를 구해 본다.

08

다음 그림에서 가로, 세로의 계산이 성립하도록 □ 안에 알맞은 수 또는 식을 써넣으시오.

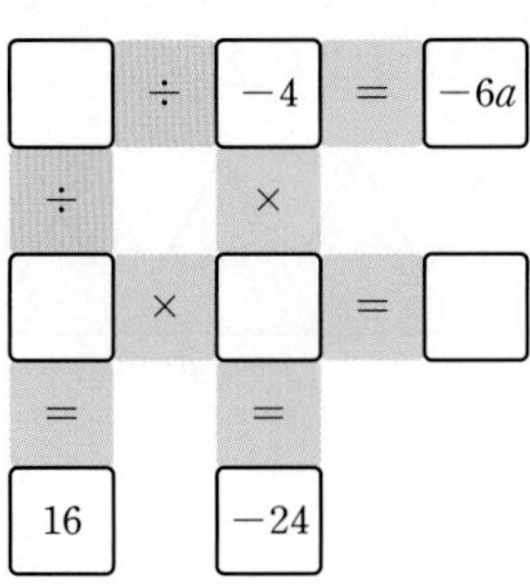

09

어느 사진 공모전에 출품하기 위해 선화는 다음 그림과 같이 가로의 길이가 x cm, 세로의 길이가 33 cm인 직사각형 모양의 판에 같은 간격으로 같은 크기의 사진 8장을 붙이려고 한다. 사진 8장의 넓이를 x를 사용한 식으로 간단히 나타내시오.

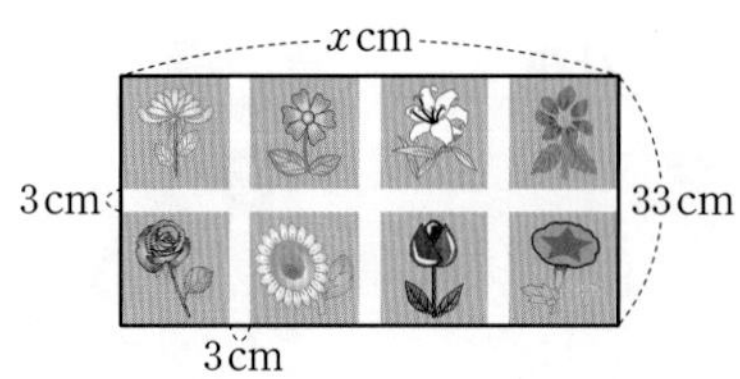

10

어떤 일차식을 $-\frac{1}{3}$로 나누어야 할 것을 잘못하여 $\frac{1}{2}$을 곱했더니 그 결과가 $3x-6$이 되었다. 바르게 계산한 식을 구하시오.

어떤 일차식을 A로 놓고 식을 세워 본다.

11

A 가게와 B 가게에서는 가격이 같은 음료수를 다음과 같이 팔고 있다. A 가게는 5개를 구입하면 1개를 더 주고, B 가게는 5개를 구입하면 25 %를 할인해 준다. 음료수 5개를 구입할 때, 어느 가게에서 사는 것이 음료수 1개당 가격이 더 저렴한지 말하시오.

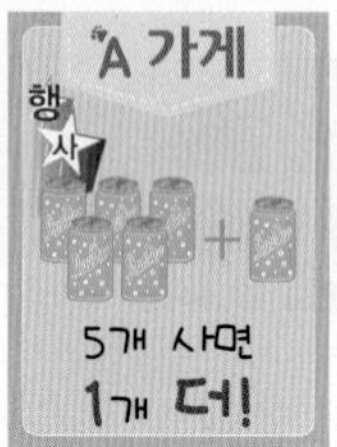

12

다음은 식 $\dfrac{x+4}{2}-\dfrac{x-1}{3}$을 계산하는 과정이다. 계산 과정에서 잘못된 부분을 찾고, 주어진 식을 바르게 계산한 결과를 쓰시오.

$$\frac{x+4}{2}-\frac{x-1}{3}\underset{(가)}{=}\frac{3x+12-2x+2}{6}$$
$$\underset{(나)}{=}\frac{x+14}{6}\underset{(다)}{=}\frac{15x}{6}\underset{(라)}{=}\frac{5}{2}x$$

13

다음 주어진 식을 계산하면 네 식 사이에 일정한 규칙이 있다. 빈칸에 알맞은 식을 항이 2개인 일차식으로 나타내시오.

$2x-3-x+4$		$-x+(8x+6)\div 2$	$3(x-2)+(x+10)$

주어진 식을 계산하여 일정한 규칙을 찾아본다.

14

다음 그림과 같이 한 변의 길이가 5 cm인 정삼각형 4개를 a cm만큼 겹치도록 포개었을 때, 만들어지는 도형의 둘레의 길이를 a를 사용한 식으로 간단히 나타내시오.

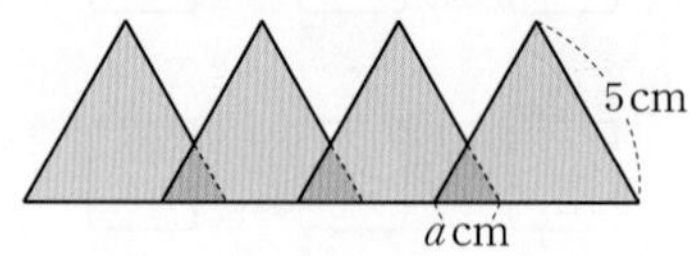

01

최다 교과서 수록 문제

달력에서 다음과 같은 모양으로 5개의 서로 다른 수를 선택하려고 한다. 선택한 5개의 수의 합이 85일 때, 5개의 수를 모두 구하시오.

일	월	화	수	목	금	토
		1	2	3	4	5
6	7	8	9	10	11	12
13	14	15	16	17	18	19
20	21	22	23	24	25	26
27	28	29	30	31		

5개의 수 중 가운데 있는 수를 x로 놓고, 나머지 4개의 수를 x를 사용한 식으로 나타내어 본다.

01-❶ 한번 더

달력에서 다음과 같은 모양으로 4개의 서로 다른 수를 선택하려고 한다. 선택한 4개의 수의 합이 68일 때, 4개의 수 중 가장 작은 수를 구하시오.

(단, 모양을 돌리거나 뒤집지 않는다.)

일	월	화	수	목	금	토
				1	2	3
4	5	6	7	8	9	10
11	12	13	14	15	16	17
18	19	20	21	22	23	24
25	26	27	28	29	30	31

02

계산기를 사용하여 다음과 같이 [거꾸로 생각하는 과정]에 따라 일차방정식 $0.15x+2.46=4.26$을 풀려고 한다. 다음 ○ 안에 $+$, $-$, $\times$, $\div$ 중 알맞은 것을 차례대로 써넣고, 어떤 수 x를 구하시오.

[문제]	[거꾸로 생각하는 과정]
어떤 수 x	결과 4.26
→ $x\times 0.15$	→ 4.26 ○ 2.46
→ $(x\times 0.15)+2.46$	→ (4.26 ○ 2.46) ○ 0.15
→ 결과 4.26	→ 어떤 수 x

03

다음은 일차방정식 $\frac{x}{5}+2=x-\frac{2}{3}$를 푸는 방법을 설명한 것이다. 바르게 설명한 학생을 모두 고르시오.

경미 : 주어진 방정식의 양변에 15를 곱하면 $3x+2=15x-10$이 돼. 이 식을 이항하여 정리하면 $x=1$이야.

민주 : 나는 주어진 방정식을 이항하여 $\frac{x}{5}-x=-\frac{2}{3}-2$를 만들었어.

현오 : 민주가 만든 식을 정리하면 $-\frac{4}{5}x=-\frac{8}{3}$이야. 이 식의 양변에 $-\frac{5}{4}$를 곱하면 $x=\frac{10}{3}$이야.

태준 : 주어진 방정식의 해는 2개구나!

04

다음 **보기**의 일차방정식의 해에 해당하는 알파벳을 표에서 찾아 차례대로 나열하여 단어를 만드시오.

보기
ㄱ. $3x+14=-x+2$
ㄴ. $7x+4(x-5)=13$
ㄷ. $\frac{x-5}{3}=\frac{x-4}{2}$
ㄹ. $0.5x-\frac{3}{2}=\frac{1}{5}x+0.6$

-3	-1	2	3	5	7
W	S	R	O	L	D

05

일차방정식 $1-ax=2(x-b-5)$의 해가 $x=3$일 때, 상수 a, b에 대하여 $6a-4b$의 값을 구하시오.

$x=3$을 주어진 일차방정식에 대입해 본다.

06

오른쪽 그림과 같이 공과 추를 접시저울에 올려놓았더니 저울이 평형을 이루었다. 공의 무게가 모두 같을 때, 공 한 개의 무게는 몇 g인지 구하시오.

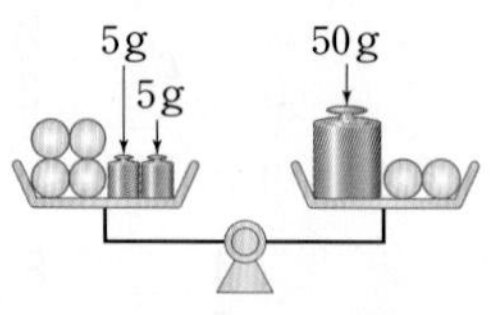

07

우리가 일상생활에서 흔히 볼 수 있는 바코드는 오른쪽 그림과 같이 굵기가 다른 흑백 막대와 그 아래의 숫자로 이루어져 있다. 바코드의 각 숫자는 정해진 방식에 따라 입력되는데 앞의 12개의 숫자로 맨 마지막 숫자인 체크 숫자를 계산하는 방법은 다음과 같다.

❶ {(왼쪽부터 홀수 번째 자리에 있는 수들의 합) $+3\times$(왼쪽부터 짝수 번째 자리에 있는 수들의 합)}을 구한다.
❷ (❶에서 구한 값의 일의 자리의 숫자) $+$(체크 숫자)$=10$
(단, ❶에서 구한 값의 일의 자리의 숫자가 0일 때 체크 숫자는 0이다.)

다음은 어느 제품의 바코드에 쓰여 있는 숫자이다. □ 안에 알맞은 숫자를 구하시오.

880 1035 44789 □

08

한 변의 길이가 a인 정사각형 10개를 다음 그림과 같이 길이가 서로 1씩 겹치도록 하여 직사각형을 만들었다. 직사각형의 둘레의 길이가 92일 때, a의 값을 구하시오.

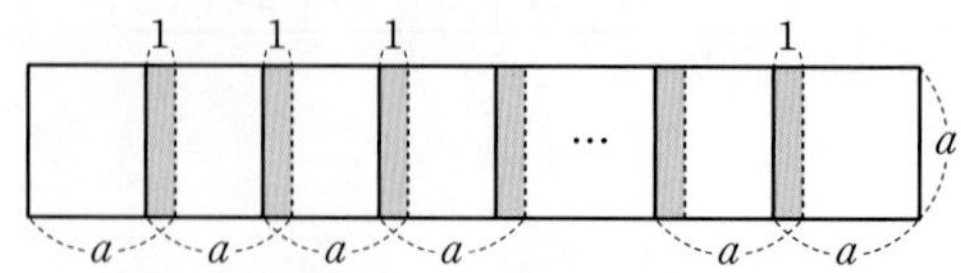

09

다음은 고대 그리스의 수학자 디오판토스(Diophantos, 200?~284?)의 묘비에 새겨져 있는 글이다. 디오판토스가 사망한 나이를 구하시오.

> 일생의 $\frac{1}{6}$은 소년으로 보냈고, 일생의 $\frac{1}{12}$은 청년으로 보냈다. 그 뒤 다시 일생의 $\frac{1}{7}$을 혼자 살다가 결혼하여 5년 후에 귀한 아들을 낳았다. 아들은 아버지 일생의 $\frac{1}{2}$만큼 살다 죽었으며, 아들이 죽은 지 4년 후에 비로소 일생을 마쳤노라.

디오판토스가 사망한 나이를 x살로 놓고, 방정식을 세운다.

10

기태는 한양 도성 돌기 행사에 참가하였다. 참가자들은 정해진 코스를 따라 걸어 반환점을 돌아 다시 출발점까지 와야 한다. 기태가 출발점에서 반환점까지 갈 때는 시속 2 km로 걷고, 되돌아올 때는 같은 길을 시속 3 km로 걸어서 왕복하는 데 모두 6시간이 걸렸다. 이때 출발점에서 반환점까지의 거리를 소수로 나타내시오.

출발점에서 반환점까지의 거리를 x km로 놓고,
$(\text{시간})=\frac{(\text{거리})}{(\text{속력})}$임을 이용하여 시간에 대한 식을 세운다.

11

다음은 《구장산술》에 있는 문제이다. 일차방정식을 만들어 다음 문제를 푸시오.

> 어떤 사람이 금 12근을 가지고 관문을 나가려고 하는데, 가지고 나가는 물건값의 $\frac{1}{10}$을 세금으로 내야 한다. 이 사람이 관문에서 세금으로 금 2근을 주고 5000전을 돌려받았을 때, 금 1근의 값은 몇 전인가?

금 1근의 값을 x전으로 놓고, 세금에 대한 식을 세운다.

12

도현이는 친구들과 공책을 공동으로 구매하여 나누어 갖기로 하였다. 공책을 한 명에게 6권씩 나누어 주면 4권이 남고, 7권씩 나누어 주면 마지막 한 명은 6권밖에 못 받는다고 한다. 공동 구매에 참여한 학생 수와 구매한 공책의 권수를 차례대로 구하시오.

학생 수를 x명으로 놓고, 공책의 권수에 대한 식을 세운다.

01

최다 교과서 수록 문제

아래 그래프는 동환, 우진, 상훈, 재연이가 5주 동안 식물의 성장을 관찰한 결과를 각각 나타낸 것이다. 네 사람의 설명에 알맞은 그래프를 골라 바르게 짝 지으시오.

ㄱ.

ㄴ.

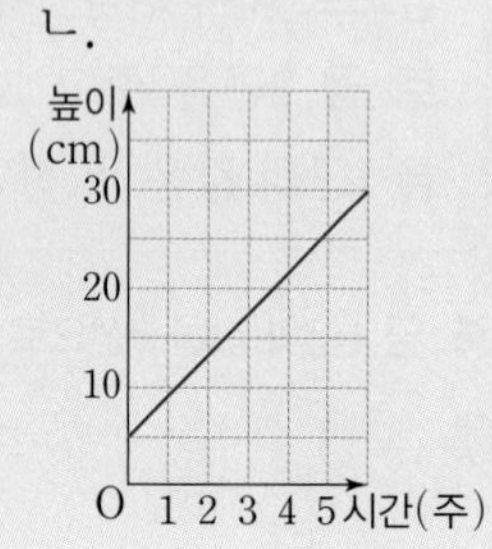

ㄷ.

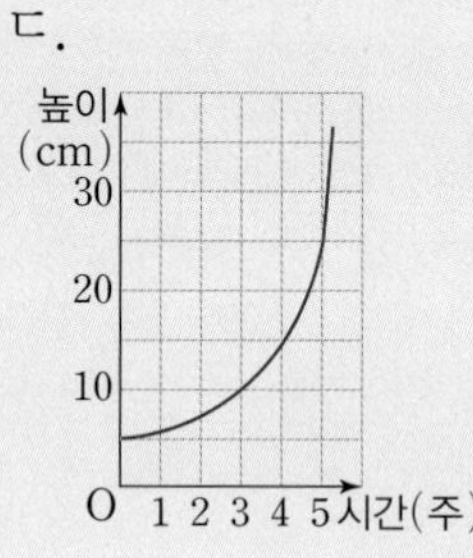

ㄹ.

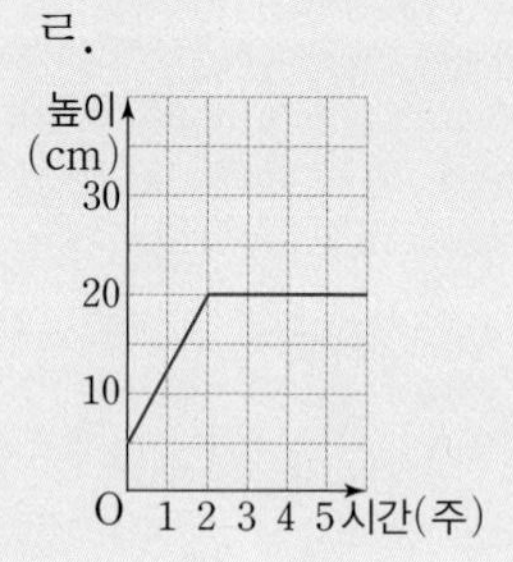

동환 : 그늘진 곳에서 키웠다. 매주 같은 길이만큼 자랐다.

우진 : 햇빛이 잘 들고, 양분이 많은 흙에서 키웠다. 물을 잘 주어 매주 한 주 전보다 더 많이 자랐다.

상훈 : 꾸준히 성장했지만 처음 자란 속도만큼 자라지는 않았다.

재연 : 처음 2주 동안 매우 빠른 속도로 자란 후 성장이 멈췄다.

일정한 속도로 증가하면 오른쪽 위로 향하는 직선이 된다.

01-❶ 한번 더

경호, 유미, 세진이가 함께 자전거를 탔다. 다음 그래프는 세 사람이 자전거를 탈 때 시간에 따른 속력의 변화를 각각 나타낸 것이다. 각 그래프에 가장 알맞은 상황을 **보기**에서 고르시오.

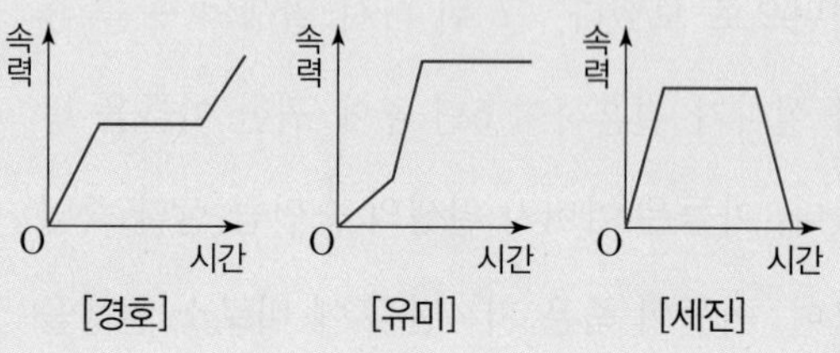

보기

ㄱ. 속력을 높인 후 일정한 속력으로 달리다가 속력을 낮추어 멈추었다.

ㄴ. 속력을 천천히 높이다가 속력을 더 빨리 높인 후, 일정한 속력을 유지하였다.

ㄷ. 속력을 높인 후 일정한 속력으로 달리다가 다시 속력을 높였다.

02

세 점 A, B, C의 좌표가 다음과 같을 때, 한 점 D를 추가하여 정사각형 ABCD를 만들려고 한다. 세 점 A, B, C를 아래의 좌표평면 위에 나타내고, 점 D의 좌표를 기호로 나타내시오.

$A(-3,\ 2)$, $B(-3,\ -3)$, $C(2,\ -3)$

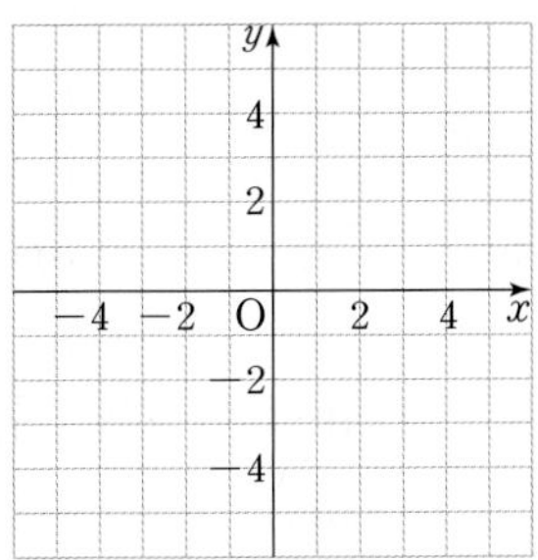

03

오른쪽 그림과 같이 좌표평면 위에 사각형 ABCD가 있다. 점 $P(a,\ b)$가 사각형 ABCD의 변 위를 움직일 때, $a-b$의 값이 될 수 있는 가장 큰 값을 구하시오. (단, 사각형 ABCD의 네 변은 좌표축과 평행하다.)

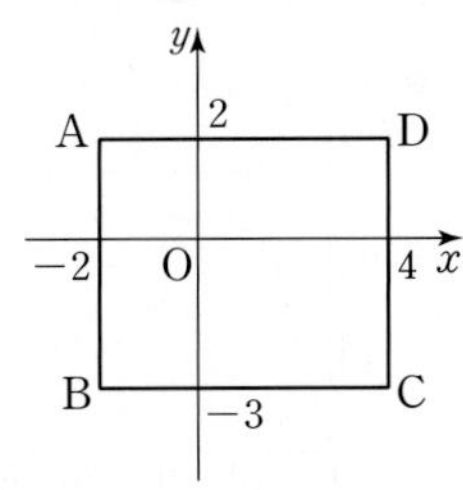

$a-b$의 값이 최대이려면 a의 값은 최대이고 b의 값은 최소이어야 한다.

04

다음 그림과 같이 빨대를 이용하여 정삼각형을 만들려고 한다. 정삼각형 x개를 만드는 데 필요한 빨대의 수를 y개라 할 때, 물음에 답하시오.

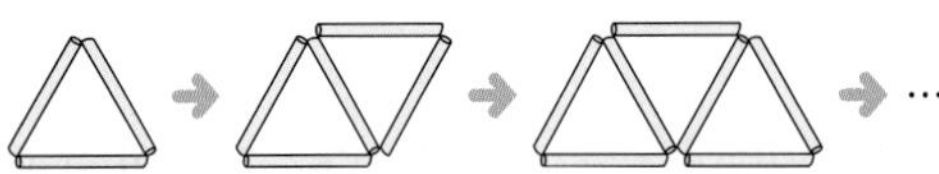

(1) 다음 표를 완성하시오.

x	1	2	3	4	5	6	7
y							

(2) 두 변수 x와 y 사이의 관계를 그래프로 나타내시오.

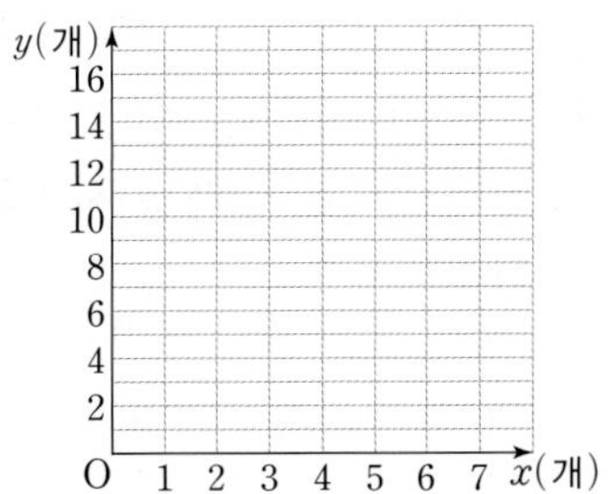

05

다음 선혜네 가족 사진을 보고 선혜네 가족의 나이와 키에 대한 상황을 나타낸 그래프에서 각 번호에 가장 가까운 가족 구성원을 찾으시오.

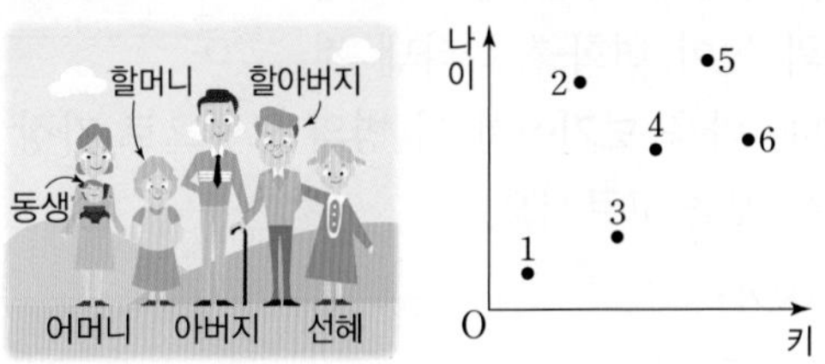

키가 작은 사람부터 차례대로 나열해 본다.

06

다음 상황을 보고, 물음에 답하시오.

> 규찬이는 30초 동안 일정한 속력 5 m/s로 뛰었다.

(1) 규찬이가 이동한 시간을 x초, 그때의 속력을 y m/s라 할 때, x와 y 사이의 관계를 그래프로 나타내시오.

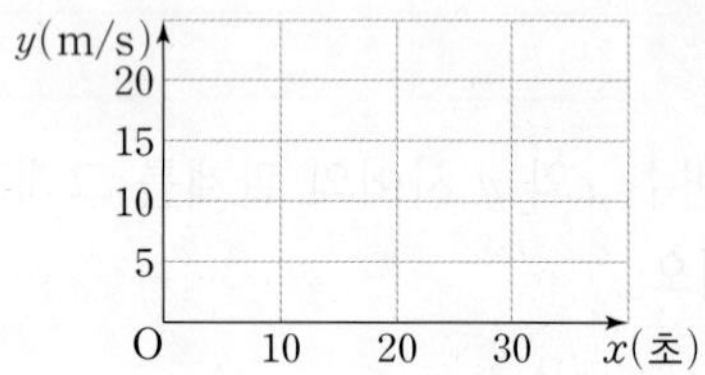

(2) 규찬이가 이동한 시간을 x초, 그때의 이동 거리를 y m라 할 때, x와 y 사이의 관계를 그래프로 나타내시오.

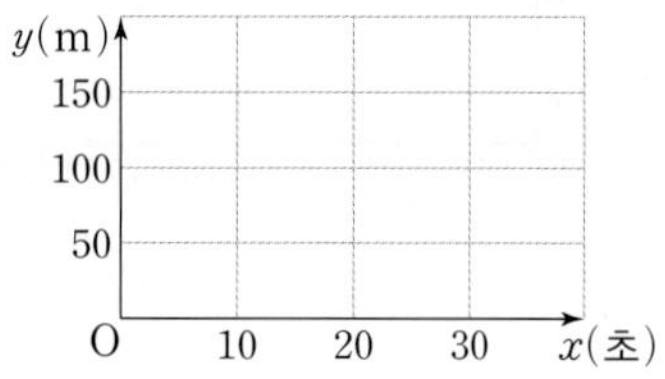

속력이 5 m/s이므로 1초 동안 이동한 거리는 5 m이다.

07

오른쪽 그래프는 어떤 병에 일정한 속력으로 물을 채울 때, 시간에 따른 병에 담긴 물의 높이 변화를 나타낸 것이다. 다음 **보기**에서 이 병의 모양으로 가장 알맞은 것을 고르시오.

물의 높이

O 시간

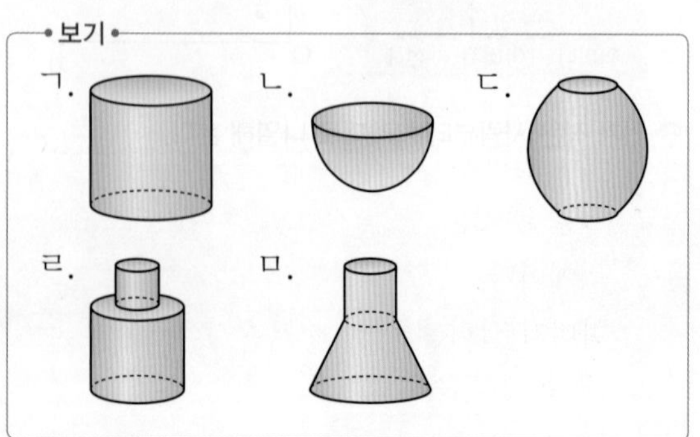

08

아래 그림은 희재가 자전거를 탄 후 경과한 시간과 출발점으로부터의 이동 거리 사이의 관계를 나타낸 그래프이다. 다음 **보기**에서 옳은 것을 모두 고르시오.

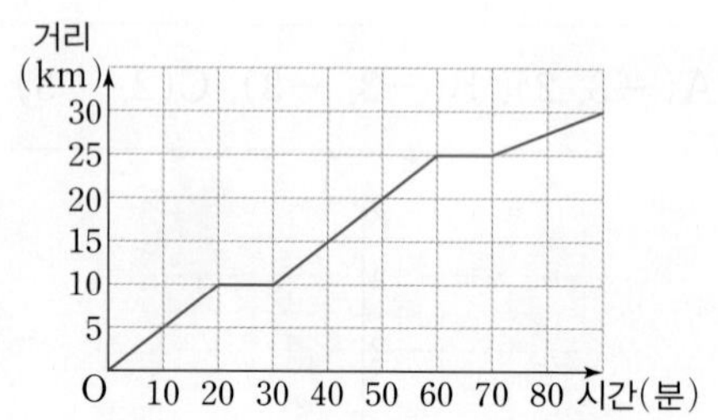

보기

ㄱ. 10분 동안 10 km를 이동하였다.
ㄴ. 30분 동안 10 km를 이동하였다.
ㄷ. 60분 동안 20 km를 이동하였다.
ㄹ. 90분 동안 정지해 있던 시간은 총 20분이다.

그래프에서 평평한 부분은 정지한 곳이다.

09

아래 그림은 어떤 자기 부상 열차가 운행을 시작한 후 시간과 속력 사이의 관계를 나타낸 그래프이다. 다음 **보기**에서 옳은 것을 모두 고르시오.

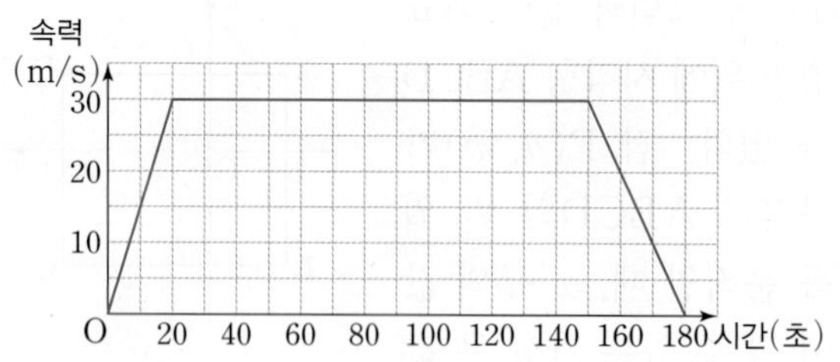

보기

ㄱ. 운행을 시작한 지 40초 후의 속력은 30 m/s이다.
ㄴ. 운행을 시작한 지 20초 후부터 150초 후까지의 속력은 일정하다.
ㄷ. 총 140초 동안 운행하였다.
ㄹ. 총 130초 동안 정지해 있었다.

그래프에서 평평한 부분은 속력이 일정한 곳이다.

10

다음 그림은 어느 해안에서 하루 동안 시각에 따른 해수면의 높이를 측정하여 나타낸 그래프이다. 물음에 답하시오.

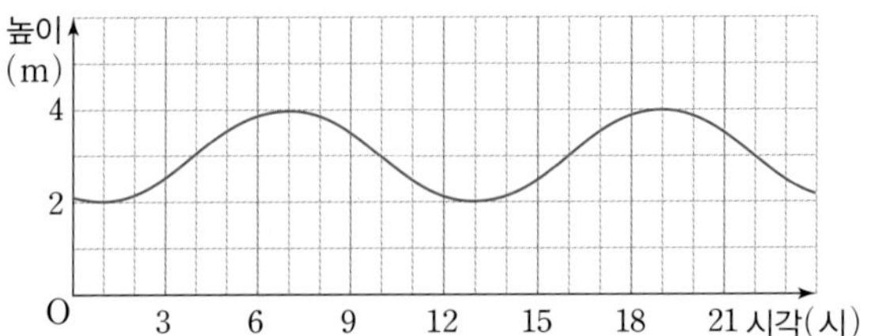

(1) 해수면의 높이가 가장 낮았던 때를 모두 말하시오.

(2) 7시에서 24시 사이에 해수면의 높이가 높아지는 때는 몇 시부터 몇 시까지인지 말하시오.

(3) 몇 시간마다 같은 모양의 그래프가 반복되는지 말하시오.

11

다음 그림은 어느 버스가 종점을 출발하여 노선을 2회 운행하는 동안 시간에 따른 버스와 종점 사이의 거리를 나타낸 그래프이다. 물음에 답하시오. (단, 버스 운행 시 도로 상황은 일정하다.)

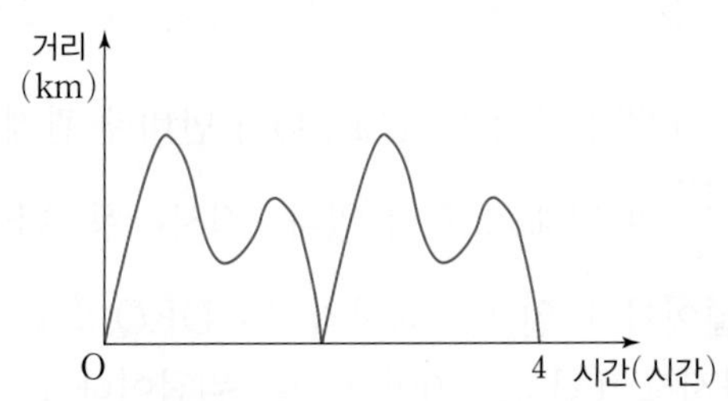

(1) 이 버스가 노선을 1회 운행하는 데 걸리는 시간을 구하시오.

(2) 이 버스가 하루에 20시간 운행한다고 할 때, 하루 동안 노선을 모두 몇 회 운행하는지 구하시오.

(1) 버스와 종점 사이의 거리가 처음으로 다시 0 km가 되는 곳을 찾아본다.
(2) 20시간을 1회 운행하는 데 걸리는 시간으로 나누어 본다.

12

다음 그림은 주애와 가영이의 4살부터 14살까지의 키의 변화를 나타낸 그래프이다. 물음에 답하시오.

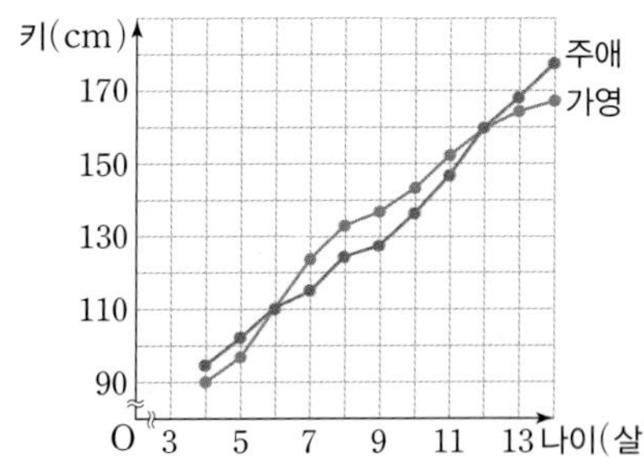

(1) 주애와 가영이의 키가 같았던 때는 몇 번 있었는지 구하시오.

(2) 가영이가 주애보다 키가 컸을 때는 몇 살과 몇 살 사이였는지 구하시오.

(1) 두 그래프가 만나는 곳을 찾아본다.
(2) 가영이의 그래프가 주애의 그래프보다 위에 있는 부분을 찾아본다.

13

의예, 화미, 숙현 세 명이 1500 m 달리기 코스에서 경주를 하였다. 아래 그림은 세 명의 출발 후 경과 시간에 따른 이동 거리를 나타낸 그래프이다. 다음 **보기**에서 옳은 것을 모두 고르시오.

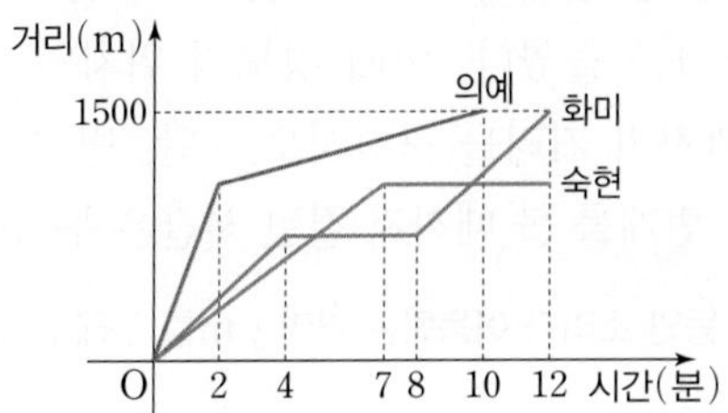

보기

ㄱ. 가장 먼저 결승점에 도착한 사람은 화미이다.
ㄴ. 출발 후 2분 동안 가장 빨리 달린 사람은 의예이다.
ㄷ. 화미가 달리는 중간에 쉰 시간은 4분이다.
ㄹ. 세 명 모두 결승점에 도착하였다.

14

어느 풍력 발전기가 x시간 동안 생산한 전력량을 y kWh라 할 때, 다음 그림은 x와 y 사이의 관계를 나타낸 그래프이다. 물음에 답하시오.

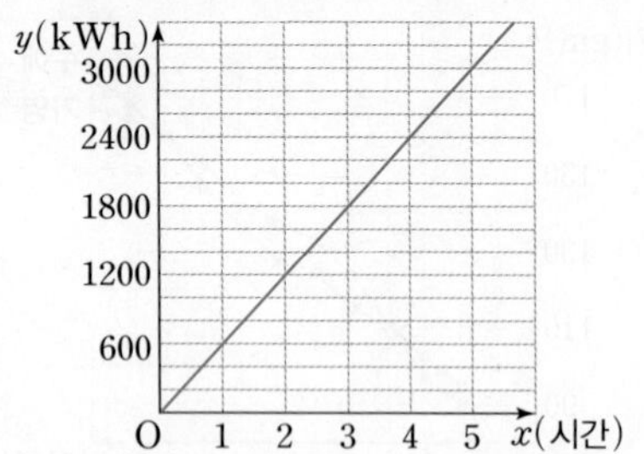

(1) x와 y 사이의 관계를 식으로 나타내시오.

(2) 이 풍력 발전기가 쉬지 않고 돌아간다고 할 때, 하루 동안 생산할 수 있는 전력량을 구하시오.

$y=ax$로 놓고 그래프가 지나는 점의 x좌표와 y좌표를 대입하여 a의 값을 구해 본다.

15

상온에서 소리는 1초에 340 m씩 이동한다고 한다. 경모는 번개가 치는 것을 보고 4.5초 후에 천둥소리를 들었다. 이때 경모의 위치와 번개가 친 곳까지의 거리를 구하시오. (단, 번개가 치고 경모가 번개를 볼 때까지 걸린 시간은 무시한다.)

x초 동안 소리가 이동하는 거리 y m를 구해 본다.

16

다음 그림과 같이 정비례 관계 $y=ax$의 그래프와 반비례 관계 $y=\frac{8}{x}$의 그래프가 만나는 점 A의 x좌표가 2일 때, 상수 a의 값을 구하시오.

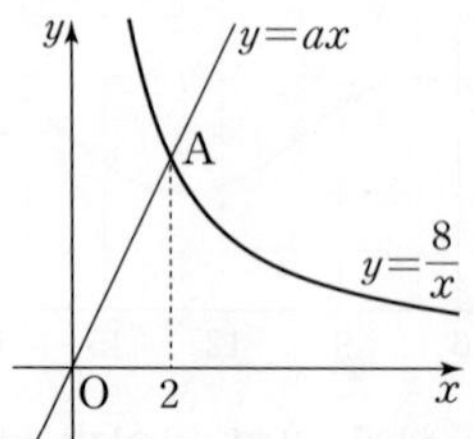

먼저 점 A의 y좌표를 구해 본다.

17

다음 그림과 같이 두 점 P, Q가 반비례 관계 $y=\frac{15}{x}$의 그래프 위에 있다. 직사각형 ABCP의 넓이가 10일 때, 직사각형 CDEQ의 넓이를 구하시오. (단, $x>0$이고 O는 원점이다.)

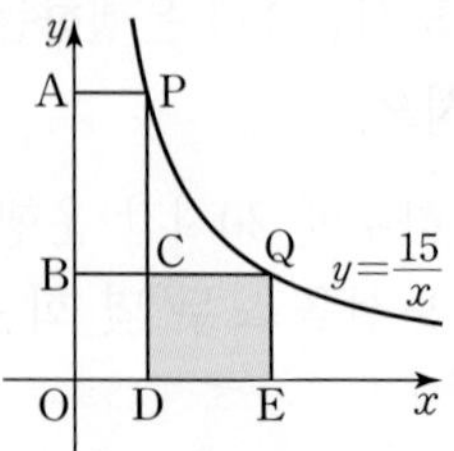

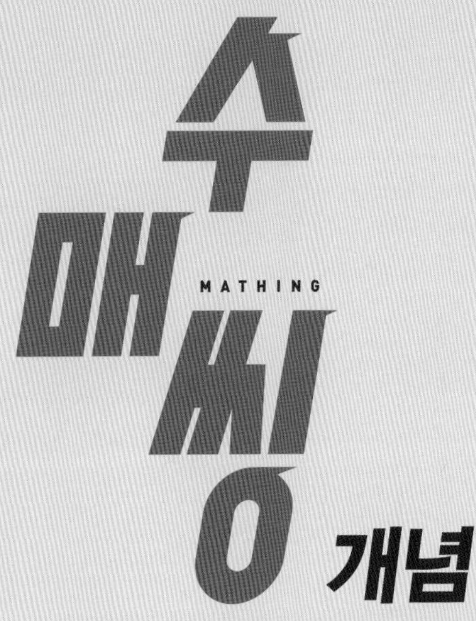
수매씽
MATHING
개념

수매씽 MATHING 개념

워크북

중학 수학 1·1

01 소수와 거듭제곱

개념북 ▶ 7쪽~8쪽 | 정답 및 풀이 ▶ 47쪽

01 다음 표의 빈칸을 채우고, 소수와 합성수로 구분하시오.

자연수	약수	약수의 개수	구분
1	1		소수도 합성수도 아니다.
2	1, 2	2	소수
3			
4			합성수
5	1, 5	2	
6			
7			
8			
9			
10	1, 2, 5, 10	4	
11			
12			
13			
14			
15			

02 다음 수 중 소수인 것에는 '소', 합성수인 것에는 '합'을 써넣으시오.

(1) 19 ( ) (2) 23 ( )

(3) 27 ( ) (4) 31 ( )

(5) 43 ( ) (6) 49 ( )

(7) 57 ( ) (8) 71 ( )

03 다음을 거듭제곱을 이용하여 나타내시오.

(1) $2\times2\times2\times2$

(2) $3\times3\times3$

(3) $7\times7\times7\times7\times7$

(4) $2\times3\times2\times3\times2$

(5) $3\times3\times5\times5\times5\times7$

(6) $\frac{1}{11}\times\frac{1}{11}$

(7) $\frac{1}{2}\times\frac{1}{2}\times\frac{1}{2}\times\frac{1}{3}\times\frac{1}{3}$

(8) $\frac{1}{3\times5\times5\times5\times11\times11}$

04 다음 수의 밑과 지수를 각각 말하시오.

(1) 2^6 ➜ 밑 : ________, 지수 : ________

(2) 3^4 ➜ 밑 : ________, 지수 : ________

(3) 7^2 ➜ 밑 : ________, 지수 : ________

(4) 11^3 ➜ 밑 : ________, 지수 : ________

(5) $\left(\frac{2}{5}\right)^2$ ➜ 밑 : ________, 지수 : ________

개념북 9쪽 | 정답 및 풀이 47쪽

소수와 합성수

01 다음 중 소수가 아닌 것은?

① 13 ② 29 ③ 37
④ 47 ⑤ 51

02 다음 수 중 소수의 개수를 a, 합성수의 개수를 b라 할 때, $a-b$의 값은?

1, 3, 7, 11, 15, 17, 21, 39, 45

① 0 ② 1 ③ 2
④ 3 ⑤ 4

03 20 이하의 자연수 중 합성수의 개수를 구하시오.

소수와 합성수의 성질

04 다음 **보기**에서 옳지 않은 것을 모두 고른 것은?

보기
ㄱ. 소수는 모두 홀수이다.
ㄴ. 합성수는 약수가 3개이다.
ㄷ. 10보다 작은 소수는 4개이다.
ㄹ. 소수의 약수는 2개이다.

① ㄱ, ㄴ ② ㄱ, ㄷ ③ ㄴ, ㄷ
④ ㄴ, ㄹ ⑤ ㄷ, ㄹ

05 다음 중 옳은 것을 모두 고르면? (정답 2개)

① 두 소수의 합은 항상 소수이다.
② 2 이외의 짝수는 모두 합성수이다.
③ 소수가 아닌 수는 약수가 3개 이상이다.
④ 소수 중에는 짝수도 존재한다.
⑤ 모든 자연수는 소수이거나 합성수이다.

거듭제곱

06 다음 중 옳지 않은 것은?

① $2\times2\times2=2^3$
② $4\times4\times4\times4=4^4$
③ $\frac{1}{3}\times\frac{1}{3}=\left(\frac{1}{3}\right)^2$
④ $\frac{1}{2\times2\times3\times3\times3}=\frac{1}{2^2\times3^3}$
⑤ $7+7+7+7+7=7^5$

07 $3\times3\times3\times3\times3\times3$을 거듭제곱을 이용하여 나타내면 밑은 a, 지수는 b일 때, $b-a$의 값을 구하시오. (단, a는 소수)

08 $2\times2\times2\times5\times5\times7=2^a\times5^b\times7^c$일 때, 자연수 a, b, c에 대하여 $a-b+c$의 값을 구하시오.

02 소인수분해

한번 더 개념 확인문제

개념북 ▶ 11쪽~13쪽 | 정답 및 풀이 ▶ 47쪽

01 다음 □ 안에 알맞은 수를 써넣어 소인수분해하고, 소인수를 모두 구하시오.

(1) 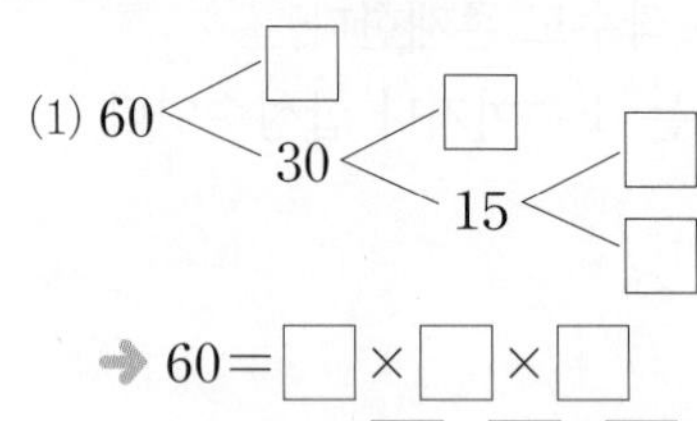

➔ 60=□×□×□
소인수 : □, □, □

(2) 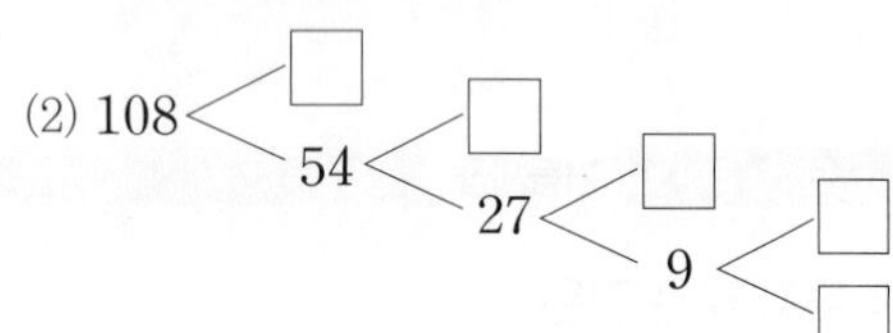

➔ 108=□×□
소인수 : □, □

02 다음 수를 01과 같은 방법으로 소인수분해하고, 소인수를 모두 구하시오.

(1) 84 (2) 147

03 다음 □ 안에 알맞은 수를 써넣어 소인수분해하고, 소인수를 모두 구하시오.

(1) □) 28
□) 14
7
➔ 28=□×□
소인수 : □, □

(2) 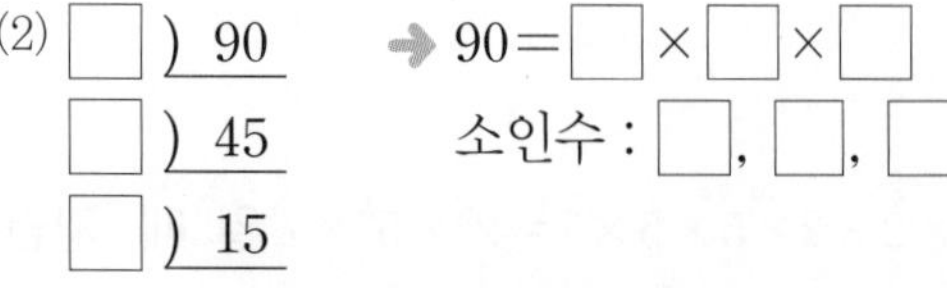
□) 90
□) 45
□) 15
5
➔ 90=□×□×□
소인수 : □, □, □

04 다음 수를 03과 같은 방법으로 소인수분해하고, 소인수를 모두 구하시오.

(1)) 20 (2)) 132

05 소인수분해를 이용하여 63의 약수를 구하려고 한다. 다음 물음에 답하시오.

(1) 63을 소인수분해하시오.

(2) 3^2의 약수를 모두 구하시오.

(3) 7의 약수를 모두 구하시오.

(4) 표를 완성하고, 63의 약수를 모두 구하시오.

×	1	3	3^2
1			
7			

➔ 약수 : ________________

06 다음 수의 약수의 개수를 구하시오.

(1) 2×5^2

(2) $5^2\times7^3$

(3) 56

(4) 80

(5) 225

개념북 14쪽~15쪽 | 정답 및 풀이 48쪽

소인수분해

01 다음 중 소인수분해한 결과가 옳은 것을 모두 고르면? (정답 2개)

① $42=6\times7$　② $98=2\times7^2$
③ $141=3\times47$　④ $150=2\times5\times15$
⑤ $180=2^3\times3\times5$

02 다음 중 소인수분해한 결과가 옳지 않은 것은?

① $25=5^2$　② $40=2^3\times5$
③ $63=3^2\times7$　④ $80=2^4\times5$
⑤ $126=2\times3\times7^2$

소인수분해한 결과에서 지수 구하기

03 252를 소인수분해하면 $2^a\times3^b\times c$이다. 자연수 a, b, c에 대하여 $a+b+c$의 값은? (단, c는 소수)

① 8　② 9　③ 10
④ 11　⑤ 12

04 $270=2\times a^3\times b$일 때, $a+b$의 값을 구하시오. (단, a, b는 소수)

소인수 구하기

05 다음 중 60과 소인수가 모두 같은 것은?

① 28　② 35　③ 63
④ 84　⑤ 90

06 140의 모든 소인수의 합을 구하시오.

약수 구하기

07 다음 중 56의 약수가 아닌 것은?

① 2^2　② 2^3　③ $2^2\times7$
④ $2^3\times7$　⑤ 2×7^2

08 다음 중 $3^3\times5^2$의 약수인 것을 모두 고르면? (정답 2개)

① 9　② 30　③ 65
④ 80　⑤ 225

정답 및 풀이 ▶ 48쪽

약수의 개수 구하기

09 다음 중 약수의 개수가 나머지 넷과 다른 하나는?

① 3^{11} ② $2^2\times3^3$ ③ $2^5\times7$
④ $2\times3\times5^2$ ⑤ $2\times5^2\times7^2$

10 다음 **보기** 중 약수의 개수가 적은 것부터 차례대로 나열하시오.

보기
ㄱ. 30 ㄴ. 48 ㄷ. 75 ㄹ. 81

약수의 개수가 주어질 때 미지수 구하기

11 $2^4\times3^n$의 약수의 개수가 30일 때, 자연수 n의 값을 구하시오.

12 500의 약수의 개수와 $2\times3^a\times5$의 약수의 개수가 같을 때, 자연수 a의 값은?

① 1 ② 2 ③ 3
④ 4 ⑤ 5

제곱인 수 만들기

13 54에 자연수를 곱하여 어떤 자연수의 제곱이 되도록 할 때, 곱해야 하는 가장 작은 자연수는?

① 2 ② 3 ③ 4
④ 6 ⑤ 8

14 126에 자연수를 곱하여 어떤 자연수의 제곱이 되도록 할 때, 곱해야 하는 가장 작은 자연수를 구하시오.

15 80을 자연수로 나누어 어떤 자연수의 제곱이 되도록 할 때, 나누어야 하는 가장 작은 자연수를 구하시오.

16 $50\times x$가 어떤 자연수의 제곱이 되도록 할 때, 다음 중 자연수 x가 될 수 없는 수는?

① 2 ② 8 ③ 15
④ 18 ⑤ 50

01

다음 조건을 모두 만족시키는 자연수는 몇 개인지 구하시오.

> (가) 30보다 크고 50보다 작은 자연수이다.
> (나) 약수는 2개이다.

02

다음 **보기**에서 옳은 것을 모두 고른 것은?

> 보기
> ㄱ. 가장 작은 합성수는 4이다.
> ㄴ. 5의 배수 중 소수는 1개이다.
> ㄷ. 합성수는 약수가 3개이다.
> ㄹ. 짝수는 모두 합성수이다.

① ㄱ, ㄴ　② ㄱ, ㄷ　③ ㄴ, ㄷ　④ ㄴ, ㄹ　⑤ ㄷ, ㄹ

03

다음 중 3^4에 대한 설명으로 옳은 것을 모두 고르면? (정답 2개)

① 4×3과 같다.
② 64와 같은 수이다.
③ 3의 네제곱이라 읽는다.
④ 3을 지수, 4를 밑이라 한다.
⑤ $3\times3\times3\times3$을 거듭제곱을 이용하여 나타낸 것이다.

04

600을 소인수분해하면 $2^a\times b\times c^2$이다. 자연수 a, b, c에 대하여 $a+b+c$의 값은? (단, b, c는 소수)

① 8　② 9　③ 10　④ 11　⑤ 12

05

다음 수 중 소인수의 합이 가장 작은 것은?

① 20　② 24　③ 32　④ 34　⑤ 35

06

소인수분해를 이용하여 140의 약수 중 7의 배수의 개수를 구하시오.

07

$2^3\times\square$의 약수의 개수는 12이다. 다음 중 $\square$ 안에 들어갈 수 없는 수는?

① 2^2　② 3^2　③ 5^2　④ 7^2　⑤ 11^2

08

$75\times a=b^2$을 만족시키는 가장 작은 자연수 a, b에 대하여 $a+b$의 값을 구하시오.

03 최대공약수

한번 더 개념 확인문제

개념북 18쪽~19쪽 | 정답 및 풀이 49쪽

01 18과 27의 공약수와 최대공약수를 구하려고 한다. 표를 완성하고, 다음을 구하시오.

18의 약수						
27의 약수					/	/

(1) 18과 27의 공약수

(2) 18과 27의 최대공약수

02 다음 두 수가 서로소인 것에는 ○표, 서로소가 아닌 것에는 ×표를 하시오.

(1) 1, 10 (　　)

(2) 3, 7 (　　)

(3) 5, 35 (　　)

(4) 7, 20 (　　)

(5) 9, 12 (　　)

(6) 10, 21 (　　)

(7) 13, 52 (　　)

(8) 21, 38 (　　)

(9) 25, 49 (　　)

(10) 30, 51 (　　)

03 다음 수들의 최대공약수를 소인수의 곱으로 나타내시오.

(1)
$$2^2 \times 3^2$$
$$2^3 \times 3^2 \times 5$$
(최대공약수)=

(2)
$$2 \times 5^2 \times 7$$
$$2^2 \times 3 \times 7$$
(최대공약수)=

(3)
$$2^2 \times 5$$
$$2 \times 5^2 \times 7$$
$$2 \times 5 \times 7^2$$
(최대공약수)=

(4)
$$2^2 \times 3^2 \times 7$$
$$2^2 \times 3^3 \times 7$$
$$2^2 \times 3^4 \times 5^3 \times 7$$
(최대공약수)=

04 다음 수들의 최대공약수를 나눗셈을 이용하여 구하시오.

(1)) 16 24 → (최대공약수) =

(2)) 24 18 → (최대공약수) =

(3)) 28 42 70 → (최대공약수) =

(4)) 60 72 96 → (최대공약수) =

개념북 ▶ 20쪽 | 정답 및 풀이 ▶ 49쪽

최대공약수의 성질

01 어떤 두 자연수의 최대공약수가 20일 때, 이 두 수의 공약수의 개수를 구하시오.

02 어떤 두 자연수의 최대공약수가 $3^2\times5^3$일 때, 다음 중 이 두 수의 공약수가 아닌 것은?

① 1 ② 15 ③ 3×5^2
④ $3^2\times5$ ⑤ 135

서로소

03 다음 중 두 수가 서로소인 것을 모두 고르면? (정답 2개)

① 5, 65 ② 12, 57 ③ 12, 85
④ 13, 42 ⑤ 13, 65

04 20보다 크고 40보다 작은 자연수 중 12와 서로소인 수의 개수를 구하시오.

최대공약수 구하기

05 세 수 $2\times3^2\times7$, $2^2\times3^2\times5$, $2^3\times3^2\times5^2$의 최대공약수는?

① 2×3 ② 2×3^2
③ $2\times3^2\times5$ ④ $2\times3^2\times5^2\times7$
⑤ $2^2\times3^2\times5\times7$

06 두 수 $2^3\times3^a\times7^2$, $2^b\times3^3\times7$의 최대공약수가 $2^2\times3^2\times7^c$일 때, 자연수 a, b, c에 대하여 $a+b+c$의 값을 구하시오.

공약수 구하기

07 두 수 $2^3\times3^2\times7^2$, $2^2\times3^4\times11$의 공약수를 모두 구하시오.

08 다음 중 세 수 180, 270, 450의 공약수인 것을 모두 고르면? (정답 2개)

① $2^2\times3$ ② 2×3^2 ③ 2×5^2
④ $2^2\times3\times5$ ⑤ $2\times3^2\times5$

04 최소공배수

한번 더 개념 확인문제

개념북 22쪽~23쪽 | 정답 및 풀이 50쪽

01 8과 12의 공배수와 최소공배수를 구하려고 한다. 표를 완성하고, 다음을 구하시오.

8의 배수							…
12의 배수							…

(1) 8과 12의 공배수

(2) 8과 12의 최소공배수

02 다음 수들의 최소공배수를 소인수의 곱으로 나타내시오.

(1)
$$\begin{array}{l} 2^3 \times 3 \\ 2 \qquad \times 7 \end{array}$$
(최소공배수)=

(2)
$$\begin{array}{l} 2 \times 3 \times 5 \\ 2^4 \times 3 \end{array}$$
(최소공배수)=

(3)
$$\begin{array}{l} 2^2 \times 3^2 \times 5^3 \times 7 \\ 2^3 \times 3^2 \times 5^4 \end{array}$$
(최소공배수)=

(4)
$$\begin{array}{l} 2 \times 3^2 \\ 2^3 \times 3 \\ 2^2 \times 3^2 \end{array}$$
(최소공배수)=

(5)
$$\begin{array}{l} 2 \qquad \times 5 \\ 2 \times 3 \times 5 \\ 2^2 \qquad\qquad \times 7 \end{array}$$
(최소공배수)=

03 다음 수들의 최소공배수를 나눗셈을 이용하여 구하시오.

(1)) 20 24 → (최소공배수)
=

(2)) 4 8 10 → (최소공배수)
=

04 다음 수들의 최대공약수와 최소공배수를 소인수의 곱으로 나타내시오.

(1)
$$\begin{array}{l} 2^2 \times 5 \\ 2 \times 5^2 \times 7 \\ 2 \times 5 \times 7^2 \end{array}$$
(최대공약수)=
(최소공배수)=

(2)
$$\begin{array}{l} 2^2 \times 3 \times 5 \\ 2^2 \times 3 \qquad \times 7 \\ 2^3 \times 3^2 \times 5 \end{array}$$
(최대공약수)=
(최소공배수)=

05 다음 수들의 최대공약수와 최소공배수를 나눗셈을 이용하여 구하시오.

(1)) 18 36 45 → (최대공약수)
=
(최소공배수)
=

(2)) 24 30 60 → (최대공약수)
=
(최소공배수)
=

개념북 ▶ 24쪽 | 정답 및 풀이 ▶ 50쪽

최소공배수의 성질

01 다음 중 최소공배수가 8인 두 자연수의 공배수가 아닌 것은?

① 8 ② 16 ③ 28
④ 40 ⑤ 64

02 어떤 세 자연수의 최소공배수가 32일 때, 이 세 수의 공배수 중 150에 가장 가까운 수를 구하시오.

최소공배수 구하기

03 세 수 3×5^2, $2\times3^2\times5$, $2^2\times5\times7$의 최소공배수는?

① $2\times3\times5$ ② $2\times3\times5\times7$
③ $2\times3^2\times5^2$ ④ $2^2\times3^2\times5^2\times7$
⑤ $2^2\times3^2\times5^2\times7^2$

04 두 수 $2\times3^a\times5$, $2^b\times5^2\times c$의 최소공배수가 $2^3\times3^2\times5^2\times11$일 때, 자연수 a, b, c에 대하여 $a+b+c$의 값을 구하시오. (단, c는 소수)

공배수 구하기

05 다음 중 세 수 36, 45, 60의 공배수가 아닌 것은?

① $2^2\times3^2\times5$ ② $2^2\times3^2\times5^2$
③ $2^2\times3^3\times5$ ④ $2^3\times3\times5^2$
⑤ $2^3\times3^3\times5^2$

06 두 수 $2^3\times7$, $2^2\times3\times7$의 공배수 중 세 자리의 자연수의 개수를 구하시오.

최대공약수와 최소공배수가 주어질 때 미지수 구하기

07 두 수 $2^2\times3^a$, $3^3\times b$의 최대공약수가 3^2, 최소공배수가 $2^2\times3^3\times5$일 때, 자연수 a, b에 대하여 $b-a$의 값은? (단, b는 소수)

① 1 ② 2 ③ 3
④ 4 ⑤ 5

08 두 수 $2^a\times3^3\times7$, $2^2\times3^b\times c$의 최대공약수가 $2^2\times3^3$, 최소공배수가 $2^3\times3^3\times5\times7$일 때, 자연수 a, b, c에 대하여 $a+b+c$의 값을 구하시오. (단, c는 소수)

05 최대공약수와 최소공배수의 활용

개념북 ▶ 28쪽 | 정답 및 풀이 ▶ 51쪽

일정한 양 나누기

01 땅콩 56개, 호두 40개, 잣 32개를 될 수 있는 대로 많은 학생들에게 남김없이 똑같이 나누어 주려고 한다. 이때 몇 명의 학생들에게 나누어 줄 수 있는지 구하시오.

02 성현이네 중학교 1학년 남학생은 84명, 여학생은 78명이다. 남학생 수와 여학생 수가 각각 모두 같도록 반을 편성하려고 한다. 반의 수가 최대가 되게 하려고 할 때, 한 반의 학생 수를 구하시오.

(수)÷(어떤 자연수)

03 어떤 자연수로 27을 나누면 1이 남고, 55를 나누면 3이 남는다고 한다. 어떤 자연수를 모두 구하시오.

04 어떤 자연수로 90을 나누면 6이 남고, 110을 나누면 2가 부족하다고 한다. 이와 같은 자연수 중 가장 큰 수를 구하시오.

(어떤 자연수)÷(수)

05 세 자연수 3, 4, 6 중 어느 수로 나누어도 1이 남는 자연수 중 가장 작은 수를 구하시오.

06 4로 나누면 2가 남고, 5로 나누면 3이 남고, 6으로 나누면 4가 남는 세 자리의 자연수 중 가장 작은 수를 구하시오.

두 분수를 자연수로 만들기

07 두 분수 $\frac{1}{24}$, $\frac{1}{36}$의 어느 것에 곱하여도 그 결과가 자연수가 되게 하는 가장 작은 자연수를 구하시오.

08 두 분수 $\frac{28}{15}$, $\frac{35}{12}$의 어느 것에 곱하여도 그 결과가 자연수가 되게 하는 가장 작은 기약분수를 구하시오.

01

다음 중 9와 서로소인 수는 모두 몇 개인지 구하시오.

4, 6, 17, 20, 21, 25, 45

02

두 수 $2\times3^2\times7$, $3^3\times5\times7$의 공약수의 개수는?

① 4　② 6　③ 8
④ 9　⑤ 12

03

세 수 15, 24, 40의 공배수 중 500에 가장 가까운 수를 구하시오.

04

두 수 $2^a\times3^2$, $2^4\times3^b\times7$의 최대공약수가 $2^3\times3^2$, 최소공배수가 $2^4\times3^4\times c$일 때, 자연수 a, b, c에 대하여 $a+b+c$의 값은? (단, c는 소수)

① 8　② 10　③ 12
④ 14　⑤ 16

05

세 자연수 $3\times x$, $9\times x$, $12\times x$의 최소공배수가 180일 때, 세 수의 최대공약수는?

① 3　② 5　③ 12
④ 15　⑤ 30

06

가로의 길이, 세로의 길이, 높이가 각각 90 cm, 54 cm, 36 cm인 직육면체 모양의 나무토막을 남는 부분이 없도록 잘라서 될 수 있는 한 큰 정육면체 모양의 나무토막으로 똑같이 나누려고 한다. 정육면체 모양의 나무토막은 모두 몇 개를 만들 수 있는지 구하시오.

07

어느 버스 터미널에서 지선버스는 10분마다, 광역버스는 25분마다 한 대씩 출발한다. 지선버스와 광역버스가 오전 6시에 동시에 출발한 후, 처음으로 다시 동시에 출발하는 시각을 구하시오.

08

서로 맞물려 도는 두 톱니바퀴 A, B에 대하여 A의 톱니의 수는 90개, B의 톱니의 수는 72개일 때, 두 톱니바퀴가 회전하기 시작하여 처음으로 다시 같은 톱니에서 맞물릴 때까지 톱니바퀴 A는 몇 번 회전해야 하는지 구하시오.

01

다음 수 중 소수의 개수는?

1, 6, 19, 21, 39, 47, 53

① 1 ② 2 ③ 3
④ 4 ⑤ 5

02

$2\times2\times5\times5\times5\times3\times3\times5=2^a\times3^b\times5^c$일 때, 자연수 a, b, c에 대하여 $a+b-c$의 값을 구하시오.

03

다음 중 420의 소인수가 아닌 것은?

① 2 ② 3 ③ 5
④ 7 ⑤ 11

04

$16\times54=2^a\times3^b$일 때, 자연수 a, b에 대하여 $a-b$의 값을 구하시오.

05

다음 수 중 $3^2\times5^3$의 약수를 모두 고르시오.

3^2, 5^2, 3^3, 3×5^2, $3^2\times5$, $3^2\times5^4$

06

$2^a\times25$의 약수의 개수가 12일 때, 자연수 a의 값은?

① 1 ② 2 ③ 3
④ 4 ⑤ 5

07

140에 자연수를 곱하여 어떤 자연수의 제곱이 되도록 할 때, 곱해야 하는 가장 작은 자연수를 구하시오.

08

다음 중 세 수 28, $2^3\times7^2$, 84의 공약수를 모두 고르면? (정답 2개)

① 2^3 ② 7^2 ③ 2×7
④ $2^2\times7$ ⑤ $2^2\times7^2$

09

두 수 $2^a\times3^3\times5^b$, $2^3\times3^c\times5^2$의 최대공약수가 $2^2\times3^3\times5^2$이고 최소공배수가 $2^3\times3^5\times5^2$일 때, 자연수 a, b, c에 대하여 $a-b+c$의 값을 구하시오.

10

두 자연수 30과 A의 최대공약수가 10이고 최소공배수가 150일 때, 자연수 A를 구하시오.

11

여학생 48명과 남학생 60명을 몇 개의 모둠으로 나누려고 한다. 각 모둠의 여학생 수가 모두 같고, 또 남학생 수도 모두 같아야 한다고 할 때, 최대로 구성할 수 있는 모둠은 몇 개인지 구하시오.

12

세 자연수 2, 5, 6 중 어느 수로 나누어도 1이 남는 자연수 중 가장 작은 수를 구하시오.

서술형 문제

13

다음 조건을 모두 만족시키는 자연수를 구하시오. [5점]

(가) 25보다 크고 30보다 작다.
(나) 2개의 소인수를 가진다.
(다) 두 소인수의 합은 9이다.

풀이

답

14

가로의 길이가 504 cm, 세로의 길이가 132 cm인 직사각형 모양의 학교 담장에 같은 크기의 되도록 큰 정사각형 모양의 타일을 빈틈없이 붙여서 벽화를 만들려고 한다. 이때 정사각형 모양의 타일의 한 변의 길이를 구하시오. [6점]

풀이

답

01 정수와 유리수

한번 더 개념 확인문제

개념북 ▶ 37쪽～38쪽 | 정답 및 풀이 ▶ 53쪽

01 다음을 부호 $+$, $-$를 사용하여 나타내시오.

(1) 영상 3 ℃를 $+3$ ℃로 나타낼 때, 영하 5 ℃

(2) 20분 전을 -20분으로 나타낼 때, 30분 후

(3) 6 kg 증가를 $+6$ kg으로 나타낼 때, 4 kg 감소

(4) 해저 100 m를 -100 m로 나타낼 때, 해발 300 m

(5) 800원 이익을 $+800$원으로 나타낼 때, 1000원 손해

(6) 10점 실점을 -10점으로 나타낼 때, 15점 득점

(7) 지상 7층을 $+7$층으로 나타낼 때, 지하 2층

02 다음 수를 부호 $+$, $-$를 사용하여 나타내시오.

(1) 0보다 2만큼 큰 수

(2) 0보다 5만큼 작은 수

(3) 0보다 $\frac{1}{3}$만큼 큰 수

(4) 0보다 $\frac{4}{7}$만큼 작은 수

(5) 0보다 3.2만큼 큰 수

(6) 0보다 0.6만큼 작은 수

03 다음 수를 **보기**에서 모두 고르시오.

보기

$-2.7,\quad -10,\quad +\frac{3}{2},\quad 0,\quad -3,\quad +\frac{21}{7},\quad 5$

(1) 자연수

(2) 정수

(3) 음의 유리수

(4) 정수가 아닌 유리수

04 다음 중 옳은 것에는 ○표, 옳지 않은 것에는 ×표를 하시오.

(1) 음의 정수가 아닌 정수는 양의 정수이다. (　　)

(2) 모든 유리수는 정수이다. (　　)

(3) 유리수는 정수와 정수가 아닌 유리수로 나눌 수 있다. (　　)

05 다음 수에 대응하는 점을 수직선 위에 나타내시오.

(1) -3　　(2) $+\frac{1}{2}$

(3) $+\frac{11}{3}$　　(4) -2.5

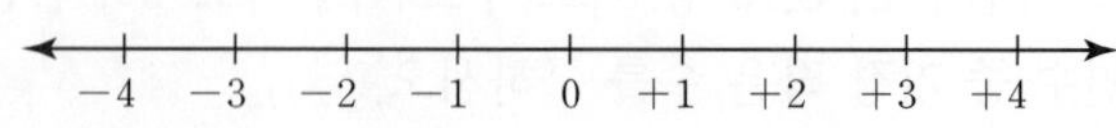

개념북 ▶ 39쪽 | 정답 및 풀이 ▶ 53쪽

유리수의 분류

01 다음 중 **보기**의 수에 대한 설명으로 옳은 것을 모두 고르면? (정답 2개)

보기

$-2,\quad +4.5,\quad -\frac{16}{4},\quad 0.3,\quad 0,\quad 8,\quad -\frac{12}{5}$

① 자연수는 2개이다.
② 음의 정수는 1개이다.
③ 양수는 3개이다.
④ 음의 유리수는 2개이다.
⑤ 정수가 아닌 유리수는 3개이다.

02 다음 수 중 정수가 아닌 유리수의 개수를 a, 음의 정수의 개수를 b라 할 때, $a+b$의 값을 구하시오.

$-2.4,\quad \frac{4}{5},\quad -\frac{18}{6},\quad 0,\quad -\frac{2}{3},\quad 4,\quad -1$

정수와 유리수

03 다음 중 옳지 않은 것을 모두 고르면? (정답 2개)

① 양의 정수는 양의 부호 +를 생략하여 나타낼 수 있다.
② 0은 양의 정수도 음의 정수도 아니다.
③ 0은 유리수가 아니다.
④ 모든 자연수는 정수이다.
⑤ 유리수는 양의 유리수와 음의 유리수로 이루어져 있다.

04 다음 **보기**에서 옳은 것을 모두 고르시오.

보기

ㄱ. 정수는 모두 유리수이다.
ㄴ. 정수는 양의 정수와 음의 정수로 이루어져 있다.
ㄷ. 양의 정수는 자연수이다.
ㄹ. 서로 다른 두 유리수 사이에는 무수히 많은 정수가 있다.

수를 수직선 위에 나타내기

05 다음 중 수직선 위의 점 A, B, C, D, E에 대응하는 수로 옳지 않은 것은?

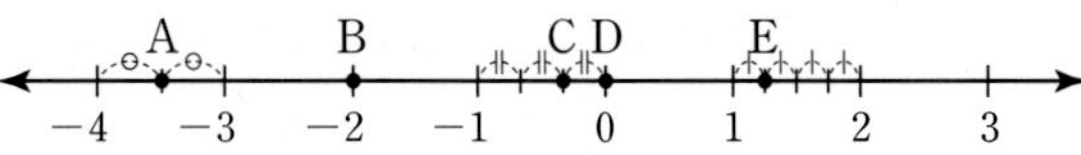

① A : -3.5 ② B : -2 ③ C : $-\frac{1}{3}$
④ D : 0 ⑤ E : $\frac{3}{2}$

06 다음 중 수직선 위의 점 A, B, C, D, E에 대응하는 수에 대한 설명으로 옳지 않은 것은?

A B C D E
−3 −2 −1 0 1 2 3

① 점 A에 대응하는 수는 $-\frac{3}{2}$이다.
② 점 C에 대응하는 수는 분수 꼴로 나타낼 수 없다.
③ 정수는 2개이다.
④ 양의 유리수는 2개이다.
⑤ 정수가 아닌 유리수는 3개이다.

02 절댓값과 수의 대소 관계

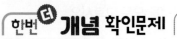

한번 더 개념 확인문제

개념북 ▶ 41쪽~42쪽 | 정답 및 풀이 ▶ 53쪽

01 다음을 구하시오.

(1) $+5$의 절댓값

(2) -8의 절댓값

(3) $+\frac{3}{4}$의 절댓값

(4) -1.5의 절댓값

02 다음을 구하시오.

(1) $|+3|$ (2) $|-7|$

(3) $|+1.2|$ (4) $\left|-\frac{5}{2}\right|$

03 다음을 구하시오.

(1) 절댓값이 10인 수

(2) 절댓값이 $\frac{1}{4}$인 수

(3) 절댓값이 0인 수

(4) 절댓값이 $\frac{3}{5}$인 양수

(5) 절댓값이 0.8인 음수

(6) 원점으로부터 거리가 7인 수

04 다음 ○ 안에 $>$, $<$ 중 알맞은 부등호를 써넣으시오.

(1) 3 ○ -1 (2) $-\frac{1}{2}$ ○ 0

(3) -4 ○ -5 (4) $\frac{2}{3}$ ○ $\frac{3}{4}$

(5) $-\frac{4}{5}$ ○ 1 (6) $-\frac{7}{2}$ ○ $-\frac{5}{3}$

(7) -1.8 ○ -2.5 (8) $-\frac{1}{4}$ ○ -0.3

05 다음을 부등호를 사용하여 나타내시오.

(1) a는 0보다 크다.

(2) a는 -2보다 작거나 같다.

(3) a는 3 초과이다.

(4) a는 $\frac{5}{7}$ 미만이다.

(5) a는 1.9보다 크지 않다.

(6) a는 -5보다 크고 1 이하이다.

(7) a는 $-\frac{1}{2}$보다 작지 않고 3보다 작다.

(8) a는 $-\frac{4}{3}$ 이상 $\frac{1}{2}$ 미만이다.

개념북 ▶ 43쪽~44쪽 | 정답 및 풀이 ▶ 54쪽

절댓값

01 -8의 절댓값을 a, $+2$의 절댓값을 b라 할 때, $a-b$의 값을 구하시오.

02 -5의 절댓값을 a, 절댓값이 11인 수 중 양수를 b라 할 때, $a+b$의 값을 구하시오.

절댓값의 성질

03 다음 수를 절댓값이 작은 수부터 차례대로 나열하시오.

$$\frac{1}{4},\ -1,\ 3.5,\ 0,\ -\frac{5}{7}$$

04 다음 수 중 절댓값이 가장 큰 수는?

① -3　② $-\frac{2}{5}$　③ 2.4
④ 0　⑤ $-\frac{7}{2}$

05 다음 수를 절댓값이 큰 수부터 차례대로 나열할 때, 네 번째에 오는 수를 구하시오.

$$-5,\ \frac{10}{3},\ 0,\ -2.7,\ 2,\ \frac{8}{5}$$

절댓값이 같고 부호가 서로 다른 두 수

06 절댓값이 같고 부호가 서로 다른 두 수를 수직선 위에 나타내면 두 수에 대응하는 두 점 사이의 거리가 10이다. 이때 두 수 중 작은 수를 구하시오.

07 절댓값이 같고 $a>b$인 두 수 a, b를 수직선 위에 나타내면 a, b에 대응하는 두 점 사이의 거리가 24이다. 이때 두 수 a, b를 각각 구하시오.

08 절댓값이 같고 부호가 서로 다른 두 수 a, b가 있다. $a=|-8|$일 때, 수직선에서 a, b에 대응하는 두 점 사이의 거리를 구하시오.

정답 및 풀이 54쪽

수의 대소 관계

09 다음 중 대소 관계가 옳은 것은?

① $0<-2$
② $1.5>\frac{7}{4}$
③ $-\frac{1}{2}>-\frac{2}{3}$
④ $|-1|<0$
⑤ $\left|-\frac{1}{2}\right|<\left|-\frac{1}{3}\right|$

10 다음 수를 작은 수부터 차례대로 나열할 때, 두 번째에 오는 수를 구하시오.

$$2.7,\ \ -5,\ \ +\frac{7}{2},\ \ 0,\ \ -6.5,\ \ -\frac{4}{3}$$

11 다음 수에 대한 설명으로 옳지 않은 것은?

$$-3,\ \ \frac{9}{4},\ \ 1.5,\ \ -\frac{11}{6},\ \ 2,\ \ -2.1$$

① 가장 큰 수는 $\frac{9}{4}$이다.
② 가장 작은 수는 -3이다.
③ 가장 큰 음수는 $-\frac{11}{6}$이다.
④ 2보다 큰 수는 2개이다.
⑤ 절댓값이 가장 작은 수는 1.5이다.

부등호를 사용하여 나타내기

12 다음을 부등호를 사용하여 나타내시오.

a는 -1보다 크고 $\frac{3}{7}$보다 크지 않다.

13 다음 중 옳지 않은 것은?

① x는 0보다 크다. → $x>0$
② x는 6보다 작거나 같다. → $x\le6$
③ x는 $-\frac{3}{2}$ 이상 2 미만이다. → $-\frac{3}{2}\le x<2$
④ x는 1 초과 $\frac{7}{3}$ 이하이다. → $1<x\le\frac{7}{3}$
⑤ x는 -2보다 작지 않고 2보다 크지 않다.
→ $-2<x<2$

두 유리수 사이에 있는 수

14 다음을 만족시키는 정수 x를 모두 구하시오.

(1) $-\frac{5}{3}<x\le5$

(2) $-\frac{9}{4}<x<3$

15 두 유리수 $-\frac{11}{3}$과 $\frac{23}{7}$ 사이에 있는 정수의 개수는?

① 3 ② 4 ③ 5
④ 6 ⑤ 7

16 두 유리수 $-2\frac{2}{5}$와 $1\frac{1}{3}$ 사이에 있는 정수 중 절댓값이 가장 큰 수를 구하시오.

2. 일차방정식

워크북 ▶ 62쪽~63쪽 | 정답 및 풀이 ▶ 37쪽

01

다음 중 문장을 등식으로 나타낸 것으로 옳지 않은 것은?

① 어떤 수 x의 4배에 3을 더한 값은 15이다.
➜ $4x+3=15$

② 한 변의 길이가 a cm인 정사각형의 둘레의 길이는 16 cm이다. ➜ $4a=16$

③ 쿠키 40개를 6명에게 a개씩 나누어 주었더니 4개가 남았다. ➜ $40-6a=4$

④ 시속 x km로 5시간 동안 이동한 거리는 200 km이다. ➜ $5x=200$

⑤ 십의 자리의 숫자가 2, 일의 자리의 숫자가 x인 두 자리의 자연수는 각 자리의 숫자의 합의 2배에 10을 더한 것과 같다. ➜ $10x+2=2(x+2)+10$

02

다음 중 x의 값에 관계없이 항상 참인 등식은?

① $3x-2=x+2$　② $0.1x=2x+11$
③ $0\times x=5$　④ $-x=x-4$
⑤ $3-x=x-2\left(x-\frac{3}{2}\right)$

03 중요

다음 중 [ ] 안의 수가 주어진 방정식의 해가 아닌 것은?

① $x+2=3$ [1]　② $6-x=7$ [-1]
③ $2x=x+6$ [3]　④ $3x+2=x-4$ [-3]
⑤ $2(x-2)=5x+2$ [-2]

04 중요

다음 중 옳은 것을 모두 고르면? (정답 2개)

① $a+2=b$이면 $2a+2=2b$이다.
② $\frac{a}{2}=\frac{b}{3}$이면 $2a=3b$이다.
③ $2a=2b$이면 $a+1=b+1$이다.
④ $2a+3=2b+3$이면 $a=b$이다.
⑤ $a=b$이면 $3a=-3b$이다.

05

등식의 성질 '$a=b$이면 $a-c=b-c$이다.'를 이용하여 방정식 $x+6=-3$을 풀려고 한다. 이때 자연수 c의 값은?

① 1　② 3　③ 6
④ 8　⑤ 9

06

일차방정식 $6x-9=3x-4$를 이항을 이용하여 정리한 후 $ax=b$의 꼴로 고쳤을 때, $b-a$의 값을 구하시오. (단, a, b는 서로소인 자연수)

07

다음 중 일차방정식인 것을 모두 고르면? (정답 2개)

① $3x=-3x+4$　② $1+5x=-4+5x$
③ $x^2-3x+1=2x$　④ $3x-7$
⑤ $3(2x+1)=3x+1$

08

다음 중 일차방정식 $7-4x=15$와 해가 같은 것은?

① $x+3=0$ ② $2x-1=x+3$
③ $5-x=x+7$ ④ $3(x+1)=x-1$
⑤ $4-(x-3)=2(x+2)$

09

일차방정식 $1.2x-0.8=0.3x+1$의 해를 $x=a$라 할 때, 일차방정식 $\frac{5}{6}x=\frac{1}{3}x+a$의 해를 구하시오.

10

다음 일차방정식의 해를 구하시오.

$$0.4(x-1)-0.3=\frac{1}{2}(x+1)$$

11

비례식 $(x+2):3=(2x+1):2$를 만족시키는 x의 값을 구하시오.

12 중요

x에 대한 일차방정식 $a(x-2)+3=5$의 해가 $x=3$일 때, 상수 a의 값은?

① 1 ② 2 ③ 3
④ 4 ⑤ 5

13

일차방정식 $\frac{1}{2}x+a=\frac{1}{5}x-1$의 해가 일차방정식 $3(x-5)=x+1$의 해보다 2만큼 클 때, 상수 a의 값을 구하시오.

14

일차방정식 $2(x-1)-3x=-4$를 푸는데 1을 다른 수로 잘못 보고 풀었더니 해가 $x=-2$이었다. 이때 1을 어떤 수로 잘못 본 것인가?

① 3 ② 4 ③ 5
④ 7 ⑤ 8

15 중요

연속하는 세 홀수의 합이 51일 때, 세 홀수 중 가장 큰 수를 구하시오.

정답 및 풀이 ▶ 37쪽

16

학생들에게 귤을 나누어 주려고 하는데 한 학생에게 3개씩 나누어 주면 8개가 남고, 4개씩 나누어 주면 12개가 부족하다고 할 때, 귤은 모두 몇 개인지 구하시오.

17

어느 미술관의 입장료가 성인은 4000원, 청소년은 2500원이라 한다. 성인과 청소년을 합하여 20명이 입장하고 56000원을 냈을 때, 입장한 청소년은 모두 몇 명인지 구하시오.

18

어떤 문서를 컴퓨터로 입력하는 작업을 하는 데 세정이는 4시간, 유화는 6시간이 걸린다고 한다. 세정이와 유화가 함께 입력하면 이 작업을 완성하는 데 몇 시간 몇 분이 걸리는지 구하시오.

19

어느 중학교의 작년의 전체 학생 수는 300명이었다. 올해 남학생 수는 5 % 감소하고, 여학생 수는 10 % 증가하여 전체 학생 수가 6명이 늘었을 때, 다음 물음에 답하시오.

(1) 작년의 여학생 수를 구하시오.

(2) 올해의 여학생 수를 구하시오.

20

방학 때 소진이는 시골에 계시는 할아버지 댁으로 놀러 갔다. 할아버지는 염소, 오리, 닭을 키우기 위해 빈 땅에 울타리를 치려고 철사로 된 그물망의 길이를 계산하고 계셨다. 할아버지가 만들 울타리가 다음과 같을 때, 울타리를 친 전체 땅의 넓이를 구하시오. (단, 그물망이 겹치는 경우는 생각하지 않는다.)

(가) 필요한 그물망의 전체 길이는 40 m이다.
(나) 전체 울타리는 직사각형 모양으로 만들고, 위의 그림과 같이 직사각형 모양의 세 칸으로 나누어 그 사이에도 울타리를 친다.
(다) 울타리를 친 전체 땅의 가로와 세로의 길이의 비는 1 : 2이다.

21

창의·융합 수학+문학

인도의 수학자 바스카라는 외동딸을 위해 아름다운 문장으로 책을 썼다. 다음은 그 내용의 일부이다. 처음 참새는 몇 마리인지 구하시오.

선녀같이 아름다운 눈동자의 아가씨여!
참새 몇 마리가 들판에서 놀고 있는데 두 마리가 더 날아왔어요.
그리고 전체의 다섯 배가 되는 귀여운 참새 떼가 더 날아와서 함께 놀았어요.
저녁노을이 질 무렵, 열 마리의 참새가 숲으로 돌아가고 남은 참새 스무 마리는 밀밭으로 숨었대요.
처음 참새는 몇 마리였는지 내게 말해 주세요.

정답 및 풀이 ▶ 38쪽

01

두 일차방정식 $2x-6=0$과 $ax+3=x-1$의 해가 같을 때, 상수 a의 값을 구하시오. [6점]

풀이

채점 기준 1 일차방정식 $2x-6=0$의 해 구하기 … 3점

채점 기준 2 a의 값 구하기 … 3점

풀이

답

01-1

한번 더

두 일차방정식 $\frac{x-5}{3}=\frac{x-4}{2}$와

$\frac{1}{4}(x+2)=\frac{3}{5}x+a$의 해가 같을 때, 상수 a의 값을 구하시오. [6점]

풀이

채점 기준 1 일차방정식 $\frac{x-5}{3}=\frac{x-4}{2}$의 해 구하기 … 3점

채점 기준 2 a의 값 구하기 … 3점

답

02

다음 등식이 x에 대한 항등식이 되기 위한 상수 a, b의 값을 각각 구하시오. [5점]

$$ax-3=2(x-2)+b$$

풀이

답

03

x에 대한 일차방정식 $5(x-2)=2(1-x)-a$의 해가 자연수일 때, 자연수 a의 값과 일차방정식의 해를 각각 구하시오. [7점]

풀이

답

04

은주는 매일 집에서 학교까지 등교할 때는 시속 60 km로 달리는 승용차를 타고 가고, 하교할 때는 같은 길을 시속 40 km로 달리는 버스를 타고 온다. 하교 시간이 등교 시간보다 10분이 더 걸린다고 할 때, 은주네 집에서 학교까지의 거리를 구하시오. [6점]

풀이

답

01. 정수와 유리수
02. 절댓값과 수의 대소 관계

개념북 ▶ 45쪽 | 정답 및 풀이 ▶ 55쪽

01

다음 중 **보기**의 수에 대한 설명으로 옳지 않은 것은?

보기

$-\frac{3}{4}$, $+4$, 0, -2, $+\frac{6}{2}$, -1.5

① 가장 작은 수는 -2이다.

② 음의 유리수는 3개이다.

③ 정수는 3개이다.

④ 절댓값이 2보다 큰 수는 2개이다.

⑤ 수직선에서 -1에 가장 가까운 수는 $-\frac{3}{4}$이다.

02

수직선에서 -7과 3에 대응하는 점으로부터 같은 거리에 있는 점에 대응하는 수를 구하시오.

03

다음 중 옳은 것은?

① 가장 작은 정수는 0이다.
② 절댓값이 가장 작은 정수는 1과 -1이다.
③ 유리수는 절댓값이 클수록 크다.
④ 모든 유리수는 정수이다.
⑤ 서로 다른 두 유리수 사이에는 무수히 많은 유리수가 있다.

04

다음 수를 수직선 위에 나타내었을 때, 원점에서 가장 가까운 점에 대응하는 수를 구하시오.

$\frac{5}{3}$, -1.7, $+3.4$, $-\frac{3}{2}$, 1

05

두 수 a, b의 절댓값이 같고 a가 b보다 18만큼 클 때, a, b의 값을 각각 구하시오.

06

다음 중 ◯ 안에 들어갈 부등호가 나머지 넷과 다른 하나는?

① -0.5 ◯ -0.8
② $\frac{5}{2}$ ◯ $\frac{7}{3}$
③ $\left|-\frac{1}{2}\right|$ ◯ $\frac{7}{10}$
④ 13 ◯ $\left|-\frac{34}{3}\right|$
⑤ $|-4.2|$ ◯ $\left|-\frac{11}{3}\right|$

07

$-\frac{19}{4}$보다 큰 음의 정수의 개수를 a, -2보다 작지 않고 5 이하인 정수의 개수를 b라 할 때, $a+b$의 값은?

① 11 ② 12 ③ 13
④ 14 ⑤ 15

08

두 유리수 $-\frac{4}{3}$와 $\frac{1}{4}$ 사이에 있는 정수가 아닌 유리수 중 분모가 12인 기약분수는 모두 몇 개인지 구하시오.

01

다음 중 부호 $+$, $-$를 사용하여 나타낸 것으로 옳지 않은 것은?

① 현재 기온은 영상 16 ℃이다. ➔ $+16$ ℃
② 키가 작년보다 3 cm 컸다. ➔ $+3$ cm
③ 저금통에 1000원을 저축하였다. ➔ -1000원
④ 모아 둔 스티커 2장을 잃어버렸다. ➔ -2장
⑤ 오늘은 여행가기 5일 전이다. ➔ -5일

02

다음 중 자연수가 아닌 정수를 모두 고르면? (정답 2개)

① $-\frac{2}{13}$ ② 7 ③ 0
④ 1.5 ⑤ -4

03

다음 중 **보기**의 수에 대한 설명으로 옳지 않은 것은?

• 보기 •
-2.1, 3, $+\frac{1}{2}$, $-\frac{5}{3}$, 0, $-\frac{12}{4}$, $+5.5$

① 정수는 3개이다.
② 유리수는 7개이다.
③ 양의 유리수는 3개이다.
④ 음의 유리수는 3개이다.
⑤ 정수가 아닌 유리수는 5개이다.

04

다음 설명 중 옳지 않은 것은?

① 모든 정수는 유리수이다.
② 자연수는 양의 정수이다.
③ 0은 양수도 음수도 아니다.
④ 양의 정수와 음의 정수를 통틀어 정수라 한다.
⑤ 모든 유리수는 분수 꼴로 나타낼 수 있다.

05

수직선에서 절댓값이 $\frac{7}{2}$인 수에 대응하는 두 점 사이의 거리는?

① 0 ② $\frac{7}{4}$ ③ $\frac{7}{2}$
④ 5 ⑤ 7

06

다음 중 절댓값이 가장 작은 수는?

① $\frac{1}{2}$ ② -0.3 ③ $\frac{2}{3}$
④ -1 ⑤ $-\frac{3}{4}$

07

다음 수를 수직선 위에 나타내었을 때, 가장 오른쪽에 있는 점에 대응하는 수는?

① 1.5 ② $-\frac{5}{2}$ ③ 0
④ $\frac{12}{5}$ ⑤ -3.4

08

다음 중 대소 관계가 옳은 것은?

① $-4>-2$　② $|-9|<3$

③ $\frac{2}{3}>\frac{3}{4}$　④ $-\frac{5}{2}<-\frac{8}{3}$

⑤ $\frac{7}{5}>|-1.3|$

09

다음 중 옳지 않은 것은?

① x는 3보다 크거나 같다. ➜ $x\geq3$

② x는 -2 이상 $\frac{1}{2}$ 미만이다. ➜ $-2\leq x<\frac{1}{2}$

③ x는 -5 초과이고 1보다 작다. ➜ $-5<x<1$

④ x는 $\frac{2}{3}$보다 작지 않고 4 이하이다. ➜ $\frac{2}{3}<x\leq4$

⑤ x는 -7보다 크고 $\frac{1}{3}$보다 크지 않다. ➜ $-7<x\leq\frac{1}{3}$

10

두 유리수 -0.5와 $\frac{10}{3}$ 사이에 있는 정수의 개수를 구하시오.

11

두 유리수 $-\frac{1}{2}$과 $\frac{4}{3}$ 사이에 있는 정수가 아닌 유리수 중 분모가 6인 분수의 개수를 구하시오.

서술형 문제

12

수직선 위의 두 점 A, B에 대응하는 수를 각각 a, b라 할 때, $|a|=|b|$이고, 두 점 A, B 사이의 거리는 12이다. 이때 $|a|$의 값을 구하시오. [6점]

풀이

답

13

다음 조건을 모두 만족시키는 서로 다른 세 수 a, b, c를 작은 수부터 차례대로 나열하시오. [6점]

(가) b는 음수이다.
(나) a는 b보다 작다.
(다) a와 c에 대응하는 두 점은 원점으로부터 같은 거리에 있다.

풀이

답

유리수의 덧셈과 뺄셈

한번 더 개념 확인문제

01 수직선을 이용하여 두 수의 덧셈을 할 때, 다음 수직선으로 설명할 수 있는 덧셈식을 쓰시오.

(1)

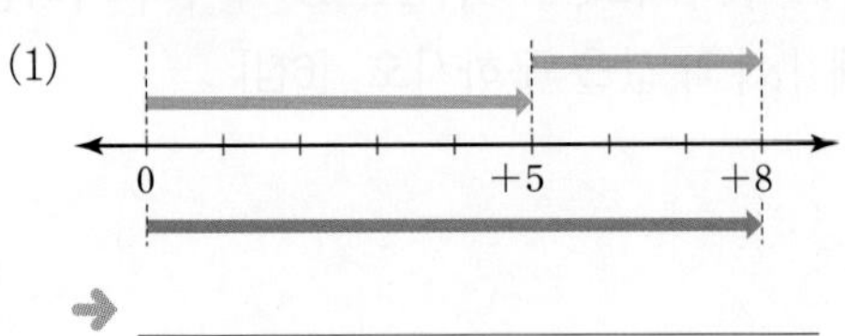

➜ ____________________

(2)

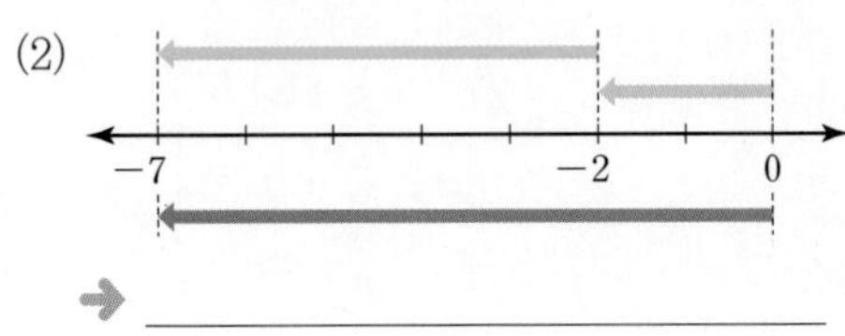

➜ ____________________

(3)

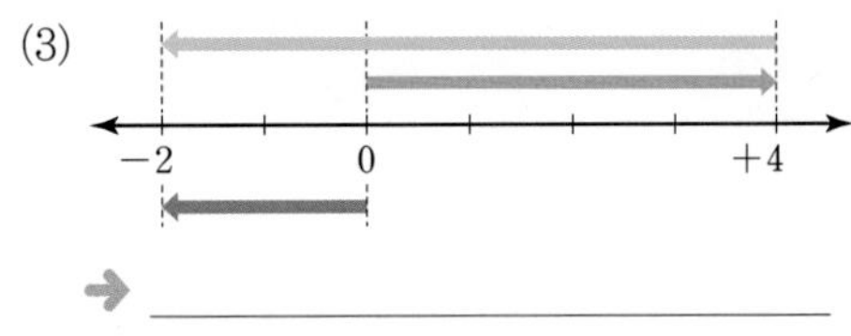

➜ ____________________

(4)

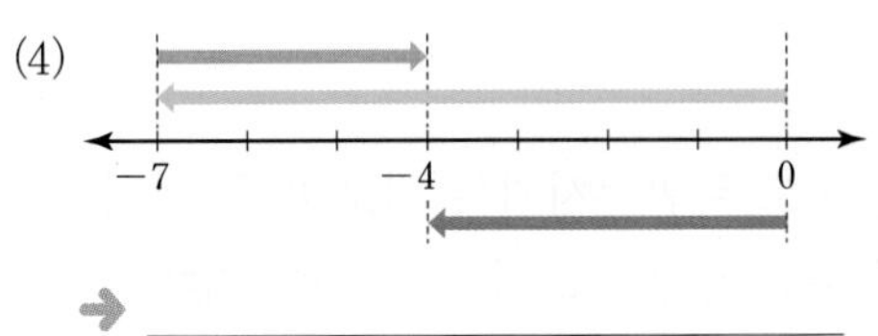

➜ ____________________

02 다음을 계산하시오.

(1) $(+3)+(+2)$

(2) $(-7)+(-3)$

(3) $(+9)+(-5)$

(4) $(-12)+(+6)$

03 다음을 계산하시오.

(1) $\left(+\frac{1}{2}\right)+\left(+\frac{5}{2}\right)$

(2) $\left(-\frac{1}{3}\right)+\left(+\frac{3}{2}\right)$

(3) $(-3.3)+(-2.7)$

(4) $(+2.5)+(-4.5)$

(5) $\left(-\frac{3}{5}\right)+(+0.7)$

04 다음 계산 과정에서 ㉠, ㉡에 이용된 덧셈의 계산 법칙을 각각 말하시오.

$$\begin{aligned}&(-1.3)+(+7)+(-3.7)\\&=(-1.3)+(-3.7)+(+7) \quad ㉠\\&=\{(-1.3)+(-3.7)\}+(+7) \quad ㉡\\&=(-5)+(+7)\\&=+2\end{aligned}$$

05 덧셈의 계산 법칙을 이용하여 다음을 계산하시오.

(1) $(-10)+(+5)+(+10)$

(2) $\left(+\frac{2}{5}\right)+(-1)+\left(-\frac{7}{5}\right)$

(3) $(-4.7)+\left(+\frac{1}{2}\right)+(-1.3)$

06 다음을 계산하시오.

(1) $(+6)-(+9)$

(2) $(-3)-(+5)$

(3) $(+5)-(-7)$

(4) $(-8)-(-10)$

(5) $(+12)-(-3)$

(6) $(-15)-(-8)$

07 다음을 계산하시오.

(1) $\left(+\frac{1}{8}\right)-\left(-\frac{3}{4}\right)$

(2) $\left(-\frac{1}{2}\right)-\left(-\frac{9}{2}\right)$

(3) $\left(-\frac{4}{3}\right)-\left(+\frac{1}{6}\right)$

(4) $(+3.9)-(+4.3)$

(5) $(-4.6)-(-6.7)$

(6) $(-7.5)-\left(+\frac{1}{2}\right)$

08 다음을 계산하시오.

(1) $(+2)+(-3)-(-7)$

(2) $(-7)-(+2)+(-5)$

(3) $\left(-\frac{3}{4}\right)+\left(+\frac{5}{2}\right)-\left(-\frac{5}{4}\right)$

(4) $\left(-\frac{1}{2}\right)-\left(-\frac{1}{3}\right)-\left(+\frac{1}{4}\right)$

(5) $(+5.3)+(-2.8)-(-1.5)$

(6) $(-1.2)-(-3.4)+(-1.7)$

09 다음을 계산하시오.

(1) $-3+1+4$

(2) $7-2+3-11$

(3) $\frac{3}{2}-\frac{2}{3}+\frac{1}{6}$

(4) $\frac{3}{4}-\frac{5}{2}-\frac{1}{3}+\frac{3}{2}$

(5) $1.8+4.5-7.3$

(6) $-2+3.7-1.2+5$

유리수의 덧셈

01 다음 중 계산 결과가 옳지 않은 것은?

① $(+7)+(+3)=10$
② $(-7)+(-11)=-18$
③ $\left(-\frac{3}{2}\right)+\left(-\frac{5}{2}\right)=-3$
④ $\left(-\frac{2}{5}\right)+\left(+\frac{3}{10}\right)=-\frac{1}{10}$
⑤ $(+4.3)+(-2.7)=1.6$

02 다음 중 계산 결과가 가장 작은 것은?

① $(+3)+(-4)$　② $(-1)+\left(-\frac{3}{2}\right)$
③ $(-2)+\left(+\frac{3}{4}\right)$　④ $(+2)+(+1.5)$
⑤ $(-3.5)+(+1.2)$

03 $a=(-3.2)+(-1.8)$, $b=\left(-\frac{1}{3}\right)+\left(+\frac{11}{6}\right)$일 때, $a+b$의 값을 구하시오.

수직선을 이용한 두 수의 덧셈

04 다음 수직선으로 설명할 수 있는 덧셈식은?

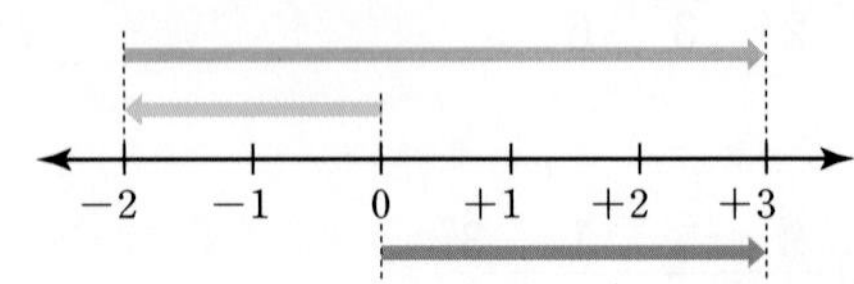

① $(-2)+(-6)=-8$
② $(-2)+(+3)=+1$
③ $(-2)+(+5)=+3$
④ $(+3)+(-5)=-2$
⑤ $(+3)+(+2)=+5$

05 다음 수직선으로 설명할 수 있는 덧셈식은?

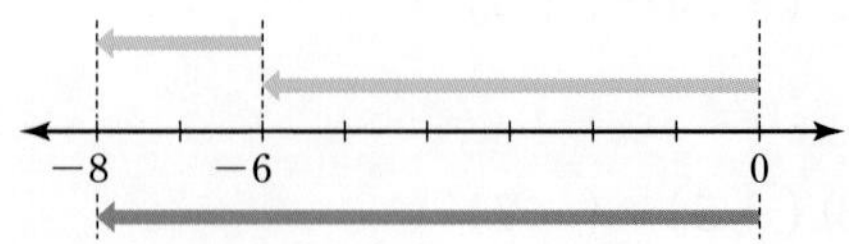

① $(-6)+(-8)=-14$
② $(-6)+(-2)=-8$
③ $(+6)+(-8)=-2$
④ $(+6)+(+2)=+8$
⑤ $(+6)+(+8)=+14$

유리수의 뺄셈

06 다음 중 계산 결과가 옳지 않은 것은?

① $(+2)-(+11)=-9$
② $(-7)-(-5)=-2$
③ $\left(-\frac{1}{3}\right)-\left(-\frac{4}{3}\right)=-\frac{5}{3}$
④ $\left(-\frac{3}{4}\right)-\left(+\frac{1}{2}\right)=-\frac{5}{4}$
⑤ $(+2.5)-(+1.3)=1.2$

07 $a=\left(-\frac{7}{2}\right)-\left(+\frac{1}{2}\right)$, $b=(+1)-(-6)$일 때, $a-b$의 값을 구하시오.

08 다음 중 가장 큰 수와 가장 작은 수의 차를 구하시오.

$-\frac{7}{2}$,　$+1$,　$+\frac{3}{4}$,　-2,　$+2.5$

덧셈과 뺄셈의 혼합 계산

09 다음을 계산하시오.

$$(-0.25)+\left(+\frac{1}{12}\right)-\left(-\frac{5}{6}\right)+\left(-\frac{2}{3}\right)$$

10 $a=(+4)+(-7)-(-12)+(-15)$,
$b=\left(+\frac{1}{3}\right)+\left(-\frac{1}{2}\right)+\left(+\frac{3}{2}\right)+\left(-\frac{5}{6}\right)$일 때,
$a-b$의 값을 구하시오.

부호가 생략된 수의 혼합 계산

11 다음 중 계산 결과가 가장 큰 것은?

① $-3+5-4$
② $2-8+5$
③ $-9-2+7$
④ $1.2-3.7+2$
⑤ $-1+\frac{1}{2}-\frac{5}{4}$

12 $\frac{3}{4}-\frac{1}{3}-\frac{1}{2}+\frac{5}{6}$를 계산하시오.

13 $a=-\frac{1}{2}+\frac{3}{2}-\frac{1}{3}+\frac{1}{6}$, $b=-7+3-5+8$일 때, $a+b$의 값을 구하시오.

어떤 수보다 □만큼 큰 수, 작은 수

14 다음 수 중 나머지 넷과 다른 하나는?

① 1보다 3만큼 큰 수
② 6보다 2만큼 작은 수
③ 8보다 -4만큼 작은 수
④ -1보다 5만큼 큰 수
⑤ -3보다 -7만큼 작은 수

15 3보다 7만큼 작은 수를 a, -1보다 -4만큼 큰 수를 b라 할 때, $a+b$의 값을 구하시오.

16 -5보다 $\frac{3}{2}$만큼 큰 수를 a, $-\frac{7}{2}$보다 $-\frac{1}{6}$만큼 작은 수를 b라 할 때, a, b의 값을 각각 구하시오.

덧셈과 뺄셈 사이의 관계

17 다음 □ 안에 알맞은 수를 구하시오.

$$\square+\left(-\frac{7}{4}\right)=-\frac{11}{6}$$

18 $\square-(-1)=\frac{1}{2}$일 때, □ 안에 알맞은 수를 구하시오.

바르게 계산한 답 구하기

19 어떤 수에서 -2를 빼야 할 것을 잘못하여 더했더니 그 결과가 $\frac{2}{3}$가 되었다. 어떤 수를 구하시오.

20 어떤 수에 $\frac{1}{3}$을 더해야 할 것을 잘못하여 뺐더니 그 결과가 $-\frac{1}{2}$이 되었다. 다음 물음에 답하시오.

(1) 어떤 수를 구하시오.

(2) 바르게 계산한 답을 구하시오.

21 $\frac{3}{4}$에서 어떤 수를 빼야 할 것을 잘못하여 더했더니 그 결과가 $-\frac{5}{2}$가 되었다. 바르게 계산한 답을 구하시오.

절댓값이 주어진 두 수의 덧셈과 뺄셈

22 x의 절댓값은 1이고, y의 절댓값은 5이다. 다음을 구하시오.

(1) $x+y$의 값 중 가장 큰 값

(2) $x+y$의 값 중 가장 작은 값

23 x의 절댓값은 7, y의 절댓값은 3일 때, $x+y$의 값 중 가장 큰 값을 구하시오.

24 $|x|=4$, $|y|=9$일 때, $x-y$의 값 중 가장 작은 값을 구하시오.

01

$a=\left(-\frac{2}{3}\right)+\left(+\frac{5}{6}\right)$, $b=\left(-\frac{1}{2}\right)-\left(-\frac{3}{4}\right)-\left(+\frac{2}{3}\right)$ 일 때, $a+b$의 값은?

① $-\frac{7}{12}$ ② $-\frac{1}{4}$ ③ $\frac{1}{4}$
④ $\frac{7}{12}$ ⑤ $\frac{3}{4}$

02

다음 수 중 절댓값이 가장 큰 수를 a, 절댓값이 가장 작은 수를 b라 할 때, $a+b$의 값을 구하시오.

$2.4,\ -3,\ -\frac{7}{2},\ \frac{1}{3},\ -\frac{5}{6}$

03

다음은 어느 날 부산의 기온을 3시간마다 측정하여 나타낸 것이다. 측정된 기온 중 최고 기온과 최저 기온의 차를 구하시오.

시각	6시	9시	12시	15시	18시
기온(℃)	-5	-2	6	8	1

04

-2보다 3만큼 작은 수를 a, -5보다 2만큼 큰 수를 b라 할 때, $b-a$의 값은?

① -2 ② -1 ③ 0
④ 1 ⑤ 2

05

$|x|=\frac{1}{2}$, $|y|=\frac{1}{6}$일 때, $x-y$의 값 중 가장 큰 값은?

① $\frac{1}{6}$ ② $\frac{1}{3}$ ③ $\frac{1}{2}$
④ $\frac{2}{3}$ ⑤ $\frac{5}{6}$

06

$\frac{3}{2}-\frac{5}{3}-2+\frac{1}{3}$의 계산 결과에 가장 가까운 정수는?

① -2 ② -1 ③ 0
④ 1 ⑤ 2

07

어떤 수에 $-\frac{5}{4}$를 더해야 할 것을 잘못하여 뺐더니 그 결과가 $\frac{1}{6}$이 되었다. 바르게 계산한 답을 구하시오.

08

오른쪽 그림과 같은 삼각형의 각 변에 놓인 세 수의 합이 모두 같을 때, $a-b$의 값을 구하시오.

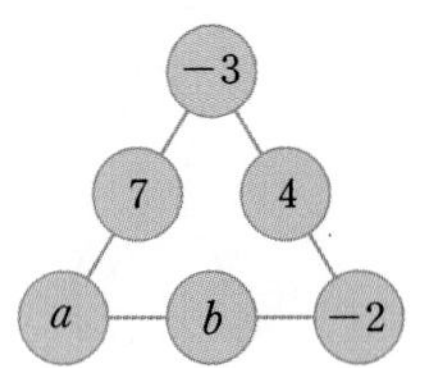

유리수의 곱셈

한번 더 개념 확인문제

01 다음을 계산하시오.

(1) $(+3)\times(+5)$

(2) $(-5)\times(-7)$

(3) $(+8)\times(-3)$

(4) $(-6)\times(+5)$

(5) $(-13)\times(-4)$

(6) $(+15)\times(-6)$

02 다음을 계산하시오.

(1) $\left(+\frac{1}{2}\right)\times\left(+\frac{2}{5}\right)$

(2) $(+15)\times\left(-\frac{2}{3}\right)$

(3) $\left(-\frac{3}{7}\right)\times(+21)$

(4) $\left(-\frac{5}{4}\right)\times\left(-\frac{8}{5}\right)$

(5) $\left(+\frac{7}{2}\right)\times\left(-\frac{2}{7}\right)$

(6) $\left(-\frac{5}{3}\right)\times\left(-\frac{9}{10}\right)$

03 다음을 계산하시오.

(1) $(+2.5)\times(-0.6)$

(2) $(-5)\times(-1.8)$

(3) $(-3.9)\times\left(+\frac{10}{13}\right)$

(4) $0\times\left(-\frac{5}{8}\right)$

04 다음 계산 과정에서 ㉠, ㉡에 이용된 곱셈의 계산 법칙을 각각 말하시오.

$$\left(-\frac{8}{5}\right)\times(+9)\times\left(+\frac{15}{2}\right)$$
$$=\left(-\frac{8}{5}\right)\times\left(+\frac{15}{2}\right)\times(+9) \quad ㉠$$
$$=\left\{\left(-\frac{8}{5}\right)\times\left(+\frac{15}{2}\right)\right\}\times(+9) \quad ㉡$$
$$=(-12)\times(+9)=-108$$

05 곱셈의 계산 법칙을 이용하여 다음을 계산하시오.

(1) $(+4)\times(+9)\times(-25)$

(2) $(-5)\times(+7.3)\times(-2)$

(3) $\left(-\frac{4}{3}\right)\times(-5)\times\left(-\frac{9}{2}\right)$

06 다음을 계산하시오.

(1) $(+1)\times(-1)\times(+7)$

(2) $(+3)\times(-7)\times(-5)$

(3) $(-2)\times(-5)\times(-6)$

(4) $(-8)\times(+4)\times(-3)$

07 다음을 계산하시오.

(1) $\left(-\frac{1}{2}\right)\times\left(+\frac{1}{3}\right)\times\left(+\frac{2}{3}\right)$

(2) $\left(-\frac{8}{5}\right)\times(-2)\times\left(+\frac{15}{4}\right)$

(3) $(-6)\times\left(+\frac{2}{3}\right)\times\left(-\frac{5}{4}\right)$

(4) $\left(-\frac{2}{7}\right)\times(-1.4)\times(-15)$

08 다음을 계산하시오.

(1) $(+6)\times(-1)\times(+3)\times(-5)$

(2) $(-10)\times\left(+\frac{1}{2}\right)\times\left(-\frac{3}{5}\right)\times\left(-\frac{4}{3}\right)$

09 다음을 계산하시오.

(1) $(-5)^2$

(2) -5^2

(3) $(-3)^3$

(4) -3^3

(5) $\left(-\frac{1}{4}\right)^2$

(6) $\left(-\frac{1}{2}\right)^3$

(7) $\left(-\frac{2}{3}\right)^4$

(8) $-\left(\frac{1}{3}\right)^4$

(9) $-(-2)^5$

(10) $-(-1)^{10}$

10 분배법칙을 이용하여 다음을 계산하시오.

(1) $15\times(100+6)$

(2) $43\times\frac{2}{9}+43\times\left(-\frac{11}{9}\right)$

(3) $\left\{\left(-\frac{1}{2}\right)+\frac{9}{14}\right\}\times(-28)$

(4) $10.2\times\frac{7}{3}+(-1.2)\times\frac{7}{3}$

유리수의 곱셈

01 다음 중 계산 결과가 옳지 않은 것은?

① $\left(-\frac{4}{5}\right)\times(-2)=\frac{8}{5}$

② $\left(-\frac{2}{7}\right)\times(+14)=-4$

③ $\left(+\frac{7}{3}\right)\times\left(-\frac{5}{7}\right)=-\frac{5}{3}$

④ $\left(+\frac{4}{5}\right)\times\left(-\frac{1}{2}\right)=\frac{2}{5}$

⑤ $(-9)\times\left(+\frac{2}{3}\right)=-6$

02 다음 중 계산 결과가 나머지 넷과 다른 하나는?

① $(+2)\times(+6)$ ② $(-3)\times(-4)$

③ $\left(+\frac{6}{5}\right)\times(+10)$ ④ $(-0.5)\times(-24)$

⑤ $\left(-\frac{4}{3}\right)\times(-4.5)$

03 다음 중 계산 결과가 가장 큰 것은?

① $(-8)\times(+6)$ ② $(-12)\times0$

③ $(+48)\times\left(-\frac{1}{12}\right)$ ④ $\left(-\frac{4}{3}\right)\times\left(-\frac{1}{4}\right)$

⑤ $(-0.2)\times(-5)$

04 $A=\left(-\frac{7}{3}\right)\times\left(-\frac{9}{14}\right)$, $B=(-0.2)\times\left(+\frac{5}{4}\right)$일 때, $A\times B$의 값을 구하시오.

05 다음 중 가장 큰 수와 가장 작은 수의 곱을 구하시오.

$$-3,\quad \frac{5}{4},\quad -\frac{7}{2},\quad 1,\quad \frac{10}{7}$$

세 수 이상의 유리수의 곱셈

06 $\left(-\frac{5}{3}\right)\times\left(-\frac{2}{15}\right)\times\left(+\frac{9}{4}\right)$를 계산하면?

① -1 ② $-\frac{1}{2}$ ③ $\frac{1}{2}$

④ 1 ⑤ $\frac{3}{2}$

07 $A=\left(-\frac{2}{3}\right)\times\left(-\frac{2}{9}\right)\times(-3)$,

$B=\left(+\frac{3}{7}\right)\times(-35)\times\left(-\frac{3}{5}\right)$일 때,

$A\times B$의 값을 구하시오.

08 다음을 계산하시오.

$$\left(-\frac{1}{3}\right)\times\left(-\frac{3}{5}\right)\times\left(-\frac{5}{7}\right)\times(-14)$$

거듭제곱의 계산

09 다음 중 옳지 않은 것은?

① $\left(-\frac{1}{5}\right)^2=\frac{1}{25}$　② $\left(-\frac{3}{2}\right)^2=\frac{9}{4}$

③ $-2^2=4$　④ $-\left(-\frac{1}{2}\right)^2=-\frac{1}{4}$

⑤ $(-3)^3=-27$

10 다음 중 계산 결과가 나머지 넷과 다른 하나는?

① $-(-2)^2$　② -2^2　③ $(-1)^3\times 2^2$
④ $-2-2$　⑤ $(-2)^2$

11 다음을 계산하시오.

(1) $(-3)^2\times(-6)$

(2) $-2^3\times\left(-\frac{1}{2}\right)^3$

(3) $5\times\left(-\frac{1}{3}\right)^2\times\left(-\frac{1}{10}\right)$

(4) $4\times(-2)^2\times 5\times(-1)^4$

12 다음 중 계산 결과가 가장 작은 것은?

① $\left(-\frac{1}{2}\right)^3\times(-1)^2$

② $\left(-\frac{1}{3}\right)^2\times(-1)^2$

③ $-1^8\times 2^3$

④ $-4^2\times(-1)^3$

⑤ $-(-3)^2\times(-1)^4$

13 다음을 계산하면?

$$-(-1)+(-1)^2+(-1)^3-(-1)^4$$

① -2　② -1　③ 0
④ 1　⑤ 2

분배법칙

14 유리수 a, b, c에 대하여 $a\times b=4$, $a\times(b+c)=10$일 때, $a\times c$의 값을 구하시오.

15 분배법칙을 이용하여 $\left(\frac{4}{7}-\frac{2}{5}\right)\times(-35)$를 계산하시오.

16 다음 식을 만족시키는 유리수 a, b의 값을 각각 구하시오.

$$(-8.7)\times(-15.7)+(-8.7)\times(+5.7)$$
$$=(-8.7)\times a=b$$

03 유리수의 나눗셈과 혼합 계산

한번 더 개념 확인문제

01 다음을 계산하시오.

(1) $(+35)\div(+7)$

(2) $(-20)\div(-5)$

(3) $(+12)\div(-3)$

(4) $(-28)\div(+4)$

(5) $(+48)\div(+6)$

(6) $(-72)\div(-8)$

(7) $(+50)\div(-10)$

(8) $(-81)\div(+9)$

(9) $0\div(+5)$

(10) $0\div(-2)$

02 다음 수의 역수를 구하시오.

(1) -2 (2) 5

(3) $-\frac{2}{5}$ (4) $\frac{1}{3}$

(5) $-1\frac{2}{7}$ (6) $3\frac{1}{2}$

(7) -0.3 (8) 1.2

03 다음을 계산하시오.

(1) $(+8)\div\left(+\frac{1}{2}\right)$

(2) $(+10)\div\left(-\frac{5}{4}\right)$

(3) $\left(-\frac{2}{3}\right)\div(+6)$

(4) $\left(-\frac{6}{5}\right)\div\left(-\frac{1}{10}\right)$

(5) $\left(+\frac{5}{4}\right)\div\left(-\frac{5}{3}\right)$

(6) $\left(-\frac{9}{2}\right)\div\left(-\frac{3}{2}\right)$

(7) $(-5.6)\div(+0.7)$

(8) $(+9)\div(-1.5)$

(9) $(-2.4)\div\left(-\frac{3}{5}\right)$

(10) $0\div\left(-\frac{2}{7}\right)$

04 다음을 계산하시오.

(1) $(+7)\div\left(-\frac{7}{6}\right)\div\left(-\frac{2}{5}\right)$

(2) $\left(-\frac{2}{3}\right)\div(-0.8)\div\left(-\frac{1}{4}\right)$

05 다음을 계산하시오.

(1) $(+6)\times(-5)\div(+10)$

(2) $(+2)\div\left(-\frac{2}{5}\right)\times(-8)$

(3) $\left(-\frac{1}{8}\right)\times(-4)\div(-2)$

(4) $(-16)\times\left(+\frac{1}{16}\right)\div\left(-\frac{1}{3}\right)$

(5) $\left(-\frac{9}{2}\right)\div\left(-\frac{3}{8}\right)\times\left(-\frac{5}{6}\right)$

06 다음을 계산하시오.

(1) $(-1)\times(+2)^3\div(-2)^3$

(2) $\left(+\frac{2}{3}\right)^2\times(-4)\div\left(-\frac{8}{9}\right)$

(3) $\left(-\frac{2}{5}\right)\div\left(-\frac{3}{5}\right)\times(-2)^2$

(4) $(-2^2)\div\left(-\frac{4}{9}\right)\times\left(-\frac{2}{3}\right)$

(5) $(-1)^4\div(-2)^2\times(-1)^3\div\left(-\frac{1}{2}\right)^2$

07 다음을 계산하시오.

(1) $\left(-\frac{1}{2}\right)^2\times8-7\div\frac{21}{2}$

(2) $1-(-2)\times\frac{2}{5}\div\left(-\frac{2}{5}\right)$

(3) $\frac{2}{3}-\left(-\frac{1}{2}\right)^2\div\left(-\frac{3}{4}\right)-(-1)$

(4) $10-16\div\left(-\frac{2}{3}\right)^4\times\left(-\frac{2}{9}\right)$

(5) $-3^2+(-4)^2\div\left(4\div\frac{2}{3}-7\right)$

08 다음을 계산하시오.

(1) $\{6-(-2)^4\}\div(-5)+3$

(2) $5-10\div\left\{(-3)^2\times\frac{2}{9}\right\}$

(3) $(-1)^3\times\left\{\left(\frac{2}{3}-\frac{1}{5}\right)\div\frac{1}{15}\right\}$

(4) $8-\left\{4\div\frac{8}{9}-(-2)^2\times\left(-\frac{1}{8}\right)\right\}\div\frac{1}{2}$

(5) $\frac{4}{5}\div(-2)^2-\left\{\frac{3}{4}+\left(-\frac{1}{2}\right)^3\div\left(-\frac{1}{2}\right)\right\}$

역수

01 다음 중 두 수가 서로 역수 관계인 것은?

① $-2,\ \frac{1}{2}$　② $1,\ -1$　③ $-\frac{3}{5},\ -\frac{5}{3}$

④ $-0.2,\ -\frac{1}{5}$　⑤ $3,\ -3$

02 $\frac{9}{4}$의 역수를 a, $-4\frac{1}{2}$의 역수를 b라 할 때, $a-b$의 값을 구하시오.

03 -0.4의 역수를 a, $2\frac{1}{2}$의 역수를 b라 할 때, $a\times b$의 값을 구하시오.

유리수의 나눗셈

04 다음 중 계산 결과가 옳지 <u>않은</u> 것은?

① $(+35)\div(-7)=-5$

② $0\div(-5.2)=0$

③ $(-2.7)\div(-0.3)=9$

④ $(+10)\div\left(+\frac{5}{2}\right)=4$

⑤ $\left(-\frac{20}{9}\right)\div\left(+\frac{5}{18}\right)=-6$

05 다음 중 계산 결과가 가장 큰 것은?

① $\left(-\frac{1}{4}\right)\div\left(-\frac{1}{2}\right)$　② $(+3)\div\left(-\frac{1}{2}\right)$

③ $\left(+\frac{1}{4}\right)\div\left(+\frac{1}{5}\right)$　④ $\left(-\frac{2}{3}\right)\div\left(-\frac{3}{4}\right)$

⑤ $(-0.5)\div\left(+\frac{1}{6}\right)$

06 $A=\left(-\frac{1}{2}\right)\div(-5)$, $B=(-0.2)\div(-2)^3$일 때, $A\div B$의 값을 구하시오.

문자로 주어진 유리수의 부호

07 유리수 a, b에 대하여 $a>0$, $b<0$일 때, 다음 중 항상 양수인 것은?

① $a+b$　② $a-b$　③ $b-a$

④ $a\times b$　⑤ $b\div a$

08 유리수 a, b에 대하여 $a<b$, $a\times b<0$일 때, 다음 중 옳은 것은?

① $a-b>0$　② $b-a>0$

③ $(-a)\div b<0$　④ $b\div a>0$

⑤ $-a<0$

곱셈과 나눗셈의 혼합 계산

09 다음을 계산하면?

$$\left(-\frac{4}{15}\right)\times(-3^2)\div(-2)^3$$

① $-\frac{3}{10}$ ② $-\frac{1}{5}$ ③ $-\frac{1}{10}$
④ $\frac{1}{5}$ ⑤ $\frac{3}{10}$

10 $A=(-15)\times\left(-\frac{1}{3}\right)^2\div\left(-\frac{1}{3}\right)$,
$B=\left(-\frac{1}{2}\right)^3\div\left(-\frac{1}{4}\right)\times(-2^2)$일 때,
$A\times B$의 값을 구하시오.

곱셈과 나눗셈 사이의 관계

11 다음 □ 안에 알맞은 수를 구하시오.

(1) $\left(-\frac{8}{5}\right)\times\square=2$

(2) $\square\div\left(-\frac{3}{2}\right)=-6$

12 다음 □ 안에 알맞은 수를 구하시오.

$$\frac{4}{3}\div\left(-\frac{2}{3}\right)^2\times\square=\frac{9}{2}$$

13 다음 □ 안에 알맞은 수를 구하시오.

$$\left(-\frac{1}{2}\right)^3\div\square\times\frac{16}{3}=\frac{2}{5}$$

덧셈, 뺄셈, 곱셈, 나눗셈의 혼합 계산

14 다음 식의 계산 순서를 차례대로 나열하고, 계산 결과를 구하시오.

$$4\underset{\underset{\text{㉠}}{\uparrow}}{-}\left\{\frac{3}{4}\underset{\underset{\text{㉡}}{\uparrow}}{-}8\underset{\underset{\text{㉢}}{\uparrow}}{\div}\underset{\underset{\text{㉣}}{\uparrow}}{\underline{(-2)^3}}\right\}\underset{\underset{\text{㉤}}{\uparrow}}{\times}4$$

15 $(-2)^2-12\div\left\{4-\left(5-8\times\frac{1}{2}\right)\right\}\times\left(-\frac{1}{4}\right)$을 계산하면?

① -5 ② -3 ③ 1
④ 3 ⑤ 5

16 다음을 계산하시오.

$$2\times(-1)^3-\frac{9}{2}\div\left\{5\times\left(-\frac{1}{2}\right)+1\right\}$$

01

6보다 -3만큼 큰 수를 a, $\frac{1}{3}$보다 $\frac{1}{2}$만큼 작은 수를 b라 할 때, $a\times b$의 값은?

① -1　② $-\frac{1}{2}$　③ $-\frac{1}{3}$　④ $\frac{1}{2}$　⑤ 1

02

다음 중 가장 큰 수와 가장 작은 수의 합을 구하시오.

$$-\left(-\frac{1}{2}\right)^2,\ \left(-\frac{1}{2}\right)^3,\ -\frac{1}{2},\ -\left(-\frac{1}{2}\right)^3$$

03

세 유리수 a, b, c에 대하여 $a\times b=-\frac{2}{3}$, $a\times c=\frac{8}{3}$일 때, $a\times(b+c)$의 값은?

① -2　② $-\frac{5}{3}$　③ $-\frac{2}{3}$　④ $\frac{2}{3}$　⑤ 2

04

$A=(-2)\div\left(+\frac{4}{3}\right)$, $B=\left(-\frac{6}{5}\right)\div\left(-\frac{9}{10}\right)$일 때, A와 B 사이에 있는 정수는 몇 개인지 구하시오.

05

$A=(-5^2)\div\left(-\frac{2}{3}\right)^2\times0.8$, $B=\left(-\frac{3}{4}\right)\times(-2)^3$일 때, $A\div B$의 값은?

① $-\frac{15}{2}$　② $-\frac{13}{2}$　③ $-\frac{11}{2}$　④ $-\frac{9}{2}$　⑤ $-\frac{7}{2}$

06

$\square\div\frac{8}{3}$의 계산 결과가 $-5-\left(-\frac{1}{2}\right)$의 계산 결과와 같을 때, $\square$ 안에 알맞은 수를 구하시오.

07

어떤 유리수에 8을 곱해야 할 것을 잘못하여 나누었더니 그 결과가 $-\frac{1}{4}$이 되었다. 바르게 계산한 답을 구하시오.

08

$A=\frac{5}{2}+(-3)\div\left\{(-2)^3\times\left(-\frac{3}{10}\right)\right\}$일 때, A의 역수를 구하시오.

01

다음 중 옳은 것은?

① $(+4)+(-6)=2$
② $(-12)+(-5)=-7$
③ $\left(+\frac{1}{4}\right)+\left(-\frac{5}{2}\right)=-\frac{9}{4}$
④ $\left(-\frac{2}{3}\right)+(+1.5)=\frac{1}{6}$
⑤ $(-1.8)+(-2.4)=-1.6$

02

다음 계산 과정에서 덧셈의 교환법칙이 이용된 곳을 찾으시오.

$$\left(-\frac{7}{2}\right)+(+6)+(+1.5)$$
(가)
$$=\left(-\frac{7}{2}\right)+(+6)+\left(+\frac{3}{2}\right)$$
(나)
$$=(+6)+\left(-\frac{7}{2}\right)+\left(+\frac{3}{2}\right)$$
(다)
$$=(+6)+\left\{\left(-\frac{7}{2}\right)+\left(+\frac{3}{2}\right)\right\}$$
(라)
$$=(+6)+(-2)$$
(마)
$$=+(6-2)$$
$$=4$$

03

다음 조건을 모두 만족시키는 유리수 a, b의 값을 각각 구하시오.

(가) a의 절댓값은 $\frac{5}{3}$, b의 절댓값은 $\frac{3}{4}$이다.

(나) a와 b의 합은 $-\frac{11}{12}$이다.

04

다음 중 옳지 않은 것은?

① $5-7+3=1$
② $-4+8-10=-6$
③ $11-6+2-4=3$
④ $-7-3+15-6=1$
⑤ $-23+15+9-8=-7$

05

$\frac{2}{3}$에서 어떤 수를 빼야 할 것을 잘못하여 더했더니 그 결과가 $\frac{1}{15}$이 되었다. 바르게 계산한 답을 구하시오.

06

다음 중 절댓값이 가장 큰 수와 절댓값이 가장 작은 수의 곱은?

-0.3, -1, $-\frac{7}{3}$, $+\frac{3}{8}$, $-\frac{5}{4}$, -2

① $-\frac{7}{8}$　② $-\frac{3}{10}$　③ $\frac{3}{10}$
④ $\frac{3}{8}$　⑤ $\frac{7}{10}$

정답 및 풀이 ▶ 65쪽

07

다음 중 계산 결과가 나머지 넷과 다른 하나는?

① $(-1)^{10}$　② $-(-1)^{11}$
③ $\{-(-1)\}^{10}$　④ $-(-1)^{8}$
⑤ $\{-(-1)\}^{11}$

08

$\frac{5}{11}$의 역수보다 1만큼 작은 수를 a, $-\frac{1}{2}$보다 $-\frac{4}{5}$만큼 작은 수를 b라 할 때, $a \div b$의 값을 구하시오.

09

두 수 a, b에 대하여 $a+b<0$, $a \times b>0$일 때, 다음 중 항상 옳은 것은?

① $a-b>0$　② $b-a<0$　③ $-a-b>0$
④ $(-a) \div b>0$　⑤ $b \div a<0$

10

$8+\left\{(-3)^2+(-6) \div \frac{2}{5}\right\} \times \left(-\frac{7}{3}\right)$을 계산하시오.

서술형 문제

11

정수 a의 절댓값은 2이고, 정수 b의 절댓값은 6이다. $a-b$의 값 중 가장 큰 값을 M, 가장 작은 값을 m이라 할 때, $M-m$의 값을 구하시오. [7점]

풀이

답

12

네 수 $-\frac{4}{5}$, -1, $\frac{3}{5}$, 5 중 서로 다른 세 수를 뽑아 곱했을 때, 다음 물음에 답하시오. [6점]

(1) 곱한 결과 중 가장 큰 수를 구하시오. [3점]

(2) 곱한 결과 중 가장 작은 수를 구하시오. [3점]

풀이

답

01 문자의 사용과 식의 값

한번 더 개념 확인문제

개념북 ▶ 79쪽~80쪽 | 정답 및 풀이 ▶ 66쪽

01 다음 식을 기호 ×를 생략하여 나타내시오.

(1) $a\times a$

(2) $(-1)\times b\times a$

(3) $x\times x\times y\times 0.1$

(4) $(x+y)\times 3$

02 다음 식을 기호 ÷를 생략하여 나타내시오.

(1) $4\div x$

(2) $(-a)\div\frac{1}{3}$

(3) $x\div y\div z$

(4) $(a-b)\div 5$

03 다음 식을 기호 ×, ÷를 생략하여 나타내시오.

(1) $a\div x\times 2$

(2) $a\times 5+b\div\frac{1}{8}$

(3) $(a+b)\times 4\div c$

(4) $x\times(-2)\div y$

(5) $2\times x\times x\div y\times x\div 3$

04 다음을 문자를 사용한 식으로 나타내시오.
(단, 기호 ×, ÷는 생략하여 나타낸다.)

(1) a의 5배보다 2만큼 큰 수

(2) 한 장에 300원인 편지지 a장의 가격

(3) 길이가 x cm인 끈을 6등분했을 때, 한 조각의 길이

(4) 한 송이에 4000원인 장미 x송이를 사고 50000원을 냈을 때의 거스름돈

(5) 한 변의 길이가 x cm인 정사각형의 둘레의 길이

(6) 시속 a km로 3시간 동안 이동한 거리

05 다음 식의 값을 구하시오.

(1) $x=2$일 때, $2-3x$의 값

(2) $a=3$일 때, a^2-4의 값

(3) $a=-4$일 때, $\frac{8}{a}+1$의 값

(4) $a=-2$, $b=3$일 때, $3a+5b-2$의 값

(5) $x=\frac{1}{2}$, $y=\frac{1}{3}$일 때, $4x-12y$의 값

(6) $x=5$, $y=-1$일 때, $\frac{x}{y^2}$의 값

개념북 ▶ 81쪽 | 정답 및 풀이 ▶ 66쪽

곱셈 기호와 나눗셈 기호의 생략

01 다음 중 기호 ×, ÷를 생략하여 나타낸 것으로 옳은 것을 모두 고르면? (정답 2개)

① $a\times4=a^4$　② $0.1\times a=0.a$

③ $a\times a\div b=\frac{a^2}{b}$　④ $a-b\div3=\frac{a-b}{3}$

⑤ $(a-2b)\div5=\frac{a-2b}{5}$

02 다음 식을 기호 ×, ÷를 생략하여 나타내시오.

$$a\div(b\div c)\times a$$

문자를 사용하여 식 세우기

03 다음 중 문자를 사용하여 나타낸 식으로 옳지 않은 것은?

① 450원짜리 사탕 x개를 산 가격은 $450x$원이다.

② 12자루에 x원인 볼펜 한 자루의 가격은 $\frac{x}{12}$원이다.

③ 형의 나이가 x살일 때, 형보다 3살 적은 동생의 나이는 $(x-3)$살이다.

④ 10000원을 내고 800원짜리 공책 x권을 샀을 때의 거스름돈은 $(800x-10000)$원이다.

⑤ 50 km의 거리를 시속 x km로 달렸을 때, 걸린 시간은 $\frac{50}{x}$시간이다.

04 오른쪽 그림과 같이 밑면의 가로의 길이가 a, 세로의 길이가 b, 높이가 5인 직육면체의 겉넓이를 a, b를 사용한 식으로 나타내시오.

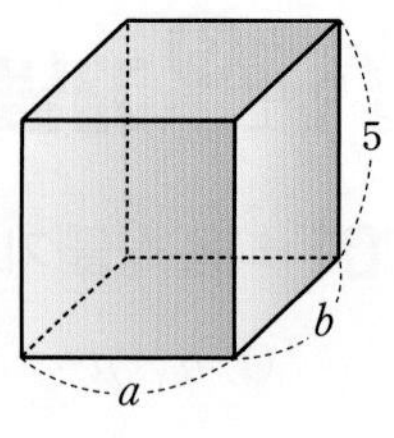

식의 값

05 $x=-4$, $y=\frac{1}{2}$일 때, xy^2+y의 값을 구하시오.

06 $x=-2$일 때, 다음 중 식의 값이 가장 큰 것은?

① $2x$　② $\frac{1}{x}$　③ x^2

④ $-x$　⑤ $2+x$

07 $a=-1$일 때, 다음 중 식의 값이 나머지 넷과 다른 하나는?

① $-a$　② a^2　③ $(-a)^2$

④ $-\frac{1}{a}$　⑤ $-a^2$

01

다음 중 옳지 않은 것은?

① $a\times(-0.3)=-0.3a$
② $x\times x\times y\times(-2)=-2x^2y$
③ $\frac{a}{b}\div c=\frac{ac}{b}$
④ $a+b\div c=a+\frac{b}{c}$
⑤ $a\div(b\div c)=\frac{ac}{b}$

02

다음 중 **보기**에서 옳은 것을 모두 고른 것은?

보기
ㄱ. x분 30초는 $(60x+30)$초이다.
ㄴ. 한 개에 1200원인 빵 a개와 한 개에 800원인 우유 b개를 살 때의 가격은 $(800a+1200b)$원이다.
ㄷ. 수학 성적이 x점, 영어 성적이 y점일 때, 두 과목의 평균 성적은 $\frac{x+y}{2}$점이다.
ㄹ. 가로의 길이가 a cm, 세로의 길이가 b cm인 직사각형의 넓이는 ab cm^2이다.
ㅁ. 십의 자리의 숫자가 x, 일의 자리의 숫자가 8인 두 자리의 자연수는 $x+8$이다.

① ㄱ, ㄷ ② ㄱ, ㄷ, ㄹ ③ ㄱ, ㄹ, ㅁ
④ ㄴ, ㄷ, ㄹ ⑤ ㄷ, ㄹ, ㅁ

03

A 지점에서 출발한 자동차가 200 km만큼 떨어진 B 지점까지 시속 x km로 가려고 한다. 자동차를 타고 3시간 동안 갔을 때, 남은 거리를 x를 사용한 식으로 나타내시오.

04

어느 중학교의 작년 학생 수는 a명이었다. 올해는 작년보다 15 % 증가하였을 때, 올해 학생 수를 a를 사용한 식으로 나타내면?

① $0.15a$명 ② $0.85a$명 ③ $1.05a$명
④ $1.15a$명 ⑤ $1.5a$명

05

$x=-\frac{1}{2}$, $y=4$일 때, 다음 중 식의 값이 가장 작은 것은?

① $x+y$ ② xy ③ $4x-y$
④ x^2y ⑤ $y-x$

06

$a=\frac{1}{6}$, $b=-\frac{1}{3}$일 때, $\frac{3}{a}+\frac{5}{b}-2$의 값을 구하시오.

07

기온이 x ℃일 때, 공기 중에서 소리의 속력은 초속 $(331+0.6x)$ m이다. 기온이 25 ℃일 때, 소리의 속력을 구하시오.

02 일차식과 수의 곱셈, 나눗셈

한번 더 개념 확인문제

개념북 84쪽~85쪽 | 정답 및 풀이 67쪽

01 다항식 $-x-2y+4$에 대하여 다음을 구하시오.

(1) 항

(2) x의 계수

(3) y의 계수

(4) 상수항

02 다음 다항식의 차수를 구하고, 일차식인지 말하시오.

(1) $2x+1$

(2) $5x^2-3x$

(3) -4

(4) $\frac{2}{3}x-2$

03 다음 중 일차식인 것에는 ○표, 아닌 것에는 ×표를 하시오.

(1) $a-a^2$ (　　)

(2) $3b-7$ (　　)

(3) $\frac{5}{x}$ (　　)

(4) $x+2y-3$ (　　)

04 다음을 계산하시오.

(1) $5\times2x$

(2) $3x\times(-2)$

(3) $\left(-\frac{3}{4}\right)\times(-12x)$

(4) $(-8x)\div2$

(5) $(-6x)\div\left(-\frac{3}{5}\right)$

(6) $\frac{1}{2}x\div\left(-\frac{1}{6}\right)$

05 다음을 계산하시오.

(1) $2(3x+4)$

(2) $-3(x-2)$

(3) $(4x+10)\times\left(-\frac{1}{2}\right)$

(4) $(8x+4)\div4$

(5) $(9x-12)\div(-3)$

(6) $(6x-9)\div\frac{3}{2}$

개념북 ▶ 86쪽 | 정답 및 풀이 ▶ 68쪽

다항식

01 다음 중 다항식 $2x-5y-4$에 대한 설명으로 옳은 것을 모두 고르면? (정답 2개)

① 항은 $2x$, $5y$, 4이다.
② 다항식의 차수는 1이다.
③ x의 계수는 2이다.
④ y의 계수는 5이다.
⑤ 상수항은 4이다.

02 다항식 $-x^2+3x-5$의 차수를 a, x의 계수를 b, 상수항을 c라 할 때, $a+b+c$의 값을 구하시오.

03 다음 중 옳지 않은 것은?

① $4x$는 단항식이다.
② $xy+5$에서 항은 2개이다.
③ $\frac{7}{x}-2$는 다항식이다.
④ $9x-4y$에서 y의 계수는 -4이다.
⑤ $3x^2+x-1$의 차수는 2이다.

일차식

04 다음 중 일차식이 아닌 것은?

① $-3x+2$　② $0.8a$　③ $\frac{1-y}{5}$
④ $0\times x+4$　⑤ $2b-\frac{3}{4}$

05 다음 보기에서 일차식인 것은 모두 몇 개인지 구하시오.

보기
ㄱ. $\frac{2}{y}$　ㄴ. $3x$　ㄷ. $5x+2y-1$
ㄹ. $1-x$　ㅁ. $2+x-x^2$　ㅂ. $\frac{y}{4}$

일차식과 수의 곱셈, 나눗셈

06 다음 중 보기에서 계산 결과가 옳은 것을 모두 고른 것은?

보기
ㄱ. $4(x-3)=4x-3$
ㄴ. $(-x+1)\times(-1)=x-1$
ㄷ. $-2(2x-5)=-4x+10$
ㄹ. $(4x+6)\div(-2)=2x-3$
ㅁ. $(-12x-3)\div3=-4x-1$
ㅂ. $(6x-18)\div\frac{3}{2}=9x-27$

① ㄱ, ㄷ, ㅁ　② ㄱ, ㄹ, ㅂ　③ ㄴ, ㄷ, ㅁ
④ ㄴ, ㄹ, ㅂ　⑤ ㄷ, ㅁ, ㅂ

07 $(-2x+3)\times3$과 $(12x-4)\div\frac{4}{5}$를 각각 계산하여 일차식으로 나타내었을 때, 두 식의 상수항의 합은?

① -14　② -4　③ 2
④ 4　⑤ 14

03 일차식의 덧셈과 뺄셈

한번 더 개념 확인문제

개념북 88쪽~89쪽 | 정답 및 풀이 68쪽

01 다음 중 동류항끼리 짝 지어진 것에는 ○표, 아닌 것에는 ×표를 하시오.

(1) $\frac{1}{2}x$와 $-2x$ ( )

(2) $3x^2$과 $2x$ ( )

(3) a와 $0.9a$ ( )

(4) -5와 $\frac{b}{4}$ ( )

(5) $\frac{3}{y}$과 $-3y$ ( )

(6) -7과 4 ( )

(7) $4xy^2$과 $4x^2y$ ( )

02 다음을 계산하시오.

(1) $a+5a$

(2) $2b-6b$

(3) $3x+x-7x$

(4) $4y-3y+9y$

(5) $x-1+2x+3$

(6) $7y+\frac{1}{2}-5y-\frac{3}{2}$

03 다음을 계산하시오.

(1) $(2x-3)+(3x+4)$

(2) $\left(-\frac{2}{3}a+\frac{4}{7}\right)+\left(\frac{5}{3}a+\frac{10}{7}\right)$

(3) $(-3a-4)+3(2a+3)$

(4) $6\left(\frac{1}{2}x-\frac{1}{3}\right)+4\left(\frac{3}{2}x-1\right)$

(5) $(7x-5)-(5x-3)$

(6) $\left(\frac{1}{3}x+\frac{1}{2}\right)-\left(\frac{4}{3}x-\frac{1}{2}\right)$

(7) $2(x-3)-3(2x-1)$

(8) $\frac{1}{3}(-6x+9)-\frac{1}{2}(8x+4)$

04 다음을 계산하시오.

(1) $\frac{x-2}{2}+\frac{x+3}{4}$

(2) $\frac{2x+3}{3}+\frac{x+1}{2}$

(3) $\frac{x-1}{3}-\frac{2x+1}{4}$

(4) $\frac{x+5}{3}-\frac{5x+1}{6}$

개념북 ⊙ 90쪽~91쪽 | 정답 및 풀이 ⊙ 68쪽

동류항

01 다음 중 동류항끼리 바르게 짝 지어진 것은?

① x와 $2y$ ② $3x$와 $\frac{1}{x}$ ③ x^2과 $2x$
④ 2와 $-y$ ⑤ $-x$와 $4x$

02 다음 **보기**에서 동류항인 것끼리 모두 짝 지으시오.

보기

x, $-3y$, $2x^2$, 5, a,
$4y$, $\frac{a}{2}$, $-\frac{1}{3}$, $4x$, $5x^2$

동류항의 덧셈과 뺄셈

03 $-x+4y+3x-y=ax+by$일 때, $a-b$의 값은? (단, a, b는 상수)

① -1 ② 0 ③ 1
④ 2 ⑤ 3

04 다음 **보기**에서 $-2x$와 동류항인 것을 모두 골라 그 합을 구하시오.

보기

$3x$, $-2x^2$, $\frac{1}{2}x$, $\frac{3}{4}x^2$, $-5x$, $\frac{1}{3}$

일차식의 덧셈과 뺄셈

05 $-\frac{1}{2}(2x-4)+2(3x-2)$를 계산하면?

① $3x-2$ ② $3x+2$ ③ $5x-2$
④ $5x+2$ ⑤ $7x-2$

06 $5(x+2y)-3(2x-y)$를 계산하였을 때, x의 계수와 y의 계수의 합을 구하시오.

분수 꼴인 일차식의 덧셈과 뺄셈

07 다음을 계산하시오.

$$\frac{-3x+12}{5}-\frac{7-2x}{10}$$

08 $\frac{x-3}{2}+\frac{4x+1}{3}=ax+b$일 때, $a+b$의 값을 구하시오. (단, a, b는 상수)

괄호가 있는 일차식의 덧셈과 뺄셈

09 $3+4x-\{3-(x-2)+3x\}=ax+b$일 때, ab의 값을 구하시오. (단, a, b는 상수)

10 다음을 계산하시오.

$$4x-\{2+2(x-2)\}-5$$

11 $6x+5-\{x-3(x-1)\}$을 계산하였을 때, x의 계수와 상수항의 합을 구하시오.

□ 안에 알맞은 일차식 구하기

12 $2(x-3)-(\square)=5x+2$일 때, □ 안에 알맞은 식을 구하시오.

13 다음 □ 안에 알맞은 식을 구하시오.

$$\square+3(2x-2)=9x-13$$

14 어떤 다항식에서 $2x-3$을 뺐더니 $3x+5$가 되었다. 어떤 다항식을 구하시오.

일차식의 덧셈과 뺄셈의 활용

15 오른쪽 그림과 같은 사다리꼴의 넓이를 a를 사용한 식으로 나타내시오.

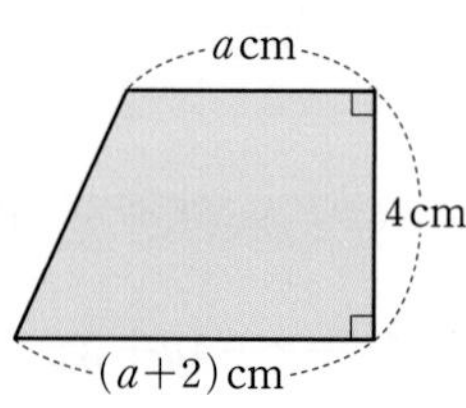

16 오른쪽 그림과 같이 한 변의 길이가 8 cm인 정사각형의 가로의 길이를 x cm, 세로의 길이를 $(2x+1)$ cm만큼 줄였더니 직사각형이 되었다. 이 직사각형의 둘레의 길이를 x를 사용한 식으로 나타내시오.

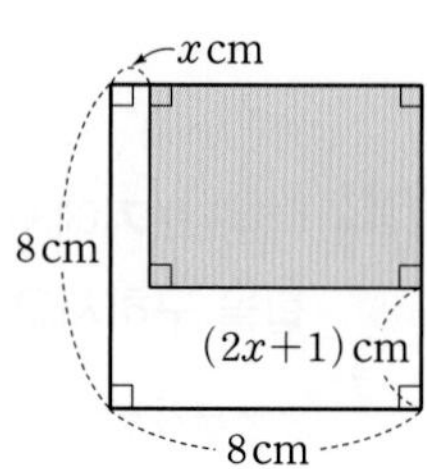

01

다음 중 다항식 $2x^2-\frac{1}{3}x+4$에 대한 설명으로 옳지 않은 것은?

① 항은 3개이다.
② 다항식의 차수는 2이다.
③ x의 계수는 $\frac{1}{3}$이다.
④ x^2의 계수는 2이다.
⑤ 상수항은 4이다.

02

다항식 $(a+1)x^2-5x+3$이 x에 대한 일차식일 때, 상수 a의 값을 구하시오.

03

다음 중 계산 결과가 $-(4x-6)$과 같은 것은?

① $2(2x-3)$
② $(2x+3)\times(-2)$
③ $(12-8x)\times\left(-\frac{1}{2}\right)$
④ $(8x+12)\div 2$
⑤ $(2x-3)\div\left(-\frac{1}{2}\right)$

04

한 변의 길이가 10 cm인 정사각형의 가로의 길이를 x cm만큼 늘여서 직사각형을 만들었다. 이 직사각형의 넓이를 x를 사용한 식으로 나타내시오.

05

다음 중 계산 결과가 나머지 넷과 다른 하나는?

① $3x+2-2x$
② $(2x+5)-(x+3)$
③ $(5x-4)+(6-4x)$
④ $4(2-x)+5x-4$
⑤ $3(x-2)-2(x-4)$

06

$\frac{3-x}{2}-\frac{2x+4}{3}+\frac{2x+5}{6}=ax+b$일 때, $6ab$의 값을 구하시오. (단, a, b는 상수)

07

$4x-3-(\square)=3(x+1)$일 때, $\square$ 안에 알맞은 식을 구하시오.

08

$A=4x-2$, $B=x+3$일 때, $\frac{1}{2}A-B$를 계산하였더니 x의 계수는 a, 상수항은 b이었다. 이때 $a-b$의 값을 구하시오.

실전! 한번 더 중단원 마무리

01

다음 식을 기호 ×, ÷를 생략하여 나타낸 것은?

$$x\times(-5)\div y+x\div(x-y)$$

① $-\frac{5x}{y}+\frac{x-y}{x}$　② $-\frac{5}{xy}+\frac{x}{x-y}$
③ $-\frac{5x}{y}+\frac{x}{x-y}$　④ $-\frac{5}{xy}+\frac{x-y}{x}$
⑤ $-\frac{x}{5y}+\frac{x}{x-y}$

02

어느 상점에서 한 개에 1200원인 초콜릿을 10 % 할인하여 판매하고 있다. 성규가 이 상점에서 초콜릿 a개를 구입하고, 2000원에 판매하는 상자에 담아 유미에게 선물하였다. 성규가 선물에 사용한 금액을 a를 사용한 식으로 나타내시오.

03

$a=-2$, $b=\frac{1}{4}$일 때, 다음 중 식의 값이 가장 큰 것은?

① $2ab$　② $\frac{1}{b}-a$　③ $2a+\frac{2}{b}$
④ $\frac{2}{b}-\frac{1}{a}$　⑤ $a^2+\frac{1}{ab}$

04

다항식 $5x^2-4x+1$의 차수를 a, x의 계수를 b, 상수항을 c라 할 때, $a-b+c$의 값을 구하시오.

05

다음 중 일차식인 것을 모두 고르면? (정답 2개)

① $-7x+4$　② $2x^2-3x+4$　③ $0\times x+5$
④ $x+y-3$　⑤ $\frac{1}{x}$

06

$(-2a-6)\times\frac{2}{3}$와 $(3b-1)\div\frac{4}{3}$를 각각 계산하여 일차식으로 나타내었을 때, 두 식의 상수항의 곱을 구하시오.

07

다음 중 동류항끼리 바르게 짝 지어진 것은?

① $2x$, $3x^2$　② $\frac{2}{x}$, $\frac{x}{2}$　③ $-2x$, $-\frac{3}{10}x$
④ $4x^2$, $5y^2$　⑤ $3x$, $-3y$

08

$\frac{2x+1}{3}+\frac{x-3}{2}$을 간단히 하여 $ax+b$의 꼴로 나타내었을 때, $a+b$의 값은? (단, a, b는 상수)

① $-\frac{5}{6}$　② $-\frac{2}{3}$　③ 0
④ $\frac{3}{2}$　⑤ $\frac{7}{3}$

09

$2(3x+4)+(\square)=4x+11$일 때, □ 안에 알맞은 식은?

① $-2x-3$　② $-2x+3$　③ $-x-7$
④ $2x-3$　⑤ $10x+19$

10

오른쪽 그림과 같은 도형의 둘레의 길이를 a를 사용한 식으로 나타내시오.

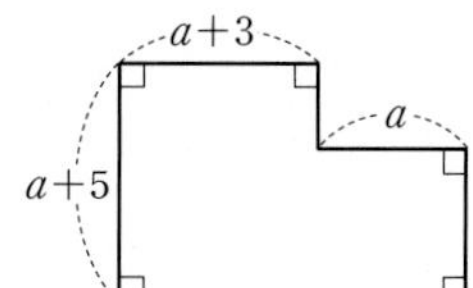

11

두 다항식 A, B가 다음 조건을 모두 만족시킬 때, $A+2B$를 간단히 하시오.

> (가) A에 $2x+2$를 더했더니 $-x-3$이 되었다.
> (나) A에서 $-5x-4$를 뺐더니 B가 되었다.

서술형 문제

12

오른쪽 그림과 같은 직육면체에 대하여 다음 물음에 답하시오. [6점]

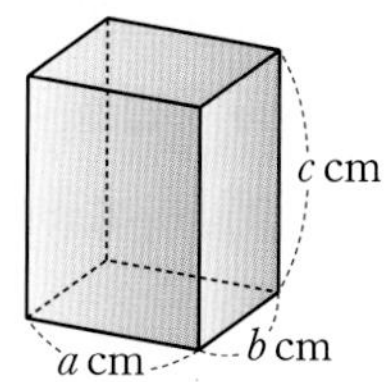

(1) 직육면체의 겉넓이를 a, b, c를 사용한 식으로 나타내시오. [3점]

(2) $a=3$, $b=2$, $c=4$일 때, 직육면체의 겉넓이를 구하시오. [3점]

풀이

답

13

다음 표에서 가로, 세로, 대각선에 놓인 세 식의 합이 모두 같을 때, A, B를 각각 x를 사용한 식으로 나타내시오. [6점]

A		$-x+6$
	$5x+3$	$9x+1$
$11x$		B

풀이

답

01 방정식과 그 해

개념북 98쪽~99쪽 | 정답 및 풀이 71쪽

01 다음 식이 등식인지 아닌지 말하고, 등식인 것은 좌변과 우변을 각각 말하시오.

(1) $x+6=0$

(2) $3x-2$

(3) $5x+9=3-x$

(4) $2x-1<5$

02 다음 중 등식인 것에는 ○표, 아닌 것에는 ×표를 하시오.

(1) $4x\geq x-2$ ( )

(2) $5+2=7$ ( )

(3) $10-2x$ ( )

(4) $3x=-x+1$ ( )

03 다음 중 항등식인 것에는 ○표, 아닌 것에는 ×표를 하시오.

(1) $3x=8$ ( )

(2) $2x-3=4x-3-2x$ ( )

(3) $-2x+4=2x-4$ ( )

(4) $3(x-3)=3x-9$ ( )

04 다음 [ ] 안의 수가 주어진 방정식의 해이면 ○표, 아니면 ×표를 하시오.

(1) $3x-2=4$ [-2] ( )

(2) $4-2x=6$ [-1] ( )

(3) $2x=3x-1$ [1] ( )

(4) $x-3=3x+1$ [2] ( )

(5) $2(x+4)=5x-1$ [3] ( )

05 $a=b$일 때, 다음 □ 안에 알맞은 수를 써넣으시오.

(1) $a+3=b+\square$ (2) $a-7=b-\square$

(3) $5a=\square b$ (4) $\frac{a}{2}=\frac{b}{\square}$

06 다음은 등식의 성질을 이용하여 방정식의 해를 구하는 과정이다. □ 안에 알맞은 수를 써넣고, ㉠, ㉡에 이용된 등식의 성질을 각각 말하시오.

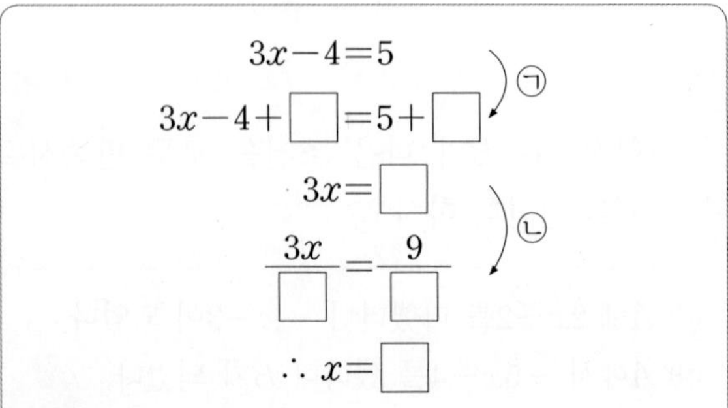

$$3x-4=5$$
$$3x-4+\square=5+\square \quad ㉠$$
$$3x=\square$$
$$\frac{3x}{\square}=\frac{9}{\square} \quad ㉡$$
$$\therefore x=\square$$

개념북 ▶ 100쪽~101쪽 | 정답 및 풀이 ▶ 71쪽

문장을 등식으로 나타내기

01 다음 중 문장을 등식으로 나타낸 것으로 옳지 않은 것은?

① x의 3배는 x보다 10만큼 크다.
➜ $3x=x+10$

② 한 변의 길이가 x cm인 정삼각형의 둘레의 길이는 18 cm이다. ➜ $3x=18$

③ 가로의 길이가 $(x+2)$ cm, 세로의 길이가 4 cm인 직사각형의 넓이는 45 cm^{2}이다.
➜ $2(x+2)=45$

④ 한 개에 700원 하는 초콜릿을 x개 사고 5000원을 냈을 때의 거스름돈은 1500원이다.
➜ $5000-700x=1500$

⑤ 시속 60 km로 x시간 동안 이동한 거리는 120 km이다. ➜ $60x=120$

02 다음 문장을 등식으로 나타내시오.

> 어떤 수 x와 14의 합은 x의 3배보다 8만큼 작다.

방정식과 항등식

03 다음 중 방정식인 것을 모두 고르면? (정답 2개)

① $5x+2$ ② $2x-3=8$
③ $2x-3\geq 2$ ④ $x=0$
⑤ $4-3=1$

04 다음 중 **보기**에서 x의 값에 관계없이 항상 참인 등식을 모두 고른 것은?

> 보기
> ㄱ. $2x-3x=-x$
> ㄴ. $2x-8$
> ㄷ. $2(3x-2)=3x-4$
> ㄹ. $-(x-3)=-x+3$
> ㅁ. $3x-(2x-3)=x+3$
> ㅂ. $1-2x=-2x+2$

① ㄱ, ㄴ, ㄷ ② ㄱ, ㄷ, ㅂ ③ ㄱ, ㄹ, ㅁ
④ ㄴ, ㄹ, ㅂ ⑤ ㄴ, ㅁ, ㅂ

방정식의 해

05 다음 방정식 중 해가 $x=3$인 것은?

① $6x-8=3x$ ② $4x-10=3x+2$
③ $3-(x-2)=x$ ④ $3x-(4x-2)=-1$
⑤ $\frac{x}{2}-3=3$

06 다음 중 [ ] 안의 수가 주어진 방정식의 해가 아닌 것은?

① $2x-1=3$ [2]
② $-2x+1=7$ [-3]
③ $\frac{1}{3}x-2=-1$ [6]
④ $4x-5=3(x-2)$ [-1]
⑤ $-(x+3)=2(x-9)$ [5]

정답 및 풀이 ▶ 71쪽

항등식이 될 조건

07 등식 $ax-7=5x+b$가 x에 대한 항등식일 때, 상수 a, b의 값을 각각 구하시오.

08 등식 $2(3x-2)=ax-4$가 x의 값에 관계없이 항상 성립할 때, 상수 a의 값을 구하시오.

등식의 성질

09 $a=b$일 때, 다음 중 옳지 않은 것은?

① $a+2=b+2$ ② $a-3=b-3$
③ $2a+1=2b+1$ ④ $1-\frac{a}{3}=\frac{b}{3}-1$
⑤ $\frac{3}{4}a-2=\frac{3}{4}b-2$

10 $x+2=y+2$일 때, 다음 중 옳은 것을 모두 고르면? (정답 2개)

① $x=-y$ ② $x-1=1-y$
③ $-3x=-3y$ ④ $\frac{x}{2}=\frac{y}{4}$
⑤ $\frac{x}{5}+7=7+\frac{y}{5}$

11 다음 중 **보기**에서 옳은 것을 모두 고른 것은?

보기
ㄱ. $x-2=y-2$이면 $x=y$이다.
ㄴ. $3x=3y$이면 $x+2=y+2$이다.
ㄷ. $x=-y$이면 $-x=-y$이다.
ㄹ. $\frac{x}{2}=\frac{y}{2}$이면 $2x-1=2y-1$이다.
ㅁ. $x=2y$이면 $2x=\frac{1}{2}y$이다.

① ㄱ, ㄴ, ㄹ ② ㄱ, ㄷ, ㅁ ③ ㄴ, ㄷ, ㄹ
④ ㄴ, ㄹ, ㅁ ⑤ ㄷ, ㄹ, ㅁ

등식의 성질을 이용한 방정식의 풀이

12 오른쪽은 등식의 성질을 이용하여 방정식 $4x-5=2x+9$를 푸는 과정이다. (가), (나)에 이용된 등식의 성질을 **보기**에서 각각 고르시오.

$$4x-5=2x+9$$
(가)
$$4x=2x+14$$
$$2x=14$$
(나)
$$\therefore x=7$$

보기
$a=b$이고 c는 자연수일 때,
ㄱ. $a+c=b+c$ ㄴ. $a-c=b-c$
ㄷ. $ac=bc$ ㄹ. $\frac{a}{c}=\frac{b}{c}$

13 오른쪽은 등식의 성질을 이용하여 방정식 $\frac{1}{2}x-1=\frac{1}{4}$의 해를 구하는 과정이다. 이때 등식의 성질 '$a=b$이면 $ac=bc$이다.'를 이용한 곳을 고르시오. (단, c는 자연수)

$$\frac{1}{2}x-1=\frac{1}{4}$$
㉠
$$2x-4=1$$
㉡
$$2x=5$$
㉢
$$\therefore x=\frac{5}{2}$$

01

다음 중 등식인 것을 모두 고르면? (정답 2개)

① $x+4=4+x$
② $2x-5<2x+3$
③ $3=0$
④ $\frac{1}{2}x-5$
⑤ $2x\geq x+5$

02

다음 중 x의 값에 관계없이 항상 성립하는 등식은?

① $5x=10$
② $1+2x=1-2x$
③ $x+2=2(x+2)$
④ $6x-x=4x$
⑤ $3(x-1)+5=2+3x$

03

다음 방정식 중 해가 $x=-2$가 아닌 것은?

① $x+2=0$
② $1-2x=5$
③ $3x-2=x-6$
④ $\frac{1}{3}(x+8)=1$
⑤ $4(1-x)=x+14$

04

x가 절댓값이 1 이하인 정수일 때, 방정식 $5-3x=x+1$의 해를 구하시오.

05

등식 $2(x-a)=8-bx$가 x에 대한 항등식일 때, ab의 값은? (단, a, b는 상수)

① -8
② -4
③ 2
④ 4
⑤ 8

06

다음 중 옳은 것을 모두 고르면? (정답 2개)

① $a=b$이면 $a-b=0$이다.
② $ac=bc$이면 $a=b$이다.
③ $a+3=b+3$이면 $a-3=3-b$이다.
④ $\frac{a}{5}=\frac{b}{2}$이면 $2a=5b$이다.
⑤ $\frac{a}{-2}=\frac{b}{-4}$이면 $2a=4b$이다.

07

다음 중 등식의 성질을 이용하여 방정식 $-3x+8=-1$의 해를 구하는 순서로 옳은 것은?

① 양변에 3을 더한다. → 양변에서 8을 뺀다.
② 양변에 8을 더한다. → 양변을 3으로 나눈다.
③ 양변에서 8을 뺀다. → 양변을 -3으로 나눈다.
④ 양변에 -1을 곱한다. → 양변에서 8을 뺀다.
⑤ 양변을 -3으로 나눈다. → 양변에 1을 더한다.

02 일차방정식의 풀이

한번 더 개념 확인문제

개념북 ⊙ 104쪽~106쪽 | 정답 및 풀이 ⊙ 72쪽

01 다음 등식에서 밑줄 친 항을 이항하시오.

(1) $x\underline{-2}=6$

(2) $2x=6\underline{-x}$

(3) $5x\underline{+2}=\underline{3x}$

(4) $4x\underline{-6}=\underline{-2x}+2$

02 다음 중 일차방정식인 것에는 ○표, 아닌 것에는 ×표를 하시오.

(1) $2x+5=9$ ( )

(2) $3x-1=3x+4$ ( )

(3) $2+x=2+x^2$ ( )

(4) $x^2-2x=x+x^2$ ( )

03 다음 일차방정식을 푸시오.

(1) $2x-4=2$

(2) $x=3-2x$

(3) $4x-1=-2x+11$

(4) $-2x+1=3x+6$

(5) $5x+1=3x-5$

(6) $9+x=3-2x$

04 다음 일차방정식을 푸시오.

(1) $7x+5=4(x-1)$

(2) $2(x-1)=3(x+2)$

(3) $-2(2x-3)=3(x-5)$

(4) $12-(2x-6)=3x+8$

05 다음 일차방정식을 푸시오.

(1) $0.2x-0.4=0.1x+0.2$

(2) $1.4-0.3x=0.2x-0.6$

(3) $0.1x+0.24=0.05x-0.06$

(4) $0.2(x+2)-0.3=0.15(x+3)$

06 다음 일차방정식을 푸시오.

(1) $\frac{1}{2}x-2=x-5$

(2) $\frac{-x+10}{3}=\frac{3x-8}{2}$

(3) $\frac{1}{5}x+\frac{3}{10}=\frac{x+3}{2}$

(4) $\frac{2-x}{4}+1=\frac{2x-1}{3}$

개념북 ▶ 107쪽~108쪽 | 정답 및 풀이 ▶ 73쪽

일차방정식의 뜻

01 다음 중 일차방정식인 것을 모두 고르면? (정답 2개)

① $2x-1=3x+2$

② $5x+3=5\left(x+\frac{3}{5}\right)$

③ $x^2-3=3x$

④ $x^2-3x-2=4+x^2$

⑤ $\frac{2}{3}x-4=\frac{2}{3}(x-6)$

02 다음 **보기**에서 일차방정식인 것은 모두 몇 개인지 구하시오.

보기

ㄱ. $x-3=5$	ㄴ. $3(x-2)=3x-6$
ㄷ. $x(x+1)=x^2-x$	ㄹ. $2x-5=2x+3$
ㅁ. $4(x+3)=2x+6$	ㅂ. $1-5x=3-4x$

여러 가지 일차방정식의 풀이

03 다음 일차방정식 중 해가 나머지 넷과 다른 하나는?

① $x+3=-2x$ ② $5x+6=1$

③ $3x-6=5x-4$ ④ $-4x+2=2(x+4)$

⑤ $4-x=3x-(2-2x)$

04 일차방정식 $2-x=5x+14$의 해를 $x=a$라 할 때, $3a+1$의 값을 구하시오.

05 다음 **보기**의 일차방정식을 해가 작은 것부터 차례대로 나열하시오.

보기

ㄱ. $-3(x-4)=2x-3$

ㄴ. $4x-(2x+6)=3x-7$

ㄷ. $4(x-1)-1=3(2x+1)+2x$

계수가 소수 또는 분수인 일차방정식의 풀이

06 다음 일차방정식을 푸시오.

$$0.5(x+2)=0.2(x-1)+3$$

07 다음 일차방정식을 푸시오.

$$\frac{x+3}{4}+\frac{1}{3}=\frac{4x+7}{6}$$

08 일차방정식 $0.3x-4=1.2x+0.5$의 해를 $x=a$, 일차방정식 $\frac{1}{2}x=-\frac{2}{3}x-7$의 해를 $x=b$라 할 때, ab의 값을 구하시오.

정답 및 풀이 ▶ 73쪽

복잡한 일차방정식의 풀이

09 일차방정식 $0.25\left(x+\frac{2}{5}\right)=0.2\left(x-\frac{1}{2}\right)$의 해를 구하시오.

10 다음 일차방정식을 푸시오.

$$0.3x+0.4=\frac{1}{5}\left(x+\frac{3}{2}\right)$$

비례식으로 주어진 일차방정식의 풀이

11 비례식 $(2x-6):(4x-1)=2:5$를 만족시키는 x의 값을 구하시오.

12 다음 비례식을 만족시키는 x의 값을 구하시오.

$$(x+6):4=(3x-2):7$$

일차방정식의 해가 주어질 때 상수 구하기

13 일차방정식 $5x-2=3x+a$의 해가 $x=-1$일 때, 상수 a의 값을 구하시오.

14 일차방정식 $3x-7=-2(2x-3a)$의 해가 $x=7$일 때, 상수 a의 값을 구하시오.

두 일차방정식의 해가 같을 때 상수 구하기

15 다음 두 일차방정식의 해가 같을 때, 상수 a의 값을 구하시오.

$$-2(1-3x)+5=a,\ 6-5x=8-3x$$

16 다음 두 일차방정식의 해가 같을 때, 상수 a의 값을 구하시오.

$$-\frac{1}{4}x=\frac{1}{3}x-\frac{7}{6}$$
$$3x-4a=-2(x+1)$$

03 일차방정식의 활용

한번 더 개념 확인문제

개념북 ▶ 110쪽~112쪽 | 정답 및 풀이 ▶ 74쪽

01 어떤 수의 5배에서 3을 뺀 수는 어떤 수의 2배보다 9만큼 크다고 할 때, 다음 물음에 답하시오.

(1) 어떤 수를 x로 놓고, 방정식을 세우시오.

(2) (1)에서 세운 방정식을 풀어 어떤 수를 구하시오.

02 연속하는 세 홀수의 합이 63일 때, 다음 물음에 답하시오.

(1) 세 홀수 중 가운데 수를 x로 놓고, 방정식을 세우시오.

(2) (1)에서 세운 방정식을 풀어 연속하는 세 홀수를 구하시오.

03 올해 아버지의 나이는 48살이고 아들의 나이는 16살일 때, 아버지의 나이가 아들의 나이의 2배가 되는 것은 몇 년 후인지 구하려고 한다. 다음 물음에 답하시오.

(1) 몇 년 후를 x년 후로 놓고, 방정식을 세우시오.

(2) (1)에서 세운 방정식을 풀어 아버지의 나이가 아들의 나이의 2배가 되는 것은 몇 년 후인지 구하시오.

04 가로의 길이가 8 m, 세로의 길이가 4 m인 직사각형 모양의 염소 우리의 가로의 길이를 x m, 세로의 길이를 4 m 늘였더니 처음 넓이의 3배가 되었다. 다음 물음에 답하시오.

(1) 방정식을 세우시오.

(2) (1)에서 세운 방정식을 풀어 x의 값을 구하시오.

05 두 지점 A, B 사이를 왕복하는데 갈 때는 시속 4 km로 걷고, 올 때는 시속 3 km로 걸어서 총 7시간이 걸렸을 때, 두 지점 A, B 사이의 거리를 구하려고 한다. 다음 물음에 답하시오.

(1) 두 지점 A, B 사이의 거리를 x km로 놓고, 방정식을 세우시오.

(2) (1)에서 세운 방정식을 풀어 두 지점 A, B 사이의 거리를 구하시오.

06 동생이 집을 출발한 지 20분 후에 누나가 동생을 따라나섰다. 동생은 분속 60 m로 걷고, 누나는 분속 90 m로 따라간다고 할 때, 누나가 출발한 지 몇 분 후에 동생을 만나게 되는지 구하려고 한다. 다음 물음에 답하시오.

(1) 몇 분 후를 x분 후로 놓고, 방정식을 세우시오.

(2) (1)에서 세운 방정식을 풀어 누나가 출발한 지 몇 분 후에 동생을 만나게 되는지 구하시오.

개념북 ▶ 113쪽 | 정답 및 풀이 ▶ 74쪽

자릿수에 대한 문제

01 십의 자리의 숫자가 3인 두 자리의 자연수가 있다. 이 자연수는 각 자리의 숫자의 합의 4배와 같을 때, 이 자연수를 구하시오.

02 십의 자리의 숫자가 4인 두 자리의 자연수가 있다. 십의 자리의 숫자와 일의 자리의 숫자를 바꾼 수는 처음 수보다 18만큼 클 때, 처음 수를 구하시오.

과부족에 대한 문제

03 학생들에게 귤을 나누어 주려고 하는데 한 학생에게 5개씩 나누어 주면 5개가 남고, 7개씩 나누어 주면 9개가 부족하다고 한다. 다음 물음에 답하시오.

(1) 학생 수를 구하시오.

(2) 귤의 개수를 구하시오.

04 학생들에게 떡을 나누어 주려고 하는데 한 학생에게 7개씩 나누어 주면 2개가 남고, 8개씩 나누어 주면 6개가 부족하다고 한다. 이때 학생 수를 구하시오.

05 재희네 반 학생들이 긴 의자에 앉는데 한 의자에 5명씩 앉으면 8명이 앉지 못하고, 6명씩 앉으면 2명이 앉지 못한다고 한다. 이때 긴 의자의 수와 학생 수를 각각 구하시오.

일에 대한 문제

06 어떤 일을 완성하는 데 언니가 혼자 하면 6시간, 동생이 혼자 하면 12시간이 걸린다고 한다. 이 일을 언니와 동생이 함께하여 완성하려면 몇 시간이 걸리는지 구하시오.

07 어떤 일을 완성하는 데 연주가 혼자 하면 8일, 어진이가 혼자 하면 16일이 걸린다고 한다. 이 일을 연주가 혼자 2일 동안 하다가 어진이와 함께하여 일을 완성하였을 때, 연주와 어진이가 함께 일을 한 날은 며칠인지 구하시오.

08 어떤 물통에 물을 가득 채우는 데 A 호스로는 4시간, B 호스로는 6시간이 걸린다고 한다. A, B 두 호스를 같이 사용하여 2시간 동안 물을 받다가 B 호스로만 물을 받으려고 할 때, 이 물통에 물을 가득 채우려면 B 호스로만 몇 시간을 더 받아야 하는지 구하시오.

02. 일차방정식의 풀이
03. 일차방정식의 활용

개념북 ▶ 114쪽 | 정답 및 풀이 ▶ 74쪽

01

등식 $4-4x=ax$가 x에 대한 일차방정식이 되도록 하는 상수 a의 조건을 구하시오.

02

다음 중 일차방정식 $5x-2=3x+6$과 해가 같은 것은?

① $x-4=2$
② $2x-3=1$
③ $2(x-3)+2=3x$
④ $0.1x+1=0.3x+0.2$
⑤ $\frac{1}{2}x=\frac{2}{5}x-1$

03

다음 두 일차방정식의 해가 같을 때, 상수 a의 값을 구하시오.

$$\frac{1}{4}x+\frac{1}{2}=\frac{1}{3}x+\frac{1}{6},\quad 2x-a=3$$

04

일차방정식 $7+3x=11$을 푸는데 7을 다른 수로 잘못 보고 풀었더니 해가 $x=3$이었다. 7을 어떤 수로 잘못 본 것인지 구하시오.

05

길이가 120 m인 철조망으로 직사각형 모양의 울타리를 만들려고 한다. 가로와 세로의 길이의 비를 3 : 1로 만들 때, 울타리의 가로의 길이를 구하시오.

06

둘레의 길이가 2 km인 호수의 둘레를 선주와 민성이가 같은 지점에서 서로 반대 방향으로 동시에 출발하였다. 선주는 분속 90 m, 민성이는 분속 110 m로 걸었을 때, 두 사람은 출발한 지 몇 분 후에 처음으로 만나게 되는지 구하시오.

07

어느 동아리 학생들이 초콜릿을 나누어 먹으려고 하는데 한 명이 4개씩 먹으면 6개가 남고, 6개씩 먹으면 2개가 모자란다고 한다. 이때 초콜릿의 개수를 구하시오.

08

어느 중학교의 학생 수는 작년에 비하여 5 % 감소하여 올해는 342명이 되었다. 이 중학교의 작년의 학생 수를 구하시오.

01

다음 중 문장을 식으로 나타낼 때 등식으로 나타내어 지는 것은?

① 한 개에 2000원 하는 과자 a개의 가격
② 어떤 수 x를 2배 한 수에서 1을 뺀 수
③ 길이가 20 cm인 실을 a cm 사용하고 남은 실의 길이
④ 한 변의 길이가 x cm인 정삼각형의 둘레의 길이는 15 cm이다.
⑤ 한 개에 500원인 지우개를 a개 사고 5000원을 냈을 때의 거스름돈

02

다음 중 항등식인 것은?

① $3-2=0$　② $5x=3x$
③ $x+4=4+x$　④ $2x-7$
⑤ $\frac{x-1}{2}=x$

03

다음 방정식 중 해가 $x=2$인 것은?

① $3x+2=5$
② $\frac{1}{2}x-4=3$
③ $x+6=5x-6$
④ $-4(x+3)=8$
⑤ $-(x+1)+3=2x-4$

04

등식 $2x+6=a(x-2)+bx$가 x에 대한 항등식일 때, 상수 a, b에 대하여 $b-a$의 값을 구하시오.

05

$a=2b$일 때, 다음 중 옳지 않은 것은?

① $a+2=2b+2$　② $a-5=2b-5$
③ $\frac{1}{2}a=b$　④ $2a+1=4b+2$
⑤ $\frac{a-1}{4}=\frac{2b-1}{4}$

06

다음 중 일차방정식이 아닌 것은?

① $3x-1=1$　② $5x+1=x-3$
③ $2(1-x)=6-2x$　④ $x^2-2x=x^2+4$
⑤ $\frac{x^2+1}{3}-x=\frac{x^2-1}{3}$

07

다음 일차방정식 중 해가 가장 큰 것은?

① $x+1=2x-1$　② $5x+2=2(x-5)$
③ $\frac{1}{2}x+4=\frac{1}{3}x+2$　④ $0.4x+3.5=0.7-x$
⑤ $0.9x-0.1=-\frac{1}{2}(x+3)$

08

다음 일차방정식의 해가 $x=2$일 때, 상수 a의 값을 구하시오.

$$\frac{-2x-a}{3}=\frac{x+2a}{4}+4$$

09

일의 자리의 숫자가 6인 두 자리의 자연수가 있다. 이 자연수의 십의 자리의 숫자와 일의 자리의 숫자를 바꾼 수는 처음 수보다 27만큼 크다고 할 때, 처음 수를 구하시오.

10

건우는 오전 8시에 집에서 출발하여 분속 60 m의 속력으로 학교를 향해 걸어갔다. 동생이 건우에게 준비물을 가져다주기 위해 오전 8시 10분에 집에서 출발하여 자전거를 타고 분속 110 m의 속력으로 건우를 따라갔다. 동생이 집에서 출발한 지 몇 분 후에 건우를 만날 수 있는지 구하시오.

11

주경이는 가족들과 함께 강릉으로 여행을 갔다. 여행 비용의 $\frac{1}{8}$은 교통비로, $\frac{1}{3}$은 숙박비로, $\frac{1}{2}$은 식사비로 각각 사용하였고, 관광지의 입장료로 20000원을 사용하였다. 계획한 여행 비용을 딱 맞게 모두 사용하였을 때, 주경이네 가족이 계획한 여행 비용은 얼마인지 구하시오.

서술형 문제

12

다음 두 일차방정식의 해가 같을 때, 상수 a의 값을 구하시오. [6점]

$$3(x-2)=4(x-3)+1,\ 2a-x=1$$

풀이

답

13

어떤 물건을 원가에 30 %의 이익을 붙여서 정가를 정하고, 정가에서 600원을 할인하여 팔았더니 1200원의 이익이 생겼다. 다음 물음에 답하시오. [6점]

(1) 이 물건의 원가를 x원으로 놓고, 방정식을 세우시오. [3점]

(2) 이 물건의 원가를 구하시오. [3점]

풀이

답

01 순서쌍과 좌표

개념북 ▶ 123쪽 | 정답 및 풀이 ▶ 76쪽

좌표평면 위의 점의 좌표

01 다음 중 오른쪽 좌표평면 위의 점의 좌표를 기호로 바르게 나타낸 것은?

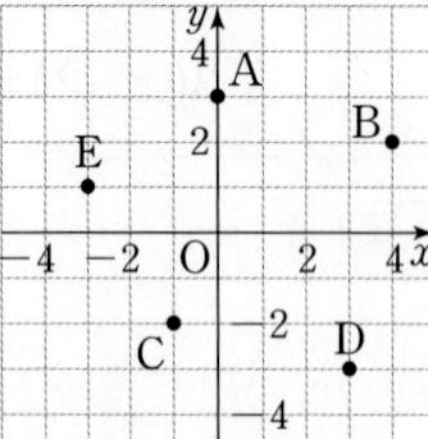

① A(3, 0)
② B(2, 4)
③ C(−1, −2)
④ D(−3, 3)
⑤ E(1, −3)

02 다음 점을 오른쪽 좌표평면 위에 나타내시오.

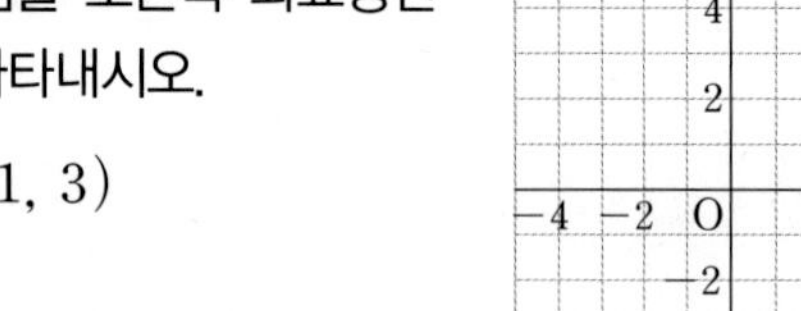

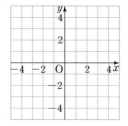

(1) A(1, 3)

(2) B(−3, 2)

(3) C(2, −3)

(4) D(−4, −2)

x축, y축 위의 점의 좌표

03 다음을 구하시오.

(1) x축 위에 있고, x좌표가 3인 점의 좌표

(2) y축 위에 있고, y좌표가 −1인 점의 좌표

04 점 $(2a+4, 3)$이 y축 위의 점일 때, a의 값을 구하시오.

사분면 위의 점

05 다음 중 점 $(-1, 2)$와 같은 사분면에 속하는 점은?

① $(2, -1)$　② $(1, -2)$　③ $(-1, -2)$
④ $(-3, 0)$　⑤ $(-2, 1)$

06 점 (a, b)가 제3사분면에 속할 때, 다음 점은 제몇 사분면에 속하는지 말하시오.

(1) (b, a)　(2) $(-a, b)$

(3) $(a, -b)$　(4) $(-b, a)$

대칭인 점의 좌표

07 점 $(a, -8)$과 점 $(5, 2b)$가 원점에 대하여 대칭일 때, a, b의 값을 각각 구하시오.

08 점 $(-2, 9)$와 y축에 대하여 대칭인 점의 좌표가 $(a+1, 3b)$일 때, a, b의 값을 각각 구하시오.

02 그래프의 이해

개념북 127쪽~128쪽 | 정답 및 풀이 76쪽

상황과 그래프

01 현준이는 집에서 친구 집까지 일정한 속력으로 자전거를 타고 가다가 중간에 아는 사람을 만나서 이야기하느라 잠깐 멈춰 선 후 다시 처음과 같은 속력으로 자전거를 타고 친구 집까지 갔다. 현준이가 집에서부터 이동한 거리를 시간에 따라 나타낸 그래프로 알맞은 것을 **보기**에서 고르시오.

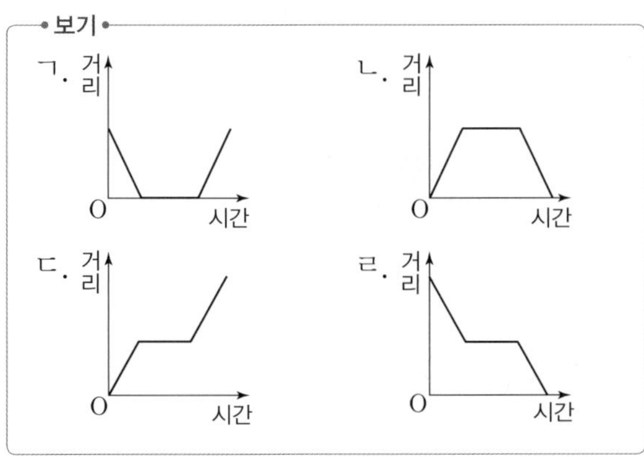

02 일정한 속도로 타는 양초에 불을 붙였다가 5분 후에 끄고, 10분이 지난 후 다시 불을 붙이고 5분 후 양초의 길이가 처음 길이의 절반이 되어 불을 껐다. 시간에 따른 양초의 길이를 나타낸 그래프로 알맞은 것을 **보기**에서 고르시오.

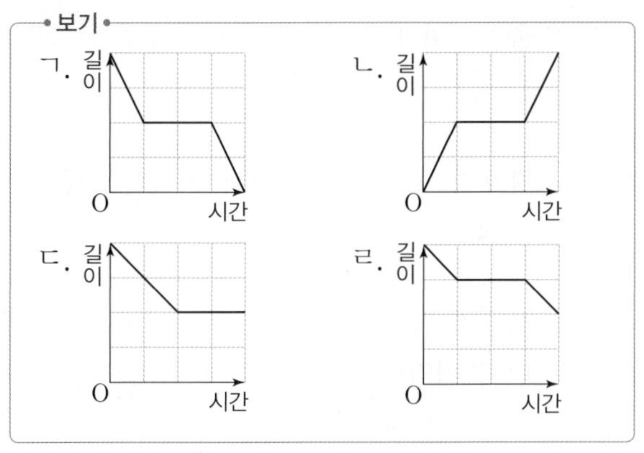

그래프 해석하기

03 민희는 집에서 300 m 떨어진 서점에 갔다가 집으로 돌아왔다. 다음은 집에서 출발한 지 x분 후에 민희가 집으로부터 떨어진 거리를 y m라 할 때, x와 y 사이의 관계를 나타낸 그래프이다. 물음에 답하시오.

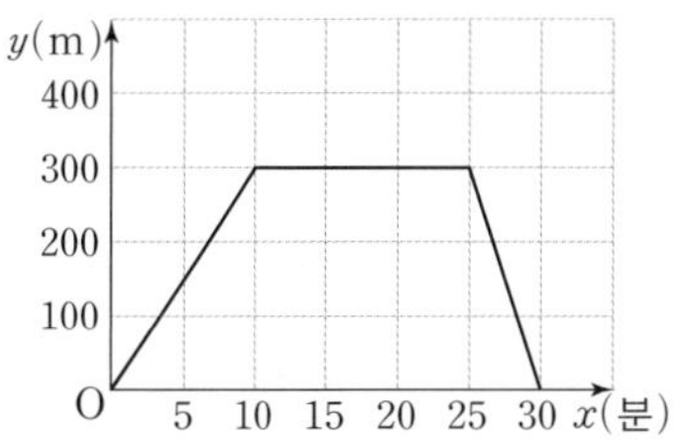

(1) 민희가 집에서 출발하여 10분 동안 이동한 거리는 몇 m인지 구하시오.

(2) 민희가 서점에 머문 시간은 몇 분인지 구하시오.

04 다음은 시간에 따른 모형 자동차의 이동 거리를 나타낸 그래프이다. 모형 자동차가 출발하여 x초 동안 이동한 거리를 y m라 할 때, 물음에 답하시오.

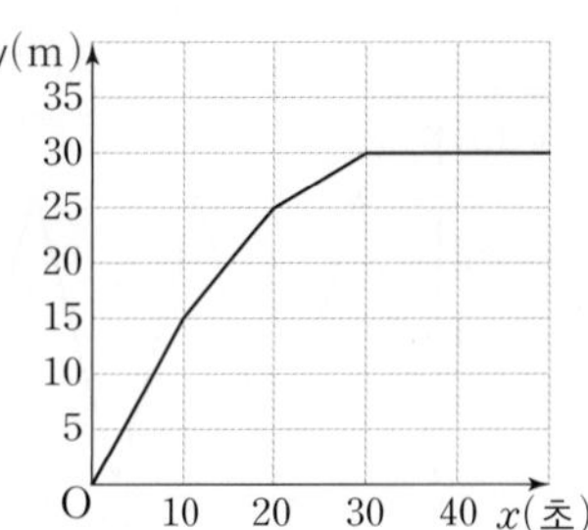

(1) 모형 자동차가 출발하여 10초 동안 이동한 거리는 몇 m인지 구하시오.

(2) 모형 자동차가 25 m를 이동하는 데 걸린 시간은 몇 초인지 구하시오.

정답 및 풀이 ▶ 77쪽

주기적 변화

05 다음은 대관람차의 어느 칸이 출발한 지 x분 후에 지면으로부터의 높이를 y m라 할 때, x와 y 사이의 관계를 나타낸 그래프이다. 물음에 답하시오.

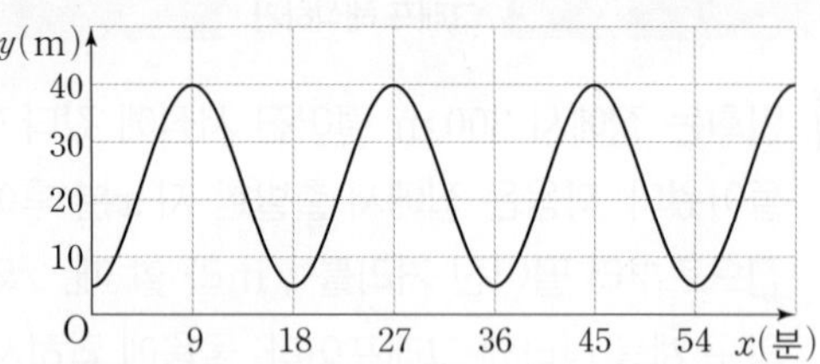

(1) 출발하여 처음으로 가장 높이 올라갈 때까지 걸린 시간을 구하시오.

(2) 탑승한 지 3바퀴를 돌아 처음 위치로 돌아오는 데 걸린 시간을 구하시오.

06 다음은 A 지점과 B 지점 사이를 왕복 운동하는 드론의 시간에 따른 위치를 나타낸 그래프이다. 드론이 움직이기 시작한 지 x초 후에 A 지점과 드론 사이의 거리를 y m라 할 때, 물음에 답하시오. (단, 드론은 지면과 평행하게 이동하고 드론의 높이는 생각하지 않는다.)

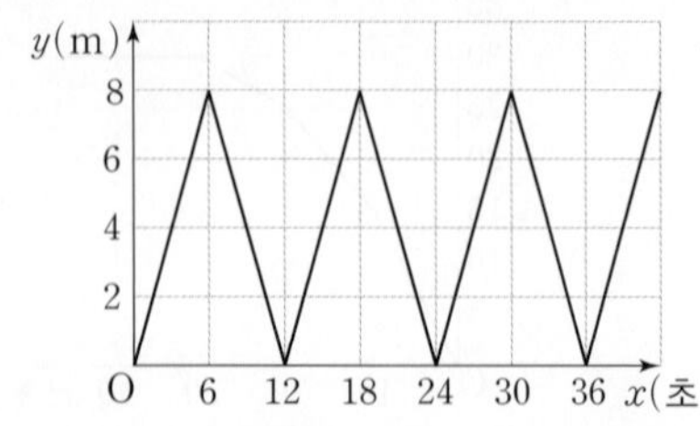

(1) A 지점과 B 지점 사이의 거리는 몇 m인지 구하시오.

(2) 드론이 A 지점과 B 지점 사이를 한 번 왕복하는 데 걸리는 시간은 몇 초인지 구하시오.

두 그래프 한번에 보여 주기

07 민수와 원준이가 각각 자전거를 타고 3000 m 떨어진 야구장까지 갔다. 다음은 민수와 원준이가 출발하여 x분 동안 이동한 거리를 y m라 할 때, x와 y 사이의 관계를 나타낸 그래프이다. 물음에 답하시오.

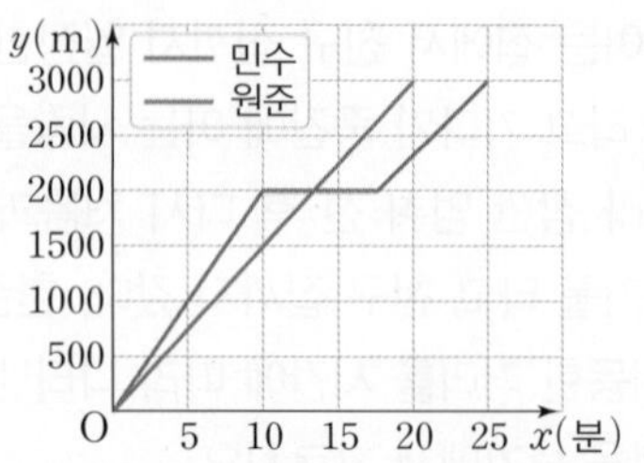

(1) 출발하여 10분 동안 민수와 원준이가 이동한 거리를 각각 구하시오.

(2) 민수와 원준이가 야구장까지 가는 데 걸린 시간의 차를 구하시오.

08 강호와 혜수가 5 km 마라톤 대회에 참가하였다. 다음은 x분 동안 달린 거리를 y km라 할 때, x와 y 사이의 관계를 나타낸 그래프이다. 물음에 답하시오.

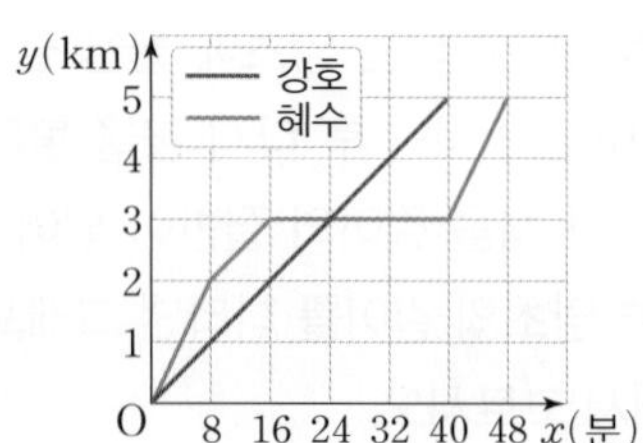

(1) 출발하여 16분 동안 강호와 혜수가 달린 거리를 각각 구하시오.

(2) 강호가 혜수보다 앞서기 시작한 것은 출발한 지 몇 분 후인지 구하시오.

(3) 혜수가 달리는 도중 복통으로 한 곳에 머무르면서 쉬었다. 혜수가 몇 분 동안 쉬었는지 구하시오.

01. 순서쌍과 좌표
02. 그래프의 이해

개념북 ▶ 129쪽~130쪽 | 정답 및 풀이 ▶ 77쪽

01

두 점 $A(a,\ a+1)$, $B(b-2,\ b+3)$이 각각 x축, y축 위에 있을 때, $a+b$의 값을 구하시오.

02

점 $P(a,\ b)$가 제4사분면에 속할 때, 점 $Q(ab,\ a-b)$는 제몇 사분면에 속하는가?

① 제1사분면　　② 제2사분면
③ 제3사분면　　④ 제4사분면
⑤ 어느 사분면에도 속하지 않는다.

03

아래는 어떤 자기 부상 열차가 운행을 시작한 후 시간에 따른 열차의 속력을 나타낸 그래프이다. x초일 때의 속력을 y m/s라 할 때, 다음 중 옳지 않은 것은?

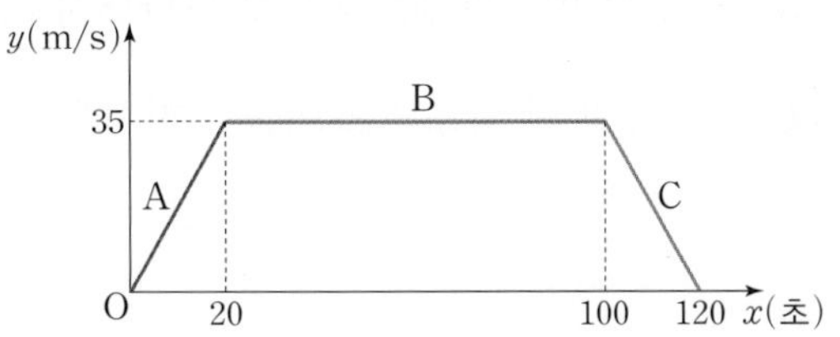

① A 구간에서 자기 부상 열차의 속력은 점점 증가하였다.
② B 구간에서 자기 부상 열차의 속력은 일정하였다.
③ B 구간에서 자기 부상 열차가 이동한 거리는 35 m이다.
④ C 구간에서 자기 부상 열차의 속력은 점점 감소하였다.
⑤ 자기 부상 열차는 C 구간을 20초 동안 달렸다.

04

다음은 A 지점과 B 지점 사이를 왕복 운동하는 로봇의 시간에 따른 위치를 나타낸 그래프이다. 로봇이 움직이기 시작한 지 x초 후에 A 지점과 로봇 사이의 거리를 y m라 할 때, **보기**에서 그래프에 대한 설명으로 옳은 것을 모두 고르시오.

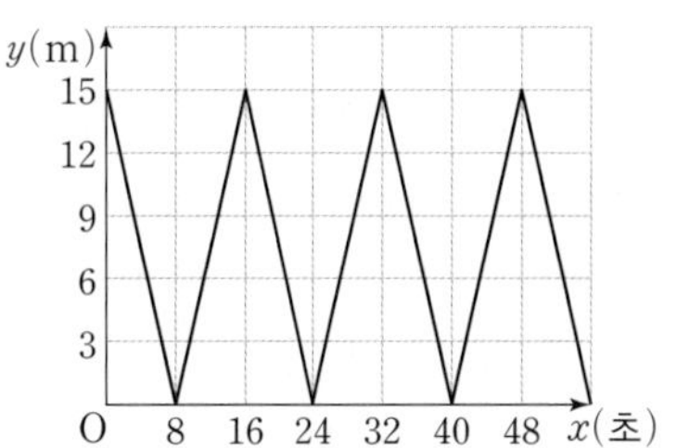

보기

ㄱ. 로봇은 A 지점에서 출발하여 16초 후에 돌아온다.
ㄴ. 로봇은 16초마다 같은 곳을 지난다.
ㄷ. 로봇은 24초 동안 A 지점과 B 지점 사이를 3번 왕복하였다.
ㄹ. 로봇이 움직이기 시작한 지 8초 후의 위치와 40초 후의 위치는 같다.

05

오른쪽 그림과 같은 두 종류의 컵 A, B에 시간당 일정한 양의 물을 부을 때, 시간에 따른 물의 높이를 나타낸 그래프로 알맞은 것을 **보기**에서 각각 고르시오.

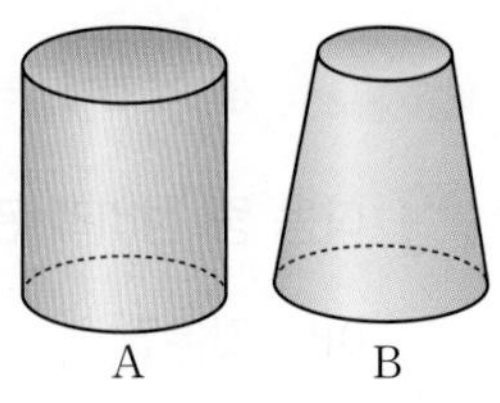

보기

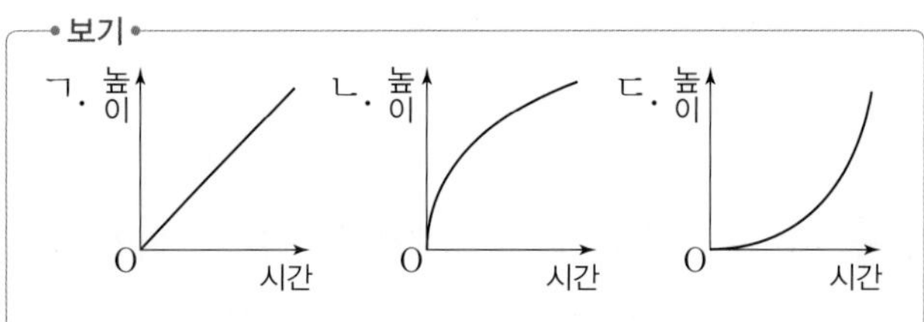

정비례와 반비례

정비례, 반비례하는 것 찾기

01 다음 중 y가 x에 정비례하는 것은?

① 곱이 30인 두 수 x와 y
② 한 줄에 5명씩 x줄을 세웠을 때 총 학생 수 y명
③ 둘레의 길이가 40 cm인 직사각형의 가로의 길이 x cm와 세로의 길이 y cm
④ 10 km를 시속 x km로 달린 시간 y시간
⑤ 음료수 20 L를 x명이 똑같이 나누어 마실 때, 한 사람이 마시는 음료수의 양 y L

정비례 관계 $y=ax(a\neq0)$의 그래프의 성질

02 다음 중 정비례 관계 $y=4x$의 그래프에 대한 설명으로 옳은 것을 모두 고르면? (정답 2개)

① 점 $(1,\ -4)$를 지난다.
② 오른쪽 아래로 향한다.
③ 제1사분면과 제3사분면을 지난다.
④ 한 쌍의 매끄러운 곡선이다.
⑤ x의 값이 증가하면 y의 값도 증가한다.

정비례 관계 $y=ax(a\neq0)$의 그래프 위의 점

03 다음 중 정비례 관계 $y=-\frac{2}{3}x$의 그래프 위의 점이 아닌 것은?

① $(-6,\ 4)$ ② $(3,\ -2)$ ③ $(0,\ 0)$
④ $(2,\ -3)$ ⑤ $(9,\ -6)$

04 정비례 관계 $y=2x$의 그래프가 두 점 $(-2,\ a)$, $(b,\ -6)$을 지날 때, $a-b$의 값을 구하시오.

정비례 관계 $y=ax(a\neq0)$의 식 구하기

05 오른쪽 그래프가 나타내는 식을 구하시오.

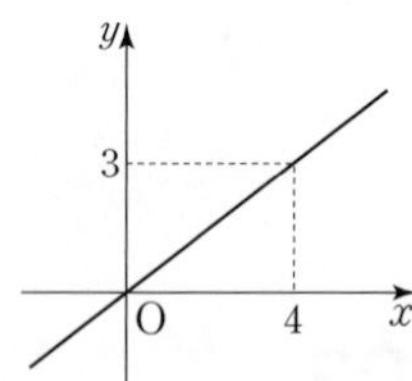

06 y가 x에 정비례하고, 그 그래프가 점 $(2,\ -6)$을 지날 때, x와 y 사이의 관계를 나타내는 식은?

① $y=-6x$ ② $y=-3x$ ③ $y=-2x$
④ $y=x$ ⑤ $y=2x$

정비례 관계의 활용

07 불을 붙이면 1분에 0.4 cm씩 타는 길이가 20 cm인 양초가 있다. 불을 붙이고 x분 동안 탄 양초의 길이를 y cm라 할 때, 다음 물음에 답하시오.

(1) x와 y 사이의 관계를 식으로 나타내시오.

(2) 20분 동안 탄 양초의 길이를 구하시오.

08 높이가 90 cm인 원기둥 모양의 물통에 매분 일정한 양의 물을 넣을 때, 수면의 높이는 1분에 5 cm씩 올라간다고 한다. 물을 넣기 시작한 지 x분 후의 수면의 높이를 y cm라 할 때, 다음 물음에 답하시오.

(1) x와 y 사이의 관계를 식으로 나타내시오.

(2) 물통에 물을 가득 채우는 데 걸리는 시간을 구하시오.

반비례 관계 $y=\frac{a}{x}(a\neq0)$의 그래프의 성질

09 다음 중 반비례 관계 $y=-\frac{6}{x}$의 그래프에 대한 설명으로 옳지 않은 것을 모두 고르면? (정답 2개)

① 한 쌍의 매끄러운 곡선이다.
② 제1사분면과 제3사분면을 지난다.
③ 제2사분면과 제4사분면을 지난다.
④ 점 $(2,\ -3)$을 지난다.
⑤ 지나는 각 사분면에서 x의 값이 증가하면 y의 값은 감소한다.

10 다음 **보기**에서 반비례 관계 $y=\frac{8}{x}$의 그래프에 대한 설명으로 옳은 것을 모두 고르시오.

보기
ㄱ. 원점을 지나는 직선이다.
ㄴ. 제1사분면과 제3사분면을 지난다.
ㄷ. 지나는 각 사분면에서 x의 값이 증가하면 y의 값도 증가한다.
ㄹ. 반비례 관계 $y=\frac{6}{x}$의 그래프보다 원점에서 더 멀리 떨어져 있다.

반비례 관계 $y=\frac{a}{x}(a\neq0)$의 그래프 위의 점

11 다음 중 반비례 관계 $y=\frac{18}{x}$의 그래프 위의 점이 아닌 것은?

① $(-9,\ -2)$ ② $(-6,\ -3)$ ③ $(-1,\ -18)$
④ $(4,\ 4)$ ⑤ $(18,\ 1)$

12 반비례 관계 $y=-\frac{12}{x}$의 그래프가 두 점 $(a,\ -6)$, $(3,\ b)$를 지날 때, $a+b$의 값을 구하시오.

반비례 관계 $y=\frac{a}{x}(a\neq0)$의 식 구하기

13 오른쪽 그래프가 나타내는 식을 구하시오.

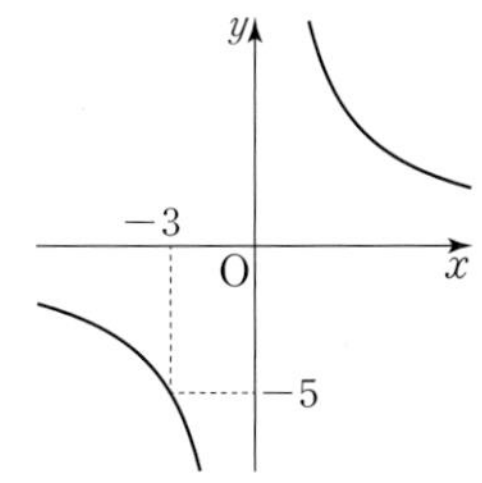

14 y가 x에 반비례하고, 그 그래프가 점 $(6,\ -4)$를 지날 때, x와 y 사이의 관계를 나타내는 식은?

① $y=-\frac{36}{x}$ ② $y=-\frac{24}{x}$ ③ $y=-\frac{4}{x}$
④ $y=\frac{6}{x}$ ⑤ $y=\frac{24}{x}$

반비례 관계의 활용

15 48개의 사탕을 x개의 접시에 y개씩 똑같이 나누어 담을 때, 다음 물음에 답하시오.

(1) x와 y 사이의 관계를 식으로 나타내시오.

(2) 한 개의 접시에 사탕을 6개씩 담는다면 몇 개의 접시에 담게 되는지 구하시오.

16 부피가 $240\ \text{cm}^3$이고 높이가 $8\ \text{cm}$인 직육면체의 가로의 길이, 세로의 길이를 각각 $x\ \text{cm}$, $y\ \text{cm}$라 할 때, 다음 물음에 답하시오.

(1) x와 y 사이의 관계를 식으로 나타내시오.

(2) 직육면체의 가로의 길이가 $6\ \text{cm}$일 때, 세로의 길이를 구하시오.

03. 정비례와 반비례

개념북 ▶ 140쪽 | 정답 및 풀이 ▶ 78쪽

01

다음 중 정비례 관계 $y=ax(a\neq0)$의 그래프에 대한 설명으로 옳지 않은 것은?

① 원점을 지나는 직선이다.
② $a<0$일 때, 오른쪽 아래로 향한다.
③ 점 $(1, a)$를 지난다.
④ a의 절댓값이 커질수록 x축에 가까워진다.
⑤ $a>0$일 때, x의 값이 증가하면 y의 값도 증가한다.

02

오른쪽 그림과 같은 그래프에서 k의 값을 구하시오.

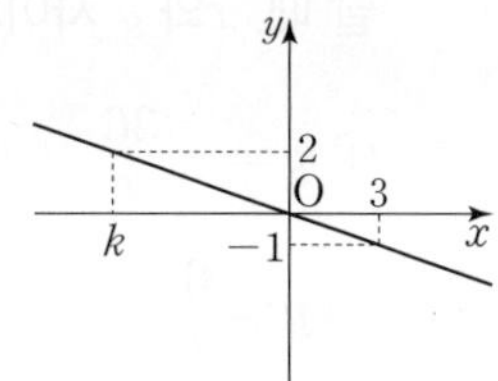

03

정비례 관계 $y=-x$의 그래프와 직선 l이 오른쪽 그림과 같을 때, 다음 식 중 그 그래프가 직선 l이 될 수 있는 것은?

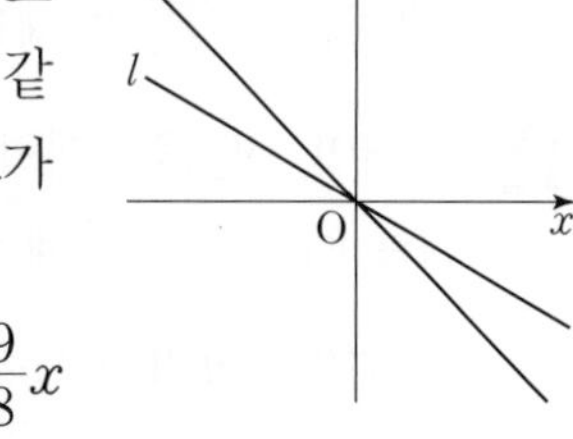

① $y=-\frac{7}{8}x$ ② $y=-\frac{9}{8}x$
③ $y=-\frac{5}{4}x$ ④ $y=-\frac{11}{8}x$ ⑤ $y=-2x$

04

다음 중 반비례 관계 $y=\frac{a}{x}(a\neq0)$의 그래프에 대한 설명으로 옳지 않은 것은?

① 한 쌍의 매끄러운 곡선이다.
② $a>0$일 때, 제1사분면과 제3사분면을 지난다.
③ 점 $(1, -a)$를 지난다.
④ a의 절댓값이 커질수록 원점에서 멀어진다.
⑤ 좌표축과 만나지 않는다.

05

반비례 관계 $y=\frac{a}{x}$의 그래프가 두 점 $(-2, b)$, $(-4, 3)$을 지날 때, $a-b$의 값을 구하시오. (단, a는 상수)

06

오른쪽 그림과 같은 그래프에서 k의 값은?

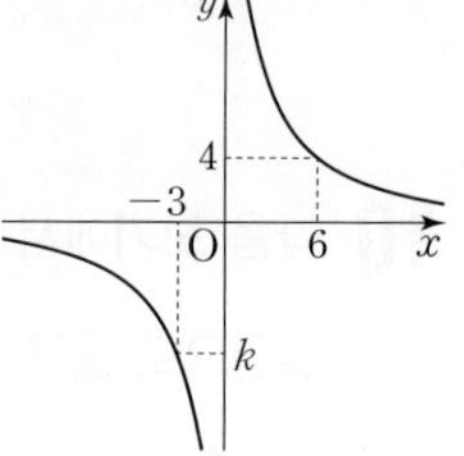

① -10 ② -9
③ -8 ④ -7
⑤ -6

07

오른쪽 그림과 같이 정비례 관계 $y=3x$의 그래프와 반비례 관계 $y=\frac{a}{x}$의 그래프가 점 A에서 만난다. 점 A의 y좌표가 6일 때, 상수 a의 값을 구하시오.

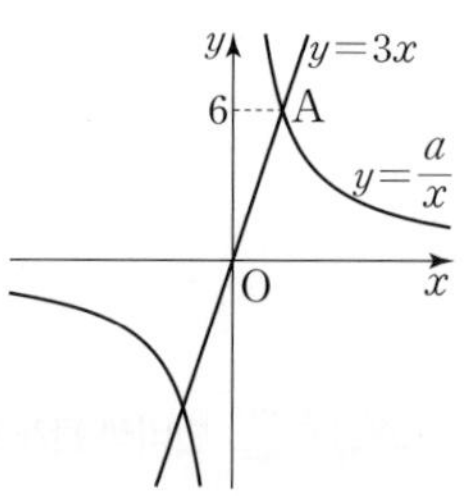

08

높이가 104 cm인 원기둥 모양의 물통에 수면의 높이가 5분에 20 cm씩 올라가도록 일정한 양의 물을 넣을 때, 물통에 물을 가득 채우는 데 걸리는 시간을 구하시오.

01

다음 중 오른쪽 좌표평면 위의 점의 좌표를 기호로 나타낸 것으로 옳지 않은 것은?

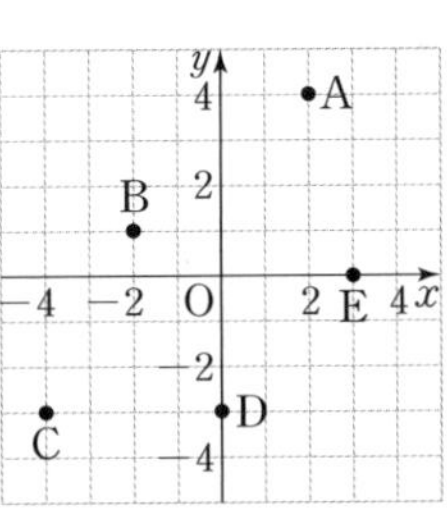

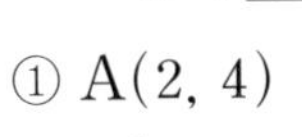

① A(2, 4)
② B(−2, 1)
③ C(−4, −3)
④ D(−3, 0)
⑤ E(3, 0)

02

두 순서쌍 $(2a-1,\ 6)$, $(3,\ b+2)$가 서로 같을 때, $a+b$의 값은?

① −2　② 1　③ 3
④ 4　⑤ 6

03

좌표평면 위의 세 점 A(1, 4), B(−4, −2), C(3, −2)를 꼭짓점으로 하는 삼각형 ABC의 넓이를 구하시오.

04

다음 중 좌표평면에 대한 설명으로 옳지 않은 것은?

① 원점은 y축 위의 점이다.
② 점 (2, 0)은 x축 위의 점이다.
③ 점 (3, −2)는 제4사분면에 속하는 점이다.
④ 점 (−1, 4)와 원점에 대하여 대칭인 점의 좌표는 (1, −4)이다.
⑤ $a>0$, $b<0$일 때, 점 $(a-b,\ ab)$는 제3사분면에 속하는 점이다.

05

수호와 준명이가 학교에서 동시에 출발하여 도서관까지 갔다. 다음은 학교에서 출발하여 x분 동안 이동한 거리를 y m라 할 때, x와 y 사이의 관계를 나타낸 그래프이다. 물음에 답하시오.

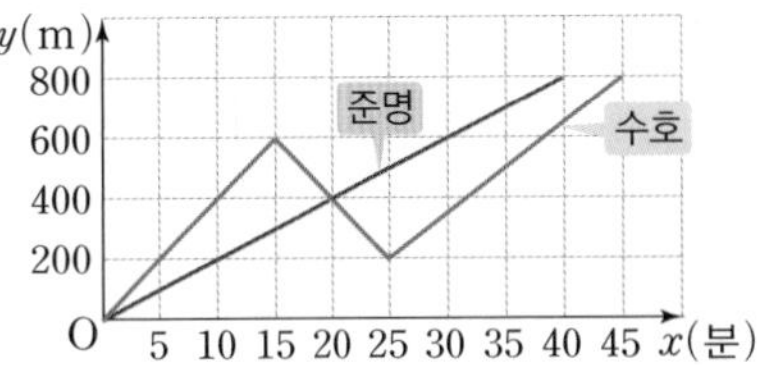

(1) 학교에서 도서관까지의 거리는 몇 m인지 구하시오.

(2) 수호와 준명이는 출발한 지 몇 분 후에 다시 만나는지 구하시오.

06

다음 중 정비례 관계 $y=-3x$의 그래프에 대한 설명으로 옳은 것을 모두 고르면? (정답 2개)

① 원점을 지나는 직선이다.
② 제1사분면과 제3사분면을 지난다.
③ 점 $\left(-\frac{1}{3},\ -1\right)$을 지난다.
④ x의 값이 증가하면 y의 값은 감소한다.
⑤ 오른쪽 위로 향하는 직선이다.

07

정비례 관계 $y=\frac{2}{3}x$의 그래프가 점 $(a,\ -6)$을 지날 때, a의 값을 구하시오.

08

다음 중 반비례 관계 $y=-\frac{24}{x}$의 그래프 위의 점이 아닌 것은?

① $(-8, 3)$　② $(-4, 6)$　③ $\left(-\frac{1}{2}, 12\right)$

④ $(6, -4)$　⑤ $\left(16, -\frac{3}{2}\right)$

09

반비례 관계 $y=\frac{a}{x}$의 그래프가 오른쪽 그림과 같을 때, $a-b$의 값은? (단, a는 상수)

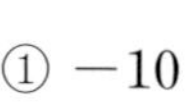

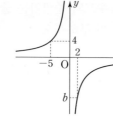

① -10　② -8

③ -2　④ 2

⑤ 8

10

온도가 일정할 때, 기체의 부피는 압력에 반비례한다. 부피가 50 mL인 어떤 기체의 압력이 3기압이었다. 같은 온도에서 이 기체의 부피가 30 mL일 때, 이 기체의 압력을 구하시오.

11

오른쪽 그림과 같이 정비례 관계 $y=-2x$의 그래프와 반비례 관계 $y=\frac{a}{x}$의 그래프가 점 $(-2, b)$에서 만날 때, $a+b$의 값을 구하시오. (단, a는 상수)

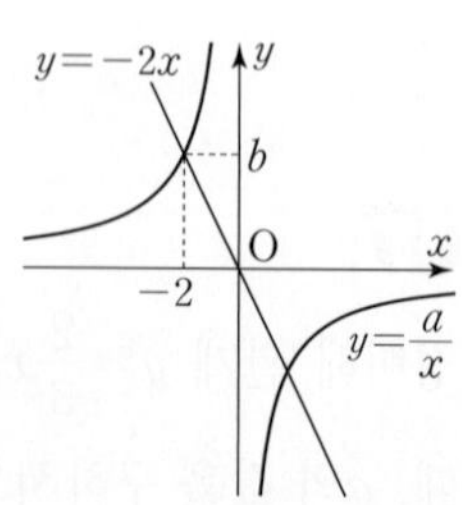

서술형 문제

12

점 $\mathrm{P}(a, -b)$가 제3사분면에 속할 때, 점 $\mathrm{Q}(-ab, b-a)$는 제몇 사분면에 속하는지 구하시오. [6점]

풀이

답

13

오른쪽 그림과 같은 직사각형 ABCD에서 점 P는 점 B를 출발하여 변 BC를 따라 점 C까지 움직인다. 점 P가 움직인 거리를 x cm, 이때 생기는 삼각형 ABP의 넓이를 $y\text{ cm}^2$라 하자. 다음 물음에 답하시오. [7점]

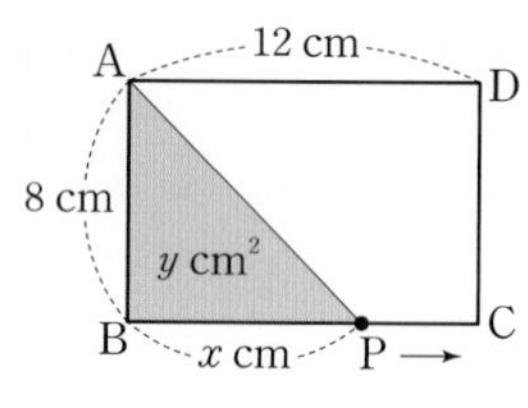

(1) x와 y 사이의 관계를 식으로 나타내시오. [3점]

(2) 삼각형 ABP의 넓이가 32 cm^2일 때, 선분 PC의 길이를 구하시오. [4점]

풀이

답

개념북 정답 및 풀이

1 소인수분해

01 소수와 거듭제곱

7쪽~8쪽

1 (1) 1, 3, 9 (2) 1, 2, 4, 8, 16
(3) 1, 2, 3, 4, 6, 8, 12, 24 (4) 1, 2, 5, 10, 25, 50

1-❶ (1) 1, 2, 5, 10 (2) 1, 2, 3, 6, 9, 18
(3) 1, 2, 4, 8, 16, 32 (4) 1, 7, 49

2 (1) 1, 3 / 소수 (2) 1, 2, 3, 6 / 합성수
(3) 1, 11 / 소수 (4) 1, 2, 4, 5, 10, 20 / 합성수
(5) 1, 5, 25 / 합성수 (6) 1, 41 / 소수

2-❶ (1) 소 (2) 합 (3) 합 (4) 소 (5) 소 (6) 합

3 (1) 3^4 (2) $5^2\times7^3$ (3) $2^2\times3^2\times5$ (4) $\left(\frac{1}{7}\right)^3$ (5) $\frac{1}{5^4}$

3-❶ (1) 2^5 (2) $3^3\times7^2$ (3) $2\times5^3\times7$ (4) $\left(\frac{1}{3}\right)^2\times\left(\frac{1}{5}\right)^3$
(5) $\frac{1}{2^3\times3^2\times7}$

4 (1) 2, 5 (2) 5, 4 (3) 7, 3 (4) 10, 2

4-❶ (1) 2, 4 (2) 3, 7 (3) 9, 3 (4) 11, 2

2 (1) 3의 약수는 1, 3의 2개이므로 소수이다.
(2) 6의 약수는 1, 2, 3, 6의 4개이므로 합성수이다.
(3) 11의 약수는 1, 11의 2개이므로 소수이다.
(4) 20의 약수는 1, 2, 4, 5, 10, 20의 6개이므로 합성수이다.
(5) 25의 약수는 1, 5, 25의 3개이므로 합성수이다.
(6) 41의 약수는 1, 41의 2개이므로 소수이다.

Self 코칭
약수의 개수에 따른 소수와 합성수의 구분
• 약수가 2개 → 소수
• 약수가 3개 이상 → 합성수

2-❶ (1) 5의 약수는 1, 5의 2개이므로 소수이다.
(2) 12의 약수는 1, 2, 3, 4, 6, 12의 6개이므로 합성수이다.
(3) 21의 약수는 1, 3, 7, 21의 4개이므로 합성수이다.
(4) 29의 약수는 1, 29의 2개이므로 소수이다.
(5) 37의 약수는 1, 37의 2개이므로 소수이다.
(6) 51의 약수는 1, 3, 17, 51의 4개이므로 합성수이다.

개념 완성하기

9쪽

01 4개 02 ② 03 ⑤ 04 ③
05 ④ 06 3

01 소수는 3, 19, 31, 79의 4개이다.

02 소수는 5, 17, 23, 41, 43의 5개이므로 $a=5$
합성수는 16, 27, 63의 3개이므로 $b=3$
$\therefore a-b=5-3=2$

Self 코칭
1은 소수도 아니고 합성수도 아니다.

03 ② 짝수 중 소수는 2뿐이다.
④ 7의 배수 중 소수는 7뿐이다.
⑤ 12의 약수 1, 2, 3, 4, 6, 12 중 소수는 2, 3의 2개이다.

04 ① 9는 홀수이지만 합성수이다.
② 한 자리의 자연수 중 합성수는 4, 6, 8, 9의 4개이다.
④ 가장 작은 합성수는 4이다.
⑤ $2\times3=6$과 같이 두 소수의 곱은 짝수일 수도 있다.

05 ① $5\times5\times5=5^3$
② $2+2+2=2\times3$
③ $7\times7\times7\times7=7^4$
⑤ $3\times3\times5\times5=3^2\times5^2$

06 $2\times2\times3\times3\times3\times7\times7=2^2\times3^3\times7^2$이므로
$a=2$, $b=3$, $c=2$
$\therefore a+b-c=2+3-2=3$

02 소인수분해

11쪽~13쪽

1 (1) 2, 6, 3 / $2^3\times3$ / 2, 3
(2) 70, 35, 5 / $2^2\times5\times7$ / 2, 5, 7

1-❶ (1) $44=2^2\times11$ / 소인수 : 2, 11
(2) $98=2\times7^2$ / 소인수 : 2, 7
(3) $135=3^3\times5$ / 소인수 : 3, 5
(4) $252=2^2\times3^2\times7$ / 소인수 : 2, 3, 7

2 (1) 2, 2 / $2^2\times13$ / 2, 13
(2) 2, 5, 25 / $2\times3\times5^2$ / 2, 3, 5

2-❶ (1) $50=2\times5^2$ / 소인수 : 2, 5
(2) $72=2^3\times3^2$ / 소인수 : 2, 3
(3) $126=2\times3^2\times7$ / 소인수 : 2, 3, 7
(4) $350=2\times5^2\times7$ / 소인수 : 2, 5, 7

3 (위에서부터) 1, 3, 5, 15, 25, 75 / 1, 3, 5, 15, 25, 75

3-❶ (위에서부터) 1, 2, 4, 3, 6, 12, 9, 18, 36 /
1, 2, 3, 4, 6, 9, 12, 18, 36

4 (1) 4 (2) 10 (3) 12 (4) 6 (5) 9

4-❶ (1) 5 (2) 8 (3) 12 (4) 3 (5) 16

5 (1) 2 (2) 3 (3) 5 (4) 15 (5) 14

5-❶ (1) 2 (2) 15 (3) 21 (4) 10 (5) 2

1-❶ (1) $44 \begin{cases} 2 \\ 22 \begin{cases} 2 \\ 11 \end{cases} \end{cases}$

→ $44=2^2\times11$

소인수 : 2, 11

(2) $98 \begin{cases} 2 \\ 49 \begin{cases} 7 \\ 7 \end{cases} \end{cases}$

→ $98=2\times7^2$

소인수 : 2, 7

(3) $135 \begin{cases} 3 \\ 45 \begin{cases} 3 \\ 15 \begin{cases} 3 \\ 5 \end{cases} \end{cases} \end{cases}$

→ $135=3^3\times5$

소인수 : 3, 5

(4) $252 \begin{cases} 2 \\ 126 \begin{cases} 2 \\ 63 \begin{cases} 3 \\ 21 \begin{cases} 3 \\ 7 \end{cases} \end{cases} \end{cases} \end{cases}$

→ $252=2^2\times3^2\times7$

소인수 : 2, 3, 7

2-❶ (1) $2\,)\,\underline{50}$, $5\,)\,\underline{25}$, 5

→ $50=2\times5^2$

소인수 : 2, 5

(2) $2\,)\,\underline{72}$, $2\,)\,\underline{36}$, $2\,)\,\underline{18}$, $3\,)\,\underline{9}$, 3

→ $72=2^3\times3^2$

소인수 : 2, 3

(3) $2\,)\,\underline{126}$, $3\,)\,\underline{63}$, $3\,)\,\underline{21}$, 7

→ $126=2\times3^2\times7$

소인수 : 2, 3, 7

(4) $2\,)\,\underline{350}$, $5\,)\,\underline{175}$, $5\,)\,\underline{35}$, 7

→ $350=2\times5^2\times7$

소인수 : 2, 5, 7

4 (1) $3+1=4$

(2) $(4+1)\times(1+1)=10$

(3) $(3+1)\times(2+1)=12$

(4) $68=2^2\times17$이므로 약수의 개수는

$(2+1)\times(1+1)=6$

(5) $100=2^2\times5^2$이므로 약수의 개수는

$(2+1)\times(2+1)=9$

Self 코칭

자연수 A가 $A=a^m\times b^n$(a, b는 서로 다른 소수, m, n은 자연수)으로 소인수분해될 때, A의 약수의 개수

→ $(m+1)\times(n+1)$

4-❶ (1) $4+1=5$

(2) $(1+1)\times(3+1)=8$

(3) $(2+1)\times(3+1)=12$

(4) $49=7^2$이므로 약수의 개수는 $2+1=3$

(5) $216=2^3\times3^3$이므로 약수의 개수는 $(3+1)\times(3+1)=16$

5 (1) 2의 지수가 짝수가 되어야 하므로 □$=2$

(2) 3의 지수가 짝수가 되어야 하므로 □$=3$

(3) 5의 지수가 짝수가 되어야 하므로 □$=5$

(4) 3과 5의 지수가 짝수가 되어야 하므로 □$=3\times5=15$

(5) 2와 7의 지수가 짝수가 되어야 하므로 □$=2\times7=14$

5-❶ (1) 2의 지수가 짝수가 되어야 하므로 곱해야 하는 가장 작은 자연수는 2이다.

(2) 3과 5의 지수가 짝수가 되어야 하므로 곱해야 하는 가장 작은 자연수는 $3\times5=15$

(3) 3과 7의 지수가 짝수가 되어야 하므로 곱해야 하는 가장 작은 자연수는 $3\times7=21$

(4) $40=2^3\times5$이고, 2와 5의 지수가 짝수가 되어야 하므로 곱해야 하는 가장 작은 자연수는 $2\times5=10$

(5) $128=2^7$이고, 2의 지수가 짝수가 되어야 하므로 곱해야 하는 가장 작은 자연수는 2이다.

개념 완성하기

14쪽~15쪽

01 ⑤	**02** ㄱ, ㄷ	**03** ④	**04** 10
05 ⑤	**06** ③	**07** ②, ④	**08** ③
09 ③	**10** ②	**11** ⑤	**12** 2
13 15	**14** ②		

01 ⑤ $120=2^3\times3\times5$

02 ㄴ. $84=2^2\times3\times7$　　ㄹ. $225=3^2\times5^2$

03 $160=2^5\times5$이므로 $a=5$, $b=1$

$\therefore a+b=5+1=6$

04 $540=2^2\times3^3\times5$이므로 $a=2$, $b=3$, $c=5$

$\therefore a+b+c=2+3+5=10$

05 $396=2^2\times3^2\times11$이므로 소인수는 2, 3, 11이다.

따라서 396의 모든 소인수의 합은 $2+3+11=16$

06 각각의 수를 소인수분해하면 다음과 같다.

① $30=2\times3\times5$　　② $90=2\times3^2\times5$

③ $140=2^2\times5\times7$　　④ $150=2\times3\times5^2$

⑤ $450=2\times3^2\times5^2$

따라서 소인수는 ①, ②, ④, ⑤ 2, 3, 5이고 ③ 2, 5, 7이다.

07 $54=2\times3^3$이므로 약수를 구하면 다음과 같다.

×	1	3	3^2	3^3
1	1×1	1×3	1×3^2	1×3^3
2	2×1	2×3	2×3^2	2×3^3

따라서 54의 약수인 것은 ② 3^2, ④ 2×3^2이다.

Self 코칭

$54=2\times3^3$이므로 54의 약수는 2의 지수가 1보다 크지 않고, 3의 지수가 3보다 크지 않다.

08 ③ 7의 지수가 1보다 크므로 $2^3\times3^2\times7$의 약수가 아니다.

09 각각의 수의 약수의 개수를 구하면 다음과 같다.

① $(1+1)\times(5+1)=12$

② $(2+1)\times(3+1)=12$

③ $(1+1)\times(4+1)=10$

④ $(1+1)\times(2+1)\times(1+1)=12$

⑤ $(2+1)\times(1+1)\times(1+1)=12$

10 각각의 수의 약수의 개수를 구하면 다음과 같다.
① $36=2^2\times3^2$이므로 $(2+1)\times(2+1)=9$
② $(4+1)\times(2+1)=15$
③ $48=2^4\times3$이므로 $(4+1)\times(1+1)=10$
④ $(2+1)\times(1+1)\times(1+1)=12$
⑤ $70=2\times5\times7$이므로 $(1+1)\times(1+1)\times(1+1)=8$

11 $(\square+1)\times(2+1)=18$에서
$(\square+1)\times3=18$, $\square+1=6$ $\therefore \square=5$

12 $(3+1)\times(\square+1)=12$에서
$4\times(\square+1)=12$, $\square+1=3$ $\therefore \square=2$

13 $60=2^2\times3\times5$이고, 3과 5의 지수가 짝수가 되어야 하므로 나누어야 하는 가장 작은 자연수는 $3\times5=15$

14 $48=2^4\times3$이므로 $2^4\times3\times x$가 어떤 자연수의 제곱이 되려면 $x=3\times(\text{자연수})^2$의 꼴이어야 한다.
① $3=3\times1^2$ ② $9=3\times3$ ③ $12=3\times2^2$
④ $27=3\times3^2$ ⑤ $48=3\times4^2$
따라서 자연수 x가 될 수 없는 수는 ② 9이다.

실력 확인하기 16쪽

01 ②	02 36	03 ①	04 ④
05 ④	06 ⑤	07 18	08 ③

01 ② 1은 소수도 아니고 합성수도 아니다.
④ 10보다 작은 자연수 중 소수는 2, 3, 5, 7의 4개이다.

02 $2^5=32$이므로 $a=32$
$81=3^4$이므로 $b=4$
$\therefore a+b=32+4=36$

03 $504=2^3\times3^2\times7$이므로 $a=3$, $b=3$, $c=7$
$\therefore a-b+c=3-3+7=7$

04 ㄱ. $25=5^2$이므로 소인수는 5이다.
ㄴ. $48=2^4\times3$이므로 소인수는 2, 3이다.
ㄷ. $96=2^5\times3$이므로 소인수는 2, 3이다.
ㄹ. $135=3^3\times5$이므로 소인수는 3, 5이다.

05 $126=2\times3^2\times7$이므로 126의 약수 중에서 가장 큰 수는 $2\times3^2\times7$이고 두 번째로 큰 수는 $3^2\times7$이다.

06 각각의 수의 약수의 개수를 구하면 다음과 같다.
① $28=2^2\times7$이므로 $(2+1)\times(1+1)=6$
② $30=2\times3\times5$이므로 $(1+1)\times(1+1)\times(1+1)=8$
③ $36=2^2\times3^2$이므로 $(2+1)\times(2+1)=9$
④ $64=2^6$이므로 $6+1=7$
⑤ $125=5^3$이므로 $3+1=4$

07 $24=2^3\times3$이므로 $2^3\times3\times a$가 어떤 자연수의 제곱이 되려면 지수가 모두 짝수이어야 한다.
따라서 가장 작은 자연수 a는 $a=2\times3=6$
즉, $24\times a=24\times6=144=12^2$이므로 $b=12$
$\therefore a+b=6+12=18$

08 전략 코칭
$a^m\times b^n$(a, b는 서로 다른 소수, m, n은 자연수)의 약수의 개수
➔ $(m+1)\times(n+1)$

① $2^2\times9=2^2\times3^2$이므로
(약수의 개수)$=(2+1)\times(2+1)=9$
② $2^2\times25=2^2\times5^2$이므로
(약수의 개수)$=(2+1)\times(2+1)=9$
③ $2^2\times27=2^2\times3^3$이므로
(약수의 개수)$=(2+1)\times(3+1)=12$
④ $2^2\times49=2^2\times7^2$이므로
(약수의 개수)$=(2+1)\times(2+1)=9$
⑤ $2^2\times121=2^2\times11^2$이므로
(약수의 개수)$=(2+1)\times(2+1)=9$

다른 풀이
$2^2\times\square$의 약수의 개수가 9이므로 $\square$는 2^6이거나 (2가 아닌 소수)^{2}의 꼴이어야 한다.
③ $27=3^3$이므로 $\square$ 안에 들어갈 수 없다.

03 최대공약수

18쪽~19쪽

1 1, 2, 4, 8 / 1, 2, 4, 5, 10, 20
(1) 1, 2, 4 (2) 4
1-❶ 1, 2, 4, 8, 16 / 1, 2, 3, 4, 6, 8, 12, 24
(1) 1, 2, 4, 8 (2) 8
2 (1) 최대공약수 : 1, 서로소이다.
(2) 최대공약수 : 5, 서로소가 아니다.
(3) 최대공약수 : 1, 서로소이다.
(4) 최대공약수 : 3, 서로소가 아니다.
(5) 최대공약수 : 1, 서로소이다.
(6) 최대공약수 : 6, 서로소가 아니다.
2-❶ (1) ○ (2) ○ (3) × (4) ○ (5) × (6) ○
3 (1) 2×3^2 (2) $2^2\times5$ (3) 3×5 (4) $2\times3\times5^2$
3-❶ (1) 2×5 (2) $2^2\times3$ (3) $3^2\times5$ (4) $2\times3\times7$
4 (1) 4 (2) 20 (3) 6
4-❶ (1) 14 (2) 18 (3) 25

2 (2) 5의 약수 : 1, 5
10의 약수 : 1, 2, 5, 10
따라서 5와 10의 최대공약수는 5이므로 5와 10은 서로소가 아니다.

(4) 12의 약수 : 1, 2, 3, 4, 6, 12
27의 약수 : 1, 3, 9, 27
따라서 12와 27의 최대공약수는 3이므로 12와 27은 서로소가 아니다.

(6) 18의 약수 : 1, 2, 3, 6, 9, 18
30의 약수 : 1, 2, 3, 5, 6, 10, 15, 30
따라서 18과 30의 최대공약수는 6이므로 18과 30은 서로소가 아니다.

2-❶ (3) 8의 약수 : 1, 2, 4, 8
14의 약수 : 1, 2, 7, 14
따라서 8과 14의 최대공약수는 2이므로 8과 14는 서로소가 아니다.

(5) 15의 약수 : 1, 3, 5, 15
25의 약수 : 1, 5, 25
따라서 15와 25의 최대공약수는 5이므로 15와 25는 서로소가 아니다.

4 (1)
$$\begin{array}{r|rr} 2 & 12 & 20 \\ 2 & 6 & 10 \\ \hline & 3 & 5 \end{array}$$
∴ (최대공약수)$=2\times2=4$

(2)
$$\begin{array}{r|rr} 2 & 40 & 60 \\ 2 & 20 & 30 \\ 5 & 10 & 15 \\ \hline & 2 & 3 \end{array}$$
∴ (최대공약수)$=2\times2\times5=20$

(3)
$$\begin{array}{r|rrr} 2 & 12 & 42 & 54 \\ 3 & 6 & 21 & 27 \\ \hline & 2 & 7 & 9 \end{array}$$
∴ (최대공약수)$=2\times3=6$

4-❶ (1)
$$\begin{array}{r|rr} 2 & 42 & 56 \\ 7 & 21 & 28 \\ \hline & 3 & 4 \end{array}$$
∴ (최대공약수)$=2\times7=14$

(2)
$$\begin{array}{r|rr} 2 & 54 & 72 \\ 3 & 27 & 36 \\ 3 & 9 & 12 \\ \hline & 3 & 4 \end{array}$$
∴ (최대공약수)$=2\times3\times3=18$

(3)
$$\begin{array}{r|rrr} 5 & 75 & 100 & 150 \\ 5 & 15 & 20 & 30 \\ \hline & 3 & 4 & 6 \end{array}$$
∴ (최대공약수)$=5\times5=25$

개념 완성하기

20쪽

01 1, 2, 3, 4, 6, 12	**02** ④	**03** ③, ④
04 3개	**05** ②	**06** ③
07 ⑤	**08** ㄱ, ㄴ, ㄹ	

01 두 수의 공약수는 두 수의 최대공약수인 12의 약수이므로 1, 2, 3, 4, 6, 12이다.

02 두 수의 공약수는 두 수의 최대공약수인 $2^3\times3^2$의 약수이다.
④ $48=2^4\times3$이므로 $2^3\times3^2$의 약수가 아니다.
⑤ $72=2^3\times3^2$이므로 $2^3\times3^2$의 약수이다.

03 두 수의 최대공약수를 각각 구하면 다음과 같다.
① 7 ② 3 ③ 1 ④ 1 ⑤ 5
따라서 두 수가 서로소인 것은 ③, ④이다.

04 $6=2\times3$이므로 2의 배수와 3의 배수는 6과 서로소가 될 수 없다. 따라서 6과 서로소인 수는 5, 13, 35의 3개이다.

05
$$\begin{array}{r} 2\ \times3^3 \\ 2^2\times3^2\times5 \\ 2^2\times3^3\times5 \\ \hline (\text{최대공약수})=2\ \times3^2 \end{array}$$

Self 코칭
최대공약수는 공통인 소인수의 거듭제곱에서 지수가 작거나 같은 것을 택하여 모두 곱한다.

06
$$\begin{array}{r} 2^3\times3^a\times7^3 \\ 2\ \times3^4\times7^b \\ \hline (\text{최대공약수})=2\ \times3^2\times7^2 \end{array}$$
따라서 $a=2$, $b=2$이므로 $a+b=2+2=4$

07 두 수의 최대공약수는 $2^2\times7$이므로 공약수는 $2^2\times7$의 약수이다. 따라서 두 수의 공약수가 아닌 것은 ⑤ $2^3\times7$이다.

08 $90=2\times3^2\times5$, $2^2\times3^2\times5$, $2\times3^2\times7$의 최대공약수는 2×3^2이므로 세 수의 공약수는 2×3^2의 약수이다.
따라서 세 수의 공약수는 ㄱ. 2×3, ㄴ. 3^2, ㄹ. 2×3^2이다.

04 최소공배수

22쪽~23쪽

1	4, 8, 12, 16, 20, 24 / 6, 12, 18, 24, 30, 36 (1) 12, 24, ⋯ (2) 12		
1-❶	10, 20, 30, 40, 50, 60 / 15, 30, 45, 60, 75, 90 (1) 30, 60, ⋯ (2) 30		
2	(1) $2^3\times3^2$ (2) $3^2\times5^3\times7$ (3) $2^3\times3^2\times5^2$		
2-❶	(1) $3^3\times5\times7$ (2) $2^2\times3^3\times5$ (3) $2^3\times3^2\times5^2\times7$		
3	(1) 36 (2) 480	3-❶	(1) 90 (2) 360
4	4, 4, $A=12$	4-❶	15
5	5	5-❶	54

3 (1)
$$\begin{array}{r|rr} 2 & 12 & 18 \\ 3 & 6 & 9 \\ \hline & 2 & 3 \end{array}$$
∴ (최소공배수)$=2\times3\times2\times3=36$

(2)
$$\begin{array}{r|rrr} 2 & 10 & 24 & 32 \\ 2 & 5 & 12 & 16 \\ 2 & 5 & 6 & 8 \\ \hline & 5 & 3 & 4 \end{array}$$
∴ (최소공배수)$=2\times2\times2\times5\times3\times4=480$

3-❶ (1)
$$\begin{array}{r|rr} 3 & 30 & 45 \\ \hline 5 & 10 & 15 \\ \hline & 2 & 3 \end{array}$$
∴ (최소공배수)$=3\times5\times2\times3=90$

(2)
$$\begin{array}{r|rrr} 2 & 24 & 30 & 36 \\ \hline 3 & 12 & 15 & 18 \\ \hline 2 & 4 & 5 & 6 \\ \hline & 2 & 5 & 3 \end{array}$$
∴ (최소공배수)$=2\times3\times2\times2\times5\times3=360$

4 A와 15의 최대공약수가 3이고,
$$\begin{array}{r|rr} 3 & A & 15 \\ \hline & \square & 5 \end{array}$$
$15=3\times5$이므로
$A=3\times\square$ ($\square$, 5는 서로소)라 하자.
이때 두 수의 최소공배수가 60이므로
$3\times\square\times5=60$ ∴ $\square=4$
∴ $A=3\times4=12$

4-❶ 35와 A의 최대공약수가 5이고,
$$\begin{array}{r|rr} 5 & 35 & A \\ \hline & 7 & a \end{array}$$
$35=5\times7$이므로
$A=5\times a$ (a, 7은 서로소)라 하자.
이때 두 수의 최소공배수가 105이므로
$5\times7\times a=105$ ∴ $a=3$
∴ $A=5\times3=15$

5 (두 수의 곱)=(최대공약수)×(최소공배수)이므로
$300=$(최대공약수)$\times60$ ∴ (최대공약수)$=5$

5-❶ (두 수의 곱)=(최대공약수)×(최소공배수)이므로
$486=9\times$(최소공배수) ∴ (최소공배수)$=54$

개념 완성하기

24쪽

01 12, 24, 36	**02** 5개	**03** ⑤	**04** ④
05 ④, ⑤	**06** ①, ②	**07** ③	**08** 13

01 두 수의 공배수는 두 수의 최소공배수인 12의 배수이므로 12, 24, 36이다.

02 두 수 A, B의 공배수는 두 수 A, B의 최소공배수인 18의 배수이므로 18의 배수 중에서 두 자리의 자연수는 18, 36, 54, 72, 90의 5개이다.

03
$$\begin{array}{l} 2^2\times3\times5 \\ 2^2\times3^3 \\ 2\times3^2\quad\times7 \\ \hline \text{(최소공배수)}=2^2\times3^3\times5\times7 \end{array}$$

Self 코칭
최소공배수는 공통인 소인수의 거듭제곱에서 지수가 크거나 같은 것을 택하고, 공통이 아닌 소인수의 거듭제곱도 모두 택하여 곱한다.

04
$$\begin{array}{l} 2^a\times3\times5^3 \\ 2\times3^b\times5\times c \\ \hline \text{(최소공배수)}=2^3\times3^2\times5^3\times7 \end{array}$$
따라서 $a=3$, $b=2$, $c=7$이므로 $a+b+c=3+2+7=12$

05 두 수의 최소공배수는 $2^3\times3^2\times5$이므로 공배수는 $2^3\times3^2\times5$의 배수이다.
따라서 두 수의 공배수는 ④ $2^3\times3^2\times5$, ⑤ $2^5\times3^3\times5$이다.

06 $9=3^2$, $12=2^2\times3$, $18=2\times3^2$의 최소공배수는 $2^2\times3^2$이므로 세 수의 공배수는 $2^2\times3^2$의 배수이다.
따라서 세 수의 공배수가 아닌 것은 ① $2\times3\times5^2$, ② $2^2\times3\times7$이다.

07
$$\begin{array}{l} 2^3\times3^a \\ 2^b\times3^3\times7 \\ \hline \text{(최대공약수)}=2^2\times3^3 \rightarrow b=2 \\ \text{(최소공배수)}=2^3\times3^4\times7 \rightarrow a=4 \end{array}$$
∴ $a+b=4+2=6$

08
$$\begin{array}{l} 2^a\times3^b\times7 \\ 2^3\times3^3\quad\times c \\ \hline \text{(최대공약수)}=2^3\times3^2 \rightarrow b=2 \\ \text{(최소공배수)}=2^4\times3^3\times7\times11 \rightarrow a=4,\ c=11 \end{array}$$
∴ $a-b+c=4-2+11=13$

05 최대공약수와 최소공배수의 활용

26쪽~27쪽

1	(1) 6	(2) 6명	**1-❶**	12명
2	(1) 8	(2) 8 cm	**2-❶**	15 cm
3	(1) 60	(2) 오전 9시	**3-❶**	오전 9시 24분
4	(1) 90	(2) 90 cm	**4-❶**	60 cm

1 (2) 가능한 한 많은 학생들에게 나누어 주려면 학생 수는 18과 24의 최대공약수이어야 한다.
18과 24의 최대공약수는 6이므로 구하는 학생 수는 6명이다.

1-❶ 되도록 많은 학생들에게 나누어 주려면 학생 수는 36과 60의 최대공약수이어야 한다.
36과 60의 최대공약수는 12이므로 구하는 학생 수는 12명이다.

2 (2) 가능한 한 큰 정사각형이려면 타일의 한 변의 길이는 128과 200의 최대공약수이어야 한다.
128과 200의 최대공약수는 8이므로 타일의 한 변의 길이는 8 cm이다.

2-❶ 최대한 큰 정육면체이려면 정육면체의 한 모서리의 길이는 60, 30, 45의 최대공약수이어야 한다.
60, 30, 45의 최대공약수는 15이므로 정육면체의 한 모서리의 길이는 15 cm이다.

3 (2) 두 기차가 처음으로 다시 동시에 출발하는 때는 15와 20의 최소공배수만큼 지난 후이다.
15와 20의 최소공배수는 60이므로 두 기차가 오전 8시 이후 처음으로 다시 동시에 출발하는 시각은 60분 후인 오전 9시이다.

3-❶ 두 버스가 처음으로 다시 동시에 출발하는 때는 8과 12의 최소공배수만큼 지난 후이다.
8과 12의 최소공배수는 24이므로 두 버스가 오전 9시 이후 처음으로 다시 동시에 출발하는 시각은 24분 후인 오전 9시 24분이다.

4 (2) 가능한 한 작은 정사각형이려면 정사각형의 한 변의 길이는 15와 18의 최소공배수이어야 한다.
15와 18의 최소공배수는 90이므로 정사각형의 한 변의 길이는 90 cm이다.

4-❶ 되도록 작은 정육면체이려면 정육면체의 한 모서리의 길이는 20, 10, 15의 최소공배수이어야 한다.
20, 10, 15의 최소공배수는 60이므로 정육면체의 한 모서리의 길이는 60 cm이다.

개념 완성하기

28쪽

01 바나나 : 5, 귤 : 7
02 빨간 공 : 2, 파란 공 : 4, 노란 공 : 5 **03** 12
04 8 **05** 32 **06** 38 **07** $\frac{24}{5}$
08 ④

01 45와 63의 최대공약수는 9이므로 나누어 줄 수 있는 학생 수는 9명이다.
따라서 한 학생이 받게 되는 바나나와 귤은
바나나 : $45\div9=5$(개), 귤 : $63\div9=7$(개)

02 28, 56, 70의 최대공약수는 14이므로 나누어 줄 수 있는 학생 수는 14명이다.
따라서 한 학생이 받게 되는 빨간 공, 파란 공, 노란 공은
빨간 공 : $28\div14=2$(개), 파란 공 : $56\div14=4$(개),
노란 공 : $70\div14=5$(개)

03 어떤 자연수는 $65-5=60$, $40-4=36$의 공약수이다.
60과 36의 최대공약수는 12이므로 구하는 가장 큰 자연수는 12이다.

04 어떤 자연수는 $26-2=24$, $39+1=40$의 공약수이다.
24와 40의 최대공약수는 8이므로 구하는 가장 큰 자연수는 8이다.

05 3, 5, 6 중 어느 수로 나누어도 2가 남는 자연수를 x라 하면 $x-2$는 3, 5, 6의 공배수이다.
3, 5, 6의 최소공배수는 30이므로 $x-2=30, 60, 90, \cdots$
따라서 $x=32, 62, 92, \cdots$이므로 구하는 가장 작은 자연수는 32이다.

06 4로 나누면 2가 남고, 5로 나누면 3이 남고, 8로 나누면 6이 남는 자연수를 x라 하면 $x+2$는 4, 5, 8로 나누어떨어진다.
즉, $x+2$는 4, 5, 8의 공배수이다.
4, 5, 8의 최소공배수는 40이므로 $x+2=40, 80, 120, \cdots$
따라서 $x=38, 78, 118, \cdots$이므로 구하는 가장 작은 자연수는 38이다.

Self 코칭
4로 나누면 2가 남고, 5로 나누면 3이 남고, 8로 나누면 6이 남는다.
→ 4, 5, 8로 나누면 모두 2가 부족하다.
→ 구하는 수에 2를 더하면 4, 5, 8로 나누어떨어진다.

07 구하는 분수는
$$\frac{(8,\ 12\text{의 최소공배수})}{(15,\ 25\text{의 최대공약수})}=\frac{24}{5}$$

08 두 분수 중 어느 것에 곱하여도 그 결과가 자연수가 되게 하는 가장 작은 자연수는 16과 24의 최소공배수이므로 48이다.

실력 확인하기

29쪽~30쪽

01 ③, ⑤ **02** 3 **03** 9 **04** ③
05 ② **06** ③ **07** 900 **08** 10
09 24 **10** ③ **11** 200장 **12** 6개
13 ③ **14** 40 **15** (1) 12 m (2) 18그루

01 ③ 3과 4는 서로소이지만 4는 소수가 아니다.
⑤ 3과 9는 모두 홀수이지만 최대공약수가 3이므로 서로소가 아니다.

02 $180=2^2\times3^2\times5$, $360=2^3\times3^2\times5$, $450=2\times3^2\times5^2$의 최대공약수는 $2\times3^2\times5$이므로 $a=2$, $b=5$
$\therefore b-a=5-2=3$

03 두 수의 최대공약수는 $2^2\times3^2$이므로
공약수의 개수는 $(2+1)\times(2+1)=9$

Self 코칭
(공약수의 개수)=(최대공약수의 약수의 개수)

04 $54=2\times3^3$과 A의 최대공약수가 6이어야 한다.
① $24=2^3\times3$이므로 최대공약수는 $2\times3=6$
② $30=2\times3\times5$이므로 최대공약수는 $2\times3=6$
③ $36=2^2\times3^2$이므로 최대공약수는 $2\times3^2=18$
④ $42=2\times3\times7$이므로 최대공약수는 $2\times3=6$
⑤ $48=2^4\times3$이므로 최대공약수는 $2\times3=6$
따라서 A가 될 수 없는 수는 ③이다.

Self 코칭

두 자연수의 공약수가 6의 약수와 같다.
→ 두 자연수의 최대공약수가 6이다.

05

$$\begin{array}{ll} & 2\times3^2\times5^2 \\ & 2^2\quad\;\;\times5^2 \\ & 2\quad\;\;\;\;\times5^2\times7 \\ \hline (\text{최대공약수})= & 2\quad\;\;\;\;\times5^2 \\ (\text{최소공배수})= & 2^2\times3^2\times5^2\times7 \end{array}$$

06 $20=2^2\times5$, $2^2\times3^3$, $2\times3^2\times5$의 최소공배수는 $2^2\times3^3\times5$이므로 세 수의 공배수는 $2^2\times3^3\times5$의 배수이다.
따라서 세 수의 공배수가 아닌 것은 ③ $2^3\times3^2\times5$이다.

07 $45=3^2\times5$, $60=2^2\times3\times5$의 최소공배수는 $2^2\times3^2\times5=180$이므로 두 수의 공배수는 180의 배수이다.
이때 $180\times5=900$, $180\times6=1080$이므로 두 수의 공배수 중 가장 큰 세 자리의 자연수는 900이다.

08

$$\begin{array}{ll} & 2^a\times3^2\quad\;\;\times7 \\ & 2^2\times3^b\times c \\ \hline (\text{최대공약수})= & 2\times3^2 \qquad\qquad \Rightarrow a=1 \\ (\text{최소공배수})= & 2^2\times3^4\times5\times7 \quad \Rightarrow b=4,\ c=5 \end{array}$$

$\therefore a+b+c=1+4+5=10$

09 어떤 자연수는 $51-3=48$, $100-4=96$, $126-6=120$의 공약수이다.
48, 96, 120의 최대공약수는 24이므로 구하는 가장 큰 자연수는 24이다.

10 세 버스가 처음으로 다시 동시에 출발하는 때는 5, 15, 25의 최소공배수만큼 지난 후이다.
5, 15, 25의 최소공배수가 75이므로 세 버스가 오전 8시 이후 처음으로 다시 동시에 출발하는 시각은 75분 후, 즉 1시간 15분 후인 오전 9시 15분이다.

11 16, 20, 8의 최소공배수는 80이므로 정육면체의 한 모서리의 길이는 80 cm이다. 따라서 필요한 벽돌은
가로 : $80\div16=5$(장), 세로 : $80\div20=4$(장),
높이 : $80\div8=10$(장)
이므로 $5\times4\times10=200$(장)

12 두 분수 $\frac{90}{n}$, $\frac{54}{n}$가 모두 자연수가 되도록 하는 자연수 n은 90과 54의 공약수이다.
$90=2\times3^2\times5$, $54=2\times3^3$의 최대공약수는 $2\times3^2=18$이므로 자연수 n은 1, 2, 3, 6, 9, 18의 6개이다.

13

전략 코칭

세 수 $6\times x$, $8\times x$, $12\times x$는 x로 나누어떨어진다.

$$\begin{array}{r|rrr} x & 6\times x & 8\times x & 12\times x \\ \hline 2 & 6 & 8 & 12 \\ \hline 3 & 3 & 4 & 6 \\ \hline 2 & 1 & 4 & 2 \\ \hline & 1 & 2 & 1 \end{array}$$

세 수의 최소공배수가 120이므로
$x\times2\times3\times2\times1\times2\times1=120$ $\quad\therefore x=5$
따라서 구하는 세 수의 최대공약수는 $x\times2=5\times2=10$

14

전략 코칭

$A=8\times a$, $B=8\times b$(a, b는 서로소, $a<b$)로 놓고 최소공배수를 이용한다.

$A=8\times a$, $B=8\times b$ (a, b는 서로소, $a<b$)라 하면
$8\times a\times b=48$ $\quad\therefore a\times b=6$
A, B가 두 자리의 자연수이고 $a<b$이므로 $a=2$, $b=3$
따라서 $A=16$, $B=24$이므로 $A+B=16+24=40$

15

전략 코칭

필요한 나무의 수
→ (직사각형의 둘레의 길이)÷(최대 간격)

(1) 가능한 한 적은 수의 나무를 심어야 하므로 나무 사이의 간격은 최대한 넓어야 한다. 48과 60의 최대공약수는 12이므로 나무 사이의 간격은 12 m이다.
(2) 직사각형 모양의 땅의 둘레의 길이는
$(48+60)\times2=216$(m)
따라서 필요한 나무는 $216\div12=18$(그루)

다른 풀이

(2) 나무 사이의 간격이 12 m이므로
가로의 한 변에 심는 나무 : $48\div12+1=5$(그루),
세로의 한 변에 심는 나무 : $60\div12+1=6$(그루)
이때 네 모퉁이에 심는 나무가 두 번씩 겹쳐지므로 필요한 나무는 $(5+6)\times2-4=18$(그루)

실전! 중단원 마무리

31쪽~33쪽

01 ④	**02** ⑤	**03** ①, ④	**04** 30
05 1	**06** 10	**07** ⑤	**08** ④
09 ④	**10** ②	**11** ①	**12** ③
13 ③	**14** 210	**15** ②	
16 $A=6$, $B=24$		**17** ④	**18** 20장
19 6명	**20** 20일 후	**21** 86	
22 성규 : 5바퀴, 지혜 : 4바퀴		**23** 42년	

01 20보다 크고 50보다 작은 자연수 중 소수는
23, 29, 31, 37, 41, 43, 47의 7개이다.

02 ① 2는 소수이지만 짝수이다.
② 자연수는 1과 소수와 합성수로 이루어져 있다.

③ 1의 약수는 1의 1개이다.

④ 3의 배수 중 3은 소수이다.

03 ② $\frac{1}{2}\times\frac{1}{2}\times\frac{1}{2}=\left(\frac{1}{2}\right)^3$

③ $7+7+7=7\times3$

⑤ $\frac{1}{2\times2\times3\times3\times3\times3}=\frac{1}{2^2\times3^4}$

04 $32=2^5$이므로 $a=5$

$5^2=25$이므로 $b=25$

$\therefore a+b=5+25=30$

05 $720=2^4\times3^2\times5$이므로 $a=4$, $b=2$, $c=5$

$\therefore a+b-c=4+2-5=1$

06 $180=2^2\times3^2\times5$이므로 소인수는 2, 3, 5이다.

따라서 180의 모든 소인수의 합은 $2+3+5=10$

07 $225=3^2\times5^2$

⑤ 3의 지수가 2보다 크므로 225의 약수가 아니다.

08 ④ $3^2\times9=81=3^4$이므로

(약수의 개수)$=4+1=5$

09 $240=2^4\times3\times5$이므로 $2^4\times3\times5\times\square$가 어떤 자연수의 제곱이 되려면 $\square=3\times5\times$(자연수)^{2}의 꼴이어야 한다.

따라서 곱해야 하는 가장 작은 자연수는 $3\times5=15$, 두 번째로 작은 자연수는 $15\times2^2=60$

10 두 수의 최대공약수를 각각 구하면 다음과 같다.

① 3 ② 1 ③ 2 ④ 3 ⑤ 10

따라서 두 수가 서로소인 것은 ②이다.

11 ① $\square=27=3^3$이면 두 수 $2^3\times3^3$, $2^2\times3^5\times7$의 최대공약수는 $2^2\times3^3$이다.

② $\square=36=2^2\times3^2$이면 두 수 $2^5\times3^2$, $2^2\times3^5\times7$의 최대공약수는 $2^2\times3^2$이다.

③ $\square=45=3^2\times5$이면 두 수 $2^3\times3^2\times5$, $2^2\times3^5\times7$의 최대공약수는 $2^2\times3^2$이다.

④ $\square=72=2^3\times3^2$이면 두 수 $2^6\times3^2$, $2^2\times3^5\times7$의 최대공약수는 $2^2\times3^2$이다.

⑤ $\square=90=2\times3^2\times5$이면 두 수 $2^4\times3^2\times5$, $2^2\times3^5\times7$의 최대공약수는 $2^2\times3^2$이다.

따라서 $\square$ 안에 들어갈 수 없는 수는 ① 27이다.

12 ③ 두 수의 공약수의 개수는 두 수의 최대공약수 $2^2\times3$의 약수의 개수와 같으므로 $(2+1)\times(1+1)=6$

13 두 수의 공배수는 두 수의 최소공배수인 16의 배수이다.

따라서 두 수의 공배수가 아닌 것은 ③ 40이다.

14 $18=2\times3^2$, $30=2\times3\times5$, $84=2^2\times3\times7$이므로

$G=2\times3=6$, $L=2^2\times3^2\times5\times7=1260$

$\therefore \frac{L}{G}=\frac{1260}{6}=210$

15

$$\begin{array}{l} 2^3\times3^3\times5^a \quad\ \ \times11 \\ 2\times3^b \qquad\quad \times7 \\ \hline \text{(최소공배수)}=2^3\times3^4\times5\times7\times11 \end{array}$$

따라서 $a=1$, $b=4$이므로 $a\times b=1\times4=4$

16 $A=6\times a$, $B=6\times b$ (a, b는 서로소, $a<b$)라 하면

$6\times a\times6\times b=144$ $\therefore a\times b=4$

이때 $a<b$이므로 $a=1$, $b=4$

$\therefore A=6$, $B=24$

17 가능한 한 많은 보트를 이용하려면 필요한 보트 수는 48과 32의 최대공약수이어야 한다.

48과 32의 최대공약수는 16이므로 구하는 보트는 16대이다.

18 가능한 한 큰 정사각형이려면 타일의 한 변의 길이는 280과 350의 최대공약수이어야 한다.

280과 350의 최대공약수는 70이므로 타일의 한 변의 길이는 70 cm이다.

따라서 필요한 타일은

가로 : $280\div70=4$(장), 세로 : $350\div70=5$(장)

이므로 $4\times5=20$(장)

19 연필은 2자루가 남고, 볼펜은 1자루가 부족하고, 지우개는 3개가 남으므로

연필 : $56-2=54$(자루), 볼펜 : $35+1=36$(자루),

지우개 : $45-3=42$(개)

이를 되도록 많은 학생들에게 똑같이 나누어 주려면 학생 수는 54, 36, 42의 최대공약수이어야 한다.

54, 36, 42의 최대공약수는 6이므로 구하는 학생 수는 6명이다.

20 두 사람이 처음으로 다시 함께 도서관에 갈 때까지 걸리는 기간은 4와 5의 최소공배수이다. 4와 5의 최소공배수는 20이므로 두 사람이 오늘 이후 처음으로 다시 함께 도서관에 가는 날은 20일 후이다.

21 5로 나누면 1이 남고, 6으로 나누면 2가 남고, 9로 나누면 5가 남으므로 어떤 자연수를 A라 하면 $A+4$는 5, 6, 9로 나누어떨어진다.

즉, $A+4$는 5, 6, 9의 공배수이다.

5, 6, 9의 최소공배수는 90이므로

$A+4=90, 180, 270, \cdots$

따라서 $A=86, 176, 266, \cdots$이므로 구하는 가장 작은 자연수는 86이다.

22 24와 30의 최소공배수는 120이므로 성규와 지혜는 120분 후에 출발한 곳에서 처음으로 다시 만난다.

따라서 출발한 곳에서 처음으로 다시 만나는 것은

성규는 $120\div24=5$(바퀴), 지혜는 $120\div30=4$(바퀴)를 돈 후이다.

23 7과 6의 최소공배수는 42이므로 매미는 42년에 한 번씩 천적의 공격을 받는다.

서술형 문제 (34쪽)

01 2 **01-1** 3 **02** 1080
03 (1) 6 m (2) 56개 **04** 23

01 채점 기준 1 288의 약수의 개수 구하기 ⋯ 3점

$288=2^5\times3^2$의 약수의 개수는

$(5+1)\times(2+1)=18$

채점 기준 2 자연수 a의 값 구하기 ⋯ 3점

$2^a\times3^2\times5$의 약수의 개수가 18이므로

$(a+1)\times(2+1)\times(1+1)=18$

$6\times(a+1)=18$, $a+1=3$ $\quad\therefore a=2$

01-1 채점 기준 1 126의 약수의 개수 구하기 ⋯ 3점

$126=2\times3^2\times7$의 약수의 개수는

$(1+1)\times(2+1)\times(1+1)=12$

채점 기준 2 자연수 a의 값 구하기 ⋯ 3점

$3^2\times7^a$의 약수의 개수가 12이므로

$(2+1)\times(a+1)=12$

$3\times(a+1)=12$, $a+1=4$ $\quad\therefore a=3$

02 $36=2^2\times3^2$, $90=2\times3^2\times5$, $120=2^3\times3\times5$이므로

36, 90, 120의 최소공배수는 $2^3\times3^2\times5=360$ ⋯⋯ ❶

세 수의 공배수는 최소공배수인 360의 배수, 즉

360, 720, 1080, ⋯이므로 공배수 중 1000에 가장 가까운 수는 1080이다. ⋯⋯ ❷

채점 기준	배점
❶ 세 수의 최소공배수 구하기	3점
❷ 세 수의 공배수 중에서 1000에 가장 가까운 수 구하기	2점

03 (1) 가로등 사이의 간격이 최대이려면 가로등 사이의 간격은 90과 78의 최대공약수이어야 한다.

$90=2\times3^2\times5$와 $78=2\times3\times13$의 최대공약수는

$2\times3=6$이므로 가로등 사이의 간격은 6 m이다. ⋯⋯ ❶

(2) 직사각형 모양의 공원의 둘레의 길이는

$2\times(90+78)=336$(m) ⋯⋯ ❷

이므로 필요한 가로등은

$336\div6=56$(개) ⋯⋯ ❸

채점 기준	배점
❶ 가로등 사이의 간격 구하기	3점
❷ 공원의 둘레의 길이 구하기	2점
❸ 필요한 가로등의 수 구하기	2점

04 $5\frac{5}{6}=\frac{35}{6}$, $1\frac{13}{15}=\frac{28}{15}$ ⋯⋯ ❶

a는 6과 15의 최소공배수이므로 $a=30$

b는 35와 28의 최대공약수이므로 $b=7$ ⋯⋯ ❷

$\therefore a-b=30-7=23$ ⋯⋯ ❸

채점 기준	배점
❶ 대분수를 가분수로 바꾸기	2점
❷ a, b의 값을 각각 구하기	4점
❸ $a-b$의 값 구하기	1점

1 정수와 유리수

01 정수와 유리수 (37쪽~38쪽)

1 (1) -7 ℃ (2) -1500 m (3) $+200$원

1-❶ (1) $+3$층 (2) -4점 (3) -5 km

2 (1) $+3$ (2) -4 (3) $+1.5$ (4) $-\frac{1}{2}$

2-❶ (1) $+5$ (2) -7 (3) $+\frac{3}{4}$ (4) -2.1

3 (1) $+3$, $\frac{10}{5}$ (2) $+3$, 0, -5, $\frac{10}{5}$

(3) -2.1, -5, $-\frac{11}{3}$ (4) -2.1, $\frac{1}{7}$, $-\frac{11}{3}$

3-❶ (1) -1, $-\frac{14}{7}$ (2) -1, $+6$, $\frac{10}{2}$, 0, $-\frac{14}{7}$

(3) $+6$, $\frac{10}{2}$, 3.9 (4) $-\frac{1}{5}$, 3.9

4 (1) -3 (2) $-\frac{5}{3}\left(=-1\frac{2}{3}\right)$ (3) $+\frac{1}{2}$ (4) $+2$

4-❶

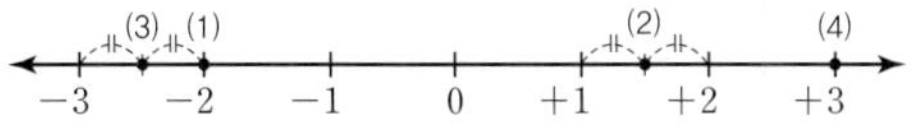

3 (1) $\frac{10}{5}=2$이므로 양의 정수이다.

3-❶ (1) $-\frac{14}{7}=-2$이므로 음의 정수이다.

(2) $\frac{10}{2}=5$이므로 정수이다.

개념 완성하기 (39쪽)

01 ③ **02** 1 **03** ㄴ, ㄹ **04** ③
05 ② **06** ⑤

01 ① 양수는 $+2$, 4, $\frac{1}{3}$, 2.5의 4개이다.

② 음수는 $-\frac{1}{4}$, $-\frac{9}{3}$의 2개이다.

③ 정수는 $+2$, 0, 4, $-\frac{9}{3}(=-3)$의 4개이다.

④ 주어진 수는 모두 유리수이므로 7개이다.

⑤ 정수가 아닌 유리수는 $-\frac{1}{4}$, $\frac{1}{3}$, 2.5의 3개이다.

02 자연수는 1, $\frac{20}{4}(=5)$, $+7$의 3개이므로 $a=3$

정수가 아닌 유리수는 $-\frac{1}{2}$, 1.2의 2개이므로 $b=2$

$\therefore a-b=3-2=1$

03 ㄱ. 0은 정수이다.

ㄷ. 모든 정수는 유리수이다.

04 ③ 양의 정수가 아닌 정수는 0 또는 음의 정수이다.

05 ② B : $-2\frac{1}{3}=-\frac{7}{3}$

06 ① A : $-2\frac{3}{5}=-\frac{13}{5}$ ② B : $-1\frac{2}{3}=-\frac{5}{3}$

③ C : -1 ④ D : $\frac{1}{2}=0.5$

⑤ E : $2\frac{3}{4}=\frac{11}{4}$

02 절댓값과 수의 대소 관계

41쪽~42쪽

1 (1) 4 (2) 9 (3) 0 (4) $\frac{3}{2}$ (5) 3.8

1-❶ (1) 8 (2) $\frac{1}{3}$ (3) 2.3 (4) $\frac{2}{5}$ (5) 11

2 (1) $+6$, -6 (2) $+\frac{1}{2}$, $-\frac{1}{2}$ (3) $+2.5$ (4) $+8$, -8

2-❶ (1) $+5$, -5 (2) 0 (3) $-\frac{2}{3}$ (4) $+4$, -4

3 (1) $<$ (2) $>$ (3) $<$ (4) $>$ (5) $<$

3-❶ (1) $>$ (2) $<$ (3) $>$ (4) $>$ (5) $<$

4 (1) $x>-3$ (2) $x\geq 5$ (3) $-1\leq x<5$ (4) $2<x\leq 6$

4-❶ (1) $x\leq 7$ (2) $x\leq -\frac{1}{3}$ (3) $4<x\leq 10$ (4) $-2\leq x<3$

2 (1) 절댓값이 6인 수는 원점으로부터 거리가 6인 수이므로 $+6$, -6이다.

(3) 절댓값이 2.5인 수는 $+2.5$, -2.5이므로 이 중 양수는 $+2.5$이다.

2-❶ (1) 절댓값이 5인 수는 원점으로부터 거리가 5인 수이므로 $+5$, -5이다.

(2) 절댓값이 0인 수는 0뿐이다.

(3) 절댓값이 $\frac{2}{3}$인 수는 $+\frac{2}{3}$, $-\frac{2}{3}$이므로 이 중 음수는 $-\frac{2}{3}$이다.

3 (5) $-0.5=-\frac{1}{2}=-\frac{2}{4}$이므로 $-0.5<-\frac{1}{4}$

3-❶ (5) $-\frac{1}{2}=-\frac{3}{6}$, $-\frac{1}{3}=-\frac{2}{6}$이므로 $-\frac{1}{2}<-\frac{1}{3}$

4 (2) x는 5보다 작지 않다. ➔ x는 5보다 크거나 같다.
➔ $x\geq 5$

4-❶ (2) x는 $-\frac{1}{3}$보다 크지 않다. ➔ x는 $-\frac{1}{3}$보다 작거나 같다.
➔ $x\leq -\frac{1}{3}$

개념 완성하기

43쪽~44쪽

01 ⑤ **02** 3 **03** -5, $\frac{7}{2}$, 1, $-\frac{1}{3}$, 0
04 -3.5 **05** 3 **06** $a=9$, $b=-9$
07 ②, ⑤ **08** ④ **09** ④ **10** ③
11 (1) -3, -2, -1, 0, 1, 2, 3 (2) -2, -1, 0, 1
12 ⑤

01 $a=|-4|=4$
절댓값이 10인 수는 10, -10이므로 $b=10$
$\therefore a+b=4+10=14$

02 $a=|-7|=7$
절댓값이 4인 수는 4, -4이므로 $b=4$
$\therefore a-b=7-4=3$

03 각 수의 절댓값은 차례대로 5, $\frac{7}{2}$, $\frac{1}{3}$, 0, 1이므로
절댓값이 큰 수부터 차례대로 나열하면
-5, $\frac{7}{2}$, 1, $-\frac{1}{3}$, 0

Self 코칭
절댓값의 성질
① $a>0$이면 $|a|=a$
② $a=0$이면 $|a|=0$
③ $a<0$이면 $|a|=-a$

04 각 수의 절댓값은 차례대로 3.5, 4, $\frac{9}{2}$, 1, 2.6, 7이므로
절댓값이 작은 수부터 차례대로 나열하면
1, 2.6, -3.5, 4, $-\frac{9}{2}$, -7
따라서 세 번째에 오는 수는 -3.5이다.

05 두 수는 원점으로부터 $6\times\frac{1}{2}=3$만큼 떨어진 점에 대응하는 수이므로 3, -3이다.
따라서 두 수 중 큰 수는 3이다.

Self 코칭
수직선에서 절댓값이 같고 부호가 서로 다른 두 수에 대응하는 두 점은 원점으로부터 거리가 같고 서로 반대 방향에 있다.

06 두 수는 원점으로부터 $18\times\frac{1}{2}=9$만큼 떨어진 점에 대응하는 수이므로 9, -9이다.
이때 $a>b$이므로 $a=9$, $b=-9$

07 ① 양수는 음수보다 크므로 $1>-\frac{1}{2}$
② 음수끼리는 절댓값이 큰 수가 작으므로 $-3>-4.5$
③ 양수는 0보다 크므로 $\frac{1}{4}>0$

④ $\frac{1}{3}=\frac{5}{15}$, $\frac{2}{5}=\frac{6}{15}$이므로 $\frac{1}{3}<\frac{2}{5}$

⑤ $\left|-\frac{2}{3}\right|=\frac{2}{3}=\frac{4}{6}$, $\left|-\frac{1}{2}\right|=\frac{1}{2}=\frac{3}{6}$이므로

$\left|-\frac{2}{3}\right|>\left|-\frac{1}{2}\right|$

Self 코칭

수의 대소 관계
① (음수) < 0 < (양수)
② 양수끼리는 절댓값이 큰 수가 크다.
③ 음수끼리는 절댓값이 큰 수가 작다.

08 ① 양수는 음수보다 크므로 $-7<4$

② 음수는 0보다 작으므로 $0>-0.6$

③ 양수끼리는 절댓값이 큰 수가 크므로 $\frac{8}{5}<2$

④ $\frac{1}{3}=\frac{4}{12}$, $\left|-\frac{1}{4}\right|=\frac{1}{4}=\frac{3}{12}$이므로 $\frac{1}{3}>\left|-\frac{1}{4}\right|$

⑤ $\left|-\frac{9}{2}\right|=\frac{9}{2}$, $|+4|=4$이므로 $\left|-\frac{9}{2}\right|>|+4|$

09 ④ a는 -1보다 작지 않다. ➔ a는 -1보다 크거나 같다.
➔ $a\geq-1$

Self 코칭

(작지 않다.) = (크거나 같다.) = (이상이다.)

10 x는 -2보다 작지 않고 $\frac{2}{3}$보다 작다.

➔ x는 -2보다 크거나 같고 $\frac{2}{3}$보다 작다.

➔ $-2\leq x<\frac{2}{3}$

11 (1) $-\frac{7}{2}=-3\frac{1}{2}$이므로 $-3\frac{1}{2}<x\leq3$을 만족시키는 정수 x는 -3, -2, -1, 0, 1, 2, 3

(2) $-\frac{11}{4}=-2\frac{3}{4}$이므로 $-2\frac{3}{4}<x<1.5$를 만족시키는 정수 x는 -2, -1, 0, 1

12 $-\frac{14}{3}=-4\frac{2}{3}$, $\frac{12}{5}=2\frac{2}{5}$이므로 두 유리수 사이에 있는 정수는 -4, -3, -2, -1, 0, 1, 2의 7개이다.

실력 확인하기 45쪽

01 ④	02 ②	03 ③	04 ④
05 ④	06 ④	07 $-\frac{1}{2}\leq x\leq3$, 4	
08 $x=-2$, $y=2$			

01 ① 정수는 -2, 3, 0이다.

② 양수는 3, $\frac{2}{7}$이다.

③ 주어진 수는 모두 유리수이다.

④ 정수가 아닌 유리수는 $\frac{2}{7}$, $-\frac{4}{3}$, -3.4의 3개이다.

⑤ 0은 정수이고, 정수는 유리수이므로 0은 유리수이다.

02 주어진 수를 수직선 위에 각각 나타내면 다음 그림과 같다.

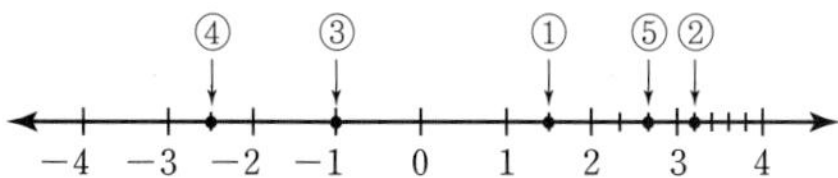

따라서 가장 오른쪽에 있는 점에 대응하는 수는 ② 3.2이다.

다른 풀이

수직선에서 가장 오른쪽에 있는 점에 대응하는 수가 가장 큰 수이다.
이때 (음수) < 0 < (양수)이므로 양수 중 가장 큰 수를 찾으면 ② 3.2이다.

03 ① $\left|-\frac{5}{2}\right|=\frac{5}{2}=2\frac{1}{2}$ ② $\left|-\frac{17}{6}\right|=\frac{17}{6}=2\frac{5}{6}$

③ $\left|-\frac{15}{4}\right|=\frac{15}{4}=3\frac{3}{4}$ ④ $|3|=3$

⑤ $\left|\frac{7}{3}\right|=\frac{7}{3}=2\frac{1}{3}$

따라서 절댓값이 가장 큰 수는 ③ $-\frac{15}{4}$이다.

04 절댓값이 8인 두 수는 8, -8이므로 수직선 위에 나타내면 다음 그림과 같고, 이때 두 수에 대응하는 두 점 사이의 거리는 $2\times8=16$

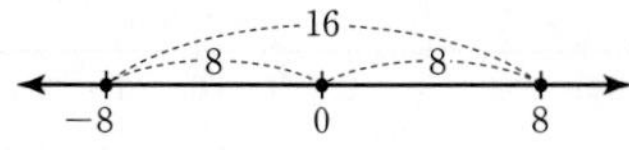

05 절댓값이 3 미만인 정수는 -2, -1, 0, 1, 2의 5개이다.

06 ① -5 ＜ 3 ② 0 ＜ 0.2

③ $-\frac{2}{5}=-\frac{6}{15}$, $-\frac{1}{3}=-\frac{5}{15}$이므로 $-\frac{2}{5}$ ＜ $-\frac{1}{3}$

④ $\frac{5}{2}=\frac{15}{6}$, $\left|-\frac{4}{3}\right|=\frac{4}{3}=\frac{8}{6}$이므로 $\frac{5}{2}$ ＞ $\left|-\frac{4}{3}\right|$

⑤ $\left|-\frac{3}{5}\right|=\frac{3}{5}=\frac{12}{20}$, $\left|-\frac{3}{4}\right|=\frac{3}{4}=\frac{15}{20}$이므로

$\left|-\frac{3}{5}\right|$ ＜ $\left|-\frac{3}{4}\right|$

07 부등호를 사용하여 나타내면 $-\frac{1}{2}\leq x\leq3$

따라서 구하는 정수 x는 0, 1, 2, 3의 4개이다.

Self 코칭

(크지 않다.) = (작거나 같다.) = (이하이다.)

08 **전략 코칭**

절댓값이 a ($a>0$)인 두 수 ➔ a, $-a$

x가 y보다 4만큼 작으므로 수직선 위에서 두 수 x, y에 대응하는 두 점 사이의 거리는 4이다. 즉, 두 수는 원점으로부터 $4\times\frac{1}{2}=2$만큼 떨어진 점에 대응하는 수이므로 2, -2이다.

이때 $x<y$이므로 $x=-2$, $y=2$

실전! **중단원 마무리** 46쪽~47쪽

01 ③	02 ②, ④	03 6	04 ②
05 −1	06 ③, ⑤	07 ④	08 ③
09 −6, 0.4	10 $a=-7$, $b=7$		11 ④
12 −5	13 유리	14 −3	15 7개
16 태양, 시리우스, 아크투루스, 아케르나르, 안카			

01 ③ 300원 이익 : +300원

02 □ 안의 수는 정수가 아닌 유리수에 해당한다.
따라서 정수가 아닌 유리수는 ② −1.7, ④ $\frac{3}{7}$이다.

03 음의 유리수는 $-\frac{5}{2}$, $-\frac{12}{3}$, −3.6의 3개이므로 $a=3$
정수는 0, $-\frac{12}{3}$, 8의 3개이므로 $b=3$
$\therefore a+b=3+3=6$

04 ② B : $-\frac{1}{3}$

05 −5와 3을 수직선 위에 나타내면 다음 그림과 같고, 이때 두 수에 대응하는 두 점 사이의 거리는 8이다.

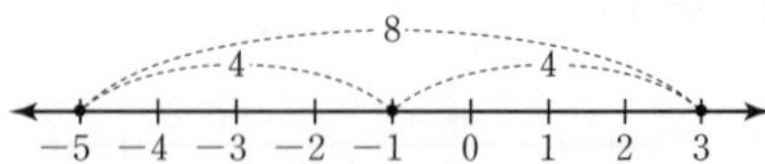

따라서 −5와 3에 대응하는 두 점으로부터 같은 거리에 있는 점에 대응하는 수는 −5에서 오른쪽으로 4만큼 떨어져 있는 −1이다.

06 ① 음수보다 큰 수는 0과 양수이다.
② 절댓값이 8인 수는 8, −8이다.
④ $|1|=|-1|$이지만 $1\neq-1$이다.

07 $a=\left|+\frac{15}{4}\right|=\frac{15}{4}$, $b=\left|-\frac{3}{2}\right|=\frac{3}{2}$이므로
$a-b=\frac{15}{4}-\frac{3}{2}=\frac{15}{4}-\frac{6}{4}=\frac{9}{4}$

08 ① $\left|-\frac{13}{3}\right|=\frac{13}{3}$　② $|-4|=4$　③ $|5.7|=5.7$
④ $|3|=3$　⑤ $\left|-\frac{3}{4}\right|=\frac{3}{4}$
따라서 절댓값이 가장 큰 수를 찾으면 ③ 5.7이다.

Self 코칭
수를 수직선 위에 나타내었을 때, 원점에서 가장 멀리 떨어져 있다.
→ 절댓값이 가장 크다.

09 각 수의 절댓값은 차례대로 6, 1.2, 3, 0.4, $\frac{2}{3}$, 5이므로
절댓값이 가장 큰 수는 −6, 절댓값이 가장 작은 수는 0.4이다.

10 두 수는 원점으로부터 $14\times\frac{1}{2}=7$만큼 떨어진 점에 대응하는 수이므로 7, −7이다.
이때 $a<b$이므로 $a=-7$, $b=7$

11 ① $-\frac{4}{3}=-\frac{8}{6}$, $-\frac{3}{2}=-\frac{9}{6}$이므로 $-\frac{4}{3}>-\frac{3}{2}$
② 양수는 음수보다 크므로 $\frac{7}{2}>-\frac{8}{3}$
③ $\left|-\frac{5}{4}\right|=\frac{5}{4}$이므로 $\left|-\frac{5}{4}\right|>0$
④ $\left|-\frac{7}{2}\right|=\frac{7}{2}$, $\left|-\frac{15}{2}\right|=\frac{15}{2}$이므로 $\left|-\frac{7}{2}\right|<\left|-\frac{15}{2}\right|$
⑤ $|-2.4|=2.4$, $|+2.1|=2.1$이므로 $|-2.4|>|+2.1|$

12 작은 수부터 차례대로 나열하면
$-\frac{11}{2}$, −5, −3, $-\frac{1}{2}$, 0, $\frac{1}{3}$
따라서 두 번째에 오는 수는 −5이다.

13 정호 : $x\geq3$, 민우 : $x\geq3$, 준서 : $x\geq3$,
유리 : $x\leq3$, 아영 : $x\geq3$
따라서 나머지 친구들과 다른 것을 말한 친구는 유리이다.

14 $-\frac{10}{3}\leq x\leq2.5$이므로 이를 만족시키는 정수 x는
−3, −2, −1, 0, 1, 2
이 수들의 절댓값은 차례대로 3, 2, 1, 0, 1, 2이므로
절댓값이 가장 큰 수는 −3이다.

15 $1<\frac{5}{4}<\frac{4}{3}$이므로 $-\frac{8}{3}$과 $\frac{5}{4}$ 사이에 있는 정수가 아닌 유리수 중 분모가 3인 기약분수는
$-\frac{7}{3}$, $-\frac{5}{3}$, $-\frac{4}{3}$, $-\frac{2}{3}$, $-\frac{1}{3}$, $\frac{1}{3}$, $\frac{2}{3}$의 7개이다.

16 음수끼리는 절댓값이 큰 수가 작으므로
$-26.73<-1.47<-0.04$
양수끼리는 절댓값이 큰 수가 크므로 $0.45<2.4$
따라서 겉보기 등급이 낮은 별부터 차례대로 나열하면
태양, 시리우스, 아크투루스, 아케르나르, 안카이다.

서술형 문제 48쪽

01 $a=5$, $b=-5$		01-1 $a=-4$, $b=4$
02 5	03 $a=2$, $b=-3$	04 6개

01 채점 기준 **1** 두 수 a, b에 대응하는 두 점 사이의 거리 구하기 ⋯ 2점
a가 b보다 10만큼 크므로 수직선 위에서 두 수 a, b에 대응하는 두 점 사이의 거리는 10이다.
채점 기준 **2** 두 점이 원점으로부터 떨어진 거리 구하기 ⋯ 2점
두 수 a, b는 원점으로부터 $10\times\frac{1}{2}=5$만큼 떨어진 점에 대응하는 수이다.

채점 기준 **3** a, b의 값을 각각 구하기 ⋯ 2점

$a>b$이므로 $a=5$, $b=-5$

01-1 채점 기준 **1** 두 수 a, b에 대응하는 두 점 사이의 거리 구하기 ⋯ 2점

a가 b보다 8만큼 작으므로 수직선 위에서 두 수 a, b에 대응하는 두 점 사이의 거리는 8이다.

채점 기준 **2** 두 점이 원점으로부터 떨어진 거리 구하기 ⋯ 2점

두 수 a, b는 원점으로부터 $8\times\frac{1}{2}=4$만큼 떨어진 점에 대응하는 수이다.

채점 기준 **3** a, b의 값을 각각 구하기 ⋯ 2점

$a<b$이므로 $a=-4$, $b=4$

02 원점으로부터 거리가 4인 두 점에 대응하는 두 수는 4, -4이므로 $a=4$ ⋯⋯ ❶

원점으로부터 거리가 1인 두 점에 대응하는 두 수는 1, -1이므로 $b=-1$ ⋯⋯ ❷

두 수 a, b를 수직선 위에 나타내면 다음 그림과 같다.

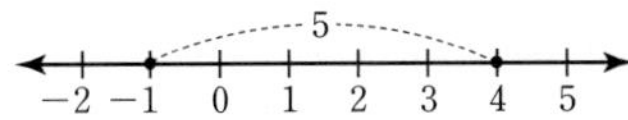

따라서 두 수 a, b에 대응하는 두 점 사이의 거리는 5이다. ⋯⋯ ❸

채점 기준	배점
❶ a의 값 구하기	2점
❷ b의 값 구하기	2점
❸ 두 수 a, b에 대응하는 두 점 사이의 거리 구하기	2점

03 $-\frac{11}{3}=-3\frac{2}{3}$이고 $\frac{9}{4}=2\frac{1}{4}$이므로

$-3\frac{2}{3}<x<2\frac{1}{4}$을 만족시키는 정수 x는

-3, -2, -1, 0, 1, 2 ⋯⋯ ❶

따라서 x의 값 중 가장 큰 수는 2이므로 $a=2$ ⋯⋯ ❷

x의 값 중 가장 작은 수는 -3이므로 $b=-3$ ⋯⋯ ❸

채점 기준	배점
❶ 조건을 만족시키는 정수 x 구하기	2점
❷ a의 값 구하기	2점
❸ b의 값 구하기	2점

04 $|a|=3$에서 $a=3$ 또는 $a=-3$

$|b|=\frac{17}{5}$에서 $b=\frac{17}{5}$ 또는 $b=-\frac{17}{5}$ ⋯⋯ ❶

이때 $a<0<b$이므로

$a=-3$, $b=\frac{17}{5}$ ⋯⋯ ❷

따라서 -3과 $\frac{17}{5}=3\frac{2}{5}$ 사이에 있는 정수는

-2, -1, 0, 1, 2, 3의 6개이다. ⋯⋯ ❸

채점 기준	배점
❶ a, b가 될 수 있는 값 구하기	2점
❷ a, b의 값을 각각 구하기	2점
❸ 조건을 만족시키는 정수의 개수 구하기	3점

2 정수와 유리수의 계산

01 유리수의 덧셈과 뺄셈

50쪽~53쪽

1 (1) $+7$ (2) -9 (3) -3 (4) $+2$

1-❶ (1) $(+4)+(+2)=+6$ (2) $(-5)+(-3)=-8$ (3) $(+6)+(-2)=+4$ (4) $(-7)+(+4)=-3$

2 (1) $+$, $+$, 7 (2) $-$, 4, $-$, 10 (3) $-$, $-$, 3 (4) $+$, 6, $+$, 2

2-❶ (1) $+10$ (2) -15 (3) $+3$ (4) -5

3 (1) $+$, 2, $+$, $\frac{7}{6}$ (2) $+$, 14, $+$, $\frac{1}{10}$ (3) $-$, 5.2, $-$, 2.1 (4) $-$, 4.7, $-$, 6

3-❶ (1) $+\frac{5}{4}$ (2) $-\frac{5}{21}$ (3) $+0.7$ (4) -8.3

4 -6, -6, -10, $+5$ / 교환법칙, 결합법칙

4-❶ (1) $+3$ (2) -11 (3) 0 (4) $+5$

5 (1) $-$, 8, $+$, 8, $+$, 5 (2) $+$, 3, $-$, 3, $-$, 4

5-❶ (1) $+23$ (2) -16 (3) $+\frac{2}{15}$ (4) -2

6 $+$, 3, $+$, 3, $+$, 8, $-$, 1

6-❶ (1) $+9$ (2) -6 (3) $+10$ (4) -5

7 $+$, $+$, 9, $+$, $-$, 9, $-$, 9, $+$, $-$, 12, $+$, $-$, 5

7-❶ (1) $+10$ (2) -14 (3) -3 (4) -2

1-❶ (1) 원점에서 오른쪽으로 4만큼 이동한 후 오른쪽으로 2만큼 이동한 것은 원점에서 오른쪽으로 6만큼 이동한 것과 같다.

➜ $(+4)+(+2)=+6$

(2) 원점에서 왼쪽으로 5만큼 이동한 후 왼쪽으로 3만큼 이동한 것은 원점에서 왼쪽으로 8만큼 이동한 것과 같다.

➜ $(-5)+(-3)=-8$

(3) 원점에서 오른쪽으로 6만큼 이동한 후 왼쪽으로 2만큼 이동한 것은 원점에서 오른쪽으로 4만큼 이동한 것과 같다.

➜ $(+6)+(-2)=+4$

(4) 원점에서 왼쪽으로 7만큼 이동한 후 오른쪽으로 4만큼 이동한 것은 원점에서 왼쪽으로 3만큼 이동한 것과 같다.

➜ $(-7)+(+4)=-3$

2-❶ (2) $(-11)+(-4)=-(11+4)=-15$

(4) $(-7)+(+2)=-(7-2)=-5$

3-❶ (2) $\left(+\frac{3}{7}\right)+\left(-\frac{2}{3}\right)=\left(+\frac{9}{21}\right)+\left(-\frac{14}{21}\right)$

$=-\left(\frac{14}{21}-\frac{9}{21}\right)=-\frac{5}{21}$

(3) $(-2.9)+(+3.6)=+(3.6-2.9)=+0.7$

(4) $(-1)+(-7.3)=-(1+7.3)=-8.3$

Self 코칭

분모가 다른 분수의 계산은 분모의 최소공배수로 통분하여 계산한다.

4-❶ (1) $(-8)+(+3)+(+8)=(-8)+(+8)+(+3)$
$$\begin{aligned}&=\{(-8)+(+8)\}+(+3)\\&=0+(+3)=+3\end{aligned}$$
(2) $(-17)+(+9)+(-3)=(-17)+(-3)+(+9)$
$$\begin{aligned}&=\{(-17)+(-3)\}+(+9)\\&=(-20)+(+9)=-11\end{aligned}$$
(3) $\left(+\frac{3}{2}\right)+(-5)+\left(+\frac{7}{2}\right)$
$$\begin{aligned}&=\left(+\frac{3}{2}\right)+\left(+\frac{7}{2}\right)+(-5)\\&=\left\{\left(+\frac{3}{2}\right)+\left(+\frac{7}{2}\right)\right\}+(-5)\\&=(+5)+(-5)=0\end{aligned}$$
(4) $(-0.4)+(+6)+(-0.6)$
$$\begin{aligned}&=(-0.4)+(-0.6)+(+6)\\&=\{(-0.4)+(-0.6)\}+(+6)\\&=(-1)+(+6)=+5\end{aligned}$$

5-❶ (1) $(+15)-(-8)=(+15)+(+8)=+(15+8)=+23$
(2) $(-9)-(+7)=(-9)+(-7)=-(9+7)=-16$
(3) $\left(+\frac{1}{3}\right)-\left(+\frac{1}{5}\right)=\left(+\frac{5}{15}\right)+\left(-\frac{3}{15}\right)$
$$=+\left(\frac{5}{15}-\frac{3}{15}\right)=+\frac{2}{15}$$
(4) $(-3.9)-(-1.9)=(-3.9)+(+1.9)$
$$=-(3.9-1.9)=-2$$

6-❶ (1) $(+5)-(-7)+(-3)=(+5)+(+7)+(-3)$
$$\begin{aligned}&=\{(+5)+(+7)\}+(-3)\\&=(+12)+(-3)=+9\end{aligned}$$
(2) $(-7)+(-3)-(-4)=(-7)+(-3)+(+4)$
$$\begin{aligned}&=\{(-7)+(-3)\}+(+4)\\&=(-10)+(+4)=-6\end{aligned}$$
(3) $\left(-\frac{2}{7}\right)+(+11)-\left(+\frac{5}{7}\right)$
$$\begin{aligned}&=\left(-\frac{2}{7}\right)+(+11)+\left(-\frac{5}{7}\right)\\&=\left(-\frac{2}{7}\right)+\left(-\frac{5}{7}\right)+(+11)\\&=\left\{\left(-\frac{2}{7}\right)+\left(-\frac{5}{7}\right)\right\}+(+11)\\&=(-1)+(+11)=+10\end{aligned}$$
(4) $(+6.5)-(+2.2)+(-9.3)$
$$\begin{aligned}&=(+6.5)+(-2.2)+(-9.3)\\&=(+6.5)+\{(-2.2)+(-9.3)\}\\&=(+6.5)+(-11.5)=-5\end{aligned}$$

7-❶ (1) $6-7+11=(+6)-(+7)+(+11)$
$$\begin{aligned}&=(+6)+(-7)+(+11)\\&=(+6)+(+11)+(-7)\\&=\{(+6)+(+11)\}+(-7)\\&=(+17)+(-7)=+10\end{aligned}$$
(2) $4-16+18-20$
$$\begin{aligned}&=(+4)-(+16)+(+18)-(+20)\\&=(+4)+(-16)+(+18)+(-20)\\&=(+4)+(+18)+(-16)+(-20)\\&=\{(+4)+(+18)\}+\{(-16)+(-20)\}\\&=(+22)+(-36)=-14\end{aligned}$$
(3) $-\frac{11}{3}+\frac{7}{6}-\frac{1}{2}=\left(-\frac{11}{3}\right)+\left(+\frac{7}{6}\right)-\left(+\frac{1}{2}\right)$
$$\begin{aligned}&=\left(-\frac{11}{3}\right)+\left(+\frac{7}{6}\right)+\left(-\frac{1}{2}\right)\\&=\left\{\left(-\frac{22}{6}\right)+\left(+\frac{7}{6}\right)\right\}+\left(-\frac{3}{6}\right)\\&=\left(-\frac{15}{6}\right)+\left(-\frac{3}{6}\right)=-\frac{18}{6}=-3\end{aligned}$$
(4) $-4.1+6.5-7.8+3.4$
$$\begin{aligned}&=(-4.1)+(+6.5)-(+7.8)+(+3.4)\\&=(-4.1)+(+6.5)+(-7.8)+(+3.4)\\&=(-4.1)+(-7.8)+(+6.5)+(+3.4)\\&=\{(-4.1)+(-7.8)\}+\{(+6.5)+(+3.4)\}\\&=(-11.9)+(+9.9)=-2\end{aligned}$$

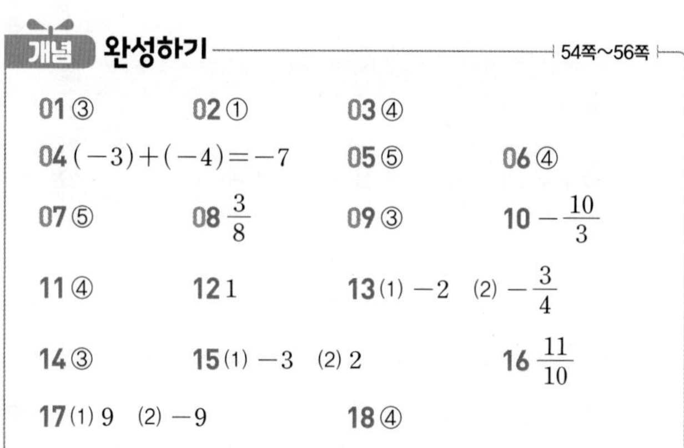
개념 완성하기

54쪽~56쪽

01 ③	02 ①	03 ④	
04 $(-3)+(-4)=-7$		05 ⑤	06 ④
07 ⑤	08 $\frac{3}{8}$	09 ③	10 $-\frac{10}{3}$
11 ④	12 1	13 (1) -2 (2) $-\frac{3}{4}$	
14 ③	15 (1) -3 (2) 2		16 $\frac{11}{10}$
17 (1) 9 (2) -9		18 ④	

01 ③ $\left(-\frac{5}{2}\right)+\left(-\frac{7}{2}\right)=-\frac{12}{2}=-6$

02 ① $(+7)+(-3)=4$
② $\left(+\frac{7}{6}\right)+\left(+\frac{5}{3}\right)=\left(+\frac{7}{6}\right)+\left(+\frac{10}{6}\right)=\frac{17}{6}$
③ $\left(-\frac{2}{3}\right)+\left(-\frac{7}{6}\right)=\left(-\frac{4}{6}\right)+\left(-\frac{7}{6}\right)=-\frac{11}{6}$
④ $\left(-\frac{1}{2}\right)+\left(+\frac{3}{4}\right)=\left(-\frac{2}{4}\right)+\left(+\frac{3}{4}\right)=\frac{1}{4}$
⑤ $(+2.8)+(-1.3)=1.5$
따라서 계산 결과가 가장 큰 것은 ①이다.

03 원점에서 오른쪽으로 6만큼 이동한 후 왼쪽으로 8만큼 이동한 것은 원점에서 왼쪽으로 2만큼 이동한 것과 같다.
➔ $(+6)+(-8)=-2$

04 원점에서 왼쪽으로 3만큼 이동한 후 왼쪽으로 4만큼 이동한 것은 원점에서 왼쪽으로 7만큼 이동한 것과 같다.
➔ $(-3)+(-4)=-7$

05 ③ $\left(+\frac{3}{5}\right)-\left(+\frac{1}{2}\right)=\left(+\frac{3}{5}\right)+\left(-\frac{1}{2}\right)$

$=\left(+\frac{6}{10}\right)+\left(-\frac{5}{10}\right)=\frac{1}{10}$

④ $\left(-\frac{2}{3}\right)-\left(-\frac{2}{3}\right)=\left(-\frac{2}{3}\right)+\left(+\frac{2}{3}\right)=0$

⑤ $(-0.5)-(+2.5)=(-0.5)+(-2.5)=-3$

06 ① $(-2)-(-7)=(-2)+(+7)=5$

② $\left(+\frac{1}{3}\right)-\left(+\frac{2}{5}\right)=\left(+\frac{1}{3}\right)+\left(-\frac{2}{5}\right)$

$=\left(+\frac{5}{15}\right)+\left(-\frac{6}{15}\right)=-\frac{1}{15}$

③ $(-1)-\left(-\frac{3}{4}\right)=(-1)+\left(+\frac{3}{4}\right)$

$=\left(-\frac{4}{4}\right)+\left(+\frac{3}{4}\right)=-\frac{1}{4}$

④ $\left(-\frac{1}{2}\right)-\left(+\frac{2}{3}\right)=\left(-\frac{1}{2}\right)+\left(-\frac{2}{3}\right)$

$=\left(-\frac{3}{6}\right)+\left(-\frac{4}{6}\right)=-\frac{7}{6}$

⑤ $(+5.1)-(-2.8)=(+5.1)+(+2.8)=7.9$

따라서 계산 결과가 가장 작은 것은 ④이다.

07 $\left(-\frac{3}{2}\right)+\left(+\frac{7}{3}\right)-\left(-\frac{5}{6}\right)-\left(+\frac{7}{12}\right)$

$=\left(-\frac{3}{2}\right)+\left(+\frac{7}{3}\right)+\left(+\frac{5}{6}\right)+\left(-\frac{7}{12}\right)$

$=\left(-\frac{3}{2}\right)+\left(-\frac{7}{12}\right)+\left(+\frac{7}{3}\right)+\left(+\frac{5}{6}\right)$

$=\left\{\left(-\frac{18}{12}\right)+\left(-\frac{7}{12}\right)\right\}+\left\{\left(+\frac{28}{12}\right)+\left(+\frac{10}{12}\right)\right\}$

$=\left(-\frac{25}{12}\right)+\left(+\frac{38}{12}\right)=\frac{13}{12}$

08 $a=(+5)+(-3)-(-9)+(-12)$

$=(+5)+(-3)+(+9)+(-12)$

$=(+5)+(+9)+(-3)+(-12)$

$=\{(+5)+(+9)\}+\{(-3)+(-12)\}$

$=(+14)+(-15)=-1$

$b=\left(+\frac{1}{2}\right)-\left(-\frac{1}{4}\right)+\left(-\frac{3}{2}\right)-\left(+\frac{5}{8}\right)$

$=\left(+\frac{1}{2}\right)+\left(+\frac{1}{4}\right)+\left(-\frac{3}{2}\right)+\left(-\frac{5}{8}\right)$

$=\left\{\left(+\frac{4}{8}\right)+\left(+\frac{2}{8}\right)\right\}+\left\{\left(-\frac{12}{8}\right)+\left(-\frac{5}{8}\right)\right\}$

$=\left(+\frac{6}{8}\right)+\left(-\frac{17}{8}\right)=-\frac{11}{8}$

$\therefore a-b=(-1)-\left(-\frac{11}{8}\right)=\left(-\frac{8}{8}\right)+\left(+\frac{11}{8}\right)=\frac{3}{8}$

09 $\frac{2}{3}-2+\frac{5}{2}-\frac{5}{6}$

$=\left(+\frac{2}{3}\right)-(+2)+\left(+\frac{5}{2}\right)-\left(+\frac{5}{6}\right)$

$=\left(+\frac{2}{3}\right)+(-2)+\left(+\frac{5}{2}\right)+\left(-\frac{5}{6}\right)$

$=\left(+\frac{2}{3}\right)+\left(+\frac{5}{2}\right)+(-2)+\left(-\frac{5}{6}\right)$

$=\left\{\left(+\frac{4}{6}\right)+\left(+\frac{15}{6}\right)\right\}+\left\{\left(-\frac{12}{6}\right)+\left(-\frac{5}{6}\right)\right\}$

$=\left(+\frac{19}{6}\right)+\left(-\frac{17}{6}\right)=\frac{2}{6}=\frac{1}{3}$

10 $a=2-7+3-2$

$=(+2)-(+7)+(+3)-(+2)$

$=(+2)+(-7)+(+3)+(-2)$

$=(+2)+(+3)+(-7)+(-2)$

$=\{(+2)+(+3)\}+\{(-7)+(-2)\}$

$=(+5)+(-9)=-4$

$b=\frac{4}{3}-\frac{1}{2}+1-\frac{7}{6}$

$=\left(+\frac{4}{3}\right)-\left(+\frac{1}{2}\right)+(+1)-\left(+\frac{7}{6}\right)$

$=\left(+\frac{4}{3}\right)+\left(-\frac{1}{2}\right)+(+1)+\left(-\frac{7}{6}\right)$

$=\left(+\frac{4}{3}\right)+(+1)+\left(-\frac{1}{2}\right)+\left(-\frac{7}{6}\right)$

$=\left\{\left(+\frac{8}{6}\right)+\left(+\frac{6}{6}\right)\right\}+\left\{\left(-\frac{3}{6}\right)+\left(-\frac{7}{6}\right)\right\}$

$=\left(+\frac{14}{6}\right)+\left(-\frac{10}{6}\right)=\frac{4}{6}=\frac{2}{3}$

$\therefore a+b=(-4)+\left(+\frac{2}{3}\right)=\left(-\frac{12}{3}\right)+\left(+\frac{2}{3}\right)=-\frac{10}{3}$

11 $a=4-2=2$, $b=(-7)+(-3)=-10$

$\therefore a+b=2+(-10)=-8$

12 $a=\left(-\frac{3}{5}\right)+\frac{1}{2}=\left(-\frac{6}{10}\right)+\frac{5}{10}=-\frac{1}{10}$

$b=\left(-\frac{3}{5}\right)-\frac{1}{2}=\left(-\frac{6}{10}\right)+\left(-\frac{5}{10}\right)=-\frac{11}{10}$

$\therefore a-b=\left(-\frac{1}{10}\right)-\left(-\frac{11}{10}\right)=\left(-\frac{1}{10}\right)+\frac{11}{10}$

$=\frac{10}{10}=1$

13 (1) $\square=\left(-\frac{5}{3}\right)-\left(+\frac{1}{3}\right)=\left(-\frac{5}{3}\right)+\left(-\frac{1}{3}\right)=-2$

(2) $\square=\left(-\frac{1}{3}\right)+\left(-\frac{5}{12}\right)=\left(-\frac{4}{12}\right)+\left(-\frac{5}{12}\right)$

$=-\frac{9}{12}=-\frac{3}{4}$

14 $\square=\frac{5}{8}+\left(-\frac{3}{4}\right)=\frac{5}{8}+\left(-\frac{6}{8}\right)=-\frac{1}{8}$

15 (1) 어떤 수를 $\square$라 하면 $\square-5=-8$

$\therefore \square=(-8)+5=-3$

(2) $(-3)+5=2$

16 어떤 수를 $\square$라 하면 $\frac{2}{5}+\square=-\frac{3}{10}$

$\therefore \square=\left(-\frac{3}{10}\right)-\frac{2}{5}=\left(-\frac{3}{10}\right)+\left(-\frac{4}{10}\right)=-\frac{7}{10}$

따라서 바르게 계산한 답은

$\frac{2}{5}-\left(-\frac{7}{10}\right)=\frac{2}{5}+\frac{7}{10}=\frac{4}{10}+\frac{7}{10}=\frac{11}{10}$

17 x의 절댓값은 2이므로 $x=2$ 또는 $x=-2$
y의 절댓값은 7이므로 $y=7$ 또는 $y=-7$
(1) $x+y$의 값 중 가장 큰 값은 $x=2$, $y=7$일 때이므로
$2+7=9$
(2) $x+y$의 값 중 가장 작은 값은 $x=-2$, $y=-7$일 때이므로 $(-2)+(-7)=-9$

18 x의 절댓값은 3이므로 $x=3$ 또는 $x=-3$
y의 절댓값은 5이므로 $y=5$ 또는 $y=-5$
$x-y$의 값 중 가장 큰 값은 $x=3$, $y=-5$일 때이므로
$3-(-5)=3+5=8$

실력 확인하기

57쪽~58쪽

01 ③, ④	**02** 흰색, 1개	**03** 6	**04** 도쿄
05 ③	**06** $-$, $-$	**07** ②	**08** ④
09 ③	**10** ⑤	**11** -4	
12 ㄱ, ㄷ, ㅂ, 풀이 참조		**13** $a=-\frac{1}{2}$, $b=\frac{1}{3}$	
14 7			

01 ① $(+2)+\left(-\frac{3}{4}\right)=\left(+\frac{8}{4}\right)+\left(-\frac{3}{4}\right)=\frac{5}{4}$
② $\left(-\frac{1}{2}\right)-\left(-\frac{2}{3}\right)=\left(-\frac{1}{2}\right)+\left(+\frac{2}{3}\right)$
$=\left(-\frac{3}{6}\right)+\left(+\frac{4}{6}\right)=\frac{1}{6}$
④ $(+1)-\left(-\frac{1}{3}\right)-\left(+\frac{5}{4}\right)$
$=(+1)+\left(+\frac{1}{3}\right)+\left(-\frac{5}{4}\right)$
$=\left\{\left(+\frac{12}{12}\right)+\left(+\frac{4}{12}\right)\right\}+\left(-\frac{15}{12}\right)$
$=\left(+\frac{16}{12}\right)+\left(-\frac{15}{12}\right)=\frac{1}{12}$
⑤ $(-9.1)+(+2.7)-(-3.6)$
$=(-9.1)+\{(+2.7)+(+3.6)\}$
$=(-9.1)+(+6.3)=-2.8$

02 바둑돌을 사용하여 계산하면

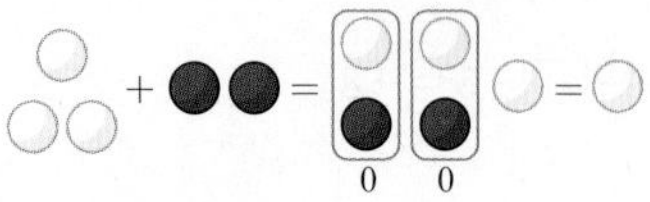

따라서 흰색 바둑돌이 1개 남는다.

03 각 수의 절댓값은 차례대로 $\frac{1}{2}$, $\frac{5}{3}$, $\frac{5}{2}$, $\frac{13}{2}$, $\frac{11}{6}$이므로
절댓값이 가장 큰 수는 $+\frac{13}{2}$, 절댓값이 가장 작은 수는 $-\frac{1}{2}$이다. 따라서 두 수의 합은
$\left(+\frac{13}{2}\right)+\left(-\frac{1}{2}\right)=\frac{12}{2}=6$

04 서울 : $6-(-2)=6+2=8(℃)$
베이징 : $3-(-5)=3+5=8(℃)$
도쿄 : $10-1=9(℃)$
방콕 : $32-26=6(℃)$
따라서 일교차가 가장 큰 도시는 도쿄이다.

05 ① $8+(-3)=5$ ② $(-4)+2=-2$
③ $5-(-1)=5+1=6$ ④ $6-4=2$
⑤ $0-4=-4$
따라서 가장 큰 수는 ③이다.

06 $(-5)\boxed{-}(-9)\boxed{-}(+7)=(-5)+(+9)+(-7)=-3$

07 $(-3)-(-4.8)+\left(+\frac{1}{2}\right)-\left(+\frac{2}{5}\right)$
$=(-3)+(+4.8)+\left(+\frac{1}{2}\right)+\left(-\frac{2}{5}\right)$
$=\{(-3)+(+4.8)\}+\{(+0.5)+(-0.4)\}$
$=(+1.8)+(+0.1)=1.9$
따라서 1.9에 가장 가까운 정수는 2이다.

08 $a=\frac{1}{2}-1+\frac{1}{4}$
$=\left(+\frac{1}{2}\right)-(+1)+\left(+\frac{1}{4}\right)$
$=\left(+\frac{1}{2}\right)+(-1)+\left(+\frac{1}{4}\right)$
$=(-1)+\left(+\frac{1}{2}\right)+\left(+\frac{1}{4}\right)$
$=(-1)+\left\{\left(+\frac{2}{4}\right)+\left(+\frac{1}{4}\right)\right\}$
$=(-1)+\left(+\frac{3}{4}\right)=-\frac{1}{4}$
$b=\frac{1}{4}-\frac{1}{2}+3$
$=\left(+\frac{1}{4}\right)-\left(+\frac{1}{2}\right)+(+3)$
$=\left(+\frac{1}{4}\right)+\left(-\frac{1}{2}\right)+(+3)$
$=\left\{\left(+\frac{1}{4}\right)+\left(-\frac{2}{4}\right)\right\}+(+3)$
$=\left(-\frac{1}{4}\right)+(+3)$
$=\left(-\frac{1}{4}\right)+\left(+\frac{12}{4}\right)=\frac{11}{4}$
$\therefore a-b=\left(-\frac{1}{4}\right)-\frac{11}{4}=-\frac{12}{4}=-3$

09 $a=\left(-\frac{1}{2}\right)-1=-\frac{3}{2}$, $b=(-3)+\left(-\frac{1}{3}\right)=-\frac{10}{3}$
$\therefore |a|-|b|=\left|-\frac{3}{2}\right|-\left|-\frac{10}{3}\right|=\frac{3}{2}-\frac{10}{3}$
$=\frac{9}{6}-\frac{20}{6}=-\frac{11}{6}$

10 $a=(-3)-(-5)=(-3)+5=2$
$b=7+(-2)=5$
$\therefore a+b=2+5=7$

11 어떤 수를 □라 하면 $□-\left(-\frac{5}{2}\right)=1$

$\therefore □=1+\left(-\frac{5}{2}\right)=-\frac{3}{2}$

따라서 바르게 계산한 답은

$\left(-\frac{3}{2}\right)+\left(-\frac{5}{2}\right)=-\frac{8}{2}=-4$

12 전략 코칭

간단한 수로 예를 들어 성립하지 않는 것을 찾는다.

ㄱ. 예 $(+4)+(-3)=+1$이므로
(양수)+(음수)=(양수)일 수도 있다.

ㄷ. 예 $(-4)+(+3)=-1$이므로
(음수)+(양수)=(음수)일 수도 있다.

ㅂ. 예 $(-4)-(-3)=-1$이므로
(음수)−(음수)=(음수)일 수도 있다.

따라서 항상 옳은 것이 아닌 것은 ㄱ, ㄷ, ㅂ이다.

13 전략 코칭

$|a|=x\,(x>0)$ ➔ $a=x$ 또는 $a=-x$
$|b|=y\,(y>0)$ ➔ $b=y$ 또는 $b=-y$
따라서 $a+b$의 값이 될 수 있는 것은
$x+y,\ x-y,\ -x+y,\ -x-y$이다.

$|a|=\frac{1}{2}$이므로 $a=\frac{1}{2}$ 또는 $a=-\frac{1}{2}$

$|b|=\frac{1}{3}$이므로 $b=\frac{1}{3}$ 또는 $b=-\frac{1}{3}$

(i) $a=\frac{1}{2},\ b=\frac{1}{3}$일 때, $a+b=\frac{1}{2}+\frac{1}{3}=\frac{5}{6}$

(ii) $a=\frac{1}{2},\ b=-\frac{1}{3}$일 때, $a+b=\frac{1}{2}+\left(-\frac{1}{3}\right)=\frac{1}{6}$

(iii) $a=-\frac{1}{2},\ b=\frac{1}{3}$일 때, $a+b=\left(-\frac{1}{2}\right)+\frac{1}{3}=-\frac{1}{6}$

(iv) $a=-\frac{1}{2},\ b=-\frac{1}{3}$일 때,

$a+b=\left(-\frac{1}{2}\right)+\left(-\frac{1}{3}\right)=-\frac{5}{6}$

(i)~(iv)에서 $a+b=-\frac{1}{6}$일 때, $a=-\frac{1}{2},\ b=\frac{1}{3}$이다.

14 전략 코칭

한 변에 놓인 세 수의 합을 먼저 구한 후 a, b의 값을 구한다.

한 변에 놓인 세 수의 합은 $4+(-5)+(-2)=-3$이므로

$4+(-3)+a=-3,\ 1+a=-3$

$\therefore a=(-3)-1=-4$

$a+b+(-2)=-3$에서

$(-4)+b+(-2)=-3,\ (-6)+b=-3$

$\therefore b=(-3)-(-6)=(-3)+6=3$

$\therefore b-a=3-(-4)=3+4=7$

02 유리수의 곱셈

60쪽~63쪽

1 (1) +, 3, +, 6 (2) −, 3, −, 6 (3) +, 3, −, 6 (4) −, 3, +, 6

1-❶ (1) +8 (2) +4 (3) 0 (4) −4 (5) −8

2 (1) +, 8, +, 24 (2) +, 5, +, 20 (3) −, 3, −, 18 (4) −, 2, −, 14

2-❶ (1) +28 (2) +39 (3) −30 (4) −1 (5) 0 (6) 0

3 (1) +, $\frac{4}{3}$, +, 2 (2) −, $\frac{8}{3}$, −, $\frac{10}{3}$ (3) +, 5, +, 8

3-❶ (1) +3 (2) $+\frac{5}{4}$ (3) −14 (4) 0

4 −4, −4, +7, +42 / 교환법칙, 결합법칙

4-❶ (1) +700 (2) −119 (3) −78

5 (1) +, +, 36 (2) −, −, $\frac{15}{2}$

5-❶ (1) +72 (2) −120 (3) −27 (4) +3

6 (1) +9 (2) −9 (3) −125 (4) −125 (5) $+\frac{1}{16}$ (6) +1

6-❶ (1) +16 (2) −16 (3) $-\frac{1}{27}$ (4) $+\frac{1}{81}$ (5) +27 (6) +1

7 (1) 25, 4, 2500, 2600 (2) 21, 21, 21

7-❶ (1) 18090 (2) −900 (3) 1 (4) 25

2-❶ (1) $(+4)\times(+7)=+(4\times7)=+28$
(2) $(-13)\times(-3)=+(13\times3)=+39$
(3) $(+3)\times(-10)=-(3\times10)=-30$
(4) $(-1)\times(+1)=-(1\times1)=-1$

3-❶ (1) $\left(+\frac{5}{2}\right)\times\left(+\frac{6}{5}\right)=+\left(\frac{5}{2}\times\frac{6}{5}\right)=+3$
(2) $(-2)\times\left(-\frac{5}{8}\right)=+\left(2\times\frac{5}{8}\right)=+\frac{5}{4}$
(3) $(+3.5)\times(-4)=-(3.5\times4)=-14$

4-❶ (1) $(+5)\times(-7)\times(-20)=(-7)\times(+5)\times(-20)$
$=(-7)\times\{(+5)\times(-20)\}$
$=(-7)\times(-100)=+700$

(2) $(-2)\times(+11.9)\times(+5)$
$=(-2)\times(+5)\times(+11.9)$
$=\{(-2)\times(+5)\}\times(+11.9)$
$=(-10)\times(+11.9)=-119$

(3) $\left(-\frac{4}{3}\right)\times(-13)\times\left(-\frac{9}{2}\right)$
$=\left(-\frac{4}{3}\right)\times\left(-\frac{9}{2}\right)\times(-13)$
$=\left\{\left(-\frac{4}{3}\right)\times\left(-\frac{9}{2}\right)\right\}\times(-13)$
$=(+6)\times(-13)=-78$

5-❶ (1) $(+4)\times(-3)\times(-6)=+(4\times3\times6)=+72$

(2) $(-8)\times(-5)\times(-3)$
$=-(8\times5\times3)=-120$

(3) $(+12)\times\left(-\frac{5}{8}\right)\times\left(+\frac{18}{5}\right)$
$=-\left(12\times\frac{5}{8}\times\frac{18}{5}\right)=-27$

(4) $\left(-\frac{12}{5}\right)\times\left(-\frac{7}{2}\right)\times\left(+\frac{5}{14}\right)$
$=+\left(\frac{12}{5}\times\frac{7}{2}\times\frac{5}{14}\right)=+3$

6-❶ (5) $-(-3)^3=-(-27)=+27$
(6) $-(-1)^5=-(-1)=+1$

7-❶ (1) $18\times(1000+5)=18\times1000+18\times5$
$=18000+90=18090$

(2) $9\times(-82)+9\times(-18)=9\times\{(-82)+(-18)\}$
$=9\times(-100)=-900$

(3) $(-12)\times\left\{\frac{2}{3}+\left(-\frac{3}{4}\right)\right\}$
$=(-12)\times\frac{2}{3}+(-12)\times\left(-\frac{3}{4}\right)$
$=(-8)+(+9)=1$

(4) $\left(-\frac{1}{4}\right)\times25+\frac{5}{4}\times25=\left\{\left(-\frac{1}{4}\right)+\frac{5}{4}\right\}\times25$
$=1\times25=25$

개념 완성하기 64쪽

01 ⑤ **02** ④ **03** 0 **04** -12
05 (1) 50 (2) $-\frac{1}{2}$ (3) -2 **06** (1) -8 (2) -4 (3) 8
07 -7 **08** 12

01 ⑤ $(-0.8)\times\left(-\frac{5}{2}\right)=\left(-\frac{4}{5}\right)\times\left(-\frac{5}{2}\right)=2$

02 ① $(-6)\times(+8)=-48$ ② $(+8)\times0=0$
③ $(+12)\times\left(-\frac{1}{4}\right)=-3$ ④ $\left(-\frac{3}{4}\right)\times\left(-\frac{20}{9}\right)=\frac{5}{3}$
⑤ $(-0.2)\times(-5)=1$
따라서 계산 결과가 가장 큰 것은 ④이다.

03 $A=\left(+\frac{2}{5}\right)\times\left(-\frac{1}{3}\right)\times\left(-\frac{15}{2}\right)=+\left(\frac{2}{5}\times\frac{1}{3}\times\frac{15}{2}\right)=1$
$B=\left(-\frac{3}{8}\right)\times\left(-\frac{4}{9}\right)\times(-6)=-\left(\frac{3}{8}\times\frac{4}{9}\times6\right)=-1$
$\therefore A+B=1+(-1)=0$

04 $A=\left(-\frac{5}{2}\right)\times\left(-\frac{2}{3}\right)\times(+12)=+\left(\frac{5}{2}\times\frac{2}{3}\times12\right)=20$
$B=\left(-\frac{3}{14}\right)\times\left(+\frac{7}{2}\right)\times\left(-\frac{16}{5}\right)\times\left(-\frac{1}{4}\right)$
$=-\left(\frac{3}{14}\times\frac{7}{2}\times\frac{16}{5}\times\frac{1}{4}\right)=-\frac{3}{5}$
$\therefore A\times B=20\times\left(-\frac{3}{5}\right)=-12$

05 (1) $(-5)^2\times(+2)=(+25)\times(+2)=50$
(2) $-2^3\times\left(-\frac{1}{4}\right)^2=(-8)\times\left(+\frac{1}{16}\right)=-\frac{1}{2}$
(3) $(-2)^3\times\left(-\frac{1}{3}\right)^2\times\left(+\frac{9}{4}\right)=(-8)\times\left(+\frac{1}{9}\right)\times\left(+\frac{9}{4}\right)$
$=-\left(8\times\frac{1}{9}\times\frac{9}{4}\right)=-2$

06 (1) $\left(+\frac{1}{4}\right)\times(-2)^5=\left(+\frac{1}{4}\right)\times(-32)=-8$
(2) $-5^2\times\left(-\frac{2}{5}\right)^2=(-25)\times\left(+\frac{4}{25}\right)=-4$
(3) $\left(-\frac{3}{2}\right)\times(-3)^3\times\left(-\frac{2}{3}\right)^4$
$=\left(-\frac{3}{2}\right)\times(-27)\times\left(+\frac{16}{81}\right)$
$=+\left(\frac{3}{2}\times27\times\frac{16}{81}\right)=8$

07 $a\times(b+c)=a\times b+a\times c=(-2)+(-5)=-7$

08 $a\times(b+c)=a\times b+a\times c=15$이므로
$3+a\times c=15$ $\therefore a\times c=12$

03 유리수의 나눗셈과 혼합 계산

66쪽~68쪽

1 (1) +, 3 (2) +, 3
1-❶ (1) −, 2 (2) −, 2
2 (1) +, 5, +, 2 (2) +, 6, +, 4
(3) −, 7, −, 6 (4) −, 2, −, 8
2-❶ (1) +4 (2) −7 (3) −5 (4) 0
3 (1) $-\frac{5}{7}$ (2) $-\frac{1}{8}$ (3) 2
3-❶ (1) −6 (2) $\frac{2}{11}$ (3) $-\frac{10}{7}$
4 (1) 64 (2) $\frac{3}{2}$
4-❶ (1) −4 (2) −3
5 (1) $\frac{1}{6}$ (2) −2 (3) −6
5-❶ (1) $-\frac{1}{8}$ (2) −3 (3) $\frac{1}{5}$
6 (1) 8 (2) −16
6-❶ (1) 1 (2) −12
7 (1) 2 (2) 4
7-❶ (1) 10 (2) $\frac{10}{3}$

2-❶ (1) $(-16)\div(-4)=+(16\div4)=+4$
(2) $(-56)\div(+8)=-(56\div8)=-7$
(3) $(+60)\div(-12)=-(60\div12)=-5$

3 (2) $-8=-\frac{8}{1}$의 역수는 $-\frac{1}{8}$이다.

(3) $0.5=\frac{1}{2}$의 역수는 2이다.

Self 코칭
분수의 역수는 부호는 그대로 두고, 분자와 분모를 바꾼다.

3-❶ (1) $-\frac{1}{6}$의 역수는 $-\frac{6}{1}=-6$

(2) $5\frac{1}{2}=\frac{11}{2}$의 역수는 $\frac{2}{11}$이다.

(3) $-0.7=-\frac{7}{10}$의 역수는 $-\frac{10}{7}$이다.

4 (1) $(+16)\div\left(+\frac{1}{4}\right)=(+16)\times(+4)=64$

(2) $\left(-\frac{8}{3}\right)\div\left(-\frac{16}{9}\right)=\left(-\frac{8}{3}\right)\times\left(-\frac{9}{16}\right)=\frac{3}{2}$

4-❶ (1) $(+14)\div\left(-\frac{7}{2}\right)=(+14)\times\left(-\frac{2}{7}\right)=-4$

(2) $(-1.2)\div\left(+\frac{2}{5}\right)=\left(-\frac{6}{5}\right)\div\left(+\frac{2}{5}\right)$
$=\left(-\frac{6}{5}\right)\times\left(+\frac{5}{2}\right)=-3$

5 (1) $(-2)\times\left(+\frac{1}{3}\right)\div(-4)=(-2)\times\left(+\frac{1}{3}\right)\times\left(-\frac{1}{4}\right)$
$=+\left(2\times\frac{1}{3}\times\frac{1}{4}\right)=\frac{1}{6}$

(2) $\left(+\frac{4}{5}\right)\div\left(-\frac{4}{15}\right)\times\left(+\frac{2}{3}\right)$
$=\left(+\frac{4}{5}\right)\times\left(-\frac{15}{4}\right)\times\left(+\frac{2}{3}\right)$
$=-\left(\frac{4}{5}\times\frac{15}{4}\times\frac{2}{3}\right)=-2$

(3) $\left(-\frac{1}{2}\right)\div\left(-\frac{3}{4}\right)\times(-9)=\left(-\frac{1}{2}\right)\times\left(-\frac{4}{3}\right)\times(-9)$
$=-\left(\frac{1}{2}\times\frac{4}{3}\times9\right)=-6$

5-❶ (1) $\left(+\frac{3}{4}\right)\div(+15)\times\left(-\frac{5}{2}\right)$
$=\left(+\frac{3}{4}\right)\times\left(+\frac{1}{15}\right)\times\left(-\frac{5}{2}\right)$
$=-\left(\frac{3}{4}\times\frac{1}{15}\times\frac{5}{2}\right)=-\frac{1}{8}$

(2) $\left(-\frac{1}{2}\right)\times(-10)\div\left(-\frac{5}{3}\right)=\left(-\frac{1}{2}\right)\times(-10)\times\left(-\frac{3}{5}\right)$
$=-\left(\frac{1}{2}\times10\times\frac{3}{5}\right)=-3$

(3) $\frac{3}{5}\div\left(-\frac{12}{5}\right)\times\left(-\frac{4}{5}\right)=\frac{3}{5}\times\left(-\frac{5}{12}\right)\times\left(-\frac{4}{5}\right)$
$=+\left(\frac{3}{5}\times\frac{5}{12}\times\frac{4}{5}\right)=\frac{1}{5}$

6 (1) $3+(-2)^2\times\frac{5}{4}=3+4\times\frac{5}{4}=3+5=8$

(2) $\frac{3}{2}\div\left(-\frac{1}{16}\right)-8\times(-1)=\frac{3}{2}\times(-16)-8\times(-1)$
$=-24+8=-16$

6-❶ (1) $\frac{6}{5}-\left(-\frac{1}{2}\right)^3\div\left(-\frac{5}{8}\right)=\frac{6}{5}-\left(-\frac{1}{8}\right)\times\left(-\frac{8}{5}\right)$
$=\frac{6}{5}-\frac{1}{5}=1$

(2) $\frac{15}{4}\times\left(-\frac{8}{5}\right)+\left(-\frac{2}{3}\right)\div\frac{1}{9}$
$=\frac{15}{4}\times\left(-\frac{8}{5}\right)+\left(-\frac{2}{3}\right)\times9$
$=-6-6=-12$

7 (1) $4\times\left\{-\frac{5}{8}-\left(\frac{1}{2}\right)^3\right\}+5=4\times\left(-\frac{5}{8}-\frac{1}{8}\right)+5$
$=4\times\left(-\frac{3}{4}\right)+5$
$=-3+5=2$

(2) $10-8\div\left\{\left(-\frac{2}{3}\right)^3\times\left(-\frac{9}{2}\right)\right\}$
$=10-8\div\left\{\left(-\frac{8}{27}\right)\times\left(-\frac{9}{2}\right)\right\}$
$=10-8\div\frac{4}{3}=10-8\times\frac{3}{4}=10-6=4$

7-❶ (1) $7\times\left\{\frac{1}{7}+(-2)^2-\frac{3}{7}\right\}-16$
$=7\times\left(\frac{1}{7}+4-\frac{3}{7}\right)-16$
$=7\times\left(\frac{29}{7}-\frac{3}{7}\right)-16$
$=7\times\frac{26}{7}-16=26-16=10$

(2) $-1+\left\{1-\left(-\frac{1}{3}\right)^2\times\frac{1}{3}\right\}\div\frac{2}{9}$
$=-1+\left(1-\frac{1}{9}\times\frac{1}{3}\right)\div\frac{2}{9}$
$=-1+\left(1-\frac{1}{27}\right)\div\frac{2}{9}$
$=-1+\frac{26}{27}\div\frac{2}{9}=-1+\frac{26}{27}\times\frac{9}{2}$
$=-1+\frac{13}{3}=-\frac{3}{3}+\frac{13}{3}=\frac{10}{3}$

개념 완성하기

69쪽~70쪽

01 ③	**02** -2	**03** ②	**04** ④
05 ④	**06** ⑤	**07** ①	**08** 5
09 (1) $\frac{9}{4}$ (2) $-\frac{1}{3}$		**10** $\frac{3}{8}$	

11 (1) ㉢, ㉣, ㉡, ㉤, ㉠ (2) 3
12 (1) ㉣, ㉢, ㉤, ㉡, ㉠ (2) 6

01 $a=-\frac{3}{2}$, $b=\frac{1}{3}$이므로
$a\times b=\left(-\frac{3}{2}\right)\times\frac{1}{3}=-\frac{1}{2}$

02 $a=\frac{10}{3}$, $-1\frac{2}{3}=-\frac{5}{3}$이므로 $b=-\frac{3}{5}$

$\therefore a\times b=\frac{10}{3}\times\left(-\frac{3}{5}\right)=-2$

Self 코칭
역수를 구할 때, 대분수는 가분수로 고친다.

03 ① $\left(+\frac{2}{3}\right)\div(+8)=\left(+\frac{2}{3}\right)\times\left(+\frac{1}{8}\right)=\frac{1}{12}$

② $\left(+\frac{2}{5}\right)\div(-10)=\left(+\frac{2}{5}\right)\times\left(-\frac{1}{10}\right)=-\frac{1}{25}$

③ $\left(-\frac{10}{3}\right)\div\left(+\frac{5}{6}\right)=\left(-\frac{10}{3}\right)\times\left(+\frac{6}{5}\right)=-4$

④ $\left(-\frac{7}{5}\right)\div\left(-\frac{14}{15}\right)=\left(-\frac{7}{5}\right)\times\left(-\frac{15}{14}\right)=\frac{3}{2}$

⑤ $(+7.5)\div\left(-\frac{15}{16}\right)=\left(+\frac{15}{2}\right)\times\left(-\frac{16}{15}\right)=-8$

04 ① $(-20)\div(-4)=+(20\div4)=5$

② $\left(-\frac{7}{2}\right)\div(+14)=\left(-\frac{7}{2}\right)\times\left(+\frac{1}{14}\right)=-\frac{1}{4}$

③ $0\div\left(-\frac{4}{5}\right)=0$

④ $\left(+\frac{3}{4}\right)\div\left(-\frac{21}{8}\right)=\left(+\frac{3}{4}\right)\times\left(-\frac{8}{21}\right)=-\frac{2}{7}$

⑤ $(+4.2)\div(+0.6)=+(4.2\div0.6)=7$

따라서 계산 결과가 가장 작은 것은 ④이다.

05 ④ $a>0$, $b<0$이므로 $a\times b<0$

06 ① $a+b$의 부호는 알 수 없다.
② $a-b<0$
③ $a\times b<0$
④ $a\div b<0$
⑤ $b-a>0$
따라서 항상 양수인 것은 ⑤이다.

07 $\left(-\frac{5}{3}\right)^2\times\left(-\frac{2}{5}\right)\div\left(-\frac{2}{3}\right)^2$

$=\frac{25}{9}\times\left(-\frac{2}{5}\right)\div\frac{4}{9}=\frac{25}{9}\times\left(-\frac{2}{5}\right)\times\frac{9}{4}$

$=-\left(\frac{25}{9}\times\frac{2}{5}\times\frac{9}{4}\right)=-\frac{5}{2}$

08 $A=(-2)^3\times\left(-\frac{1}{6}\right)^2\div\frac{2}{9}=(-8)\times\frac{1}{36}\div\frac{2}{9}$

$=(-8)\times\frac{1}{36}\times\frac{9}{2}=-\left(8\times\frac{1}{36}\times\frac{9}{2}\right)$

$=-1$

$B=\left(-\frac{3}{2}\right)^2\div\left(-\frac{9}{5}\right)\times\left(-\frac{2}{5}\right)^2=\frac{9}{4}\div\left(-\frac{9}{5}\right)\times\frac{4}{25}$

$=\frac{9}{4}\times\left(-\frac{5}{9}\right)\times\frac{4}{25}=-\left(\frac{9}{4}\times\frac{5}{9}\times\frac{4}{25}\right)$

$=-\frac{1}{5}$

$\therefore A\div B=(-1)\div\left(-\frac{1}{5}\right)=(-1)\times(-5)=5$

09 (1) $\square=\left(-\frac{3}{5}\right)\div\left(-\frac{4}{15}\right)=\left(-\frac{3}{5}\right)\times\left(-\frac{15}{4}\right)=\frac{9}{4}$

(2) $\square=2\times\left(-\frac{1}{6}\right)=-\frac{1}{3}$

10 $\left(-\frac{4}{3}\right)\div\left(-\frac{2}{5}\right)\times\square=\frac{5}{4}$에서

$\left(-\frac{4}{3}\right)\times\left(-\frac{5}{2}\right)\times\square=\frac{5}{4}$, $\frac{10}{3}\times\square=\frac{5}{4}$

$\therefore \square=\frac{5}{4}\div\frac{10}{3}=\frac{5}{4}\times\frac{3}{10}=\frac{3}{8}$

11 (2) $-1+\left\{\frac{3}{2}-(-2)^2\times\left(-\frac{1}{4}\right)\right\}\div\frac{5}{8}$

$=-1+\left\{\frac{3}{2}-4\times\left(-\frac{1}{4}\right)\right\}\div\frac{5}{8}$

$=-1+\left(\frac{3}{2}+1\right)\div\frac{5}{8}$

$=-1+\frac{5}{2}\times\frac{8}{5}$

$=-1+4=3$

12 (2) $2-\frac{4}{3}\times\left\{\left(-\frac{2}{3}\right)\div\left(-\frac{1}{3}\right)^2-(-3)\right\}$

$=2-\frac{4}{3}\times\left\{\left(-\frac{2}{3}\right)\div\frac{1}{9}-(-3)\right\}$

$=2-\frac{4}{3}\times\left\{\left(-\frac{2}{3}\right)\times9-(-3)\right\}$

$=2-\frac{4}{3}\times\{(-6)+3\}$

$=2-\frac{4}{3}\times(-3)=2+4=6$

실력 확인하기

71쪽~72쪽

01 -5, -10, $+5$, $+10$		**02** ⑤	**03** 10
04 ⑤	**05** 1325	**06** ③	**07** ②
08 -6	**09** $-\frac{3}{2}$	**10** $-\frac{5}{2}$	**11** $\frac{1}{4}$
12 2개	**13** (1) 30 (2) -60		**14** ④
15 $\frac{2}{3}$			

02 ① $2^3=8$
② $-(-2)^3=-(-8)=8$
③ $(-1)^3\times(-2)^3=(-1)\times(-8)=8$
④ $\left(-\frac{1}{2}\right)\times(-2^4)=\left(-\frac{1}{2}\right)\times(-16)=8$
⑤ $\left(-\frac{1}{2}\right)^2\times(-2)^5=\frac{1}{4}\times(-32)=-8$
따라서 계산 결과가 나머지 넷과 다른 하나는 ⑤이다.

03 $a=\left(-\frac{3}{2}\right)\times\left(-\frac{7}{3}\right)\times(-4)$

$=-\left(\frac{3}{2}\times\frac{7}{3}\times4\right)=-14$

$b=\left(-\frac{1}{3}\right)\times\left(-\frac{3}{2}\right)\times(-2)^3$

$=\left(-\frac{1}{3}\right)\times\left(-\frac{3}{2}\right)\times(-8)$

$=-\left(\frac{1}{3}\times\frac{3}{2}\times8\right)=-4$

$\therefore b-a=(-4)-(-14)=-4+14=10$

04 $(-1)^{2020}=1$, $(-1)^{2021}=-1$, $(-1)^{2022}=1$이므로

$(-1)^{2020}-(-1)^{2021}-(-1)^{2022}$

$=1-(-1)-(+1)$

$=1+1-1=1$

05 $12\times105=12\times(100+5)$

$=12\times100+12\times5$

$=1200+60=1260$

따라서 $a=5$, $b=60$, $c=1260$이므로

$a+b+c=5+60+1260=1325$

06 ③ $0.4\times\frac{5}{2}=1$이므로 0.4와 $\frac{5}{2}$는 서로 역수 관계이다.

07 $A=\left(-\frac{5}{7}\right)\times(-3)\times\left(-\frac{14}{15}\right)$

$=-\left(\frac{5}{7}\times3\times\frac{14}{15}\right)=-2$

$A\times B=1$이므로 B는 A의 역수이다.

$\therefore B=-\frac{1}{2}$

08 $a=5-(-2)=5+2=7$

$b=\left(-\frac{3}{2}\right)+\frac{1}{3}=\left(-\frac{9}{6}\right)+\frac{2}{6}=-\frac{7}{6}$

$\therefore a\div b=7\div\left(-\frac{7}{6}\right)=7\times\left(-\frac{6}{7}\right)=-6$

Self 코칭

a보다 b만큼 큰 수 ➔ $a+b$

a보다 b만큼 작은 수 ➔ $a-b$

09 $(-3)^3\times\left(-\frac{1}{2}\right)^3\div\left\{-\left(-\frac{3}{2}\right)^2\right\}$

$=(-27)\times\left(-\frac{1}{8}\right)\div\left(-\frac{9}{4}\right)$

$=(-27)\times\left(-\frac{1}{8}\right)\times\left(-\frac{4}{9}\right)$

$=-\left(27\times\frac{1}{8}\times\frac{4}{9}\right)=-\frac{3}{2}$

10 $\left(-\frac{2}{3}\right)\times\left(+\frac{9}{4}\right)\div\square=\frac{3}{5}$에서

$\left(-\frac{3}{2}\right)\div\square=\frac{3}{5}$

$\therefore \square=\left(-\frac{3}{2}\right)\div\frac{3}{5}=\left(-\frac{3}{2}\right)\times\frac{5}{3}=-\frac{5}{2}$

Self 코칭

$a\div\square=b$ ➔ $\square=a\div b$

11 어떤 유리수를 □라 하면

$\square\div\left(-\frac{3}{4}\right)=\frac{4}{9}$ $\quad\therefore \square=\frac{4}{9}\times\left(-\frac{3}{4}\right)=-\frac{1}{3}$

따라서 바르게 계산한 답은

$\left(-\frac{1}{3}\right)\times\left(-\frac{3}{4}\right)=\frac{1}{4}$

12 $A=2-(-6)\div\left\{(-4)^3\times\left(-\frac{3}{8}\right)\right\}$

$=2-(-6)\div\left\{(-64)\times\left(-\frac{3}{8}\right)\right\}$

$=2-(-6)\div24$

$=2-\left(-\frac{1}{4}\right)=2+\frac{1}{4}=\frac{9}{4}$

따라서 $\frac{9}{4}$보다 작은 자연수는 1, 2의 2개이다.

13

전략 코칭

네 수 중 세 수를 뽑아서 곱할 때

① 곱한 결과가 가장 큰 수

➔ 음수 : 짝수 개, 절댓값의 곱 : 가장 크게

② 곱한 결과가 가장 작은 수

➔ 음수 : 홀수 개, 절댓값의 곱 : 가장 크게

(1) 곱한 결과가 가장 클 때는 세 수의 곱이 양수일 때이므로 네 수 중 음수 2개와 절댓값이 큰 양수 1개를 뽑으면 된다.

$\therefore \left(-\frac{3}{7}\right)\times(-14)\times5=+\left(\frac{3}{7}\times14\times5\right)=30$

(2) 곱한 결과가 가장 작을 때는 세 수의 곱이 음수일 때이므로 네 수 중 양수 2개와 절댓값이 큰 음수 1개를 뽑으면 된다.

$\therefore \frac{6}{7}\times5\times(-14)=-\left(\frac{6}{7}\times5\times14\right)=-60$

14

전략 코칭

① $a\times b>0$, $a\div b>0$ ➔ a, b는 서로 같은 부호

➔ $a>0$, $b>0$ 또는 $a<0$, $b<0$

② $a\times b<0$, $a\div b<0$ ➔ a, b는 서로 다른 부호

➔ $a>0$, $b<0$ 또는 $a<0$, $b>0$

$a\times b>0$이므로 $a>0$, $b>0$ 또는 $a<0$, $b<0$

이때 $a+b<0$이므로 $a<0$, $b<0$

$a<0$이고 $a\div c<0$이므로 $c>0$

15

전략 코칭

두 수의 곱이 1일 때 한 수가 다른 수의 역수이므로 보이는 면에 있는 수의 역수를 구한다.

보이지 않는 면에 있는 세 수는 각각 $-\frac{3}{4}$, $\frac{2}{3}$, 2의 역수이므로 $-\frac{4}{3}$, $\frac{3}{2}$, $\frac{1}{2}$이다.

따라서 구하는 세 수의 합은

$\left(-\frac{4}{3}\right)+\frac{3}{2}+\frac{1}{2}=\left(-\frac{4}{3}\right)+2=\frac{2}{3}$

실전! **중단원 마무리** 73쪽~75쪽

01 ②	02 ⑤	03 -4	04 4, -4
05 강릉	06 ③	07 -2	08 ③
09 ①	10 3	11 ④	12 ④
13 -1	14 17.5	15 ⑤	16 ④
17 7	18 -27	19 $\frac{1}{6}$	20 ①
21 $\frac{9}{4}$	22 (1) -1점 (2) 11점		

23 $a=2$, $b=5$, $c=-3$, $d=0$, $e=-1$

01 원점에서 왼쪽으로 5만큼 이동한 후 오른쪽으로 2만큼 이동한 것은 원점에서 왼쪽으로 3만큼 이동한 것과 같다.
➔ $(-5)+(+2)=-3$

02 ① $\left(+\frac{1}{6}\right)+\left(+\frac{3}{4}\right)=\left(+\frac{2}{12}\right)+\left(+\frac{9}{12}\right)=\frac{11}{12}$

② $\left(-\frac{1}{2}\right)+\left(-\frac{5}{2}\right)=-\frac{6}{2}=-3$

③ $\left(+\frac{1}{3}\right)+\left(-\frac{1}{2}\right)=\left(+\frac{2}{6}\right)+\left(-\frac{3}{6}\right)=-\frac{1}{6}$

④ $\left(-\frac{2}{3}\right)-\left(+\frac{9}{4}\right)=\left(-\frac{8}{12}\right)+\left(-\frac{27}{12}\right)=-\frac{35}{12}$

⑤ $\left(-\frac{1}{4}\right)-\left(-\frac{2}{3}\right)=\left(-\frac{3}{12}\right)+\left(+\frac{8}{12}\right)=\frac{5}{12}$

03 각 수의 절댓값은 차례대로 4.5, $\frac{5}{4}$, 3, 1, $\frac{1}{2}$이므로 절댓값이 가장 큰 수는 -4.5, 절댓값이 가장 작은 수는 $\frac{1}{2}$이다. 따라서 두 수의 합은
$(-4.5)+\frac{1}{2}=\left(-\frac{9}{2}\right)+\frac{1}{2}=-4$

04 $|a|=1$이므로 $a=1$ 또는 $a=-1$
$|b|=3$이므로 $b=3$ 또는 $b=-3$
따라서 $a+b$의 값 중 가장 큰 값은 $1+3=4$,
가장 작은 값은 $(-1)+(-3)=-4$

Self 코칭
$|x|=a\,(a>0)$이면 $x=a$ 또는 $x=-a$

05 서울 : $(+34)-(-21)=+55(°C)$
대전 : $(+37)-(-20)=+57(°C)$
부산 : $(+36)-(-18)=+54(°C)$
강릉 : $(+39)-(-21)=+60(°C)$
제주 : $(+36)-(-8)=+44(°C)$
따라서 최고 기온과 최저 기온의 차가 가장 큰 도시는 강릉이다.

06 $-\frac{14}{3}=-4\frac{2}{3}$보다 작은 정수 중 가장 큰 수는 -5이므로
$a=-5$
$\frac{17}{4}=4\frac{1}{4}$보다 큰 정수 중 가장 작은 수는 5이므로
$b=5$
$\therefore a-b=(-5)-5=-10$

07 $a=(-2)-3=-5$
$b=(-5)+2=-3$
$\therefore a-b=(-5)-(-3)=(-5)+3=-2$

08 $\frac{17}{4}-5-\frac{3}{4}+2=\frac{17}{4}-\frac{3}{4}-5+2$
$=\frac{14}{4}-3$
$=\frac{7}{2}-\frac{6}{2}=\frac{1}{2}$

09 $a+(-1)=-3$에서
$a=(-3)-(-1)=(-3)+1=-2$
$(+3)-b=5$에서 $b=3-5=-2$
$\therefore a+b=(-2)+(-2)=-4$

10 $-\frac{7}{2}+\square-\frac{1}{4}=-\frac{3}{4}$에서
$-\frac{14}{4}-\frac{1}{4}+\square=-\frac{3}{4}$, $-\frac{15}{4}+\square=-\frac{3}{4}$
$\therefore \square=-\frac{3}{4}+\frac{15}{4}=3$

11 ① 교환법칙 ② 결합법칙 ③ $+\frac{2}{9}$
④ $+4$ ⑤ $-\frac{12}{5}$
따라서 □ 안에 들어갈 것으로 알맞은 것은 ④이다.

12 각각의 거듭제곱을 계산하면 다음과 같다.
① 4 ② 8 ③ $-\frac{1}{4}$ ④ -4 ⑤ $\frac{1}{4}$
따라서 가장 작은 수는 ④ -2^2이다.

13 $(-1)+(-1)^2+(-1)^3+(-1)^4+\cdots+(-1)^9$
$=(-1)+(+1)+(-1)+(+1)+\cdots+(-1)$
$=-1$

Self 코칭
$(-1)^n$ ➔ n이 짝수이면 $+1$, n이 홀수이면 -1

14 $7.3\times1.75+2.7\times1.75=(7.3+2.7)\times1.75$
$=10\times1.75$
$=17.5$

15 $a\times(b+c)=a\times b+a\times c=5$이므로
$-3+a\times c=5$
$\therefore a\times c=5-(-3)=5+3=8$

16 ① $(-20)\div(+5)=-4$
② $\left(+\frac{3}{2}\right)\div(-4)=\left(+\frac{3}{2}\right)\times\left(-\frac{1}{4}\right)=-\frac{3}{8}$

③ $(-3)\div\left(-\frac{3}{5}\right)=(-3)\times\left(-\frac{5}{3}\right)=5$

④ $\left(-\frac{2}{3}\right)\div\left(+\frac{4}{15}\right)=\left(-\frac{2}{3}\right)\times\left(+\frac{15}{4}\right)=-\frac{5}{2}$

⑤ $(-4.5)\div(+1.5)=-3$

17 $-\frac{1}{2}$의 역수는 -2이므로 $a=-2$

$-3\frac{1}{2}=-\frac{7}{2}$의 역수는 $-\frac{2}{7}$이므로 $b=-\frac{2}{7}$

$\therefore a\div b=(-2)\div\left(-\frac{2}{7}\right)=(-2)\times\left(-\frac{7}{2}\right)=7$

18 $\left(-\frac{1}{2}\right)^3\times\square\div\frac{9}{4}=\frac{3}{2}$에서

$\left(-\frac{1}{8}\right)\times\square\times\frac{4}{9}=\frac{3}{2}$, $\left(-\frac{1}{8}\right)\times\frac{4}{9}\times\square=\frac{3}{2}$

$\left(-\frac{1}{18}\right)\times\square=\frac{3}{2}$

$\therefore \square=\frac{3}{2}\div\left(-\frac{1}{18}\right)=\frac{3}{2}\times(-18)=-27$

19 어떤 유리수를 □라 하면

$\square\div\left(-\frac{2}{3}\right)=\frac{3}{4}$

$\therefore \square=\frac{3}{4}\times\left(-\frac{2}{3}\right)=-\frac{1}{2}$

따라서 바르게 계산한 답은

$\left(-\frac{1}{2}\right)-\left(-\frac{2}{3}\right)=-\frac{1}{2}+\frac{2}{3}=-\frac{3}{6}+\frac{4}{6}=\frac{1}{6}$

20 ① $\left(-\frac{1}{3}\right)\times3\div\left(-\frac{1}{4}\right)=\left(-\frac{1}{3}\right)\times3\times(-4)$

$=+\left(\frac{1}{3}\times3\times4\right)=4$

② $\left(-\frac{15}{2}\right)+\left(-\frac{5}{2}\right)\div\frac{5}{3}=\left(-\frac{15}{2}\right)+\left(-\frac{5}{2}\right)\times\frac{3}{5}$

$=-\frac{15}{2}-\frac{3}{2}$

$=-\frac{18}{2}=-9$

③ $\left(-\frac{1}{4}\right)^2\times8-4\div\frac{4}{5}=\frac{1}{16}\times8-4\times\frac{5}{4}$

$=\frac{1}{2}-5=-\frac{9}{2}$

④ $(-35)\div\left\{(-2)^3\times\left(-\frac{1}{4}\right)+3\right\}$

$=(-35)\div\left\{(-8)\times\left(-\frac{1}{4}\right)+3\right\}$

$=(-35)\div(2+3)$

$=(-35)\div5=-7$

⑤ $\frac{3}{4}\times\left\{(-4)+\frac{2}{5}\right\}\div\left(-\frac{9}{5}\right)$

$=\frac{3}{4}\times\left(-\frac{18}{5}\right)\times\left(-\frac{5}{9}\right)$

$=+\left(\frac{3}{4}\times\frac{18}{5}\times\frac{5}{9}\right)=\frac{3}{2}$

따라서 계산 결과가 가장 큰 것은 ①이다.

21 $2-\left\{4\div\frac{8}{5}-(-1)^3\times\left(-\frac{1}{2}\right)^2-3\right\}$

$=2-\left\{4\times\frac{5}{8}-(-1)\times\frac{1}{4}-3\right\}$

$=2-\left(\frac{5}{2}+\frac{1}{4}-3\right)=2-\left(\frac{11}{4}-3\right)$

$=2-\left(-\frac{1}{4}\right)=2+\frac{1}{4}=\frac{9}{4}$

22 (1) 태민이가 3번 이겼으므로 진 횟수는

$10-3=7$(번)

따라서 태민이의 점수는

$(+2)\times3+(-1)\times7=6-7=-1$(점)

(2) 은지는 7번 이겼으므로 진 횟수는

$10-7=3$(번)

따라서 은지의 점수는

$(+2)\times7+(-1)\times3=14-3=11$(점)

Self 코칭

(태민이가 이긴 횟수)=(은지가 진 횟수)

(태민이가 진 횟수)=(은지가 이긴 횟수)

23 가로, 세로, 대각선에 놓인 세 수의 합은

$(-2)+1+4=3$

이므로 $(-2)+3+a=3$, $1+a=3$

$\therefore a=3-1=2$

$a+c+4=3$에서 $2+c+4=3$, $6+c=3$

$\therefore c=3-6=-3$

$b+1+c=3$에서 $b+1+(-3)=3$, $b-2=3$

$\therefore b=3+2=5$

$(-2)+b+d=3$에서 $(-2)+5+d=3$, $3+d=3$

$\therefore d=3-3=0$

$d+e+4=3$에서 $0+e+4=3$

$\therefore e=3-4=-1$

서술형 문제

76쪽

01 5 **01-1** $-\frac{28}{5}$ **02** 7

03 $a>0$, $b<0$, $c>0$ **04** $\frac{2}{15}$

01 채점 기준 1 곱한 결과가 가장 크게 되는 경우 알기 ⋯ 2점

곱한 결과가 가장 클 때는 세 수의 곱이 양수일 때이므로 네 수 중 양수 1개와 절댓값이 큰 음수 2개를 뽑으면 된다.

채점 기준 2 곱해야 하는 세 수 구하기 ⋯ 2점

곱한 결과가 가장 클 때는 $\frac{2}{3}$, -3, $-\frac{5}{2}$를 뽑을 때이다.

채점 기준 3 곱한 결과 중 가장 큰 수 구하기 ⋯ 2점

$\frac{2}{3}\times(-3)\times\left(-\frac{5}{2}\right)=5$

01-1 채점 기준 **1** 곱한 결과가 가장 작게 되는 경우 알기 ··· 2점

곱한 결과가 가장 작을 때는 세 수의 곱이 음수일 때이므로 네 수 중 양수 2개와 절댓값이 큰 음수 1개를 뽑으면 된다.

채점 기준 **2** 곱해야 하는 세 수 구하기 ··· 2점

곱한 결과가 가장 작을 때는 2, $\frac{7}{2}$, $-\frac{4}{5}$를 뽑을 때이다.

채점 기준 **3** 곱한 결과 중 가장 작은 수 구하기 ··· 2점

$2\times\frac{7}{2}\times\left(-\frac{4}{5}\right)=-\frac{28}{5}$

02 큰 수부터 차례대로 나열하면

$3,\ \frac{8}{3},\ 2.1,\ -3.4,\ -\frac{7}{2},\ -4$

이므로 가장 큰 수는 3, 가장 작은 수는 -4이다. ······ ❶

따라서 두 수의 차는

$3-(-4)=3+4=7$ ······ ❷

채점 기준	배점
❶ 가장 큰 수와 가장 작은 수를 각각 구하기	2점
❷ 두 수의 차 구하기	3점

03 $a\times c>0$이므로

$a>0,\ c>0$ 또는 $a<0,\ c<0$

이때 $a+c>0$이므로

$a>0,\ c>0$ ······ ❶

$c>0$이고 $b\div c<0$이므로

$b<0$ ······ ❷

채점 기준	배점
❶ a, c의 부호를 각각 구하기	4점
❷ b의 부호 구하기	2점

04 $A\times\left(-\frac{3}{2}\right)^2-1=\frac{1}{2}$에서

$A\times\frac{9}{4}-1=\frac{1}{2},\ A\times\frac{9}{4}=\frac{3}{2}$

$\therefore A=\frac{3}{2}\div\frac{9}{4}$

$=\frac{3}{2}\times\frac{4}{9}=\frac{2}{3}$ ······ ❶

$B\div(-4)+\frac{1}{2}=-\frac{3}{4}$에서

$B\times\left(-\frac{1}{4}\right)+\frac{1}{2}=-\frac{3}{4},\ B\times\left(-\frac{1}{4}\right)=-\frac{5}{4}$

$\therefore B=\left(-\frac{5}{4}\right)\div\left(-\frac{1}{4}\right)$

$=\left(-\frac{5}{4}\right)\times(-4)=5$ ······ ❷

$\therefore A\div B=\frac{2}{3}\div 5$

$=\frac{2}{3}\times\frac{1}{5}=\frac{2}{15}$ ······ ❸

채점 기준	배점
❶ A의 값 구하기	3점
❷ B의 값 구하기	3점
❸ $A\div B$의 값 구하기	1점

1 문자의 사용과 식의 계산

01 문자의 사용과 식의 값

79쪽~80쪽

1 (1) $(500\times x)$ MB (2) $(x\div5)$원 (3) $(a\times3)$ cm (4) $(y\times2)$ km

1-❶ (1) $(x\times6)$원 (2) $(x\div4)$ L (3) $\left(\frac{1}{2}\times a\times4\right)\text{cm}^2$ (4) $(60\times h)$ km

2 (1) $3ab$ (2) abc (3) $-5ab$ (4) ab^3 (5) $-2(a-b)$

2-❶ (1) $5xy$ (2) xyz (3) $-xy$ (4) $-xy^2z$ (5) $0.1(x+y)$

3 (1) $\frac{a}{b}$ (2) $-\frac{a}{5}$ (3) $-2a$ (4) $\frac{3}{a-b}$

3-❶ (1) $\frac{x}{7}$ (2) $-\frac{x}{y}$ (3) $-\frac{2}{3}x$ (4) $\frac{x+y}{2}$

4 (1) -6 (2) 2 (3) 10 (4) -2

4-❶ (1) -8 (2) 2 (3) 2 (4) -4

5 (1) 7 (2) 4 (3) -2 (4) -5

5-❶ (1) 10 (2) 3 (3) 8 (4) -2

3 (3) $a\div\left(-\frac{1}{2}\right)=a\times(-2)=-2a$

(4) $3\div(a-b)=3\times\frac{1}{a-b}=\frac{3}{a-b}$

3-❶ (3) $(-x)\div\frac{3}{2}=(-x)\times\frac{2}{3}=-\frac{2}{3}x$

(4) $(x+y)\div2=(x+y)\times\frac{1}{2}=\frac{x+y}{2}$

4 (1) $2x=2\times(-3)=-6$

(2) $x+5=-3+5=2$

(3) $x^2+1=(-3)^2+1=9+1=10$

(4) $\frac{6}{x}=\frac{6}{-3}=-2$

4-❶ (1) $4x=4\times(-2)=-8$

(2) $-x=-(-2)=2$

(3) $6-x^2=6-(-2)^2=6-4=2$

(4) $\frac{8}{x}=\frac{8}{-2}=-4$

5 (1) $a+3b=-2+3\times3=-2+9=7$

(2) $ab+10=(-2)\times3+10=-6+10=4$

(3) $a^2-2b=(-2)^2-2\times3=4-6=-2$

(4) $\frac{4}{a}-b=\frac{4}{-2}-3=-2-3=-5$

5-❶ (1) $3x-y=3\times2-(-4)=6+4=10$

(2) $2x+\frac{1}{4}y=2\times2+\frac{1}{4}\times(-4)=4-1=3$

(3) $xy+y^2=2\times(-4)+(-4)^2=-8+16=8$

(4) $\frac{y}{x}=\frac{-4}{2}=-2$

개념 완성하기 81쪽

01 ③　02 ③　03 ⑤　04 ④
05 ③　06 -5

01 ② $4\div a\div b=4\times\frac{1}{a}\times\frac{1}{b}=\frac{4}{ab}$

③ $a\div b\div\frac{1}{c}=a\times\frac{1}{b}\times c=\frac{ac}{b}$

④ $3\times a\div b=3\times a\times\frac{1}{b}=\frac{3a}{b}$

⑤ $x\times\frac{1}{y}\div z=x\times\frac{1}{y}\times\frac{1}{z}=\frac{x}{yz}$

따라서 옳지 않은 것은 ③이다.

02 ① $x\div y\div z=x\times\frac{1}{y}\times\frac{1}{z}=\frac{x}{yz}$

② $a\div b\times c=a\times\frac{1}{b}\times c=\frac{ac}{b}$

③ $x\div(y\times z)=x\times\frac{1}{yz}=\frac{x}{yz}$

④ $2\times a\div\frac{b}{3}=2\times a\times\frac{3}{b}=\frac{6a}{b}$

⑤ $(-0.1)\times a\div b=(-0.1)\times a\times\frac{1}{b}$

$=-\frac{0.1a}{b}$

따라서 옳은 것은 ③이다.

Self 코칭
괄호가 있으면 괄호 안을 먼저 정리한다.

03 ⑤ a원의 20 %는 $a\times\frac{20}{100}=0.2a$(원)

04 ① 한 자루에 a원인 색연필 3자루와 한 권에 b원인 공책 5권을 산 금액은 $(3a+5b)$원이다.

② 한 개에 500원 하는 물건을 a개 사고 5000원을 냈을 때의 거스름돈은 $(5000-500a)$원이다.

③ 한 변의 길이가 x cm인 정사각형의 넓이는 x^2 cm²이다.

⑤ 정가가 x원인 물건을 30 % 할인하여 산 가격은

$x\times\left(1-\frac{30}{100}\right)=x\times\frac{70}{100}=0.7x$(원)

따라서 옳은 것은 ④이다.

Self 코칭
(a % 할인한 가격)$=$(정가)$\times\left(1-\frac{a}{100}\right)$

05 $xy+\frac{y}{x^2}=(-1)\times3+\frac{3}{(-1)^2}=-3+3=0$

06 $2x^2y-y^2=2\times\left(\frac{1}{2}\right)^2\times(-2)-(-2)^2$

$=-1-4=-5$

Self 코칭
식의 값에서 음수를 대입할 때는 괄호를 사용한다.

실력 확인하기 82쪽

01 ①, ④　02 ④　03 ⑤　04 ⑤
05 (1) $\frac{1}{2}(x+y)h$ cm² (2) 20 cm²　06 $\frac{12}{5}x$원
07 -9

01 ② $0.1\times x\times y=0.1xy$

③ $x\times y\div2=x\times y\times\frac{1}{2}=\frac{xy}{2}$

④ $x\div y\times z=x\times\frac{1}{y}\times z=\frac{xz}{y}$

⑤ $3\times(-1)\div x\times y=3\times(-1)\times\frac{1}{x}\times y=-\frac{3y}{x}$

따라서 옳은 것은 ①, ④이다.

02 $a\div(b\div c)=a\div\left(b\times\frac{1}{c}\right)=a\div\frac{b}{c}=a\times\frac{c}{b}=\frac{ac}{b}$

① $a\times b\times c=abc$

② $a\div b\div c=a\times\frac{1}{b}\times\frac{1}{c}=\frac{a}{bc}$

③ $a\times b\div c=a\times b\times\frac{1}{c}=\frac{ab}{c}$

④ $a\div b\times c=a\times\frac{1}{b}\times c=\frac{ac}{b}$

⑤ $a\div(c\div b)=a\div\left(c\times\frac{1}{b}\right)=a\div\frac{c}{b}=a\times\frac{b}{c}=\frac{ab}{c}$

따라서 계산 결과가 같은 것은 ④이다.

03 ② 2시간 a분 ➔ $2\times60+a=120+a$(분)

⑤ 백의 자리의 숫자가 a, 십의 자리의 숫자가 b, 일의 자리의 숫자가 c인 세 자리의 자연수

➔ $100a+10b+c$

따라서 옳지 않은 것은 ⑤이다.

04 ① $-x=-(-3)=3$

② $-x^2=-(-3)^2=-9$

③ $2x=2\times(-3)=-6$

④ $x^2=(-3)^2=9$

⑤ $-4x=-4\times(-3)=12$

따라서 식의 값이 가장 큰 것은 ⑤이다.

Self 코칭
거듭제곱을 포함한 식의 값
- $(-a)^2=(-a)\times(-a)=a^2$
- $-a^2=-(a\times a)$

05 (1) (사다리꼴의 넓이)

$=\frac{1}{2}\times\{$(윗변의 길이)$+$(아랫변의 길이)$\}\times$(높이)

$=\frac{1}{2}\times(x+y)\times h=\frac{1}{2}(x+y)h$(cm²)

(2) $\frac{1}{2}(x+y)h=\frac{1}{2}\times(3+7)\times4$

$=\frac{1}{2}\times10\times4=20$(cm²)

06 전략 코칭

a원의 b % → $\left(a\times\frac{b}{100}\right)$원

미나리 3단의 원래 가격은 $x\times3=3x$(원)

이때 80 %의 가격은 $3x\times\frac{80}{100}=3x\times\frac{4}{5}=\frac{12}{5}x$(원)이므로

어머니가 지불한 금액은 $\frac{12}{5}x$원이다.

07 전략 코칭

분모에 분수를 대입할 때는 $\frac{1}{a}=1\div a$의 꼴로 고친 다음 역수의 곱셈을 이용한다.

$$\frac{1}{a}-\frac{1}{b}+\frac{2}{c}=1\div a-1\div b+2\div c$$
$$=1\div\frac{1}{2}-1\div\frac{1}{3}+2\div\left(-\frac{1}{4}\right)$$
$$=1\times2-1\times3+2\times(-4)$$
$$=2-3-8=-9$$

02 일차식과 수의 곱셈, 나눗셈

84쪽~85쪽

1 (1) $5x$, $-4y$, -7 (2) -7 (3) 5 (4) -4

1-❶ (1) $-x^2$, $6y$, -2 (2) -2 (3) -1 (4) 6

2 (1) 차수 : 1, 일차식이다. (2) 차수 : 0, 일차식이 아니다. (3) 차수 : 2, 일차식이 아니다. (4) 차수 : 1, 일차식이다.

2-❶ (1) ○ (2) × (3) ○ (4) ×

3 (1) $8x$ (2) $-15x$ (3) $-3x$ (4) $12x$

3-❶ (1) $-14x$ (2) $2x$ (3) $-4x$ (4) $16x$

4 (1) $6x+3$ (2) $5x-10$ (3) $2x-5$ (4) $2x+3$ (5) $-3x+4$ (6) $15x-6$

4-❶ (1) $-4x+5$ (2) $-2x+6$ (3) $2x+1$ (4) $x-4$ (5) $-2x+3$ (6) $3x+12$

2-❶ (4) $\frac{1}{y}$은 다항식이 아니므로 일차식이 아니다.

3 (3) $9x\div(-3)=9x\times\left(-\frac{1}{3}\right)=-3x$

(4) $(-8x)\div\left(-\frac{2}{3}\right)=(-8x)\times\left(-\frac{3}{2}\right)=12x$

Self 코칭

계산 결과가 약분이 가능하면 약분한다.

3-❶ (3) $28x\div(-7)=28x\times\left(-\frac{1}{7}\right)$
$=-4x$

(4) $(-12x)\div\left(-\frac{3}{4}\right)=(-12x)\times\left(-\frac{4}{3}\right)$
$=16x$

4 (4) $(14x+21)\div7=(14x+21)\times\frac{1}{7}$
$=2x+3$

(5) $(6x-8)\div(-2)=(6x-8)\times\left(-\frac{1}{2}\right)$
$=-3x+4$

(6) $(5x-2)\div\frac{1}{3}=(5x-2)\times3$
$=15x-6$

4-❶ (4) $(5x-20)\div5=(5x-20)\times\frac{1}{5}$
$=x-4$

(5) $(8x-12)\div(-4)=(8x-12)\times\left(-\frac{1}{4}\right)$
$=-2x+3$

(6) $(2x+8)\div\frac{2}{3}=(2x+8)\times\frac{3}{2}$
$=3x+12$

개념 완성하기

86쪽

01 ④ 02 7 03 ③, ④ 04 ②
05 ⑤ 06 ⑤

01 ④ 차수가 가장 큰 항은 $4x^2$이고 $4x^2$의 차수는 2이므로 $4x^2-5x+7$은 차수가 2인 다항식이다.

02 차수가 가장 큰 항은 $3x^2$이고 $3x^2$의 차수는 2이므로 $3x^2+4x-2$의 차수는 2이다. $\therefore a=2$
x^2의 계수는 3이므로 $b=3$, 상수항은 -2이므로 $c=-2$
$\therefore a+b-c=2+3-(-2)=7$

03 ① 차수가 2이므로 일차식이 아니다.
② 분모에 문자가 있으므로 다항식이 아니다.
다항식이 아니므로 일차식이라고도 할 수 없다.
⑤ $8+0\times x=8$에서 차수가 0이므로 일차식이 아니다.
따라서 일차식인 것은 ③, ④이다.

Self 코칭

$\frac{2}{x}$, $\frac{1}{x}-3$ 등은 분모에 문자가 있으므로 다항식이 아니다.

04 ㄷ. 분모에 문자가 있으므로 다항식이 아니다.
ㄹ. 차수가 2이므로 일차식이 아니다.
ㅁ. $0\times x^2+x=x$이므로 일차식이다.
ㅂ. 차수가 0이므로 일차식이 아니다.
따라서 일차식인 것은 ㄱ, ㄴ, ㅁ이다.

05 ⑤ $(3x-9)\div\left(-\frac{3}{4}\right)=(3x-9)\times\left(-\frac{4}{3}\right)$
$=3x\times\left(-\frac{4}{3}\right)-9\times\left(-\frac{4}{3}\right)$
$=-4x+12$

06 $-2(3x-2)=(-2)\times 3x-(-2)\times 2=-6x+4$

① $\frac{1}{2}(-6x+4)=\frac{1}{2}\times(-6x)+\frac{1}{2}\times 4=-3x+2$

② $(4x+6)\times\left(-\frac{3}{2}\right)=4x\times\left(-\frac{3}{2}\right)+6\times\left(-\frac{3}{2}\right)$
$=-6x-9$

③ $(3x-6)\times\left(-\frac{1}{3}\right)=3x\times\left(-\frac{1}{3}\right)-6\times\left(-\frac{1}{3}\right)$
$=-x+2$

④ $(3x-12)\div(-3)=(3x-12)\times\left(-\frac{1}{3}\right)$
$=3x\times\left(-\frac{1}{3}\right)-12\times\left(-\frac{1}{3}\right)$
$=-x+4$

⑤ $(-9x+6)\div\frac{3}{2}=(-9x+6)\times\frac{2}{3}$
$=(-9x)\times\frac{2}{3}+6\times\frac{2}{3}=-6x+4$

따라서 계산 결과가 같은 것은 ⑤이다.

03 일차식의 덧셈과 뺄셈

88쪽~89쪽

1	(1) ○ (2) × (3) ○ (4) ×
1-❶	(1) × (2) × (3) ○ (4) ○
2	(1) $6x$ (2) $-a$
2-❶	(1) $4y$ (2) $-3b+7$
3	(1) $4x+7$ (2) $-7x+10$
3-❶	(1) $4x-1$ (2) $-2x-7$
4	(1) $\frac{11x-7}{6}$ (2) $\frac{-7x-14}{15}$ (3) $\frac{5x-7}{4}$
4-❶	(1) $\frac{3}{4}x+\frac{1}{12}$ (2) $-\frac{4}{3}x$ (3) $-\frac{5}{3}x+1$

1 (2) x^2과 $2x$는 차수가 다르므로 동류항이 아니다.
(4) $4x$와 $9y$는 문자가 다르므로 동류항이 아니다.

1-❶ (1) $3y$와 $3x$는 문자가 다르므로 동류항이 아니다.
(2) $\frac{1}{a}$은 다항식이 아니므로 $-a$와 $\frac{1}{a}$은 동류항이 아니다.

3 (1) $2(x+4)+(2x-1)=2x+8+2x-1=4x+7$
(2) $(x-2)-4(2x-3)=x-2-8x+12=-7x+10$

3-❶ (1) $(x-7)+3(x+2)=x-7+3x+6=4x-1$
(2) $\frac{1}{2}(2x+4)-3(x+3)=x+2-3x-9=-2x-7$

4 (1) $\frac{3x+1}{2}+\frac{x-5}{3}=\frac{3(3x+1)+2(x-5)}{6}$
$=\frac{9x+3+2x-10}{6}=\frac{11x-7}{6}$

(2) $\frac{x-3}{5}-\frac{2x+1}{3}=\frac{3(x-3)-5(2x+1)}{15}$
$=\frac{3x-9-10x-5}{15}=\frac{-7x-14}{15}$

(3) $x-2+\frac{x+1}{4}=\frac{4(x-2)+x+1}{4}$
$=\frac{4x-8+x+1}{4}=\frac{5x-7}{4}$

4-❶ (1) $\frac{x-1}{4}+\frac{3x+2}{6}=\frac{3(x-1)+2(3x+2)}{12}$
$=\frac{3x-3+6x+4}{12}$
$=\frac{9x+1}{12}=\frac{3}{4}x+\frac{1}{12}$

(2) $\frac{x-3}{6}-\frac{3x-1}{2}=\frac{x-3-3(3x-1)}{6}$
$=\frac{x-3-9x+3}{6}$
$=\frac{-8x}{6}=-\frac{4}{3}x$

(3) $\frac{x-6}{3}-2x+3=\frac{x-6+3(-2x+3)}{3}$
$=\frac{x-6-6x+9}{3}$
$=\frac{-5x+3}{3}=-\frac{5}{3}x+1$

개념 완성하기

90쪽~91쪽

01 ④	02 $3x$와 $\frac{3}{2}x$, $-y$와 $4y$, 5와 -6		
03 ①	04 0	05 ③	06 ⑤
07 $\frac{5x-7}{6}$	08 1	09 ④	10 $x+4$
11 ③	12 $2x-7$	13 ②	14 $6x+3$

01 ① 차수가 다르므로 동류항이 아니다.
② 문자가 다르므로 동류항이 아니다.
③ 문자가 다르므로 동류항이 아니다.
⑤ $\frac{3}{x}$은 다항식이 아니므로 $\frac{3}{x}$과 x는 동류항이 아니다.
따라서 동류항끼리 바르게 짝 지어진 것은 ④이다.

02 문자와 차수가 각각 같은 항을 찾는다.
이때 상수항끼리는 모두 동류항이다.
따라서 동류항은 $3x$와 $\frac{3}{2}x$, $-y$와 $4y$, 5와 -6이다.

03 $3x+2y-4x-5y=-x-3y$이므로 $a=-1$, $b=-3$
$\therefore a+b=-1+(-3)=-4$

04 $x-\frac{2}{3}-3x+\frac{8}{3}=-2x+2$이므로 x의 계수는 -2, 상수항은 2이다.
따라서 구하는 합은 $-2+2=0$

05 ① $(5x-4)+(-2x+3)=3x-1$
② $(3x+5)-(x+8)=3x+5-x-8$
$=2x-3$

④ $(4x+3)-2(3x-2)=4x+3-6x+4$
$=-2x+7$
⑤ $5(x-3)-3(2x-1)=5x-15-6x+3$
$=-x-12$
따라서 옳은 것은 ③이다.

06 $\frac{1}{3}(6x-9y)+\frac{1}{2}(6x+8y)=2x-3y+3x+4y$
$=5x+y$
따라서 $a=5$, $b=1$이므로 $ab=5\times1=5$

07 $\frac{3x-5}{2}-\frac{2x-4}{3}=\frac{3(3x-5)-2(2x-4)}{6}$
$=\frac{9x-15-4x+8}{6}=\frac{5x-7}{6}$

08 $\frac{7x+2}{3}-\frac{x-3}{6}=\frac{2(7x+2)-(x-3)}{6}$
$=\frac{14x+4-x+3}{6}=\frac{13x+7}{6}$
따라서 $a=\frac{13}{6}$, $b=\frac{7}{6}$이므로 $a-b=\frac{13}{6}-\frac{7}{6}=1$

09 $5x-6-\{x-(3x+4)\}=5x-6-(x-3x-4)$
$=5x-6-(-2x-4)$
$=5x-6+2x+4=7x-2$

Self 코칭
괄호 앞에 −가 있으면 괄호 안의 모든 항의 부호를 바꾸어서 괄호를 풀어야 한다.
➜ $-(a+b)=-a-b$, $-(a-b)=-a+b$,
$-(-a+b)=a-b$, $-(-a-b)=a+b$

10 $3x-\{1-(5-2x)\}=3x-(1-5+2x)$
$=3x-(-4+2x)$
$=3x+4-2x=x+4$

11 $2(3x+1)-(\square)=x-2$에서
$\square=2(3x+1)-(x-2)$
$=6x+2-x+2=5x+4$

12 어떤 다항식을 $\square$라 하면
$\square-\frac{3}{2}(2x-6)=-x+2$
$\therefore \square=(-x+2)+\frac{3}{2}(2x-6)$
$=-x+2+3x-9=2x-7$

13 (색칠한 부분의 넓이)
=(큰 직사각형의 넓이)−(작은 직사각형의 넓이)
$=(x+3)\times5-(x-1)\times2$
$=5x+15-2x+2=3x+17$

14 (사다리꼴의 넓이)
$=\frac{1}{2}\times$\{(윗변의 길이)+(아랫변의 길이)\}×(높이)
$=\frac{1}{2}\{(x-1)+(x+2)\}\times6=3(2x+1)=6x+3$

실력 확인하기

92쪽

01 ④ **02** -2 **03** ②, ⑤ **04** $\frac{10}{3}$
05 $4x+9$ **06** ④ **07** $A=-3x+5$, $B=7x$
08 $7x+4$

01 ④ 항은 $-2x^2$, $3x$, -1이다.
⑤ x^2의 계수는 -2, x의 계수는 3이므로
$(-2)+3=1$

02 일차식이 되려면 $(a+2)x^2-5x+7$에서 $a+2=0$이어야 하므로 $a=-2$

Self 코칭
일차식이 되려면 차수가 가장 큰 항의 차수가 1이어야 하므로 x^2의 계수가 0이 되어야 한다.

03 $-4(2x-1)=-8x+4$
① $4(-2x-1)=-8x-4$
② $(4x-2)\times(-2)=-8x+4$
③ $(2x-1)\div(-4)=(2x-1)\times\left(-\frac{1}{4}\right)=-\frac{1}{2}x+\frac{1}{4}$
④ $(-8x+4)\div2=(-8x+4)\times\frac{1}{2}=-4x+2$
⑤ $(-4x+2)\div\frac{1}{2}=(-4x+2)\times2=-8x+4$
따라서 계산 결과가 같은 것은 ②, ⑤이다.

04 $\frac{3(x-5)}{4}-\frac{2x-5}{6}=\frac{9(x-5)-2(2x-5)}{12}$
$=\frac{9x-45-4x+10}{12}=\frac{5x-35}{12}$
따라서 $a=\frac{5}{12}$, $b=-\frac{35}{12}$이므로
$a-b=\frac{5}{12}-\left(-\frac{35}{12}\right)=\frac{40}{12}=\frac{10}{3}$

05 $3x-2-\{3(x-3)-2(2x+1)\}$
$=3x-2-(3x-9-4x-2)=3x-2-(-x-11)$
$=3x-2+x+11=4x+9$

06 $3A-2B=3(2x-y+5)-2(-3x+2y-3)$
$=6x-3y+15+6x-4y+6=12x-7y+21$

07
전략 코칭
주어진 표에서 먼저 세 식의 합을 구할 수 있는 부분을 찾는다.

대각선에 놓인 세 식의 합을 구하면
$(x+3)+(3x+2)+(5x+1)=9x+6$이므로
$(x+3)+(11x-2)+A=9x+6$에서
$12x+1+A=9x+6$
$\therefore A=(9x+6)-(12x+1)=9x+6-12x-1=-3x+5$
또, $A+B+(5x+1)=9x+6$이므로
$(-3x+5)+B+(5x+1)=9x+6$에서

$2x+6+B=9x+6$

$\therefore B=(9x+6)-(2x+6)=9x+6-2x-6=7x$

08 전략 코칭

❶ 어떤 다항식을 A로 놓고 조건에 따라 식을 세운다.
❷ A를 구한다.
❸ 바르게 계산한 식을 구한다.

어떤 다항식을 A라 하면

$A-(2x+3)=3x-2$

$\therefore A=(3x-2)+(2x+3)=5x+1$

따라서 어떤 다항식은 $5x+1$이므로 바르게 계산하면

$(5x+1)+(2x+3)=7x+4$

실전! 중단원 마무리

93쪽~95쪽

01 ⑤	02 ②	03 $\frac{2x+y}{3}$점	04 ①
05 ④	06 8	07 1 ℃	08 ③
09 ①, ⑤	10 ③	11 13	
12 $(8x+20)\ \text{cm}^2$		13 ④	14 ⑤
15 -4	16 5	17 ③	18 $\frac{9x-11}{10}$
19 ①	20 $(16x+48)\ \text{cm}^2$		21 영호

01 ④ $\frac{x}{y}\div z=\frac{x}{y}\times\frac{1}{z}=\frac{x}{yz}$

⑤ $x+y\div z=x+y\times\frac{1}{z}=x+\frac{y}{z}$

따라서 옳지 않은 것은 ⑤이다.

02 ② $10x+y$

03 남학생의 총점은 $20x$점, 여학생의 총점은 $10y$점이므로

$(\text{전체 평균})=\frac{20x+10y}{20+10}=\frac{20x+10y}{30}=\frac{2x+y}{3}(\text{점})$

04 ① $2x=2\times(-2)=-4$

② $x^2=(-2)^2=4$

③ $(-x)^2=\{-(-2)\}^2=2^2=4$

④ $-\frac{x^3}{2}=-\frac{(-2)^3}{2}=-\frac{-8}{2}=4$

⑤ $2-x=2-(-2)=4$

따라서 나머지 넷과 다른 하나는 ①이다.

05 ① $-3x=-3\times\left(-\frac{1}{3}\right)=1$

② $2x^2=2\times\left(-\frac{1}{3}\right)^2=\frac{2}{9}$

③ $3x=3\times\left(-\frac{1}{3}\right)=-1$

④ $\frac{1}{x}=1\div x=1\div\left(-\frac{1}{3}\right)=1\times(-3)=-3$

⑤ $3x-1=3\times\left(-\frac{1}{3}\right)-1=-2$

따라서 식의 값이 가장 작은 것은 ④이다.

06 $\frac{2}{x}-\frac{1}{y}=2\div x-1\div y=2\div\frac{1}{2}-1\div\left(-\frac{1}{4}\right)$

$=2\times2-1\times(-4)=4+4=8$

07 $25-6x$에 $x=4$를 대입하면

$25-6\times4=25-24=1$

따라서 지면으로부터 높이가 4 km인 곳의 기온은 1 ℃이다.

08 ① $2x+3$의 항은 $2x$, 3의 2개이다.

② 분모에 문자가 있는 식은 다항식이 아니므로 일차식이 아니다.

④ $\frac{x}{5}-4$에서 x의 계수는 $\frac{1}{5}$이다.

⑤ $3x^2+2x-2$에서 상수항은 -2이다.

따라서 옳은 것은 ③이다.

09 ② $2(x+1)-2x=2x+2-2x=2$ → 차수 : 0

③ 다항식이 아니므로 일차식이 아니다.

④ $0.1y^2-0.2y+0.3$ → 차수 : 2

따라서 일차식인 것은 ①, ⑤이다.

10 ③ $-\frac{3}{2}(4x+8)=-6x-12$

④ $15x\div\left(-\frac{3}{2}\right)=15x\times\left(-\frac{2}{3}\right)=-10x$

⑤ $(12x-8)\div\frac{4}{3}=(12x-8)\times\frac{3}{4}=9x-6$

따라서 옳지 않은 것은 ③이다.

11 $(-6x+24)\times\left(-\frac{2}{3}\right)=4x-16$이므로 $a=4$

$(14x-21)\div\frac{7}{3}=(14x-21)\times\frac{3}{7}=6x-9$이므로 $b=-9$

$\therefore a-b=4-(-9)=13$

12 밑변의 길이가 $(5+2x)$ cm, 높이가 8 cm인 삼각형이므로

$(\text{삼각형의 넓이})=\frac{1}{2}\times(5+2x)\times8$

$=4(5+2x)=8x+20(\text{cm}^2)$

13 ⑤ $x^2y=x\times x\times y$, $xy^2=x\times y\times y$

에서 곱해진 문자의 차수가 다르므로 동류항이 아니다.

따라서 바르게 짝 지어진 것은 ④이다.

14 ① $x+1-3x=-2x+1$

② $(4x-1)+(2-6x)=-2x+1$

③ $2(x-1)-4x+3=2x-2-4x+3=-2x+1$

④ $(5x-3)-(7x-4)=5x-3-7x+4=-2x+1$

⑤ $3(2x+5)-4(2x+3)=6x+15-8x-12=-2x+3$

따라서 나머지 넷과 다른 하나는 ⑤이다.

15 $2(3a-2b)-(11a-5b)=6a-4b-11a+5b=-5a+b$

따라서 a의 계수는 -5, b의 계수는 1이므로 구하는 합은

$-5+1=-4$

16 $2(ax+3)-6x+b=2ax+6-6x+b$

$=(2a-6)x+6+b$

즉, $2a-6=-2$이므로 $2a=4$ $\quad\therefore a=2$

$6+b=3$이므로 $b=-3$

$\therefore |b-a|=|-3-2|=|-5|=5$

17 $2x-\{x+3(-2x+2)\}=2x-(x-6x+6)$

$=2x-(-5x+6)$

$=2x+5x-6=7x-6$

18 $\dfrac{-x+1}{2}+\square=\dfrac{2x-3}{5}$에서

$\square=\dfrac{2x-3}{5}-\dfrac{-x+1}{2}$

$=\dfrac{2(2x-3)-5(-x+1)}{10}$

$=\dfrac{4x-6+5x-5}{10}=\dfrac{9x-11}{10}$

19 $3A-2B-(2A-4B)=3A-2B-2A+4B=A+2B$

이므로

$A+2B=(3x-2y)+2(-x-y)$

$=3x-2y-2x-2y=x-4y$

20 (색칠한 부분의 넓이)

=(정사각형의 넓이)−(직사각형의 넓이)

$=12\times12-8(12-2x)$

$=144-96+16x=16x+48(\text{cm}^2)$

21 160 cm=1.6 m, 150 cm=1.5 m이다.

영호의 체질량 지수 : $\dfrac{y}{x^2}$에 $x=1.6$, $y=60$을 대입하면

$\dfrac{60}{1.6^2}=\dfrac{60}{2.56}=23.4375(\text{kg/m}^2)$

미란이의 체질량 지수 : $\dfrac{y}{x^2}$에 $x=1.5$, $y=50$을 대입하면

$\dfrac{50}{1.5^2}=\dfrac{50}{2.25}=22.222\cdots(\text{kg/m}^2)$

따라서 영호의 체질량 지수가 더 높다.

서술형 문제

96쪽

01 $8x+17$ **01-1** $10x$ **02** $(300-80x)$ km
03 3 **04** (1) $3n+1$ (2) 25

01 채점 기준 **1** 어떤 다항식 구하기 ⋯ 3점

어떤 다항식을 A라 하면

$A+(2x-7)=12x+3$

$\therefore A=(12x+3)-(2x-7)=12x+3-2x+7$

$=10x+10$

채점 기준 **2** 바르게 계산한 식 구하기 ⋯ 3점

바르게 계산하면

$(10x+10)-(2x-7)=10x+10-2x+7$

$=8x+17$

01-1 채점 기준 **1** 어떤 다항식 구하기 ⋯ 3점

어떤 다항식을 A라 하면

$3x+5+A=-4x+10$

$\therefore A=(-4x+10)-(3x+5)$

$=-4x+10-3x-5$

$=-7x+5$

채점 기준 **2** 바르게 계산한 식 구하기 ⋯ 3점

바르게 계산하면

$(3x+5)-(-7x+5)=3x+5+7x-5$

$=10x$

02 시속 80 km로 x시간 동안 자동차를 타고 간 거리는

$80\times x=80x(\text{km})$ ⋯⋯ ❶

따라서 남은 거리는 $(300-80x)$ km이다. ⋯⋯ ❷

채점 기준	배점
❶ x시간 동안 간 거리를 문자를 사용한 식으로 나타내기	3점
❷ 남은 거리를 문자를 사용한 식으로 나타내기	2점

03 $\dfrac{2x-4}{3}-\dfrac{5x-3}{6}+\dfrac{3x+5}{2}$

$=\dfrac{2(2x-4)-(5x-3)+3(3x+5)}{6}$

$=\dfrac{4x-8-5x+3+9x+15}{6}$

$=\dfrac{8x+10}{6}$

$=\dfrac{4}{3}x+\dfrac{5}{3}$ ⋯⋯ ❶

따라서 $a=\dfrac{4}{3}$, $b=\dfrac{5}{3}$이므로 ⋯⋯ ❷

$a+b=\dfrac{4}{3}+\dfrac{5}{3}=3$ ⋯⋯ ❸

채점 기준	배점
❶ 주어진 식을 계산하기	4점
❷ a, b의 값을 각각 구하기	2점
❸ $a+b$의 값 구하기	1점

04 (1) 정사각형을 만드는 데 필요한 성냥개비의 개수는 다음과 같다.

정사각형 1개 : 4

정사각형 2개 : 4+3

정사각형 3개 : $4+3\times2$

정사각형 4개 : $4+3\times3$

⋮

따라서 정사각형 n개를 만드는 데 필요한 성냥개비의 개수는

$4+3(n-1)=3n+1$ ⋯⋯ ❶

(2) 정사각형 8개를 만드는 데 필요한 성냥개비의 개수는

$3\times8+1=25$ ⋯⋯ ❷

채점 기준	배점
❶ 정사각형 n개를 만드는 데 필요한 성냥개비의 개수를 문자를 사용한 식으로 나타내기	4점
❷ 정사각형 8개를 만드는 데 필요한 성냥개비의 개수 구하기	3점

2 일차방정식

방정식과 그 해

98쪽~99쪽

1 (1) 등식이 아니다.
(2) 등식이다. / 좌변 : $3x-1$, 우변 : 4
(3) 등식이 아니다.
(4) 등식이다. / 좌변 : $2x+5$, 우변 : $6-4x$

1-❶ (1) ○ (2) × (3) ○ (4) ×

2 (1) × (2) ○ (3) × (4) ○

2-❶ (1) × (2) ○ (3) ○ (4) ×

3 (1) × (2) ○ (3) ×

3-❶ (1) $x=0$ (2) $x=-1$ (3) $x=1$

4 1, 1, -4, 2, -4, -2 /
㉠ 등식의 양변에서 같은 수를 빼어도 등식은 성립한다.
㉡ 등식의 양변을 0이 아닌 같은 수로 나누어도 등식은 성립한다.

4-❶ 2, 2, 6, 3, 3, 18 /
㉠ 등식의 양변에 같은 수를 더하여도 등식은 성립한다.
㉡ 등식의 양변에 같은 수를 곱하여도 등식은 성립한다.

1-❶ (1), (3) 등호를 사용하여 나타내었으므로 등식이다.

2 (2) (좌변)$=4x$이므로 (좌변)$=$(우변)
따라서 항등식이다.
(4) (우변)$=2x-1$이므로 (좌변)$=$(우변)
따라서 항등식이다.

Self 코칭
항등식이 될 조건 ➜ (좌변)$=$(우변)

2-❶ (2) (우변)$=2x-1$이므로 (좌변)$=$(우변)
따라서 항등식이다.
(3) (좌변)$=3x-6$이므로 (좌변)$=$(우변)
따라서 항등식이다.

3 (1) $x=-2$를 대입하면 $-2+3\neq5$
따라서 $x=-2$는 주어진 방정식의 해가 아니다.
(2) $x=2$를 대입하면 $2\times2+1=5$
따라서 $x=2$는 주어진 방정식의 해이다.
(3) $x=3$을 대입하면 $4-3\times3\neq1$
따라서 $x=3$은 주어진 방정식의 해가 아니다.

3-❶ (1) $x=-1$일 때, $1\neq-1+1$
$x=0$일 때, $1=0+1$
$x=1$일 때, $1\neq1+1$
따라서 주어진 방정식의 해는 $x=0$이다.
(2) $x=-1$일 때, $2\times(-1)-3=-5$
$x=0$일 때, $2\times0-3\neq-5$
$x=1$일 때, $2\times1-3\neq-5$
따라서 주어진 방정식의 해는 $x=-1$이다.
(3) $x=-1$일 때, $3\times(-1)+4\neq7$
$x=0$일 때, $3\times0+4\neq7$
$x=1$일 때, $3\times1+4=7$
따라서 주어진 방정식의 해는 $x=1$이다.

개념 완성하기

100쪽~101쪽

01 ⑤	02 ③	03 ④	04 ④
05 ⑤	06 ③	07 -2	
08 $a=3$, $b=-4$		09 ②	10 ②, ⑤
11 (1) ㄱ, ㄹ (2) ㄴ, ㄷ		12 ②	

01 ① $3x=x+6$
② $\frac{x}{5}=800$
③ $125-20x=5$
④ (시간)$=\frac{(거리)}{(속력)}$이므로 x km의 거리를 시속 30 km로 가는 데 걸린 시간은 $\frac{x}{30}$시간이다. ➜ $\frac{x}{30}=2$
따라서 옳은 것은 ⑤이다.

02 ③ (거리)$=$(속력)$\times$(시간)이므로 시속 20 km로 x시간 동안 이동한 거리는 $20x$ km이다. ➜ $20x=80$

03 등식은 ②, ④이고, 이 중 방정식은 ④이다.

04 x의 값에 관계없이 항상 참인 등식은 x에 대한 항등식이다.
①, ②, ③, ⑤ 방정식
④ (좌변)$=2x-6$에서 (좌변)$=$(우변)이므로 항등식이다.

Self 코칭
x의 값에 관계없이 항상 등식이 성립
➜ 모든 x의 값에 대하여 참인 등식
➜ x에 대한 항등식

05 주어진 방정식에 $x=2$를 각각 대입하면
① $2-3\neq0$
② $2\times2+1\neq6$
③ $2\times2-3\neq2-2$
④ $2-5\neq-2+3$
⑤ $4\times2-5=2+1$
따라서 해가 $x=2$인 방정식은 ⑤이다.

06 ① $x=-2$를 대입하면 $-2-3\neq2\times(-2)$
② $x=-1$을 대입하면 $2\times(-1)+1\neq3$
③ $x=1$을 대입하면 $3\times1-4=-1$
④ $x=2$를 대입하면 $6-4\times2\neq-2\times2$
⑤ $x=3$을 대입하면 $3+5\neq4\times3-1$
따라서 [ ] 안의 수가 주어진 방정식의 해인 것은 ③이다.

07 $-2(x-2)=4+ax$에서 $-2x+4=4+ax$
항등식은 (좌변)$=$(우변)이므로 $a=-2$

08 항등식은 (좌변)=(우변)이므로 $a=3$, $b=-4$

09 ② $c=0$이면 $ac=bc$이지만 $a\neq b$일 수 있으므로 등식이 성립하려면 $c\neq 0$의 조건이 있어야 한다.

⑤ $\frac{a}{2}=\frac{b}{4}$의 양변에 4를 곱하면 $2a=b$이다.

따라서 옳지 않은 것은 ②이다.

10 ② $x=y$의 양변에서 7을 빼면 $x-7=y-7$

⑤ $x=y$의 양변에 2를 곱하면 $2x=2y$

$2x=2y$의 양변에 5를 더하면 $2x+5=2y+5$

11 (1) $3x-1=5$의 양변에 1을 더하면 (ㄱ)

$3x-1+1=5+1$, $3x=6$

$3x=6$의 양변을 3으로 나누면 (ㄹ)

$\frac{3x}{3}=\frac{6}{3}$, $x=2$

(2) $\frac{1}{2}x+3=1$의 양변에서 3을 빼면 (ㄴ)

$\frac{1}{2}x+3-3=1-3$, $\frac{1}{2}x=-2$

$\frac{1}{2}x=-2$의 양변에 2를 곱하면 (ㄷ)

$\frac{1}{2}x\times 2=-2\times 2$, $x=-4$

12 $-2x+3=7$의 양변에서 3을 빼면 $-2x=4$

$-2x=4$의 양변을 -2로 나누면 $x=-2$

따라서 해를 구하는 순서로 옳은 것은 ②이다.

실력 확인하기

102쪽

01 $2x-1=3(x-3)$	**02** 3개	**03** ③
04 ⑤	**05** ⑤	**06** ①, ④	**07** △

02 방정식은 ㄱ, ㄴ, ㄹ의 3개이다.

03 ① $x=4$를 대입하면 $\frac{1}{4}\times 4-2\neq 1$

② $x=-2$를 대입하면 $3\times(-2)-4\neq -2-6$

③ $x=-1$을 대입하면 $1-(-1)=3+(-1)$

④ $x=1$을 대입하면 $5\times(1+1)-3\neq 3\times 1$

⑤ $x=2$를 대입하면 $2\times(2+1)\neq -2+7$

따라서 [ ] 안의 수가 주어진 방정식의 해인 것은 ③이다.

04 항등식은 (좌변)=(우변)이므로 $a=-3$, $b=5$

$\therefore a+b=-3+5=2$

05 ① $x=y$의 양변에 2를 더하면 $x+2=y+2$

② $x-3=y-3$의 양변에 3을 더하면 $x=y$

③ $x+1=y+1$의 양변에서 1을 빼면 $x=y$

$x=y$의 양변에 4를 곱하면 $4x=4y$

④ $x=2y$의 양변을 2로 나누면 $\frac{x}{2}=y$

⑤ $\frac{x}{2}=\frac{y}{5}$의 양변에 10을 곱하면 $5x=2y$

따라서 옳지 않은 것은 ⑤이다.

06 $2x-6=4$의 양변에 6을 더하면 $2x=10$

$2x=10$의 양변을 2로 나누면 $x=5$

따라서 이용된 등식의 성질은 ①, ④이다.

07 전략 코칭

등식의 양변에 같은 수를 더하거나 빼어도 등식은 성립한다는 성질을 이용한다.

첫 번째의 양쪽 접시 [■△]=[●] 위에 ■ 모양을 올리면

[■■△]=[●■]

이때 두 번째의 양쪽 접시에서 [■■]=[●△]이므로

[●△△]=[●■]

즉, [△△]=[■]이므로 세 번째의 양쪽 접시에서

[△△△]=[■△]이다.

따라서 ㈎에 올려놓은 것은 △ 모양이다.

02 일차방정식의 풀이

104쪽~106쪽

1 (1) $x=1+5$ (2) $3x=6-2$
(3) $2x+4x=1$ (4) $x-3x=4+2$

1-❶ (1) $4x=1+3$ (2) $-x=2-6$
(3) $-2x-3x=1$ (4) $2x+4x=9-3$

2 (1) ○ (2) × (3) ○ (4) ○ (5) ×

2-❶ (1) ○ (2) × (3) ○ (4) × (5) ○

3 (1) $x=3$ (2) $x=2$ (3) $x=-4$ (4) $x=1$

3-❶ (1) $x=7$ (2) $x=-1$ (3) $x=-2$ (4) $x=2$

4 (1) $x=2$ (2) $x=4$ (3) $x=3$ (4) $x=-6$

4-❶ (1) $x=-4$ (2) $x=4$ (3) $x=3$ (4) $x=1$

5 (1) $x=2$ (2) $x=-1$

5-❶ (1) $x=-3$ (2) $x=2$

6 (1) $x=-3$ (2) $x=\frac{1}{6}$

6-❶ (1) $x=10$ (2) $x=5$

2 우변의 항을 좌변으로 이항하면

(1) $x+1=3$에서 $x-2=0$이므로 일차방정식이다.

(2) $2x-1=2x+5$에서 $-6=0$이므로 일차방정식이 아니다.

(3) $3x-1=2-3x$에서 $6x-3=0$이므로 일차방정식이다.

(4) $2(x-3)=3x-6$에서

$2x-6=3x-6$, $-x=0$이므로 일차방정식이다.

(5) $x(x+1)=3(x-2)$에서

$x^2+x=3x-6$, $x^2-2x+6=0$이므로 일차방정식이 아니다.

2-❶ 우변의 항을 좌변으로 이항하면

(1) $3x-2=x+5$에서 $2x-7=0$이므로 일차방정식이다.

(2) $x-5=3+x$에서 $-8=0$이므로 일차방정식이 아니다.

(3) $x^2+5=x(x-2)$에서
$x^2+5=x^2-2x$, $2x+5=0$이므로 일차방정식이다.

(4) $-4x+6=x^2-4x$에서 $-x^2+6=0$이므로 일차방정식이 아니다.

(5) $\frac{x+2}{3}=1$에서
$\frac{1}{3}x+\frac{2}{3}=1$, $\frac{1}{3}x-\frac{1}{3}=0$이므로 일차방정식이다.

3 (1) $3x-1=8$에서 $3x=8+1$, $3x=9$ $\quad\therefore x=3$

(2) $2x=8-2x$에서 $2x+2x=8$, $4x=8$ $\quad\therefore x=2$

(3) $x+1=2x+5$에서 $x-2x=5-1$
$-x=4$ $\quad\therefore x=-4$

(4) $4-2x=6-4x$에서 $-2x+4x=6-4$
$2x=2$ $\quad\therefore x=1$

3-❶ (1) $x-5=2$에서 $x=2+5=7$

(2) $4x=x-3$에서 $4x-x=-3$, $3x=-3$ $\quad\therefore x=-1$

(3) $x+4=-3x-4$에서 $x+3x=-4-4$
$4x=-8$ $\quad\therefore x=-2$

(4) $5x-7=-x+5$에서 $5x+x=5+7$
$6x=12$ $\quad\therefore x=2$

4 (1) $2(3x-2)=8$에서 괄호를 풀면
$6x-4=8$, $6x=8+4$, $6x=12$ $\quad\therefore x=2$

(2) $x+2=3(x-2)$에서 괄호를 풀면
$x+2=3x-6$, $x-3x=-6-2$, $-2x=-8$ $\quad\therefore x=4$

(3) $2(x-3)+1=4-x$에서 괄호를 풀면
$2x-6+1=4-x$, $2x-5=4-x$
$2x+x=4+5$, $3x=9$ $\quad\therefore x=3$

(4) $7(x+1)=5(x-1)$에서 괄호를 풀면
$7x+7=5x-5$, $7x-5x=-5-7$
$2x=-12$ $\quad\therefore x=-6$

4-❶ (1) $3(x+2)=-6$에서 괄호를 풀면
$3x+6=-6$, $3x=-6-6$, $3x=-12$ $\quad\therefore x=-4$

(2) $2(3x-5)-1=13$에서 괄호를 풀면
$6x-10-1=13$, $6x-11=13$
$6x=13+11$, $6x=24$ $\quad\therefore x=4$

(3) $2x-3=-3(x-4)$에서 괄호를 풀면
$2x-3=-3x+12$, $2x+3x=12+3$
$5x=15$ $\quad\therefore x=3$

(4) $5(x+1)=2(x+4)$에서 괄호를 풀면
$5x+5=2x+8$, $5x-2x=8-5$, $3x=3$ $\quad\therefore x=1$

5 (1) $0.2x-3=-1.3x$의 양변에 10을 곱하면
$2x-30=-13x$, $15x=30$ $\quad\therefore x=2$

(2) $0.08x+0.15=0.03x+0.1$의 양변에 100을 곱하면
$8x+15=3x+10$, $5x=-5$ $\quad\therefore x=-1$

5-❶ (1) $0.4x-0.4=1.2x+2$의 양변에 10을 곱하면
$4x-4=12x+20$, $-8x=24$ $\quad\therefore x=-3$

(2) $0.15(x-4)=-0.25x+0.2$의 양변에 100을 곱하면
$15(x-4)=-25x+20$
$15x-60=-25x+20$, $40x=80$ $\quad\therefore x=2$

6 (1) $\frac{1}{3}x-1=\frac{x-1}{2}$의 양변에 6을 곱하면
$2x-6=3(x-1)$, $2x-6=3x-3$
$-x=3$ $\quad\therefore x=-3$

(2) $2x-\frac{1}{2}(x-1)=\frac{3}{4}$의 양변에 4를 곱하면
$8x-2(x-1)=3$, $8x-2x+2=3$
$6x=1$ $\quad\therefore x=\frac{1}{6}$

6-❶ (1) $\frac{1}{2}x-2=\frac{2}{5}x-1$의 양변에 10을 곱하면
$5x-20=4x-10$ $\quad\therefore x=10$

(2) $\frac{1}{3}(x+2)-\frac{x-4}{4}=\frac{5}{12}x$의 양변에 12를 곱하면
$4(x+2)-3(x-4)=5x$, $4x+8-3x+12=5x$
$x+20=5x$, $-4x=-20$ $\quad\therefore x=5$

개념 완성하기

107쪽~108쪽

01 ②	**02** ④	**03** ⑤	**04** ①
05 7	**06** 1	**07** ②	**08** $x=6$
09 ③	**10** 8	**11** -8	**12** 3
13 ③	**14** -4		

01 ①, ③ 등식이 아니므로 일차방정식이 아니다.
② $3x+7=x-3$에서 $2x+10=0$이므로 일차방정식이다.
④ $2+x=x$에서 $2=0$이므로 일차방정식이 아니다.
따라서 일차방정식인 것은 ②이다.

02 ㄱ. 등식이 아니므로 일차방정식이 아니다.
ㄴ. $2x=2x-6$에서 $6=0$이므로 일차방정식이 아니다.
ㄷ. $2(1-x)=2(x-1)$에서 $2-2x=2x-2$
$-4x+4=0$이므로 일차방정식이다.
ㄹ. $x^2+2=x-4$에서 $x^2-x+6=0$이므로 일차방정식이 아니다.
ㅁ. $x(x-3)=x^2+x$에서
$x^2-3x=x^2+x$, $-4x=0$이므로 일차방정식이다.
ㅂ. 등식이 아니므로 일차방정식이 아니다.
따라서 일차방정식인 것은 ㄷ, ㅁ이다.

03 ① $3x-5=-8$에서 $3x=-3$ $\quad\therefore x=-1$
② $x+2=2x+3$에서 $-x=1$ $\quad\therefore x=-1$
③ $2x-1=7x+4$에서 $-5x=5$ $\quad\therefore x=-1$
④ $3(x-2)=2x-7$에서 $3x-6=2x-7$ $\quad\therefore x=-1$

⑤ $5(x-1)=2(x+2)$에서 $5x-5=2x+4$

$3x=9 \quad \therefore x=3$

따라서 해가 나머지 넷과 다른 하나는 ⑤이다.

04 ① $6x-12=4x$에서 $2x=12 \quad \therefore x=6$

② $2x+3=3x+4$에서 $-x=1 \quad \therefore x=-1$

③ $10-x=2x+1$에서 $-3x=-9 \quad \therefore x=3$

④ $4x-7=-3(5-2x)$에서 $4x-7=-15+6x$

$-2x=-8 \quad \therefore x=4$

⑤ $5(x-1)=3(9-x)$에서 $5x-5=27-3x$

$8x=32 \quad \therefore x=4$

따라서 해가 가장 큰 것은 ①이다.

05 $0.2x+5=0.5(x+3)+2$의 양변에 10을 곱하면

$2x+50=5(x+3)+20$, $2x+50=5x+15+20$

$-3x=-15 \quad \therefore x=5$

$\frac{1}{2}(x-2)=\frac{1}{3}-\frac{1}{6}x$의 양변에 6을 곱하면

$3(x-2)=2-x$, $3x-6=2-x$

$4x=8 \quad \therefore x=2$

따라서 $a=5$, $b=2$이므로 $a+b=5+2=7$

06 $0.4x=-0.2(x+3)$의 양변에 10을 곱하면

$4x=-2(x+3)$, $4x=-2x-6$

$6x=-6 \quad \therefore x=-1$

$\frac{1}{15}(x+4)=\frac{1}{10}(x+2)$의 양변에 30을 곱하면

$2(x+4)=3(x+2)$, $2x+8=3x+6$

$-x=-2 \quad \therefore x=2$

따라서 $a=-1$, $b=2$이므로 $a+b=-1+2=1$

07 $0.3x-\frac{3}{2}=0.6x+\frac{3}{5}$에서

소수를 분수로 고치면 $\frac{3}{10}x-\frac{3}{2}=\frac{3}{5}x+\frac{3}{5}$

양변에 10을 곱하면 $3x-15=6x+6$

$-3x=21 \quad \therefore x=-7$

Self 코칭

계수에 소수와 분수가 함께 나오는 경우에는 소수를 분수로 고친 후 양변에 분모의 최소공배수를 곱한다.

08 $\frac{2}{3}x+1=0.5(x+1)+1.5$에서

소수를 분수로 고치면 $\frac{2}{3}x+1=\frac{1}{2}(x+1)+\frac{3}{2}$

양변에 6을 곱하면 $4x+6=3(x+1)+9$

$4x+6=3x+3+9 \quad \therefore x=6$

09 내항의 곱과 외항의 곱은 같으므로

$5x-4=2(6x+5)$, $5x-4=12x+10$

$-7x=14 \quad \therefore x=-2$

Self 코칭

$a : b=c : d$이면 $bc=ad$

10 내항의 곱과 외항의 곱은 같으므로

$3(2x-4)=4(x+1)$, $6x-12=4x+4$

$2x=16 \quad \therefore x=8$

11 $5x-a=2(x+1)$에 $x=-2$를 대입하면

$-10-a=-2$, $-a=8 \quad \therefore a=-8$

Self 코칭

일차방정식의 해가 $x=\square$이다.

➜ $x=\square$를 방정식에 대입하면 등식이 성립한다.

12 $\frac{2}{3}x+2=\frac{1}{2}x+a$에 $x=6$을 대입하면

$4+2=3+a \quad \therefore a=3$

13 $4x+6=x+12$를 풀면

$3x=6 \quad \therefore x=2$

$x=2$를 $2x-a=-3$에 대입하면

$4-a=-3$, $-a=-7 \quad \therefore a=7$

Self 코칭

두 방정식의 해가 같다.

➜ 한 방정식의 해를 다른 방정식에 대입하면 등식이 성립한다.

14 $2(x+2)=x+1$을 풀면

$2x+4=x+1 \quad \therefore x=-3$

$x=-3$을 $3(x+2)=5(a-x)+2$에 대입하면

$-3=5(a+3)+2$, $-3=5a+15+2$

$-5a=20 \quad \therefore a=-4$

03 일차방정식의 활용

110쪽~112쪽

1	(1) $3x-4=5$ (2) 3
1-❶	(1) $4x-5=2x+7$ (2) 6
2	(1) $(x-2)+x+(x+2)=30$ (2) 8, 10, 12
2-❶	(1) $(x-1)+x+(x+1)=48$ (2) 15, 16, 17
3	(1) $39+x=3(9+x)$ (2) 6년 후
3-❶	(1) $52-x=4(16-x)$ (2) 4년 전
4	(1) $2\times\{(2x+2)+x\}=40$ (2) 6 cm
4-❶	(1) $\frac{1}{2}\times\{x+(x+4)\}\times5=25$ (2) 3 cm
5	(1) 표는 풀이 참조, $\frac{x}{2}+\frac{x+4}{4}=4$ (2) 4 km
5-❶	(1) 표는 풀이 참조, $\frac{x}{8}-\frac{x}{10}=\frac{1}{2}$ (2) 20 km
6	(1) 표는 풀이 참조, $100x+150x=2500$ (2) 10분 후
6-❶	(1) 표는 풀이 참조, $80x+120x=4000$ (2) 20분 후

1 (2) $3x-4=5$에서 $3x=9 \quad \therefore x=3$

따라서 어떤 수는 3이다.

1-❶ (2) $4x-5=2x+7$에서

$2x=12$ $\quad\therefore x=6$

따라서 어떤 수는 6이다.

2 (1) 연속하는 세 짝수는 $x-2$, x, $x+2$이므로

방정식을 세우면 $(x-2)+x+(x+2)=30$

(2) $(x-2)+x+(x+2)=30$에서

$3x=30$ $\quad\therefore x=10$

따라서 연속하는 세 짝수는 8, 10, 12이다.

2-❶ (1) 연속하는 세 정수는 $x-1$, x, $x+1$이므로

방정식을 세우면 $(x-1)+x+(x+1)=48$

(2) $(x-1)+x+(x+1)=48$에서

$3x=48$ $\quad\therefore x=16$

따라서 연속하는 세 정수는 15, 16, 17이다.

3 (1) x년 후의 어머니의 나이는 $(39+x)$살, 딸의 나이는 $(9+x)$살이므로 방정식을 세우면 $39+x=3(9+x)$

(2) $39+x=3(9+x)$에서

$39+x=27+3x$, $-2x=-12$ $\quad\therefore x=6$

따라서 어머니의 나이가 딸의 나이의 3배가 되는 것은 6년 후이다.

3-❶ (1) x년 전의 아버지의 나이는 $(52-x)$살, 아들의 나이는 $(16-x)$살이므로 방정식을 세우면 $52-x=4(16-x)$

(2) $52-x=4(16-x)$에서

$52-x=64-4x$, $3x=12$ $\quad\therefore x=4$

따라서 아버지의 나이가 아들의 나이의 4배가 된 것은 4년 전이다.

4 (1) 가로의 길이는 $(2x+2)$ cm이므로 방정식을 세우면

$2\times\{(2x+2)+x\}=40$

(2) $2\times\{(2x+2)+x\}=40$에서

$2(3x+2)=40$, $6x+4=40$, $6x=36$ $\quad\therefore x=6$

따라서 직사각형의 세로의 길이는 6 cm이다.

4-❶ (1) 아랫변의 길이는 $(x+4)$ cm이므로 방정식을 세우면

$\frac{1}{2}\times\{x+(x+4)\}\times5=25$

(2) $\frac{1}{2}\times\{x+(x+4)\}\times5=25$에서 $\frac{5}{2}(2x+4)=25$

$5x+10=25$, $5x=15$ $\quad\therefore x=3$

따라서 사다리꼴의 윗변의 길이는 3 cm이다.

Self 코칭

(사다리꼴의 넓이)

$=\frac{1}{2}\times\{$(윗변의 길이)$+$(아랫변의 길이)$\}\times$(높이)

5 (1)

	거리(km)	속력(km/h)	시간(시간)
올라갈 때	x	2	$\frac{x}{2}$
내려올 때	$x+4$	4	$\frac{x+4}{4}$

올라갈 때와 내려올 때 걸린 시간의 합이 4시간이므로

방정식을 세우면 $\frac{x}{2}+\frac{x+4}{4}=4$

(2) $\frac{x}{2}+\frac{x+4}{4}=4$에서 $2x+(x+4)=16$

$3x=12$ $\quad\therefore x=4$

따라서 올라간 거리는 4 km이다.

5-❶ (1)

	거리(km)	속력(km/h)	시간(시간)
갈 때	x	8	$\frac{x}{8}$
올 때	x	10	$\frac{x}{10}$

(갈 때 걸린 시간)$-$(올 때 걸린 시간)$=\frac{1}{2}$(시간)이므로

방정식을 세우면 $\frac{x}{8}-\frac{x}{10}=\frac{1}{2}$

(2) $\frac{x}{8}-\frac{x}{10}=\frac{1}{2}$에서 $5x-4x=20$ $\quad\therefore x=20$

따라서 집에서 도서관까지의 거리는 20 km이다.

6 (1)

	속력(m/min)	시간(분)	이동 거리(m)
윤지	100	x	$100x$
민호	150	x	$150x$

두 사람이 만날 때까지 이동한 거리의 합은 2500 m이므로

방정식을 세우면 $100x+150x=2500$

(2) $100x+150x=2500$에서

$250x=2500$ $\quad\therefore x=10$

따라서 두 사람은 출발한 지 10분 후에 만난다.

6-❶ (1)

	속력(m/min)	시간(분)	이동 거리(m)
A	80	x	$80x$
B	120	x	$120x$

두 사람이 만날 때까지 이동한 거리의 합은

4 km$=$4000 m이므로 방정식을 세우면

$80x+120x=4000$

(2) $80x+120x=4000$에서

$200x=4000$ $\quad\therefore x=20$

따라서 두 사람은 출발한 지 20분 후에 처음으로 만난다.

개념 완성하기

113쪽

01 32 **02** 24 **03** ③
04 (1) 10명 (2) 58권 **05** 2일 **06** ②

01 처음 수의 십의 자리의 숫자를 x라 하면

$20+x=(10x+2)-9$

$-9x=-27$ $\quad\therefore x=3$

따라서 처음 수는 32이다.

Self 코칭

십의 자리의 숫자가 a, 일의 자리의 숫자가 b인 두 자리의 자연수를 ab로 나타내지 않도록 주의한다.

02 처음 수의 십의 자리의 숫자를 x라 하면 일의 자리의 숫자는 $(6-x)$이므로

$10(6-x)+x=2\{10x+(6-x)\}-6$

$60-9x=18x+6,\ -27x=-54 \qquad \therefore x=2$

따라서 처음 수는 24이다.

03 학생 수를 x명이라 하면

$6x+3=7x-5 \qquad \therefore x=8$

따라서 학생 수는 8명이다.

> **Self 코칭**
> 사탕의 개수는 일정함을 이용하여 식을 세운다.

04 (1) 학생 수를 x명이라 하면

$5x+8=6x-2 \qquad \therefore x=10$

따라서 학생 수는 10명이다.

(2) 공책의 수는 $5\times10+8=58$(권)

05 전체 일의 양을 1이라 하면 성민이와 세희가 하루에 하는 일의 양은 각각 $\frac{1}{9}$, $\frac{1}{6}$이다.

세희가 일을 한 날수를 x일이라 하면

$\frac{1}{9}\times6+\frac{1}{6}\times x=1,\ 4+x=6 \qquad \therefore x=2$

따라서 세희가 일을 한 날은 2일이다.

06 물통에 가득 채운 물의 양을 1이라 하면 A 호스와 B 호스로 1시간에 채우는 물의 양은 각각 $\frac{1}{10}$, $\frac{1}{15}$이다.

물을 가득 채우는 데 걸리는 시간을 x시간이라 하면

$\left(\frac{1}{10}+\frac{1}{15}\right)\times x=1,\ 5x=30 \qquad \therefore x=6$

따라서 물을 가득 채우는 데 걸리는 시간은 6시간이다.

실력 확인하기

114쪽

01 $a\neq3$	**02** ④	**03** 7	**04** 5
05 1	**06** 30분 후	**07** 2, 5	**08** 1000원

01 $3x-4-ax-5=0,\ (3-a)x-9=0$

x에 대한 일차방정식이 되려면 (x의 계수)$\neq0$이어야 하므로

$3-a\neq0 \qquad \therefore a\neq3$

02 ① $2x+1=7$에서 $2x=6 \qquad \therefore x=3$

② $4-5x=x-20$에서 $-6x=-24 \qquad \therefore x=4$

③ $2(x-3)=3x-8$에서 $2x-6=3x-8$

$-x=-2 \qquad \therefore x=2$

④ $x+5=6(2-x)$에서 $x+5=12-6x$

$7x=7 \qquad \therefore x=1$

⑤ $\frac{2}{3}x=\frac{1}{2}x+1$의 양변에 6을 곱하면

$4x=3x+6 \qquad \therefore x=6$

따라서 해가 가장 작은 것은 ④이다.

03 $2x-\{x-(5x+2)\}=-1$에서

$2x-(x-5x-2)=-1,\ 2x-(-4x-2)=-1$

$2x+4x+2=-1,\ 6x=-3 \qquad \therefore x=-\frac{1}{2}$

따라서 $a=-\frac{1}{2}$이므로

$2a+8=2\times\left(-\frac{1}{2}\right)+8=7$

04 $0.3x+0.1=-0.2$의 양변에 10을 곱하면

$3x+1=-2,\ 3x=-3 \qquad \therefore x=-1$

$x=-1$을 $\frac{x-3}{4}=\frac{2x+a}{3}-2$에 대입하면

$\frac{-1-3}{4}=\frac{-2+a}{3}-2,\ -1=\frac{-2+a}{3}-2$

$-3=-2+a-6 \qquad \therefore a=5$

05 처음 직사각형의 넓이는 $5\times3=15(\text{cm}^2)$이므로

$(5+x)\times(3+2)=2\times15,\ 25+5x=30$

$5x=5 \qquad \therefore x=1$

06 형이 출발한 지 x분 후에 동생을 만난다고 하면

$60(x+10)=80x,\ 60x+600=80x$

$-20x=-600 \qquad \therefore x=30$

따라서 형이 출발한 지 30분 후에 동생을 만난다.

07

> **전략 코칭**
> 주어진 일차방정식을 $x=$(a에 대한 일차식)의 꼴로 나타내고, a에 대한 일차식이 자연수가 되도록 하는 자연수 a의 값을 찾는다.

$10x+a=7x+8$에서

$3x=8-a \qquad \therefore x=\frac{8-a}{3}$

$\frac{8-a}{3}$가 자연수가 되려면 $8-a$가 3의 배수이어야 한다.

$8-a=3$일 때, $a=5$

$8-a=6$일 때, $a=2$

따라서 자연수 a의 값은 2, 5이다.

08

> **전략 코칭**
> 원가는 이익이 붙지 않은 상품의 원래의 가격이다. 원가를 x원으로 놓고, (정가)=(원가)+(이익)임을 이용하여 정가를 x에 대한 일차식으로 나타낸다.

물건의 원가를 x원이라 하면

(정가)$=x+\frac{50}{100}x=\left(1+\frac{50}{100}\right)x=\frac{3}{2}x$(원)

(판매 가격)$=\frac{3}{2}x-300$(원)

(이익)=(판매 가격)−(원가)이므로

$\left(\frac{3}{2}x-300\right)-x=200,\ \frac{1}{2}x=500 \qquad \therefore x=1000$

따라서 이 물건의 원가는 1000원이다.

실전! 중단원 마무리 115쪽~117쪽

01 ⑤	02 ⑤	03 ③	04 ③, ④
05 ③	06 2	07 ①, ⑤	08 ④
09 $x=4$	10 $x=-12$	11 $\frac{1}{4}$	12 ②
13 -4	14 ①	15 19	16 68개
17 16명	18 2시간 24분	19 (1) 140명 (2) 154명	
20 50 m^2	21 3마리		

01 ⑤ $20+x=2(2+x)+10$

02 x의 값에 관계없이 항상 참인 등식은 x에 대한 항등식이다.
⑤ $3-x=x-2\left(x-\frac{3}{2}\right)$의 우변을 정리하면
$3-x=3-x$이므로 항등식이다.

03 ① $x=1$을 대입하면 $1+2=3$
② $x=-1$을 대입하면 $6-(-1)=7$
③ $x=3$을 대입하면 $2\times3\neq3+6$
④ $x=-3$을 대입하면 $3\times(-3)+2=-3-4$
⑤ $x=-2$를 대입하면 $2\times(-2-2)=5\times(-2)+2$
따라서 해가 아닌 것은 ③이다.

04 ① $a+2=b$의 양변에 2를 곱하면 $2a+4=2b$
② $\frac{a}{2}=\frac{b}{3}$의 양변에 6을 곱하면 $3a=2b$
③ $2a=2b$의 양변을 2로 나누면 $a=b$
$a=b$의 양변에 1을 더하면 $a+1=b+1$
④ $2a+3=2b+3$의 양변에서 3을 빼면 $2a=2b$
$2a=2b$의 양변을 2로 나누면 $a=b$
⑤ $a=b$의 양변에 3을 곱하면 $3a=3b$
따라서 옳은 것은 ③, ④이다.

05 $x+6=-3$의 양변에서 6을 빼면
$x+6-6=-3-6$ $\therefore x=-9$
따라서 c의 값은 6이다.

06 $6x-9=3x-4$에서 $6x-3x=-4+9$, $3x=5$
따라서 $a=3$, $b=5$이므로 $b-a=5-3=2$

07 ① $3x=-3x+4$에서 $6x-4=0$이므로 일차방정식이다.
② $1+5x=-4+5x$에서 $5=0$이므로 일차방정식이 아니다.
③ $x^2-3x+1=2x$에서 $x^2-5x+1=0$이므로 일차방정식이 아니다.
④ 등호를 사용한 식이 아니므로 등식이 아니다.
⑤ $3(2x+1)=3x+1$, $6x+3=3x+1$, $3x+2=0$이므로 일차방정식이다.
따라서 일차방정식인 것은 ①, ⑤이다.

08 $7-4x=15$에서 $-4x=8$ $\therefore x=-2$
① $x+3=0$에서 $x=-3$
② $2x-1=x+3$에서 $x=4$
③ $5-x=x+7$에서 $-2x=2$ $\therefore x=-1$
④ $3(x+1)=x-1$에서 $3x+3=x-1$
$2x=-4$ $\therefore x=-2$
⑤ $4-(x-3)=2(x+2)$에서 $4-x+3=2x+4$
$-3x=-3$ $\therefore x=1$
따라서 주어진 일차방정식과 해가 같은 것은 ④이다.

09 $1.2x-0.8=0.3x+1$의 양변에 10을 곱하면
$12x-8=3x+10$, $9x=18$ $\therefore x=2$
즉, $a=2$이므로 $\frac{5}{6}x=\frac{1}{3}x+2$의 양변에 6을 곱하면
$5x=2x+12$, $3x=12$ $\therefore x=4$

10 $0.4(x-1)-0.3=\frac{1}{2}(x+1)$의 양변에 10을 곱하면
$4(x-1)-3=5(x+1)$, $4x-7=5x+5$
$-x=12$ $\therefore x=-12$

11 $(x+2):3=(2x+1):2$에서
$3(2x+1)=2(x+2)$, $6x+3=2x+4$
$4x=1$ $\therefore x=\frac{1}{4}$

12 $x=3$을 $a(x-2)+3=5$에 대입하면
$a+3=5$ $\therefore a=2$

13 $3(x-5)=x+1$에서 $3x-15=x+1$
$2x=16$ $\therefore x=8$
따라서 $\frac{1}{2}x+a=\frac{1}{5}x-1$의 해가 $x=10$이므로
$5+a=2-1$ $\therefore a=-4$

14 1을 a로 잘못 보았다고 하면
$2(x-a)-3x=-4$
이 식에 $x=-2$를 대입하면
$2(-2-a)-3\times(-2)=-4$, $-4-2a+6=-4$
$-2a=-6$ $\therefore a=3$

15 세 홀수 중 가운데 수를 x라 하면
세 홀수는 $x-2$, x, $x+2$이므로
$(x-2)+x+(x+2)=51$
$3x=51$ $\therefore x=17$
따라서 세 홀수 중 가장 큰 수는 $17+2=19$

16 학생 수를 x명이라 하면
$3x+8=4x-12$ $\therefore x=20$
따라서 귤은 모두 $3\times20+8=68$(개)

17 입장한 청소년 수를 x명이라 하면 입장한 성인 수는 $(20-x)$명이므로
$4000(20-x)+2500x=56000$
$80000-4000x+2500x=56000$
$-1500x=-24000$ $\therefore x=16$
따라서 입장한 청소년은 모두 16명이다.

18 전체 작업의 양을 1이라 하면 세정이와 유화가 1시간에 하는 작업의 양은 각각 $\frac{1}{4}$, $\frac{1}{6}$이다.

세정이와 유화가 함께 작업을 완성하는 데 걸리는 시간을 x시간이라 하면

$\left(\frac{1}{4}+\frac{1}{6}\right)\times x=1$, $\frac{5}{12}x=1$ $\quad\therefore x=\frac{12}{5}=2\frac{2}{5}$

따라서 세정이와 유화가 함께 작업을 완성하는 데 걸리는 시간은 $2\frac{2}{5}$시간, 즉 2시간 24분이다.

19 (1) 작년의 여학생 수를 x명이라 하면 작년의 남학생 수는 $(300-x)$명이므로

$\frac{10}{100}x-\frac{5}{100}(300-x)=6$

양변에 100을 곱하면

$10x-1500+5x=600$, $15x=2100$ $\quad\therefore x=140$

따라서 작년의 여학생 수는 140명이다.

(2) 작년의 여학생 수는 140명이므로 올해의 여학생 수는

$\left(1+\frac{10}{100}\right)\times 140=154$(명)

Self 코칭

x가 a % 증가 ➔ $x+\frac{a}{100}x=\left(1+\frac{a}{100}\right)x$

x가 a % 감소 ➔ $x-\frac{a}{100}x=\left(1-\frac{a}{100}\right)x$

20 울타리를 친 전체 땅의 가로의 길이를 x m라 하면 세로의 길이는 $2x$ m이다. 필요한 그물망의 전체 길이는 가로의 길이의 4배와 세로의 길이의 2배의 합과 같으므로

$4x+2\times 2x=40$, $8x=40$ $\quad\therefore x=5$

따라서 울타리를 친 전체 땅의 가로의 길이는 5 m, 세로의 길이는 10 m이므로 울타리를 친 전체 땅의 넓이는

$5\times 10=50(\text{m}^2)$

21 처음 참새의 수를 x마리라 하면

$x+2+5(x+2)-10=20$, $x+2+5x+10-10=20$

$6x=18$ $\quad\therefore x=3$

따라서 처음 참새는 3마리이다.

서술형 문제

118쪽

01 $-\frac{1}{3}$ **01-1** $-\frac{1}{5}$ **02** $a=2$, $b=1$

03 $a=5$, $x=1$ **04** 20 km

01 채점 기준 1 일차방정식 $2x-6=0$의 해 구하기 … 3점

$2x-6=0$에서 $2x=6$ $\quad\therefore x=3$

채점 기준 2 a의 값 구하기 … 3점

일차방정식 $ax+3=x-1$의 해가 $x=3$이므로

$x=3$을 $ax+3=x-1$에 대입하면

$3a+3=3-1$, $3a=-1$ $\quad\therefore a=-\frac{1}{3}$

01-1 채점 기준 1 일차방정식 $\frac{x-5}{3}=\frac{x-4}{2}$의 해 구하기 … 3점

$\frac{x-5}{3}=\frac{x-4}{2}$의 양변에 6을 곱하면

$2(x-5)=3(x-4)$, $2x-10=3x-12$

$-x=-2$ $\quad\therefore x=2$

채점 기준 2 a의 값 구하기 … 3점

일차방정식 $\frac{1}{4}(x+2)=\frac{3}{5}x+a$의 해가 $x=2$이므로

$x=2$를 $\frac{1}{4}(x+2)=\frac{3}{5}x+a$에 대입하면

$\frac{1}{4}\times(2+2)=\frac{3}{5}\times 2+a$, $1=\frac{6}{5}+a$

$\therefore a=-\frac{1}{5}$

02 $ax-3=2(x-2)+b$에서

$ax-3=2x-4+b$ …… ❶

항등식이 되려면 x의 계수가 같아야 하므로 $a=2$ …… ❷

또, 상수항이 같아야 하므로

$-3=-4+b$에서 $b=1$ …… ❸

채점 기준	배점
❶ 주어진 식 정리하기	2점
❷ a의 값 구하기	1점
❸ b의 값 구하기	2점

03 $5(x-2)=2(1-x)-a$에서

$5x-10=-2x+2-a$

$7x=12-a$ $\quad\therefore x=\frac{12-a}{7}$ …… ❶

$\frac{12-a}{7}$가 자연수가 되려면 $12-a$가 7의 배수이어야 한다.

$12-a=7$에서 $a=5$

$12-a=14$에서 $a=-2$

⋮

그런데 a는 자연수이므로 $a=5$ …… ❷

$x=\frac{12-a}{7}$에 $a=5$를 대입하면 $x=1$ …… ❸

채점 기준	배점
❶ a를 사용하여 방정식의 해 나타내기	2점
❷ a의 값 구하기	3점
❸ 방정식의 해 구하기	2점

04 은주네 집에서 학교까지의 거리를 x km라 하면

$\frac{x}{40}-\frac{x}{60}=\frac{10}{60}$ …… ❶

$3x-2x=20$ $\quad\therefore x=20$

따라서 은주네 집에서 학교까지의 거리는 20 km이다. …… ❷

채점 기준	배점
❶ 방정식 세우기	3점
❷ 방정식 풀기	3점

1 좌표평면과 그래프

01 순서쌍과 좌표

121쪽~122쪽

1 $A(-4)$, $B\left(-\frac{1}{2}\right)$, $C(1)$, $D\left(\frac{5}{2}\right)$

1-❶ 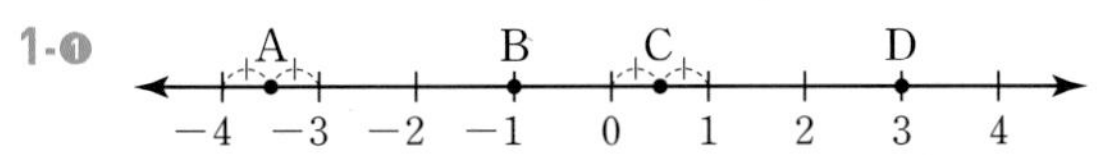

2 (1) $A(3, 4)$ (2) $B(0, 2)$ (3) $C(-3, 0)$
(4) $D(-2, -3)$ (5) $E(0, -5)$ (6) $F(4, -3)$

2-❶ 풀이 참조

3 좌표평면은 풀이 참조
(1) 제1사분면 (2) 제4사분면
(3) 제2사분면 (4) 제3사분면

3-❶ (1) ㄴ (2) ㅂ (3) ㅁ (4) ㄱ, ㄹ

4 (1) $(2, -3)$ (2) $(-2, 3)$ (3) $(-2, -3)$

4-❶ (1) $(-4, -1)$ (2) $(4, 1)$ (3) $(4, -1)$

2 (1) 점 A의 x좌표는 3, y좌표는 4이므로
$A(3, 4)$이다.
(2) 점 B는 y축 위에 있고 y좌표는 2이므로
$B(0, 2)$이다.
(3) 점 C는 x축 위에 있고 x좌표는 -3이므로
$C(-3, 0)$이다.
(4) 점 D의 x좌표는 -2, y좌표는 -3이므로
$D(-2, -3)$이다.
(5) 점 E는 y축 위에 있고 y좌표는 -5이므로
$E(0, -5)$이다.
(6) 점 F의 x좌표는 4, y좌표는 -3이므로
$F(4, -3)$이다.

2-❶ 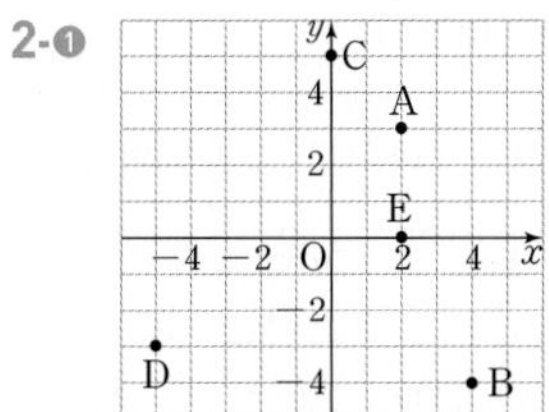

3 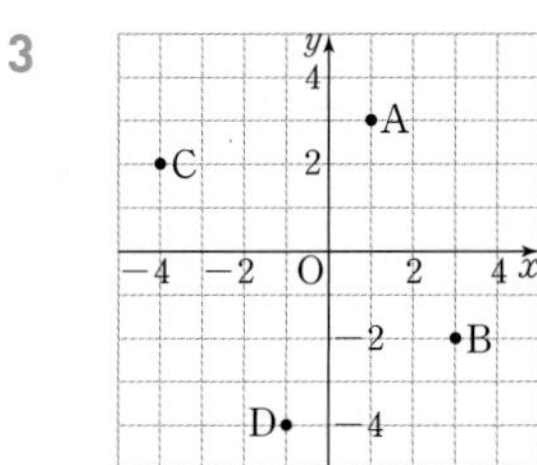

3-❶ (4) ㄱ. 점 $(-8, 0)$은 x축 위의 점이므로 어느 사분면에도 속하지 않는다.
ㄹ. 점 $(0, 6)$은 y축 위의 점이므로 어느 사분면에도 속하지 않는다.

개념 완성하기

123쪽

01 ③ 02 ③, ④
03 (1) $(-5, 0)$ (2) $(0, -3)$ 04 $a=4$, $b=-1$
05 (1) 제3사분면 (2) 제1사분면 (3) 제4사분면 (4) 제2사분면
06 (1) 제2사분면 (2) 제1사분면 (3) 제4사분면 (4) 제3사분면
07 $a=-3$, $b=2$ 08 $a=3$, $b=3$

01 ③ $C(-3, -1)$이므로 x좌표는 -3, y좌표는 -1이다.

02 ③ 점 $(5, -2)$는 제4사분면에 속한다.
④ 점 $(2, 0)$은 x축 위의 점이므로 어느 사분면에도 속하지 않는다.

03 (1) x축 위에 있다. ➜ y좌표가 0이다.
따라서 구하는 점의 좌표는 $(-5, 0)$이다.
(2) y축 위에 있다. ➜ x좌표가 0이다.
따라서 구하는 점의 좌표는 $(0, -3)$이다.

04 x축 위의 점은 y좌표가 0이므로
$a-4=0$ $\quad\therefore a=4$
y축 위의 점은 x좌표가 0이므로
$b+1=0$ $\quad\therefore b=-1$

05 점 (a, b)가 제2사분면에 속하므로 $a<0$, $b>0$
주어진 점이 속하는 사분면을 각각 구하면
(1) $a<0$, $-b<0$이므로
$A(a, -b)$는 제3사분면에 속한다.
(2) $-a>0$, $b>0$이므로
$B(-a, b)$는 제1사분면에 속한다.
(3) $-a>0$, $-b<0$이므로
$C(-a, -b)$는 제4사분면에 속한다.
(4) $-b<0$, $-a>0$이므로
$D(-b, -a)$는 제2사분면에 속한다.

06 점 (a, b)가 제4사분면에 속하므로 $a>0$, $b<0$
주어진 점이 속하는 사분면을 각각 구하면
(1) $b<0$, $a>0$이므로
$A(b, a)$는 제2사분면에 속한다.
(2) $-b>0$, $a>0$이므로
$B(-b, a)$는 제1사분면에 속한다.
(3) $a>0$, $ab<0$이므로
$C(a, ab)$는 제4사분면에 속한다.
(4) $ab<0$, $b<0$이므로
$D(ab, b)$는 제3사분면에 속한다.

07 점 $(-2, a)$와 원점에 대하여 대칭인 점의 좌표는 $(2, -a)$이다. 즉, $2=b$, $-a=3$이므로 $a=-3$, $b=2$

08 점 $(2a, b-1)$과 x축에 대하여 대칭인 점의 좌표는 $(2a, -b+1)$이다. 즉, $2a=6$, $-b+1=-2$이므로
$a=3$, $-b=-2-1=-3$ $\quad\therefore a=3$, $b=3$

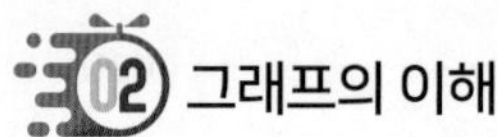

02 그래프의 이해

125쪽~126쪽

1	풀이 참조	1-❶	풀이 참조
2	(1) 10 ℃ (2) 15시	2-❶	(1) 60 % (2) 9시
3	(1) 60 cm (2) 0 cm (3) 1초 후, 3초 후, 5초 후, 7초 후, 9초 후 (4) 5번 (5) 2초		
3-❶	(1) 500 cm (2) 2번 (3) 19시 (4) 13시간 (5) 12시간		

1

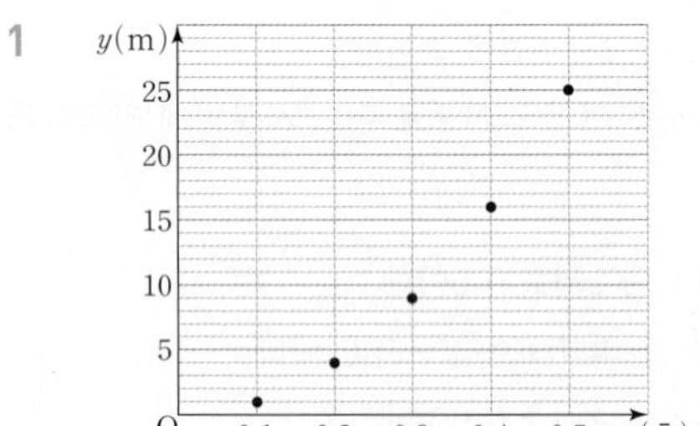

1-❶

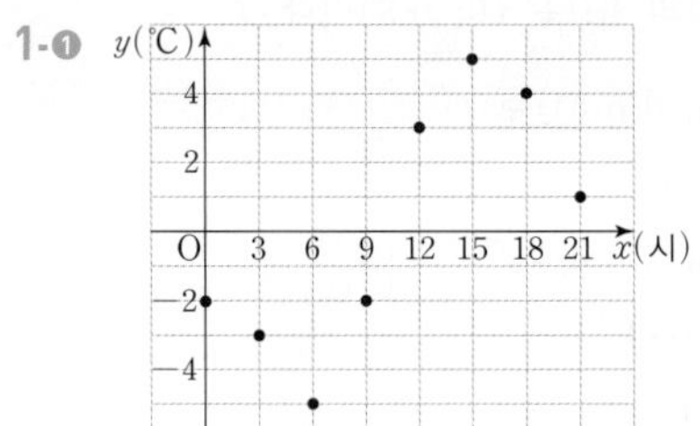

2 (1) $x=9$일 때 $y=10$이므로 9시의 기온은 10 ℃이다.
(2) $x=15$일 때 y의 값이 가장 크므로 기온이 가장 높았던 때는 15시이다.

2-❶ (2) y의 값은 $x=9$일 때 가장 크고 그 이후로 작아지므로 습도가 감소하는 것은 9시부터이다.

3 (4) 뛰기 시작한 지 2초, 4초, 6초, 8초, 10초일 때 규민이의 높이가 가장 낮으므로 이때에 처음 위치에 돌아온 것이다. 따라서 규민이는 5번 뛰었다.
(5) 2초마다 규민이는 처음 위치로 다시 돌아오므로 한 번 뛸 때 걸린 시간은 2초이다.

3-❶ (2) 해수면의 높이가 가장 높았던 것은 7시와 19시로 2번이다.
(4) 해수면의 높이가 가장 낮았던 때는 1시와 14시이므로 걸린 시간은 $14-1=13$(시간)
(5) 해수면의 높이가 가장 높았던 때는 7시와 19시이므로 걸린 시간은 $19-7=12$(시간)

개념 완성하기

127쪽~128쪽

01 ④ 02 ④ 03 (1) 100 m (2) 5분
04 (1) 1 km (2) 20분 05 (1) 10 m (2) 10초
06 (1) 3회 (2) 40분
07 (1) 윤수 : 3 km, 호준 : 4 km (2) 20분 후
08 (1) 15분 후 (2) 10분

01 시간에 따른 거리의 그래프에서 일정한 속력으로 걸어갈 때는 오른쪽 위로 향하는 직선이 되고, 휴식을 취할 때는 거리가 변하지 않는다.
따라서 그래프로 알맞은 것은 ④이다.

02 우체국에 갈 때는 집으로부터 떨어진 거리가 증가하고, 집으로 되돌아올 때는 집으로부터 떨어진 거리가 감소한다. 우편물을 보내려고 우체국에 머물 때는 집으로부터 떨어진 거리가 변하지 않는다.
따라서 그래프로 알맞은 것은 ④이다.

03 (1) 그래프가 점 (5, 100)을 지나므로 5분 동안 이동한 거리는 100 m이다.
(2) 집에서 출발한 지 15분 후부터 20분 후까지 편의점에 머물렀으므로 머문 시간은 $20-15=5$(분)

04 (1) 그래프가 점 (10, 1)을 지나므로 10분 동안 이동한 거리는 1 km이다.
(2) 그래프가 점 (20, 1.5)를 지나므로 할머니 댁까지 가는 데 걸린 시간은 20분이다.

05 (1) 그래프에서 가장 큰 y의 값과 가장 작은 y의 값의 차가 10이므로 A 지점과 B 지점 사이의 거리는 10 m이다.
(2) 로봇이 B 지점을 출발하여 5초 후에 A 지점에 도착하고, 다시 5초 후에 B 지점에 도착한다.
따라서 한 번 왕복하는 데 걸리는 시간은 10초이다.

06 (1) 코끼리 열차는 0분에서 50분, 60분에서 110분, 120분에서 170분으로 총 3회 왕복한다.
(2) 코끼리 열차는 A 지점에서 B 지점까지 이동하는 데 걸리는 시간이 20분, B 지점에서 쉬는 시간이 10분, B 지점에서 A 지점까지 이동하는 데 걸리는 시간이 20분, A 지점에서 쉬는 시간이 10분이므로 쉬는 시간을 제외하고 한 번 왕복하는 데 걸리는 시간은 40분이다.

07 (1) 윤수의 그래프는 점 (15, 3)을 지나므로 출발하여 15분 동안 이동한 거리는 3 km, 호준이의 그래프는 점 (15, 4)를 지나므로 출발하여 15분 동안 이동한 거리는 4 km이다.
(2) 두 그래프가 점 (20, 4)에서 만나므로 출발한 지 20분 후에 처음으로 다시 만난다.

08 (1) 두 그래프가 점 (15, 3)에서 만나고 15분 이후에는 같은 시간에 민재의 그래프가 현정이의 그래프보다 위에 있으므로 민재가 현정이보다 앞서기 시작한 것은 출발한 지 15분 후이다.
(2) 민재의 그래프는 점 (55, 10)을 지나므로 민재가 완주하는 데 걸린 시간은 55분이다.
현정이의 그래프는 점 (65, 10)을 지나므로 현정이가 완주하는 데 걸린 시간은 65분이다.
따라서 구하는 시간의 차는
$65-55=10$(분)

실력 확인하기

129쪽~130쪽

01 ④	02 2	03 ④	04 ③
05 ⑤	06 ④	07 ④	08 ③
09 ㄱ, ㄹ	10 A : ㄱ, B : ㄷ		11 15
12 풀이 참조			

01 ① A$(-3, 3)$ ② B$(0, -2)$
③ C$(1, 2)$ ⑤ E$(2, -3)$

02 $2a=10$이므로 $a=5$
$-9=3b$이므로 $b=-3$
$\therefore a+b=5+(-3)=2$

03 ④ y축 위의 점은 x좌표가 0이다.

04 x축 위의 점은 y좌표가 0이므로 $a-3=0$ $\therefore a=3$
y축 위의 점은 x좌표가 0이므로 $3b-1=0$ $\therefore b=\frac{1}{3}$
$\therefore ab=3\times\frac{1}{3}=1$

05 ① $a>0$, $-b>0$이므로 점 $(a, -b)$는 제1사분면에 속한다.
② $-a<0$, $-b>0$이므로
점 $(-a, -b)$는 제2사분면에 속한다.
③ $a>0$, $b<0$이므로 점 (a, b)는 제4사분면에 속한다.
④ $b<0$, $a-b>0$이므로
점 $(b, a-b)$는 제2사분면에 속한다.
⑤ $b-a<0$, $-a<0$이므로
점 $(b-a, -a)$는 제3사분면에 속한다.
따라서 제3사분면에 속하는 점은 ⑤이다.

06 점 P(a, b)가 제2사분면에 속하므로 $a<0$, $b>0$
따라서 $b-a>0$, $ab<0$이므로
점 Q$(b-a, ab)$는 제4사분면에 속한다.

07 7년 동안 매년 나무의 키가 꾸준히 성장하였고, 이때 나무의 키의 변화는 4년~5년이 가장 크므로 가장 많이 성장한 기간은 4년~5년이다.

08 ③ $9-3=6$(초) 동안 초속 25 m로 달렸으므로 이동한 거리는
$6\times25=150$(m)

09 ㄴ. A 지점과 B 지점 사이의 거리는 5 m이다.
ㄷ. 로봇은 30초 동안 A 지점과 B 지점 사이를 3번 왕복한다.
따라서 옳은 것은 ㄱ, ㄹ이다.

10 컵 A는 폭이 일정하므로 물의 높이가 일정하게 증가한다.
따라서 컵 A의 그래프로 알맞은 것은 ㄱ이다.
컵 B는 폭이 위로 갈수록 넓어지므로 물의 높이는 천천히 증가한다.
따라서 컵 B의 그래프로 알맞은 것은 ㄷ이다.

11
> **전략 코칭**
> 먼저 세 점 A, B, C를 좌표평면 위에 나타낸다.

세 점 A$(-2, 6)$, B$(-5, 1)$, C$(1, 1)$을 좌표평면 위에 나타내면 오른쪽 그림과 같다.

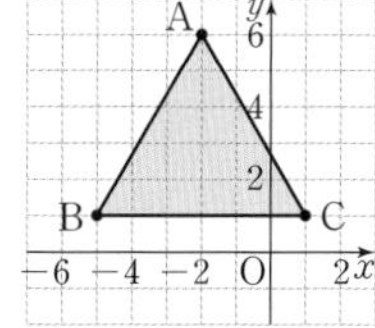

따라서 삼각형 ABC의 넓이는
$\frac{1}{2}\times6\times5=15$

12
> **전략 코칭**
> 병을 폭이 점점 넓어지는 부분과 폭이 일정한 부분으로 나누어서 생각한다.

병의 아래쪽은 폭이 위로 갈수록 넓어지므로 물의 높이는 위로 갈수록 천천히 증가한다. 병의 위쪽은 폭이 좁고 일정하므로 물의 높이가 빠르고 일정하게 증가한다.
따라서 그래프로 나타내면 오른쪽 그림과 같다.

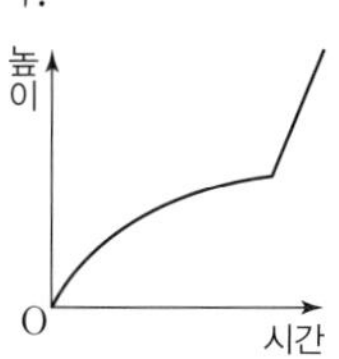

03 정비례와 반비례

133쪽~136쪽

1 (1) 풀이 참조 (2) $y=5000x$
1-❶ (1) 풀이 참조 (2) $y=3x$
2 (1) 풀이 참조 (2) $y=\frac{48}{x}$
2-❶ (1) 풀이 참조 (2) $y=\frac{120}{x}$
3 풀이 참조
3-❶ (1) 풀이 참조 (2) 풀이 참조
4 풀이 참조
4-❶ (1) 풀이 참조 (2) 풀이 참조
5 (1) ○ (2) × (3) × (4) ○
5-❶ (1) ○ (2) × (3) ○ (4) ×
6 (1) $y=\frac{1}{3}x$ (2) $y=-2x$
6-❶ (1) $y=\frac{3}{x}$ (2) $y=-\frac{12}{x}$

1 (1)

x	1	2	3	4	⋯
y	5000	10000	15000	20000	⋯

1-❶ (1)

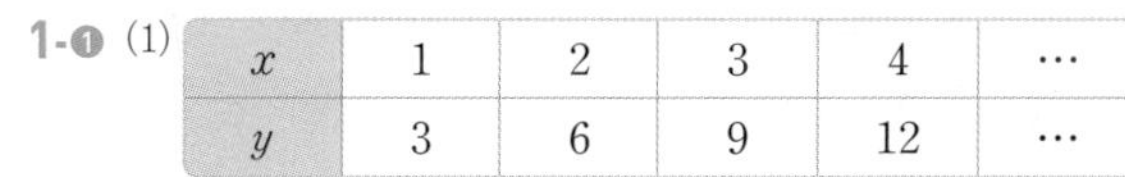

x	1	2	3	4	⋯
y	3	6	9	12	⋯

2 (1)

x	1	2	3	4	$\cdots$
y	48	24	16	12	$\cdots$

2-❶ (1)

x	1	2	3	4	$\cdots$
y	120	60	40	30	$\cdots$

3

x	-2	-1	0	1	2
y	4	2	0	-2	-4

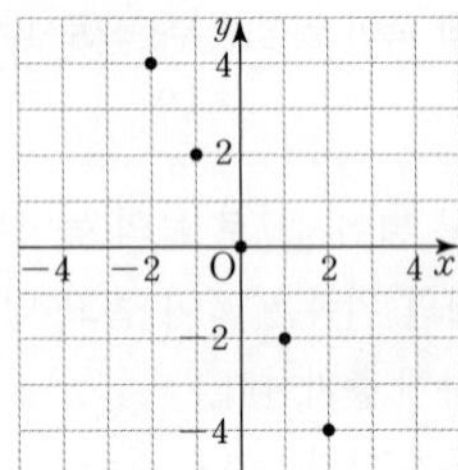

3-❶ (1)

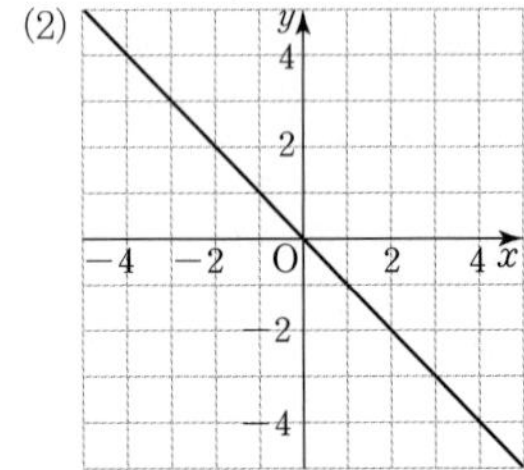

(2)

4

x	-4	-2	-1	1	2	4
y	1	2	4	-4	-2	-1

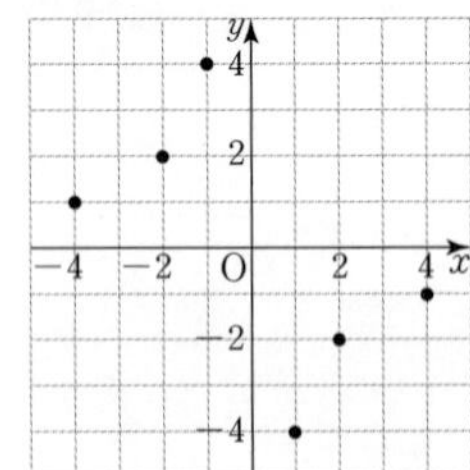

4-❶ (1)

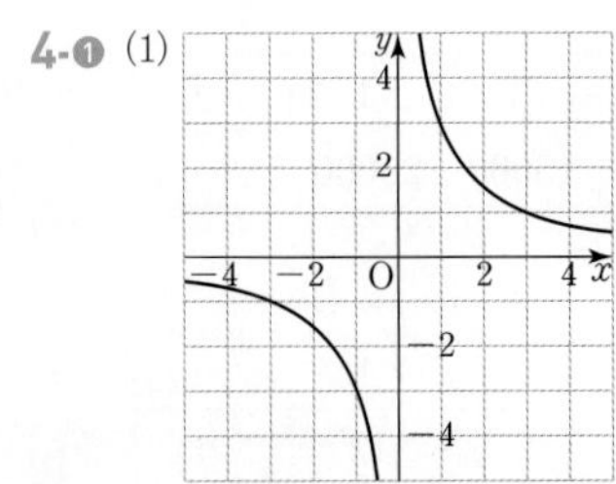

(2)

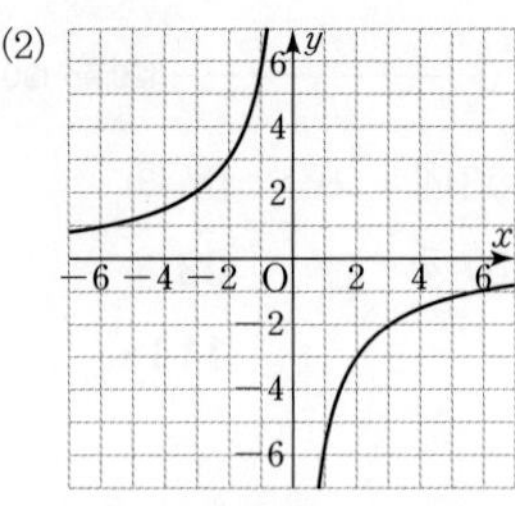

5 (1) $y=3x$에 $x=1$, $y=3$을 대입하면

$3=3\times1$ (○)

(2) $y=3x$에 $x=-3$, $y=-1$을 대입하면

$-1\neq3\times(-3)$ (×)

(3) $y=3x$에 $x=-2$, $y=6$을 대입하면

$6\neq3\times(-2)$ (×)

(4) $y=3x$에 $x=-4$, $y=-12$를 대입하면

$-12=3\times(-4)$ (○)

5-❶ (1) $y=-\frac{8}{x}$에 $x=1$, $y=-8$을 대입하면

$-8=-\frac{8}{1}$ (○)

(2) $y=-\frac{8}{x}$에 $x=-2$, $y=-4$를 대입하면

$-4\neq-\frac{8}{-2}$ (×)

(3) $y=-\frac{8}{x}$에 $x=-4$, $y=2$를 대입하면

$2=-\frac{8}{-4}$ (○)

(4) $y=-\frac{8}{x}$에 $x=8$, $y=1$을 대입하면

$1\neq-\frac{8}{8}$ (×)

6 (1) 그래프가 원점을 지나는 직선이므로

$y=ax(a\neq0)$로 놓고 $x=3$, $y=1$을 대입하면

$1=3a$ $\therefore a=\frac{1}{3}$

따라서 구하는 식은 $y=\frac{1}{3}x$

(2) 그래프가 원점을 지나는 직선이므로

$y=ax(a\neq0)$로 놓고 $x=-2$, $y=4$를 대입하면

$4=-2a$ $\therefore a=-2$

따라서 구하는 식은 $y=-2x$

6-❶ (1) 그래프가 좌표축에 가까워지면서 한없이 뻗어 나가는 한 쌍의 매끄러운 곡선이므로

$y=\frac{a}{x}(a\neq0)$로 놓고 $x=1$, $y=3$을 대입하면

$3=\frac{a}{1}$ $\therefore a=3$

따라서 구하는 식은 $y=\frac{3}{x}$

(2) 그래프가 좌표축에 가까워지면서 한없이 뻗어 나가는 한 쌍의 매끄러운 곡선이므로

$y=\frac{a}{x}(a\neq0)$로 놓고 $x=3$, $y=-4$를 대입하면

$-4=\frac{a}{3}$ $\quad\therefore a=-12$

따라서 구하는 식은 $y=-\frac{12}{x}$

개념 완성하기

137쪽~139쪽

01 ①, ④	**02** ①, ③	**03** ③	**04** ㄴ, ㄹ
05 ④	**06** 1	**07** ⑤	**08** ②
09 (1) $y=14x$ (2) 70 km		**10** (1) $y=8x$ (2) 25분	
11 ②	**12** ㄴ, ㄹ	**13** ④	**14** 12
15 ⑤	**16** ②	**17** (1) $y=\frac{60}{x}$ (2) 12개	
18 (1) $y=\frac{72}{x}$ (2) 6 cm			

01 x와 y 사이의 관계를 식으로 나타내면

① $y=3x$

② $xy=40$이므로 $y=\frac{40}{x}$

③ $x+y=20$이므로 $y=20-x$

④ $y=1000x$

⑤ $y=\frac{60}{x}$

따라서 y가 x에 정비례하는 것은 ①, ④이다.

02 x와 y 사이의 관계를 식으로 나타내면

① $y=\frac{20}{x}$

② $y=4x$

③ $y=\frac{50}{x}$

④ $y=\frac{1}{2}\times x\times12$이므로 $y=6x$

⑤ $y=4x$

따라서 y가 x에 반비례하는 것은 ①, ③이다.

03 ③ 오른쪽 위로 향한다.

04 ㄱ. 원점을 지나는 직선이다.

ㄷ. $y=-3x$에 $x=3$을 대입하면 $y=-9$이므로 점 $(3, -9)$를 지난다.

따라서 옳은 것은 ㄴ, ㄹ이다.

05 ④ $y=\frac{2}{5}x$에 $x=-2$, $y=-5$를 대입하면 $-5\neq\frac{2}{5}\times(-2)$

따라서 점 $(-2, -5)$는 $y=\frac{2}{5}x$의 그래프 위의 점이 아니다.

06 $y=-\frac{2}{3}x$에 $x=-6$, $y=a$를 대입하면

$a=-\frac{2}{3}\times(-6)=4$

$y=-\frac{2}{3}x$에 $x=b$, $y=2$를 대입하면

$2=-\frac{2}{3}b$ $\quad\therefore b=-3$

$\therefore a+b=4+(-3)=1$

07 $y=ax(a\neq0)$로 놓고 $x=2$, $y=5$를 대입하면

$5=2a$ $\quad\therefore a=\frac{5}{2}$

따라서 구하는 식은 $y=\frac{5}{2}x$

08 $y=ax(a\neq0)$로 놓고 $x=3$, $y=-5$를 대입하면

$-5=3a$ $\quad\therefore a=-\frac{5}{3}$

따라서 구하는 식은 $y=-\frac{5}{3}x$

09 (1) 1 L로 14 km를 갈 수 있으므로 x L로는 $14x$ km를 갈 수 있다.

따라서 x와 y 사이의 관계를 식으로 나타내면

$y=14x$

(2) $y=14x$에 $x=5$를 대입하면 $y=14\times5=70$

따라서 70 km를 갈 수 있다.

10 (1) 1분에 8 L씩 물이 흘러나오므로 x분 동안 $8x$ L의 물이 흘러나온다.

따라서 x와 y 사이의 관계를 식으로 나타내면

$y=8x$

(2) $y=8x$에 $y=200$을 대입하면

$200=8x$ $\quad\therefore x=25$

따라서 욕조에 물을 가득 채우는 데 걸리는 시간은 25분이다.

11 ② x축에 점점 가까워지지만 만나지는 않는다.

12 ㄱ. 좌표축에 점점 가까워지면서 한없이 뻗어 나가는 한 쌍의 매끄러운 곡선이다.

ㄷ. x의 값이 2배, 3배, 4배, …가 되면 y의 값은 $\frac{1}{2}$배, $\frac{1}{3}$배, $\frac{1}{4}$배, …가 된다.

따라서 옳은 것은 ㄴ, ㄹ이다.

13 ④ $y=\frac{12}{x}$에 $x=4$, $y=5$를 대입하면 $5\neq\frac{12}{4}$

따라서 점 $(4, 5)$는 $y=\frac{12}{x}$의 그래프 위의 점이 아니다.

14 $y=-\frac{18}{x}$에 $x=a$, $y=6$을 대입하면

$6=-\frac{18}{a}$ $\therefore a=-3$

$y=-\frac{18}{x}$에 $x=-2$, $y=b$를 대입하면

$b=-\frac{18}{-2}=9$

$\therefore b-a=9-(-3)=12$

15 $y=\frac{a}{x}(a\neq0)$로 놓고 $x=-5$, $y=-2$를 대입하면

$-2=\frac{a}{-5}$ $\therefore a=10$

따라서 구하는 식은 $y=\frac{10}{x}$

16 $y=\frac{a}{x}(a\neq0)$로 놓고 $x=-4$, $y=5$를 대입하면

$5=\frac{a}{-4}$ $\therefore a=-20$

따라서 구하는 식은 $y=-\frac{20}{x}$

17 (1) $xy=60$이므로 $y=\frac{60}{x}$

따라서 x와 y 사이의 관계를 식으로 나타내면

$y=\frac{60}{x}$

(2) $y=\frac{60}{x}$에 $x=5$를 대입하면 $y=\frac{60}{5}=12$

따라서 한 개의 접시에 쿠키를 12개씩 담을 수 있다.

18 (1) $xy=72$이므로 $y=\frac{72}{x}$

따라서 x와 y 사이의 관계를 식으로 나타내면

$y=\frac{72}{x}$

(2) $y=\frac{72}{x}$에 $y=12$를 대입하면

$12=\frac{72}{x}$ $\therefore x=6$

따라서 가로의 길이는 6 cm이다.

실력 확인하기

140쪽

01 ③	**02** $-\frac{5}{2}$	**03** ⑤	**04** ④
05 30	**06** -6	**07** 4	**08** 16 cm

01 ③ 점 $(1, a)$를 지난다.

02 $y=ax(a\neq0)$로 놓고 $x=2$, $y=1$을 대입하면

$1=2a$, $a=\frac{1}{2}$ $\therefore y=\frac{1}{2}x$

$y=\frac{1}{2}x$에 $x=-5$, $y=k$를 대입하면

$k=\frac{1}{2}\times(-5)=-\frac{5}{2}$

03 원점을 지나는 직선이므로 직선 l을 나타내는 식을 $y=ax(a\neq0)$라 하자.
오른쪽 위로 향하므로 $a>0$이고, $y=x$의 그래프보다 y축에 더 가까우므로 a의 절댓값은 1보다 크다.
따라서 그 그래프가 직선 l이 될 수 있는 것은
⑤ $y=\frac{5}{4}x$이다.

04 ④ a의 절댓값이 커질수록 좌표축에서 멀어진다.

05 $y=\frac{a}{x}$에 $x=8$, $y=3$을 대입하면

$3=\frac{a}{8}$, $a=24$ $\therefore y=\frac{24}{x}$

$y=\frac{24}{x}$에 $x=-4$, $y=b$를 대입하면

$b=\frac{24}{-4}=-6$

$\therefore a-b=24-(-6)=30$

06 $y=\frac{a}{x}(a\neq0)$로 놓고 $x=-4$, $y=3$을 대입하면

$3=\frac{a}{-4}$, $a=-12$ $\therefore y=-\frac{12}{x}$

$y=-\frac{12}{x}$에 $x=2$, $y=k$를 대입하면

$k=-\frac{12}{2}=-6$

07 전략 코칭

먼저 점 A의 x좌표를 구한다.

점 A의 x좌표를 k라 하자.
$y=4x$에 $x=k$, $y=4$를 대입하면
$4=4k$ $\therefore k=1$
점 A는 $y=\frac{a}{x}$의 그래프 위의 점이므로

$y=\frac{a}{x}$에 $x=1$, $y=4$를 대입하면

$4=\frac{a}{1}$ $\therefore a=4$

08 전략 코칭

(삼각형의 넓이)$=\frac{1}{2}\times$(밑변의 길이)$\times$(높이)임을 이용한다.

x와 y 사이의 관계를 식으로 나타내면

$y=\frac{1}{2}\times x\times 12$ $\quad\therefore y=6x$

$y=6x$에 $y=96$을 대입하면

$96=6x$ $\quad\therefore x=16$

따라서 삼각형 ABP의 넓이가 96 cm^2일 때, 선분 BP의 길이는 16 cm이다.

실전! **중단원 마무리** 141쪽~143쪽

01 ④	**02** 데카르트	**03** 10	**04** ③
05 ②	**06** ④	**07** ②	**08** ③

09 B$(-5,\ -4)$, C$(5,\ -4)$

10 (1) 24초 (2) 16초 후 (3) 9 m/s

11 A : ㄷ, B : ㄱ, C : ㄴ		**12** ②, ④	**13** ⑤
14 ④	**15** ③	**16** ②, ④	**17** 6

18 -8 **19** (1) $y=\frac{1}{6}x$ (2) 14 kg

20 (1) $y=\frac{1.5}{x}$ (2) 0.5

01 ④ D$\left(\frac{3}{2}\right)$

03 세 점 A, B, C를 좌표평면 위에 나타내면 오른쪽 그림과 같다.

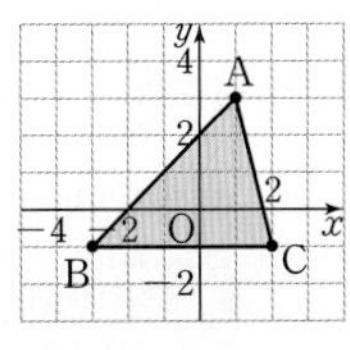

따라서 삼각형 ABC의 넓이는

$\frac{1}{2}\times 5\times 4=10$

04 x축 위에 있으므로 y좌표가 0이고, x좌표는 7이므로 구하는 점의 좌표는 ③ $(7,\ 0)$이다.

05 점 A$(1,\ a+3)$은 x축 위의 점이므로 y좌표가 0이다. 즉,

$a+3=0$ $\quad\therefore a=-3$

점 B$(2b-4,\ 5)$는 y축 위의 점이므로 x좌표가 0이다. 즉,

$2b-4=0$ $\quad\therefore b=2$

$\therefore a+b=-3+2=-1$

06 ① 제2사분면

② 제3사분면

③ x축

⑤ 제4사분면

07 점 $(-a,\ b)$가 제3사분면에 속하므로

$-a<0,\ b<0$에서 $a>0,\ b<0$이다.

따라서 $ab<0,\ a-b>0$이므로 점 $(ab,\ a-b)$는 제2사분면에 속한다.

Self 코칭

(1) 두 수 a, b의 부호가 같다. ➔ $ab>0$

(2) 두 수 a, b의 부호가 다르다. ➔ $ab<0$

08 점 $(-a-1,\ -4)$와 x축에 대하여 대칭인 점의 좌표는 $(-a-1,\ 4)$이다.

따라서 $-a-1=3,\ 4=b$이므로 $a=-4,\ b=4$

$\therefore a+b=-4+4=0$

09 주어진 조건을 만족시키는 직사각형 ABCD를 좌표평면 위에 나타내면 오른쪽 그림과 같다.

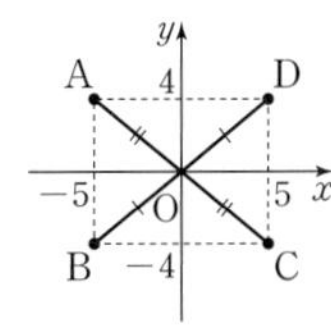

따라서 B$(-5,\ -4)$, C$(5,\ -4)$이다.

10 (2) 속력을 줄이기 시작한 부분은 그래프가 오른쪽 아래로 향하는 부분이므로 16초 후에 속력을 줄이기 시작했다.

(3) 그래프의 y의 값 중에서 가장 큰 값은 9이므로 최고 속력은 9 m/s이다.

11 A와 B는 폭이 일정하므로 물의 높이가 일정하게 증가한다.

이때 B의 폭이 A의 폭보다 넓으므로 B의 물의 높이가 A의 물의 높이보다 천천히 증가한다.

따라서 B의 그래프는 ㄱ, A의 그래프는 ㄷ이다.

C는 A와 B를 합쳐 놓은 모양이므로 C의 그래프는 ㄴ이다.

12 ② 제2사분면과 제4사분면을 지난다.

③ $y=-\frac{2}{5}x$에 $x=-5$를 대입하면

$y=-\frac{2}{5}\times(-5)=2$이므로 점 $(-5,\ 2)$를 지난다.

④ x의 값이 증가하면 y의 값은 감소한다.

따라서 옳지 않은 것은 ②, ④이다.

13 $y=-3x$에 $x=2,\ y=a$를 대입하면

$a=-3\times 2=-6$

$y=-3x$에 $x=b,\ y=2$를 대입하면

$2=-3b$ $\quad\therefore b=-\frac{2}{3}$

$\therefore ab=-6\times\left(-\frac{2}{3}\right)=4$

14 $y=ax(a\neq 0)$의 그래프는 a의 절댓값이 클수록 y축에 가까워진다.

$\left|\frac{7}{2}\right|>\left|-\frac{8}{3}\right|>\left|-\frac{5}{2}\right|>\left|\frac{9}{4}\right|>|-2|$

이므로 $y=\frac{7}{2}x$의 그래프가 y축에 가장 가깝다.

15 $y=ax(a\neq 0)$로 놓고 $x=6,\ y=-2$를 대입하면

$-2=6a,\ a=-\frac{1}{3}$ $\quad\therefore y=-\frac{1}{3}x$

③ $y=-\frac{1}{3}x$에 $x=1,\ y=-3$을 대입하면

$-3\neq-\frac{1}{3}\times 1$

16 $y=ax(a\neq0)$, $y=\frac{a}{x}(a\neq0)$의 그래프는 $a<0$일 때 제2사분면과 제4사분면을 지난다.
따라서 제2사분면과 제4사분면을 지나는 것은 ②, ④이다.

17 x좌표와 y좌표가 모두 정수가 되려면 양수 x는 9의 약수인 1, 3, 9이어야 한다.
따라서 정수인 점은 $(1, -9)$, $(3, -3)$, $(9, -1)$, $(-1, 9)$, $(-3, 3)$, $(-9, 1)$의 6개이다.

18 $y=\frac{a}{x}(a\neq0)$로 놓고 $x=-6$, $y=4$를 대입하면

$4=\frac{a}{-6}$, $a=-24$ $\qquad\therefore y=-\frac{24}{x}$

$y=-\frac{24}{x}$에 $x=3$, $y=k$를 대입하면

$k=-\frac{24}{3}=-8$

19 (2) $y=\frac{1}{6}x$에 $x=84$를 대입하면 $y=\frac{1}{6}\times84=14$
따라서 지구에서의 몸무게가 84 kg인 우주 비행사가 달에 착륙했을 때의 몸무게는 14 kg이다.

20 (1) y가 x에 반비례하므로 $y=\frac{a}{x}(a\neq0)$로 놓고
$x=1.5$, $y=1.0$을 대입하면

$1.0=\frac{a}{1.5}$ $\qquad\therefore a=1.5$

따라서 x와 y 사이의 관계를 식으로 나타내면

$y=\frac{1.5}{x}$

(2) $y=\frac{1.5}{x}$에 $x=3$을 대입하면 $y=\frac{1.5}{3}=0.5$
따라서 시력은 0.5이다.

서술형 문제

144쪽

01 $-\frac{9}{4}$ **01-1** 12 **02** 30 **03** 2000번
04 (1) $y=\frac{72}{x}$ (2) 3기압

01 채점 기준 1 b의 값 구하기 … 3점
$y=\frac{12}{x}$에 $x=-4$, $y=b$를 대입하면

$b=\frac{12}{-4}=-3$

채점 기준 2 a의 값 구하기 … 3점
$y=ax$에 $x=-4$, $y=-3$을 대입하면

$-3=-4a$ $\qquad\therefore a=\frac{3}{4}$

채점 기준 3 $a+b$의 값 구하기 … 1점

$a+b=\frac{3}{4}+(-3)=-\frac{9}{4}$

01-1 채점 기준 1 b의 값 구하기 … 3점
$y=-2x$에 $x=-2$, $y=b$를 대입하면
$b=-2\times(-2)=4$

채점 기준 2 a의 값 구하기 … 3점
$y=\frac{a}{x}$에 $x=-2$, $y=4$를 대입하면

$4=\frac{a}{-2}$ $\qquad\therefore a=-8$

채점 기준 3 $b-a$의 값 구하기 … 1점
$b-a=4-(-8)=12$

02 네 점 A, B, C, D를 좌표평면 위에 나타내면 오른쪽 그림과 같다. …… ❶

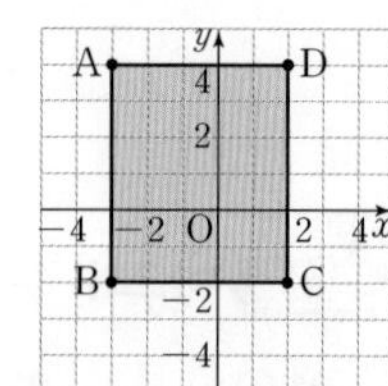

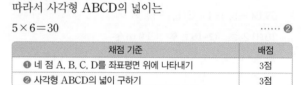

사각형 ABCD에서
(가로의 길이)$=2-(-3)=5$
(세로의 길이)$=4-(-2)=6$
따라서 사각형 ABCD의 넓이는
$5\times6=30$ …… ❷

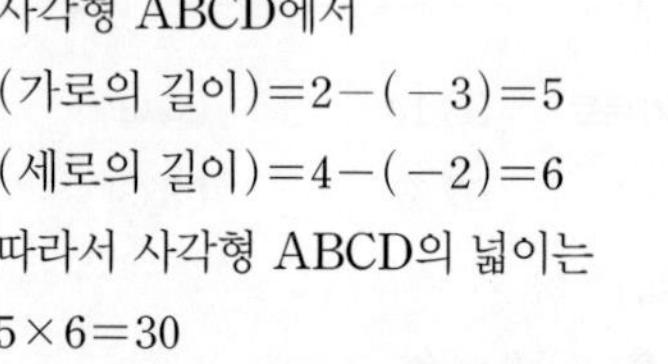

채점 기준	배점
❶ 네 점 A, B, C, D를 좌표평면 위에 나타내기	3점
❷ 사각형 ABCD의 넓이 구하기	3점

03 이 자전거는 1 m 이동하는 데 바퀴가 $\frac{8}{12}=\frac{2}{3}$(번) 회전한다.
x m 이동하는 데 바퀴가 y번 회전한다고 하면

$y=\frac{2}{3}x$ …… ❶

$y=\frac{2}{3}x$에 $x=3000$을 대입하면

$y=\frac{2}{3}\times3000=2000$

따라서 바퀴는 2000번 회전했다. …… ❷

채점 기준	배점
❶ x와 y 사이의 관계를 식으로 나타내기	4점
❷ 바퀴는 몇 번 회전했는지 구하기	3점

04 (1) y가 x에 반비례하므로 $y=\frac{a}{x}(a\neq0)$로 놓고
$x=8$, $y=9$를 대입하면

$9=\frac{a}{8}$ $\qquad\therefore a=72$

따라서 x와 y 사이의 관계를 식으로 나타내면

$y=\frac{72}{x}$ …… ❶

(2) $y=\frac{72}{x}$에 $y=24$를 대입하면

$24=\frac{72}{x}$ $\qquad\therefore x=3$

따라서 기체의 부피가 24 mL일 때, 압력은 3기압이다. …… ❷

채점 기준	배점
❶ x와 y 사이의 관계를 식으로 나타내기	3점
❷ 기체의 부피가 24 mL일 때, 압력은 몇 기압인지 구하기	3점

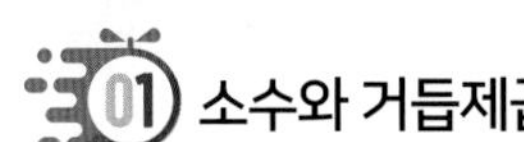

워크북 정답 및 풀이

I. 자연수의 성질

1 소인수분해

01 소수와 거듭제곱

한번 더 개념 확인문제 (2쪽)

01

자연수	약수	약수의 개수	구분
1	1	1	소수도 합성수도 아니다.
2	1, 2	2	소수
3	1, 3	2	소수
4	1, 2, 4	3	합성수
5	1, 5	2	소수
6	1, 2, 3, 6	4	합성수
7	1, 7	2	소수
8	1, 2, 4, 8	4	합성수
9	1, 3, 9	3	합성수
10	1, 2, 5, 10	4	합성수
11	1, 11	2	소수
12	1, 2, 3, 4, 6, 12	6	합성수
13	1, 13	2	소수
14	1, 2, 7, 14	4	합성수
15	1, 3, 5, 15	4	합성수

02 (1) 소 (2) 소 (3) 합 (4) 소 (5) 소 (6) 합 (7) 합 (8) 소

03 (1) 2^4 (2) 3^3 (3) 7^5 (4) $2^3\times3^2$ (5) $3^2\times5^3\times7$
(6) $\left(\frac{1}{11}\right)^2$ (7) $\left(\frac{1}{2}\right)^3\times\left(\frac{1}{3}\right)^2$ (8) $\frac{1}{3\times5^3\times11^2}$

04 (1) 2, 6 (2) 3, 4 (3) 7, 2 (4) 11, 3 (5) $\frac{2}{5}$, 2

02 (1) 19의 약수는 1, 19의 2개이므로 소수이다.
(2) 23의 약수는 1, 23의 2개이므로 소수이다.
(3) 27의 약수는 1, 3, 9, 27의 4개이므로 합성수이다.
(4) 31의 약수는 1, 31의 2개이므로 소수이다.
(5) 43의 약수는 1, 43의 2개이므로 소수이다.
(6) 49의 약수는 1, 7, 49의 3개이므로 합성수이다.
(7) 57의 약수는 1, 3, 19, 57의 4개이므로 합성수이다.
(8) 71의 약수는 1, 71의 2개이므로 소수이다.

한번 더 개념 완성하기 (3쪽)

01 ⑤ **02** ① **03** 11 **04** ①
05 ②, ④ **06** ⑤ **07** 3 **08** 2

01 ⑤ 51의 약수는 1, 3, 17, 51의 4개이므로 합성수이다.

02 소수는 3, 7, 11, 17의 4개이므로 $a=4$
합성수는 15, 21, 39, 45의 4개이므로 $b=4$
$\therefore a-b=4-4=0$

03 20 이하의 자연수 중 합성수는
4, 6, 8, 9, 10, 12, 14, 15, 16, 18, 20의 11개이다.

04 ㄱ. 소수 2는 짝수이다.
ㄴ. 합성수는 약수가 3개 이상이다.
ㄷ. 10보다 작은 소수는 2, 3, 5, 7의 4개이다.

05 ① 두 소수 3과 5의 합은 8이므로 소수가 아니다.
③ 소수가 아닌 수 1은 약수가 1개이다.
④ 2는 짝수 중 유일한 소수이다.
⑤ 1은 소수도 아니고 합성수도 아니다.

06 ⑤ $7+7+7+7+7=7\times5$

07 $3\times3\times3\times3\times3\times3=3^6$이므로 $a=3$, $b=6$
$\therefore b-a=6-3=3$

08 $2\times2\times2\times5\times5\times7=2^3\times5^2\times7$이므로
$a=3$, $b=2$, $c=1$
$\therefore a-b+c=3-2+1=2$

02 소인수분해

한번 더 개념 확인문제 (4쪽)

01 (1) 2, 2, 3, 5 / 2^2, 3, 5 / 2, 3, 5
(2) 2, 2, 3, 3, 3 / 2^2, 3^3 / 2, 3

02 (1) $84=2^2\times3\times7$ / 소인수 : 2, 3, 7
(2) $147=3\times7^2$ / 소인수 : 3, 7

03 (1) 2, 2 / 2^2, 7 / 2, 7 (2) 2, 3, 3 / 2, 3^2, 5 / 2, 3, 5

04 (1) $20=2^2\times5$ / 소인수 : 2, 5
(2) $132=2^2\times3\times11$ / 소인수 : 2, 3, 11

05 (1) $3^2\times7$ (2) 1, 3, 9 (3) 1, 7
(4) (위에서부터) 1, 3, 9, 7, 21, 63 / 1, 3, 7, 9, 21, 63

06 (1) 6 (2) 12 (3) 8 (4) 10 (5) 9

02 (1) 84 → 2, 42 → 2, 21 → 3, 7
→ $84=2^2\times3\times7$
소인수 : 2, 3, 7

(2) 147 → 3, 49 → 7, 7
→ $147=3\times7^2$
소인수 : 3, 7

04 (1) 2) 20
2) 10
5
→ $20=2^2\times5$
소인수 : 2, 5

(2) 2) 132 → $132=2^2\times3\times11$
2) 66 소인수 : 2, 3, 11
3) 33
11

06 (1) $(1+1)\times(2+1)=6$

(2) $(2+1)\times(3+1)=12$

(3) $56=2^3\times7$이므로 약수의 개수는
$(3+1)\times(1+1)=8$

(4) $80=2^4\times5$이므로 약수의 개수는
$(4+1)\times(1+1)=10$

(5) $225=3^2\times5^2$이므로 약수의 개수는
$(2+1)\times(2+1)=9$

한번 더

개념 완성하기

5쪽~6쪽

01 ②, ③	**02** ⑤	**03** ④	**04** 8
05 ⑤	**06** 14	**07** ⑤	**08** ①, ⑤
09 ⑤	**10** ㄹ, ㄷ, ㄱ, ㄴ	**11** 5	
12 ②	**13** ④	**14** 14	**15** 5
16 ③			

01 ① $42=2\times3\times7$
④ $150=2\times3\times5^2$
⑤ $180=2^2\times3^2\times5$

02 ⑤ $126=2\times3^2\times7$

03 $252=2^2\times3^2\times7$이므로 $a=2$, $b=2$, $c=7$
$\therefore a+b+c=2+2+7=11$

04 $270=2\times3^3\times5$이므로 $a=3$, $b=5$
$\therefore a+b=3+5=8$

05 $60=2^2\times3\times5$이므로 소인수는 2, 3, 5이다.
① $28=2^2\times7$이므로 소인수는 2, 7이다.
② $35=5\times7$이므로 소인수는 5, 7이다.
③ $63=3^2\times7$이므로 소인수는 3, 7이다.
④ $84=2^2\times3\times7$이므로 소인수는 2, 3, 7이다.
⑤ $90=2\times3^2\times5$이므로 소인수는 2, 3, 5이다.

06 $140=2^2\times5\times7$이므로 소인수는 2, 5, 7이다.
따라서 140의 모든 소인수의 합은
$2+5+7=14$

07 $56=2^3\times7$이므로 약수를 구하면 다음과 같다.

×	1	2	2^2	2^3
1	1	2	2^2	2^3
7	7	2×7	$2^2\times7$	$2^3\times7$

따라서 ⑤ 2×7^2은 56의 약수가 아니다.

08 $3^3\times5^2$의 약수를 구하면 다음과 같다.

×	1	3	3^2	3^3
1	1	3	9	27
5	5	15	45	135
5^2	25	75	225	675

따라서 $3^3\times5^2$의 약수인 것은 ① 9, ⑤ 225이다.

09 각각의 수의 약수의 개수를 구하면 다음과 같다.
① $11+1=12$
② $(2+1)\times(3+1)=12$
③ $(5+1)\times(1+1)=12$
④ $(1+1)\times(1+1)\times(2+1)=12$
⑤ $(1+1)\times(2+1)\times(2+1)=18$

Self 코칭
자연수 A가 $A=a^l\times b^m\times c^n$ (a, b, c는 서로 다른 소수, l, m, n은 자연수)으로 소인수분해될 때, A의 약수의 개수
→ $(l+1)\times(m+1)\times(n+1)$

10 ㄱ. $30=2\times3\times5$이므로 약수의 개수는
$(1+1)\times(1+1)\times(1+1)=8$
ㄴ. $48=2^4\times3$이므로 약수의 개수는
$(4+1)\times(1+1)=10$
ㄷ. $75=3\times5^2$이므로 약수의 개수는
$(1+1)\times(2+1)=6$
ㄹ. $81=3^4$이므로 약수의 개수는 $4+1=5$
따라서 약수의 개수가 적은 것부터 차례대로 나열하면
ㄹ, ㄷ, ㄱ, ㄴ이다.

11 $(4+1)\times(n+1)=30$에서
$5\times(n+1)=30$, $n+1=6$ $\therefore n=5$

12 $500=2^2\times5^3$이므로 약수의 개수는
$(2+1)\times(3+1)=12$
$2\times3^a\times5$의 약수의 개수가 12이므로
$(1+1)\times(a+1)\times(1+1)=12$에서
$4\times(a+1)=12$, $a+1=3$ $\therefore a=2$

13 $54=2\times3^3$이고, 2와 3의 지수가 짝수가 되어야 하므로 곱해야 하는 가장 작은 자연수는 $2\times3=6$

14 $126=2\times3^2\times7$이고, 2와 7의 지수가 짝수가 되어야 하므로 곱해야 하는 가장 작은 자연수는 $2\times7=14$

15 $80=2^4\times5$이고, 5의 지수가 짝수가 되어야 하므로 나누어야 하는 가장 작은 자연수는 5이다.

16 $50=2\times5^2$이므로 $2\times5^2\times x$가 어떤 자연수의 제곱이 되려면 $x=2\times(\text{자연수})^2$의 꼴이어야 한다.
① $2=2\times1^2$ ② $8=2\times2^2$ ③ $15=3\times5$
④ $18=2\times3^2$ ⑤ $50=2\times5^2$
따라서 자연수 x가 될 수 없는 수는 ③ 15이다.

한번 더 **실력 확인하기** 7쪽

01 5개	**02** ①	**03** ③, ⑤	**04** ④
05 ③	**06** 6	**07** ①	**08** 18

01 약수가 2개인 수는 소수이다.
따라서 30보다 크고 50보다 작은 자연수 중 소수는
31, 37, 41, 43, 47의 5개이다.

02 ㄴ. 5의 배수 중 소수는 5뿐이다.
ㄷ. 합성수는 약수가 3개 이상이다.
ㄹ. 짝수 중 2는 소수이다.

03 ① $4\times3=3+3+3+3\neq3^4$
② $3^4=81$
④ 3을 밑, 4를 지수라 한다.

04 $600=2^3\times3\times5^2$이므로
$a=3$, $b=3$, $c=5$
$\therefore a+b+c=3+3+5=11$

05 ① $20=2^2\times5$이므로 소인수는 2, 5이고, 그 합은 $2+5=7$
② $24=2^3\times3$이므로 소인수는 2, 3이고, 그 합은 $2+3=5$
③ $32=2^5$이므로 소인수는 2이다.
④ $34=2\times17$이므로 소인수는 2, 17이고, 그 합은 $2+17=19$
⑤ $35=5\times7$이므로 소인수는 5, 7이고, 그 합은 $5+7=12$
따라서 소인수의 합이 가장 작은 것은 ③ 32이다.

06 $140=2^2\times5\times7$의 약수 중 7의 배수는 $7\times$(자연수)의 꼴이다.
즉, 7의 배수의 개수는 $2^2\times5$의 약수의 개수와 같다.
따라서 구하는 개수는
$(2+1)\times(1+1)=6$

07 ① $2^3\times2^2=32=2^5$이므로
(약수의 개수)$=5+1=6$
② $2^3\times3^2$에서
(약수의 개수)$=(3+1)\times(2+1)=12$
③ $2^3\times5^2$에서
(약수의 개수)$=(3+1)\times(2+1)=12$
④ $2^3\times7^2$에서
(약수의 개수)$=(3+1)\times(2+1)=12$
⑤ $2^3\times11^2$에서
(약수의 개수)$=(3+1)\times(2+1)=12$

08 $75=3\times5^2$이므로 $3\times5^2\times a$가 어떤 자연수의 제곱이 되려면 지수가 모두 짝수이어야 한다.
따라서 가장 작은 자연수 a는 $a=3$
즉, $75\times a=75\times3=225=15^2$이므로 $b=15$
$\therefore a+b=3+15=18$

03 최대공약수

한번 더 **개념 확인문제** 8쪽

01 1, 2, 3, 6, 9, 18 / 1, 3, 9, 27
(1) 1, 3, 9 (2) 9
02 (1) ○ (2) ○ (3) × (4) ○ (5) ×
(6) ○ (7) × (8) ○ (9) ○ (10) ×
03 (1) $2^2\times3^2$ (2) 2×7 (3) 2×5 (4) $2^2\times3^2\times7$
04 (1) 8 (2) 6 (3) 14 (4) 12

02 (1) 1과 10의 최대공약수는 1이므로 1과 10은 서로소이다.
(2) 3과 7의 최대공약수는 1이므로 3과 7은 서로소이다.
(3) 5와 35의 최대공약수는 5이므로 5와 35는 서로소가 아니다.
(4) 7과 20의 최대공약수는 1이므로 7과 20은 서로소이다.
(5) 9와 12의 최대공약수는 3이므로 9와 12는 서로소가 아니다.
(6) 10과 21의 최대공약수는 1이므로 10과 21은 서로소이다.
(7) 13과 52의 최대공약수는 13이므로 13과 52는 서로소가 아니다.
(8) 21과 38의 최대공약수는 1이므로 21과 38은 서로소이다.
(9) 25와 49의 최대공약수는 1이므로 25와 49는 서로소이다.
(10) 30과 51의 최대공약수는 3이므로 30과 51은 서로소가 아니다.

04 (1)
2) 16 24
2) 8 12
2) 4 6
2 3
$\therefore$ (최대공약수)$=2\times2\times2=8$

(2)
2) 24 18
3) 12 9
4 3
$\therefore$ (최대공약수)$=2\times3=6$

(3)
2) 28 42 70
7) 14 21 35
2 3 5
$\therefore$ (최대공약수)$=2\times7=14$

(4)
2) 60 72 96
2) 30 36 48
3) 15 18 24
5 6 8
$\therefore$ (최대공약수)$=2\times2\times3=12$

한번 더 **개념 완성하기** 9쪽

01 6	**02** ⑤	**03** ③, ④	**04** 6
05 ②	**06** 5	**07** 1, 2, 3, 4, 6, 9, 12, 18, 36	
08 ②, ⑤			

01 두 수의 공약수는 두 수의 최대공약수인 20의 약수이므로 1, 2, 4, 5, 10, 20의 6개이다.

02 두 수의 공약수는 두 수의 최대공약수인 $3^2\times5^3$의 약수이다.
② $15=3\times5$이므로 $3^2\times5^3$의 약수이다.
⑤ $135=3^3\times5$이므로 $3^2\times5^3$의 약수가 아니다.

03 두 수의 최대공약수를 각각 구하면 다음과 같다.
① 5 ② 3 ③ 1 ④ 1 ⑤ 13
따라서 두 수가 서로소인 것은 ③, ④이다.

04 $12=2^2\times3$이므로 2의 배수와 3의 배수는 12와 서로소가 될 수 없다.
따라서 12와 서로소인 수는 23, 25, 29, 31, 35, 37의 6개이다.

05
$$\begin{array}{rl} & 2\times3^2\quad\times7 \\ & 2^2\times3^2\times5 \\ & 2^3\times3^2\times5^2 \\ \hline (\text{최대공약수})= & 2\times3^2 \end{array}$$

06
$$\begin{array}{rl} & 2^3\times3^a\times7^2 \\ & 2^b\times3^3\times7 \\ \hline (\text{최대공약수})= & 2^2\times3^2\times7^c \end{array}$$
따라서 $a=2$, $b=2$, $c=1$이므로
$a+b+c=2+2+1=5$

07 두 수의 최대공약수는 $2^2\times3^2$이므로 공약수는 $2^2\times3^2$의 약수이다. 따라서 두 수의 공약수는 1, 2, 3, $2^2=4$, $2\times3=6$, $3^2=9$, $2^2\times3=12$, $2\times3^2=18$, $2^2\times3^2=36$이다.

08 $180=2^2\times3^2\times5$, $270=2\times3^3\times5$, $450=2\times3^2\times5^2$의 최대공약수는 $2\times3^2\times5$이므로 세 수의 공약수는 $2\times3^2\times5$의 약수이다.

04 최소공배수

한번 더 **개념 확인문제** 10쪽

01 8, 16, 24, 32, 40, 48 / 12, 24, 36, 48, 60, 72
(1) 24, 48, ⋯ (2) 24
02 (1) $2^3\times3\times7$ (2) $2^4\times3\times5$ (3) $2^3\times3^2\times5^4\times7$
(4) $2^3\times3^2$ (5) $2^2\times3\times5\times7$
03 (1) 120 (2) 40
04 (1) 2×5, $2^2\times5^2\times7^2$ (2) $2^2\times3$, $2^3\times3^2\times5\times7$
05 (1) 9, 180 (2) 6, 120

03 (1)
$$\begin{array}{r|rr} 2 & 20 & 24 \\ \hline 2 & 10 & 12 \\ \hline & 5 & 6 \end{array}$$
∴ (최소공배수)$=2\times2\times5\times6=120$

(2)
$$\begin{array}{r|rrr} 2 & 4 & 8 & 10 \\ \hline 2 & 2 & 4 & 5 \\ \hline & 1 & 2 & 5 \end{array}$$
∴ (최소공배수)$=2\times2\times1\times2\times5=40$

05 (1)
$$\begin{array}{r|rrr} \boxed{3} & 18 & 36 & 45 \\ \hline \boxed{3} & 6 & 12 & 15 \\ \hline 2 & 2 & 4 & 5 \\ \hline & 1 & 2 & 5 \end{array}$$
∴ (최대공약수)$=3\times3=9$
(최소공배수)$=3\times3\times2\times1\times2\times5=180$

(2)
$$\begin{array}{r|rrr} \boxed{2} & 24 & 30 & 60 \\ \hline \boxed{3} & 12 & 15 & 30 \\ \hline 2 & 4 & 5 & 10 \\ \hline 5 & 2 & 5 & 5 \\ \hline & 2 & 1 & 1 \end{array}$$
∴ (최대공약수)$=2\times3=6$
(최소공배수)$=2\times3\times2\times5\times2\times1\times1=120$

한번 더 **개념 완성하기** 11쪽

01 ③	**02** 160	**03** ④	**04** 16
05 ④	**06** 5	**07** ③	**08** 11

01 두 수의 공배수는 두 수의 최소공배수인 8의 배수이다.
따라서 두 수의 공배수가 아닌 것은 ③ 28이다.

02 세 수의 공배수는 세 수의 최소공배수인 32의 배수이므로 32, 64, 96, ⋯이다.
이때 $32\times4=128$, $32\times5=160$이므로 세 수의 공배수 중 150에 가장 가까운 수는 160이다.

03
$$\begin{array}{rl} & 3\times5^2 \\ & 2\times3^2\times5 \\ & 2^2\qquad\times5\times7 \\ \hline (\text{최소공배수})= & 2^2\times3^2\times5^2\times7 \end{array}$$

04
$$\begin{array}{rl} & 2\times3^a\times5 \\ & 2^b\qquad\times5^2\times c \\ \hline (\text{최소공배수})= & 2^3\times3^2\times5^2\times11 \end{array}$$
따라서 $a=2$, $b=3$, $c=11$이므로
$a+b+c=2+3+11=16$

05 $36=2^2\times3^2$, $45=3^2\times5$, $60=2^2\times3\times5$의 최소공배수는 $2^2\times3^2\times5$이므로 세 수의 공배수는 $2^2\times3^2\times5$의 배수이다.
따라서 세 수의 공배수가 아닌 것은 ④ $2^3\times3\times5^2$이다.

Self 코칭
공배수를 찾으려면 최소공배수를 먼저 구한 다음 그 배수를 찾는다.

06 두 수의 최소공배수는 $2^3\times3\times7=168$이므로 공배수는 168의 배수이다.
따라서 구하는 자연수는 168, 336, 504, 672, 840의 5개이다.

07
$$\begin{array}{rl} & 2^2\times3^a \\ & \quad 3^3\times b \\ \hline (\text{최대공약수})= & \quad 3^2 \quad \Rightarrow a=2 \\ (\text{최소공배수})= & 2^2\times3^3\times5 \quad \Rightarrow b=5 \end{array}$$
$\therefore b-a=5-2=3$

Self 코칭
최대공약수를 구할 때는 공통인 소인수의 거듭제곱에서 지수가 작거나 같은 것을, 최소공배수를 구할 때는 공통인 소인수의 거듭제곱에서 지수가 크거나 같은 것을 택한다.

08
$$\begin{array}{rl} & 2^a\times3^3\quad\times7 \\ & 2^2\times3^b\times c \\ \hline (\text{최대공약수})= & 2^2\times3^3 \\ (\text{최소공배수})= & 2^3\times3^3\times5\times7 \quad \Rightarrow a=3,\ b=3,\ c=5 \end{array}$$
$\therefore a+b+c=3+3+5=11$

05 최대공약수와 최소공배수의 활용

한번 더 개념 완성하기 12쪽

01 8명	02 27명	03 13, 26	04 28
05 13	06 118	07 72	08 $\frac{60}{7}$

01 56, 40, 32의 최대공약수는 8이므로 나누어 줄 수 있는 학생 수는 8명이다.

02 84와 78의 최대공약수는 6이므로 반의 수는 6개이다.
따라서 각 반에 속하는 남학생과 여학생은
남학생 : $84\div6=14$(명)
여학생 : $78\div6=13$(명)
이므로 한 반의 학생 수는 $14+13=27$(명)

03 어떤 자연수는 $27-1=26$, $55-3=52$의 공약수이다.
26과 52의 최대공약수는 26이므로 구하는 수는 26의 약수 중 3보다 큰 수인 13, 26이다.

04 어떤 자연수는 $90-6=84$, $110+2=112$의 공약수이다.
84와 112의 최대공약수는 28이므로 구하는 가장 큰 자연수는 28이다.

05 3, 4, 6 중 어느 수로 나누어도 1이 남는 자연수를 A라 하면 $A-1$은 3, 4, 6의 공배수이다.
3, 4, 6의 최소공배수는 12이므로
$A-1=12, 24, 36, \cdots$
따라서 $A=13, 25, 37, \cdots$이므로 구하는 가장 작은 자연수는 13이다.

06 4로 나누면 2가 남고, 5로 나누면 3이 남고, 6으로 나누면 4가 남는 자연수를 A라 하면 $A+2$는 4, 5, 6으로 나누어떨어진다.
즉, $A+2$는 4, 5, 6의 공배수이다.
4, 5, 6의 최소공배수는 60이므로
$A+2=60, 120, 180, \cdots$
따라서 $A=58, 118, 178, \cdots$이므로 구하는 수는 118이다.

07 두 분수 중 어느 것에 곱하여도 그 결과가 자연수가 되게 하는 가장 작은 자연수는 24와 36의 최소공배수이므로 72이다.

08 구하는 분수는
$$\frac{(15,\ 12\text{의 최소공배수})}{(28,\ 35\text{의 최대공약수})}=\frac{60}{7}$$

한번 더 실력 확인하기 13쪽

01 4개	02 ②	03 480	04 ④
05 ④	06 30개	07 오전 6시 50분	
08 4번			

01 9와 서로소인 수는 4, 17, 20, 25의 4개이다.

02 두 수의 최대공약수는 $3^2\times7$
공약수의 개수는 최대공약수의 약수의 개수와 같으므로
$(2+1)\times(1+1)=6$

03 $15=3\times5$, $24=2^3\times3$, $40=2^3\times5$의 최소공배수는
$2^3\times3\times5=120$이므로 세 수의 공배수는 120의 배수이다.
즉, 120, 240, 360, 480, 600, …이므로 공배수 중 500에 가장 가까운 수는 480이다.

04
$$\begin{array}{rl} & 2^a\times3^2 \\ & 2^4\times3^b\times7 \\ \hline (\text{최대공약수})= & 2^3\times3^2 \quad \Rightarrow a=3 \\ (\text{최소공배수})= & 2^4\times3^4\times c \quad \Rightarrow b=4,\ c=7 \end{array}$$
$\therefore a+b+c=3+4+7=14$

05
$$\begin{array}{r|rrr} x & 3\times x & 9\times x & 12\times x \\ \hline 3 & 3 & 9 & 12 \\ \hline & 1 & 3 & 4 \end{array}$$
세 수의 최소공배수가 180이므로
$x\times3\times1\times3\times4=180 \qquad \therefore x=5$
따라서 구하는 세 수의 최대공약수는
$x\times3=5\times3=15$

06 90, 54, 36의 최대공약수는 18이므로 정육면체의 한 모서리의 길이는 18 cm이다.
따라서 만들 수 있는 나무토막은
가로 : $90 \div 18 = 5$(개)
세로 : $54 \div 18 = 3$(개)
높이 : $36 \div 18 = 2$(개)
이므로 $5 \times 3 \times 2 = 30$(개)

07 두 버스가 처음으로 다시 동시에 출발하는 때는 10과 25의 최소공배수만큼 지난 후이다.
10과 25의 최소공배수는 50이므로 두 버스가 오전 6시 이후 처음으로 다시 동시에 출발하는 시각은 50분 후인 오전 6시 50분이다.

08 90과 72의 최소공배수는 360이므로 톱니바퀴 A는 $360 \div 90 = 4$(번) 회전해야 한다.

한번 더 실전! 중단원 마무리

14쪽 ~ 15쪽

01 ③	**02** 0	**03** ⑤	**04** 2
05 3^2, 5^2, 3×5^2, $3^2\times5$	**06** ③	**07** 35	
08 ③, ④	**09** 5	**10** 50	**11** 12개
12 31			

서술형 문제

13 28 **14** 12 cm

01 소수는 19, 47, 53의 3개이다.

02 $2\times2\times5\times5\times5\times3\times3\times5=2^2\times3^2\times5^4$이므로
$a=2$, $b=2$, $c=4$
$\therefore a+b-c=2+2-4=0$

03 $420=2^2\times3\times5\times7$이므로 소인수는 2, 3, 5, 7이다.

04 $16\times54=2^4\times2\times3^3=2^5\times3^3$이므로
$a=5$, $b=3$
$\therefore a-b=5-3=2$

05 3^3은 3의 지수가 2보다 크므로 $3^2\times5^3$의 약수가 아니다.
$3^2\times5^4$은 5의 지수가 3보다 크므로 $3^2\times5^3$의 약수가 아니다.

06 $2^a\times25=2^a\times5^2$의 약수의 개수가 12이므로
$(a+1)\times(2+1)=12$, $a+1=4$ $\therefore a=3$

07 $140=2^2\times5\times7$이고, 5와 7의 지수가 짝수가 되어야 하므로 곱해야 하는 가장 작은 자연수는 $5\times7=35$

08 $28=2^2\times7$, $2^3\times7^2$, $84=2^2\times3\times7$의 최대공약수는 $2^2\times7$이므로 세 수의 공약수는 $2^2\times7$의 약수이다.
따라서 세 수의 공약수는 ③ 2×7, ④ $2^2\times7$이다.

09
$$2^a\times3^3\times5^b$$
$$2^3\times3^c\times5^2$$
(최대공약수)$=2^2\times3^3\times5^2$ → $a=2$
(최소공배수)$=2^3\times3^5\times5^2$ → $b=2$, $c=5$
$\therefore a-b+c=2-2+5=5$

10 30과 A의 최대공약수가 10이고,
$30=10\times3$이므로
$A=10\times a$ (3, a는 서로소)라 하자.
이때 두 수의 최소공배수가 150이므로
$10\times3\times a=150$ $\therefore a=5$
$\therefore A=10\times5=50$

$$10\,\underline{)\,30\quad A}$$
$$3\quad a$$

11 최대로 구성할 수 있는 모둠의 수는 48과 60의 최대공약수이다. $48=2^4\times3$, $60=2^2\times3\times5$의 최대공약수는 $2^2\times3=12$이므로 최대로 구성할 수 있는 모둠은 12개이다.

12 2, 5, 6 중 어느 수로 나누어도 1이 남는 자연수를 x라 하면 $x-1$은 2, 5, 6의 공배수이다.
2, 5, 6의 최소공배수는 30이므로
$x-1=30, 60, 90, \cdots$
따라서 $x=31, 61, 91, \cdots$이므로 구하는 가장 작은 자연수는 31이다.

서술형 문제

13 25보다 크고 30보다 작은 자연수는 26, 27, 28, 29이다. …… ❶
이때 $26=2\times13$, $27=3^3$, $28=2^2\times7$이므로
2개의 소인수를 가지는 수는 26, 28이고 …… ❷
이 중 두 소인수의 합이 9인 것은 28이다. …… ❸

채점 기준	배점
❶ (가)를 만족시키는 수 구하기	1점
❷ (가), (나)를 만족시키는 수 구하기	2점
❸ (가), (나), (다)를 만족시키는 수 구하기	2점

14 벽화를 만들 때 정사각형 모양의 타일을 빈틈없이 붙이려면 타일의 한 변의 길이는 504와 132의 공약수가 되어야 한다.
이때 되도록 큰 타일을 사용하려면 타일의 한 변의 길이는 504와 132의 최대공약수가 되어야 한다. …… ❶
$504=2^3\times3^2\times7$, $132=2^2\times3\times11$이므로
504와 132의 최대공약수는 $2^2\times3=12$ …… ❷
따라서 구하는 타일의 한 변의 길이는 12 cm이다. …… ❸

채점 기준	배점
❶ 타일의 한 변의 길이에 대한 조건 알기	2점
❷ 504와 132의 최대공약수 구하기	3점
❸ 타일의 한 변의 길이 구하기	1점

1 정수와 유리수

01 정수와 유리수

한번 더 개념 확인문제 16쪽

01 (1) -5 ℃ (2) $+30$분 (3) -4 kg (4) $+300$ m
(5) -1000원 (6) $+15$점 (7) -2층

02 (1) $+2$ (2) -5 (3) $+\frac{1}{3}$ (4) $-\frac{4}{7}$
(5) $+3.2$ (6) -0.6

03 (1) $+\frac{21}{7}$, 5 (2) -10, 0, -3, $+\frac{21}{7}$, 5
(3) -2.7, -10, -3 (4) -2.7, $+\frac{3}{2}$

04 (1) × (2) × (3) ○

05 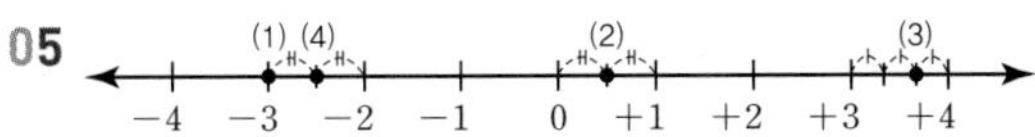

04 (1) 음의 정수가 아닌 정수는 0 또는 양의 정수이다.
(2) $\frac{1}{3}$은 유리수이지만 정수가 아니다.

05 (3) $+\frac{11}{3}=+3\frac{2}{3}$

한번 더 개념 완성하기 17쪽

01 ③, ⑤ 02 5 03 ③, ⑤ 04 ㄱ, ㄷ
05 ⑤ 06 ②

01 ① 자연수는 8의 1개이다.
② 음의 정수는 -2, $-\frac{16}{4}(=-4)$의 2개이다.
③ 양수는 $+4.5$, 0.3, 8의 3개이다.
④ 음의 유리수는 -2, $-\frac{16}{4}$, $-\frac{12}{5}$의 3개이다.
⑤ 정수가 아닌 유리수는 $+4.5$, 0.3, $-\frac{12}{5}$의 3개이다.
따라서 옳은 것은 ③, ⑤이다.

02 정수가 아닌 유리수는 -2.4, $\frac{4}{5}$, $-\frac{2}{3}$의 3개이므로
$a=3$
음의 정수는 $-\frac{18}{6}(=-3)$, -1의 2개이므로
$b=2$
$\therefore a+b=3+2=5$

03 ③ 0은 유리수이다.
⑤ 유리수는 양의 유리수, 0, 음의 유리수로 이루어져 있다.

04 ㄴ. 정수는 양의 정수, 0, 음의 정수로 이루어져 있다.
ㄹ. 유리수 1과 2 사이에는 정수가 없다.
따라서 옳은 것은 ㄱ, ㄷ이다.

05 ⑤ E : $1\frac{1}{4}=\frac{5}{4}$

06 각 점에 대응하는 수는 다음과 같다.
A : $-\frac{3}{2}$, B : -1, C : 0, D : $\frac{2}{3}$, E : $\frac{5}{2}$
② 0은 유리수이므로 $\frac{0}{2}=\frac{0}{3}=\cdots$과 같이 분수 꼴로 나타낼 수 있다.
③ 정수는 -1, 0의 2개이다.
④ 양의 유리수는 $\frac{2}{3}$, $\frac{5}{2}$의 2개이다.
⑤ 정수가 아닌 유리수는 $-\frac{3}{2}$, $\frac{2}{3}$, $\frac{5}{2}$의 3개이다.
따라서 옳지 않은 것은 ②이다.

02 절댓값과 수의 대소 관계

한번 더 개념 확인문제 18쪽

01 (1) 5 (2) 8 (3) $\frac{3}{4}$ (4) 1.5

02 (1) 3 (2) 7 (3) 1.2 (4) $\frac{5}{2}$

03 (1) $+10$, -10 (2) $+\frac{1}{4}$, $-\frac{1}{4}$ (3) 0
(4) $+\frac{3}{5}$ (5) -0.8 (6) $+7$, -7

04 (1) $>$ (2) $<$ (3) $>$ (4) $<$
(5) $<$ (6) $<$ (7) $>$ (8) $>$

05 (1) $a>0$ (2) $a\le-2$ (3) $a>3$
(4) $a<\frac{5}{7}$ (5) $a\le1.9$ (6) $-5<a\le1$
(7) $-\frac{1}{2}\le a<3$ (8) $-\frac{4}{3}\le a<\frac{1}{2}$

04 (4) $\frac{2}{3}=\frac{8}{12}$, $\frac{3}{4}=\frac{9}{12}$이므로
$\frac{2}{3}<\frac{3}{4}$
(6) $-\frac{7}{2}=-\frac{21}{6}$, $-\frac{5}{3}=-\frac{10}{6}$이므로
$-\frac{7}{2}<-\frac{5}{3}$
(8) $-\frac{1}{4}=-\frac{5}{20}$, $-0.3=-\frac{3}{10}=-\frac{6}{20}$이므로
$-\frac{1}{4}>-0.3$

한번 더 **개념 완성하기** 19쪽~20쪽

01 6	**02** 16	**03** $0, \frac{1}{4}, -\frac{5}{7}, -1, 3.5$	
04 ⑤	**05** 2	**06** -5	
07 $a=12,\ b=-12$		**08** 16	**09** ③
10 -5	**11** ④	**12** $-1<a\le\frac{3}{7}$	
13 ⑤	**14** (1) $-1, 0, 1, 2, 3, 4, 5$ (2) $-2, -1, 0, 1, 2$		
15 ⑤	**16** -2		

01 $a=|-8|=8,\ b=|+2|=2$
$\therefore a-b=8-2=6$

02 $a=|-5|=5$
절댓값이 11인 수는 11, -11이므로 $b=11$
$\therefore a+b=5+11=16$

03 각 수의 절댓값은 차례대로 $\frac{1}{4}$, 1, 3.5, 0, $\frac{5}{7}$이므로
절댓값이 작은 수부터 차례대로 나열하면
$0, \frac{1}{4}, -\frac{5}{7}, -1, 3.5$

04 각 수의 절댓값을 구하면 다음과 같다.
① 3 ② $\frac{2}{5}$ ③ 2.4 ④ 0 ⑤ $\frac{7}{2}$
따라서 절댓값이 가장 큰 수는 ⑤ $-\frac{7}{2}$이다.

05 각 수의 절댓값은 차례대로 5, $\frac{10}{3}$, 0, 2.7, 2, $\frac{8}{5}$이므로
절댓값이 큰 수부터 차례대로 나열하면
$-5, \frac{10}{3}, -2.7, 2, \frac{8}{5}, 0$
따라서 네 번째에 오는 수는 2이다.

06 두 수는 원점으로부터 $10\times\frac{1}{2}=5$만큼 떨어진 점에 대응하는 수이므로 5, -5이다.
따라서 두 수 중 작은 수는 -5이다.

Self 코칭
수직선에서 절댓값이 같고 부호가 서로 다른 두 수를 나타내는 두 점 사이의 거리가 a이면
→ 두 수의 차는 a
→ 큰 수는 $\frac{a}{2}$, 작은 수는 $-\frac{a}{2}$

07 두 수는 원점으로부터 $24\times\frac{1}{2}=12$만큼 떨어진 점에 대응하는 수이므로 12, -12이다.
이때 $a>b$이므로 $a=12,\ b=-12$

08 $a=|-8|=8$
a와 b는 절댓값이 같고 부호가 서로 다르므로
$b=-8$
따라서 a, b에 대응하는 두 점 사이의 거리는
$8+8=16$

09 ① 음수는 0보다 작으므로 $0>-2$
② $1.5=\frac{3}{2}=\frac{6}{4}$이므로 $1.5<\frac{7}{4}$
③ $-\frac{1}{2}=-\frac{3}{6},\ -\frac{2}{3}=-\frac{4}{6}$이므로
$-\frac{1}{2}>-\frac{2}{3}$
④ $|-1|=1$이므로 $|-1|>0$
⑤ $\left|-\frac{1}{2}\right|=\frac{1}{2}=\frac{3}{6},\ \left|-\frac{1}{3}\right|=\frac{1}{3}=\frac{2}{6}$이므로
$\left|-\frac{1}{2}\right|>\left|-\frac{1}{3}\right|$
따라서 대소 관계가 옳은 것은 ③이다.

10 작은 수부터 차례대로 나열하면
$-6.5, -5, -\frac{4}{3}, 0, 2.7, +\frac{7}{2}$
이므로 두 번째에 오는 수는 -5이다.

11 작은 수부터 차례대로 나열하면
$-3, -2.1, -\frac{11}{6}, 1.5, 2, \frac{9}{4}$
④ 2보다 큰 수는 $\frac{9}{4}$의 1개이다.

12 a는 -1보다 크고 $\frac{3}{7}$보다 크지 않다.
→ a는 -1보다 크고 $\frac{3}{7}$보다 작거나 같다.
→ $-1<a\le\frac{3}{7}$

13 ⑤ x는 -2보다 작지 않고 2보다 크지 않다.
→ x는 -2보다 크거나 같고 2보다 작거나 같다.
→ $-2\le x\le 2$

14 (1) $-\frac{5}{3}=-1\frac{2}{3}$이므로 $-1\frac{2}{3}<x\le5$를 만족시키는 정수 x는
$-1, 0, 1, 2, 3, 4, 5$
(2) $-\frac{9}{4}=-2\frac{1}{4}$이므로 $-2\frac{1}{4}<x<3$을 만족시키는 정수 x는
$-2, -1, 0, 1, 2$

15 $-\frac{11}{3}=-3\frac{2}{3},\ \frac{23}{7}=3\frac{2}{7}$이므로 두 유리수 사이에 있는 정수는 $-3, -2, -1, 0, 1, 2, 3$의 7개이다.

16 $-2\frac{2}{5}$와 $1\frac{1}{3}$ 사이에 있는 정수는 $-2, -1, 0, 1$이고 이 중 절댓값이 가장 큰 수는 -2이다.

한번 더 실력 확인하기

21쪽

01 ③ 02 -2 03 ⑤ 04 1
05 $a=9$, $b=-9$ 06 ③ 07 ②
08 6개

01 ② 음의 유리수는 $-\frac{3}{4}$, -2, -1.5의 3개이다.

③ 정수는 $+4$, 0, -2, $+\frac{6}{2}$의 4개이다.

④ 절댓값이 2보다 큰 수는 $+4$, $+\frac{6}{2}$의 2개이다.

⑤ $-\frac{3}{4}=-0.75$이므로 -1.5와 $-\frac{3}{4}$ 중 -1에 더 가까운 수는 $-\frac{3}{4}$이다.

따라서 옳지 않은 것은 ③이다.

02 -7과 3을 수직선 위에 나타내면 다음 그림과 같고, 이때 두 수에 대응하는 두 점 사이의 거리는 10이다.

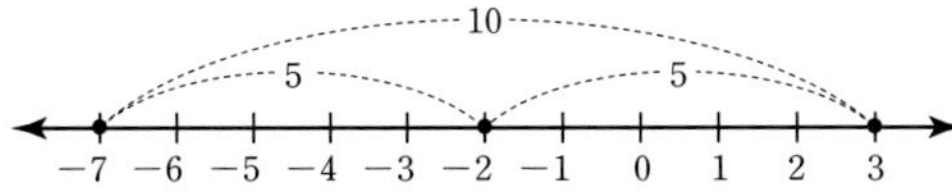

따라서 -7과 3에 대응하는 두 점으로부터 같은 거리에 있는 점에 대응하는 수는 -7에서 오른쪽으로 5만큼 떨어져 있는 -2이다.

03 ① 가장 작은 정수는 알 수 없다.
② 절댓값이 가장 작은 정수는 0이다.
③ 음의 유리수는 절댓값이 클수록 작다.
④ 0.3은 유리수이지만 정수가 아니다.
따라서 옳은 것은 ⑤이다.

04 각 수의 절댓값은 차례대로 $\frac{5}{3}$, 1.7, 3.4, $\frac{3}{2}$, 1이므로 절댓값이 가장 작은 수는 1이다.
따라서 원점에서 가장 가까운 점에 대응하는 수는 1이다.

05 a가 b보다 18만큼 크므로 수직선 위에서 두 수 a, b에 대응하는 두 점 사이의 거리는 18이다.

즉, 두 수는 원점으로부터 $18\times\frac{1}{2}=9$만큼 떨어진 점에 대응하는 수이므로 9, -9이다.
이때 $a>b$이므로 $a=9$, $b=-9$

06 ① $-0.5 \ (>) \ -0.8$

② $\frac{5}{2}=\frac{15}{6}$, $\frac{7}{3}=\frac{14}{6}$이므로 $\frac{5}{2} \ (>) \ \frac{7}{3}$

③ $\left|-\frac{1}{2}\right|=\frac{1}{2}=\frac{5}{10}$이므로 $\left|-\frac{1}{2}\right| \ (<) \ \frac{7}{10}$

④ $\left|-\frac{34}{3}\right|=\frac{34}{3}$이므로 $13 \ (>) \ \left|-\frac{34}{3}\right|$

⑤ $|-4.2|=4.2=\frac{21}{5}=\frac{63}{15}$, $\left|-\frac{11}{3}\right|=\frac{11}{3}=\frac{55}{15}$이므로

$|-4.2| \ (>) \ \left|-\frac{11}{3}\right|$

07 $-\frac{19}{4}=-4\frac{3}{4}$보다 큰 음의 정수는
-4, -3, -2, -1의 4개이므로 $a=4$
-2보다 작지 않고 5 이하인 정수는
-2, -1, 0, 1, 2, 3, 4, 5의 8개이므로 $b=8$
$\therefore a+b=4+8=12$

08 $-\frac{4}{3}=-\frac{16}{12}$, $\frac{1}{4}=\frac{3}{12}$이므로
두 유리수 사이에 있는 분모가 12인 기약분수는
$-\frac{13}{12}$, $-\frac{11}{12}$, $-\frac{7}{12}$, $-\frac{5}{12}$, $-\frac{1}{12}$, $\frac{1}{12}$의 6개이다.

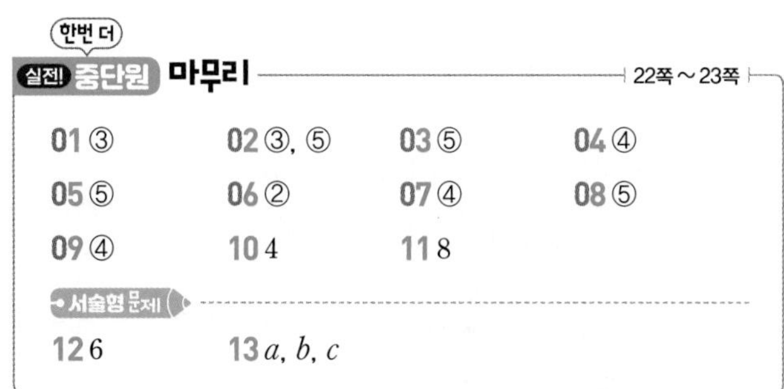

한번 더 실전! 중단원 마무리

22쪽~23쪽

01 ③ 02 ③, ⑤ 03 ⑤ 04 ④
05 ⑤ 06 ② 07 ④ 08 ⑤
09 ④ 10 4 11 8

서술형 문제

12 6 13 a, b, c

01 ③ $+1000$원

02 자연수가 아닌 정수는 0 또는 음의 정수이므로 ③ 0, ⑤ -4이다.

03 ① 정수는 3, 0, $-\frac{12}{4}(=-3)$의 3개이다.

② 주어진 수는 모두 유리수이므로 7개이다.

③ 양의 유리수는 3, $+\frac{1}{2}$, $+5.5$의 3개이다.

④ 음의 유리수는 -2.1, $-\frac{5}{3}$, $-\frac{12}{4}$의 3개이다.

⑤ 정수가 아닌 유리수는 -2.1, $+\frac{1}{2}$, $-\frac{5}{3}$, $+5.5$의 4개이다.

04 ④ 정수는 양의 정수, 0, 음의 정수를 통틀어 말한다.

05 절댓값이 $\frac{7}{2}$인 두 수는 $\frac{7}{2}$, $-\frac{7}{2}$이므로 수직선 위에 나타내면 오른쪽 그림과 같고, 이때 두 수에 대응하는 두 점 사이의 거리는 $2\times\frac{7}{2}=7$

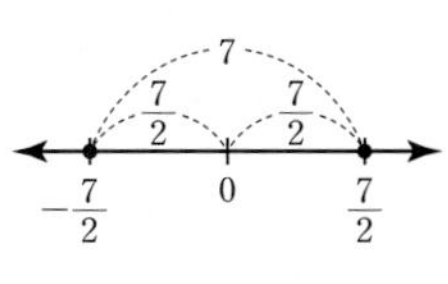

06 각 수의 절댓값을 구하면 다음과 같다.

① $\frac{1}{2}$ ② 0.3 ③ $\frac{2}{3}$ ④ 1 ⑤ $\frac{3}{4}$

$0.3<\frac{1}{2}<\frac{2}{3}<\frac{3}{4}<1$이므로 절댓값이 가장 작은 수는 ② -0.3이다.

07 $-3.4<-\frac{5}{2}<0<1.5<\frac{12}{5}$이므로

수직선에서 가장 오른쪽에 있는 점에 대응하는 수는 $\frac{12}{5}$이다.

08 ① $-4<-2$

② $|-9|=9>3$

③ $\frac{2}{3}=\frac{8}{12}$, $\frac{3}{4}=\frac{9}{12}$이므로 $\frac{2}{3}<\frac{3}{4}$

④ $-\frac{5}{2}=-\frac{15}{6}$, $-\frac{8}{3}=-\frac{16}{6}$이므로 $-\frac{5}{2}>-\frac{8}{3}$

⑤ $\frac{7}{5}=\frac{14}{10}$, $|-1.3|=\frac{13}{10}$이므로 $\frac{7}{5}>|-1.3|$

09 ④ x는 $\frac{2}{3}$보다 작지 않고 4 이하이다.

➜ x는 $\frac{2}{3}$보다 크거나 같고 4 이하이다.

➜ $\frac{2}{3}\le x\le 4$

10 -0.5와 $\frac{10}{3}=3\frac{1}{3}$ 사이에 있는 정수는

0, 1, 2, 3의 4개이다.

11 $-\frac{1}{2}=-\frac{3}{6}$, $\frac{4}{3}=\frac{8}{6}$이므로 두 유리수 사이에 있는 정수가 아닌 유리수 중 분모가 6인 분수는

$-\frac{2}{6}$, $-\frac{1}{6}$, $\frac{1}{6}$, $\frac{2}{6}$, $\frac{3}{6}$, $\frac{4}{6}$, $\frac{5}{6}$, $\frac{7}{6}$의 8개이다.

서술형 문제

12 두 수의 절댓값이 같고, 두 점 A, B 사이의 거리가 12이므로 두 수 a, b는 원점으로부터 $12\times\frac{1}{2}=6$만큼 떨어진 점에 대응하는 수이다.

즉, $a=-6$, $b=6$ 또는 $a=6$, $b=-6$ …… ❶

따라서 $a=-6$ 또는 $a=6$이므로

$|a|=6$ …… ❷

채점 기준	배점
❶ 두 수 a, b의 값을 각각 구하기	4점
❷ $\|a\|$의 값 구하기	2점

13 (가), (나)에서 $b<0$이고 $a<b$이므로 $a<0$ …… ❶

(다)에서 $|a|=|c|$이고 $a<0$이므로 $c>0$ …… ❷

따라서 세 수 a, b, c를 작은 수부터 차례대로 나열하면

a, b, c이다. …… ❸

채점 기준	배점
❶ a의 부호 구하기	2점
❷ c의 부호 구하기	3점
❸ a, b, c를 작은 수부터 차례대로 나열하기	1점

2 정수와 유리수의 계산

01 유리수의 덧셈과 뺄셈

한번 더 개념 확인문제 24쪽~25쪽

01 (1) $(+5)+(+3)=+8$ (2) $(-2)+(-5)=-7$
(3) $(+4)+(-6)=-2$ (4) $(-7)+(+3)=-4$

02 (1) $+5$ (2) -10 (3) $+4$ (4) -6

03 (1) $+3$ (2) $+\frac{7}{6}$ (3) -6 (4) -2 (5) $+\frac{1}{10}$

04 ㉠ 덧셈의 교환법칙, ㉡ 덧셈의 결합법칙

05 (1) $+5$ (2) -2 (3) $-\frac{11}{2}$

06 (1) -3 (2) -8 (3) $+12$ (4) $+2$ (5) $+15$ (6) -7

07 (1) $+\frac{7}{8}$ (2) $+4$ (3) $-\frac{3}{2}$ (4) -0.4 (5) $+2.1$ (6) -8

08 (1) $+6$ (2) -14 (3) $+3$ (4) $-\frac{5}{12}$ (5) $+4$ (6) $+0.5$

09 (1) $+2$ (2) -3 (3) $+1$ (4) $-\frac{7}{12}$ (5) -1 (6) $+5.5$

01 (1) 원점에서 오른쪽으로 5만큼 이동한 후 오른쪽으로 3만큼 이동한 것은 원점에서 오른쪽으로 8만큼 이동한 것과 같다.

➜ $(+5)+(+3)=+8$

(2) 원점에서 왼쪽으로 2만큼 이동한 후 왼쪽으로 5만큼 이동한 것은 원점에서 왼쪽으로 7만큼 이동한 것과 같다.

➜ $(-2)+(-5)=-7$

(3) 원점에서 오른쪽으로 4만큼 이동한 후 왼쪽으로 6만큼 이동한 것은 원점에서 왼쪽으로 2만큼 이동한 것과 같다.

➜ $(+4)+(-6)=-2$

(4) 원점에서 왼쪽으로 7만큼 이동한 후 오른쪽으로 3만큼 이동한 것은 원점에서 왼쪽으로 4만큼 이동한 것과 같다.

➜ $(-7)+(+3)=-4$

02 (2) $(-7)+(-3)=-(7+3)=-10$

(4) $(-12)+(+6)=-(12-6)=-6$

03 (2) $\left(-\frac{1}{3}\right)+\left(+\frac{3}{2}\right)=\left(-\frac{2}{6}\right)+\left(+\frac{9}{6}\right)$

$=+\left(\frac{9}{6}-\frac{2}{6}\right)=+\frac{7}{6}$

(3) $(-3.3)+(-2.7)=-(3.3+2.7)=-6$

(4) $(+2.5)+(-4.5)=-(4.5-2.5)=-2$

(5) $\left(-\frac{3}{5}\right)+(+0.7)=\left(-\frac{6}{10}\right)+\left(+\frac{7}{10}\right)$

$=+\left(\frac{7}{10}-\frac{6}{10}\right)=+\frac{1}{10}$

05 (1) $(-10)+(+5)+(+10)$

$=(-10)+(+10)+(+5)$

$=\{(-10)+(+10)\}+(+5)$

$=0+(+5)=+5$

(2) $\left(+\frac{2}{5}\right)+(-1)+\left(-\frac{7}{5}\right)=\left(+\frac{2}{5}\right)+\left(-\frac{7}{5}\right)+(-1)$

$=\left\{\left(+\frac{2}{5}\right)+\left(-\frac{7}{5}\right)\right\}+(-1)$

$=(-1)+(-1)=-2$

(3) $(-4.7)+\left(+\frac{1}{2}\right)+(-1.3)$

$=(-4.7)+(-1.3)+\left(+\frac{1}{2}\right)$

$=\{(-4.7)+(-1.3)\}+\left(+\frac{1}{2}\right)$

$=(-6)+\left(+\frac{1}{2}\right)=-\frac{11}{2}$

06 (1) $(+6)-(+9)=(+6)+(-9)=-(9-6)=-3$

(2) $(-3)-(+5)=(-3)+(-5)=-(3+5)=-8$

(3) $(+5)-(-7)=(+5)+(+7)=+(5+7)=+12$

(4) $(-8)-(-10)=(-8)+(+10)=+(10-8)=+2$

(5) $(+12)-(-3)=(+12)+(+3)=+(12+3)=+15$

(6) $(-15)-(-8)=(-15)+(+8)=-(15-8)=-7$

07 (1) $\left(+\frac{1}{8}\right)-\left(-\frac{3}{4}\right)=\left(+\frac{1}{8}\right)+\left(+\frac{6}{8}\right)$

$=+\left(\frac{1}{8}+\frac{6}{8}\right)=+\frac{7}{8}$

(2) $\left(-\frac{1}{2}\right)-\left(-\frac{9}{2}\right)=\left(-\frac{1}{2}\right)+\left(+\frac{9}{2}\right)$

$=+\left(\frac{9}{2}-\frac{1}{2}\right)=+\frac{8}{2}=+4$

(3) $\left(-\frac{4}{3}\right)-\left(+\frac{1}{6}\right)=\left(-\frac{8}{6}\right)+\left(-\frac{1}{6}\right)$

$=-\left(\frac{8}{6}+\frac{1}{6}\right)=-\frac{9}{6}=-\frac{3}{2}$

(4) $(+3.9)-(+4.3)=(+3.9)+(-4.3)$

$=-(4.3-3.9)=-0.4$

(5) $(-4.6)-(-6.7)=(-4.6)+(+6.7)$

$=+(6.7-4.6)=+2.1$

(6) $(-7.5)-\left(+\frac{1}{2}\right)=\left(-\frac{15}{2}\right)+\left(-\frac{1}{2}\right)$

$=-\left(\frac{15}{2}+\frac{1}{2}\right)=-\frac{16}{2}=-8$

08 (1) $(+2)+(-3)-(-7)=(+2)+(-3)+(+7)$

$=(+2)+(+7)+(-3)$

$=\{(+2)+(+7)\}+(-3)$

$=(+9)+(-3)=+6$

(2) $(-7)-(+2)+(-5)=(-7)+(-2)+(-5)$

$=-(7+2+5)=-14$

(3) $\left(-\frac{3}{4}\right)+\left(+\frac{5}{2}\right)-\left(-\frac{5}{4}\right)=\left(-\frac{3}{4}\right)+\left(+\frac{5}{2}\right)+\left(+\frac{5}{4}\right)$

$=\left(-\frac{3}{4}\right)+\left(+\frac{5}{4}\right)+\left(+\frac{5}{2}\right)$

$=\left\{\left(-\frac{3}{4}\right)+\left(+\frac{5}{4}\right)\right\}+\left(+\frac{5}{2}\right)$

$=\left(+\frac{1}{2}\right)+\left(+\frac{5}{2}\right)=+3$

(4) $\left(-\frac{1}{2}\right)-\left(-\frac{1}{3}\right)-\left(+\frac{1}{4}\right)$

$=\left(-\frac{1}{2}\right)+\left(+\frac{1}{3}\right)+\left(-\frac{1}{4}\right)$

$=\left\{\left(-\frac{6}{12}\right)+\left(+\frac{4}{12}\right)\right\}+\left(-\frac{3}{12}\right)$

$=\left(-\frac{2}{12}\right)+\left(-\frac{3}{12}\right)=-\frac{5}{12}$

(5) $(+5.3)+(-2.8)-(-1.5)$

$=(+5.3)+(-2.8)+(+1.5)$

$=(+5.3)+(+1.5)+(-2.8)$

$=\{(+5.3)+(+1.5)\}+(-2.8)$

$=(+6.8)+(-2.8)=+4$

(6) $(-1.2)-(-3.4)+(-1.7)$

$=(-1.2)+(+3.4)+(-1.7)$

$=(+3.4)+(-1.2)+(-1.7)$

$=(+3.4)+\{(-1.2)+(-1.7)\}$

$=(+3.4)+(-2.9)=+0.5$

09 (1) $-3+1+4=(-3)+(+1)+(+4)$

$=(-3)+\{(+1)+(+4)\}$

$=(-3)+(+5)=+2$

(2) $7-2+3-11$

$=(+7)-(+2)+(+3)-(+11)$

$=(+7)+(-2)+(+3)+(-11)$

$=(+7)+(+3)+(-2)+(-11)$

$=\{(+7)+(+3)\}+\{(-2)+(-11)\}$

$=(+10)+(-13)=-3$

(3) $\frac{3}{2}-\frac{2}{3}+\frac{1}{6}=\left(+\frac{3}{2}\right)-\left(+\frac{2}{3}\right)+\left(+\frac{1}{6}\right)$

$=\left(+\frac{3}{2}\right)+\left(-\frac{2}{3}\right)+\left(+\frac{1}{6}\right)$

$=\left\{\left(+\frac{9}{6}\right)+\left(-\frac{4}{6}\right)\right\}+\left(+\frac{1}{6}\right)$

$=\left(+\frac{5}{6}\right)+\left(+\frac{1}{6}\right)=+1$

(4) $\frac{3}{4}-\frac{5}{2}-\frac{1}{3}+\frac{3}{2}$

$=\left(+\frac{3}{4}\right)-\left(+\frac{5}{2}\right)-\left(+\frac{1}{3}\right)+\left(+\frac{3}{2}\right)$

$=\left(+\frac{3}{4}\right)+\left(-\frac{5}{2}\right)+\left(-\frac{1}{3}\right)+\left(+\frac{3}{2}\right)$

$=\left(+\frac{3}{4}\right)+\left(-\frac{1}{3}\right)+\left(-\frac{5}{2}\right)+\left(+\frac{3}{2}\right)$

$=\left\{\left(+\frac{9}{12}\right)+\left(-\frac{4}{12}\right)\right\}+\left\{\left(-\frac{5}{2}\right)+\left(+\frac{3}{2}\right)\right\}$

$=\left(+\frac{5}{12}\right)+(-1)$

$=-\frac{7}{12}$

(5) $1.8+4.5-7.3=(+1.8)+(+4.5)-(+7.3)$

$=(+1.8)+(+4.5)+(-7.3)$

$=\{(+1.8)+(+4.5)\}+(-7.3)$

$=(+6.3)+(-7.3)=-1$

(6) $-2+3.7-1.2+5$

$=(-2)+(+3.7)-(+1.2)+(+5)$

$=(-2)+(+3.7)+(-1.2)+(+5)$

$=(-2)+(+5)+(+3.7)+(-1.2)$

$=\{(-2)+(+5)\}+\{(+3.7)+(-1.2)\}$

$=(+3)+(+2.5)=+5.5$

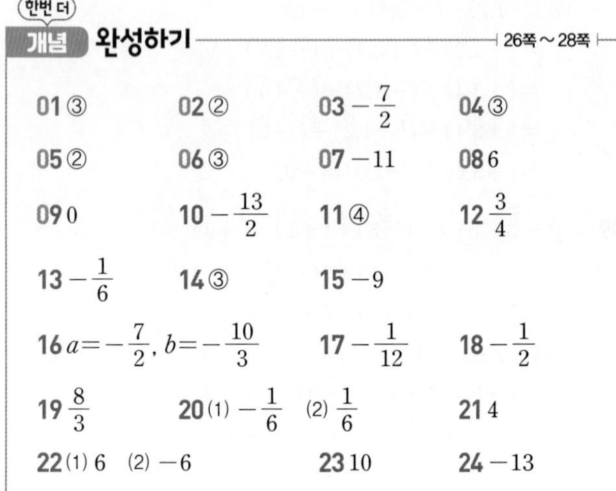

한번 더 **개념 완성하기** 26쪽～28쪽

01 ③	**02** ②	**03** $-\frac{7}{2}$	**04** ③
05 ②	**06** ③	**07** -11	**08** 6
09 0	**10** $-\frac{13}{2}$	**11** ④	**12** $\frac{3}{4}$
13 $-\frac{1}{6}$	**14** ③	**15** -9	
16 $a=-\frac{7}{2}$, $b=-\frac{10}{3}$		**17** $-\frac{1}{12}$	**18** $-\frac{1}{2}$
19 $\frac{8}{3}$	**20** (1) $-\frac{1}{6}$ (2) $\frac{1}{6}$		**21** 4
22 (1) 6 (2) -6		**23** 10	**24** -13

01 ③ $\left(-\frac{3}{2}\right)+\left(-\frac{5}{2}\right)=-\frac{8}{2}=-4$

02 ① $(+3)+(-4)=-1$

② $(-1)+\left(-\frac{3}{2}\right)=-\frac{5}{2}$

③ $(-2)+\left(+\frac{3}{4}\right)=\left(-\frac{8}{4}\right)+\left(+\frac{3}{4}\right)=-\frac{5}{4}$

④ $(+2)+(+1.5)=3.5$

⑤ $(-3.5)+(+1.2)=-2.3$

따라서 계산 결과가 가장 작은 것은 ②이다.

03 $a=(-3.2)+(-1.8)=-5$

$b=\left(-\frac{1}{3}\right)+\left(+\frac{11}{6}\right)=\left(-\frac{2}{6}\right)+\left(+\frac{11}{6}\right)=\frac{9}{6}=\frac{3}{2}$

$\therefore a+b=(-5)+\frac{3}{2}=\left(-\frac{10}{2}\right)+\frac{3}{2}=-\frac{7}{2}$

04 원점에서 왼쪽으로 2만큼 이동한 후 오른쪽으로 5만큼 이동한 것은 원점에서 오른쪽으로 3만큼 이동한 것과 같다.

→ $(-2)+(+5)=+3$

05 원점에서 왼쪽으로 6만큼 이동한 후 왼쪽으로 2만큼 이동한 것은 원점에서 왼쪽으로 8만큼 이동한 것과 같다.

→ $(-6)+(-2)=-8$

06 ③ $\left(-\frac{1}{3}\right)-\left(-\frac{4}{3}\right)=\left(-\frac{1}{3}\right)+\left(+\frac{4}{3}\right)=1$

07 $a=\left(-\frac{7}{2}\right)-\left(+\frac{1}{2}\right)=\left(-\frac{7}{2}\right)+\left(-\frac{1}{2}\right)=-\frac{8}{2}=-4$

$b=(+1)-(-6)=(+1)+(+6)=7$

$\therefore a-b=(-4)-7=-11$

08 가장 큰 수는 $+2.5$, 가장 작은 수는 $-\frac{7}{2}$이므로 구하는 차는

$(+2.5)-\left(-\frac{7}{2}\right)=\left(+\frac{5}{2}\right)+\left(+\frac{7}{2}\right)=\frac{12}{2}=6$

09 $(-0.25)+\left(+\frac{1}{12}\right)-\left(-\frac{5}{6}\right)+\left(-\frac{2}{3}\right)$

$=\left(-\frac{1}{4}\right)+\left(+\frac{1}{12}\right)+\left(+\frac{5}{6}\right)+\left(-\frac{2}{3}\right)$

$=\left(-\frac{1}{4}\right)+\left(-\frac{2}{3}\right)+\left(+\frac{1}{12}\right)+\left(+\frac{5}{6}\right)$

$=\left\{\left(-\frac{3}{12}\right)+\left(-\frac{8}{12}\right)\right\}+\left\{\left(+\frac{1}{12}\right)+\left(+\frac{10}{12}\right)\right\}$

$=\left(-\frac{11}{12}\right)+\left(+\frac{11}{12}\right)=0$

10 $a=(+4)+(-7)-(-12)+(-15)$

$=(+4)+(-7)+(+12)+(-15)$

$=(+4)+(+12)+(-7)+(-15)$

$=\{(+4)+(+12)\}+\{(-7)+(-15)\}$

$=(+16)+(-22)=-6$

$b=\left(+\frac{1}{3}\right)+\left(-\frac{1}{2}\right)+\left(+\frac{3}{2}\right)+\left(-\frac{5}{6}\right)$

$=\left(+\frac{1}{3}\right)+\left(+\frac{3}{2}\right)+\left(-\frac{1}{2}\right)+\left(-\frac{5}{6}\right)$

$=\left\{\left(+\frac{2}{6}\right)+\left(+\frac{9}{6}\right)\right\}+\left\{\left(-\frac{3}{6}\right)+\left(-\frac{5}{6}\right)\right\}$

$=\left(+\frac{11}{6}\right)+\left(-\frac{8}{6}\right)=\frac{3}{6}=\frac{1}{2}$

$\therefore a-b=(-6)-\frac{1}{2}=\left(-\frac{12}{2}\right)+\left(-\frac{1}{2}\right)=-\frac{13}{2}$

11 ① $-3+5-4=(-3)+(+5)-(+4)$

$=(-3)+(+5)+(-4)$

$=(-3)+(-4)+(+5)$

$=\{(-3)+(-4)\}+(+5)$

$=(-7)+(+5)=-2$

② $2-8+5=(+2)-(+8)+(+5)$

$=(+2)+(-8)+(+5)$

$=(+2)+(+5)+(-8)$

$=\{(+2)+(+5)\}+(-8)$

$=(+7)+(-8)=-1$

③ $-9-2+7=(-9)-(+2)+(+7)$

$=(-9)+(-2)+(+7)$

$=\{(-9)+(-2)\}+(+7)$

$=(-11)+(+7)=-4$

④ $1.2-3.7+2=(+1.2)-(+3.7)+(+2)$

$=(+1.2)+(-3.7)+(+2)$

$=\{(+1.2)+(-3.7)\}+(+2)$

$=(-2.5)+(+2)=-0.5$

⑤ $-1+\frac{1}{2}-\frac{5}{4}=(-1)+\left(+\frac{1}{2}\right)-\left(+\frac{5}{4}\right)$

$=(-1)+\left(+\frac{1}{2}\right)+\left(-\frac{5}{4}\right)$

$=(-1)+\left\{\left(+\frac{2}{4}\right)+\left(-\frac{5}{4}\right)\right\}$

$=(-1)+\left(-\frac{3}{4}\right)$

$=\left(-\frac{4}{4}\right)+\left(-\frac{3}{4}\right)=-\frac{7}{4}$

따라서 계산 결과가 가장 큰 것은 ④이다.

12 $\frac{3}{4}-\frac{1}{3}-\frac{1}{2}+\frac{5}{6}$

$=\left(+\frac{3}{4}\right)-\left(+\frac{1}{3}\right)-\left(+\frac{1}{2}\right)+\left(+\frac{5}{6}\right)$

$=\left(+\frac{3}{4}\right)+\left(-\frac{1}{3}\right)+\left(-\frac{1}{2}\right)+\left(+\frac{5}{6}\right)$

$=\left(+\frac{3}{4}\right)+\left(+\frac{5}{6}\right)+\left(-\frac{1}{3}\right)+\left(-\frac{1}{2}\right)$

$=\left\{\left(+\frac{9}{12}\right)+\left(+\frac{10}{12}\right)\right\}+\left\{\left(-\frac{4}{12}\right)+\left(-\frac{6}{12}\right)\right\}$

$=\left(+\frac{19}{12}\right)+\left(-\frac{10}{12}\right)=\frac{9}{12}=\frac{3}{4}$

13 $a=-\frac{1}{2}+\frac{3}{2}-\frac{1}{3}+\frac{1}{6}$

$=\left(-\frac{1}{2}\right)+\left(+\frac{3}{2}\right)-\left(+\frac{1}{3}\right)+\left(+\frac{1}{6}\right)$

$=\left(-\frac{1}{2}\right)+\left(+\frac{3}{2}\right)+\left(-\frac{1}{3}\right)+\left(+\frac{1}{6}\right)$

$=\left(-\frac{1}{2}\right)+\left(-\frac{1}{3}\right)+\left(+\frac{3}{2}\right)+\left(+\frac{1}{6}\right)$

$=\left\{\left(-\frac{3}{6}\right)+\left(-\frac{2}{6}\right)\right\}+\left\{\left(+\frac{9}{6}\right)+\left(+\frac{1}{6}\right)\right\}$

$=\left(-\frac{5}{6}\right)+\left(+\frac{10}{6}\right)=\frac{5}{6}$

$b=-7+3-5+8$

$=(-7)+(+3)-(+5)+(+8)$

$=(-7)+(+3)+(-5)+(+8)$

$=(-7)+(-5)+(+3)+(+8)$

$=\{(-7)+(-5)\}+\{(+3)+(+8)\}$

$=(-12)+(+11)=-1$

$\therefore a+b=\left(+\frac{5}{6}\right)+(-1)=\left(+\frac{5}{6}\right)+\left(-\frac{6}{6}\right)=-\frac{1}{6}$

14 ① $1+3=4$

② $6-2=4$

③ $8-(-4)=8+(+4)=12$

④ $(-1)+5=4$

⑤ $(-3)-(-7)=(-3)+(+7)=4$

따라서 나머지 넷과 다른 하나는 ③이다.

15 $a=3-7=-4$, $b=(-1)+(-4)=-5$

$\therefore a+b=(-4)+(-5)=-9$

16 $a=(-5)+\frac{3}{2}=\left(-\frac{10}{2}\right)+\frac{3}{2}=-\frac{7}{2}$

$b=\left(-\frac{7}{2}\right)-\left(-\frac{1}{6}\right)=\left(-\frac{7}{2}\right)+\frac{1}{6}$

$=\left(-\frac{21}{6}\right)+\frac{1}{6}=-\frac{20}{6}=-\frac{10}{3}$

17 $\square=\left(-\frac{11}{6}\right)-\left(-\frac{7}{4}\right)=\left(-\frac{11}{6}\right)+\left(+\frac{7}{4}\right)$

$=\left(-\frac{22}{12}\right)+\frac{21}{12}=-\frac{1}{12}$

18 $\square=\frac{1}{2}+(-1)=\frac{1}{2}+\left(-\frac{2}{2}\right)=-\frac{1}{2}$

19 어떤 수를 □라 하면 $\square+(-2)=\frac{2}{3}$

$\therefore \square=\frac{2}{3}-(-2)=\frac{2}{3}+2=\frac{2}{3}+\frac{6}{3}=\frac{8}{3}$

20 (1) 어떤 수를 □라 하면 $\square-\frac{1}{3}=-\frac{1}{2}$

$\therefore \square=\left(-\frac{1}{2}\right)+\frac{1}{3}=\left(-\frac{3}{6}\right)+\frac{2}{6}=-\frac{1}{6}$

(2) $\left(-\frac{1}{6}\right)+\frac{1}{3}=\left(-\frac{1}{6}\right)+\frac{2}{6}=\frac{1}{6}$

21 어떤 수를 □라 하면 $\frac{3}{4}+\square=-\frac{5}{2}$

$\therefore \square=\left(-\frac{5}{2}\right)-\frac{3}{4}=\left(-\frac{10}{4}\right)-\frac{3}{4}=-\frac{13}{4}$

따라서 바르게 계산한 답은

$\frac{3}{4}-\left(-\frac{13}{4}\right)=\frac{3}{4}+\frac{13}{4}=\frac{16}{4}=4$

22 x의 절댓값은 1이므로 $x=1$ 또는 $x=-1$

y의 절댓값은 5이므로 $y=5$ 또는 $y=-5$

(1) $x+y$의 값 중 가장 큰 값은 $x=1$, $y=5$일 때이므로 $1+5=6$

(2) $x+y$의 값 중 가장 작은 값은 $x=-1$, $y=-5$일 때이므로 $(-1)+(-5)=-6$

23 x의 절댓값은 7이므로 $x=7$ 또는 $x=-7$

y의 절댓값은 3이므로 $y=3$ 또는 $y=-3$

$x+y$의 값 중 가장 큰 값은 $x=7$, $y=3$일 때이므로

$7+3=10$

24 $|x|=4$이므로 $x=4$ 또는 $x=-4$

$|y|=9$이므로 $y=9$ 또는 $y=-9$

$x-y$의 값 중 가장 작은 값은 $x=-4$, $y=9$일 때이므로

$(-4)-9=-13$

한번 더 **실력 확인하기** 29쪽

01 ②	**02** $-\frac{19}{6}$	**03** 13 ℃	**04** ⑤
05 ④	**06** ①	**07** $-\frac{7}{3}$	**08** -11

01 $a=\left(-\frac{2}{3}\right)+\left(+\frac{5}{6}\right)=\left(-\frac{4}{6}\right)+\left(+\frac{5}{6}\right)=\frac{1}{6}$

$b=\left(-\frac{1}{2}\right)-\left(-\frac{3}{4}\right)-\left(+\frac{2}{3}\right)$

$=\left(-\frac{1}{2}\right)+\left(-\frac{2}{3}\right)+\left(+\frac{3}{4}\right)$

$=\left\{\left(-\frac{6}{12}\right)+\left(-\frac{8}{12}\right)\right\}+\left(+\frac{9}{12}\right)$

$=\left(-\frac{14}{12}\right)+\left(+\frac{9}{12}\right)=-\frac{5}{12}$

$\therefore a+b=\left(+\frac{1}{6}\right)+\left(-\frac{5}{12}\right)=\left(+\frac{2}{12}\right)+\left(-\frac{5}{12}\right)$

$=-\frac{3}{12}=-\frac{1}{4}$

02 각 수의 절댓값은 차례대로 2.4, 3, $\frac{7}{2}$, $\frac{1}{3}$, $\frac{5}{6}$이므로

$a=-\frac{7}{2}$, $b=\frac{1}{3}$

$\therefore a+b=\left(-\frac{7}{2}\right)+\frac{1}{3}=\left(-\frac{21}{6}\right)+\frac{2}{6}=-\frac{19}{6}$

03 $8-(-5)=8+5=13(℃)$

04 $a=(-2)-3=-5$, $b=(-5)+2=-3$

$\therefore b-a=(-3)-(-5)=(-3)+5=2$

05 $|x|=\frac{1}{2}$이므로 $x=\frac{1}{2}$ 또는 $x=-\frac{1}{2}$

$|y|=\frac{1}{6}$이므로 $y=\frac{1}{6}$ 또는 $y=-\frac{1}{6}$

$x-y$의 값 중 가장 큰 값은 $x=\frac{1}{2}$, $y=-\frac{1}{6}$일 때이므로

$\frac{1}{2}-\left(-\frac{1}{6}\right)=\frac{3}{6}+\frac{1}{6}=\frac{4}{6}=\frac{2}{3}$

06 $\frac{3}{2}-\frac{5}{3}-2+\frac{1}{3}$

$=\left(+\frac{3}{2}\right)-\left(+\frac{5}{3}\right)-(+2)+\left(+\frac{1}{3}\right)$

$=\left(+\frac{3}{2}\right)+\left(-\frac{5}{3}\right)+(-2)+\left(+\frac{1}{3}\right)$

$=\left(-\frac{5}{3}\right)+(-2)+\left(+\frac{3}{2}\right)+\left(+\frac{1}{3}\right)$

$=\left\{\left(-\frac{10}{6}\right)+\left(-\frac{12}{6}\right)\right\}+\left\{\left(+\frac{9}{6}\right)+\left(+\frac{2}{6}\right)\right\}$

$=\left(-\frac{22}{6}\right)+\left(+\frac{11}{6}\right)=-\frac{11}{6}$

따라서 $-\frac{11}{6}=-1\frac{5}{6}$에 가장 가까운 정수는 -2이다.

07 어떤 수를 □라 하면 $□-\left(-\frac{5}{4}\right)=\frac{1}{6}$

$\therefore □=\frac{1}{6}+\left(-\frac{5}{4}\right)=\frac{2}{12}+\left(-\frac{15}{12}\right)=-\frac{13}{12}$

따라서 바르게 계산한 답은

$\left(-\frac{13}{12}\right)+\left(-\frac{5}{4}\right)=\left(-\frac{13}{12}\right)+\left(-\frac{15}{12}\right)=-\frac{28}{12}=-\frac{7}{3}$

08 한 변에 놓인 세 수의 합은 $(-3)+4+(-2)=-1$이므로

$(-3)+7+a=-1$, $4+a=-1$

$\therefore a=(-1)-4=-5$

$a+b+(-2)=-1$에서

$(-5)+b+(-2)=-1$, $(-7)+b=-1$

$\therefore b=(-1)-(-7)=(-1)+7=6$

$\therefore a-b=(-5)-6=-11$

02 유리수의 곱셈

한번 더 **개념 확인문제** 30쪽~31쪽

01 (1) $+15$ (2) $+35$ (3) -24 (4) -30 (5) $+52$ (6) -90

02 (1) $+\frac{1}{5}$ (2) -10 (3) -9 (4) $+2$ (5) -1 (6) $+\frac{3}{2}$

03 (1) -1.5 (2) $+9$ (3) -3 (4) 0

04 ㉠ 곱셈의 교환법칙, ㉡ 곱셈의 결합법칙

05 (1) -900 (2) $+73$ (3) -30

06 (1) -7 (2) $+105$ (3) -60 (4) $+96$

07 (1) $-\frac{1}{9}$ (2) $+12$ (3) $+5$ (4) -6

08 (1) $+90$ (2) -4

09 (1) $+25$ (2) -25 (3) -27 (4) -27 (5) $+\frac{1}{16}$ (6) $-\frac{1}{8}$ (7) $+\frac{16}{81}$ (8) $-\frac{1}{81}$ (9) $+32$ (10) -1

10 (1) 1590 (2) -43 (3) -4 (4) 21

01 (1) $(+3)\times(+5)=+(3\times5)=+15$

(2) $(-5)\times(-7)=+(5\times7)=+35$

(3) $(+8)\times(-3)=-(8\times3)=-24$

(4) $(-6)\times(+5)=-(6\times5)=-30$

(5) $(-13)\times(-4)=+(13\times4)=+52$

(6) $(+15)\times(-6)=-(15\times6)=-90$

02 (1) $\left(+\frac{1}{2}\right)\times\left(+\frac{2}{5}\right)=+\left(\frac{1}{2}\times\frac{2}{5}\right)=+\frac{1}{5}$

(2) $(+15)\times\left(-\frac{2}{3}\right)=-\left(15\times\frac{2}{3}\right)=-10$

(3) $\left(-\frac{3}{7}\right)\times(+21)=-\left(\frac{3}{7}\times21\right)=-9$

(4) $\left(-\frac{5}{4}\right)\times\left(-\frac{8}{5}\right)=+\left(\frac{5}{4}\times\frac{8}{5}\right)=+2$

(5) $\left(+\frac{7}{2}\right)\times\left(-\frac{2}{7}\right)=-\left(\frac{7}{2}\times\frac{2}{7}\right)=-1$

(6) $\left(-\frac{5}{3}\right)\times\left(-\frac{9}{10}\right)=+\left(\frac{5}{3}\times\frac{9}{10}\right)=+\frac{3}{2}$

03 (1) $(+2.5)\times(-0.6)=-(2.5\times0.6)=-1.5$

(2) $(-5)\times(-1.8)=+(5\times1.8)=+9$

(3) $(-3.9)\times\left(+\frac{10}{13}\right)=\left(-\frac{39}{10}\right)\times\left(+\frac{10}{13}\right)$

$=-\left(\frac{39}{10}\times\frac{10}{13}\right)=-3$

05 (1) $(+4)\times(+9)\times(-25)=(+4)\times(-25)\times(+9)$

$=\{(+4)\times(-25)\}\times(+9)$
$=(-100)\times(+9)=-900$

(2) $(-5)\times(+7.3)\times(-2)=(-5)\times(-2)\times(+7.3)$
$=\{(-5)\times(-2)\}\times(+7.3)$
$=(+10)\times(+7.3)=+73$

(3) $\left(-\frac{4}{3}\right)\times(-5)\times\left(-\frac{9}{2}\right)=\left(-\frac{4}{3}\right)\times\left(-\frac{9}{2}\right)\times(-5)$
$=\left\{\left(-\frac{4}{3}\right)\times\left(-\frac{9}{2}\right)\right\}\times(-5)$
$=(+6)\times(-5)=-30$

06 (1) $(+1)\times(-1)\times(+7)=-(1\times1\times7)=-7$
(2) $(+3)\times(-7)\times(-5)=+(3\times7\times5)=+105$
(3) $(-2)\times(-5)\times(-6)=-(2\times5\times6)=-60$
(4) $(-8)\times(+4)\times(-3)=+(8\times4\times3)=+96$

07 (1) $\left(-\frac{1}{2}\right)\times\left(+\frac{1}{3}\right)\times\left(+\frac{2}{3}\right)=-\left(\frac{1}{2}\times\frac{1}{3}\times\frac{2}{3}\right)=-\frac{1}{9}$
(2) $\left(-\frac{8}{5}\right)\times(-2)\times\left(+\frac{15}{4}\right)=+\left(\frac{8}{5}\times2\times\frac{15}{4}\right)=+12$
(3) $(-6)\times\left(+\frac{2}{3}\right)\times\left(-\frac{5}{4}\right)=+\left(6\times\frac{2}{3}\times\frac{5}{4}\right)=+5$
(4) $\left(-\frac{2}{7}\right)\times(-1.4)\times(-15)=\left(-\frac{2}{7}\right)\times\left(-\frac{7}{5}\right)\times(-15)$
$=-\left(\frac{2}{7}\times\frac{7}{5}\times15\right)=-6$

08 (1) $(+6)\times(-1)\times(+3)\times(-5)=+(6\times1\times3\times5)=+90$
(2) $(-10)\times\left(+\frac{1}{2}\right)\times\left(-\frac{3}{5}\right)\times\left(-\frac{4}{3}\right)$
$=-\left(10\times\frac{1}{2}\times\frac{3}{5}\times\frac{4}{3}\right)=-4$

09 (9) $-(-2)^5=-(-32)=+32$

10 (1) $15\times(100+6)=15\times100+15\times6=1500+90=1590$
(2) $43\times\frac{2}{9}+43\times\left(-\frac{11}{9}\right)=43\times\left\{\frac{2}{9}+\left(-\frac{11}{9}\right)\right\}$
$=43\times(-1)=-43$
(3) $\left\{\left(-\frac{1}{2}\right)+\frac{9}{14}\right\}\times(-28)$
$=\left(-\frac{1}{2}\right)\times(-28)+\frac{9}{14}\times(-28)=14+(-18)=-4$
(4) $10.2\times\frac{7}{3}+(-1.2)\times\frac{7}{3}=(10.2-1.2)\times\frac{7}{3}=9\times\frac{7}{3}=21$

한번 더 개념 완성하기

32쪽~33쪽

01 ④ **02** ⑤ **03** ⑤ **04** $-\frac{3}{8}$
05 -5 **06** ③ **07** -4 **08** 2
09 ③ **10** ⑤
11 (1) -54 (2) 1 (3) $-\frac{1}{18}$ (4) 80 **12** ⑤
13 ③ **14** 6 **15** -6
16 $a=-10$, $b=87$

01 ④ $\left(+\frac{4}{5}\right)\times\left(-\frac{1}{2}\right)=-\frac{2}{5}$

02 ① $(+2)\times(+6)=12$
② $(-3)\times(-4)=12$
③ $\left(+\frac{6}{5}\right)\times(+10)=12$
④ $(-0.5)\times(-24)=\left(-\frac{1}{2}\right)\times(-24)=12$
⑤ $\left(-\frac{4}{3}\right)\times(-4.5)=\left(-\frac{4}{3}\right)\times\left(-\frac{9}{2}\right)=6$
따라서 계산 결과가 나머지 넷과 다른 하나는 ⑤이다.

03 ① $(-8)\times(+6)=-48$
② $(-12)\times0=0$
③ $(+48)\times\left(-\frac{1}{12}\right)=-4$
④ $\left(-\frac{4}{3}\right)\times\left(-\frac{1}{4}\right)=\frac{1}{3}$
⑤ $(-0.2)\times(-5)=\left(-\frac{1}{5}\right)\times(-5)=1$
따라서 계산 결과가 가장 큰 것은 ⑤이다.

04 $A=\left(-\frac{7}{3}\right)\times\left(-\frac{9}{14}\right)=\frac{3}{2}$
$B=(-0.2)\times\left(+\frac{5}{4}\right)=\left(-\frac{1}{5}\right)\times\left(+\frac{5}{4}\right)=-\frac{1}{4}$
$\therefore A\times B=\frac{3}{2}\times\left(-\frac{1}{4}\right)=-\frac{3}{8}$

05 가장 큰 수는 $\frac{10}{7}$, 가장 작은 수는 $-\frac{7}{2}$이므로
구하는 곱은 $\frac{10}{7}\times\left(-\frac{7}{2}\right)=-5$

06 $\left(-\frac{5}{3}\right)\times\left(-\frac{2}{15}\right)\times\left(+\frac{9}{4}\right)=+\left(\frac{5}{3}\times\frac{2}{15}\times\frac{9}{4}\right)=\frac{1}{2}$

07 $A=\left(-\frac{2}{3}\right)\times\left(-\frac{2}{9}\right)\times(-3)=-\left(\frac{2}{3}\times\frac{2}{9}\times3\right)=-\frac{4}{9}$
$B=\left(+\frac{3}{7}\right)\times(-35)\times\left(-\frac{3}{5}\right)=+\left(\frac{3}{7}\times35\times\frac{3}{5}\right)=9$
$\therefore A\times B=\left(-\frac{4}{9}\right)\times9=-4$

08 $\left(-\frac{1}{3}\right)\times\left(-\frac{3}{5}\right)\times\left(-\frac{5}{7}\right)\times(-14)$
$=+\left(\frac{1}{3}\times\frac{3}{5}\times\frac{5}{7}\times14\right)=2$

09 ③ $-2^2=-4$

10 ①, ②, ③, ④ -4 ⑤ 4
따라서 계산 결과가 나머지 넷과 다른 하나는 ⑤이다.

11 (1) $(-3)^2\times(-6)=9\times(-6)=-54$
(2) $-2^3\times\left(-\frac{1}{2}\right)^3=(-8)\times\left(-\frac{1}{8}\right)=1$
(3) $5\times\left(-\frac{1}{3}\right)^2\times\left(-\frac{1}{10}\right)=5\times\frac{1}{9}\times\left(-\frac{1}{10}\right)$
$=-\left(5\times\frac{1}{9}\times\frac{1}{10}\right)=-\frac{1}{18}$

(4) $4\times(-2)^2\times5\times(-1)^4=4\times4\times5\times1=80$

12 ① $\left(-\frac{1}{2}\right)^3\times(-1)^2=\left(-\frac{1}{8}\right)\times1=-\frac{1}{8}$

② $\left(-\frac{1}{3}\right)^2\times(-1)^2=\frac{1}{9}\times1=\frac{1}{9}$

③ $-1^8\times2^3=(-1)\times8=-8$

④ $-4^2\times(-1)^3=(-16)\times(-1)=16$

⑤ $-(-3)^2\times(-1)^4=(-9)\times1=-9$

따라서 계산 결과가 가장 작은 것은 ⑤이다.

13 $-(-1)+(-1)^2+(-1)^3-(-1)^4$
$=-(-1)+(+1)+(-1)-(+1)$
$=1+1-1-1=0$

14 $a\times(b+c)=a\times b+a\times c=10$이므로
$4+a\times c=10 \quad \therefore a\times c=6$

15 $\left(\frac{4}{7}-\frac{2}{5}\right)\times(-35)=\frac{4}{7}\times(-35)-\frac{2}{5}\times(-35)$
$=(-20)+14=-6$

16 $(-8.7)\times(-15.7)+(-8.7)\times(+5.7)$
$=(-8.7)\times(-15.7+5.7)$
$=(-8.7)\times(-10)=87$
$\therefore a=-10,\ b=87$

03 유리수의 나눗셈과 혼합 계산

한번 더

개념 확인문제

34쪽 ~ 35쪽

01 (1) $+5$ (2) $+4$ (3) -4 (4) -7 (5) $+8$ (6) $+9$ (7) -5 (8) -9 (9) 0 (10) 0

02 (1) $-\frac{1}{2}$ (2) $\frac{1}{5}$ (3) $-\frac{5}{2}$ (4) 3 (5) $-\frac{7}{9}$ (6) $\frac{2}{7}$ (7) $-\frac{10}{3}$ (8) $\frac{5}{6}$

03 (1) 16 (2) -8 (3) $-\frac{1}{9}$ (4) 12 (5) $-\frac{3}{4}$ (6) 3 (7) -8 (8) -6 (9) 4 (10) 0

04 (1) 15 (2) $-\frac{10}{3}$

05 (1) -3 (2) 40 (3) $-\frac{1}{4}$ (4) 3 (5) -10

06 (1) 1 (2) 2 (3) $\frac{8}{3}$ (4) -6 (5) -1

07 (1) $\frac{4}{3}$ (2) -1 (3) 2 (4) 28 (5) -25

08 (1) 5 (2) 0 (3) -7 (4) -2 (5) $-\frac{4}{5}$

01 (1) $(+35)\div(+7)=+(35\div7)=+5$

(2) $(-20)\div(-5)=+(20\div5)=+4$

(3) $(+12)\div(-3)=-(12\div3)=-4$

(4) $(-28)\div(+4)=-(28\div4)=-7$

(5) $(+48)\div(+6)=+(48\div6)=+8$

(6) $(-72)\div(-8)=+(72\div8)=+9$

(7) $(+50)\div(-10)=-(50\div10)=-5$

(8) $(-81)\div(+9)=-(81\div9)=-9$

02 (1) $-2=-\frac{2}{1}$의 역수는 $-\frac{1}{2}$이다.

(2) $5=\frac{5}{1}$의 역수는 $\frac{1}{5}$이다.

(4) $\frac{1}{3}$의 역수는 $\frac{3}{1}=3$

(5) $-1\frac{2}{7}=-\frac{9}{7}$의 역수는 $-\frac{7}{9}$이다.

(6) $3\frac{1}{2}=\frac{7}{2}$의 역수는 $\frac{2}{7}$이다.

(7) $-0.3=-\frac{3}{10}$의 역수는 $-\frac{10}{3}$이다.

(8) $1.2=\frac{6}{5}$의 역수는 $\frac{5}{6}$이다.

03 (1) $(+8)\div\left(+\frac{1}{2}\right)=(+8)\times(+2)=16$

(2) $(+10)\div\left(-\frac{5}{4}\right)=(+10)\times\left(-\frac{4}{5}\right)=-8$

(3) $\left(-\frac{2}{3}\right)\div(+6)=\left(-\frac{2}{3}\right)\times\left(+\frac{1}{6}\right)=-\frac{1}{9}$

(4) $\left(-\frac{6}{5}\right)\div\left(-\frac{1}{10}\right)=\left(-\frac{6}{5}\right)\times(-10)=12$

(5) $\left(+\frac{5}{4}\right)\div\left(-\frac{5}{3}\right)=\left(+\frac{5}{4}\right)\times\left(-\frac{3}{5}\right)=-\frac{3}{4}$

(6) $\left(-\frac{9}{2}\right)\div\left(-\frac{3}{2}\right)=\left(-\frac{9}{2}\right)\times\left(-\frac{2}{3}\right)=3$

(7) $(-5.6)\div(+0.7)=-(5.6\div0.7)=-8$

(8) $(+9)\div(-1.5)=-(9\div1.5)=-6$

(9) $(-2.4)\div\left(-\frac{3}{5}\right)=\left(-\frac{12}{5}\right)\times\left(-\frac{5}{3}\right)=4$

04 (1) $(+7)\div\left(-\frac{7}{6}\right)\div\left(-\frac{2}{5}\right)=(+7)\times\left(-\frac{6}{7}\right)\times\left(-\frac{5}{2}\right)$
$=+\left(7\times\frac{6}{7}\times\frac{5}{2}\right)=15$

(2) $\left(-\frac{2}{3}\right)\div(-0.8)\div\left(-\frac{1}{4}\right)=\left(-\frac{2}{3}\right)\times\left(-\frac{5}{4}\right)\times(-4)$
$=-\left(\frac{2}{3}\times\frac{5}{4}\times4\right)=-\frac{10}{3}$

05 (1) $(+6)\times(-5)\div(+10)=(+6)\times(-5)\times\left(+\frac{1}{10}\right)$
$=-\left(6\times5\times\frac{1}{10}\right)=-3$

(2) $(+2)\div\left(-\frac{2}{5}\right)\times(-8)=(+2)\times\left(-\frac{5}{2}\right)\times(-8)$
$=+\left(2\times\frac{5}{2}\times8\right)=40$

(3) $\left(-\frac{1}{8}\right)\times(-4)\div(-2)=\left(-\frac{1}{8}\right)\times(-4)\times\left(-\frac{1}{2}\right)$
$=-\left(\frac{1}{8}\times4\times\frac{1}{2}\right)=-\frac{1}{4}$

(4) $(-16)\times\left(+\frac{1}{16}\right)\div\left(-\frac{1}{3}\right)$
$=(-16)\times\left(+\frac{1}{16}\right)\times(-3)$
$=+\left(16\times\frac{1}{16}\times3\right)=3$

(5) $\left(-\frac{9}{2}\right)\div\left(-\frac{3}{8}\right)\times\left(-\frac{5}{6}\right)$
$=\left(-\frac{9}{2}\right)\times\left(-\frac{8}{3}\right)\times\left(-\frac{5}{6}\right)$
$=-\left(\frac{9}{2}\times\frac{8}{3}\times\frac{5}{6}\right)=-10$

06 (1) $(-1)\times(+2)^3\div(-2)^3=(-1)\times8\div(-8)$
$=(-1)\times8\times\left(-\frac{1}{8}\right)=1$

(2) $\left(+\frac{2}{3}\right)^2\times(-4)\div\left(-\frac{8}{9}\right)=\frac{4}{9}\times(-4)\times\left(-\frac{9}{8}\right)$
$=+\left(\frac{4}{9}\times4\times\frac{9}{8}\right)=2$

(3) $\left(-\frac{2}{5}\right)\div\left(-\frac{3}{5}\right)\times(-2)^2=\left(-\frac{2}{5}\right)\times\left(-\frac{5}{3}\right)\times4$
$=+\left(\frac{2}{5}\times\frac{5}{3}\times4\right)=\frac{8}{3}$

(4) $(-2^2)\div\left(-\frac{4}{9}\right)\times\left(-\frac{2}{3}\right)$
$=(-4)\times\left(-\frac{9}{4}\right)\times\left(-\frac{2}{3}\right)$
$=-\left(4\times\frac{9}{4}\times\frac{2}{3}\right)=-6$

(5) $(-1)^4\div(-2)^2\times(-1)^3\div\left(-\frac{1}{2}\right)^2$
$=1\div4\times(-1)\div\frac{1}{4}$
$=1\times\frac{1}{4}\times(-1)\times4=-1$

07 (1) $\left(-\frac{1}{2}\right)^2\times8-7\div\frac{21}{2}=\frac{1}{4}\times8-7\times\frac{2}{21}$
$=2-\frac{2}{3}=\frac{4}{3}$

(2) $1-(-2)\times\frac{2}{5}\div\left(-\frac{2}{5}\right)=1-\left(-\frac{4}{5}\right)\times\left(-\frac{5}{2}\right)$
$=1-2=-1$

(3) $\frac{2}{3}-\left(-\frac{1}{2}\right)^2\div\left(-\frac{3}{4}\right)-(-1)$
$=\frac{2}{3}-\frac{1}{4}\times\left(-\frac{4}{3}\right)+(+1)=\frac{2}{3}+\frac{1}{3}+1=2$

(4) $10-16\div\left(-\frac{2}{3}\right)^4\times\left(-\frac{2}{9}\right)$
$=10-16\div\frac{16}{81}\times\left(-\frac{2}{9}\right)$
$=10-16\times\frac{81}{16}\times\left(-\frac{2}{9}\right)=10+18=28$

(5) $-3^2+(-4)^2\div\left(4\div\frac{2}{3}-7\right)=-9+16\div\left(4\times\frac{3}{2}-7\right)$
$=-9+16\div(6-7)$
$=-9+16\div(-1)$
$=-9+(-16)=-25$

08 (1) $\{6-(-2)^4\}\div(-5)+3=(6-16)\div(-5)+3$
$=(-10)\div(-5)+3$
$=2+3=5$

(2) $5-10\div\left\{(-3)^2\times\frac{2}{9}\right\}=5-10\div\left(9\times\frac{2}{9}\right)$
$=5-10\div2=5-5=0$

(3) $(-1)^3\times\left\{\left(\frac{2}{3}-\frac{1}{5}\right)\div\frac{1}{15}\right\}$
$=(-1)\times\left\{\left(\frac{10}{15}-\frac{3}{15}\right)\div\frac{1}{15}\right\}$
$=(-1)\times\left(\frac{7}{15}\times15\right)$
$=(-1)\times7=-7$

(4) $8-\left\{4\div\frac{8}{9}-(-2)^2\times\left(-\frac{1}{8}\right)\right\}\div\frac{1}{2}$
$=8-\left\{4\times\frac{9}{8}-4\times\left(-\frac{1}{8}\right)\right\}\times2$
$=8-\left(\frac{9}{2}+\frac{1}{2}\right)\times2$
$=8-5\times2=8-10=-2$

(5) $\frac{4}{5}\div(-2)^2-\left\{\frac{3}{4}+\left(-\frac{1}{2}\right)^3\div\left(-\frac{1}{2}\right)\right\}$
$=\frac{4}{5}\times\frac{1}{4}-\left\{\frac{3}{4}+\left(-\frac{1}{8}\right)\times(-2)\right\}$
$=\frac{1}{5}-\left(\frac{3}{4}+\frac{1}{4}\right)=\frac{1}{5}-1=-\frac{4}{5}$

한번 더 개념 완성하기

36쪽~37쪽

01 ③	**02** $\frac{2}{3}$	**03** -1	**04** ⑤
05 ③	**06** 4	**07** ②	**08** ②
09 ①	**10** -10	**11** (1) $-\frac{5}{4}$ (2) 9	
12 $\frac{3}{2}$	**13** $-\frac{5}{3}$	**14** ㄹ, ㄷ, ㄴ, ㅁ, ㄱ / -3	
15 ⑤	**16** 1		

02 $a=\frac{4}{9}$, $-4\frac{1}{2}=-\frac{9}{2}$이므로 $b=-\frac{2}{9}$
$\therefore a-b=\frac{4}{9}-\left(-\frac{2}{9}\right)=\frac{4}{9}+\frac{2}{9}=\frac{6}{9}=\frac{2}{3}$

03 $-0.4=-\frac{2}{5}$이므로 $a=-\frac{5}{2}$
$2\frac{1}{2}=\frac{5}{2}$이므로 $b=\frac{2}{5}$
$\therefore a\times b=\left(-\frac{5}{2}\right)\times\frac{2}{5}=-1$

04 ④ $(+10)\div\left(+\frac{5}{2}\right)=(+10)\times\left(+\frac{2}{5}\right)$

$=4$

⑤ $\left(-\frac{20}{9}\right)\div\left(+\frac{5}{18}\right)=\left(-\frac{20}{9}\right)\times\left(+\frac{18}{5}\right)$

$=-8$

05 ① $\left(-\frac{1}{4}\right)\div\left(-\frac{1}{2}\right)=\left(-\frac{1}{4}\right)\times(-2)=\frac{1}{2}$

② $(+3)\div\left(-\frac{1}{2}\right)=(+3)\times(-2)=-6$

③ $\left(+\frac{1}{4}\right)\div\left(+\frac{1}{5}\right)=\left(+\frac{1}{4}\right)\times(+5)=\frac{5}{4}$

④ $\left(-\frac{2}{3}\right)\div\left(-\frac{3}{4}\right)=\left(-\frac{2}{3}\right)\times\left(-\frac{4}{3}\right)=\frac{8}{9}$

⑤ $(-0.5)\div\left(+\frac{1}{6}\right)=\left(-\frac{1}{2}\right)\times(+6)=-3$

따라서 계산 결과가 가장 큰 것은 ③이다.

06 $A=\left(-\frac{1}{2}\right)\div(-5)=\left(-\frac{1}{2}\right)\times\left(-\frac{1}{5}\right)=\frac{1}{10}$

$B=(-0.2)\div(-2)^3=\left(-\frac{1}{5}\right)\div(-8)$

$=\left(-\frac{1}{5}\right)\times\left(-\frac{1}{8}\right)=\frac{1}{40}$

$\therefore A\div B=\frac{1}{10}\div\frac{1}{40}=\frac{1}{10}\times 40=4$

07 ① 알 수 없다. ② $a-b>0$ ③ $b-a<0$

④ $a\times b<0$ ⑤ $b\div a<0$

따라서 항상 양수인 것은 ②이다.

08 $a\times b<0$에서 a, b의 부호는 다르고 $a<b$이므로

$a<0$, $b>0$

① $a-b<0$ ② $b-a>0$ ③ $(-a)\div b>0$

④ $b\div a<0$ ⑤ $-a>0$

09 $\left(-\frac{4}{15}\right)\times(-3^2)\div(-2)^3$

$=\left(-\frac{4}{15}\right)\times(-9)\div(-8)$

$=\left(-\frac{4}{15}\right)\times(-9)\times\left(-\frac{1}{8}\right)$

$=-\left(\frac{4}{15}\times 9\times\frac{1}{8}\right)=-\frac{3}{10}$

10 $A=(-15)\times\left(-\frac{1}{3}\right)^2\div\left(-\frac{1}{3}\right)$

$=(-15)\times\frac{1}{9}\times(-3)$

$=+\left(15\times\frac{1}{9}\times 3\right)=5$

$B=\left(-\frac{1}{2}\right)^3\div\left(-\frac{1}{4}\right)\times(-2^2)$

$=\left(-\frac{1}{8}\right)\times(-4)\times(-4)$

$=-\left(\frac{1}{8}\times 4\times 4\right)=-2$

$\therefore A\times B=5\times(-2)=-10$

11 (1) $\square=2\div\left(-\frac{8}{5}\right)=2\times\left(-\frac{5}{8}\right)=-\frac{5}{4}$

(2) $\square=(-6)\times\left(-\frac{3}{2}\right)=9$

12 $\frac{4}{3}\div\left(-\frac{2}{3}\right)^2\times\square=\frac{9}{2}$에서

$\frac{4}{3}\div\frac{4}{9}\times\square=\frac{9}{2}$, $\frac{4}{3}\times\frac{9}{4}\times\square=\frac{9}{2}$

$3\times\square=\frac{9}{2}$ $\therefore \square=\frac{9}{2}\div 3=\frac{9}{2}\times\frac{1}{3}=\frac{3}{2}$

13 $\left(-\frac{1}{2}\right)^3\div\square\times\frac{16}{3}=\frac{2}{5}$에서

$\left(-\frac{1}{8}\right)\div\square\times\frac{16}{3}=\frac{2}{5}$, $\left(-\frac{2}{3}\right)\div\square=\frac{2}{5}$

$\therefore \square=\left(-\frac{2}{3}\right)\div\frac{2}{5}=\left(-\frac{2}{3}\right)\times\frac{5}{2}=-\frac{5}{3}$

14 $4-\left\{\frac{3}{4}-8\div(-2)^3\right\}\times 4$

$=4-\left\{\frac{3}{4}-8\div(-8)\right\}\times 4$

$=4-\left(\frac{3}{4}+1\right)\times 4$

$=4-\frac{7}{4}\times 4=4-7=-3$

15 $(-2)^2-12\div\left\{4-\left(5-8\times\frac{1}{2}\right)\right\}\times\left(-\frac{1}{4}\right)$

$=4-12\div\{4-(5-4)\}\times\left(-\frac{1}{4}\right)$

$=4-12\times\frac{1}{3}\times\left(-\frac{1}{4}\right)$

$=4+1=5$

16 $2\times(-1)^3-\frac{9}{2}\div\left\{5\times\left(-\frac{1}{2}\right)+1\right\}$

$=2\times(-1)-\frac{9}{2}\div\left(-\frac{5}{2}+1\right)$

$=-2-\frac{9}{2}\div\left(-\frac{3}{2}\right)$

$=-2-\frac{9}{2}\times\left(-\frac{2}{3}\right)$

$=-2+3=1$

한번 더 실력 확인하기

38쪽

01 ②	**02** $-\frac{3}{8}$	**03** ⑤	**04** 3개
05 ①	**06** -12	**07** -16	**08** $\frac{4}{5}$

01 $a=6+(-3)=3$, $b=\frac{1}{3}-\frac{1}{2}=\frac{2}{6}-\frac{3}{6}=-\frac{1}{6}$

$\therefore a\times b=3\times\left(-\frac{1}{6}\right)=-\frac{1}{2}$

02 $-\left(-\frac{1}{2}\right)^2=-\frac{1}{4}$, $\left(-\frac{1}{2}\right)^3=-\frac{1}{8}$, $-\left(-\frac{1}{2}\right)^3=\frac{1}{8}$

따라서 가장 큰 수는 $-\left(-\frac{1}{2}\right)^3=\frac{1}{8}$, 가장 작은 수는 $-\frac{1}{2}$ 이므로 구하는 합은

$\frac{1}{8}+\left(-\frac{1}{2}\right)=\frac{1}{8}+\left(-\frac{4}{8}\right)=-\frac{3}{8}$

03 $a\times(b+c)=a\times b+a\times c=\left(-\frac{2}{3}\right)+\frac{8}{3}=2$

04 $A=(-2)\div\left(+\frac{4}{3}\right)=(-2)\times\left(+\frac{3}{4}\right)=-\frac{3}{2}$

$B=\left(-\frac{6}{5}\right)\div\left(-\frac{9}{10}\right)=\left(-\frac{6}{5}\right)\times\left(-\frac{10}{9}\right)=\frac{4}{3}$

따라서 $-\frac{3}{2}=-1\frac{1}{2}$과 $\frac{4}{3}=1\frac{1}{3}$ 사이에 있는 정수는 -1, 0, 1의 3개이다.

05 $A=(-5^2)\div\left(-\frac{2}{3}\right)^2\times0.8$

$=(-25)\div\frac{4}{9}\times\frac{4}{5}$

$=(-25)\times\frac{9}{4}\times\frac{4}{5}$

$=-\left(25\times\frac{9}{4}\times\frac{4}{5}\right)=-45$

$B=\left(-\frac{3}{4}\right)\times(-2)^3$

$=\left(-\frac{3}{4}\right)\times(-8)=6$

$\therefore A\div B=(-45)\div6=(-45)\times\frac{1}{6}=-\frac{15}{2}$

06 $-5-\left(-\frac{1}{2}\right)=-\frac{10}{2}+\frac{1}{2}=-\frac{9}{2}$이므로

$\square\div\frac{8}{3}=-\frac{9}{2}$

$\therefore \square=\left(-\frac{9}{2}\right)\times\frac{8}{3}=-12$

07 어떤 유리수를 □라 하면 $\square\div8=-\frac{1}{4}$

$\therefore \square=\left(-\frac{1}{4}\right)\times8=-2$

따라서 바르게 계산한 답은

$(-2)\times8=-16$

08 $A=\frac{5}{2}+(-3)\div\left\{(-2)^3\times\left(-\frac{3}{10}\right)\right\}$

$=\frac{5}{2}+(-3)\div\left\{(-8)\times\left(-\frac{3}{10}\right)\right\}$

$=\frac{5}{2}+(-3)\div\frac{12}{5}$

$=\frac{5}{2}+(-3)\times\frac{5}{12}$

$=\frac{5}{2}-\frac{5}{4}=\frac{10}{4}-\frac{5}{4}=\frac{5}{4}$

따라서 $\frac{5}{4}$의 역수는 $\frac{4}{5}$이다.

한번 더 실전! 중단원 마무리 39쪽~40쪽

01 ③	02 (나)	03 $a=-\frac{5}{3}$, $b=\frac{3}{4}$	
04 ④	05 $\frac{19}{15}$	06 ⑤	07 ④
08 4	09 ③	10 22	

서술형 문제

11 16 12 (1) 4 (2) -3

01 ① $(+4)+(-6)=-2$

② $(-12)+(-5)=-17$

③ $\left(+\frac{1}{4}\right)+\left(-\frac{5}{2}\right)=\left(+\frac{1}{4}\right)+\left(-\frac{10}{4}\right)=-\frac{9}{4}$

④ $\left(-\frac{2}{3}\right)+(+1.5)=\left(-\frac{2}{3}\right)+\left(+\frac{3}{2}\right)$

$=\left(-\frac{4}{6}\right)+\left(+\frac{9}{6}\right)=\frac{5}{6}$

⑤ $(-1.8)+(-2.4)=-4.2$

03 a의 절댓값이 $\frac{5}{3}$이므로 $a=\frac{5}{3}$ 또는 $a=-\frac{5}{3}$

b의 절댓값이 $\frac{3}{4}$이므로 $b=\frac{3}{4}$ 또는 $b=-\frac{3}{4}$

$\frac{5}{3}=\frac{20}{12}$, $\frac{3}{4}=\frac{9}{12}$이고 a와 b의 합이 $-\frac{11}{12}$이므로

$a=-\frac{20}{12}=-\frac{5}{3}$, $b=\frac{9}{12}=\frac{3}{4}$

04 ④ $-7-3+15-6=-10+15-6$

$=5-6=-1$

05 어떤 수를 □라 하면

$\frac{2}{3}+\square=\frac{1}{15}$

$\therefore \square=\frac{1}{15}-\frac{2}{3}=\frac{1}{15}-\frac{10}{15}=-\frac{9}{15}=-\frac{3}{5}$

따라서 바르게 계산한 답은

$\frac{2}{3}-\left(-\frac{3}{5}\right)=\frac{2}{3}+\frac{3}{5}=\frac{10}{15}+\frac{9}{15}=\frac{19}{15}$

06 각 수의 절댓값은 차례대로 0.3, 1, $\frac{7}{3}$, $\frac{3}{8}$, $\frac{5}{4}$, 2이므로 절댓값이 가장 큰 수는 $-\frac{7}{3}$, 절댓값이 가장 작은 수는 -0.3이다. 따라서 두 수의 곱은

$\left(-\frac{7}{3}\right)\times(-0.3)=\left(-\frac{7}{3}\right)\times\left(-\frac{3}{10}\right)=\frac{7}{10}$

07 ① $(-1)^{10}=1$

② $-(-1)^{11}=-(-1)=1$

③ $\{-(-1)\}^{10}=1^{10}=1$

④ $-(-1)^8=-1$

⑤ $\{-(-1)\}^{11}=1^{11}=1$

따라서 계산 결과가 나머지 넷과 다른 하나는 ④이다.

08 $\frac{5}{11}$의 역수는 $\frac{11}{5}$이므로 $a=\frac{11}{5}-1=\frac{6}{5}$

$b=-\frac{1}{2}-\left(-\frac{4}{5}\right)=-\frac{1}{2}+\frac{4}{5}=-\frac{5}{10}+\frac{8}{10}=\frac{3}{10}$

$\therefore a\div b=\frac{6}{5}\div\frac{3}{10}=\frac{6}{5}\times\frac{10}{3}=4$

09 $a\times b>0$에서 a와 b의 부호는 같고 $a+b<0$이므로
$a<0$, $b<0$
①, ② $a-b$, $b-a$의 부호는 알 수 없다.
③ $a<0$에서 $-a>0$, $b<0$에서 $-b>0$이므로 $-a-b>0$
④ $(-a)\div b<0$
⑤ $b\div a>0$

10 $8+\left\{(-3)^2+(-6)\div\frac{2}{5}\right\}\times\left(-\frac{7}{3}\right)$

$=8+\left\{9+(-6)\div\frac{2}{5}\right\}\times\left(-\frac{7}{3}\right)$

$=8+\left\{9+(-6)\times\frac{5}{2}\right\}\times\left(-\frac{7}{3}\right)$

$=8+\{9+(-15)\}\times\left(-\frac{7}{3}\right)$

$=8+(-6)\times\left(-\frac{7}{3}\right)=8+14=22$

서술형 문제

11 a의 절댓값이 2이므로 $a=2$ 또는 $a=-2$
b의 절댓값이 6이므로 $b=6$ 또는 $b=-6$ …… ❶
(i) $a=2$, $b=6$일 때, $a-b=2-6=-4$
(ii) $a=2$, $b=-6$일 때, $a-b=2-(-6)=2+6=8$
(iii) $a=-2$, $b=6$일 때, $a-b=-2-6=-8$
(iv) $a=-2$, $b=-6$일 때,
$a-b=-2-(-6)=-2+6=4$ …… ❷
(i)~(iv)에서 $a-b$의 값 중에서 가장 큰 값은 8, 가장 작은 값은 -8이므로 $M=8$, $m=-8$ …… ❸
$\therefore M-m=8-(-8)=8+8=16$ …… ❹

채점 기준	배점
❶ a, b의 값으로 가능한 수 모두 구하기	2점
❷ a, b의 값에 따라 가능한 $a-b$의 값 모두 구하기	3점
❸ M, m의 값을 각각 구하기	1점
❹ $M-m$의 값 구하기	1점

12 (1) 곱한 결과가 가장 클 때는 세 수의 곱이 양수일 때이므로 네 수 중 음수 2개와 절댓값이 큰 양수 1개를 뽑으면 된다.
$\therefore \left(-\frac{4}{5}\right)\times(-1)\times5=+\left(\frac{4}{5}\times1\times5\right)=4$ …… ❶
(2) 곱한 결과가 가장 작을 때는 세 수의 곱이 음수일 때이므로 네 수 중 양수 2개와 절댓값이 큰 음수 1개를 뽑으면 된다.
$\therefore \frac{3}{5}\times5\times(-1)=-\left(\frac{3}{5}\times5\times1\right)=-3$ …… ❷

채점 기준	배점
❶ 곱한 결과 중 가장 큰 수 구하기	3점
❷ 곱한 결과 중 가장 작은 수 구하기	3점

1 문자의 사용과 식의 계산

01 문자의 사용과 식의 값

한번 더 개념 확인문제 41쪽

01 (1) a^2 (2) $-ab$ (3) $0.1x^2y$ (4) $3(x+y)$
02 (1) $\frac{4}{x}$ (2) $-3a$ (3) $\frac{x}{yz}$ (4) $\frac{a-b}{5}$
03 (1) $\frac{2a}{x}$ (2) $5a+8b$ (3) $\frac{4(a+b)}{c}$ (4) $-\frac{2x}{y}$
(5) $\frac{2x^3}{3y}$
04 (1) $5a+2$ (2) $300a$원 (3) $\frac{x}{6}$ cm
(4) $(50000-4000x)$원 (5) $4x$ cm (6) $3a$ km
05 (1) -4 (2) 5 (3) -1 (4) 7 (5) -2 (6) 5

02 (2) $(-a)\div\frac{1}{3}=(-a)\times3=-3a$

(3) $x\div y\div z=x\times\frac{1}{y}\times\frac{1}{z}=\frac{x}{yz}$

(4) $(a-b)\div5=(a-b)\times\frac{1}{5}=\frac{a-b}{5}$

03 (1) $a\div x\times2=a\times\frac{1}{x}\times2=\frac{2a}{x}$

(2) $a\times5+b\div\frac{1}{8}=a\times5+b\times8=5a+8b$

(3) $(a+b)\times4\div c=(a+b)\times4\times\frac{1}{c}=\frac{4(a+b)}{c}$

(4) $x\times(-2)\div y=(-2)\times x\times\frac{1}{y}=-\frac{2x}{y}$

(5) $2\times x\times x\div y\times x\div3=2\times x\times x\times\frac{1}{y}\times x\times\frac{1}{3}=\frac{2x^3}{3y}$

05 (1) $2-3x=2-3\times2=-4$
(2) $a^2-4=3^2-4=9-4=5$
(3) $\frac{8}{a}+1=\frac{8}{-4}+1=-2+1=-1$
(4) $3a+5b-2=3\times(-2)+5\times3-2=-6+15-2=7$
(5) $4x-12y=4\times\frac{1}{2}-12\times\frac{1}{3}=2-4=-2$
(6) $\frac{x}{y^2}=\frac{5}{(-1)^2}=5$

한번 더 개념 완성하기 42쪽

01 ③, ⑤ **02** $\frac{a^2c}{b}$ **03** ④
04 $2ab+10a+10b$ **05** $-\frac{1}{2}$ **06** ③
07 ⑤

01 ① $a\times4=4a$

② $0.1\times a=0.1a$

④ $a-b\div3=a-b\times\frac{1}{3}=a-\frac{b}{3}$

따라서 옳은 것은 ③, ⑤이다.

02 $a\div(b\div c)\times a=a\div\left(b\times\frac{1}{c}\right)\times a=a\div\frac{b}{c}\times a$

$=a\times\frac{c}{b}\times a=\frac{a^2c}{b}$

03 ④ $(10000-800x)$원

04 직육면체의 겉넓이는

$2\times a\times b+2\times a\times5+2\times b\times5=2ab+10a+10b$

05 $xy^2+y=(-4)\times\left(\frac{1}{2}\right)^2+\frac{1}{2}$

$=(-4)\times\frac{1}{4}+\frac{1}{2}=-1+\frac{1}{2}=-\frac{1}{2}$

06 ① $2x=2\times(-2)=-4$

② $\frac{1}{x}=\frac{1}{-2}=-\frac{1}{2}$

③ $x^2=(-2)^2=4$

④ $-x=-(-2)=2$

⑤ $2+x=2+(-2)=0$

따라서 식의 값이 가장 큰 것은 ③이다.

07 ① $-a=-(-1)=1$

② $a^2=(-1)^2=1$

③ $(-a)^2=\{-(-1)\}^2=1$

④ $-\frac{1}{a}=-\frac{1}{-1}=1$

⑤ $-a^2=-(-1)^2=-1$

따라서 나머지 넷과 다른 하나는 ⑤이다.

한번 더 **실력 확인하기** 43쪽

01 ③	**02** ②	**03** $(200-3x)$ km
04 ④	**05** ③	**06** 1
07 초속 346 m		

01 ③ $\frac{a}{b}\div c=\frac{a}{b}\times\frac{1}{c}=\frac{a}{bc}$

⑤ $a\div(b\div c)=a\div\left(b\times\frac{1}{c}\right)=a\div\frac{b}{c}=a\times\frac{c}{b}=\frac{ac}{b}$

따라서 옳지 않은 것은 ③이다.

02 ㄴ. $(1200a+800b)$원

ㅁ. $10x+8$

따라서 옳은 것은 ㄱ, ㄷ, ㄹ이다.

03 시속 x km로 3시간 동안 자동차를 타고 간 거리는

$x\times3=3x$(km)이므로 남은 거리는 $(200-3x)$ km이다.

04 $a\times\left(1+\frac{15}{100}\right)=1.15a$(명)

05 ① $x+y=-\frac{1}{2}+4=\frac{7}{2}$

② $xy=\left(-\frac{1}{2}\right)\times4=-2$

③ $4x-y=4\times\left(-\frac{1}{2}\right)-4=-2-4=-6$

④ $x^2y=\left(-\frac{1}{2}\right)^2\times4=\frac{1}{4}\times4=1$

⑤ $y-x=4-\left(-\frac{1}{2}\right)=\frac{9}{2}$

따라서 식의 값이 가장 작은 것은 ③이다.

06 $\frac{3}{a}+\frac{5}{b}-2=3\div a+5\div b-2$

$=3\div\frac{1}{6}+5\div\left(-\frac{1}{3}\right)-2$

$=3\times6+5\times(-3)-2$

$=18-15-2=1$

07 $331+0.6x$에 $x=25$를 대입하면

$331+0.6\times25=331+15=346$

따라서 소리의 속력은 초속 346 m이다.

02 일차식과 수의 곱셈, 나눗셈

한번 더 **개념 확인문제** 44쪽

01 (1) $-x$, $-2y$, 4 (2) -1 (3) -2 (4) 4

02 (1) 차수 : 1, 일차식이다. (2) 차수 : 2, 일차식이 아니다.
(3) 차수 : 0, 일차식이 아니다. (4) 차수 : 1, 일차식이다.

03 (1) × (2) ○ (3) × (4) ○

04 (1) $10x$ (2) $-6x$ (3) $9x$ (4) $-4x$ (5) $10x$ (6) $-3x$

05 (1) $6x+8$ (2) $-3x+6$ (3) $-2x-5$ (4) $2x+1$
(5) $-3x+4$ (6) $4x-6$

03 (3) $\frac{5}{x}$는 다항식이 아니므로 일차식이 아니다.

04 (5) $(-6x)\div\left(-\frac{3}{5}\right)=(-6x)\times\left(-\frac{5}{3}\right)=10x$

(6) $\frac{1}{2}x\div\left(-\frac{1}{6}\right)=\frac{1}{2}x\times(-6)=-3x$

05 (5) $(9x-12)\div(-3)=(9x-12)\times\left(-\frac{1}{3}\right)=-3x+4$

(6) $(6x-9)\div\frac{3}{2}=(6x-9)\times\frac{2}{3}=4x-6$

한번 더 **개념 완성하기** 45쪽

01 ②, ③ 02 0 03 ③ 04 ④
05 4개 06 ③ 07 ④

01 ① 항은 $2x$, $-5y$, -4이다.
④ y의 계수는 -5이다.
⑤ 상수항은 -4이다.
따라서 옳은 것은 ②, ③이다.

02 차수가 가장 큰 항은 $-x^2$이고 $-x^2$의 차수는 2이므로 $a=2$
x의 계수는 3이므로 $b=3$
상수항은 -5이므로 $c=-5$
$\therefore a+b+c=2+3+(-5)=0$

03 ③ $\frac{7}{x}-2$는 분모에 문자가 있으므로 다항식이 아니다.

04 ④ $0\times x+4=4$에서 차수가 0이므로 일차식이 아니다.

05 ㄱ. 분모에 문자가 있으므로 다항식이 아니다.
ㅁ. 차수가 2이므로 일차식이 아니다.
따라서 일차식인 것은 ㄴ, ㄷ, ㄹ, ㅂ의 4개이다.

06 ㄱ. $4(x-3)=4x-12$
ㄹ. $(4x+6)\div(-2)=-2x-3$
ㅂ. $(6x-18)\div\frac{3}{2}=(6x-18)\times\frac{2}{3}=4x-12$
따라서 옳은 것은 ㄴ, ㄷ, ㅁ이다.

07 $(-2x+3)\times3=-6x+9$
$(12x-4)\div\frac{4}{5}=(12x-4)\times\frac{5}{4}=15x-5$
따라서 상수항의 합은 $9+(-5)=4$

03 일차식의 덧셈과 뺄셈

한번 더 **개념 확인문제** 46쪽

01 (1) ○ (2) × (3) ○ (4) × (5) × (6) ○ (7) ×
02 (1) $6a$ (2) $-4b$ (3) $-3x$ (4) $10y$ (5) $3x+2$
(6) $2y-1$
03 (1) $5x+1$ (2) $a+2$ (3) $3a+5$ (4) $9x-6$ (5) $2x-2$
(6) $-x+1$ (7) $-4x-3$ (8) $-6x+1$
04 (1) $\frac{3x-1}{4}$ (2) $\frac{7}{6}x+\frac{3}{2}$ (3) $-\frac{1}{6}x-\frac{7}{12}$
(4) $-\frac{1}{2}x+\frac{3}{2}$

02 (6) $7y+\frac{1}{2}-5y-\frac{3}{2}=7y-5y+\frac{1}{2}-\frac{3}{2}=2y-1$

03 (2) $\left(-\frac{2}{3}a+\frac{4}{7}\right)+\left(\frac{5}{3}a+\frac{10}{7}\right)=-\frac{2}{3}a+\frac{5}{3}a+\frac{4}{7}+\frac{10}{7}=a+2$
(3) $(-3a-4)+3(2a+3)=-3a-4+6a+9=3a+5$
(4) $6\left(\frac{1}{2}x-\frac{1}{3}\right)+4\left(\frac{3}{2}x-1\right)=3x-2+6x-4=9x-6$
(5) $(7x-5)-(5x-3)=7x-5-5x+3=2x-2$
(6) $\left(\frac{1}{3}x+\frac{1}{2}\right)-\left(\frac{4}{3}x-\frac{1}{2}\right)=\frac{1}{3}x+\frac{1}{2}-\frac{4}{3}x+\frac{1}{2}=-x+1$
(7) $2(x-3)-3(2x-1)=2x-6-6x+3=-4x-3$
(8) $\frac{1}{3}(-6x+9)-\frac{1}{2}(8x+4)=-2x+3-4x-2=-6x+1$

04 (1) $\frac{x-2}{2}+\frac{x+3}{4}=\frac{2(x-2)+x+3}{4}$
$=\frac{2x-4+x+3}{4}=\frac{3x-1}{4}$
(2) $\frac{2x+3}{3}+\frac{x+1}{2}=\frac{2(2x+3)+3(x+1)}{6}$
$=\frac{4x+6+3x+3}{6}$
$=\frac{7x+9}{6}=\frac{7}{6}x+\frac{3}{2}$
(3) $\frac{x-1}{3}-\frac{2x+1}{4}=\frac{4(x-1)-3(2x+1)}{12}$
$=\frac{4x-4-6x-3}{12}=\frac{-2x-7}{12}$
$=-\frac{1}{6}x-\frac{7}{12}$
(4) $\frac{x+5}{3}-\frac{5x+1}{6}=\frac{2(x+5)-(5x+1)}{6}$
$=\frac{2x+10-5x-1}{6}$
$=\frac{-3x+9}{6}=-\frac{1}{2}x+\frac{3}{2}$

한번 더 **개념 완성하기** 47쪽~48쪽

01 ⑤
02 x와 $4x$, $-3y$와 $4y$, $2x^2$과 $5x^2$, 5와 $-\frac{1}{3}$, a와 $\frac{a}{2}$
03 ① 04 $-\frac{3}{2}x$ 05 ③ 06 12
07 $-\frac{2}{5}x+\frac{17}{10}$ 08 $\frac{2}{3}$ 09 -4
10 $2x-3$ 11 10 12 $-3x-8$ 13 $3x-7$
14 $5x+2$ 15 $(4a+4)\text{ cm}^2$ 16 $(-6x+30)\text{ cm}$

03 $-x+4y+3x-y=2x+3y$이므로 $a=2$, $b=3$
$\therefore a-b=2-3=-1$

04 $-2x$와 동류항인 것은 $3x$, $\frac{1}{2}x$, $-5x$이므로 구하는 합은
$3x+\frac{1}{2}x-5x=-\frac{3}{2}x$

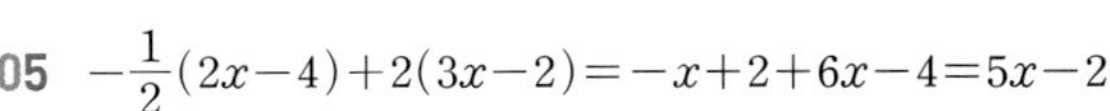

05 $-\frac{1}{2}(2x-4)+2(3x-2)=-x+2+6x-4=5x-2$

06 $5(x+2y)-3(2x-y)=5x+10y-6x+3y=-x+13y$
따라서 x의 계수는 -1, y의 계수는 13이므로 구하는 합은
$-1+13=12$

07 $\frac{-3x+12}{5}-\frac{7-2x}{10}=\frac{2(-3x+12)-(7-2x)}{10}$
$=\frac{-6x+24-7+2x}{10}$
$=\frac{-4x+17}{10}=-\frac{2}{5}x+\frac{17}{10}$

08 $\frac{x-3}{2}+\frac{4x+1}{3}=\frac{3(x-3)+2(4x+1)}{6}$
$=\frac{3x-9+8x+2}{6}$
$=\frac{11}{6}x-\frac{7}{6}$
따라서 $a=\frac{11}{6}$, $b=-\frac{7}{6}$이므로
$a+b=\frac{11}{6}+\left(-\frac{7}{6}\right)=\frac{2}{3}$

09 $3+4x-\{3-(x-2)+3x\}=3+4x-(3-x+2+3x)$
$=3+4x-(5+2x)$
$=3+4x-5-2x=2x-2$
따라서 $a=2$, $b=-2$이므로
$ab=2\times(-2)=-4$

10 $4x-\{2+2(x-2)\}-5=4x-(2+2x-4)-5$
$=4x-(2x-2)-5$
$=4x-2x+2-5=2x-3$

11 $6x+5-\{x-3(x-1)\}=6x+5-(x-3x+3)$
$=6x+5-(-2x+3)$
$=6x+5+2x-3=8x+2$
따라서 x의 계수는 8, 상수항은 2이므로 구하는 합은
$8+2=10$

12 $2(x-3)-(\square)=5x+2$에서
$\square=2(x-3)-(5x+2)$
$=2x-6-5x-2=-3x-8$

13 $\square+3(2x-2)=9x-13$에서
$\square=(9x-13)-3(2x-2)$
$=9x-13-6x+6=3x-7$

14 어떤 다항식을 $\square$라 하면
$\square-(2x-3)=3x+5$
$\therefore \square=(3x+5)+(2x-3)=5x+2$

15 (사다리꼴의 넓이)$=\frac{1}{2}\times\{a+(a+2)\}\times4$
$=2(2a+2)=4a+4(\text{cm}^2)$

16 직사각형의 가로의 길이는 $(8-x)$ cm,
세로의 길이는 $8-(2x+1)=-2x+7$(cm)
따라서 직사각형의 둘레의 길이는
$2\{(8-x)+(-2x+7)\}=2(-3x+15)$
$=-6x+30$(cm)

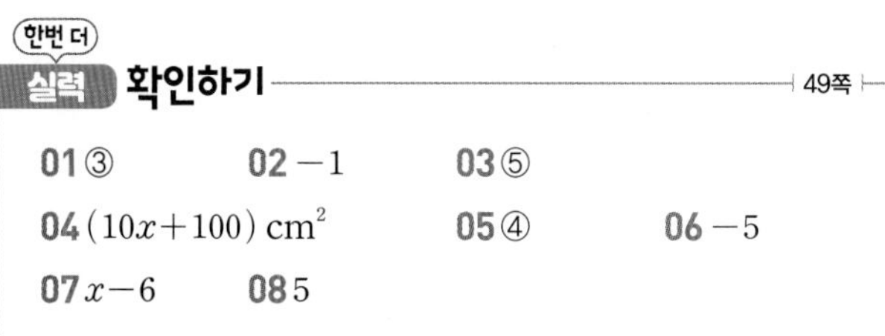

한번 더 실력 확인하기 49쪽

01 ③ **02** -1 **03** ⑤
04 $(10x+100)\text{ cm}^2$ **05** ④ **06** -5
07 $x-6$ **08** 5

01 ③ x의 계수는 $-\frac{1}{3}$이다.

02 일차식이 되려면 $a+1=0$이어야 하므로 $a=-1$

03 $-(4x-6)=-4x+6$
① $2(2x-3)=4x-6$
② $(2x+3)\times(-2)=-4x-6$
③ $(12-8x)\times\left(-\frac{1}{2}\right)=-6+4x=4x-6$
④ $(8x+12)\div2=4x+6$
⑤ $(2x-3)\div\left(-\frac{1}{2}\right)=(2x-3)\times(-2)=-4x+6$
따라서 계산 결과가 같은 것은 ⑤이다.

04 가로의 길이는 $(10+x)$ cm이고, 세로의 길이는 10 cm이므로
(직사각형의 넓이)$=(10+x)\times10=10x+100(\text{cm}^2)$

05 ① $3x+2-2x=x+2$
② $(2x+5)-(x+3)=2x+5-x-3=x+2$
③ $(5x-4)+(6-4x)=x+2$
④ $4(2-x)+5x-4=8-4x+5x-4=x+4$
⑤ $3(x-2)-2(x-4)=3x-6-2x+8=x+2$
따라서 나머지 넷과 다른 하나는 ④이다.

06 $\frac{3-x}{2}-\frac{2x+4}{3}+\frac{2x+5}{6}$
$=\frac{3(3-x)-2(2x+4)+2x+5}{6}$
$=\frac{9-3x-4x-8+2x+5}{6}$
$=\frac{-5x+6}{6}=-\frac{5}{6}x+1$
따라서 $a=-\frac{5}{6}$, $b=1$이므로 $6ab=6\times\left(-\frac{5}{6}\right)\times1=-5$

07 $4x-3-(\square)=3(x+1)$에서
$\square=(4x-3)-3(x+1)=4x-3-3x-3=x-6$

08 $\frac{1}{2}A-B=\frac{1}{2}(4x-2)-(x+3)=2x-1-x-3=x-4$
따라서 $a=1$, $b=-4$이므로 $a-b=1-(-4)=5$

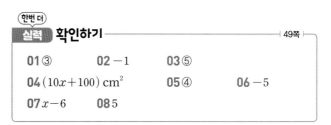

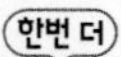

실전! 중단원 마무리 (50쪽~51쪽)

01 ③ 02 $(1080a+2000)$원 03 ④
04 7 05 ①, ④ 06 3 07 ③
08 ③ 09 ② 10 $6a+16$ 11 $x-7$

서술형 문제

12 (1) $(2ab+2bc+2ac)\text{ cm}^2$ (2) 52 cm^2
13 $A=3x+4$, $B=7x+2$

01 $x\times(-5)\div y+x\div(x-y)$

$=x\times(-5)\times\frac{1}{y}+x\times\frac{1}{x-y}$

$=-\frac{5x}{y}+\frac{x}{x-y}$

02 초콜릿 1개의 구입 가격은

$1200\times\left(1-\frac{10}{100}\right)=1200\times0.9=1080$(원)

이므로 초콜릿 a개의 구입 가격은

$1080\times a=1080a$(원)

이때 상자의 가격이 2000원이므로 성규가 선물에 사용한 금액은 $(1080a+2000)$원이다.

03 ① $2ab=2\times(-2)\times\frac{1}{4}=-1$

② $\frac{1}{b}-a=1\div b-a=1\div\frac{1}{4}-(-2)=4+2=6$

③ $2a+\frac{2}{b}=2\times a+2\div b=2\times(-2)+2\div\frac{1}{4}$

$=-4+8=4$

④ $\frac{2}{b}-\frac{1}{a}=2\div b-1\div a=2\div\frac{1}{4}-1\div(-2)$

$=8+\frac{1}{2}=\frac{17}{2}$

⑤ $a^2+\frac{1}{ab}=a^2+1\div a\div b=(-2)^2+1\div(-2)\div\frac{1}{4}$

$=4-2=2$

따라서 식의 값이 가장 큰 것은 ④이다.

04 $5x^2-4x+1$의 차수는 2, x의 계수는 -4, 상수항은 1이므로

$a=2,\ b=-4,\ c=1$

$\therefore a-b+c=2-(-4)+1=7$

05 다항식인 것은 ①, ②, ③, ④이고, 그 차수를 각각 구하면

① 1 ② 2 ③ 0 ④ 1

따라서 일차식인 것은 ①, ④이다.

06 $(-2a-6)\times\frac{2}{3}=-\frac{4}{3}a-4$

$(3b-1)\div\frac{4}{3}=(3b-1)\times\frac{3}{4}=\frac{9}{4}b-\frac{3}{4}$

따라서 두 식의 상수항의 곱은

$(-4)\times\left(-\frac{3}{4}\right)=3$

07 동류항은 문자와 차수가 각각 같아야 하므로 바르게 짝 지어진 것은 ③이다.

08 $\frac{2x+1}{3}+\frac{x-3}{2}=\frac{2(2x+1)+3(x-3)}{6}$

$=\frac{4x+2+3x-9}{6}=\frac{7}{6}x-\frac{7}{6}$

따라서 $a=\frac{7}{6}$, $b=-\frac{7}{6}$이므로 $a+b=\frac{7}{6}+\left(-\frac{7}{6}\right)=0$

09 $2(3x+4)+(\square)=4x+11$에서

$\square=(4x+11)-2(3x+4)$

$=4x+11-6x-8=-2x+3$

> **Self 코칭**
> $A+\square=B \rightarrow \square=B-A$

10 (도형의 둘레의 길이)$=2\{(a+3)+a\}+2(a+5)$

$=2(2a+3)+2a+10$

$=4a+6+2a+10$

$=6a+16$

11 $A+(2x+2)=-x-3$에서

$A=(-x-3)-(2x+2)=-x-3-2x-2=-3x-5$

$A-(-5x-4)=B$에서

$B=(-3x-5)+(5x+4)=2x-1$

$\therefore A+2B=(-3x-5)+2(2x-1)$

$=-3x-5+4x-2=x-7$

서술형 문제

12 (1) (직육면체의 겉넓이)

$=(a\times b+b\times c+a\times c)\times2$

$=2ab+2bc+2ac(\text{cm}^2)$ ······ ❶

(2) $2ab+2bc+2ac$에 $a=3$, $b=2$, $c=4$를 대입하면

(직육면체의 겉넓이)

$=2\times3\times2+2\times2\times4+2\times3\times4$

$=12+16+24$

$=52(\text{cm}^2)$ ······ ❷

채점 기준	배점
❶ 직육면체의 겉넓이를 a, b, c를 사용한 식으로 나타내기	3점
❷ $a=3$, $b=2$, $c=4$일 때, 직육면체의 겉넓이 구하기	3점

13 $11x+(5x+3)+(-x+6)=15x+9$이므로 ······ ❶

$(-x+6)+(9x+1)+B=15x+9$에서

$B=(15x+9)-(-x+6)-(9x+1)$

$=15x+9+x-6-9x-1=7x+2$ ······ ❷

$A+(5x+3)+B=15x+9$에서

$A=(15x+9)-(5x+3)-(7x+2)$

$=15x+9-5x-3-7x-2=3x+4$ ······ ❸

채점 기준	배점
❶ 대각선에 놓인 세 식의 합 구하기	2점
❷ B를 x를 사용한 식으로 나타내기	2점
❸ A를 x를 사용한 식으로 나타내기	2점

2 일차방정식

01 방정식과 그 해

한번 더
개념 확인문제

52쪽

01 (1) 등식이다. / 좌변 : $x+6$, 우변 : 0
(2) 등식이 아니다.
(3) 등식이다. / 좌변 : $5x+9$, 우변 : $3-x$
(4) 등식이 아니다.

02 (1) × (2) ○ (3) × (4) ○

03 (1) × (2) ○ (3) × (4) ○

04 (1) × (2) ○ (3) ○ (4) × (5) ○

05 (1) 3 (2) 7 (3) 5 (4) 2

06 4, 4, 9, 3, 3, 3 /
㉠ 등식의 양변에 같은 수를 더하여도 등식은 성립한다.
㉡ 등식의 양변을 0이 아닌 같은 수로 나누어도 등식은 성립한다.

02 (2), (4) 등호를 사용하여 나타내었으므로 등식이다.

03 (2) (우변)$=2x-3$이므로 (좌변)$=$(우변)
따라서 항등식이다.
(4) (좌변)$=3x-9$이므로 (좌변)$=$(우변)
따라서 항등식이다.

04 (1) $x=-2$를 대입하면 $3\times(-2)-2\neq4$
따라서 $x=-2$는 주어진 방정식의 해가 아니다.
(2) $x=-1$을 대입하면 $4-2\times(-1)=6$
따라서 $x=-1$은 주어진 방정식의 해이다.
(3) $x=1$을 대입하면 $2\times1=3\times1-1$
따라서 $x=1$은 주어진 방정식의 해이다.
(4) $x=2$를 대입하면 $2-3\neq3\times2+1$
따라서 $x=2$는 주어진 방정식의 해가 아니다.
(5) $x=3$을 대입하면 $2\times(3+4)=5\times3-1$
따라서 $x=3$은 주어진 방정식의 해이다.

한번 더
개념 완성하기

53쪽~54쪽

01 ③	02 $x+14=3x-8$	03 ②, ④
04 ③	05 ④	06 ③
07 $a=5$, $b=-7$	08 6	09 ④
10 ③, ⑤	11 ①	12 (개) ㄱ (내) ㄹ
13 ㉠		

01 ③ $4(x+2)=45$

03 등식은 ②, ④, ⑤이고, 이 중 방정식은 ②, ④이다.

04 x의 값에 관계없이 항상 참인 등식은 x에 대한 항등식이다.
ㄱ. (좌변)$=-x$이므로 (좌변)$=$(우변)
ㄹ. (좌변)$=-x+3$이므로 (좌변)$=$(우변)
ㅁ. (좌변)$=3x-2x+3=x+3$이므로 (좌변)$=$(우변)
따라서 항등식인 것은 ㄱ, ㄹ, ㅁ이다.

05 주어진 방정식에 $x=3$을 각각 대입하면
① $6\times3-8\neq3\times3$
② $4\times3-10\neq3\times3+2$
③ $3-(3-2)\neq3$
④ $3\times3-(4\times3-2)=-1$
⑤ $\frac{3}{2}-3\neq3$
따라서 해가 $x=3$인 것은 ④이다.

06 ① $x=2$를 대입하면 $2\times2-1=3$
② $x=-3$을 대입하면 $-2\times(-3)+1=7$
③ $x=6$을 대입하면 $\frac{1}{3}\times6-2\neq-1$
④ $x=-1$을 대입하면 $4\times(-1)-5=3\times(-1-2)$
⑤ $x=5$를 대입하면 $-(5+3)=2\times(5-9)$
따라서 [ ] 안의 수가 주어진 방정식의 해가 아닌 것은 ③이다.

07 항등식은 (좌변)$=$(우변)이므로 $a=5$, $b=-7$

08 x의 값에 관계없이 항상 성립하는 등식은 x에 대한 항등식이다.
$2(3x-2)=6x-4$이므로 $a=6$

09 ① $a=b$의 양변에 2를 더하면 $a+2=b+2$
② $a=b$의 양변에서 3을 빼면 $a-3=b-3$
③ $a=b$의 양변에 2를 곱하면 $2a=2b$
$2a=2b$의 양변에 1을 더하면 $2a+1=2b+1$
④ $a=b$의 양변을 -3으로 나누면 $-\frac{a}{3}=-\frac{b}{3}$
$-\frac{a}{3}=-\frac{b}{3}$의 양변에 1을 더하면 $1-\frac{a}{3}=1-\frac{b}{3}$
⑤ $a=b$의 양변에 $\frac{3}{4}$을 곱하면 $\frac{3}{4}a=\frac{3}{4}b$
$\frac{3}{4}a=\frac{3}{4}b$의 양변에서 2를 빼면 $\frac{3}{4}a-2=\frac{3}{4}b-2$
따라서 옳지 않은 것은 ④이다.

10 $x+2=y+2$의 양변에서 2를 빼면 $x=y$
③ $x=y$의 양변에 -3을 곱하면 $-3x=-3y$
⑤ $x=y$의 양변을 5로 나누면 $\frac{x}{5}=\frac{y}{5}$
$\frac{x}{5}=\frac{y}{5}$의 양변에 7을 더하면 $\frac{x}{5}+7=\frac{y}{5}+7$

11 ㄱ. $x-2=y-2$의 양변에 2를 더하면 $x=y$
ㄴ. $3x=3y$의 양변을 3으로 나누면 $x=y$
$x=y$의 양변에 2를 더하면 $x+2=y+2$
ㄹ. $\frac{x}{2}=\frac{y}{2}$의 양변에 4를 곱하면 $2x=2y$
$2x=2y$의 양변에서 1을 빼면 $2x-1=2y-1$

12 (가) 등식의 양변에 5를 더한다. 즉, $a=b$이면 $a+c=b+c$(ㄱ)이다.

(나) 등식의 양변을 2로 나눈다. 즉, $a=b$이면 $\frac{a}{c}=\frac{b}{c}$(ㄹ)이다.

13 ㉠ 등식의 양변에 4를 곱한다. 즉, $a=b$이면 $ac=bc$이다.

㉡ 등식의 양변에 4를 더한다. 즉, $a=b$이면 $a+c=b+c$이다.

㉢ 등식의 양변을 2로 나눈다. 즉, $a=b$이면 $\frac{a}{c}=\frac{b}{c}$이다.

따라서 등식의 성질 '$a=b$이면 $ac=bc$이다.'를 이용한 곳은 ㉠이다.

한번 더 실력 확인하기 55쪽

01 ①, ③	**02** ⑤	**03** ④	**04** $x=1$
05 ⑤	**06** ①, ④	**07** ③	

02 x의 값에 관계없이 항상 성립하는 등식은 x에 대한 항등식이다.

⑤ (좌변)$=3x-3+5=3x+2$

좌변과 우변이 같으므로 항등식이다.

03 주어진 방정식에 $x=-2$를 각각 대입하면

① $-2+2=0$

② $1-2\times(-2)=5$

③ $3\times(-2)-2=-2-6$

④ $\frac{1}{3}\times(-2+8)\neq1$

⑤ $4\times\{1-(-2)\}=-2+14$

따라서 해가 $x=-2$가 아닌 것은 ④이다.

04 x가 절댓값이 1 이하인 정수이므로 -1, 0, 1

$x=-1$일 때, $5-3\times(-1)\neq-1+1$

$x=0$일 때, $5-3\times0\neq0+1$

$x=1$일 때, $5-3\times1=1+1$

따라서 구하는 해는 $x=1$이다.

05 $2(x-a)=8-bx$에서 $2x-2a=8-bx$

$2=-b \quad \therefore b=-2$

$-2a=8 \quad \therefore a=-4$

$\therefore ab=(-4)\times(-2)=8$

06 ① $a=b$의 양변에서 b를 빼면 $a-b=b-b \quad \therefore a-b=0$

② $c=0$이면 $ac=bc$이지만 $a\neq b$일 수 있으므로 등식이 성립하려면 $c\neq0$의 조건이 있어야 한다.

③ $a+3=b+3$의 양변에서 6을 빼면 $a-3=b-3$

④ $\frac{a}{5}=\frac{b}{2}$의 양변에 10을 곱하면 $2a=5b$

⑤ $\frac{a}{-2}=\frac{b}{-4}$의 양변에 -4를 곱하면 $2a=b$

따라서 옳은 것은 ①, ④이다.

07 $-3x+8=-1$의 양변에서 8을 빼면 $-3x=-9$

$-3x=-9$의 양변을 -3으로 나누면 $x=3$

따라서 해를 구하는 순서로 옳은 것은 ③이다.

02 일차방정식의 풀이

한번 더 개념 확인문제 56쪽

01 (1) $x=6+2$ (2) $2x+x=6$ (3) $5x-3x=-2$ (4) $4x+2x=2+6$

02 (1) ○ (2) × (3) × (4) ○

03 (1) $x=3$ (2) $x=1$ (3) $x=2$ (4) $x=-1$ (5) $x=-3$ (6) $x=-2$

04 (1) $x=-3$ (2) $x=-8$ (3) $x=3$ (4) $x=2$

05 (1) $x=6$ (2) $x=4$ (3) $x=-6$ (4) $x=7$

06 (1) $x=6$ (2) $x=4$ (3) $x=-4$ (4) $x=2$

02 (1) $2x+5=9$에서 $2x-4=0$이므로 일차방정식이다.

(2) $3x-1=3x+4$에서 $-5=0$이므로 일차방정식이 아니다.

(3) $2+x=2+x^2$에서 $-x^2+x=0$이므로 일차방정식이 아니다.

(4) $x^2-2x=x+x^2$에서 $-3x=0$이므로 일차방정식이다.

03 (1) $2x-4=2$에서 $2x=6 \quad \therefore x=3$

(2) $x=3-2x$에서 $3x=3 \quad \therefore x=1$

(3) $4x-1=-2x+11$에서 $6x=12 \quad \therefore x=2$

(4) $-2x+1=3x+6$에서 $-5x=5 \quad \therefore x=-1$

(5) $5x+1=3x-5$에서 $2x=-6 \quad \therefore x=-3$

(6) $9+x=3-2x$에서 $3x=-6 \quad \therefore x=-2$

04 (1) $7x+5=4(x-1)$에서 괄호를 풀면

$7x+5=4x-4$, $3x=-9 \quad \therefore x=-3$

(2) $2(x-1)=3(x+2)$에서 괄호를 풀면

$2x-2=3x+6$, $-x=8 \quad \therefore x=-8$

(3) $-2(2x-3)=3(x-5)$에서 괄호를 풀면

$-4x+6=3x-15$, $-7x=-21 \quad \therefore x=3$

(4) $12-(2x-6)=3x+8$에서 괄호를 풀면

$12-2x+6=3x+8$, $-5x=-10 \quad \therefore x=2$

05 (1) $0.2x-0.4=0.1x+0.2$의 양변에 10을 곱하면

$2x-4=x+2 \quad \therefore x=6$

(2) $1.4-0.3x=0.2x-0.6$의 양변에 10을 곱하면

$14-3x=2x-6$, $-5x=-20 \quad \therefore x=4$

(3) $0.1x+0.24=0.05x-0.06$의 양변에 100을 곱하면

$10x+24=5x-6$, $5x=-30 \quad \therefore x=-6$

(4) $0.2(x+2)-0.3=0.15(x+3)$의 양변에 100을 곱하면

$20(x+2)-30=15(x+3)$

$20x+40-30=15x+45$, $5x=35 \quad \therefore x=7$

06 (1) $\frac{1}{2}x-2=x-5$의 양변에 2를 곱하면

$x-4=2x-10$, $-x=-6 \quad \therefore x=6$

(2) $\frac{-x+10}{3}=\frac{3x-8}{2}$의 양변에 6을 곱하면

$2(-x+10)=3(3x-8)$, $-2x+20=9x-24$

$-11x=-44 \quad \therefore x=4$

(3) $\frac{1}{5}x+\frac{3}{10}=\frac{x+3}{2}$의 양변에 10을 곱하면
$2x+3=5(x+3)$, $2x+3=5x+15$
$-3x=12$ $\therefore x=-4$

(4) $\frac{2-x}{4}+1=\frac{2x-1}{3}$의 양변에 12를 곱하면
$3(2-x)+12=4(2x-1)$
$6-3x+12=8x-4$, $-11x=-22$ $\therefore x=2$

한번 더 **개념 완성하기** 57쪽~58쪽

01 ①, ④	**02** 4개	**03** ⑤	**04** -5
05 ㄷ, ㄴ, ㄱ	**06** $x=6$	**07** $x=-\frac{1}{5}$	**08** 30
09 $x=-4$	**10** $x=-1$	**11** 14	**12** 10
13 -4	**14** 7	**15** -3	**16** 3

01 ① $2x-1=3x+2$에서 $-x-3=0$이므로 일차방정식이다.
②, ⑤ 항등식
③ $x^2-3=3x$에서 $x^2-3x-3=0$이므로 일차방정식이 아니다.
④ $x^2-3x-2=4+x^2$에서 $-3x-6=0$이므로 일차방정식이다.
따라서 일차방정식인 것은 ①, ④이다.

02 ㄱ. $x-3=5$에서 $x-8=0$이므로 일차방정식이다.
ㄴ. $3(x-2)=3x-6$에서 $3x-6=3x-6$이므로 항등식이다.
ㄷ. $x(x+1)=x^2-x$에서 $x^2+x=x^2-x$, $2x=0$이므로 일차방정식이다.
ㄹ. $2x-5=2x+3$에서 $-8=0$이므로 일차방정식이 아니다.
ㅁ. $4(x+3)=2x+6$에서 $4x+12=2x+6$, $2x+6=0$이므로 일차방정식이다.
ㅂ. $1-5x=3-4x$에서 $-x-2=0$이므로 일차방정식이다.
따라서 일차방정식인 것은 ㄱ, ㄷ, ㅁ, ㅂ의 4개이다.

03 ① $x+3=-2x$에서 $3x=-3$ $\therefore x=-1$
② $5x+6=1$에서 $5x=-5$ $\therefore x=-1$
③ $3x-6=5x-4$에서 $-2x=2$ $\therefore x=-1$
④ $-4x+2=2(x+4)$에서 $-4x+2=2x+8$
$-6x=6$ $\therefore x=-1$
⑤ $4-x=3x-(2-2x)$에서 $4-x=5x-2$
$-6x=-6$ $\therefore x=1$
따라서 해가 나머지 넷과 다른 하나는 ⑤이다.

04 $2-x=5x+14$에서 $-6x=12$ $\therefore x=-2$
따라서 $a=-2$이므로 $3a+1=3\times(-2)+1=-5$

05 ㄱ. $-3(x-4)=2x-3$에서 $-3x+12=2x-3$
$-5x=-15$ $\therefore x=3$
ㄴ. $4x-(2x+6)=3x-7$에서 $2x-6=3x-7$
$-x=-1$ $\therefore x=1$
ㄷ. $4(x-1)-1=3(2x+1)+2x$에서 $4x-5=6x+3+2x$
$-4x=8$ $\therefore x=-2$
따라서 해가 작은 것부터 차례대로 나열하면 ㄷ, ㄴ, ㄱ이다.

06 $0.5(x+2)=0.2(x-1)+3$의 양변에 10을 곱하면
$5(x+2)=2(x-1)+30$
$5x+10=2x-2+30$, $3x=18$ $\therefore x=6$

07 $\frac{x+3}{4}+\frac{1}{3}=\frac{4x+7}{6}$의 양변에 12를 곱하면
$3(x+3)+4=2(4x+7)$
$3x+9+4=8x+14$, $-5x=1$ $\therefore x=-\frac{1}{5}$

08 $0.3x-4=1.2x+0.5$의 양변에 10을 곱하면
$3x-40=12x+5$, $-9x=45$ $\therefore x=-5$
$\frac{1}{2}x=-\frac{2}{3}x-7$의 양변에 6을 곱하면 $3x=-4x-42$
$7x=-42$ $\therefore x=-6$
따라서 $a=-5$, $b=-6$이므로 $ab=(-5)\times(-6)=30$

09 $0.25\left(x+\frac{2}{5}\right)=0.2\left(x-\frac{1}{2}\right)$에서 계수를 모두 분수로 고치면
$\frac{1}{4}\left(x+\frac{2}{5}\right)=\frac{1}{5}\left(x-\frac{1}{2}\right)$, $\frac{1}{4}x+\frac{1}{10}=\frac{1}{5}x-\frac{1}{10}$
양변에 20을 곱하면 $5x+2=4x-2$ $\therefore x=-4$

10 $0.3x+0.4=\frac{1}{5}\left(x+\frac{3}{2}\right)$에서 계수를 모두 분수로 고치면
$\frac{3}{10}x+\frac{2}{5}=\frac{1}{5}\left(x+\frac{3}{2}\right)$, $\frac{3}{10}x+\frac{2}{5}=\frac{1}{5}x+\frac{3}{10}$
양변에 10을 곱하면 $3x+4=2x+3$ $\therefore x=-1$

11 비례식에서 내항의 곱과 외항의 곱은 같으므로
$2(4x-1)=5(2x-6)$
$8x-2=10x-30$, $-2x=-28$ $\therefore x=14$

12 비례식에서 내항의 곱과 외항의 곱은 같으므로
$4(3x-2)=7(x+6)$, $12x-8=7x+42$
$5x=50$ $\therefore x=10$

13 $5x-2=3x+a$에 $x=-1$을 대입하면
$-5-2=-3+a$ $\therefore a=-4$

14 $3x-7=-2(2x-3a)$에 $x=7$을 대입하면
$21-7=-2(14-3a)$, $14=-28+6a$
$-6a=-42$ $\therefore a=7$

15 $6-5x=8-3x$에서 $-2x=2$ $\therefore x=-1$
$x=-1$을 $-2(1-3x)+5=a$에 대입하면
$-2\times4+5=a$ $\therefore a=-3$

16 $-\frac{1}{4}x=\frac{1}{3}x-\frac{7}{6}$의 양변에 12를 곱하면
$-3x=4x-14$, $-7x=-14$ $\therefore x=2$
$x=2$를 $3x-4a=-2(x+1)$에 대입하면
$6-4a=-6$, $-4a=-12$ $\therefore a=3$

03 일차방정식의 활용

한번 더 개념 확인문제 (59쪽)

01 (1) $5x-3=2x+9$ (2) 4
02 (1) $(x-2)+x+(x+2)=63$ (2) 19, 21, 23
03 (1) $48+x=2(16+x)$ (2) 16년 후
04 (1) $(8+x)\times(4+4)=3\times32$ (2) 4
05 (1) $\frac{x}{4}+\frac{x}{3}=7$ (2) 12 km
06 (1) $60(x+20)=90x$ (2) 40분 후

01 (2) $5x-3=2x+9$에서 $3x=12$ $\therefore x=4$
따라서 어떤 수는 4이다.

02 (1) 연속하는 세 홀수는 $x-2$, x, $x+2$이므로
$(x-2)+x+(x+2)=63$
(2) $(x-2)+x+(x+2)=63$에서 $3x=63$ $\therefore x=21$
따라서 연속하는 세 홀수는 19, 21, 23이다.

03 (1) x년 후에 아버지의 나이는 $(48+x)$살,
아들의 나이는 $(16+x)$살이므로 $48+x=2(16+x)$
(2) $48+x=2(16+x)$에서 $48+x=32+2x$ $\therefore x=16$
따라서 아버지의 나이가 아들의 나이의 2배가 되는 것은 16년 후이다.

04 (1) 처음 우리의 넓이는 $8\times4=32(\text{m}^2)$이므로
$(8+x)\times(4+4)=3\times32$
(2) $(8+x)\times(4+4)=3\times32$에서
$8(8+x)=96$, $8+x=12$ $\therefore x=4$

05 (1) 갈 때 걸린 시간은 $\frac{x}{4}$시간, 올 때 걸린 시간은 $\frac{x}{3}$시간이므로
$\frac{x}{4}+\frac{x}{3}=7$
(2) $\frac{x}{4}+\frac{x}{3}=7$에서 $3x+4x=84$, $7x=84$ $\therefore x=12$
따라서 두 지점 A, B 사이의 거리는 12 km이다.

06 (1) 동생이 이동한 거리는 $60(x+20)$ m, 누나가 이동한 거리는 $90x$ m이므로 $60(x+20)=90x$
(2) $60(x+20)=90x$에서 $60x+1200=90x$
$-30x=-1200$ $\therefore x=40$
따라서 누나가 출발한 지 40분 후에 동생을 만나게 된다.

한번 더 개념 완성하기 (60쪽)

01 36　**02** 46　**03** (1) 7명 (2) 40
04 8명　**05** 긴 의자의 수 : 6개, 학생 수 : 38명
06 4시간　**07** 4일　**08** 1시간

01 일의 자리의 숫자를 x라 하면
$30+x=4(3+x)$, $-3x=-18$ $\therefore x=6$
따라서 두 자리의 자연수는 36이다.

02 처음 수의 일의 자리의 숫자를 x라 하면
$10x+4=(40+x)+18$, $9x=54$ $\therefore x=6$
따라서 처음 수는 46이다.

03 (1) 학생 수를 x명이라 하면
$5x+5=7x-9$, $-2x=-14$ $\therefore x=7$
따라서 학생 수는 7명이다.
(2) 학생 수가 7명이므로 귤의 개수는 $5\times7+5=40$

04 학생 수를 x명이라 하면
$7x+2=8x-6$, $-x=-8$ $\therefore x=8$
따라서 학생 수는 8명이다.

05 긴 의자의 수를 x개라 하면
$5x+8=6x+2$, $-x=-6$ $\therefore x=6$
따라서 긴 의자의 수가 6개이므로 학생 수는 $5\times6+8=38$(명)

06 전체 일의 양을 1이라 하면 언니와 동생이 1시간에 하는 일의 양은 각각 $\frac{1}{6}$, $\frac{1}{12}$이다.
두 사람이 함께 일을 한 시간을 x시간이라 하면
$\left(\frac{1}{6}+\frac{1}{12}\right)\times x=1$, $3x=12$ $\therefore x=4$
따라서 언니와 동생이 함께하여 완성하려면 4시간이 걸린다.

07 전체 일의 양을 1이라 하면 연주와 어진이가 하루에 하는 일의 양은 각각 $\frac{1}{8}$, $\frac{1}{16}$이다.
연주와 어진이가 함께 일을 한 날수를 x일이라 하면
$\frac{1}{8}\times2+\left(\frac{1}{8}+\frac{1}{16}\right)\times x=1$, $4+3x=16$
$3x=12$ $\therefore x=4$
따라서 두 사람이 함께 일을 한 날은 4일이다.

08 물통에 가득 채운 물의 양을 1이라 하면 A 호스와 B 호스로 1시간에 채우는 물의 양은 각각 $\frac{1}{4}$, $\frac{1}{6}$이다.
B 호스로만 물을 더 받는 시간을 x시간이라 하면
$\left(\frac{1}{4}+\frac{1}{6}\right)\times2+\frac{1}{6}\times x=1$, $5+x=6$ $\therefore x=1$
따라서 B 호스로만 1시간을 더 받아야 한다.

한번 더 실력 확인하기 (61쪽)

01 $a\neq-4$　**02** ④　**03** 5　**04** 2
05 45 m　**06** 10분 후　**07** 22　**08** 360명

01 $4-4x-ax=0$, $(-4-a)x+4=0$
x에 대한 일차방정식이 되려면 (x의 계수)$\neq0$이어야 한다.
즉, $-4-a\neq0$ $\therefore a\neq-4$

02 $5x-2=3x+6$에서 $2x=8$ $\therefore x=4$

① $x-4=2$에서 $x=6$

② $2x-3=1$에서 $2x=4$ $\therefore x=2$

③ $2(x-3)+2=3x$에서 $2x-6+2=3x$

$-x=4$ $\therefore x=-4$

④ $0.1x+1=0.3x+0.2$의 양변에 10을 곱하면

$x+10=3x+2$, $-2x=-8$ $\therefore x=4$

⑤ $\frac{1}{2}x=\frac{2}{5}x-1$의 양변에 10을 곱하면

$5x=4x-10$ $\therefore x=-10$

따라서 주어진 방정식과 해가 같은 것은 ④이다.

03 $\frac{1}{4}x+\frac{1}{2}=\frac{1}{3}x+\frac{1}{6}$의 양변에 12를 곱하면

$3x+6=4x+2$, $-x=-4$ $\therefore x=4$

$x=4$를 $2x-a=3$에 대입하면

$8-a=3$ $\therefore a=5$

04 7을 a로 잘못 보았다고 하면

$x=3$은 $a+3x=11$의 해이므로

$a+9=11$ $\therefore a=2$

따라서 7을 2로 잘못 보았다.

05 세로의 길이를 x m라 하면 가로의 길이는 $3x$ m이므로

$2(3x+x)=120$, $8x=120$ $\therefore x=15$

따라서 울타리의 세로의 길이는 15 m이므로 가로의 길이는

$3\times15=45(\text{m})$

06 x분 후에 두 사람이 처음으로 만난다고 하면

$90x+110x=2000$, $200x=2000$ $\therefore x=10$

따라서 두 사람은 출발한 지 10분 후에 처음으로 만난다.

07 동아리의 학생 수를 x명이라 하면

$4x+6=6x-2$, $-2x=-8$ $\therefore x=4$

따라서 동아리의 학생 수는 4명이므로 초콜릿의 개수는

$4\times4+6=22$

08 작년의 학생 수를 x명이라 하면

$\left(1-\frac{5}{100}\right)\times x=342$, $\frac{19}{20}x=342$ $\therefore x=360$

따라서 작년의 학생 수는 360명이다.

한번 더 실전! 중단원 마무리 62쪽~63쪽

01 ④	**02** ③	**03** ⑤	**04** 8
05 ④	**06** ③	**07** ①	**08** -7
09 36	**10** 12분 후	**11** 480000원	

서술형 문제

12 3

13 (1) $\left(\frac{13}{10}x-600\right)-x=1200$ (2) 6000원

01 ① $2000a$원 ② $2x-1$

③ $(20-a)$ cm ④ $3x=15$

⑤ $(5000-500a)$원

따라서 등식으로 나타내어지는 것은 ④이다.

03 주어진 방정식에 $x=2$를 각각 대입하면

① $3\times2+2\neq5$ ② $\frac{1}{2}\times2-4\neq3$

③ $2+6\neq5\times2-6$ ④ $-4\times(2+3)\neq8$

⑤ $-(2+1)+3=2\times2-4$

따라서 해가 $x=2$인 것은 ⑤이다.

04 $2x+6=a(x-2)+bx$에서

$2x+6=ax-2a+bx$, $2x+6=(a+b)x-2a$

즉, $a+b=2$, $6=-2a$이므로 $a=-3$, $b=5$

$\therefore b-a=5-(-3)=8$

05 ① $a=2b$의 양변에 2를 더하면 $a+2=2b+2$

② $a=2b$의 양변에서 5를 빼면 $a-5=2b-5$

③ $a=2b$의 양변을 2로 나누면 $\frac{a}{2}=b$

④ $a=2b$의 양변에 2를 곱하면 $2a=4b$

$2a=4b$의 양변에 1을 더하면 $2a+1=4b+1$

⑤ $a=2b$의 양변에서 1을 빼면 $a-1=2b-1$

$a-1=2b-1$의 양변을 4로 나누면 $\frac{a-1}{4}=\frac{2b-1}{4}$

따라서 옳지 않은 것은 ④이다.

06 ① $3x-1=1$에서 $3x-2=0$이므로 일차방정식이다.

② $5x+1=x-3$에서 $4x+4=0$이므로 일차방정식이다.

③ $2(1-x)=6-2x$에서 $2-2x=6-2x$, $-4=0$

이므로 일차방정식이 아니다.

④ $x^2-2x=x^2+4$에서 $-2x-4=0$이므로 일차방정식이다.

⑤ $\frac{x^2+1}{3}-x=\frac{x^2-1}{3}$에서 $x^2+1-3x=x^2-1$

$-3x+2=0$이므로 일차방정식이다.

따라서 일차방정식이 아닌 것은 ③이다.

07 ① $x+1=2x-1$에서 $x=2$

② $5x+2=2(x-5)$에서 $5x+2=2x-10$

$3x=-12$ $\therefore x=-4$

③ $\frac{1}{2}x+4=\frac{1}{3}x+2$에서 $3x+24=2x+12$

$\therefore x=-12$

④ $0.4x+3.5=0.7-x$에서 $4x+35=7-10x$

$14x=-28$ $\therefore x=-2$

⑤ $0.9x-0.1=-\frac{1}{2}(x+3)$에서 $9x-1=-5(x+3)$

$9x-1=-5x-15$, $14x=-14$ $\therefore x=-1$

따라서 해가 가장 큰 것은 ①이다.

08 $\frac{-2x-a}{3}=\frac{x+2a}{4}+4$에 $x=2$를 대입하면

$\frac{-2\times2-a}{3}=\frac{2+2a}{4}+4$

양변에 12를 곱하면 $4(-4-a)=3(2+2a)+48$

$-16-4a=6+6a+48$, $-10a=70$

$\therefore a=-7$

09 처음 수의 십의 자리의 숫자를 x라 하면

$60+x=(10x+6)+27$, $60+x=10x+33$

$-9x=-27$ $\quad\therefore x=3$

따라서 처음 수는 36이다.

10 동생이 출발한 지 x분 후에 건우를 만난다고 하면

건우가 동생보다 10분 먼저 출발하였으므로 동생이 x분 동안 간 거리와 건우가 $(10+x)$분 동안 간 거리가 같다. 즉,

$60(10+x)=110x$, $600+60x=110x$, $-50x=-600$

$\therefore x=12$

따라서 동생이 집에서 출발한 지 12분 후에 건우를 만난다.

11 주경이네 가족이 계획한 여행 비용을 x원이라 하면

교통비는 $\frac{1}{8}x$원, 숙박비는 $\frac{1}{3}x$원, 식사비는 $\frac{1}{2}x$원이므로

$\frac{1}{8}x+\frac{1}{3}x+\frac{1}{2}x+20000=x$

$3x+8x+12x+480000=24x$, $23x+480000=24x$

$\therefore x=480000$

따라서 주경이네 가족이 계획한 여행 비용은 480000원이다.

서술형 문제

12 $3(x-2)=4(x-3)+1$에서 $3x-6=4x-12+1$

$-x=-5$ $\quad\therefore x=5$ ······ ❶

두 방정식 $3(x-2)=4(x-3)+1$, $2a-x=1$의 해가 같으므로

$x=5$를 $2a-x=1$에 대입하면

$2a-5=1$, $2a=6$ $\quad\therefore a=3$ ······ ❷

채점 기준	배점
❶ 일차방정식 $3(x-2)=4(x-3)+1$의 해 구하기	3점
❷ a의 값 구하기	3점

13 (1) $(\text{정가})=x+\frac{30}{100}x=x+\frac{3}{10}x=\frac{13}{10}x(\text{원})$

$(\text{판매 가격})=\frac{13}{10}x-600(\text{원})$이므로

$\left(\frac{13}{10}x-600\right)-x=1200$ ······ ❶

(2) $\left(\frac{13}{10}x-600\right)-x=1200$의 양변에 10을 곱하면

$13x-6000-10x=12000$, $3x=18000$

$\therefore x=6000$

따라서 이 물건의 원가는 6000원이다. ······ ❷

채점 기준	배점
❶ 방정식 세우기	3점
❷ 물건의 원가 구하기	3점

1 좌표평면과 그래프

01 순서쌍과 좌표

한번 더 개념 완성하기 64쪽

01 ③ **02** 풀이 참조 **03** (1) $(3, 0)$ (2) $(0, -1)$
04 -2 **05** ⑤
06 (1) 제3사분면 (2) 제4사분면 (3) 제2사분면 (4) 제4사분면
07 $a=-5$, $b=4$ **08** $a=1$, $b=3$

01 ① $A(0, 3)$ ② $B(4, 2)$ ④ $D(3, -3)$ ⑤ $E(-3, 1)$

02

03 (1) x축 위에 있는 점은 y좌표가 0이므로 $(3, 0)$

(2) y축 위에 있는 점은 x좌표가 0이므로 $(0, -1)$

04 y축 위에 있는 점은 x좌표가 0이므로

$2a+4=0$ $\quad\therefore a=-2$

05 점 $(-1, 2)$는 제2사분면에 속한다.

①, ② 제4사분면 ③ 제3사분면 ④ x축 ⑤ 제2사분면

따라서 같은 사분면에 속하는 점은 ⑤이다.

06 점 (a, b)가 제3사분면에 속하므로 $a<0$, $b<0$

(1) $b<0$, $a<0$이므로 점 (b, a)는 제3사분면에 속한다.

(2) $-a>0$, $b<0$이므로 점 $(-a, b)$는 제4사분면에 속한다.

(3) $a<0$, $-b>0$이므로 점 $(a, -b)$는 제2사분면에 속한다.

(4) $-b>0$, $a<0$이므로 점 $(-b, a)$는 제4사분면에 속한다.

07 점 $(a, -8)$과 원점에 대하여 대칭인 점은 점 $(-a, 8)$이다.

따라서 $-a=5$, $8=2b$이므로 $a=-5$, $b=4$

08 점 $(-2, 9)$와 y축에 대하여 대칭인 점은 점 $(2, 9)$이다.

따라서 $2=a+1$, $9=3b$이므로 $a=1$, $b=3$

02 그래프의 이해

한번 더 개념 완성하기 65쪽~66쪽

01 ㄷ **02** ㄹ **03** (1) 300 m (2) 15분
04 (1) 15 m (2) 20초 **05** (1) 9분 (2) 54분
06 (1) 8 m (2) 12초
07 (1) 민수 : 2000 m, 원준 : 1500 m (2) 5분
08 (1) 강호 : 2 km, 혜수 : 3 km (2) 24분 후 (3) 24분

01 시간에 따른 거리의 그래프에서 일정한 속력으로 타고 갈 때는 오른쪽 위로 향하는 직선이 되고, 휴식을 취할 때는 거리가 변하지 않는다.
따라서 그래프로 알맞은 것은 ㄷ이다.

02 양초가 일정한 속도로 탈 때는 양초의 길이가 일정하게 짧아지므로 그래프는 오른쪽 아래로 향하는 직선이 되고, 불이 꺼진 동안에는 길이의 변화가 없다.
처음 양초의 길이는 세로 눈금 4이고, 20분 후 양초의 길이가 처음 길이의 절반이 되었으므로 그래프는 세로 눈금 2에서 끝난다.
따라서 그래프로 알맞은 것은 ㄹ이다.

03 (1) 그래프가 점 (10, 300)을 지나므로 10분 동안 이동한 거리는 300 m이다.
(2) 집에서 출발한 지 10분 후부터 25분 후까지 서점에 머물렀으므로 머문 시간은 $25-10=15$(분)

04 (1) 그래프가 점 (10, 15)를 지나므로 10초 동안 이동한 거리는 15 m이다.
(2) 그래프가 점 (20, 25)를 지나므로 25 m를 이동하는 데 걸린 시간은 20초이다.

05 (1) 그래프에서 가장 큰 y의 값은 40이고, 처음으로 y의 값이 40이 되는 것은 x의 값이 9일 때이므로 처음으로 가장 높이 올라갈 때까지 걸린 시간은 9분이다.
(2) 한 바퀴 도는 데 18분이 걸리므로 3바퀴 도는 데 걸린 시간은 54분이다.

06 (1) 그래프에서 가장 큰 y의 값과 가장 작은 y의 값의 차가 8이므로 A 지점과 B 지점 사이의 거리는 8 m이다.
(2) 드론이 A 지점을 출발한 지 12초 후에 다시 A 지점으로 돌아왔으므로 한 번 왕복하는 데 걸리는 시간은 12초이다.

07 (1) 민수의 그래프는 점 (10, 2000)을 지나므로 10분 동안 이동한 거리는 2000 m이다.
원준이의 그래프는 점 (10, 1500)을 지나므로 10분 동안 이동한 거리는 1500 m이다.
(2) 민수의 그래프는 점 (25, 3000)을 지나므로 야구장까지 가는 데 민수는 25분 걸렸다.
원준이의 그래프는 점 (20, 3000)을 지나므로 야구장까지 가는 데 원준이는 20분 걸렸다.
따라서 구하는 시간의 차는 $25-20=5$(분)

08 (1) 강호의 그래프는 점 (16, 2)를 지나므로 강호가 출발하여 16분 동안 달린 거리는 2 km이다.
혜수의 그래프는 점 (16, 3)을 지나므로 혜수가 출발하여 16분 동안 달린 거리는 3 km이다.
(2) 두 그래프는 점 (24, 3)에서 만나고 24분 이후에는 같은 시간에 강호의 그래프가 혜수의 그래프보다 위에 있으므로 강호가 혜수보다 앞서기 시작한 것은 출발한 지 24분 후이다.
(3) 혜수는 16분부터 40분까지 쉬었으므로
$40-16=24$(분) 동안 쉬었다.

한번 더

실력 확인하기

67쪽

01 1　02 ②　03 ③　04 ㄴ, ㄹ
05 A : ㄱ, B : ㄷ

01 x축 위에 있는 점은 y좌표가 0이므로
$a+1=0$ 　$\therefore a=-1$
y축 위에 있는 점은 x좌표가 0이므로
$b-2=0$ 　$\therefore b=2$
$\therefore a+b=(-1)+2=1$

02 점 $P(a, b)$가 제4사분면에 속하므로 $a>0$, $b<0$
따라서 $ab<0$, $a-b>0$이므로 점 $Q(ab, a-b)$는 제2사분면에 속한다.

03 ③ $100-20=80$(초) 동안 초속 35 m로 달렸으므로
이동한 거리는 $80\times35=2800$(m)

04 ㄱ. 로봇은 B 지점에서 출발하여 16초 후에 제자리로 돌아온다.
ㄷ. 로봇은 48초 동안 A 지점과 B 지점 사이를 3번 왕복하였다.
따라서 옳은 것은 ㄴ, ㄹ이다.

05 컵 A의 폭이 일정하므로 물의 높이가 일정하게 증가한다.
따라서 컵 A의 그래프로 알맞은 것은 ㄱ이다.
컵 B의 폭이 위로 갈수록 좁아지므로 물의 높이는 점점 빠르게 증가한다.
따라서 컵 B의 그래프로 알맞은 것은 ㄷ이다.

03 정비례와 반비례

한번 더

개념 완성하기

68쪽~69쪽

01 ②　02 ③, ⑤　03 ④　04 -1
05 $y=\frac{3}{4}x$　06 ②　07 (1) $y=0.4x$ (2) 8 cm
08 (1) $y=5x$ (2) 18분　09 ②, ⑤　10 ㄴ, ㄹ
11 ④　12 -2　13 $y=\frac{15}{x}$　14 ②
15 (1) $y=\frac{48}{x}$ (2) 8개　16 (1) $y=\frac{30}{x}$ (2) 5 cm

01 ① $xy=30$이므로 $y=\frac{30}{x}$　② $y=5x$

③ $2(x+y)=40$이므로 $x+y=20$　$\therefore y=20-x$

④ $y=\frac{10}{x}$

⑤ $y=\frac{20}{x}$

따라서 y가 x에 정비례하는 것은 ②이다.

02 ① 점 (1, 4)를 지난다.

②, ④ 오른쪽 위로 향하는 직선이다.

따라서 옳은 것은 ③, ⑤이다.

03 ④ $y=-\frac{2}{3}x$에 $x=2$, $y=-3$을 대입하면

$-3\neq-\frac{2}{3}\times2$

따라서 점 $(2, -3)$은 $y=-\frac{2}{3}x$의 그래프 위의 점이 아니다.

04 $y=2x$에 $x=-2$, $y=a$를 대입하면

$a=2\times(-2)=-4$

$y=2x$에 $x=b$, $y=-6$을 대입하면

$-6=2b$　$\therefore b=-3$

$\therefore a-b=-4-(-3)=-1$

05 $y=ax(a\neq0)$로 놓고 $x=4$, $y=3$을 대입하면

$3=4a$　$\therefore a=\frac{3}{4}$

따라서 구하는 식은 $y=\frac{3}{4}x$

06 $y=ax(a\neq0)$로 놓고 $x=2$, $y=-6$을 대입하면

$-6=2a$　$\therefore a=-3$

따라서 구하는 식은 $y=-3x$

07 (1) 1분에 0.4 cm씩 타므로 x분 동안 $0.4x$ cm 탄다.

따라서 x와 y 사이의 관계를 식으로 나타내면 $y=0.4x$

(2) $y=0.4x$에 $x=20$을 대입하면 $y=0.4\times20=8$

따라서 20분 동안 탄 양초의 길이는 8 cm이다.

08 (1) 1분에 5 cm씩 수면의 높이가 올라가므로 x분 후의 수면의 높이는 $5x$ cm이다.

따라서 x와 y 사이의 관계를 식으로 나타내면 $y=5x$

(2) $y=5x$에 $y=90$을 대입하면 $90=5x$　$\therefore x=18$

따라서 물통에 물을 가득 채우는 데 18분이 걸린다.

09 ②, ③ 제2사분면과 제4사분면을 지난다.

⑤ 지나는 각 사분면에서 x의 값이 증가하면 y의 값도 증가한다.

따라서 옳지 않은 것은 ②, ⑤이다.

10 ㄱ. 원점에 대하여 대칭인 한 쌍의 매끄러운 곡선이다.

ㄷ. 지나는 각 사분면에서 x의 값이 증가하면 y의 값은 감소한다.

따라서 옳은 것은 ㄴ, ㄹ이다.

11 ④ $y=\frac{18}{x}$에 $x=4$, $y=4$를 대입하면 $4\neq\frac{18}{4}$

따라서 점 (4, 4)는 $y=\frac{18}{x}$의 그래프 위의 점이 아니다.

12 $y=-\frac{12}{x}$에 $x=a$, $y=-6$을 대입하면

$-6=-\frac{12}{a}$　$\therefore a=2$

$y=-\frac{12}{x}$에 $x=3$, $y=b$를 대입하면

$b=-\frac{12}{3}=-4$

$\therefore a+b=2+(-4)=-2$

13 $y=\frac{a}{x}(a\neq0)$로 놓고 $x=-3$, $y=-5$를 대입하면

$-5=\frac{a}{-3}$　$\therefore a=15$

따라서 구하는 식은 $y=\frac{15}{x}$

14 $y=\frac{a}{x}(a\neq0)$로 놓고 $x=6$, $y=-4$를 대입하면

$-4=\frac{a}{6}$　$\therefore a=-24$

따라서 구하는 식은 $y=-\frac{24}{x}$

15 (1) $xy=48$이므로 $y=\frac{48}{x}$

따라서 x와 y 사이의 관계를 식으로 나타내면 $y=\frac{48}{x}$

(2) $y=\frac{48}{x}$에 $y=6$을 대입하면 $6=\frac{48}{x}$　$\therefore x=8$

따라서 8개의 접시에 담게 된다.

16 (1) $x\times y\times8=240$이므로 $xy=30$, 즉 $y=\frac{30}{x}$

따라서 x와 y 사이의 관계를 식으로 나타내면 $y=\frac{30}{x}$

(2) $y=\frac{30}{x}$에 $x=6$을 대입하면 $y=\frac{30}{6}=5$

따라서 세로의 길이는 5 cm이다.

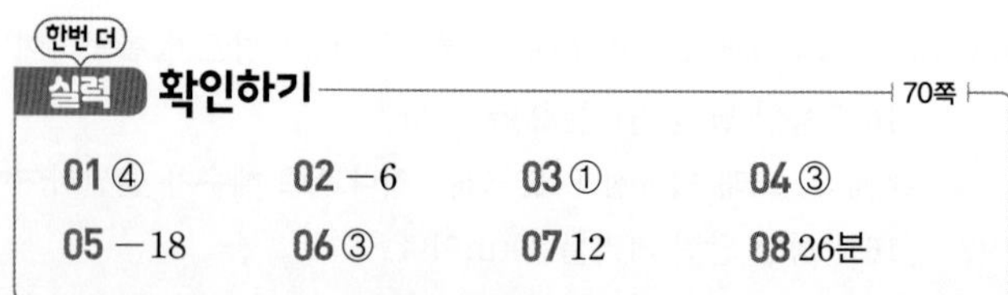

한번 더 실력 확인하기 70쪽

01 ④	**02** -6	**03** ①	**04** ③
05 -18	**06** ③	**07** 12	**08** 26분

01 ④ a의 절댓값이 커질수록 y축에 가까워지고 x축에서는 멀어진다.

02 $y=ax(a\neq0)$로 놓고 $x=3$, $y=-1$을 대입하면

$-1=3a$, $a=-\frac{1}{3}$ $\therefore y=-\frac{1}{3}x$

$y=-\frac{1}{3}x$에 $x=k$, $y=2$를 대입하면

$2=-\frac{1}{3}k$ $\therefore k=-6$

03 직선 l을 나타내는 식을 $y=ax(a\neq0)$라 하자.
오른쪽 아래로 향하므로 $a<0$이고, $y=-x$의 그래프보다 x축에 더 가까우므로 a의 절댓값은 1보다 작다.
따라서 그래프가 직선 l이 될 수 있는 것은
① $y=-\frac{7}{8}x$이다.

04 ③ 점 $(1, a)$를 지난다.

05 $y=\frac{a}{x}$에 $x=-4$, $y=3$을 대입하면

$3=\frac{a}{-4}$, $a=-12$ $\therefore y=-\frac{12}{x}$

$y=-\frac{12}{x}$에 $x=-2$, $y=b$를 대입하면

$b=-\frac{12}{-2}=6$

$\therefore a-b=-12-6=-18$

06 $y=\frac{a}{x}(a\neq0)$로 놓고 $x=6$, $y=4$를 대입하면

$4=\frac{a}{6}$, $a=24$ $\therefore y=\frac{24}{x}$

$y=\frac{24}{x}$에 $x=-3$, $y=k$를 대입하면

$k=\frac{24}{-3}=-8$

07 점 A의 x좌표를 k라 하자.
$y=3x$에 $x=k$, $y=6$을 대입하면
$6=3k$ $\therefore k=2$
점 A는 $y=\frac{a}{x}$의 그래프 위의 점이므로

$y=\frac{a}{x}$에 $x=2$, $y=6$을 대입하면

$6=\frac{a}{2}$ $\therefore a=12$

08 x분 동안 물을 넣을 때 수면의 높이를 y cm라 하면 수면의 높이가 5분에 20 cm씩 올라가므로 1분에 4 cm씩 올라간다.
즉, x분 동안 $4x$ cm 올라간다.
따라서 x와 y 사이의 관계를 식으로 나타내면
$y=4x$
$y=4x$에 $y=104$를 대입하면
$104=4x$ $\therefore x=26$
따라서 물통에 물을 가득 채우는 데 걸리는 시간은 26분이다.

한번 더 실전! 중단원 마무리

71쪽~72쪽

01 ④	**02** ⑤	**03** 21	**04** ⑤
05 (1) 800 m (2) 20분 후		**06** ①, ④	**07** -9
08 ③	**09** ①	**10** 5기압	**11** -4

서술형 문제

12 제1사분면 **13** (1) $y=4x$ (2) 4 cm

01 ④ D$(0, -3)$

02 $2a-1=3$에서 $2a=4$ $\therefore a=2$
$6=b+2$에서 $b=4$
$\therefore a+b=2+4=6$

03 세 점 A, B, C를 각각 좌표평면 위에 나타내면 오른쪽 그림과 같다.
$\therefore$ (삼각형 ABC의 넓이)
$=\frac{1}{2}\times7\times6=21$

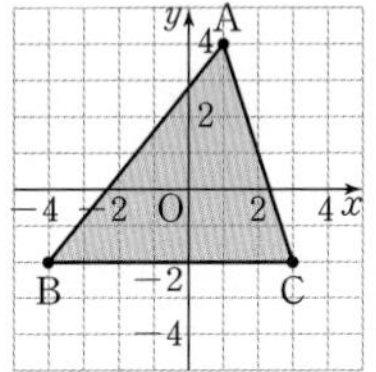

04 ⑤ $a>b$이므로 $a-b>0$
$a>0$, $b<0$이므로 $ab<0$
따라서 점 $(a-b, ab)$는 제4사분면에 속하는 점이다.

05 (1) 두 그래프가 $y=800$에서 끝나므로 학교에서 도서관까지의 거리는 800 m이다.
(2) 두 그래프가 점 (20, 400)에서 만나므로 수호와 준명이는 출발한 지 20분 후에 다시 만난다.

06 ② 제2사분면과 제4사분면을 지난다.
③ $y=-3x$에 $x=-\frac{1}{3}$을 대입하면
$y=-3\times\left(-\frac{1}{3}\right)=1$이므로
점 $\left(-\frac{1}{3}, 1\right)$을 지난다.
⑤ 오른쪽 아래로 향하는 직선이다.
따라서 옳은 것은 ①, ④이다.

07 $y=\frac{2}{3}x$에 $x=a$, $y=-6$을 대입하면

$-6=\frac{2}{3}a$ $\therefore a=(-6)\times\frac{3}{2}=-9$

08 ① $y=-\frac{24}{x}$에 $x=-8$을 대입하면

$y=-\frac{24}{-8}=3$이므로

점 $(-8, 3)$은 $y=-\frac{24}{x}$의 그래프 위의 점이다.

② $y=-\frac{24}{x}$에 $x=-4$를 대입하면

$y=-\frac{24}{-4}=6$이므로

점 $(-4,\ 6)$은 $y=-\frac{24}{x}$의 그래프 위의 점이다.

③ $y=-\frac{24}{x}$에 $x=-\frac{1}{2}$을 대입하면

$y=-24\div\left(-\frac{1}{2}\right)=-24\times(-2)=48\neq12$이므로

점 $\left(-\frac{1}{2},\ 12\right)$는 $y=-\frac{24}{x}$의 그래프 위의 점이 아니다.

④ $y=-\frac{24}{x}$에 $x=6$을 대입하면

$y=-\frac{24}{6}=-4$이므로

점 $(6,\ -4)$는 $y=-\frac{24}{x}$의 그래프 위의 점이다.

⑤ $y=-\frac{24}{x}$에 $x=16$을 대입하면

$y=-\frac{24}{16}=-\frac{3}{2}$이므로

점 $\left(16,\ -\frac{3}{2}\right)$은 $y=-\frac{24}{x}$의 그래프 위의 점이다.

따라서 그래프 위의 점이 아닌 것은 ③이다.

09 $y=\frac{a}{x}$에 $x=-5,\ y=4$를 대입하면

$4=\frac{a}{-5}$ $\quad\therefore a=-20$

$y=-\frac{20}{x}$에 $x=2,\ y=b$를 대입하면

$b=-\frac{20}{2}=-10$

$\therefore a-b=-20-(-10)=-10$

10 압력이 x기압일 때의 부피를 y mL라 하고

$y=\frac{a}{x}\,(a\neq0)$로 놓으면

어떤 기체의 부피가 50 mL일 때, 압력이 3기압이므로

$y=\frac{a}{x}$에 $x=3,\ y=50$을 대입하면

$50=\frac{a}{3}$ $\quad\therefore a=150$

$y=\frac{150}{x}$에 $y=30$을 대입하면

$30=\frac{150}{x}$ $\quad\therefore x=5$

따라서 기체의 부피가 30 mL일 때의 압력은 5기압이다.

11 $y=-2x$에 $x=-2,\ y=b$를 대입하면

$b=-2\times(-2)=4$

점 $(-2,\ 4)$가 $y=\frac{a}{x}$의 그래프 위의 점이므로

$y=\frac{a}{x}$에 $x=-2,\ y=4$를 대입하면

$4=\frac{a}{-2}$ $\quad\therefore a=-8$

$\therefore a+b=-8+4=-4$

서술형 문제

12 점 $P(a,\ -b)$가 제3사분면에 속하므로

$a<0,\ -b<0$에서 $b>0$ ······ ❶

이때 $ab<0$이므로 $-ab>0$이고

$b>a$이므로 $b-a>0$ ······ ❷

따라서 점 $Q(-ab,\ b-a)$는 제1사분면에 속한다. ······ ❸

채점 기준	배점
❶ $a,\ b$의 부호 구하기	2점
❷ $-ab,\ b-a$의 부호 구하기	2점
❸ 점 $Q(-ab,\ b-a)$가 제몇 사분면에 속하는지 구하기	2점

13 (1) (삼각형 ABP의 넓이)$=\frac{1}{2}\times$(밑변의 길이)$\times$(높이)

이므로 x와 y 사이의 관계를 식으로 나타내면

$y=\frac{1}{2}\times x\times8$ $\quad\therefore y=4x$ ······ ❶

(2) $y=4x$에 $y=32$를 대입하면

$32=4x$ $\quad\therefore x=8$

따라서 선분 BP의 길이가 8 cm이므로 ······ ❷

선분 PC의 길이는 $12-8=4$ (cm) ······ ❸

채점 기준	배점
❶ x와 y 사이의 관계를 식으로 나타내기	3점
❷ 삼각형 ABP의 넓이가 32 cm^2일 때, 선분 BP의 길이 구하기	3점
❸ 선분 PC의 길이 구하기	1점

정답 및 풀이

I. 자연수의 성질

1 소인수분해

2쪽~5쪽

01	2014년	01-❶	갑진년, 60년
02	7개	03	30
04	14, 15, 17, 20	05	2^{50}개
06	100만 → 10^6, 10억 → 10^9, 1조 → 10^{12}		
07	2337	08	3^3, 5^2, $3^4\times7$
09	사랑	10	7
11	(그림)		
12	4개	13	10
14	4	15	120
16	22개		

01 두 톱니바퀴가 다시 같은 톱니바퀴에서 맞물릴 때까지 돌아간 톱니의 수는 10과 12의 공배수이다.
10과 12의 최소공배수는 60이므로 육십갑자는 60년마다 반복된다.
갑오개혁은 1894년에 일어났고 $1894+60\times2=2014$이므로 구하는 가장 최근의 해는 2014년이다.

01-❶ 2024년은 갑진년이고, 10과 12의 최소공배수는 60이므로 육십갑자는 60년마다 반복된다.
따라서 갑진년을 사용하는 해는 60년마다 돌아온다.

02 합성수는 8, 15, 21, 34, 39, 58, 65의 7개이다.
따라서 정우가 준비해야 하는 선물은 모두 7개이다.

03 소수를 작은 것부터 차례대로 세 개를 곱하면
$2\times3\times5=30$이므로 구하는 가장 작은 자연수는 30이다.

04 $6\times4=24$이므로 20 이하의 자연수를 6으로 나누었을 때의 몫은 0, 1, 2, 3이고, 그중 소수는 2, 3이다.
즉, 20 이하의 자연수 중에서 6×2와 6×3에 6보다 작은 소수를 더한 수를 찾으면 된다.
따라서 구하는 자연수는
$6\times2+2=14$, $6\times2+3=15$,
$6\times2+5=17$, $6\times3+2=20$

05 2일 후에는 $4=2^2$(개),
3일 후에는 $8=2^3$(개),
4일 후에는 $16=2^4$(개),
⋮
이므로 50일 후에는 2^{50}개의 세포로 나누어진다.

06 100만은 $1000000=10^6$
10억은 $1000000000=10^9$
1조는 $1000000000000=10^{12}$

07 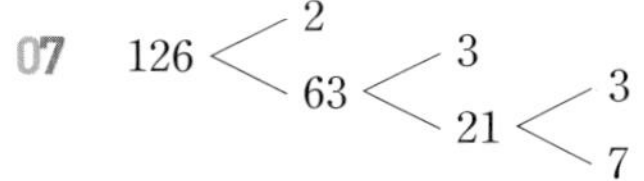

$126=2\times3\times3\times7$이므로 비밀번호는 2337이다.

08 $1\times2\times3\times\cdots\times9\times10$
$=2\times3\times2^2\times5\times(2\times3)\times7\times2^3\times3^2\times(2\times5)$
$=2\times3\times(2\times2)\times5\times(2\times3)\times7\times(2\times2\times2)\times(3\times3)\times(2\times5)$
$=2^8\times3^4\times5^2\times7$
이므로 $1\times2\times3\times\cdots\times9\times10$의 약수는 2^8의 약수, 3^4의 약수, 5^2의 약수, 7의 약수를 곱한 수이다.
2^9은 2^8의 약수가 아니므로 $1\times2\times3\times\cdots\times9\times10$의 약수가 아니다.
7^2은 7의 약수가 아니므로 $1\times2\times3\times\cdots\times9\times10$의 약수가 아니다.
5^3은 5^2의 약수가 아니므로 $2^6\times5^3$은 $1\times2\times3\times\cdots\times9\times10$의 약수가 아니다.
따라서 $1\times2\times3\times\cdots\times9\times10$의 약수는 3^3, 5^2, $3^4\times7$이다.

09 2730을 소인수분해하면 $2730=2\times3\times5\times7\times13$
이므로 2730의 소인수는 2, 3, 5, 7, 13이다.
즉, ㄱ~ㅁ에 들어갈 수는 차례대로 2, 3, 5, 7, 13이므로 각 수에서 뺀 값은 오른쪽과 같다.

6	10	7	14	18
−) 2	3	5	7	13
4	7	2	7	5

따라서 4, 7, 2, 7, 5에 해당하는 문자를 차례대로 나열하면 ㅅ, ㅏ, ㄹ, ㅏ, ㅇ이므로 암호문은 '사랑'이다.

10 35를 소인수분해하면 $35=5\times7$이므로 ㈎, ㈐에서 구하는 수는 5 또는 7이다.
112를 소인수분해하면 $112=2^4\times7$이므로 ㈏에서 5와 7 중 112의 약수는 7이다.
따라서 구하는 수는 7이다.

11 3과 24의 최대공약수는 3이므로 두 수는 서로소가 아니다.
16과 24의 최대공약수는 8이므로 두 수는 서로소가 아니다.
따라서 서로소인 수끼리 선분으로 연결하면 오른쪽 그림과 같다.

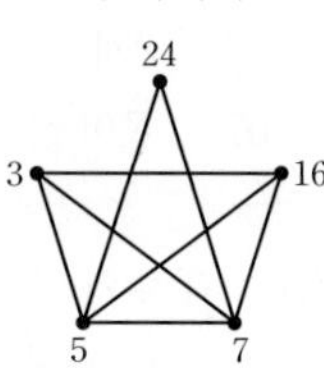

12 12를 소인수분해하면 $12=2^2\times3$이므로 12와 서로소이려면 2 또는 3의 배수가 아니어야 한다.
따라서 12와 서로소인 수는 41, 43, 47, 49의 4개이다.

13 두 수 90, 140의 최대공약수로 각각 나누어야 몫이 서로소가 된다. 즉, $90=2\times3^2\times5$와 $140=2^2\times5\times7$의 최대공약수는 $2\times5=10$이므로 구하는 어떤 자연수는 10이다.

14 4, 6, 240을 각각 소인수분해하면
$4=2^2$, $6=2\times3$, $240=2^4\times3\times5$
240은 2^4을 인수로 가지므로 4를 4, 5, 6 중 4에 곱해야 최소공배수가 240이 된다.

15 12와 20으로 각각 나누어떨어지는 수는 두 수 12와 20의 공배수이다.
$12=2^2\times3$, $20=2^2\times5$이고 12와 20의 최소공배수는 $2^2\times3\times5=60$이므로 12와 20의 공배수는 60, 120, 180, ⋯ 이다. 이 중 가장 작은 세 자리의 자연수는 120이므로 구하는 수는 120이다.

16 $156=2^2\times3\times13$, $132=2^2\times3\times11$이므로 156과 132의 최대공약수는 $2^2\times3=12$
즉, 가로등 사이의 간격은 12 m이고 세 모퉁이에 가로등이 세워져 있으므로 추가할 가로등은
가로 : $(156\div12)-1=12$(개)
세로 : $(132\div12)-1=10$(개)
따라서 추가할 가로등은 모두 $12+10=22$(개)

Ⅱ. 정수와 유리수

1 정수와 유리수

6쪽~7쪽

01 영하 5 ℃ : -5 ℃, 영상 10 ℃ : $+10$ ℃,
4일 후 : $+4$일, 15일 전 : -15일,
서쪽으로 6 km : -6 km, 동쪽으로 5 km : $+5$ km

01-❶ 용돈 받음 : $+20000$원, 책 구입 : -11000원,
교통비 지출 : -6000원, 음료수 구입 : -1500원,
중고 거래로 책 판매 : $+5500$원

02 세대수도료가 전월보다 1010원 적게 나왔다.

03 비

04 아리스토텔레스, 에라토스테네스, 갈릴레이, 홍정하

05 8개 **06** -4

07 풀이 참조, -3, $+3$

03 각 수의 분류에 따라 해당하는 수를 색칠하면 다음과 같다.

자연수	$+5$	-0.7	$\frac{6}{3}$	0	3
정수	-4	0	$+9$	$\frac{1}{2}$	$-\frac{8}{4}$
음의 유리수	$-\frac{4}{2}$	3.5	$-\frac{4}{3}$	$+6$	-2.8
정수가 아닌 유리수	1.3	$\frac{11}{6}$	-2.2	$\frac{12}{4}$	$-\frac{5}{7}$

따라서 나타나는 글자는 '비'이다.

04 B.C.를 $-$, A.D.를 $+$로 나타내면
• B.C. 384 ➔ -384
• A.D. 1564 ➔ $+1564$
• B.C. 275 ➔ -275
• A.D. 1684 ➔ $+1684$
따라서 출생 연도가 이른 수학자부터 차례대로 이름을 나열하면 아리스토텔레스, 에라토스테네스, 갈릴레이, 홍정하이다.

05 $-\frac{4}{3}$와 $\frac{5}{2}$의 분모를 6으로 통분하면 $-\frac{4}{3}=-\frac{8}{6}$, $\frac{5}{2}=\frac{15}{6}$
따라서 구하는 기약분수는
$-\frac{7}{6}$, $-\frac{5}{6}$, $-\frac{1}{6}$, $\frac{1}{6}$, $\frac{5}{6}$, $\frac{7}{6}$, $\frac{11}{6}$, $\frac{13}{6}$의 8개이다.

06 원점으로부터 거리가 4인 점에 대응하는 수는 $+4$와 -4이다. 막대가 왼쪽으로 쓰러졌으므로 구하는 수는 -4이다.

07 $-\frac{8}{3}=-2\frac{2}{3}$, $+\frac{13}{4}=+3\frac{1}{4}$이므로 두 수를 각각 수직선 위에 나타내면 다음과 같다.

-4 -3 -2 -1 0 $+1$ $+2$ $+3$ $+4$
$-\frac{8}{3}$ $+\frac{13}{4}$

따라서 $-\frac{8}{3}$에 가장 가까이 있는 정수는 -3이고,
$+\frac{13}{4}$에 가장 가까이 있는 정수는 $+3$이다.

2 정수와 유리수의 계산

8쪽~12쪽

01 $a=-2$, $b=-3$, $c=-1$, $d=1$

01-❶ -1

02 $\frac{5}{2}$ **02-❶** $-\frac{21}{4}$

03 -3 **04** 풀이 참조

05 (1) 8시간 (2) 14시간 (3) 일요일, 오후 9시

06 -150 ℃ **07** -3

08 $\frac{5}{2}$ **09** 538원

10 $\frac{59}{6}$ m **11** $-\frac{1}{20}$

12 7 **13** -8.1 m

14 $-\frac{3}{2}$ **15** -22

16 -5, -0.2

17 ㄱ : $\frac{27}{25}$, ㄴ : $-\frac{6}{5}$, ㄷ : $-\frac{10}{9}$

18 -23

19 선우 : 5칸 올라갔다. 경재 : 4칸 내려갔다.

01 $2+(-5)+0=-3$이므로 가로, 세로, 대각선에 있는 세 수의 합은 -3이다.

$a+3+(-4)=-3$에서 $a=-2$

$a+b+2=-3$에서

$-2+b+2=-3 \quad \therefore b=-3$

$3+c+(-5)=-3$에서 $c=-1$

$-4+d+0=-3$에서 $d=1$

01-❶ $3+(-1)+6+(-4)=4$이므로 각 변에 놓인 네 수의 합은 4이다.

$-5+2+a+3=4$에서 $a=4$

$-5+b+8+(-4)=4$에서 $b=5$

$\therefore a-b=4-5=-1$

02 $a\div b$의 값이 양수가 되는 경우는 a, b 모두 양수이거나 a, b 모두 음수인 경우이다.

$a\div b$의 값이 양수이면서 큰 값이려면 a는 절댓값이 큰 수를 선택하고, b는 절댓값이 작은 수를 선택하여야 한다.

$a=\frac{3}{2}$, $b=\frac{3}{4}$이면

$a\div b=\frac{3}{2}\div\frac{3}{4}=\frac{3}{2}\times\frac{4}{3}=2$

$a=-\frac{5}{3}$, $b=-\frac{2}{3}$이면

$a\div b=\left(-\frac{5}{3}\right)\div\left(-\frac{2}{3}\right)=\left(-\frac{5}{3}\right)\times\left(-\frac{3}{2}\right)=\frac{5}{2}$

따라서 구하는 가장 큰 값은 $\frac{5}{2}$이다.

02-❶ □ 안에 들어갈 수를 차례대로 a, b, c라 하면

$a-b\div c$에서 $b\div c$를 먼저 계산한 후 a에서 그 값을 빼야 하므로 a는 작을수록, $b\div c$의 값은 클수록 계산 결과가 작다.

따라서 $a=-4$, $b=\frac{15}{8}$, $c=\frac{3}{2}$이고, 이때의 계산 결과는

$-4-\frac{15}{8}\div\frac{3}{2}=-4-\frac{15}{8}\times\frac{2}{3}=-4-\frac{5}{4}=-\frac{21}{4}$

이므로 구하는 가장 작은 값은 $-\frac{21}{4}$이다.

03 $(-5)+(+2)=-3$이므로 영민이의 위치는 -3이다.

04 $(+2)+(-4)$를 바둑돌을 이용하여 나타내면

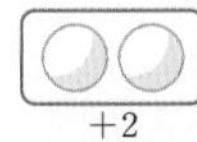
+2

−4

흰 바둑돌 2개와 검은 바둑돌 2개를 합하면 0이 되므로

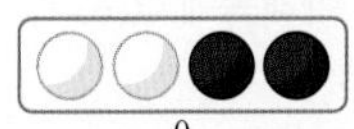
0

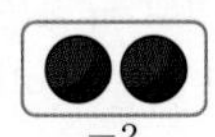
−2

검은 바둑돌 2개만 남게 되므로

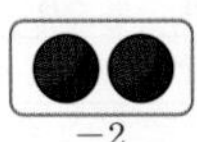
−2

따라서 $(+2)+(-4)=-2$이다.

05 (1) $(+9)-(+1)=+8$이므로 서울은 파리보다 8시간 빠르다.

(2) $(+9)-(-5)=+14$이므로 서울은 뉴욕보다 14시간 빠르다.

(3) $(+9)-(-3)=+12$이므로 서울은 부에노스아이레스보다 12시간 빠르다.

따라서 서울이 월요일 오전 9시이면 부에노스아이레스는 일요일 오후 9시이다.

06 밤 평균 온도는 낮에 비해 27 ℃ 더 내려가므로 -123 ℃보다 27 ℃만큼 작은 값이다.

따라서 구하는 밤 평균 온도는

$-123-27=-150$(℃)

07 세 수를 차례대로 a, b, c라 하면 $b=a+c$에서

$c=b-a$이므로 세 번째 수는 두 번째 수에서 첫 번째 수를 뺀 값이다.

7번째 수는 $(+2)-(-1)=+3$

8번째 수는 $(+3)-(+2)=+1$

9번째 수는 $(+1)-(+3)=-2$

10번째 수는 $(-2)-(+1)=-3$

08 $5-\frac{19}{6}+\frac{2}{3}=\frac{30}{6}-\frac{19}{6}+\frac{4}{6}$

$=\frac{11}{6}+\frac{4}{6}=\frac{15}{6}$

$=\frac{5}{2}$

따라서 점 A에 대응하는 수는 $\frac{5}{2}$이다.

09 5월 1일 대비 5월 3일의 원/유로 환율의 등락은

$7.25-12.63=-5.38$(원)

이므로 5.38원 하락하였다.

따라서 5월 3일에 100유로를 산 사람은 5월 1일에 100유로를 산 사람보다 $5.38\times100=538$(원) 더 싸게 샀다.

10 건물 B의 높이를 0 m라 하면

건물 A의 높이는 $0+\frac{25}{3}=\frac{25}{3}$(m)

건물 C의 높이는 $\frac{25}{3}-10=-\frac{5}{3}$(m)

건물 D의 높이는 $-\frac{5}{3}+\frac{23}{2}=\frac{59}{6}$(m)

따라서 건물 B와 건물 D의 높이의 차는

$\frac{59}{6}-0=\frac{59}{6}$(m)

11 주어진 식에서 곱해진 분수는 19개이므로 계산 결과는 음수이고, 앞에 있는 수의 분모와 뒤에 있는 수의 분자가 서로 약분되므로

$\left(-\frac{1}{2}\right)\times\left(-\frac{2}{3}\right)\times\left(-\frac{3}{4}\right)\times\cdots\times\left(-\frac{19}{20}\right)=-\frac{1}{20}$

12 15를 세 자연수의 곱으로 나타내면 $15=1\times3\times5$이고,

$|a|>|b|>|c|$이므로 $|a|=5$, $|b|=3$, $|c|=1$

즉, a는 5 또는 -5, b는 3 또는 -3, c는 1 또는 -1이다.

이때 $a+b+c=3$이므로 $a=5$, $b=-3$, $c=1$

$\therefore a-b-c=5-(-3)-1=7$

13 $-40.5 \div 5 = -8.1(\text{m})$

14 $a=-3\frac{1}{2}=-\frac{7}{2}$, $b=2\frac{1}{3}=\frac{7}{3}$이므로

$a \div b=\left(-\frac{7}{2}\right) \div \frac{7}{3}=\left(-\frac{7}{2}\right) \times \frac{3}{7}=-\frac{3}{2}$

15 a, b, c와 마주 보는 면에 적힌 수는 각각

$-\frac{2}{3}$, $\frac{1}{8}$, $-\frac{4}{5}$이므로

$a=-\frac{3}{2}$, $b=8$, $c=-\frac{5}{4}$

$\therefore (a+c) \times b=\left\{-\frac{3}{2}+\left(-\frac{5}{4}\right)\right\} \times 8$

$=\left(-\frac{11}{4}\right) \times 8=-22$

16 -5의 역수는 -0.2이고 -0.2의 역수는 -5이다.
-5를 입력하고 $1/x$ 버튼을 1번 누르면 -0.2가 나오고, 2번 누르면 -0.2의 역수인 -5가 나온다.
즉, $1/x$ 버튼을 홀수 번 누르면 -0.2가 나오고, 짝수 번 누르면 -5가 나온다.
따라서 14번 누를 때 나오는 수는 -5이고, 17번 누를 때 나오는 수는 -0.2이다.

17 $\left|-\frac{5}{2}\right|<|3|$이므로 ㄴ에 알맞은 수는

$3 \div \left(-\frac{5}{2}\right)=3 \times \left(-\frac{2}{5}\right)=-\frac{6}{5}$

$|3|<\left|-\frac{10}{3}\right|$이므로 ㄷ에 알맞은 수는

$\left(-\frac{10}{3}\right) \div 3=\left(-\frac{10}{3}\right) \times \frac{1}{3}=-\frac{10}{9}$

$\left|-\frac{6}{5}\right|>\left|-\frac{10}{9}\right|$이므로 ㄱ에 알맞은 수는

$\left(-\frac{6}{5}\right) \div \left(-\frac{10}{9}\right)=\left(-\frac{6}{5}\right) \times \left(-\frac{9}{10}\right)=\frac{27}{25}$

18 -3을 상자 A에 넣으면

$(-3-3) \times \frac{5}{6}=-5$

-5를 상자 B에 넣으면

$(-5) \div \frac{2}{3}=(-5) \times \frac{3}{2}=-\frac{15}{2}$

$-\frac{15}{2}$를 상자 C에 넣으면

$\left(-\frac{15}{2}+\frac{7}{4}\right) \times 4=\left(-\frac{23}{4}\right) \times 4=-23$

19 선우는 가위로 1번, 바위로 3번, 보로 2번 이기고 4번 졌으므로 $1 \times 1+3 \times 2+2 \times 3+4 \times (-2)=5$
즉, 선우는 처음 위치에서 5칸 올라갔다.
경재는 가위로 1번, 바위로 2번, 보로 1번 이기고 6번 졌으므로 $1 \times 1+2 \times 2+1 \times 3+6 \times (-2)=-4$
즉, 경재는 처음 위치에서 4칸 내려갔다.

1 문자의 사용과 식의 계산

13쪽~16쪽

01 123회 이상 137회 이하

01-❶ 수연 : 45 kg, 정민 : 54 kg

02

	$4a+6$	
$2a-1$	$2a+7$	
$a-3$	$a+2$	$a+5$

	$5a-2$	
$a+6$	$4a-8$	
$-2a+4$	$3a+2$	$a-10$

02-❶ $-3x+1$ **03** $(3x+y)$점

04 $\left(5x+\frac{3}{2}y\right)$mg **05** $(24a+2)\text{ cm}^2$

06 ㄱ : $\frac{ac}{b} \to \frac{a}{bc}$, ㄷ : $\frac{ac}{b} \to \frac{a}{bc}$

07 (1) 10조각 (2) $2n$조각

08

$24a$	÷	-4	=	$-6a$
÷		×		
$\frac{3}{2}a$	×	6	=	$9a$
=		=		
16		-24		

09 $(30x-270)\text{ cm}^2$

10 $-18x+36$

11 B 가게

12 (다), $\frac{x+14}{6}$

13 $2x+2$ **14** $(60-9a)$ cm

01 $\frac{c}{100}(220-a-b)+b$에 $a=13$, $b=67$, $c=40$을 대입하면

$\frac{40}{100} \times (220-13-67)+67=123$

$\frac{c}{100}(220-a-b)+b$에 $a=13$, $b=67$, $c=50$을 대입하면

$\frac{50}{100} \times (220-13-67)+67=137$

따라서 구하는 1분당 목표 심장 박동 수의 범위는 123회 이상 137회 이하이다.

01-❶ 수연이의 표준 체중은
$(h-100) \times 0.9$에 $h=150$을 대입하면
$(150-100) \times 0.9=50 \times 0.9=45(\text{kg})$
정민이의 표준 체중은
$(h-100) \times 0.9$에 $h=160$을 대입하면
$(160-100) \times 0.9=60 \times 0.9=54(\text{kg})$

02 주어진 피라미드에서 $(a+4)+(2a+3)=3a+7$이므로 피라미드에 적힌 식 사이의 규칙은 아래쪽에 있는 두 식을 더하면 위쪽에 있는 식이 되는 것이다.

빈칸에 들어갈 식을 오른쪽과 같이 A, B, C라 하면

	C	
A	B	
$a-3$	$a+2$	$a+5$

$A=(a-3)+(a+2)=2a-1$
$B=(a+2)+(a+5)=2a+7$
$C=A+B=(2a-1)+(2a+7)$
$=4a+6$

빈칸에 들어갈 식을 오른쪽과 같이 D, E, F라 하면

	$5a-2$	
$a+6$	F	
D	$3a+2$	E

$D+(3a+2)=a+6$에서

$D=(a+6)-(3a+2)$

$=a+6-3a-2=-2a+4$

$(a+6)+F=5a-2$에서

$F=(5a-2)-(a+6)$

$=5a-2-a-6=4a-8$

$(3a+2)+E=F$에서

$E=(4a-8)-(3a+2)$

$=4a-8-3a-2=a-10$

02-❶ $(3x-1)+A=x+2$에서

$A=(x+2)-(3x-1)=x+2-3x+1$

$=-2x+3$

$B=A+(2x+4)=(-2x+3)+(2x+4)$

$=7$

$C=(x+2)+B=(x+2)+7=x+9$

$\therefore A+B-C=(-2x+3)+7-(x+9)$

$=-2x+10-x-9$

$=-3x+1$

03 $x\times3+y\times1+1\times0=3x+y$(점)

04 A 식품의 1 g당 칼륨량은 $\frac{500}{100}=5$(mg)

B 식품의 1 g당 칼륨량은 $\frac{150}{100}=\frac{3}{2}$(mg)

따라서 A 식품 x g과 B 식품 y g을 섭취하였을 때 섭취한 칼륨량은 $\left(5x+\frac{3}{2}y\right)$ mg이다.

05 주어진 도형의 넓이는

$10\times(3a+2)-(10-4)\times\{(3a+2)-(2a-1)\}$

$=30a+20-6(a+3)$

$=30a+20-6a-18$

$=24a+2(\text{cm}^2)$

06 ㄱ. $a\div b\div c=\frac{a}{b}\div c=\frac{a}{b}\times\frac{1}{c}=\frac{a}{bc}$

ㄴ. $a\div(b\div c)=a\div\frac{b}{c}=a\times\frac{c}{b}=\frac{ac}{b}$

ㄷ. $a\div(b\times c)=a\div bc=a\times\frac{1}{bc}=\frac{a}{bc}$

07 (1) 두 번 자를 때부터 조각이 2개씩 늘어나므로

두 번 자르면 $2+2\times1=4$(조각)

세 번 자르면 $2+2\times2=6$(조각)

네 번 자르면 $2+2\times3=8$(조각)

다섯 번 자르면 $2+2\times4=10$(조각)

(2) n번 자르면 $2+2\times(n-1)=2n$(조각)

08 빈칸에 들어갈 수 또는 식을 오른쪽과 같이 A, B, C, D라 하면

A	÷	-4	=	$-6a$
÷		×		
B	×	C	=	D
=		=		
16		-24		

$A\div(-4)=-6a$에서

$A=(-6a)\times(-4)=24a$

$A\div B=16$에서

$B=24a\div16=24a\times\frac{1}{16}=\frac{3}{2}a$

$-4\times C=-24$에서

$C=(-24)\div(-4)=6$

$B\times C=D$에서

$D=\frac{3}{2}a\times6=9a$

09 사진 8장의 넓이는

$(x-3\times3)\times(33-3)=(x-9)\times30$

$=30x-270(\text{cm}^2)$

10 어떤 일차식을 A라 하면

$A\times\frac{1}{2}=3x-6$

$\therefore A=6x-12$

따라서 바르게 계산한 식은

$(6x-12)\div\left(-\frac{1}{3}\right)=(6x-12)\times(-3)$

$=-18x+36$

11 음료수 1개의 가격을 x원이라 하고 음료수 5개를 구입할 때 A 가게의 음료수 1개당 구입 가격은

$5x\div6=\frac{5}{6}x$(원)

B 가게의 음료수 1개당 구입 가격은

$x\times\frac{75}{100}=\frac{3}{4}x$(원)

이때 $\frac{5}{6}x=\frac{10}{12}x$, $\frac{3}{4}x=\frac{9}{12}x$이므로

음료수 5개를 구입할 때 1개당 구입 가격이 더 저렴한 곳은 B 가게이다.

12 ㈐에서 x와 14는 동류항이 아니므로 더 이상 계산할 수 없다.

따라서 주어진 식을 바르게 계산하면

$\frac{x+4}{2}-\frac{x-1}{3}=\frac{3x+12-2x+2}{6}$

$=\frac{x+14}{6}$

13 $2x-3-x+4=x+1$

$-x+(8x+6)\div2=-x+4x+3=3x+3$

$3(x-2)+(x+10)=3x-6+x+10=4x+4$

네 식 사이의 규칙은 오른쪽으로 갈수록 x의 계수와 상수항이 1씩 증가한다는 것이다.

따라서 빈칸에 알맞은 식은 $2x+2$이다.

14 정삼각형 1개의 둘레의 길이는

$3\times5=15$(cm)

포개진 부분 1개는 한 변의 길이가 a cm인 정삼각형이고, 포개진 부분이 3개이므로 그 둘레의 길이의 합은

$(3\times a)\times3=9a$(cm)

따라서 구하는 도형의 둘레의 길이는

$15\times4-9a=60-9a$(cm)

2 일차방정식

17쪽~19쪽

01	10, 16, 17, 18, 24	01-❶	11
02	−, −, ÷, 12	03	민주, 현오
04	WORD	05	10
06	20 g	07	9
08	5	09	84살
10	7.2 km	11	6250전
12	5명, 34권		

01 5개의 수 중 가운데 있는 수를 x라 하면 왼쪽과 오른쪽에 있는 수는 각각 $x-1$, $x+1$이고, 위쪽과 아래쪽에 있는 수는 각각 $x-7$, $x+7$이다.
이 5개의 수의 합이 85이므로
$x+(x-1)+(x+1)+(x-7)+(x+7)=85$
$5x=85 \quad \therefore x=17$
따라서 5개의 수는 10, 16, 17, 18, 24이다.

01-❶ 4개의 수 중 맨 윗줄의 오른쪽에 있는 수를 x라 하면 왼쪽에 있는 수는 $x-1$, 아래쪽과 그 아래쪽에 있는 수는 각각 $x+7$, $x+14$이다.
이 4개의 수의 합이 68이므로
$x+(x-1)+(x+7)+(x+14)=68$
$4x+20=68$, $4x=48 \quad \therefore x=12$
따라서 4개의 수 중 가장 작은 수는 $x-1=12-1=11$

02 ○ 안에 알맞은 것은 차례대로 −, −, ÷이다.
$\therefore x=(4.26-2.46)\div 0.15=1.8\div 0.15$
$=\frac{18}{10}\div\frac{15}{100}=\frac{9}{5}\times\frac{20}{3}=12$

03 경미 : 주어진 방정식의 양변에 15를 곱하면
$3x+30=15x-10$
이 식을 이항하여 정리하면
$3x-15x=-10-30$
$-12x=-40 \quad \therefore x=\frac{10}{3}$
민주 : 주어진 방정식을 이항하면 $\frac{x}{5}-x=-\frac{2}{3}-2$
현오 : 위의 식을 정리하면 $-\frac{4}{5}x=-\frac{8}{3}$
양변에 $-\frac{5}{4}$를 곱하면 $x=-\frac{8}{3}\times\left(-\frac{5}{4}\right)=\frac{10}{3}$
태준 : 주어진 방정식의 해는 $x=\frac{10}{3}$으로 1개이다.
따라서 바르게 설명한 학생은 민주, 현오이다.

04 ㄱ. $3x+14=-x+2$에서
$4x=-12 \quad \therefore x=-3$
ㄴ. $7x+4(x-5)=13$에서
$7x+4x-20=13$, $11x=33 \quad \therefore x=3$
ㄷ. $\frac{x-5}{3}=\frac{x-4}{2}$의 양변에 6을 곱하면
$2(x-5)=3(x-4)$, $2x-10=3x-12$
$-x=-2 \quad \therefore x=2$
ㄹ. $0.5x-\frac{3}{2}=\frac{1}{5}x+0.6$의 양변에 10을 곱하면
$5x-15=2x+6$, $3x=21 \quad \therefore x=7$
따라서 주어진 표에서 해에 해당하는 알파벳을 찾아 차례대로 나열하면 WORD이다.

05 $1-ax=2(x-b-5)$에 $x=3$을 대입하면
$1-3a=2(3-b-5)$, $1-3a=-2b-4$
$-3a+2b=-5$, $3a-2b=5$
$\therefore 6a-4b=2(3a-2b)=2\times5=10$

06 공 한 개의 무게를 x g이라 하면
$4x+5\times2=50+2x$, $2x=40 \quad \therefore x=20$
따라서 공 한 개의 무게는 20 g이다.

07 ❶ $(8+0+0+5+4+8)+3\times(8+1+3+4+7+9)$
$=25+3\times32=121$
❷ □ 안에 알맞은 숫자를 x라 하면 121의 일의 자리의 숫자는 1이므로 $1+x=10 \quad \therefore x=9$
따라서 □ 안에 알맞은 숫자는 9이다.

08 직사각형의 가로의 길이는 $10a-9$이고, 세로의 길이는 a이다.
직사각형의 둘레의 길이가 92이므로
$2\{(10a-9)+a\}=92$, $2(11a-9)=92$
$11a-9=46$, $11a=55 \quad \therefore a=5$

09 디오판토스가 사망한 나이를 x살이라 하면
$\frac{1}{6}x+\frac{1}{12}x+\frac{1}{7}x+5+\frac{1}{2}x+4=x$
$14x+7x+12x+420+42x+336=84x$
$-9x=-756 \quad \therefore x=84$
따라서 디오판토스가 사망한 나이는 84살이다.

10 출발점에서 반환점까지의 거리를 x km라 하면 가는 데 걸린 시간은 $\frac{x}{2}$시간, 오는 데 걸린 시간은 $\frac{x}{3}$시간이므로
$\frac{x}{2}+\frac{x}{3}=6$, $3x+2x=36$, $5x=36 \quad \therefore x=7.2$
따라서 구하는 거리는 7.2 km이다.

11 금 1근의 값을 x전이라 하면 금 12근에 대한 세금은
$12x\times\frac{1}{10}=1.2x$(전)
세금으로 금 2근을 주고 5000전을 돌려받았으므로 낸 세금은 $(2x-5000)$전이다.
즉, $1.2x=2x-5000$이므로 $12x=20x-50000$
$-8x=-50000 \quad \therefore x=6250$
따라서 금 1근의 값은 6250전이다.

12 학생 수를 x명이라 하면
$6x+4=7(x-1)+6$, $6x+4=7x-1$
$-x=-5 \quad \therefore x=5$
따라서 학생 수는 5명이고, 공책은 $6\times5+4=34$(권)

1 좌표평면과 그래프

20쪽~24쪽

01 동환－ㄴ, 우진－ㄷ, 상훈－ㄱ, 재연－ㄹ
01-❶ 경호－ㄷ, 유미－ㄴ, 세진－ㄱ
02 풀이 참조, D(2, 2)
03 7
04 (1) 풀이 참조 (2) 풀이 참조
05 1－동생, 2－할머니, 3－선혜, 4－어머니, 5－할아버지, 6－아버지
06 (1) 풀이 참조 (2) 풀이 참조
07 ㅁ
08 ㄴ, ㄹ
09 ㄱ, ㄴ
10 (1) 1시, 13시 (2) 13시부터 19시까지 (3) 12시간
11 (1) 2시간 (2) 10회
12 (1) 2번 (2) 6살과 12살 사이
13 ㄴ, ㄷ
14 (1) $y=600x$ (2) 14400 kWh
15 1530 m
16 2
17 10

02 세 점 A, B, C를 좌표평면 위에 나타내면 오른쪽 그림과 같다.
이때 정사각형 ABCD가 되도록 하는 점 D의 좌표는 (2, 2)이므로 기호로 나타내면 D(2, 2)이다.

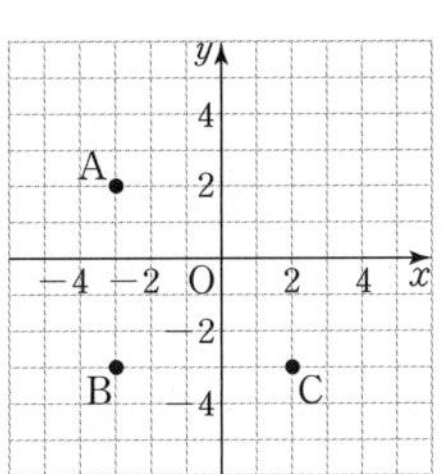

03 $a-b$의 값이 최대이려면 a의 값은 최대이고 b의 값은 최소이어야 한다.
점 P가 점 C에 있을 때 a의 값은 4, b의 값은 -3이므로 $a-b$의 값이 될 수 있는 가장 큰 값은
$4-(-3)=7$

04 (1)

x	1	2	3	4	5	6	7
y	3	5	7	9	11	13	15

(2) 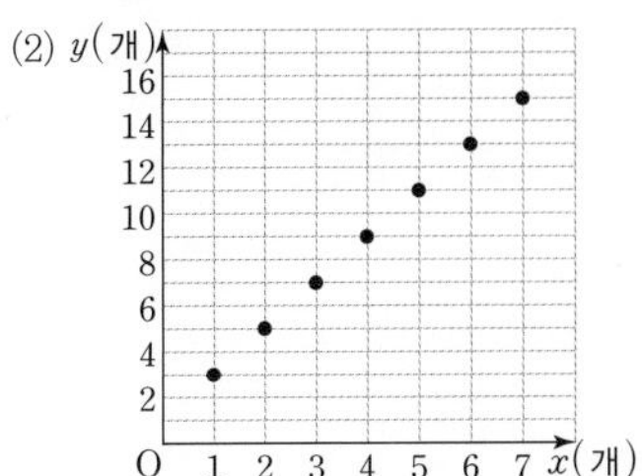

05 키가 작은 사람부터 차례대로 나열하면
동생, 할머니, 선혜, 어머니, 할아버지, 아버지이므로
1－동생, 2－할머니, 3－선혜, 4－어머니, 5－할아버지, 6－아버지이다.

06 (1) 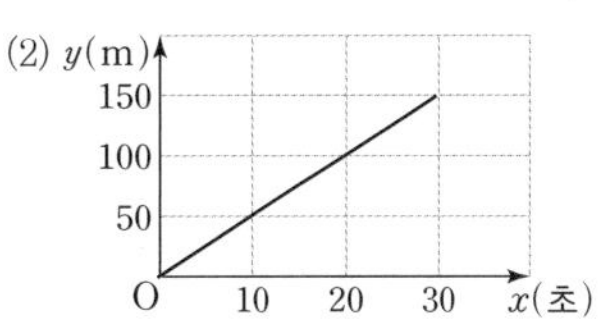

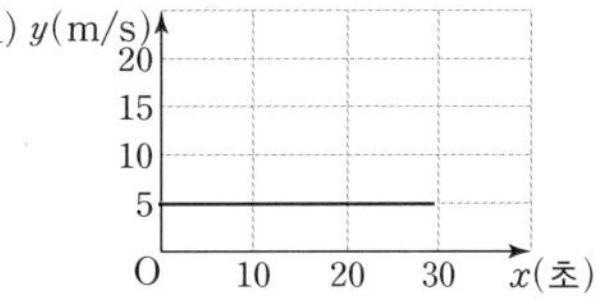

(2) y(m), x(초)

07 물의 높이가 점점 빠르게 증가하다가 일정한 속력으로 증가하므로 병은 위로 갈수록 좁아지다가 일정한 폭을 가진 모양이다.
따라서 병의 모양으로 가장 알맞은 것은 ㅁ이다.

08 ㄱ. 그래프가 점 (10, 5)를 지나므로 10분 동안 5 km를 이동하였다.
ㄴ. 그래프가 점 (30, 10)을 지나므로 30분 동안 10 km를 이동하였다.
ㄷ. 그래프가 점 (60, 25)를 지나므로 60분 동안 25 km를 이동하였다.
ㄹ. 정지해 있던 시간은 20분 후부터 30분 후, 60분 후부터 70분 후이므로 총 20분이다.
따라서 옳은 것은 ㄴ, ㄹ이다.

09 ㄱ. 그래프가 점 (40, 30)을 지나므로 40초 후의 속력은 30 m/s이다.
ㄴ. 20초 후부터 150초 후까지 30 m/s의 일정한 속력으로 움직였다.
ㄷ. 총 180초 동안 운행하였다.
ㄹ. 정지해 있던 시간은 없다.
따라서 옳은 것은 ㄱ, ㄴ이다.

10 (1) 1시, 13시에 높이가 2 m로 가장 낮았다.
(2) 7시부터 13시까지 해수면의 높이가 낮아지고, 13시부터 19시까지 해수면의 높이가 높아졌다가 19시부터 24시까지 해수면의 높이가 다시 낮아졌다.
(3) 12시간마다 같은 모양의 그래프가 반복된다.

11 (1) 버스와 종점 사이의 거리가 두 번째로 다시 0 km가 되는 때는 4시간이 지난 때이므로 이 버스가 노선을 1회 운행하는 데 걸리는 시간은 2시간이다.
(2) 이 버스는 하루 동안 노선을 모두 $20\div2=10$(회) 운행한다.

12 (1) 주애와 가영이의 키가 같았던 때는 6살과 12살로 2번 있었다.
(2) 가영이가 주애보다 키가 컸을 때는 6살과 12살 사이였다.

13 ㄱ. 가장 먼저 결승점에 도착한 사람은 의예이다.
ㄴ. 출발 후 2분 동안 가장 빨리 달린 사람은 2분이 지났을 때 이동 거리가 가장 긴 의예이다.

ㄷ. 화미는 4분부터 8분까지 멈추어 있었으므로 쉰 시간은
$8-4=4$(분)

ㄹ. 숙현이는 결승점에 도착하지 못했다.

따라서 옳은 것은 ㄴ, ㄷ이다.

14 (1) $y=ax$로 놓고 $x=1$, $y=600$을 대입하면

$a=600$ $\quad\therefore y=600x$

(2) $y=600x$에 $x=24$를 대입하면

$y=600\times24=14400$

따라서 구하는 전력량은 14400 kWh이다.

15 소리가 1초에 340 m씩 이동하므로 x초 동안 $340x$ m만큼 이동한다.

즉, 소리가 x초 동안 이동하는 거리를 y m라 하면

$y=340x$

경모의 위치와 번개가 친 곳까지의 거리는 천둥소리가 이동한 거리와 같으므로

$y=340x$에 $x=4.5$를 대입하면

$y=340\times4.5=1530$

따라서 구하는 거리는 1530 m이다.

16 $y=\frac{8}{x}$에 $x=2$를 대입하면 $y=\frac{8}{2}=4$이므로

점 A의 좌표는 $(2, 4)$이다.

$y=ax$에 $x=2$, $y=4$를 대입하면

$4=2a$ $\quad\therefore a=2$

17 $y=\frac{15}{x}$에서 $xy=15$

즉, 두 점 P, Q의 x좌표와 y좌표의 곱이 15이므로

두 사각형 AODP와 BOEQ의 넓이는 모두 15이다.

$\therefore$ (직사각형 CDEQ의 넓이)

=(사각형 BOEQ의 넓이)−(사각형 BODC의 넓이)

=(사각형 AODP의 넓이)−(사각형 BODC의 넓이)

=(사각형 ABCP의 넓이)

=10